ARM RealView MDK 系列丛书

基于 MDK 的 SAM3 处理器开发应用

李 宁 编著

北京航空航天大学出版社

内 容 简 介

本书介绍了基于 MDK 的 SAM3U 处理器开发应用。全书共 13 章，可以分为 4 部分。第 1 部分包括第 1~4 章，在讲解 Cortex‑M3 处理器结构的基础上，详细介绍了 Cortex‑M3 处理器的编程模型、总线架构、存储结构、异常处理机制、Thumb‑2 指令集、存储保护机制和调试系统。第 2 部分包括第 7~9 章，介绍了 MDK 的使用方法、EM‑SAM3U 开发板以及一个小实例，是读者学习使用 MDK 进行 SAM3U 处理器应用开发的准备知识。第 3 部分包括第 10~12 章，介绍了 SAM3U 处理器的所有系统控制以及片上外设，对每个模块都详细介绍其结构、特点及功能，并提供了一个小的应用实例。第 4 部分为第 13 章，介绍了一个基于 SAM3U 处理器的综合应用实例，分别在无操作系统和有操作系统的情况下实现了 MP3 播放器，也帮助读者了解如何将实时操作系统移植到 SAM3U 处理器上，以及如何实现多任务操作。

本书既可作为使用 MDK 进行 SAM3 处理器应用开发的指导书，还可作为 SAM3U 处理器的开发参考手册。另外，也可作为 ARM Cortex‑M3 的编程入门指南。

图书在版编目(CIP)数据

基于 MDK 的 SAM3 处理器开发应用/李宁编著. --北京：北京航空航天大学出版社，2010.1
ISBN 978‑7‑81124‑983‑5

Ⅰ.①基…　Ⅱ.①李…　Ⅲ.①微处理器—系统开发
Ⅳ.①TP332

中国版本图书馆 CIP 数据核字(2009)第 231700 号

© **2010**，北京航空航天大学出版社，版权所有。
未经本书出版者书面许可，任何单位和个人不得以任何形式或手段复制或传播本书内容。
侵权必究。

基于 MDK 的 SAM3 处理器开发应用
李　宁　编著

责任编辑　冯　颖

*

北京航空航天大学出版社出版发行

北京市海淀区学院路 37 号(100191)　发行部电话：(010)82317024　传真：(010)82328026
http://www.buaapress.com.cn　　E‑mail:emsbook@gmail.com
北京市松源印刷有限公司印装　各地书店经销

*

开本：787×960　1/16　印张：37　字数：829 千字
2010 年 1 月第 1 版　2010 年 1 月第 1 次印刷　印数：4 000 册
ISBN 978‑7‑81124‑983‑5　定价：62.00 元

前 言

　　Atmel 公司于 2009 年 6 月推出了世界上第一块带有片上高速 USB 器件的 ARM Cortex - M3 闪存微控制器 SAM3U,之后还将陆续推出 SAM3N、SAM3S、SAM3X/A 等 SAM3 系列处理器。

　　本书是一本介绍基于 MDK 进行 SAM3U 处理器开发应用的书籍,也可作为 SAM3 系列处理器学习的参考手册。全书的内容分 13 章,可以分为如下 4 个部分。

　　第 1 部分包括第 1～6 章,对 Cortex - M3 处理器内核作介绍。在对 Cortex - M3 处理器结构作基本介绍的基础上,详细介绍了 Cortex - M3 处理器的编程模型、总线架构、存储结构、异常处理机制、Thumb - 2 指令集、内存保护单元、调试系统,以帮助读者熟悉和掌握 Cortex - M3 处理器应用开发的基本知识。熟悉 Cortex - M3 处理器结构的读者可以略过此部分。

　　第 2 部分包括第 7～9 章,分别简要介绍了 SAM3U 处理器的内部控制器与片上外设、EM - SAM3U开发板以及 MDK 使用方法,并在此基础上给出了一个简单的 SAM3U 例程,通过这个例程的读者可以初步掌握使用 MDK 进行 SAM3U 处理器开发应用的准备知识。关于 MDK 的详细介绍,读者可以参考《ARM 开发工具 RealView MDK 使用入门》一书。

　　第 3 部分包括第 10～12 章,根据功能分别介绍 SAM3U 处理器的所有片上控制器和片上外设,对于每个接口模块都详细介绍其结构、特点、功能,并在此基础上为读者提供一个小的应用实例,所有的实例都给出硬件原理图、部分源代码及运行结果。这部分章节内容的安排在取舍上确实有些两难,尤其是对于寄存器的介绍。英文水平好的读者可能会觉得罗列这些寄存器没有太大的意义;而很多不习惯阅读英文手册的读者又特别希望能有中文的寄存器详细介绍。本书在介绍每个片上控制器和片上外设时只列出相关用户接口控制寄存器的简表。为此弥补这方面的缺陷,作者组织了武汉理工大学 UP 团队的一些学生对 SAM3U 手册的一些章节作了翻译并放在 up. whut. edu. cn 网站上,这些中文手册没有经过严格的校对,不用于生产和研发,仅供读者参考,也特别欢迎读者能帮助我们修正其中的错误。

　　第 4 部分是第 13 章,介绍了一个基于 SAM3U 处理器的综合应用实例——MP3 Player 的设计,分别给出了无操作系统的设计实现和基于实时操作系统 CooCox OS 和 μCGUI 的设计实现。该实例综合应用了 GPIO、UART、ADC、USB、SPI、SD Card、LCD、TSP、Speaker 等接口模块和外部设备。通过这个实例读者可以了解如何在有操作系统的环境下开发多任务的

SAM3 应用程序,这对于使用 MDK 进行 SAM3U 处理器的应用开发非常有价值。另外,在本书的例程包中还给出了基于 μCOSⅡ 操作系统和 μCGUI 的 MP3 Player 代码包供读者参考。

在本书的写作过程中得到了各方面的支持和帮助。首先,本书得到了 Atmel 公司和 Embest 公司的大力支持,Atmel 公司在第一时间为作者提供了 SAM3UE 样片、开发板和相关资料,Atmel 中国研发中心的系统设计经理林俊岷博士从专业的角度对本书的内容、章节安排提出很多非常有价值的建议;Embest 公司则为作者提供了最新的 MDK 中国版和仿真器,并在技术上给作者提供了大量无私的帮助。在此要对 Atmel 公司的林俊岷博士、Embest公司的刘炽、廖武、刘鑫、景朝斌、周麒、张斌等资深工程师表示感谢。其次,要感谢武汉理工大学计算机科学与技术学院的硕士研究生:张国琛、张孟东、范云龙、张志强、王冲、段义鹏、宋薇、冯义力、熊刚、刘晶、蔡俊宇,他们完成了大量繁杂资料的收集整理工作,并帮助完成例程的部分编写及测试工作。本书是他们汗水的结晶,SAM3U 处理器中文手册是他们努力的结果。另外,本书借鉴和使用了 ARM 公司网站的内容、MDK 软件的帮助、Atmel 公司数据手册、CooCox OS 手册,这些已经得到了 ARM 公司和 Atmel 公司的授权。

为了让广大的嵌入式开发者能尽快地得到一本使用 MDK 进行 SAM3 处理器应用开发的书籍,本书的写作在时间上非常仓促,加上作者水平所限,书中难免会有一些错误,敬请各位读者批评指正。作者非常乐意为广大读者提供力所能及的帮助,作者的电子邮箱是 ningli_2008@163.com。另外,为了节省成本,本书不附光盘,所有例程都可以在 up.whut.edu.cn或 www.embedinfo.com 网站上下载。

武汉理工大学　计算机科学与技术学院

李　宁　博士

2009 年 10 月 1 日

目　录

## 第 1 章

Cortex - M3 处理器简介

2006 年 ARM 公司推出了基于 ARM v7 架构的 Cortex 标准体系结构,以满足各种技术的不同性能要求,包含 A、R、M 三个分工明确的系列。其中,A 系列面向复杂的高端应用程序,用于运行开放式的复杂操作系统;R 系列适合实时系统;M 系列则专门针对低成本的微控制领域。目前 Cortex - M 系列包括 Cortex - M0、Cortex - M1、Cortex - M3 和 Merlin 四种体系结构。从 2007 年开始,各大半导体厂商纷纷推出自己的 Cortex - M3 处理器,到 2009 年 6 月 ARM 公司已经出售了 34 份 Cortex - M3 的授权,分别用于 MCU、SOC 以及无线传感器节点等领域。

本章简要介绍 Cortex - M3 处理器一些特点和基本结构,以及 Atmel 公司于 2009 年 6 月最新推出的世界上第一块带有片上高速 USB 器件的 ARM Cortex - M3 闪存微控制器 SAM3U。

1.1 Cortex - M3 处理器的特点

Cortex - M3 是首款基于 ARM v7 - M 体系结构的 32 位处理器,具有低功耗、少门数、短中断延迟、低调试成本等众多优点。它是 ARM 公司专门为低功耗、低成本嵌入式应用领域设计的一款高性能的 MCU,同时还可大大降低编程的复杂性。

如图 1 - 1 所示,Cortex - M3 处理器在结构上包括处理器内核、嵌套矢量中断控制器(NVIC,Nested Vectored Interrupt Controller)、存储器保护单元(MPU,Memory Protection Unit)、总线接口单元和跟踪调试单元等。它们具有以下特点:

> 采用了基于哈佛架构的三级流水线内核,具备分支预测、单周期乘法、硬件除法等众多功能强大的特性,使其在 Dhrystone benchmark 上可达到 1.25 DMIPS/MHz,而功耗仅为 0.19 mW/MHz。

> 所采用的 Thumb - 2 指令集具有更高的指令效率和更强的性能,Thumb - 2 指令集结合了 16 位指令的代码密度和 32 位指令的性能,其底层关键特性使得 C 代码的执行变得更加自然。

> Cortex - M3 内置一个 NVIC,可配置 240 个中断,优先级多达 256 个,对中断事件的响

应比以往更迅捷,背对背中断之间的延迟时间、从低功耗模式唤醒时间都只需 6 个 CPU 周期。

➤ MPU 是 Cortex - M3 处理器中一个可选的模块,它通过定义和检查存储区域的属性来实现存储保护,以改善嵌入式系统的可靠性,实现安全操作。

➤ Cortex - M3 系列处理器采用了 CoreSight 调试跟踪体系结构,支持 6 个断点和 4 个数据观察点。在支持传统的 JTAG 基础上,还支持更好的低成本串行线调试接口(SW,Single Wire)。处理器内部的数据观测与跟踪单元(DWT,Data Watchpoint and Trace)、测量跟踪宏单元(ITM,Instrumentation Trace Macrocell)和可选的嵌入式跟踪宏单元(ETM,Embedded Trace Macrocell)能获取处理器的指令跟踪流,提供低成本的实时跟踪能力。

➤ Cortex - M3 处理器的总线矩阵(Bus Matrix)将处理器核、调试接口与外部总线相连接,也就是把基于 32 位 AMBA AHB - Lite 的 ICode bus、DCode bus 和 System bus 连接到基于 32 位 AMBA APB 的专用外设总线(PPB,Private Peripheral Bus)上。同时总线矩阵还提供非对齐数据访问方式和位段(bit banding)技术。这使得处理器核对片上外围设备的访问速度大大提高。

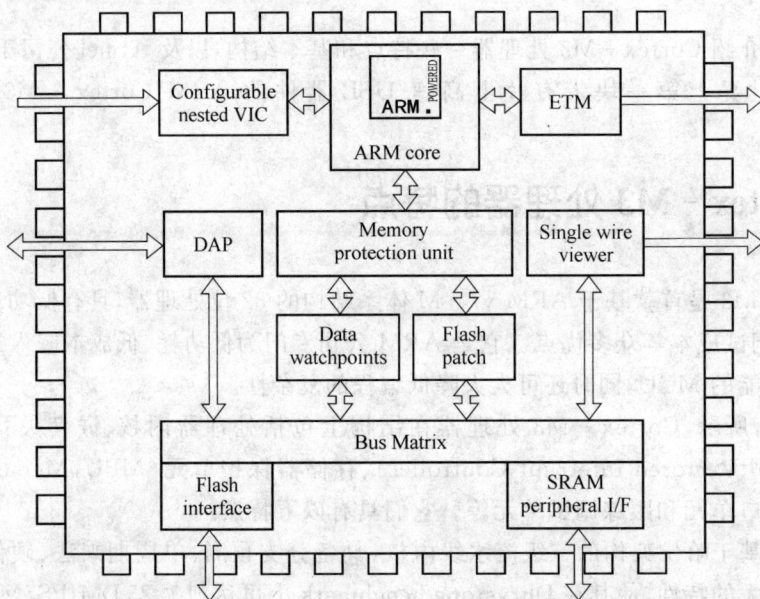

图 1 - 1　Cortex - M3 结构简图

以上这些结构特点使得 Cortex - M3 与 ARM7T DMI 相比,其运行速度最多可提高 35%,且代码最多可节省 45%。

Cortex - M3 处理器与 ARM7、ARM9 处理器存在以下显著不同之处:

➤ 采用 ARM v7M 体系结构;

➢ 不支持 ARM 指令集,仅支持 Thumb - 2 指令集;

➢ 没有 Cache,也没有 MMU;

➢ SW 跟踪调试接口;

➢ 中断控制器内建于 Cortex - M3 之中;

➢ 向量表内容为地址,而非指令;

➢ 中断时自动保存和恢复状态;

➢ 不支持协处理器。

1.2 Cortex - M3 处理器基本结构

Cortex - M3 处理器基本结构如图 1 - 2 所示,主要包括 Cortex - M3 Core、NVIC、Bus Matrix、Flash 转换及断点单元(FPB,Flash Patch and Breakpoint)、DWT、ITM、MPU、ETM、TPIU、ROM Table、SW/SWJ - DP 等模块,其中 MPU 和 ETM 单元是可选单元。本节将分别对这些模块作简介,以帮助读者了解 Cortex - M3 的基本结构。

所有这些单元可以分为内外两个层次,其中 ETM、TPIU、ROM Table、SW/SWJ - DP 单元属于外层,因为这 4 个单元或可选或可灵活配置实现。也就是在处理器具体实现时,TPIU、ROM Table、SW/SWJ - DP 可能与图 1 - 2 所示的不同。

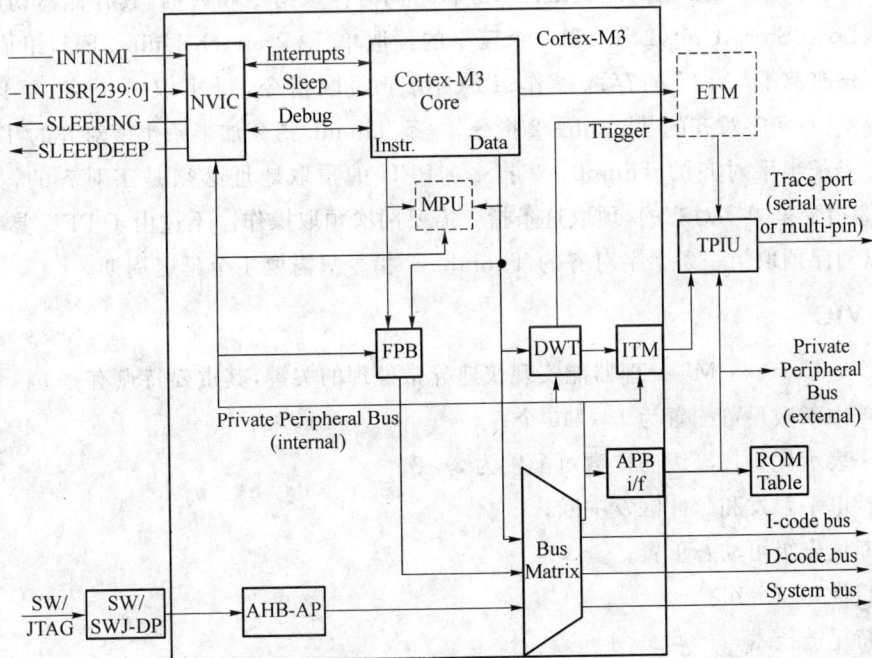

图 1 - 2 Cortex - M3 结构图

1. 处理器核

处理器核 Cortex – M3 是 ARM v7 – M 结构的实现,其主要特点如下:

➤ 使用 Thumb – 2 指令集,集 Thumb 指令集和 ARM 指令集的优点于一体;

➤ 采用 Harvard 结构,可以同时存取指令和数据;

➤ 三段流水线;

➤ 可在单周期内完成 32 位乘法;

➤ 硬件除法;

➤ 有 Thumb 和 Debug 两种操作状态;

➤ 有 Handler 和 Thread 两种操作模式;

➤ 快速进入和退出中断服务程序;

➤ 可中断连续 LDM/STM、PUSH/POP 指令;

➤ 支持 ARM v6 类型的 BE8/LE(大端/小端);

➤ 支持 ARM v6 非对齐访问。

Cortex – M3 核内部寄存器包括:13 个通用 32 位寄存器、链接寄存器 LR、程序计数器 PC、程序状态寄存器 xPSR 和 2 个堆栈指针寄存器,这些寄存器将在第 2 章作详细介绍。

由于采用了 Harvard 结构,Cortex – M3 核可同时存取指令和数据,其存储器访问接口由存取单元(Load Store Unit,LSU)和一个三字的预取单元(Prefetch Unit,PFU)组成。其中,LSU 用于分离来自 ALU 的存取操作;PFU 用于预取指令,每次取一个字,可以是两条 Thumb 指令、一条字对齐的 Thumb – 2 指令、一条 Thumb 指令加半条半字对齐的 Thumb – 2 指令、两个半条半字对齐的 Thumb – 2 指令。PFU 的预取地址必须是字对齐的,如果一条 Thumb – 2 指令是半字对齐的,预取这条指令需要两次预取操作。不过由于 PFU 具有三字的缓存,可以确保预取第一条半字对齐的 Thumb – 2 指令只需要 1 个延迟周期。

2. NVIC

NVIC 是 Cortex – M3 处理器能实现快速异常处理的关键,其重要特点有:

➤ 外部中断数量可配置为 1~240 个;

➤ 用来表示优先权等级的位数可配置为 3~8;

➤ 支持电平触发和脉冲触发中断;

➤ 中断优先级可动态重置;

➤ 支持优先权分组;

➤ 支持尾链技术;

➤ 进入和退出中断无需指令,可自动保存/恢复处理器状态。

3. Bus Matrix

Bus Matrix 是处理器核、调试接口与外部总线之间的连接部件,它与如下外部总线接口:

- ICode 总线,用于从代码空间预取指令及向量,是一个 32 位 AHB - Lite 总线;
- DCode 总线,用于从代码空间存取数据或进行调试访问,也是一个 32 位 AHB - Lite 总线;
- System 总线,用于从系统空间预取指令及向量、存取数据或进行调试访问,也是一个 32 位 AHB - Lite 总线;
- PPB 线(Private Peripheral Bus)总线,用于从存取数据或进行调试访问,是一个 32 位的 APB (v3.0)总线。

Bus matrix 还负责实现以下控制:

- 非对齐访问;
- 位段操作(bit - banding),Bus Matrix 控制由位段别名(bit - band alias)到位段区域(bit - band region)的转换访问;
- 写缓冲。

4. FPB

FPB 有 8 个比较器,用来实现从代码空间到系统空间的转换访问(patches accesses)和硬件断点,用于调试。Flash 转换是指:当 CPU 访问的某条指令匹配一个特定的 Flash 地址时,将把该地址重映射到 SRAM 中指定的位置,从而取指后返回的是另外的值。此外,匹配的地址还能用来触发断点事件。其中:

- 6 个可独立配置的指令比较器,用于转换从代码空间到系统空间的指令预取,或执行硬件断点;
- 2 个常量比较器用于转换从代码空间到系统空间的常量访问。

5. DWT

DWT 以及后面介绍的 ETM、ITM、TPIU、SW/SW - DP 单元都是属于 ARM CoreSight 跟踪调试体系结构的模块,它们可以灵活配置使用。其中,DWT 可以设置数据观测点,参与实现以下调试功能:

- DWT 有 4 个比较器可配置为硬件断点、ETM 触发器、PC 采样事件触发器或数据地址采样触发器;
- DWT 有几个计数器或数据匹配事件触发器用于性能剖析;
- DWT 可配置用于在设定的时间间隔发出 PC 采样信息,还可发出中断事件信息。

6. ITM

ITM 是一个应用驱动跟踪源,支持应用事件跟踪和 printf 类型的调试。它支持如下跟踪信息源:

> 软件跟踪,软件可直接写 ITM 单元内部的激励寄存器,使之向外发送相关信息包;

> 硬件跟踪,DWT 产生信息包,由 ITM 向外发送;

> 时间戳,ITM 可产生与所发送信息包相关的时间戳包,并向外发送。

7. MPU

用于存储保护的 MPU 是 Cortex – M3 处理器的可选单元,带有此单元的 Cortex – M3 处理器支持标准 ARM v7 保护存储系统结构(PMSA v7,Protected Memory System Architecture)模型。

MPU 提供以下支持:

> 存储保护,它包含 8 个存储区域和 1 个可选的后台区域;

> 保护区域重叠;

> 访问允许控制;

> 向系统传递存储器属性。

通过以上支持,MPU 可:

> 实现存储管理优先规则;

> 分离存储过程;

> 实现存储访问规则。

8. ETM

ETM 单元是一个仅支持指令跟踪的低成本高速跟踪宏单元,对于 Cortex – M3 处理器而言是可选的。通过 ETM 发出的数据,可以重构程序执行过程。不过 ETM 的数据量非常大,对于外部硬件跟踪设备和工具软件的要求都比较高。

9. TPIU

TPIU 单元是 ITM 单元、ETM 单元与片外跟踪分析器之间传递跟踪数据的桥梁。该 TPIU 单元兼容 CoreSight 调试体系结构,是 CoreSight TPIU 的一个特别版本,如果还需要添加额外功能,可用 CoreSight TPIU 替代它。该 TPIU 可配置为仅支持 ITM 调试跟踪,由于 ITM 数据量不大,因此可使用低成本的串行跟踪;它也可配置为支持 ITM 和 ETM 的跟踪调试,这时须使用高带宽的跟踪接口以及设备。

10. SW/SWJ – DP

Cortex – M3 处理器的调试接口 SW/SWJ – DP 可以提供对处理器内所有寄存器和存储

器的访问。该调试接口通过处理器内部的 AHB - AP(Advanced High - performance Bus AccessPort)来实现调试访问。对于此调试接口而言,外部调试口有两种可能的实现方法:

> 串行 JTAG 调试接口 SWJ - DP(Serial Wire JTAG Debug Port),SWJ - DP 是 JTAG - DP 和 SW - DP(Serial Wire Debug Port)的结合;

> SW - DP 调试口,该调试口通过两个引脚(clock、data)实现与处理器内部 AHB - AP 的接口。

1.3 SAM3 系列 MCU

著名的半导体厂商 Atmel 公司拥有多种基于 ARM 核的 32 位处理器,以满足用户的不同需求。2009 年 6 月又推出基于 Cortex - M3 的 SAM3 系列处理器,使其 ARM 处理器系列更为丰富。Atmel 公司 ARM 处理器系列如图 1 - 3 所示,可以看到 SAM3 系列在功能上覆盖和超过了 SAM7 系列。Atmel 公司全系列的 ARM 处理器具有片上外设全兼容的特点,SAM3 系列也不例外,因此用户可非常方便地将其过去的应用升级或移植到 SAM3 处理器上。

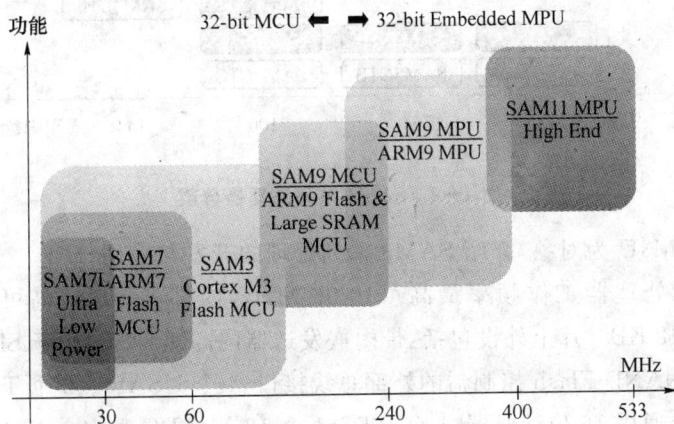

图 1 - 3 Atmel 公司 ARM 处理器系列

1.3.1 SAM3 系列 MCU 的分类

目前 SAM3 系列处理器有三类:SAM3U、SAM3S 和 SAM3N,如图 1 - 4 所示,未来还会推出 SAM3A/X 等系列。

其中:

> SAM3S 处理器是带主流通用外设的 Cortex - M3 的处理器,适用于 SAM7S 处理器上应用的升级。

> ➤ SAM3N 处理器是入门级 Cortex - M3 处理器,适用于一些过去 16 位处理器应用的升级。

> ➤ SAM3X/A 处理器适用于 SAM7X 和 SAM7A 处理器上应用的升级,对网络应用做了优化设计,包括高速 USB OTG、以太网的 MAC 层、SDIO、双 CAN 总线以及外部总线接口 EBI 等,带有更复杂的功能和更多的引脚。

> ➤ SAM3U 处理器则是世界上第一块带有高速 USB 设备的 Cortex - M3 闪存 MCU,也是第一块带有双块 Flash(可选择启动块)的 Cortex - M3 MCU。

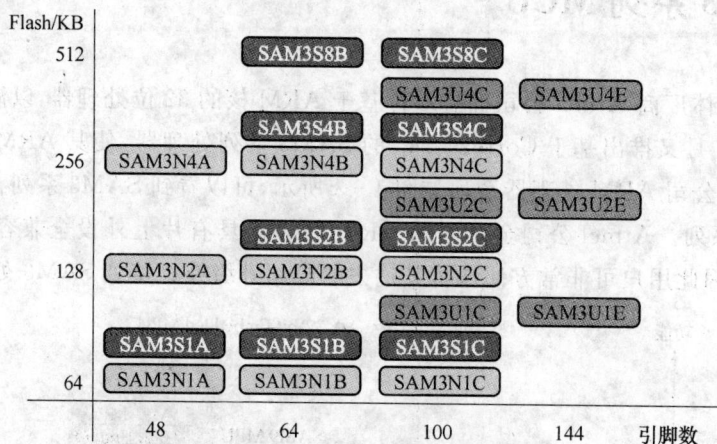

图 1 - 4 SAM3 系列处理器分类

本书将以 SAM3U 为对象,介绍 SAM3 系列处理的开发与应用。

SAM3U 系列处理器工作频率最高可达 96 MHz,内部 Flash 最高可达 256 KB,内部 SRAM 最高可达 48 KB。片上外设包括:带内嵌发送器的高速 USB、用于 SDIO/SD/MMC 的高速 HSMCI、带 NAND Flash 控制器的外部总线接口、4 个 USART、2 个 TWI、1 个 SPI、1 个 PWM 定时器、3 个通用 16 位计时器、1 个 RTC、1 个 12 位 ADC 和 1 个 10 位 ADC。

SAM3U 专为高速数据传输而设计,其内含一个多层总线矩阵,多个 SRAM 块(banks)、PDC 和 DMA 可并行工作以实现最大数据吞吐量。该系列处理器的工作电压可从 1.62 V 到 3.6 V。有 100 脚和 144 脚 LQFP、BGA 等几种封装形式。SAM3U 设备适用于 USB 数据令牌卡、USB 应用、PC 外部设备和高性能桥设备(如 USB 到 SDIO、USB 到 SPI、USB 到外部总线接口)。

SAM3U 系列中不同处理器在内存大小、封装以及特性方面存在一些差异。表 1-1 列出了 6 种不同 SAM3U 设备的配置。

表 1-1　SAM3U 系列处理器的现有型号及配置

设备名称	Flash /KB	Flash组织	SRAM /KB	PIO数目	USART数目	TWI数目	FWUP,SHDN引脚	外部总线接口	HSMCI数据大小	封装	ADC
ATSAM3U4E	2×128	双存储平面(dual Plane)	52	96	4	2	有	8 或 16位,4 个片选,24位地址	8 位	LQFP144 BGA144	2(8+8 通道)
ATSAM3U2E	128	单存储平面	36	96	4	2	有	8 或 16位,4 个片选,24位地址	8 位	LQFP144 BGA144	2(8+8 通道)
ATSAM3U1E	64	单存储平面	20	96	4	2	有	8 或 16位,4 个片选,24位地址	8 位	LQFP144 BGA144	2(8+8 通道)
ATSAM3U4C	2×128	双存储平面	52	57	3	1	无	8 位,2个片选,8 位地址	4 位	LQFP100 BGA100	2(4+4 通道)
ATSAM3U2C	128	单存储平面	36	57	3	1	无	8 位,2个片选,8 位地址	4 位	LQFP100 BGA100	2(4+4 通道)
ATSAM3U1C	64	单存储平面	20	57	3	1	无	8 位,2个片选,8 位地址	4 位	LQFP100 BGA100	2(4+4 通道)

1.3.2　SAM3U 处理器的内部结构

　　不同 SAM3U 处理器的配置有所不同,图 1-5 所示为 144 脚 SAM3U 处理器的内部结构。关于 SAM3U 处理的外部引脚定义及排列,读者可以参考 SAM3U 数据手册的第 3 章和第 4 章,此处不再罗列。

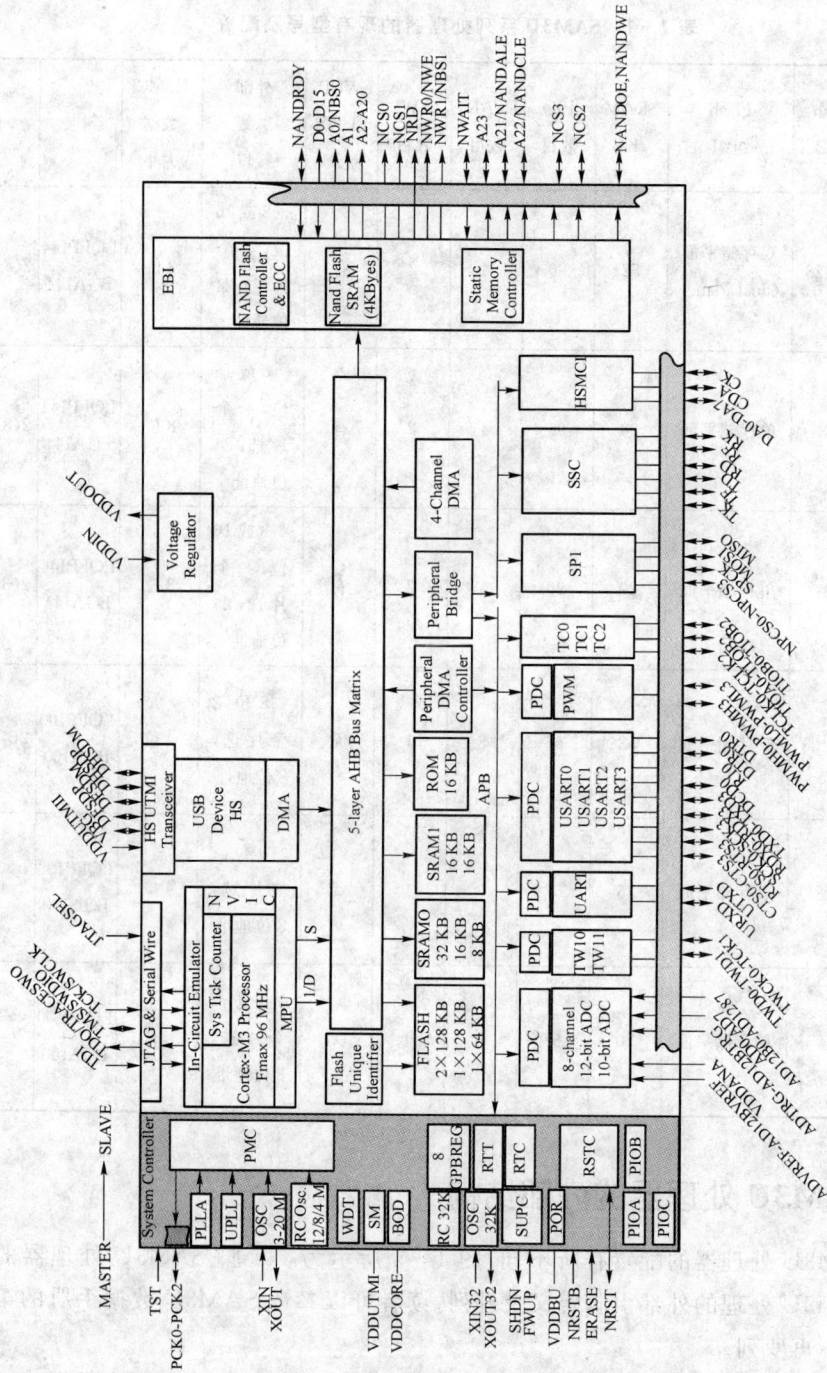

图 1-5 144 引脚 SAM3U 处理器内部结构

1.3.3　SAM3U 系列 MCU 的优点

SAM3U 处理器的主要优点如下：

① 采用 Cortex – M3 V2.0 内核，工作频率可达 96 MHz，其特点已在 1.1 节中介绍了。

② 带有双块 Flash，用户可选择启动块，并可安全实现包括启动程序在内的在线编程 (IAP,In Application Programming)。

③ 带有 MPU(内存保护单元)，可实现多任务的安全性，保护代码不被破坏。

④ 高带宽的数据传输结构，可实现数据高速传输和数据处理的并行。

➢ Flash 与专用的指令总线相连接；

➢ 5 层 AHB 总线矩阵，可以允许在不同总线上同时有数据传输；

➢ 分布式的 SRAM；

➢ 1 个 USB 专用 DMA 通道、4 个全功能 DMA 通道和 17 个易用的 PDC 通道。

⑤ 处理器内部有 2 个独立的 APB/AHB 桥接设备，以下高速设备都采用高速桥接，使之能达到最高的带宽：

➢ USB 高速设备，可达 425 Mbps；

➢ SPI 接口，可达 48 Mbps；

➢ SDIO/SDCard 接口，可达 192 Mbps；

➢ 内存映射的 FPGA 和 ASSP；对于 7 ns 的 SRAM 外部总线接口可达 500 Mbps。

⑥ 带高速 USB 设备，并集成了 USB 收发器。

➢ 专用的 DMA 控制器和总线层，大规模数据传输无须增加 CPU 负载；

➢ 有一个 4 KB 的双口存储器，用于存放全包有效数据；可防止缓存的上溢/下溢；简化系统时钟；每个 USB 端点用于存放 USB 微帧的块缓存高达 3 个；

➢ 7 个可配置的 USB 端点，端点类型、双端口缓存大小等均可配置；

➢ 支持多种复合设备结构，例如：CDC – HID、AUDIO – HID 等。

这些特点使得该处理器的 USB 传输可以达到非常高的速度，批量传输可达 53.24 MB/s，等时和中断传输可达 49.15 MB/s，控制传输也可达 15.87 MB/s。因此，该处理器特别适用于以下需要高速 USB 传输的领域：

➢ 版权钥匙(USB Dongle)；

➢ 高速数据记录器(Data Logger)；

➢ PC 外围 USB 设备：网络摄像头、打印机、外部硬盘等。

⑦ USART 支持 SPI 模式，这使得 SAM3U 处理器最多可以有 5 个 SPI 接口，1 个带 4 个片选的 SPI 和 4 个 USART。

⑧ 同步串行控制器(SSC)提供与外部器件的同步通信。它支持很多用于音频及电信应用中常用的串行同步通信协议，如 I^2S、短帧同步、长帧同步等。因为 SSC 可使用 DMA，可在

无需处理器干预的情况下,与以下器件进行连续的高速数据传输。

➢ 主控或者从控模式下的 CODEC;

➢ 专用串行接口的 DAC,特别是 I^2S;

➢ 磁卡阅读器。

⑨ 外部总线接口(EBI)的数据总线可用于产生复杂的波形(如图 1-6 所示),DMA 将数据从存储器传到数据总线上,而脉冲宽度调制器(PWM)和定时器/计数器(Timer/Counter)可以触发数据的传输。

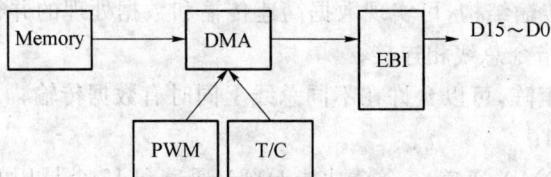

图 1-6　EBI 数据总线产生复杂波形

⑩ 带有一个 12 位、1 MHz 采用频率的 8 通道 ADC 和一个 10 位的 8 通道 ADC。

⑪ 智能 I/O 引脚,每个 I/O 引脚都具有以下特性:

➢ 硬件去抖动功能;

➢ 可软件编程配置上拉或下拉电阻;

➢ 带有片内终端电阻,可降低 PCB 设计的复杂性。

⑫ 工作电压可在 3.6~16.2 V 之间,除了正常工作模式之外,还具有 3 种低功耗工作模式,在工作电压 VDDCORE 为 1.8 V 时功耗及唤醒时间分别为:

➢ 正常工作模式,0.5 mA/MHz;

➢ 等待模式(Wait Model),8 μA/MHz(VDDCORE 供电)或 15 μA/MHz(VDDIN 供电),10 μs 可唤醒到正常工作模式;

➢ 睡眠模式(Sleep Mode),功耗及唤醒时间与 MCK 时钟频率相关;

➢ 备份模式(Backup Mode),2.5 μA/MHz,500 μs 可唤醒到正常工作模式。

⑬ 良好的安全性:

➢ MPU 提高多任务代码安全;

➢ Flash 加密和锁定位使得片内 Flash 无法被读出;

➢ 外设配置可锁定,使之无法被修改;

➢ 上电复位(POR)、可编程掉电检测 BOD、看门狗 WDT 用于保证处理器运行时的安全;

➢ 具有晶振失效检测功能,一旦失效立即转换到内部 RC 振荡器,并产生中断;

➢ 硬件加密位可禁止调试端口和测试端口;

➢ 静态存储控制器 SMC 可提供片外存储器的加密和解密功能;

➤ 每块处理器具有唯一的 128 位的 ID。

1.3.4 SAM3 MCU 的开发工具

目前支持 SAM3 开发的工具很多,既有工具厂商的专业工具,也有免费的自由工具。用户可根据自身习惯、条件及需求来选择适合的工具进行 SAM3 应用开发。

主要开发工具如下:

➤ Keil 公司的 MDK(www.keil.com);

➤ ARM 公司的 RVDS(www.arm.com);

➤ IAR 公司 EWARM(www.iar.com);

➤ CodeSourcery 公司的 GNU 工具(www.codesourcery.com);

➤ 免费工具 CooCox Budiler 等(www.coocox.org)。

主要的 RTOS 和中间件如下:

➤ Keil 公司的 RTX;

➤ IAR 公司的 PowerPAC;

➤ Segger 公司的 EmbOS(www.segger.com);

➤ Micrium 公司的 μC/OS(www.micrium.com);

➤ FreeRTOS(www.freertos.com);

➤ CooCox OS 等。

主要调试工具如下:

➤ Keil 公司的 ULINK 2;

➤ IAR 公司的 JLINK;

➤ Atmel 公司的 SAM - ICE V6;

➤ Coocox Colink 等。

批量编程(ISP)工具如下:

➤ Atmel 公司的 SAM - BA(USB 或串口)。

其中,Keil(An ARM Company)公司的开发工具 Microcontroller Development Kit(MDK)集 Keil 公司的 μVision IDE 环境与 ARM 编译工具 RVCT 两者的优势于一体,是开发基于 Cortex - M3 内核处理器应用的专业利器。2007 年 4 月,ARM 公司在与国内顶尖的嵌入式工具开发企业深圳市英蓓特信息技术有限公司合作推出了中国版 MDK,经过 2 年多的推广,MDK 为广大中国嵌入式工程师所熟悉和喜爱。本书也将以 MDK 为开发工具介绍 SAM3U 处理器的开发与应用。

第2章

Cortex – M3 处理器编程模型

SAM3 处理器所采用的 Cortex – M3 核是 ARM v7 – M 架构，与之前的 ARM v4（如 ARM7TDMI、ARM720T、ARM9TDMI、ARM940T 等）、ARM v5（如 ARM9E – S、Xscal、ARM96E – S、ARM926EJ – S、ARM7EJ – S、ARM1026EJ – S）、ARM v6（如 ARM1136EJ – S、ARM1156EJ – S 等）体系结构有着较大的不同。

为了能让读者对 ARM v7 – M 架构有所了解，本章将主要介绍 Cortex – M3 处理器的编程模型，包括该处理器的模式与状态、寄存器结构、存储器格式、数据类型以及指令集等。这些是读者编写、调试基于 Cortex – M3 处理器的应用程序必须掌握的基本知识。

2.1 寄存器组

Cortex – M3 处理器的寄存器组如图 2 – 1 所示，即：

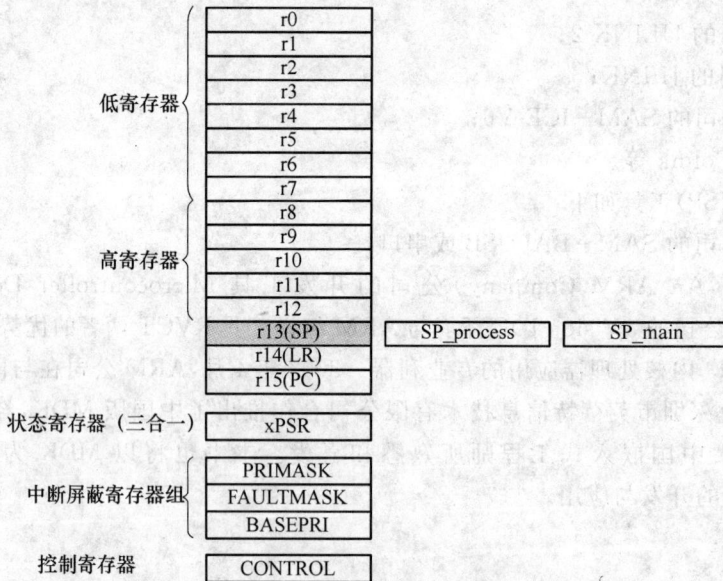

图 2 - 1 Corex – M3 处理器寄存器

> 13 个通用寄存器:r0～r12;
> 分组栈指针寄存器:r13(SP_process 和 SP_main);
> 链接寄存器:r14;
> 程序计数器:r15;
> 程序状态寄存器:xPSR(APSR、IPSR 和 EPSR);
> 中断屏蔽寄存器组:PRIMASK、FAULTMASK、BASEPRI;
> 控制寄存器:CONTROL。

2.1.1 通用寄存器

通用寄存器 r0～r12 没有特定的功能,绝大多数指令可以使用。它们又可以被分为两组:其中寄存器 r0～r7 为低寄存器,可被所有指令访问;寄存器 r8～r12 为高寄存器,可以被所有的 32 位指令访问,但不能被 16 位指令访问。

r13、r14 和 r15 寄存器分别有以下特定功能:

> 寄存器 r13 被用于栈指针(SP),由于 SP 忽略位[1:0],因此它自动对齐为一个字,即 4 字节。该寄存器是分组的,分别为 SP_process 和 SP_main。Handler 模式一般使用 SP_main,在 Thread 模式下可以配置择使用 SP_main 或 SP_process。
> 寄存器 r14 是子程序链接寄存器(LR),当执行带链接的跳转指令 BL 或带链接及状态切换的跳转指令 BLX 时,LR 寄存器将保存 PC 作为返回地址;LR 也用于异常返回。其它时候,可以把 r14 寄存器当作通用寄存器来使用。
> 寄存器 r15 为程序计数器,其位[0]总为 0,因为指令按字或半字对齐。

2.1.2 状态寄存器(xPSR)

在系统层,处理器状态可分为 3 种类型:Application、Interrupt 和 Execution;与之对应有 3 个程序状态寄存器:APSR、IPSR 和 EPSR。这 3 个寄存器实际上是合成一个的,可以使用 MRS 和 MSR 指令来访问。在进入异常时,处理器会把该寄存器的信息入栈。

1. APSR

APSR 包含程序的条件标志,如图 2-2 所示。寄存器中各位的含义见表 2-1。

31 30 29 28 27 26						0
N	Z	C	V	Q	-	保留

图 2-2 APSR 寄存器

表 2 - 1　APSR 寄存器各位域定义

位区域	名　称	说　明
[31]	N	负数或小于标志 1＝负数或小于;0＝正数或大于
[30]	Z	零标志 1＝结果为零;0＝结果非零
[29]	C	进位/借位标志 1＝进位或借位;0＝无进位或借位
[28]	V	溢出标志 1＝溢出;0＝无溢出
[27]	Q	粘性饱和标志
[26:0]	—	保留

2. IPSR

IPSR 包含当前正在执行的中断服务子程序(ISR)号如图 2 - 3 所示。寄存器中各位的含义见表 2 - 2。

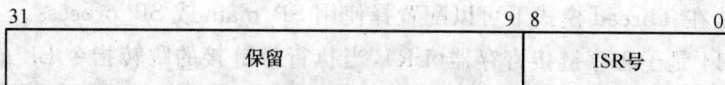

31	9 8	0
保留		ISR号

图 2 - 3　IPSR 寄存器

表 2 - 2　IPSR 寄存器各位域定义

位区域	名　称	说　明
[31:9]	—	保留
[8:0]	ISR 号	可被抢占异常号 最低等级＝0 NMI＝2 SVCall＝11 INTISR[0]＝16 INTISR[1]＝17 ⋮ INTISR[15]＝31 ⋮ INTISR[239]＝255

3. EPSR

EPSR 内部包含两个重叠的区域:

> 中断可继续指令(ICI,Interruptible-Continuable Instruction)区域。当批量加载和批量保存指令(LDM、STM)被中断时,该区域用于保存相关信息,这些信息在返回被中断的批量加载或批量存储操作时使用;

> If-Then(IT)指令区域以及 Thumb 状态位(T-位),用于保存 If-Then 指令执行的状态位。

由于 ICI 区域和 IT 区域重叠,因此在 If-Then 块中使用批量加载和保存指令时,将不能中断可继续(Interruptible-Continuable)。EPSR 寄存器如图 2-4 所示,其各位分配及含义见表 2-3。

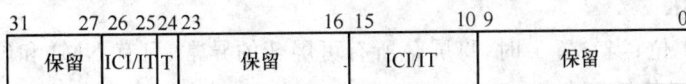

31	27 26 25 24 23	16 15	10 9	0
保留	ICI/IT T	保留	ICI/IT	保留

图 2-4　EPSR 寄存器

表 2-3　EPSR 寄存器各位域定义

位区域	名　称	说　明
[31:27]	—	保留
[26:25],[15:10]	ICI	中断可继续(Interruptible-Continuable)指令位段。当在 LDM 或 STM 操作的过程中若有中断发生,则批量操作暂停。EPSR 使用位[15:12]来保存被中断的批量操作中的下一个寄存器号。当中断执行完之后,处理器返回到位[15:12]中所指向的寄存器,并恢复批量操作
[26:25],[15:10]	IT	If-Then 位段。这些是 If-Then 指令的执行状态位,它包含 If-Then 块中的指令数以及执行所需要的条件
[24]	T	当写 PC 的[0]位是 0 时,可使用交互指令清除 T 位;在异常返回弹出堆栈时,如果对应位为 0,则 T 位也将被清除。 当 T 位被清除时执行指令会产生 INVSTATE 异常
[23:16]	—	保留
[9:0]	—	保留

EPSR 寄存器不能被直接访问,只有两种事件可以修改它:

> 在执行指令 LDM 或 STM 指令的过程中有中断到来;

> 执行 If-Then 指令。

请注意以下情况将会导致 LDM 或 STM 更新基址寄存器:

> 当指令指定基址寄存器回写,基址寄存器会更新为新地址;异常中断会恢复最初的基址。

> 当基址寄存器在 LDM 指令的寄存器列表中,但不是最后一个,基址寄存器会更新为装载后的值。

有以下条件之一将会使 LDM/STM 重新执行,而不是继续执行:

➤ LDM/STM 错误;

➤ LDM/STM 在 IT 块内。

如果 LDM 指令完成了基址装载,则从装载的基地址继续执行。

2.1.3 中断屏蔽寄存器组

PRIMASK、FAULTMASK 和 BASEPRI 这 3 个寄存器用于设置中断屏蔽,仅在特权方式下可以被访问。其中:

(1) PRIMASK

该寄存器仅 1 位;当它置 1 时,将屏蔽所有可屏蔽的异常,只有 NMI 和硬 fault 可响应;其缺省值为 0,即未屏蔽任何中断。

(2) FAULTMASK

该寄存器仅 1 位;当它置 1 时,只有 NMI 能响应,所有其它异常,包括中断和 fault 均被屏蔽;其缺省值为 0,即未屏蔽任何异常。

(3) BASEPRI

该寄存器最多有 9 位(由表达优先级的位数决定);它定义被屏蔽优先级的阈值;当它被设成某个值后,所有优先级号大于等于此值的中断都将被屏蔽(优先级号越大,优先级越低);但若被设成 0,则不屏蔽任何中断;其缺省值为 0。

除了可以通过使用 MRS 和 MSR 指令访问这 3 个寄存器来设置中断屏蔽之外,还可以使用专用的 CPS 指令来进行设置。

2.1.4 控制寄存器

控制寄存器 CONTROL 用于定义特权级别,还用于选择当前使用哪个堆栈指针。该寄存器各位域定义如表 2-4 所列,具体使用方法在 2.2 节中说明。

表 2-4 CONTROL 寄存器各位域定义

位区域	说 明
[31:2]	保留
[1]	堆栈指针选择 0＝选择主堆栈指针 MSP(复位后缺省值) 1＝选择进程堆栈指针 PSP 由于在 handler 模式下,只允许使用 MSP,此时不能设置该位为 1
[0]	线程(Thread)模式的级别选择 0＝特权级的线程模式;1＝用户级的线程模式 在 Handler 模式下,永远都是特权级

xPSR 寄存器、中断屏蔽寄存器和控制寄存器都是通过 MRS 和 MSR 指令来操作的,它们没有存储器地址。具体访问方式如下:

MRS <gp_reg>, <special_reg> ;读特殊功能寄存器的值到通用寄存器
MSR <special_reg>, <gp_reg> ;写通用寄存器的值到特殊功能寄存器

例如:

```
MRS  R0,           CONTROL;
MSR  CONTROL,      R0;
```

2.2 处理器工作模式及访问级别

2.2.1 工作模式

Cortex - M3 处理器有 Thread 和 Handler 两种工作模式,分别适用于普通应用程序代码和异常处理代码。

➢ 在重启时,处理器进入 Thread 模式,在从异常返回时也可进入 Thread 模式。Thread 模式下代码可以特权级别和用户(非特权)方式运行。

➢ 当系统产生异常时,处理器进入 Handler 模式。在 Handler 模式下所有代码都是特权级别访问。

Cortex - M3 处理器可以在 Thumb 和 Debug 两种操作状态下工作:

➢ Thumb 状态,此状态是正常执行 16 位和 32 位半字对齐的 Thumb 和 Thumb - 2 指令时所处的状态。

➢ Debug(调试)状态,是在调试时的状态。

2.2.2 访问级别

在 Cortex - M3 处理器上,代码可以特权和用户(非特权)级别执行。以非特权级别执行代码时将限制或不能访问某些资源,而以特权级别执行代码则可访问所有资源。因此,当系统发生异常、处理器进入 Handler 模式时,代码往往是特权级别的;而当处理器在 Thread 模式下时,则代码可以是特权的也可以是非特权的。

访问级别的作用就是提供对一些不信任代码的限制,提高系统的可靠性。Cortex - M3 处理器工作模式与访问级别之间的关系如图 2 - 5 所示。对于有操作系统的情况下,一般在操作系统内部和异常处理时使用 Handler 模式和特权级别访问,而应用程序代码使用 Thread 模式和用户级别访问。

	特权级	用户级
异常处理代码	Handler模式	错误的用法
应用程序代码	Thread模式	Thread模式

图 2-5 工作模式与访问级别的关系

当处理器复位进入 Thread 模式后,代码均为特权的,可通过 MSR 指令清除 CONTROL[0] 位切换到用户或非特权级别。当代码以用户级别执行时:

➤ 禁止使用某些指令(如 CPS)设置 FAULTMASK 和 PRIMASK;

➤ 禁止访问系统控制区(SCS)的大部分寄存器。

处理器在 Thread 模式下时,可以从特权级别切换到用户级别,但不能从用户级别返回到特权级别。在 Thread 模式下只有进行异常处理时,处理器进入 Handler 模式,才能由用户级别切换到特权级别。如果想从用户级进入特权级,通常都是使用 SVC 指令来触发"SVC 异常",在该异常的服务子程序钟可以修改 CONTROL[0]。

Cortex - M3 处理器工作模式与访问级别组合的状态转换关系如图 2-6 所示。

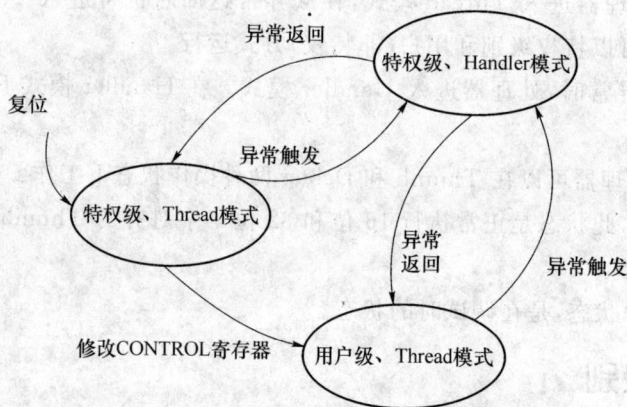

图 2-6 工作模式与访问级别组合的状态转移图

2.2.3 main 栈和 process 栈

Cortex - M3 处理器可以使用两个堆栈:主(main)栈和进程(process)栈。栈指针寄存器 r13 为分组(Banked)寄存器,在 SP_main 和 SP_process 之间切换,任何时候仅有一个栈(main 栈或 process 栈)可见。

在 Handler 模式下永远是使用 main 堆栈;在 Thread 模式下由 CONTROL[1]决定使用

哪个堆栈,为 0 使用 main 堆栈,为 1 时则使用 process 堆栈。

在系统复位之后,所有代码都使用 main 栈。有些异常处理如 SVC,可以通过在其返回时修改 LR 中的 EXC_RETURN 值,将 Thread 模式下其所使用的栈从 main 栈切换到 process 栈,而其它异常则继续使用 main 栈。除了返回 Handler 模式时设置 EXC_RETURN 值之外,还可以通过使用指令 MSR 写 CONTROL[1] 位来从 main 栈切换到 process 栈。

Cortex - M3 处理器使用双堆栈机制的意义也是为了提高系统的可靠性和稳定性,尤其是对于有操作系统的情况,在操作系统内部和异常处理使用 main 栈,而应用程序代码使用 process 栈。由于这种物理上的隔离,即使应用程序代码的堆栈使用发生了混乱,也不会破坏底层操作系统的运行。

2.3 数据类型与存储器格式

Cortex - M3 处理器支持的数据类型有 32 位字、16 位半字和 8 位字节。

Cortex - M3 处理器既可使用大端格式也可使用小端格式访问存储器,与其它 ARM 处理器一样,小端格式是其默认存储器格式。关于小端格式与大端格式,这里不作冗述。

Cortex - M3 处理器有一个可配置引脚 BIGEND,用来选择小端格式或大端格式。系统复位时将检测该可配置引脚,在复位之后就不能再更改大小端格式了。

关于存储格式,需要注意:

➢ 在系统复位处理之后更改大小端格式是无效的;

➢ 对系统控制区域(SCS)的访问通常是小端格式;

➢ 专用外设总线(PPB,Private Peripheral Bus)区域必须为小端格式,与 BIGEND 引脚的设置无关。

鉴于以上原因,建议不要使用大端格式。对于某些网络应用程序需要使用大端格式的情况,可以使用 REV 指令来进行转换,该指令可以进行字内的字节顺序反转,实现大端格式和小端格式的转换。

2.4 指令集

Cortex - M3 处理器能支持所有的 16 位 Thumb 指令集和基本 32 位 Thumb - 2 指令集。限于篇幅,本节仅以列表的形式对 Cortex - M3 处理器所支持的指令集作简要介绍。读者如需某条指令功能的详细介绍可查阅 ARM 相关资料。

除了 BLX(1) 和 SETEND 指令之外,Cortex - M3 处理器支持所有 ARM v6 结构的 Thumb 指令,Cortex - M3 支持的 16 位的指令集如表 2 - 5 所列。

表 2-5　Cortex-M3 处理器指令集中 16 位指令

汇编指令	操　作
ADC <Rd>, <Rm>	带进位加法,Rd←Rm + C 标志
ADD <Rd>, <Rn>, #<immed_3>	Rd←Rn + immed_3
ADD <Rd>, #<immed_8>	Rd←Rd + immed_8
ADD <Rd>, <Rn>, <Rm>	Rd←Rn + Rm,其中 Rn、Rm 为低寄存器
ADD <Rd>, <Rm>	Rd←Rd + Rm,其中 Rm 为高寄存器
ADD <Rd>, PC, #<immed_8> * 4	Rd←PC + immed_8 * 4
ADD <Rd>, SP, #<immed_8> * 4	Rd←SP + immed_8 * 4
ADD SP, #<immed_7> * 4	SP←SP + immed_7 * 4
AND <Rd>, <Rm>	Rd←Rd & Rm
ASR <Rd>, <Rm>, #<immed_5>	Rd←Rm 算术右移 immed_5 位
ASR <Rd>, <Rm>,<Rs>	Rd←Rm 算术右移 Rs 位
B<cond> <target address>	条件跳转
B <target_address>	无条件跳转
BIC <Rd>, <Rm>	Rd←Rd & (~Rm)
BKPT <immed_8>	软件断点
BL <Rm>	带链接的跳转
BLX <Rm>	带链接和状态切换的跳转
CBNZ <Rn>,<label>	不等于零则跳转
CBZ <Rn>,<label>	等于零则跳转
CMN <Rn>, <Rm>	负数比较指令,状态标志←Rn + Rm
CMP <Rn>, #<immed_8>	状态标志←Rn − immed_8
CMP <Rn>, <Rm>	状态标志←Rn − Rm
CMN <Rn>, <Rm>	状态标志←Rn + Rm
CPS <effect>, <iflags>	切换处理器状态
CPY <Rd> <Rm>	Rd←Rm
EOR <Rd>, <Rm>	Rd←Rd ˆ Rm
IT <cond>	条件执行随后的第 1 条指令
IT<x> <cond>	条件执行随后的 2 条指令
IT<x><y> <cond>	条件执行随后的 3 条指令
IT<x><y><z> <cond>	条件执行随后的 4 条指令
LDMIA <Rn>!, <registers>	批量加载,registers←[Rn…],Rn 值更新

汇编指令	操 作
LDR <Rd>, [<Rn>, #<immed_5> * 4]	存储器字加载,Rd←[<Rn>+ #<immed_5> * 4]
LDR <Rd>, [<Rn>, <Rm>]	存储器字加载,Rd←[<Rn>+<Rm>]
LDR <Rd>, [PC, #<immed_8> * 4]	存储器字加载,Rd←[PC+ #<immed_8> * 4]
LDR <Rd>, [SP, #<immed_8> * 4]	存储器字加载,Rd←[SP+#<immed_8> * 4]
LDRB <Rd>, [<Rn>, #<immed_5>]	字节加载[7:0],Rd←[<Rn>+ #<immed_5>]
LDRB <Rd>, [<Rn>, <Rm>]	字节加载[7:0],Rd←[<Rn>+<Rm>]
LDRH <Rd>, [<Rn>, #<immed_5> * 2]	半字加载[15:0],Rd←[<Rn>+ #<immed_5> * 2]
LDRH <Rd>, [<Rn>, <Rm>]	半字加载[15:0],Rd←[<Rn>+<Rm>]
LDRSB <Rd>, [<Rn>, <Rm>]	有符号字节加载[7:0],Rd←[<Rn>+<Rm>]
LDRSH <Rd>, [<Rn>, <Rm>]	有符号半字加载[15:0],Rd←[<Rn>+<Rm>]
LSL <Rd>, <Rm>, #<immed_5>	Rd←Rm 逻辑左移 immed_5 位
LSL <Rd>, <Rs>	Rd←Rm 逻辑左移 Rs 位
LSR <Rd>, <Rm>, #<immed_5>	Rd←Rm 逻辑右移 immed_5 位
LSR <Rd>, <Rs>	Rd←Rm 逻辑右移 Rs 位
MOVS <Rd>, #<immed_8>	Rd←immed_8
MOVS <Rd>, <Rm>	Rd←Rm,等价于 LSLS Rd, Rm, #0
MOV <Rd>, <Rm>	Rd←Rm,其中仅传送寄存器上半部分,下半部分不变
MUL <Rd>, <Rm>	Rd←Rd * Rm
MVN <Rd>, <Rm>	Rd←(~Rm)
NEG <Rd>, <Rm>	Rd←(−Rm)
NOP <c>	无操作
ORR <Rd>, <Rm>	Rd←(Rd|Rm)
POP <registers>	寄存器出栈操作
POP <registers, PC>	寄存器和 PC 出栈操作
PUSH <registers>	寄存器入栈操作
PUSH <registers, LR>	寄存器和 LR 入栈操作
REV <Rd>, <Rn>	反转 Rn 中的字节顺序,并拷贝到 Rd 中
REV16 <Rd>, <Rn>	反转 Rn 中两个半字的字节顺序,并拷贝到 Rd 中
REVSH <Rd>, <Rn>	反转 Rn 中的低半字[15:0],符号扩展到 32 位并拷贝到 Rd 中
ROR <Rd>, <Rs>	Rd←Rd 循环右移 Rs 位
SBC <Rd>, <Rm>	Rd←Rd−Rm−(C 标志位的反)

汇编指令	操 作
SEV <c>	发送事件
STMIA <Rn>!, <registers>	批量存储,[Rn···]←registers,Rn 值更新
STR <Rd>, [<Rn>, #<immed_5> * 4]	字存储,[<Rn>+#<immed_5> * 4]←Rd
STR <Rd>, [<Rn>, <Rm>]	字存储,[<Rn>+<Rm>]←Rd
STR <Rd>, [SP, #<immed_8> * 4]	字存储,[SP+#<immed_8> * 4]←Rd
STRB <Rd>, [<Rn>, #<immed_5>]	字节存储[7:0],[<Rn>+#<immed_5>]←Rd
STRB <Rd>, [<Rn>, <Rm>]	字节存储[7:0],[<Rn>+<Rm>]←Rd
STRH <Rd>, [<Rn>, #<immed_5> * 2]	半字存储[15:0],[<Rn>+#<immed_5> * 2]←Rd
STRH <Rd>, [<Rn>, <Rm>]	半字存储[15:0],[<Rn>+<Rm>]←Rd
SUB <Rd>, <Rn>, #<immed_3>	Rd←Rn － immed_3
SUB <Rd>, #<immed_8>	Rd←Rd － immed_8
SUB <Rd>, <Rn>, <Rm>	Rd←Rn － Rm
SUB SP, #<immed_7> * 4	SP←SP−immed_7 * 4
SVC <immed_8>	软件中断,immed_8 为 8 位立即数
SXTB <Rd>, <Rm>	从寄存器 Rm 中抽出字节[7:0],传送到寄存器 Rd 并符号扩展到 32 位
SXTH <Rd>, <Rm>	从寄存器 Rm 中抽出半字[15:0],传送到寄存器 Rd 并符号扩展到 32 位
TST <Rn>, <Rm>	状态标志←Rn&Rm
UXTB <Rd>, <Rm>	从寄存器 Rm 中抽出字节[7:0],传送到寄存器 Rd 并零扩展到 32 位
UXTH <Rd>, <Rm>	从寄存器 Rm 中抽出半字[15:0],传送到寄存器 Rd 并零扩展到 32 位
WFE <c>	等待事件
WFI <c>	等待中断

Cortex - M3 支持的所有 32 位指令如表 2 - 6 所列。

表 2 - 6　Cortex - M3 处理器指令集中 32 位指令

汇编指令	操 作
ADC{S}. W <Rd>, <Rn>, # <modify_constant (immed_12)	Rd←Rn ＋ immed_12 ＋ C 标志位
ADC{S}. W <Rd>, <Rn>, <Rm>{, <shift>}	Rd←Rn ＋ Rm 移位之后 ＋ C 标志位
ADD{S}. W <Rd>, <Rn>, # <modify_constant (immed_12)>	Rd←Rn ＋ immed_12
ADD{S}. W<Rd>, <Rm>{, <shift>}	Rd←Rd ＋ Rm 移位之后

汇编指令	操 作
ADDW. W <Rd>, <Rn>, #<immed_12>	Rd←Rn ＋ immed_12
AND{S}. W <Rd>, <Rn>, #<modify_constant (immed_12>	Rd←Rn & immed_12
AND{S}. W <Rd>, <Rn>, Rm{, <shift>}	Rd←Rn & Rm 移位之后
ASR{S}. W <Rd>, <Rn>, <Rm>	Rd←Rn 算术右移 Rm 位
B{cond}. W <label>	条件跳转
BFC. W <Rd>, #<lsb>, #<width>	位清除
BFI. W <Rd>, <Rn>, #<lsb>, #<width>	Rd 中从 lsb 开始的 width 位会被 Rn 中从位[0]开始的 width 位替换掉
BIC{S}. W <Rd>, <Rn>, #<modify_constant (immed_12)>	Rd←Rn & (~immed_12)
BIC{S}. W <Rd>, <Rn>, <Rm>{, <shift>}	Rd←Rn & (~移位后的 Rm)
BL <label>	带链接的跳转
BL<c> <label>	带链接的跳转(立即数)
B. W <label>	无条件跳转
CLREX <c>	清除当前执行处理器对某个地址单元的独占访问请求的本地纪录
CLZ. W <Rd>, <Rn>	计算 Rn 值的前导零数目,结果保存到 Rd 中。
CMN. W <Rn>, #<modify_constant(immed_12)>	状态标志←Rn＋immed_12
CMN. W <Rn>, <Rm>{, <shift>}	状态标志←Rn＋Rm(移位之后)
CMP. W <Rn>, #<modify_constant(immed_12)>	状态标志←Rn－immed_12
CMP. W <Rn>, <Rm>{, <shift>}	状态标志←Rn－Rm(移位之后)
DMB <c>	数据存储隔离,当所有在它之前的存储器访问都执行完毕后,才提交在它之后的存储器访问动作
DSB <c>	数据同步隔离,当所有它之前的存储器访问都执行完毕后,才执行它之后的指令
EOR{S}. W <Rd>, <Rn>, #<modify_constant (immed_12)>	Rd←Rn ˆ immed_12
EOR{S}. W <Rd>, <Rn>, <Rm>{, <shift>}	Rd←Rn ˆ (移位之后的 Rm)
ISB <c>	指令同步隔离,清空流水线,保证之前的指令都执行完毕后,才执行它后面的指令
LDM{IA|DB}. W <Rn>{!}, <registers>	批量加载,registers←[Rn···],Rn 自增或自减并回存
LDR. W <Rxf>, [<Rn>, #<offset_12>]	Rxf←[Rn ＋ offset_12]
LDR. W PC, [<Rn>, #<offset_12>]	PC←[Rn ＋ offset_12]

汇编指令	操 作
LDR. W PC, [Rn], #＜+/-＜offset_8＞	PC←[Rn],Rn←Rn +/- offset_8
LDR. W ＜Rxf＞, [＜Rn＞], #+/-＜offset_8＞	Rxf←[Rn],Rn←Rn +/- offset_8
LDR. W ＜Rxf＞, [＜Rn＞, #＜+/-＜offset_8＞]!	Rxf←[Rn +/- offset_8],Rn←Rn +/- offset_8
LDRT. W ＜Rxf＞, [＜Rn＞, #＜offset_8＞]	Rxf←Rn + offset_8
LDR. W PC, [＜Rn＞, #+/-＜offset_8＞]!	PC←[Rn +/- offset_8],Rn←Rn +/- offset_8
LDR. W ＜Rxf＞, [＜Rn＞, ＜Rm＞{, LSL #＜shift＞}]	Rxf←[Rn +左移 0,1,2,3 位之后的 Rm]
LDR. W PC, [＜Rn＞, ＜Rm＞{, LSL #＜shift＞}]	PC←[Rn + 左移 0,1,2,3 位之后的 Rm]
LDR. W ＜Rxf＞, [PC, #+/-＜offset_12＞]	Rxf←[PC +/- offset_12]
LDR. W PC, [PC, #+/-＜offset_12＞]	PC←[PC +/- offset_12]
LDRB. W ＜Rxf＞, [＜Rn＞, #＜offset_12＞]	加载字节[7:0],Rxf←[Rn + offset_12]
LDRB. W ＜Rxf＞,[＜Rn＞], #+/-＜offset_8＞	加载字节[7:0],Rxf←[Rn],Rn←Rn +/- offset_8
LDRB. W ＜Rxf＞, [＜Rn＞, ＜Rm＞{, LSL #＜shift＞}]	加载字节[7:0],Rxf←[Rn + 左移 0,1,2,3 位之后的 Rm]
LDRB. W ＜Rxf＞, [＜Rn＞, #＜+/- offset_8＞]!	加载字节[7:0],Rxf←[Rn+/- offset_8],Rn←Rn+/- offset_8
LDRB. W ＜Rxf＞, [PC, #+/-＜offset_12＞]	Rxf←[PC +/- offset_12]
LDRD. W ＜Rxf＞, ＜Rxf2＞, [＜Rn＞, #+/-＜offset_8＞ * 4]{!}	双字加载,Rxf,Rxf2←[Rn +/- offset_8 * 4],如果带有"!"则还有 Rn←Rn +/- offset_8 * 4
LDRD. W ＜Rxf＞, ＜Rxf2＞, [＜Rn＞], #+/-＜offset_8＞ * 4	双字加载,Rxf,Rxf2←[Rn],Rn←Rn +/- offset_8 * 4
LDREX＜c＞ ＜Rt＞,[＜Rn＞{, #＜imm＞}]	独占字装载,Rt←[Rn + imm]
LDREXH＜c＞ ＜Rt＞,[＜Rn＞{, #＜imm＞}]	独占半字装载,Rt←[Rn + imm]
LDREXB＜c＞ ＜Rt＞,[＜Rn＞{, #＜imm＞}]	独占字节装载,Rt←[Rn + imm]
LDRH. W ＜Rxf＞, [＜Rn＞, #＜offset_12＞]	半字加载[15:0],Rxf←[Rn + offset_12]
LDRH. W ＜Rxf＞, [＜Rn＞, #＜+/- offset_8＞]!	半字加载[15:0],Rxf←[Rn +/- offset_8],Rn←Rn +/- offset_8
LDRH. W ＜Rxf＞. [＜Rn＞], #+/-＜offset_8＞	半字加载[15:0],Rxf←[Rn],Rn←Rn +/- offset_8
LDRH. W ＜Rxf＞, [＜Rn＞, ＜Rm＞{, LSL #＜shift＞}]	半字加载[15:0],Rxf←[Rn + 左移 0,1,2,3 位之后的 Rm]
LDRH. W ＜Rxf＞, [PC, #+/-＜offset_12＞]	半字加载,Rxf←[PC +/- offset_12]
LDRSB. W＜Rxf＞,[＜Rn＞, #＜offset_12＞]	有符号字节加载[7:0],Rxf←[Rn + offset_12]
LDRSB. W ＜Rxf＞. [＜Rn＞], #+/-＜offset_8＞	有符号字节加载[7:0],Rxf←[Rn],Rn←Rn +/- offset_8
LDRSB. W＜Rxf＞,[＜Rn＞, #＜+/- ＜offset_8＞]!	有符号字节加载[7:0],Rxf←[Rn +/- offset_8],Rn←Rn +/- offset_8
LDRSB. W ＜Rxf＞, [＜Rn＞, ＜Rm＞{, LSL #＜shift＞}]	有符号字节加载[7:0],Rxf←[Rn + 左移 0,1,2,3 位之后的 Rm]
LDRSB. W ＜Rxf＞, [PC, #+/-＜offset_12＞]	有符号字节加载[7:0],Rxf←[PC +/- offset_12]

汇编指令	操 作
LDRSH. W <Rxf>，[<Rn>，#<offset_12>]	有符号半字加载[15:0]，Rxf←[Rn + offset_12]
LDRSH. W <Rxf>．[<Rn>]，#+/-<offset_8>	有符号半字加载[15:0]，Rxf←[Rn]，Rn←Rn+/- offset_8
LDRSH. W <Rxf>，[<Rn>，#+/-<offset_8>]!	有符号半字加载[15:0]，Rxf←[Rn +/- offset_8]，Rn←Rn +/- offset_8
LDRSH. W <Rxf>，[<Rn>，<Rm>{，LSL #<shift>}]	有符号半字加载[15:0]，Rxf←[Rn + 左移 0,1,2,3 位之后的 Rm]
LDRSH. W <Rxf>，[PC，#+/-<offset_12>]	有符号半字加载，Rxf←[PC +/- offset_12]
LSL{S}. W <Rd>，<Rn>，<Rm>	Rd←Rn 逻辑左移 Rm 位
LSR{S}. W <Rd>，<Rn>，<Rm>	Rd←Rn 逻辑右移 Rm 位
MLA. W <Rd>，<Rn>，<Rm>，<Racc>	Rd←Rn * Rm + Racc
MLS. W <Rd>，<Rn>，<Rm>，<Racc>	Rd←Rn * Rm − Racc
MOV{S}. W <Rd>，#<modify_constant(immed_12)>	Rd←immed_12，带 S 则影响条件标志
MOV{S}. W <Rd>，<Rm>{，<shift>}	Rd←Rm 移位之后，带 S 则影响条件标志
MOVT. W <Rd>，#<immed_16>	将立即数 immed_16 传送到寄存器 Rd 的高半字[31:16]
MOVW. W <Rd>，#<immed_16>	将立即数 immed_16 传送到寄存器 Rd 的低半字[15:0]，并清除寄存器 Rd 的高半字[31:16]
MRS<c> <Rd>，<psr>	Rd←psr
MSR<c> <psr>_<fields>，<Rn>	Psr←Rn
MUL. W <Rd>，<Rn>，<Rm>	Rd←Rn * Rm
NOP. W	无操作
ORN{S}. W <Rd>，<Rn>，#<modify_constant(immed_12)>	Rd←Rn ∣ (~immed_12)
ORN[S]. W <Rd>，<Rn>，<Rm>{，<shift>}	Rd←Rn ∣ (~Rm 移位之后)
ORR{S}. W <Rd>，<Rn>，#<modify_constant(immed_12)>	Rd←Rn ∣ immed_12
ORR{S}. W <Rd>，<Rn>，<Rm>{，<shift>}	Rd←Rn ∣ Rm 移位之后
RBIT. W <Rd>，<Rm>	反转寄存器 Rm 中的位顺序，并把结果保存到 Rd
REV. W <Rd>，<Rm>	反转寄存器 Rm 中的字节顺序，并把结果保存到 Rd
REV16. W <Rd>，<Rn>	反转寄存器 Rn 中每个半字的字节顺序，并把结果保存到 Rd
REVSH. W <Rd>，<Rn>	反转 Rn 中低半字的字节顺序并符号扩展，并把结果保存到 Rd
ROR{S}. W <Rd>，<Rn>，<Rm>	Rd←Rn 循环右移 Rm 位
RRX{S}. W <Rd>，<Rm>	带扩展的循环右移,将 Rm 中的值右移一位并将标志位移入最高位,结果保存到 Rd 中

汇编指令	操　作
RSB{S}. W ＜Rd＞，＜Rn＞，＃＜modify_constant (immed_12)＞	Rd←immed_12 － Rn
RSB{S}. W ＜Rd＞，＜Rn＞，＜Rm＞{，＜shift＞}	Rd←Rm 移位之后－Rn
SBC{S}. W ＜Rd＞，＜Rn＞，＃＜modify_constant (immed_12)＞	Rd←Rn－immed_12 -（C 标志位取反）
SBC{S}. W ＜Rd＞，＜Rn＞，＜Rm＞{，＜shift＞}	Rd←Rn -（Rm 移位之后）-（C 标志位取反）
SBFX. W ＜Rd＞，＜Rn＞，＃＜lsb＞，＃＜width＞	将寄存器 Rn 中从第 lsb 位起始的 width 位拷贝到寄存器 Rd 中，并将符号扩展到 32 位
SDIV＜c＞＜Rd＞,＜Rn＞,＜Rm＞	有符号除法,Rd←Rn/Rm
SEV＜c＞	发送事件
SMLAL. W ＜RdLo＞，＜RdHi＞，＜Rn＞，＜Rm＞	将有符号数 Rm 和 Rn 相乘并将结果符号扩展到 64 位,并与寄存器 RdLo 和 RdHi 中的值相加,结果保存到寄存器 RdLo 和 RdHi 中
SMULL. W ＜RdLo＞，＜RdHi＞，＜Rn＞，＜Rm＞	将有符号数 Rm 和 Rn 相乘并将结果符号扩展到 64 位,高 32 位保存到 RdHi 中,低 32 位保存到 RdLo 中
SSAT. W ＜c＞＜Rd＞，＃＜imm＞，＜Rn＞{，＜shift＞}	有符号饱和操作
STM{IA|DB}. W ＜Rn＞{!}，＜registers＞	批量存储;[Rn…]←registers,Rn 自增或自减并更新
STR. W ＜Rxf＞，[＜Rn＞，＃＜offset_12＞]	[Rn ＋ offset_12]←Rxf
STR. W ＜Rxf＞，[＜Rn＞]，＃＋/- ＜offset_8＞	[Rn]←Rxf, Rn←Rn ＋/- offset_8
STR. W ＜Rxf＞，[＜Rn＞，＜Rm＞{，LSL ＃＜shift＞}]	[Rn ＋ Rm 移位之后]←Rxf
STR. W ＜Rxf＞，[＜Rn＞，＃＋/－＜offset_8＞]{!}	[Rn ＋/－ offset_8]←Rxf,Rn←Rn ＋/－ offset_8
STRT. W ＜Rxf＞，[＜Rn＞，＃＋/－＜offset_8＞]	[Rn ＋/－ offset_8]←Rxf
STRB{T}. W ＜Rxf＞，[＜Rn＞，＃＋/- ＜offset_8＞]{!}	存储字节[7:0];[Rn ＋/- offset_8]←Rxf,Rn←Rn ＋/- offset_8
STRB. W ＜Rxf＞，[＜Rn＞，＃＜offset_12＞]	存储字节[7:0];[Rn ＋ offset_12]←Rxf
STRB. W ＜Rxf＞，[＜Rn＞]，＃＋/- ＜offset_8＞	存储字节[7:0];[Rn]←Rxf,Rn←Rn ＋/- offset_8
STRB. W ＜Rxf＞，[＜Rn＞，＜Rm＞{，LSL ＃＜shift＞}]	存储字节[7:0];[Rn ＋左移 0,1,2,3 位之后 Rm] ←Rxf
STRD. W ＜Rxf＞，＜Rxf2＞，[＜Rn＞，＃＋/- ＜offset_8＞ * 4]{!}	存储双字;[Rn ＋/- offset_8 * 4]← Rxf, Rxf2 带有! 则还有 Rn←Rn ＋/- offset_8 * 4
STRD. W ＜Rxf＞，＜Rxf2＞，[＜Rn＞]，＃＋/- ＜offset_8＞ * 4	存储双字;[Rn]← Rxf, Rxf2,Rn←Rn ＋/- offset_8 * 4
STREX ＜c＞＜Rd＞,＜Rt＞,[＜Rn＞{,＃＜imm＞}]	独占字存储;如果物理地址被标记为由执行处理器独占访问,则进行存储并清除标记,[Rn ＋ imm]←Rt,Rd←0
STREXB ＜c＞＜Rd＞,＜Rt＞,[＜Rn＞]	独占字节存储;如果物理地址被标记为由执行处理器独占访问,则进行存储并清除标记,[Rn]←Rt,Rd←0

汇编指令	操 作
STREXH <c> <Rd>,<Rt>,[<Rn>]	独占半字存储;如果物理地址被标记为由执行处理器独占访问,则进行存储并清除标记,[Rn]←Rt,Rd←0
STRH.W <Rxf>,[<Rn>,#<offset_12>]	存储半字[15:0];[Rn + offset_12]←Rxf
STRH.W <Rxf>,[<Rn>,<Rm>{,LSL #<shift>}]	存储半字[15:0];[Rn+移位0,1,2,3位后的 Rm]←Rxf
STRH{T}.W <Rxf>,[<Rn>,#+/-<offset_8>]{!}	存储半字[15:0];[Rn +/- offset_8]←Rxf,Rn←Rn +/- offset_8
STRH.W <Rxf>,[<Rn>],#+/-<offset_8>	存储半字[15:0];[Rn]←Rxf,Rn←Rn +/- offset_8
SUB{S}.W <Rd>,<Rn>,#<modify_constant (immed_12)>	Rd←Rn - immed_12
SUB{S}.W <Rd>,<Rn>,<Rm>{,<shift>}	Rd←Rn - 移位之后的 Rm
SUBW.W <Rd>,<Rn>,#<immed_12>	Rd←Rn - immed_12
SXTB.W <Rd>,<Rm>{,<rotation>}	将 Rm 中的字节符号扩展到 32 位并保存到 Rd 中
SXTH.W <Rd>,<Rm>{,<rotation>}	将 Rm 中的半字符号扩展到 32 位并保存到 Rd 中
TBB [<Rn>,<Rm>]	字节表跳转;Rn 保存表的基址,Rm 保存表的索引号
TBH [<Rn>,<Rm>,LSL #1]	半字表跳转;Rn 保存表的基址,Rm 保存表的索引号
TEQ.W <Rn>,#<modify_constant(immed_12)>	条件标志←Rn ^ immed_12
TEQ.W <Rn>,<Rm>{,<shift}	条件标志←Rn ^(移位后的 Rm)
TST.W <Rn>,#<modify_constant(immed_12)>	条件标志←Rn & immed_12
TST.W <Rn>,<Rm>{,<shift>}	条件标志← Rn &(移位后的 Rm)
UBFX.W <Rd>,<Rn>,#<lsb>,#<width>	把 Rn 中的从第 lsb 位开始的 width 位零扩展到 32 位,并把结果保存到 Rd
UDIV<c> <Rd>,<Rn>,<Rm>	无符号除法;Rd←Rn / Rm
UMLAL.W <RdLo>,<RdHi>,<Rn>,<Rm>	将无符号数 Rn 和 Rm 相乘扩展到 64 位之后,与寄存器 RdLo 和 RdHi 相加之后保存到 RdLo 和 RdHi 中
UMULL.W <RdLo>,<RdHi>,<Rn>,<Rm>	将无符号数 Rn 和 Rm 相乘扩展到 64 位之后,低 32 位保存到寄存器 RdLo 中,高 32 位保存到寄存器 RdHi 中
USAT <c> <Rd>,#<imm>,<Rn>{,<shift>}	无符号饱和操作
UXTB.W <Rd>,<Rm>{,<rotation>}	将 Rm 中无符号字节拷贝到 Rd 中,并零扩展到 32 位
UXTH.W <Rd>,<Rm>{,<rotation>}	将 Rm 中无符号半字拷贝到 Rd 中,并零扩展到 32 位
WFE.W	等待事件
WFI.W	等待中断

在过去 ARM 汇编语言指令集中,有若干指令没有被 Cortex - M3 处理器支持,包括:

➤ BLX #im 指令,因为 Cortex - M3 处理器没有 ARM 状态;

➤ SETEND 指令,该指令由 ARM v6 体系结构引入,在运行时改变处理器端格式设置(大端或小端),Cortex - M3 不支持动态的端格式修改;

➤ 所有协处理器指令,执行任何协处理器指令都将产生一个 NOCP(NO CoProcessor)错误;

➤ CPS 指令的部分用法,包括 CPS. W ♯mode 和 CPS <IE/ID>. W A,因为 Cortex - M3 没有"A"和"mode"位;

➤ 一些 Hint 指令,包括 DBG、PLD、PLI、YIELD。

## 第 3 章

SAM3U 处理器总线结构和存储系统

为了实现高速数据传输和数据处理,SAM3U 处理器采用了一些专门的技术。其处理器内部带有 2 个独立的 APB/AHB 桥接设备,分别连接高速设备和低速设备;采用 5 层 AHB 总线矩阵,可以允许在不同总线上同时有数据传输。

SAM3U 的内嵌双块 Flash,可以编程选择合适的启动方式。增强的内嵌 Flash 管理器(EEFC),可控制内部 Flash 的编程、锁定和擦除,还提供了安全位、校准位、128 位的唯一标识符和快速编程接口。

本章将详细介绍 SAM3U 处理器的总线结构和存储系统。

3.1 系统总线架构

SAM3U 处理器的系统总线架构如图 1-5 所示。该处理器总线结构中采用了双 APB/AHB 总线桥和 AHB 总线矩阵,使得处理器拥有了非常高的数据传输能力。

3.1.1 双 APB/AHB 桥接器

SAM3U 处理内嵌了两个独立的 APB/AHB 总线桥,一个低速,一个高速。它们的时钟都由主控时钟 MCK 提供。这种结构可以实现在这两个总线桥上同时进行数据存取。如图 1-5 所示,除了 SPI、SSC 和 HSMCI 外,所有外设都连接在低速 APB 总线上。

低速 APB 总线上的 UART、ADC0~1、TWI0~1、USART0~3 和 PWM 设备都有专用的外设 DMA 通道(PDC)。这些外设可以不使用 DMA 控制器。

高速 APB 总线上的 SSC、SPI 和 HSMCI 设备则都没有 PDC 通道,但是可以用 DMA,并可用内部 FIFO 作为 DMA 通道缓冲。

3.1.2 5 层 AHB 总线矩阵

SAM3U 总线结构中有一个 5 层 AHB-总线矩阵(见图 1-5)。该总线矩阵可管理 5 个主控设备和 10 个从控设备,这意味着每个主控设备都可以和其它主控设备同时访问可用的从控设备。

这 5 个主控设备分别是:Cortex－M3 内核的 I/D 总线(I－bus 和 D－bus)、System 总线(S－bus)、外设 DMA 控制器(PDC)、USB 设备高速 DMA 和 DMA 控制器。

10 个从控设备分别是:内部 SRAM0、内部 SRAM1、内部 ROM、内部 Flash0、内部 Flash1、USB 设备高速双端口 RAM(DPR)、NAND Flash 控制器、外部设备接口(EBI)、低速外设总线 APB 和高速外设总线 APB。

以上这些设备都是通过总线矩阵相互连接的。所有的主控设备都能正常地访问所有的从控设备。不过,有一些访问是没有意义的,例如 USB 设备高速 DMA 访问片上外设。因此,这些通道是禁止的或者是简单地不连接。它们之间的连接关系如表 3－1 所列,其中"—"表示不连接,"X"表示连接。

表 3－1　主控主设备访问从控设备的通道

从控设备　　　　　　　　主控设备	Cortex－M3 I/D 总线	Cortex－M3 S 总线	PDC	USB 设备高速 DMA	DMA 控制器
内部 SRAM0	—	X	X	X	X
内部 SRAM1	—	X	X	X	X
内部 ROM	X	—	X	X	X
内部 Flash0	X	—	—	—	X
内部 Flash1	X	—	—	—	—
USB 设备高速端口 RAM(DPR)		X	—	—	—
NAND Flash 控制器 RAM	—	X	X	X	—
外部总线接口		X	X	X	X
低速外设桥(AHB/APB 桥)	—	X	X		
高速外设桥(AHB/APB 桥)		X	X		

3.2　存储器的组织与映射

3.2.1　存储系统组织

Cortex－M3 处理器的存储系统采用统一编址方式,程序存储器、数据存储器、寄存器以及输入/输出端口被组织在同一个 4 GB 的线性地址空间内,以小端方式存放,如图 3-1 所示。图中左侧上部所列出的地址范围已固定分配给处理器系统控制寄存器(详见 3.5 节)、位段区域、位段别名等。其中片内 Flash 的起始地址为 0x00000000,片内 SRAM 的起始地址是 0x20000000。

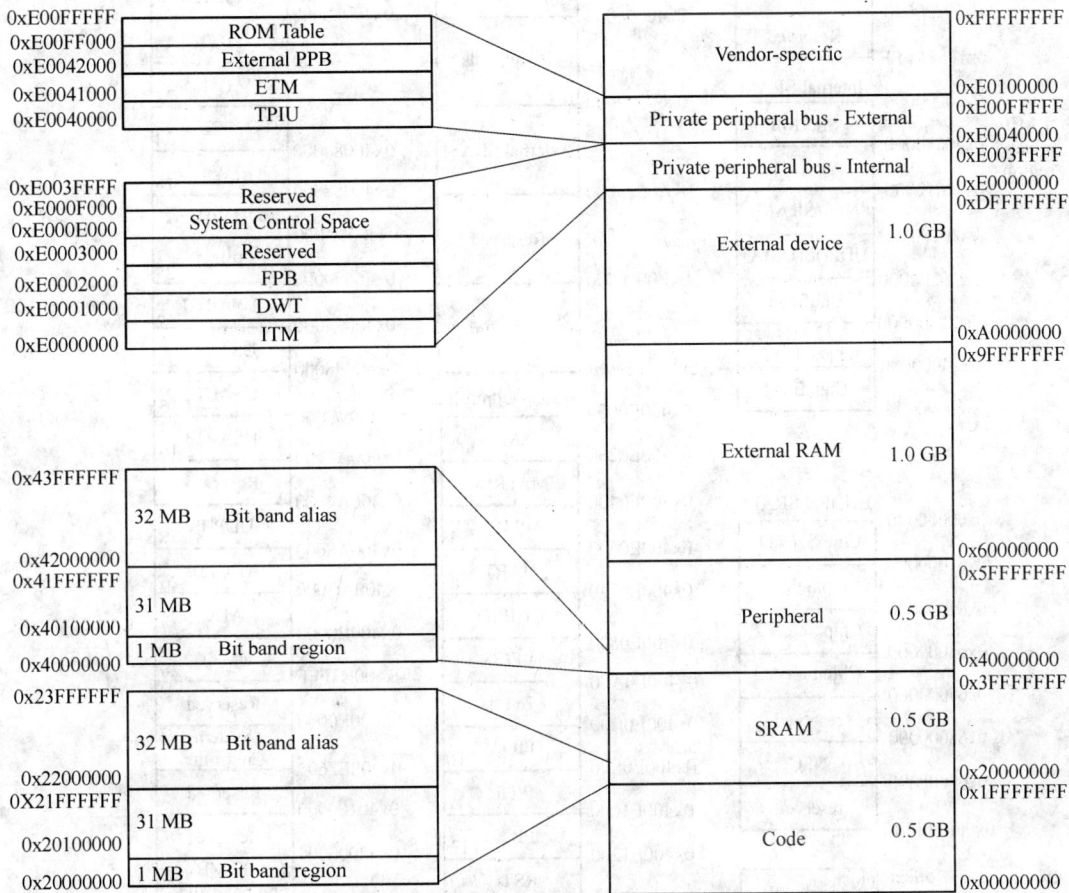

图 3-1 Cortex-M3 处理器的存储映射

SAM3U 处理器的存储系统组织、片上存储系统、片上外围设备的地址映射如图 3-2 所示。

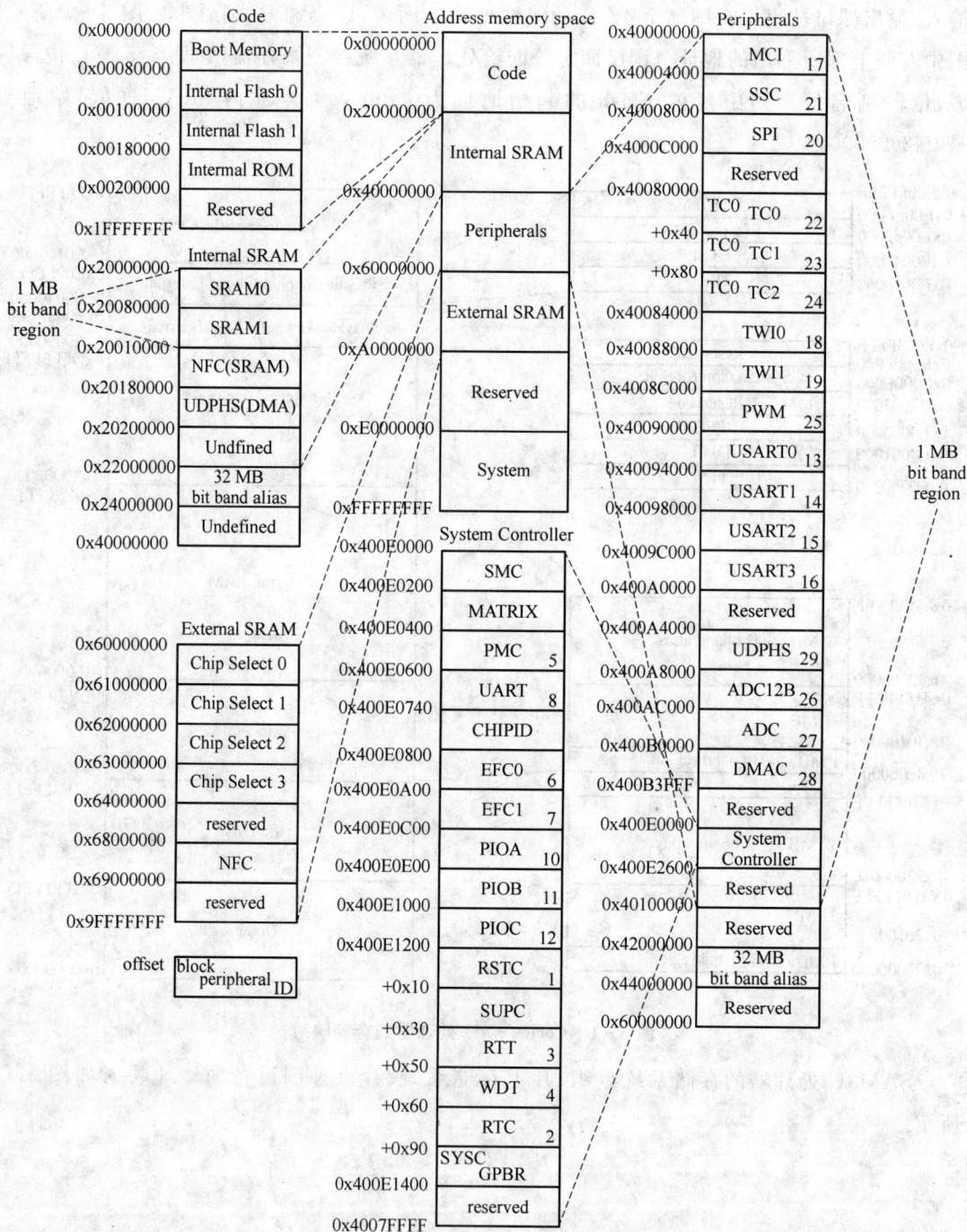

图 3 - 2 SAM3U 处理器的存储映射

3.2.2　片上存储系统

SAM3U 处理器的片上存储系统有内部 SRAM、ROM 和 Flash,不同型号的 SAM3U 处理器的配置有所不同。

1. 内部 SRAM

➢ SAM3U4(256 KB 内部 Flash)内嵌了 48 KB 的高速 SRAM(32 KB SRAM0 和 16 KB SRAM1)。

➢ SAM3U2(128 KB 内部 Flash)内嵌了 32 KB 的高速 SRAM(16 KB SRAM0 和 16 KB SRAM1)。

➢ SAM3U1(64 KB 内部 Flash)内嵌了 16 KB 的高速 SRAM(8 KB SRAM0 和 8 KB SRAM1)。

所有的 SRAM0 都从 0x20000000 地址开始,SRAM1 则从 0x20080000 地址开始。用户所看到的 SRAM 是连续的。SRAM0 和 SRAM1 都在位段区,其对应的位段别名区的地址从 0x22000000 到 0x23FFFFFF,关于位段别名请参考 3.3 节。

NAND Flash 控制器内嵌了 4 224 字节的内部 SRAM。如果 NAND Flash 控制器没被使用,那么这 4 224 字节的 SRAM 可以作为一般用途,它从地址 0x20100000 开始。

2. 内部 ROM

SAM3U 系列产品内嵌了一个内部 ROM,它包含了 SAM - BA(ATMEL 的在线编程工具)启动程序和 FFPI 程序。任何时候,ROM 区的地址映射都从 0x00180000 开始。

3. 内嵌 Flash

➢ SAM3U4(256 KB 内部 Flash)Flash 的组织形式:两块存储区各 512 页(双存储平面),每页 256 字节。

➢ SAM3U2(128 KB 内部 Flash) Flash 的组织形式:一块存储区有 512 页(单存储平面),每页 256 字节。

➢ SAM3U1(64 KB 内部 Flash)Flash 的组织形式:一块存储区有 256 页(单存储平面),每页 256 字节。

Flash 有一个 128 字节的写缓冲,可通过一个 32 位接口访问。

内嵌 Flash 由增强内嵌 Flash 控制器(EEFC)来管理,它包含一个用户接口,可读 Flash 和向写缓冲器中写数据,将存储器控制器映射到 APB 上。它还有一套命令来实现 Flash 的编程、擦除、锁定和解锁。

SAM3U 还有一个快速 Flash 编程接口(FFPI),可以使用串行 JTAG 接口或多工全握手并行接口对内部 Flash 进行编程。FFPI 支持读、页编程、页擦除、全擦除、锁定、解锁和保护命令。该接口允许使用符合市场标准的工业编程器对 SAM3U 处理器进行批量编程。

关于 EEFC 和 FFPI 的详细内容可参考 11.1 节。

3.2.3 片外存储系统

SAM3U 处理器提供的接口,可以连接与多种外部存储设备和任何并行外设。SAM3U 内部包括以下控制器,用于实现与外部存储器的连接。

1. 静态存储控制器(SSC)

- 8 或 16 位数据总线。
- 多达 24 位的地址总线(每个芯片可以选择多达 16 MB 的空间)。
- 多达 4 个芯片选择,其分配可配置。
- 支持多种访问模式。
  - 字节写或字节选择线。
- 与多种设备兼容。
  - 可编程设置每个存储区的信号设置时间、脉冲时间和保持时间。
- 多等待状态管理。
  - 等待状态的产生可编程设置;
  - 外部等待请求;
  - 数据浮动时间可编程设置。
- 支持慢时钟模式。

2. NAND Flash 控制器

- 通过 4 224 字节的 SRAM 缓冲器处理自动的读/写传输。
- 支持 DMA。
- 支持 SLC NAND Flash 技术。
- 可对每一个片选的时序进行编程设置。
- 可编程选择 Flash 数据位宽为 8 位或 16 位。

3. NAND Flash 纠错码(ECC)控制器

- 集成在 NAND Flash 控制器中。
- 一位纠错位和两位随机检测位。
- 写数据时能自动计算海明编码。
  - ECC 值在寄存器中有效。
- 读数据时有自动海明编码计算。
  - 错误报告,包括错误标志、可修正的错误标志和被检测到错误的字地址;
  - 支持 8 或 16 位的 NAND Flash 设备,支持每页 512、1 024、2 048 或 4 096 字节。

3.3 位 段

Cortex-M3 存储空间中包括两个位段(bit-band)区,它们分别为 SRAM 区的最低 1 MB空间和外设存储区的最低 1 MB 空间。这两个位段区分别与两个 32 M 的位段别名(bit-band alias)区对应,位段区中的每一位映射到位段别名区中的一个字。通过对别名区中某个字的读写操作可以实现对位段区中某一位的读/写操作。位段区与位段别名区的映射关系如图 3-3 所示。

32 MB alias region

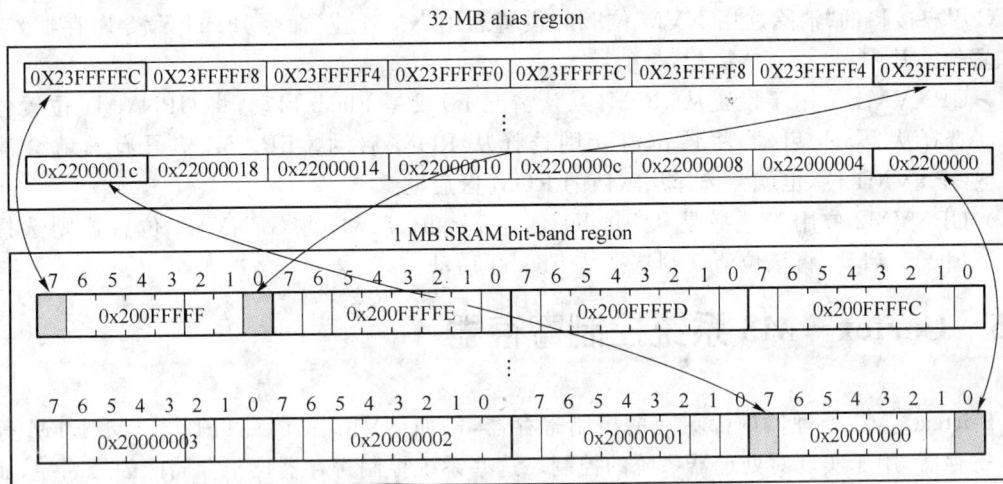

图 3-3 位段区与别名区的映射关系

下面的映射公式给出了位段别名区中的每个字是如何与位段区的每位相对应的:

bit_word_addr = bit_band_base + (byte_offset x 32) + bit_number × 4

其中:

➢ bit_word_addr 是别名区中字的地址,它映射到位段区的某个目标位;

➢ bit_band_base 是别名区的起始地址;

➢ byte_offset 是包含目标位的字节在位段里的序号;

➢ bit_number 是目标位所在位置(0—31)。

例如,SRAM 位段区中地址为 0x20000300 的字节中的位 2 被映射到别名区中的地址为 0x22006008(=0x22000000+(0x300×32)+(2×4))的字。

对别名区中某个字进行写操作:该字的第 0 位将影响位段区中对应的位,例如对某个字写 0xFF 或 0x01 则对应的位将被置为 1,写 0xFE 或 0x00 则对应的位被置为 0。对别名区中某个字进行读操作:若位段区中对应的位为 0,则读的结果为 0x00;若位段区中对应的位为 1,则读的结果为 0x01。

位段别名区的地址段并无实际的物理存储器与之对应,它只是位段的别名而已。通过对别名区的读/写可以实现对位段区中每一位的原子操作,而且仅只需要一条指令即可实现。无论是汇编语言还是 C 语言,这对于很多位操作而言将非常方便快捷,例如读/写 GPIO 的某个位、设置控制寄存器的某个位、读取状态寄存器的某个位等操作。

3.4 启动机制

SAM3U 处理器通常是从 0x0 地址处开始启动的。可以通过设置 GPNVM 位(通用功能非易失性存储位)来改变存储器的布局,使系统可以从不同地方启动。GPNVM 位可以通过 EEFC 用户接口的"清除通用 NVM 位"和"设置通用 NVM 位"命令(Flash 命令寄存器)来清除和置位。其中:

➤ GPNVM1 位用于设置从 ROM(默认情况下)或是 Flash 启动,将 GPNVM1 位置位则选择从 Flash 启动,将该位清 0 则选择从 ROM 启动。ERASE 信号有效就会清除 GPNVM1 位,也就会选择从默认的 ROM 区启动。

➤ GPNVM2 位用于选择是从 Flash0 还是 Flash1 启动,将 GPNVM2 位置位则选择从 Flash1 启动,将该位清 0 则选择从 Flash0 启动。

3.5 Cortex - M3 系统控制寄存器

Cortex - M3 处理器内部单元的控制寄存器,例如 NVIC、MPU、TPIU、ITM、ETM 等的控制寄存器,用于实现对处理器系统的控制。这些系统控制寄存器位于存储区的最高端,而且地址是固定分配的,任何 IC 厂商的 Cortex - M3 处理器,都具有统一的系统控制寄存器地址,其地址范围可参考 3.2 节。这为应用程序在不同 IC 厂商的 Cortex - M3 处理器之间的移植提供了便利条件。

下面以列表形式给出处理器内部的控制寄存器,以供读者在对 Cortex - M3 进行编程和调试时查用。如需了解某个寄存器的详细功能及设置,可查阅 Cortex - M3 技术手册。

表 3 - 2 列出了所有 NVIC 寄存器的名称、地址和初始值,各寄存器相关功能的详细内容可参考第 4 章。

表 3 - 2   NVIC 寄存器

寄存器名	类 型	地 址	初始值
Interrupt Control Type Register	只读	0xE000E004	与定义的中断数相关
SysTick Control and Status Register	读/写	0xE000E010	0x00000000
SysTick Reload Value Register	读/写	0xE000E014	不确定
SysTick Current Value Register	读/写、清除	0xE000E018	不确定
SysTick Calibration Value Register	只读	0xE000E01C	STCALIB 寄存器值

寄存器名	类 型	地 址	初始值
Irq 0 to 31 Set Enable Register	读/写	0xE000E100～0xE000E11B	0x00000000
Irq 224 to 239 Set Enable Register	读/写	0xE000E11C	0x00000000
Irq 0 to 31 Clear Enable Register	读/写	0xE000E180～0xE000E19B	0x00000000
Irq 224 to 239 Clear Enable Register	读/写	0xE000E19C	0x00000000
Irq 0 to 31 Set Pending Register	读/写	0xE000E200～0xE000E21B	0x00000000
Irq 224 to 239 Set Pending Register	读/写	0xE000E21C	0x00000000
Irq 0 to 31 Clear Pending Register	读/写	0xE000E280～0xE000E29B	0x00000000
Irq 224 to 239 Clear Pending Register	读/写	0xE000E29C	0x00000000
Irq 0 to 31 Active Bit Register	只读	0xE000E300～0xE000E31B	0x00000000
Irq 224 to 239 Active Bit Register	只读	0xE000E31C	0x00000000
Irq 0 to 31 Priority Register	读/写	0xE000E400～0xE000E41F	0x00000000
Irq 236 to 239 Priority Register	读/写	0xE000E4F0	0x00000000
CPUID Base Register	只读	0xE000ED00	0x411FC231
Interrupt Control State Register	读/写或只读	0xE000ED04	0x00000000
Vector Table Offset Register	读/写	0xE000ED08	0x00000000
Application Interrupt/Reset Control Register	读/写	0xE000ED0C	0x00000000
System Control Register	读/写	0xE000ED10	0x00000000
Configuration Control Register	读/写	0xE000ED14	0x00000000
System Handlers 4 - 7 Priority Register	读/写	0xE000ED18	0x00000000
System Handlers 8 - 11 Priority Register	读/写	0xE000ED1C	0x00000000
System Handlers 12 - 15 Priority Register	读/写	0xE000ED20	0x00000000
System Handler Control and State Register	读/写	0xE000ED24	0x00000000
Configurable Fault Status Registers	读/写	0xE000ED28	0x00000000
Hard Fault Status Register	读/写	0xE000ED2C	0x00000000
Debug Fault Status Register	读/写	0xE000ED30	0x00000000
Mem Manage Address Register	读/写	0xE000ED34	不确定
Bus Fault Address Register	读/写	0xE000ED38	不确定
Auxiliary Fault Status Register	读/写	0xE000ED3C	0x00000000
PFR0：Processor Feature register0	只读	0xE000ED40	0x00000030
PFR1：Processor Feature register1	只读	0xE000ED44	0x00000200
DFR0：Debug Feature register0	只读	0xE000ED48	0x00100000

寄存器名	类 型	地 址	初始值
AFR0：Auxiliary Feature register0	只读	0xE000ED4C	0x00000000
MMFR0：Memory Model Feature register0	只读	0xE000ED50	0x00000030
MMFR1：Memory Model Feature register1	只读	0xE000ED54	0x00000000
MMFR2：Memory Model Feature register2	只读	0xE000ED58	0x00000000
MMFR3：Memory Model Feature register3	只读	0xE000ED5C	0x00000000
ISAR0：ISA Feature register0	只读	0xE000ED60	0x01141110
ISAR1：ISA Feature register1	只读	0xE000ED64	0x02111000
ISAR2：ISA Feature register2	只读	0xE000ED68	0x21112231
ISAR3：ISA Feature register3	只读	0xE000ED6C	0x01111110
ISAR4：ISA Feature register4	只读	0xE000ED70	0x01310102
Software Trigger Interrupt Register	只写	0xE000EF00	—
Peripheral identification register （PID4）	只读	0xE000EFD0	0x04
Peripheral identification register （PID5）	只读	0xE000EFD4	0x00
Peripheral identification register （PID6）	只读	0xE000EFD8	0x00
Peripheral identification register （PID7）	只读	0xE000EFDC	0x00
Peripheral identification register Bits [7:0] （PID0）	只读	0xE000EFE0	0x00
Peripheral identification register Bits [15:8] （PID1）	只读	0xE000EFE4	0xB0
Peripheral identification register Bits [23:16] （PID2）	只读	0xE000EFE8	0x1B
Peripheral identification register Bits [31:24] （PID3）	只读	0xE000EFEC	0x00
Component identification register Bits [7:0] （CID0）	只读	0xE000EFF0	0x0D
Component identification register Bits [15:8] （CID1）	只读	0xE000EFF4	0xE0
Component identification register Bits [23:16] （CID2）	只读	0xE000EFF8	0x05
Component identification register Bits [31:24] （CID3）	只读	0xE000EFFC	0xB1

表 3 - 3 列出了所有核调试寄存器的名称、地址和初始值。

表 3 - 3 Core Debug 寄存器

寄存器名	类 型	地 址	初始值
Debug Halting Control and Status Register	读/写	0xE000EDF0	0x00000000
Debug Core Register Selector Register	只写	0xE000EDF4	—
Debug Core Register Data Register	读/写	0xE000EDF8	—
Debug Exception and Monitor Control Register	读/写	0xE000EDFC	0x00000000

表3-4列出了 Flash 转换及断点单元(FPB)寄存器的名称、地址和初始值。

表 3-4 FPB 寄存器

寄存器名	类 型	地 址	初始值
FP_CTRL, Flash Patch Control Register	读/写	0xE0002000	Bit [0]为 0
FP_REMAP, Flash Patch Remap Register	读/写	0xE0002004	—
FP_COMP0, Flash Patch Comparator Registers	读/写	0xE0002008	Bit [0]为 0
FP_COMP1, Flash Patch Comparator Registers	读/写	0xE000200C	Bit [0]为 0
FP_COMP2, Flash Patch Comparator Registers	读/写	0xE0002010	Bit [0]为 0
FP_COMP3, Flash Patch Comparator Registers	读/写	0xE0002014	Bit [0]为 0
FP_COMP4, Flash Patch Comparator Registers	读/写	0xE0002018	Bit [0]为 0
FP_COMP5, Flash Patch Comparator Registers	读/写	0xE000201C	Bit [0]为 0
FP_COMP6, Flash Patch Comparator Registers	读/写	0xE0002020	Bit [0]为 0
FP_COMP7, Flash Patch Comparator Registers	读/写	0xE0002024	Bit [0]为 0
PID4	只读	0xE0002FD0	—
PID5	只读	0xE0002FD4	—
PID6	只读	0xE0002FD8	—
PID7	只读	0xE0002FDC	—
PID0	只读	0xE0002FE0	—
PID1	只读	0xE0002FE4	—
PID2	只读	0xE0002FE8	—
PID3	只读	0xE0002FEC	—
CID0	只读	0xE0002FF0	—
CID1	只读	0xE0002FF4	—
CID2	只读	0xE0002FF8	—
CID3	只读	0xE0002FFC	—

表3-5列出了 DWT 寄存器的名称、地址和初始值。

表 3-5 DWT 寄存器

寄存器名	类 型	地 址	初始值
DWT_CTRL, DWT Control Register	读/写	0xE0001000	0x00000000
DWT_CYCCNT, DWT Current PC Sampler Cycle Count Register	读/写	0xE0001004	0x00000000
DWT_CPICNT, DWT Current CPI Count Register	读/写	0xE0001008	—

寄存器名	类 型	地 址	初始值
DWT_ EXCCNT, DWT Current Interrupt Overhead Count Register	读/写	0xE000100C	—
DWT_SLEEPCNT,DWT Current Sleep Count Register	读/写	0xE0001010	—
DWT_LSUCNT,DWT Current LSU Count Register	读/写	0xE0001014	—
DWT_FOLDCNT,DWT Current Fold Count Register	读/写	0xE0001018	—
DWT_PCSR,DWT PC Sample Register	只读	0xE000101C	—
DWT_COMP0,DWT Comparator Register	读/写	0xE0001020	—
DWT_MASK0,DWT Mask Registers	读/写	0xE0001024	—
DWT_FUNCTION0,DWT Function Registers	读/写	0xE0001028	0x00000000
DWT_COMP1,DWT Comparator Register	读/写	0xE0001030	—
DWT_MASK1,DWT Mask Registers	读/写	0xE0001034	—
DWT_FUNCTION1,DWT Function Registers	读/写	0xE0001038	0x00000000
DWT_COMP2,DWT Comparator Register	读/写	0xE0001040	—
DWT_MASK2,DWT Mask Registers	读/写	0xE0001044	—
DWT_FUNCTION2,DWT Function Registers	读/写	0xE0001048	0x00000000
DWT_COMP3,DWT Comparator Register	读/写	0xE0001050	—
DWT_MASK30,DWT Mask Registers	读/写	xE0001054	—
DWT_FUNCTION3,DWT Function Registers	读/写	0xE0001058	0x00000000
PID4	只读	0xE0001FD0	0x04
PID5	只读	0xE0001FD4	0x00
PID6	只读	0xE0001FD8	0x00
PID7	只读	0xE0001FDC	0x00
PID0	只读	0xE0001FE0	0x02
PID1	只读	0xE0001FE4	0xB0
PID2	只读	0xE0001FE8	0x1B
PID3	只读	0xE0001FEC	0x00
CID0	只读	0xE0001FF0	0x0D
CID1	只读	0xE0001FF4	0xE0
CID2	只读	0xE0001FF8	0x05
CID3	只读	0xE0001FFC	0xB1

表 3-6 列出了 ITM 寄存器的名称、地址和初始值。

表 3 - 6　ITM 寄存器

寄存器名	类　型	地　址	初始值
Stimulus Ports 0 - 31	读/写	0xE0000000～0xE000007C	—
Trace Enable	读/写	0xE0000E00	0x00000000
Trace Privilege	读/写	0xE0000E40	0x00000000
Trace Control Register	读/写	0xE0000E80	0x00000000
Integration Write	只写	0xE0000EF8	0x00000000
Integration Read	只读	0xE0000EFC	0x00000000
Integration Mode Control	读/写	0xE0000F00	0x00000000
Lock Access Register	只写	0xE0000FB0	0x00000000
Lock Status Register	只读	0xE0000FB4	0x00000003
PID4	只读	0xE0000FD0	0x00000004
PID5	只读	0xE0000FD4	0x00000000
PID6	只读	0xE0000FD8	0x00000000
PID7	只读	0xE0000FDC	0x00000000
PID0	只读	0xE0000FE0	0x00000001
PID1	只读	0xE0000FE4	0x000000B0
PID2	只读	0xE0000FE8	0x0000001B
PID3	只读	0xE0000FEC	0x00000000
CID0	只读	0xE0000FF0	0x0000000D
CID1	只读	0xE0000FF4	0x000000E0
CID2	只读	0xE0000FF8	0x00000005
CID3	只读	0xE0000FFC	0x000000B1

表 3 - 7 列出了 AHB - AP(Advanced High - performance Bus Access Port)寄存器的名称、地址和初始值。

表 3 - 7　AHB - AP 寄存器

寄存器名	类　型	地　址	初始值
Control and Status Word	读/写	0x00	See Register
Transfer Address	读/写	0x04	0x00000000
Data	读/写	0x0C	—
Banked Data 0	读/写	0x10	—
Banked Data 1	读/写	0x14	—

续表 3 - 2

寄存器名	类 型	地 址	初始值
Banked Data 2	读/写	0x18	—
Banked Data 3	读/写	0x1C	—
Debug ROM Address	只读	0xF8	0xE000E000
Identification Registe r	只读	0xFC	0x14770011

表 3 - 8 列出了 Debug interface port 寄存器的名称。关于调试接口的内容可以参考 Cortex - M3 技术手册中调试端口的部分。

表 3 - 8　Debug interface port 寄存器

寄存器名	SWJ - DP	SW - DP	描　　述
ABORT	是	是	Abort Register
IDCODE	是	是	Identification Code Register
CTRL/STAT	是	是	Control/Status Register
SELECT	是	是	Select Register
RDBUFF	是	是	Read Buffer Register
WCR	否	是	Wire Control Register
RESEND	否	是	Read Resend Register

表 3 - 9 列出了 MPU 寄存器的名称、地址和初始值,详细介绍见 5.1 节。

表 3 - 9　MPU 寄存器

寄存器名	类 型	地 址	初始值
MPU Type Register	只读	0xE000ED90	0x00000800
MPU Control Register	读写	0xE000ED94	0x00000000
MPU Region Number register	读/写	0xE000ED98	—
MPU Region Base Address register	读/写	0xE000ED9C	—
MPU Region Attribute and Size registers	读/写	0xE000EDA0	—
MPU Alias 1 Region Base Address register	D9C 的别名	0xE000EDA4	—
MPU Alias 1 Region Attribute and Size register	DA0 的别名	0xE000EDA8	—
MPU Alias 2 Region Base Address register	D9C 的别名	0xE000EDAC	—
MPU Alias 2 Region Attribute and Size register	DA0 的别名	0xE000EDB0	—
MPU Alias 3 Region Base Address register	D9C 的别名	0xE000EDB4	—
MPU Alias 3 Region Attribute and Size register	DA0 的别名	0xE000EDB8	—

表 3－10 列出了 TPIU 寄存器的名称、地址和初始值。

表 3－10　TPIU 寄存器

寄存器名	类型	地址	初始值
Supported Sync Port Sizes Register	只读	0xE0040000	0bxx0x
Current Sync Port Size Register	读/写	0xE0040004	0x01
Async Clock Prescaler Register	读/写	0xE0040010	0x0000
Selected Pin Protocol Register	读/写	0xE00400F0	0x01
Formatter and Flush Status Register	读/写	0xE0040300	0x08
Formatter and Flush Control Register	只读	0xE0040304	0x00 或 0x102
Formatter Synchronization Counter Register	只读	0xE0040308	0x00
Integration Register：ITATBCTR2	只读	0xE0040EF0	0x0
Integration Register：ITATBCTR0	只读	0xE0040EF8	0x0

表 3－11 列出了 ETM 寄存器的名称、类型和地址。

表 3－11　ETM 寄存器

寄存器名	类　型	地　址	存在否
ETM Control	读/写	0xE0041000	是
Configuration Code	只读	0xE0041004	是
Trigger event	只写	0xE0041008	是
ASIC Control	只写	0xE004100C	否
ETM Status	只读或读/写	0xE0041010	是
System Configuration	只读	0xE0041014	是
TraceEnable	只写	0xE0041018，0xE004101C	否
TraceEnable Event	只写	0xE0041020	是
TraceEnable Control 1	只写	0xE0041024	是
FIFOFULL Region	只写	0xE0041028	否
FIFOFULL Level	只写或读/写	0xE004102C	是
ViewData	只写	0xE0041030～0xE004103C	否
Address Comparators	只写	0xE0041040～0xE004113C	否
Counters	只写	0xE0041140～0xE004157C	否
Sequencer	读/写	0xE0041180～0xE0041194，0xE0041198	否
External Outputs	只写	0xE00411A0～0xE00411AC	否

续表 3 - 11

寄存器名	类　型	地　址	存在否
CID Comparators	只写	0xE00411B0～0xE00411BC	否
Implementation specific	只写	0xE00411C0～0xE00411DC	否
Synchronization Frequency	只写	0xE00411E0	否
ETM ID	只读	0xE00411E4	是
Configuration Code Extension	只读	0xE00411E8	是
Extended External Input Selector	只写	0xE00411EC	否
TraceEnable Start/Stop Embedded ICE	读/写	0xE00411F0	是
Embedded ICE Behavior Control	只写	0xE00411F4	否
CoreSight Trace ID	读/写	0xE0041200	是
OS Save/Restore	只写	0xE0041304～0xE0041308	否
ITMISCIN	只读	0xE0041EE0	是
ITTRIGOUT	只写	0xE0041EE8	是
ITATBCTR2	只读	0xE0041EF0	是
ITATBCTR0 Yes	只写	0xE0041EF8	是
Integration Mode Control	读/写	0xE0041F00	是
Claim Tag	读/写	0xE0041FA0～0xE0041FA4	是
Lock Access	只写	0xE0041FB0～0xE0041FB4	是
Authentication Status	只读	0xE0041FB8	是
Device Type	只读	0xE0041FCC	是
Peripheral ID 4	只读	0xE0041FD0	是
Peripheral ID 5	只读	0xE0041FD4	是
Peripheral ID 6	只读	0xE0041FD8	是
Peripheral ID 7	只读	0xE0041FDC	是
Peripheral ID 0	只读	0xE0041FE0	是
Peripheral ID 1	只读	0xE0041FE4	是
Peripheral ID 2	只读	0xE0041FE8	是
Peripheral ID 3	只读	0xE0041FEC	是
Component ID 0	只读	0xE0041FF0	是
Component ID 1	只读	0xE0041FF4	是
Component ID 2	只读	0xE0041FF8	是
Component ID 3	只读	0xE0041FFC	是

3.6 芯片标识

通过芯片标识符(CHPID)寄存器可以识别设备及其版本号,这些寄存器提供了片上存储器的大小和类型及内嵌外设的信息。

SAM3U 内嵌的芯片标识符寄存器有 2 个:CHIPID_CIDR(芯片 ID 寄存器,地址为 0x400E0740)和 CHIPID_EXID(扩展 ID,地址为 0x400E0744)。这 2 个寄存器都包含有一个硬连接(hard - wired)值,其值均为只读。第一个寄存器包含如下域:

EXT——指示扩展标识符寄存器是否使用。

NVPTYP 和 NVPSIZ——识别内嵌的非易失型存储器的类型和大小。

ARCH——嵌入式外设集合标识。

SRAMSIZ——指示内嵌 SRAM 的大小。

EPROC——指示嵌入式 ARM 处理器。

版本——芯片的版本号。

第二个寄存器是独立于设备的,如果第一个寄存器的 EXT 位为 0,则读取第二个寄存器的返回值为 0。

不同型号 SAM3U 处理器 CHIPID 的内容如表 3 - 12 所列。

表 3 - 12　SAM3U 芯片 ID 寄存器

芯片型号	Flash 大小/KB	引脚数	CHIPID_CIDR	CHIPID_EXID
SAM3U4C(Rev A)	256	100	0x28000960	0x0
SAM3U2C(Rev A)	128	100	0x280A0760	0x0
SAM3U1C(Rev A)	64	100	0x28090560	0x0
SAM3U4E(Rev A)	256	144	0x28100960	0x0
SAM3U2E(Rev A)	128	144	0x281A0760	0x0
SAM3U1E(Rev A)	64	144	0x28190560	0x0

第4章

Cortex – M3 的异常处理

Cortex – M3 处理器核以及处理器内部紧耦合的 NVIC,实现对所有异常进行优先级划分和处理。所有的异常处理均在 Handler 模式下进行。Cortex – M3 处理器以下的一些特性,提高了处理异常的效率并降低了时间的延迟。

- ➤ NVIC 和 Cortex – M3 核紧密耦合,可尽早处理中断,尤其是对于后发生的更高优先级中断;
- ➤ 处理器状态的自动保存和恢复。当出现异常时,处理器的状态被自动保存到栈中,在中断服务子程序(ISR)结束之后,又会自动从栈中恢复处理器的状态。
- ➤ 读取中断向量表与保存处理器状态并行处理,大大提高了进入中断处理的效率。
- ➤ 采用了尾链(Tail – Chaining)技术,当处理背靠背的中断时,不需在两个中断服务子程序之间进行入栈和出栈操作,而是继续执行。
- ➤ 可动态重设中断优先级;外部中断的数目可灵活配置,从 1 到 240。中断的数目和优先级可在执行时配置,可通过软件配置中断的数目以及设置优先级所需的位数。
- ➤ 为 Handler 和 Thread 模式分别提供独立的栈和访问等级;
- ➤ ISR 调用采用 C/C++标准 ARM 体系结构过程调用标准(AAPCS);
- ➤ 可屏蔽优先级以支持临界区。

本章将详细介绍 Cortex – M3 处理器的异常处理,包括异常的类型、优先级、向量表、处理过程、抢占、尾链、迟到等技术。这些内容将会对读者使用 Cortex – M3 异常处理、设计 Cortex – M3 中断处理服务程序有帮助。

限于篇幅,在本章中不对所涉及到的一些具体的系统控制寄存器作详细介绍,读者如需了解可参考 3.5 节和 10.1 节,还可查阅 Cortex – M3 手册和 SAM3U 处理器手册。

4.1 异常的类型

Cortex – M3 处理器将复位、不可屏蔽中断、故障(Fault)、外部中断都统称为异常,因此异常有多种类型。其中,故障(Fault)是指令执行时由于错误的条件所导致的异常。故障可以分为同步和异步的,同步故障是指当指令产生错误时就同时向指令报告错误,而异步故障则是指无法保证同时报告错误,例如执行 STR 指令出现的故障。ARM v7 - M 体系结构支持同步和异步故障,一般的故障都是同步的,ARM v7 - M 结构还支持不精确总线异步故障。如果希望详细了解相关细节可参考 ARM v7 - M 体系结构参考手册。

每个异常都有唯一的编号,编号 1~15 的为系统异常,大于等于 16 的则全是外部中断,注意这里没有编号为 0 的异常。表 4 - 1 列出了异常的类型,位置和优先级。位置是指中断向量在中断向量表中的位置,是相对中断向量表开始处的字偏移。优先级的值越小,优先级越高。

表 4 - 1 异常的类型

异常类型	偏 移	优先级	描 述
—	0	—	复位时,加载向量表中第一项内容作为栈顶地址
复位	1	−3(最高)	电源开启和热复位时调用,在执行第一条指令时,优先级下降到最低(Thread 模式)
不可屏蔽中断	2	−2	除了复位,它不能被其它任何中断中止或抢占
硬故障	3	−1	如果故障由于优先级或可配置的故障处理程序被禁止而不能激活时,此时所有这些故障均成为硬故障,同步故障
存储管理	4	可配置[a]	存储保护单元(MPU)不匹配,包括不可访问和不匹配,同步故障;也用于 MPU 不可用或不存在的情况,以支持默认存储映射的从不执行(Executable Never, XN)区域
总线故障	5	可配置[b]	预取出错,存储器访问错误,以及其它地址/存储器相关的错误;当为精确的总线故障时是同步故障,不精确时为异步故障
应用故障	6	可配置	应用错误,如执行未定义的指令或试图进行非法的状态转换,同步故障
—	7—10	—	保留
SVCall	11	可配置	使用 SVC 指令进行系统服务调用,同步故障
调试监视异常	12	可配置	调试监视异常(当没有停止时),同步故障,但只在允许时有效;如果它的优先级比当前激活的处理程序的优先级更低,则它不能激活
—	13	—	保留
PendSV	14	可配置	系统服务的可挂起请求,异步故障,只能由软件挂起
SysTick	15	可配置	用于系统嘀嗒定时器,异步故障
外部中断	≥16	可配置	由核外发出的中断,INTISR[239:0],传递给 NVIC,都为异步故障

注:a. 该异常的优先级可调整,NVIC 优先级可设置范围是 0~N,N 为可执行的最高优先级。在这里,用户可配置的最高优先级为 4。

b. 可以允许或禁止该异常。

4.2 异常的优先级

在处理器处理异常时,优先级决定了处理器何时以及如何进行异常处理。Cortex - M3 处理器软件设置中断优先级以及对其进行分组。

4.2.1　优先级

Cortex－M3 中有 3 个系统异常：复位、NMI 以及硬 Fault。它们的优先级是固定的（如表 4－1 所列），其优先级号是负数，高于所有其它异常。而其它异常的优先级则都是可编程的（但不能编程为负数）。

NVIC 支持通过软件设置优先级。通过写中断优先级寄存器的 PRI_N 字段可以设置优先级，范围为 0~255。硬件优先级随着中断号的增加而降低，优先级 0 为最高优先级，255 为最低优先级。通过软件设置的优先级权限高于硬件优先级，也就是软件设置可以修改优先级。例如，如果设置 IRQ[0] 的优先级为 1，IRQ[31] 的优先级为 0，则 IRQ[31] 的优先级比 IRQ[0] 的高。

当多个中断具有相同的优先级时，拥有最小中断号的挂起中断优先执行。例如，IRQ[0] 和 IRQ[1] 的优先级都为 1，则 IRQ[0] 优先执行。

4.2.2　优先级分组

为了能更好地对大量的中断进行优先级管理和控制，NVIC 支持优先级分组。通过设定应用中断和复位控制寄存器中的 PRIGROUP 字段，可以将 PRI_N 字段分成两部分：抢占优先级和次要优先级，如表 4－2 所列。抢占优先级可认为是优先级分组，当多个挂起的异常具有相同的抢占优先级时，次要优先级就起作用。优先级分组和次要优先级共同作用确定异常的优先级。当两个挂起的异常具有完全相同的优先级时，硬件位置编号低的异常优先被激活。

表 4－2　优先级分组（中断优先级字段 PRI_N[7:0]）

PRIGROUP[2:0]	分隔点位置	抢占优先级字段	次要优先级字段	占先优先级数量	次要优先级数量
B000	bxxxxxxx.y	[7:1]	[0]	128	2
B001	bxxxxxx.yy	[7:2]	[1:0]	64	4
B010	bxxxxx.yyy	[7:3]	[2:0]	32	8
B011	bxxxx.yyyy	[7:4]	[3:0]	16	16
B100	bxxx.yyyyy	[7:5]	[4:0]	8	32
B101	bxx.yyyyyy	[7:6]	[5:0]	4	64
B110	bx.yyyyyyy	[7]	[6:0]	2	128
B111	b.yyyyyyyy	无	[7:0]	0	256

注意：表 4－2 只是说明了用 8 个位来表示优先级的配置，Cortex－M3 处理器规定至少用 3 位来表示优先级，也就是至少 8 级。对于用少于 8 位的位域来表示优先级配置情况，寄存器中多余的低位通常为 0。例如用 4 位表示优先级，则通过 PRI_N[7:4] 设置优先级，而 PRI_N[3:0] 为 b0000。一个中断只能在其抢占优先级高于另一个中断的抢占优先级时才能发生抢占。

4.2.3　优先级对异常处理的影响

由于不同异常的优先级不同,当同时或者连续发生多个异常时,异常的处理与优先级有很大关系,异常处理中与优先级相关的操作如表4-3所列。

表4-3　异常处理中与优先级相关的操作

操　作	描　　　述
抢占 Pre-emption	当新发生的异常比当前正在处理的异常或任务具有有更高优先级时,则中断当前操作流、响应新的中断,并执行新的中断服务子程序(ISR),于是就产生了中断嵌套。 异常产生时,处理器的状态将自动入栈保存;与此同时,相对应的中断向量被取出。保存处理器状态后,将执行ISR的第一条指令,进入了处理器流水线的执行阶段
尾链 Tail-chain	这是用于加快中断服务处理的机制。如果有一个新的ISR或任务比即将返回的ISR(已完成)拥有更高优先级,则处理器状态出栈就被跳过而直接执行新的ISR
返回 Return	如果没有已挂起的异常或没有比栈中的ISR优先级更高的异常,则处理器执行出栈返回操作。ISR完成时,将自动通过出栈操作恢复进入ISR之前的处理器状态。在恢复处理器状态的过程中,如果有一个新到的中断比正在返回的ISR或任务拥有更高优先级,则抛弃当前的操作并对新的中断作尾链处理
迟到 Late-arriving	这是用于加快抢占速度的机制。当正在为先前到达的中断保存处理器状态时,如果有一个更高优先级的中断到达,则处理器选择处理更高优先级的中断,并为该中断获取向量。但状态保存不会因晚到而受到影响,因为对于两个中断来说,保存处理器状态操作都是一样的,故保存状态不被中断而是继续进行,但保存完状态之后会执行迟到中断的ISR的第一条指令。返回时,则使用通常的尾链规则

4.2.4　异常激活等级

当没有异常发生时,处理器处在 Thread 模式下。当进入中断处理(ISR,Interrupt Service Route)或故障处理激活时,处理器将进入 Handler 模式。不同类型异常处理所对应的处理器工作模式、访问级别以及栈的使用是不同的,也就是激活等级不同。处理器工作模式、访问特权、栈等概念可参考2.2节。表4-4列出了不同异常的激活等级、访问级别以及栈的使用情况。

表4-4　不同激活等级下的特权和栈

异　常	激活等级	访问级别	栈
无	Thread 模式	特权或用户	主栈或进程栈
ISR	异步抢占等级	特权	主栈
故障处理	同步抢占等级	特权	主栈
复位	Thread 模式	特权	主栈

　　所有异常类型的转换规则,包括触发异常的事件、转换类型、特权级别以及栈的使用情况如表 4-5 和表 4-6 所列。

表 4-5　异常转换

激活异常	触发事件	转换类型	访问级别	栈
复位	复位信号	Thread	特权或用户	主栈或进程栈
ISR[a] 或 NMI[b]	设置挂起的软件指令或硬件信号	异步抢占	特权	主栈
故障: 硬故障 总线故障 无 CP[c] 故障 非法指令故障	逐步升级 存储器访问出错 访问不存在的 CP 非法指令	同步抢占	特权	主栈
调试监视异常	中止未允许时的调试事件	同步	特权	主栈
SVC[d]	SVC 指令			
外部中断				

注:a. 中断服务程序;b. 不可屏蔽中断;c. 协处理器;d. 软件中断。

表 4-6　异常子类转换

预定激活子类异常	触发事件	激活	优先级作用
Thread	复位信号	异步	立即,优先级最高
ISR/NMI	HW 信号或设置挂起位	异步	根据优先级进行抢占或尾链
监视异常	调试事件[a]	同步	如果优先级低于或等于当前事件,硬故障
SVCall	SVC 指令	同步	如果优先级低于或等于当前事件,硬故障
PendSV	软件挂起请求	链(chain)	根据优先级进行抢占或尾链
用法故障	非法指令	同步	如果优先级高于或等于当前事件,硬故障
无 CP 故障	访问不存在的 CP	同步	如果优先级高于或等于当前事件,硬故障
总线故障	存储器访问出错	同步	如果优先级高于或等于当前事件,硬故障
存储管理	MPU 不匹配	同步	如果优先级高于或等于当前事件,硬故障
硬故障	逐步升级	同步	高于所有的 NMI 异常
故障升级	从可配置的故障处理中逐步升级请求	链接	将 local 处理的优先级提高到与硬故障一样,故可返回并链到可配置的故障处理

注:a. 当中止未被允许时。

4.3　向量表及启动过程

4.3.1　向量表

异常处理程序的入口地址组成向量表,每个入口地址占用 4 个字节,向量表位于零地址处,各类异常向量在向量表中的位置如表 4-1 所列。在向量表的 0 地址处必须放置 main 栈的栈顶地址,也就是 MSP 的初值;而复位、NMI 和硬故障的优先级是固定的,因此在向量表的位置 0 处,必须包含以下 4 个值:

> main 栈顶地址 MSP;

> 复位程序的入口地址;

> 非屏蔽中断(NMI)ISR 的入口地址;

> 硬故障 ISR 的入口地址。

当中断允许时,不管向量表放在何处,向量总是指向可屏蔽异常的处理。同样,如果使用 SVC 指令,SVCall ISR 的位置也被定位。

一个完整向量表的例子:

```
unsigned int stack_base[STACK_SIZE];
void ResetISR(void);
void NmiISR(void);
...
ISR_VECTOR_TABLE vector_table_at_0
{
stack_base + sizeof(stack_base),
ResetISR,
NmiISR,
FaultISR,
0, //用于内存保护单元
0, // 用于总线故障
0, //用于应用故障
0, 0, 0, 0, // 保留
SVCallISR,
0, //用于调试监视器
0, // 保留
0, //用于可挂起服务请求
0, // 用于 SysTick
// 以下向量用于外部中断
```

```
Timer1ISR,
GpioInISR
GpioOutISR,
I2CIsr
...
};
```

4.3.2 复位过程

Cortex-M3 处理器复位时,NVIC 同时复位并控制内核从复位状态中释放出来。复位的过程是可完全预知的,如表 4-7 所列。Cortex-M3 的复位过程与 ARM7、ARM9 有些区别,后者通常是从 0 地址开始执行第一条指令,而且总是一条跳转指令。

表 4-7 复位过程

动 作	描 述
NVIC 复位,控制内核	NVIC 清除其大部分寄存器。处理器处于 Thread 模式,以特权访问方式执行代码,使用 main 堆栈
NVIC 从复位状态中释放内核	NVIC 从复位状态中释放内核
内核配置堆栈	内核从向量表开始处读取初始 SP、SP_main
内核设置 PC 和 LR	内核从向量表偏移中读取初始 PC,LR 设置为 0xFFFFFFFF
运行复位程序	禁止 NVIC 中断,并允许 NMI 和硬故障

4.3.3 启动过程

正常情况,系统复位之后按表 4-8 所列步骤启动。一个 C/C++程序在运行时先完成最初的三步,然后调用 main()函数。

表 4-8 系统复位之后的启动步骤

动 作	描 述
初始化变量	所有任何全局/静态变量必须被设置,这包括初始化 BSS 变量为 0、将非 constant 变量从 ROM 复制到 RAM 中
设置栈	如果使用一个以上的栈,其它的栈的分组 SP 必须被初始化;当前 SP 可以被从 Process 改变成 Main
初始化运行时	可选择地调用 C/C++运行时初始化代码,以允许堆的使用、浮点或其它功能;通常是由 C/C++库中的 __main 函数实现
[初始化所有外设]	在中断允许之前设置外设,初始化每个将要在应用程序中使用的外设
[转换 ISR 向量表]	可选择性地将向量表从代码段(@0)转到 SRAM 中的某个地方,这仅在优化性能或允许动态转换时进行

动　作	描　述
[设置可配置错误]	允许可配置故障,设置它们的优先级
设置中断	设置中断的优先级和屏蔽
允许中断	允许 NVIC 进行中断处理,但在设置中断允许的过程中不能发生中断。如果超过 32 个中断,将会使用不止一个的中断允许设置寄存器。可以通过 CPS 或 MSR 指令来使用 PRIMASK 寄存器,来屏蔽中断直到准备好
[改变特权访问方式]	如果需要,在 Thread 模式下可将特权访问方式改为用户访问方式,这通常必须调用 SVCall 处理程序进行处理
循环	如果允许 sleep - on - exit,在第一个中断或异常被处理后,不需要控制返回;如果 sleep - on - exit 被选为允许或禁止,则这个循环可以实现清除和执行任务;如果没有 使用 sleep - on - exit,循环将不受限制,当有必要时可使用 WFI (sleep - now)

　　复位服务子程序用来启动应用程序和允许中断。在中断处理完成后,有 3 种方式可调用复位服务子程序,分别可参阅如下的 3 个例子。

【例 1】　纯粹 Sleep - on - exit 的复位服务子程序(复位程序不进行主循环)。

```
void reset()
{
// 配置(初始化变量,如果需要初始化运行时,设置外设等)
nvic[INT_ENA] = 1;                    // 允许中断
nvic_regs[NV_SLEEP] |= NVSLEEP_ON_EXIT;    //在第一个异常后通常不会返回
while (1)
wfi();
}
```

【例 2】　带有通过 WFI(Wait For Interrupt)选择睡眠模式的复位服务子程序。

```
void reset()
{
extern volatile unsigned exc_req;
//配置(初始化变量,如果需要初始化运行时,设置外设等)
nvic[INT_ENA] = 1;                    // 允许中断
while (1)
{
// 为(exc_req = FALSE; exc_req == FALSE;)作相关工作
wfi();                              //进入睡眠模式,等待中断
// 执行一些异常处理之后的检查和清除工作
}
}
```

【例 3】 选定的 Sleep‒on‒exit 可被要求的 ISR 唤醒,从而进入复位子程序。

```
void reset()
{
//配置(初始化变量,如果需要初始化运行时,设置外设等)
nvic[INT_ENA] = 1;                           //允许中断
while (1)
{
// 系统处于睡眠状态直到一个异常来清除 sleep‒on‒exit 状态,然后可进行异常之后的处理和清除
nvic_regs[NV_SLEEP] |= NVSLEEP_ON_EXIT;
while (nvic_regs[NV_SLEEP] & NVSLEEP_ON_EXIT)
wfi();                                       // sleep now ‒ 等待中断来唤醒
//执行一些异常处理之后的检查和清除工作
}
}
```

4.4　多堆栈的设置

Cortex‒M3 的堆栈是向下生长的满栈,根据处理器工作模式的不同,应用程序可以使用 main 和 process 两个不同的栈。这个双堆栈的设计,允许把用户应用程序的堆栈与特权级/操作系统内核的堆栈分开。如果再加上 MPU,则能进一步地阻止用户程序访问内核的堆栈,同时也消除了内核数据被破坏的可能。

处理器在进入异常处理和退出异常处理时,通常要在不同的工作模式、不同的代码访问级别、不同的堆栈之间切换。要实现双堆栈,应用程序须执行下面的操作:

➢ 用 MSR 指令来设置 Process_SP 寄存器;

➢ 如果使用 MPU(Memory Protection Unit),可适当地保护栈;

➢ 初始化 Thread 模式下的栈和访问级别。

如果 Thread 模式下的访问级别由特权级变成用户级,仅可通过其它的 ISR(如 SVCall),才能使之从用户方式返回到特权方式。

在 Thread 模式下所用的栈可在 Main 栈和 Process 栈之间切换,但是这样做会影响对线程自身局部变量的访问。因此,在 Thread 模式下最好是通过一个 ISR 来改变所使用的栈。下面是一个切换过程:

(1)调用设置程序,完成:

a. 用 MSR 指令设置其它栈;

b. 如果有 MPU,则允许 MPU 以支持基区;

c. 调用引导程序;

d. 从设置程序中返回。

（2）将 Thread 模式的访问级别改为用户级别；

（3）使用 SVC 调用内核，内核将：

a. 启动线程；

b. 使用 MRS 指令读取当前用户线程的 SP，并将其保存在 TCB(线程控制块)中；

c. 使用 MSR 指令为下个线程设置 SP，通常是 Process_SP；

d. 如果需要，则为新的当前线程设置 MPU；

e. 返回到新的当前线程。

下面的例子显示如何在 ISR 中修改 EXC_RETURN 的值，以实现返回后用 PSP：

```
;第一次使用 PSP,从 RETTOBASE == 1 的处理器模式运行
LDR r0, PSPValue              ;获取新 Process 栈的值
MSR PSP, r0                   ;设置 Process 栈的值给 PSP
ORR lr, lr, #4                ;改变 EXC_RETURN 用于返回,以实现返回后用 PSP
BX lr                         ;从处理程序返回到线程
```

下面例子显示切换到使用 PSP 之后，如何进行上下文切换：

```
MRS r12, PSP                  ;将 PSP 内容存到 R12 中
STMDB r12!, {r4 - r11, LR}    ;压入 non - stack 寄存器
LDR r0, = OldPSPValue         ;得到指向老的线程控制块的指针
STR r12, [r0]                 ;存储 SP 到线程控制块
LDR r0, = NewPSPValue         ;得到指向新线程控制块的指针
LDR r12, [r0]                 ;取得新的 Process 栈的栈顶指针 SP
LDMIA r12!, {r4 - r11, LR}    ;存储非堆栈式寄存器
MSR PSP, r12                  ;将 R12 内容传给 PSP
BX lr                         ;返回到线程
```

4.5 Abort 模式

在表 4 - 1 中所列的异常种类中有一些异常称为故障，有 4 种事件能产生故障：

➢ 取指令或从向量表加载向量时总线出错，总线故障；

➢ 数据访问时总线出错，总线故障；

➢ 内部检查错误，用法故障，如未定义指令或试图用 BX 指令改变状态。在 NVIC 中的故障状态寄存器将指出故障的原因；

➢ 超越访问级别或访问未管理区将导致 MPU 故障，存储器管理故障。

当处理器发生故障后，进入 Abort 模式，故障处理可分为两类：

➢ 固定优先级的硬故障;

➢ 优先权可设定的 Local 故障。

4.5.1　硬故障

如果故障由于优先级或可配置的故障处理程序被禁止而不能激活,此时所有这些故障均上升为硬故障,包括上面介绍的总线故障、存储器管理故障以及用法错误故障。所有异常中,仅有复位和 NMI 能抢占固定优先硬故障。硬故障可以抢占除了复位和 NMI 或其它硬故障之外的其它任何异常。

第二个总线故障不能逐步升级,因为一个同类型的故障不能抢占自身。这意味着如果被损坏的栈产生了一个故障,即使为处理程序进行的压栈失败了,故障处理程序仍能执行,但是栈中的内容已经被毁坏了。

4.5.2　Local 故障和升级

Local 故障根据其产生的原因分类,详见表 4-9。当允许时,Local 故障处理程序处理所有一般故障。然而,当遇到以下几种情况时 Local 故障将升级到硬故障:

➢ Local 故障处理引起了一个与之所服务的故障类型相同的故障;

➢ Local 故障处理引起了一个相同或更高优先级的故障;

➢ 异常处理引起了一个有相同或更高优先级的故障;

➢ 禁止 Local 故障。

表 4-9　Local 故障列表

故　障	位　名	故障处理程序	说　明	捕获允许位
复位	Reset cause	Reset	任何形式复位	RESETVCATCH
读取向量错误	VECTTBL	HardFault	读取向量表入口地址——返回总线错误	INTERR
uCode 进栈错误	STKERR	BusFault	当使用硬件保存现场产生故障——返回总线错误	INTERR
uCode 进栈错误	MSTKERR	MemManage	当使用硬件保存现场产生故障——MPU 访问违规	INTERR
uCode 出栈错误	UNSTKERR	BusFault	当使用硬件恢复现场时产生故障——返回总线失败	INTERR
uCode 出栈错误	MUNSKERR	MemManage	当使用硬件恢复现场时产生故障——MPU 访问违规	INTERR
升级为硬故障	FORCED	HardFault	故障发生时,当前异常处理程序的优先级等于或高于新故障,或此故障优先级还没有被允许,或可配置故障被禁止。包括 SVC, BKPT 和其它各种故障	HARDERR

故　　障	位　名	故障处理程序	说　　明	捕获允许位
MPU 不匹配	DACCVIOL	MemManage	因为数据访问产生 MPU 错误	MMERR
MPU 不匹配	IACCVIOL	MemManage	因为指令地址产生 MPU 错误	MMERR
预取指令错误	IBUSERR	BusFault	由于取指令而产生的总线错误。仅当此指令被执行时,才会产生故障。如果此指令被跳转过,则该故障被屏蔽	BUSERR
精确数据总线错误	PRECISERR	BusFault	因为数据访问而返回的总线错误,并且是准确地指向指令	BUSERR
不精确数据总线错误	IMPRECISERR	BusFault	因数据访问而返回的迟来总线错误,无法精确知道哪条指令。这将挂起且不同步。它不引起 FORCED	BUSERR
无协处理器	NOCP	UsageFault	不存在此协处理器,或无当前位	NOCPERR
未定义指令	UNDEFINSTR	UsageFault	未知指令	STATERR
在无效 ISA 状态时试图去执行一个指令。例如,非 Thumb 指令	INVSTATE	UsageFault	试图在一个无效的 EPSR 状态下执行。例如,在 BX 类型指令被改变状态后。这包括从异常返回后的状态,包括交互工作状态	STATERR
当不被允许或带有无效魔术数时,返回到 PC-EXC_RETURN	INVPC	UsageFault	非法退出,由非法 EXC_RETURN 值、或 EXC_RETURN 值和压栈的 EPSR 值不匹配而引起。若当前有效异常列表中不包含当前 EPSR,也会导致非法退出	STATERR
非法不对齐加载和存储	UNALIGNED	UsageFault	当任何批量加载或存储指令试图去访问一个非字对齐位置时。通过使用 UNALIGN_TRP 位,可以实现任意非对齐的加载或存储	CHKERR
被 0 除	DIVBYZERO	UsageFault	当执行 SDIV 或 UDIV 指令且用 0 作除数时发生,且置 DIV_0_TRP 位	CHKERR
SVC	—	SVCall	系统服务请求(Service Call)	—

4.5.3　故障状态寄存器和故障地址寄存器

　　每个故障都有一个故障状态寄存器,用以对该故障的状态进行标志。Cortex - M3 处理器共有 5 个故障状态寄存器(Fault Statue Register,FSR):

> 3 个可配置的故障状态寄存器(Mem Manage SR - MMSR、Bus Fault SR - BFSR、Usage Fault UFSR),与 3 个可配置的故障处理相对应;

> 一个硬故障状态寄存器(Hard Fault SR - HFSR);

➢ 一个调试故障状态寄存器(Debug Monitor or Halt SR – DFSR)。

根据故障种类不同,其分别设置以上 5 个状态寄存器中的某个对应位。

Cortex – M3 处理器有 2 个错误地址寄存器(FAR):

➢ 总线故障地址寄存器(BFAR);

➢ 内存故障地址寄存器(MFAR)。

当地址在故障地址寄存器中有效时,在相应的错误状态寄存器中会有相应的标志进行指示。BFAR 和 MFAR 实际上是相同物理寄存器,因此 BFARVALID 位和 MFARVALID 位是互斥的。

限于篇幅,故障状态寄存器和故障地址寄存器的具体标志位的设置在此不作详细介绍,读者如需了解,可查阅 ARM v7 – M 和 Cortex – M3 相关技术手册。另外,芯片厂商也可以再添加自己的故障状态寄存器,以表示其它故障情况。

在软件开发过程中,可以根据各种故障状态寄存器的值来判定程序的错误,并且改正它们。尤其是对于运行 RTOS 的系统而言,找到导致故障的原因并采取适当措施,则更为重要。通常应付故障的方法有:

恢复——在某些场合下,有可能解决产生故障的原因。

中止相关任务——如果系统运行了 RTOS,则相关的任务可以被终结或者重新开始。

复位——通过设置 NVIC 中"应用程序中断及复位控制寄存器"中的 VECTRESET 位,将只复位处理器内核而不复位其它片上设施。

一旦发生故障,各个故障状态寄存器都将保持住它们的状态,直到手工清除。故障服务程序在处理了相应的故障之后必须清除这些状态,否则如果下次又有新故障发生时,服务程序在检查故障源时又将看到之前已经处理的故障状态标志,无法判断哪个故障是新发生的。这些故障寄存器均采用写清除机制,即写 1 时清除。

第 5 章

存储保护单元

Cortex - M3 处理器中可以选配一个存储保护单元（MPU，Memory Protection Unit），它可以实施对存储器（主要是内存和外设寄存器）的保护，以使软件更加稳定可靠，这对于使用 RTOS 的系统而言非常有用。注意，SAM3U 系列处理器没有带 MPU。

MPU 是按照区（Region）来实现存储保护的，Cortex - M3 的 MPU 可提供以下支持：

➤ 可设定保护区，阻止不正确的访问；保护区共 8 个，并可进一步划分为子区；此外，还允许启用一个"背景区"，即没有 MPU 时的全部地址空间；

➤ 可设置保护区等级，分为 8 级，用 0～7 表示，其中 0 最低、7 最高；不同级别保护区可重叠；

➤ 可设定访问权限，例如可将关键数据区设置为只读；

➤ 可检测意外的存储访问，例如堆栈溢出、数组越界等；

➤ 可设定存储区访问属性，并提供给系统使用，如是否缓冲区。

5.1 MPU 编程模型

要使用 MPU，必须根据需要对其编程，否则就等于没有 MPU。对 MPU 的编程操作就是通过访问其相关寄存器来实现，MPU 相关的系统控制寄存器如表 3-9 所列。本节将分别介绍这些相关寄存器。

1. MPU 类型寄存器（MPU Type Register）

该寄存器用于获取 MPU 的类型，为只读寄存器，地址为 0xE000ED90，复位值为 0x00000800，如图 5-1 所示。各位域功能定义如表 5-1 所列。

31　　　　24	23　　　　16	15　　　　8	7　　　1	0
Reserved	IREGION	DREGION	Reserved	SEPARATE

图 5-1 MPU 类型寄存器

表 5-1　MPU 类型寄存器位域定义

位　域	描　述
[31:24]	保留
[23:16]	IREGION:因为 Cortex - M3 只使用统一的 MPU,总是为 0x00
[15:8]	DREGION:支持的 MPU 区数,若 Cortex - M3 使用 MPU,则固定为 8,否则为 0
[7:1]	保留
[0]	SEPARATE:因为 Cortex - M3 只使用统一的 MPU,所以总为 0

2. MPU 控制寄存器(MPU Control Register)

该寄存器用于控制 MPU,包括:允许或禁止 MPU、允许或禁止缺省的存储器映射(背景区)、在处于硬故障、NMI 和 FAULTMASK 处理服务中允许或禁止 MPU 等。

使用 MPU 时,必须至少使用一个保护区,除非 MPU 控制寄存器中的 PRIVDEFENA 位置位;如果 PRIVDEFENA 位被置位但没有使用保护区,那么只能运行特权级代码。

使用 MPU 时,只有系统区和向量表装载总是可访问的;其它部分必须根据保护区设置以及 PRIVDEFENA 是否设置来决定其是否可访问。

通常情况下,MPU 在异常优先级为 -1 或 -2 时不能被使用,除非 MPU 控制寄存器中的 HFNMIENA 被置位。

MPU 控制寄存器如图 5-2 所示,其地址为 0xE000ED94,可读/写,复位值为 0x00000000,各位域功能定义如表 5-2 所列。

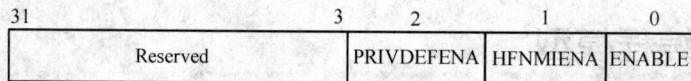

31		3	2	1	0
Reserved			PRIVDEFENA	HFNMIENA	ENABLE

图 5-2　MPU 控制寄存器

表 5-2　MPU 控制寄存器位域定义

位　域	描　述
[31:3]	保留
[2]	PRIVDEFENA:是否为特权级打开缺省存储器映射,即背景区 1:特权级下允许使用背景区 0:不允许使用背景区。任何访问错误以及对保护区之外地址区的访问都将引起 Fault
[1]	HFNMIENA 1:在 NMI 和硬 Fault 的异常服务中不强行禁止 MPU 0:在 NMI 和硬 Fault 的异常服务中强行禁止 MPU
[0]	ENABLE 1:允许 MPU 0:禁止 MPU

3. MPU 区号寄存器(MPU Region Number Register)

该寄存器用于设置将要被配置的保护区号,在设置之后再使用"MPU 区基址寄存器"和 "MPU 区属性及大小寄存器",对该保护区的特性进行配置。

MPU 区号寄存器如图 5-3 所示,其地址为 0xE000ED98,可读/写,复位值不确定,各位域功能定义如表 5-3 所列。

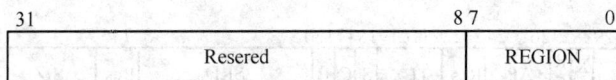

```
31                              8 7        0
┌──────────────────────────────┬──────────┐
│           Resered            │  REGION  │
└──────────────────────────────┴──────────┘
```

图 5-3 MPU 区号寄存器

表 5-3 MPU 区号寄存器位域定义

位 域	描 述
[31:8]	保留
[7:0]	REGION:选择下一个要配置的 region 因为只支持 8 个 region,所以事实上只有[2:0]有意义

4. MPU 区基址寄存器(MPU Region Base Address Register)

该寄存器用于设置保护区的基址。该寄存器除了包含保护区基地址之外,还带有保护区号,如果 VALID 位被置位,区号将替代 MPU 区号寄存器中的区号作为当前的区号。

保护区的基址必须按照"MPU 区属性及大小寄存器"中所设置的保护区大小对齐。例如一个 64 KB 大小的保护区必须按 64 KB 对齐。

MPU 区基址寄存器如图 5-4 所示,其地址为 0xE000ED9C,可读/写,复位值不确定,各位域功能定义如表 5-4 所列。

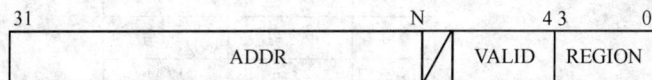

```
31                        N      4 3      0
┌──────────────────────┬──┬───────┬────────┐
│        ADDR          │ /│ VALID │ REGION │
└──────────────────────┴──┴───────┴────────┘
```

图 5-4 MPU 区基址寄存器

表 5-4 MPU 区基址寄存器位域定义

位 域	描 述
[31:N]	ADDR:保护区基址。N 的值取决于保护区的大小,因为基址是按照保护区大小来对齐的,而保护区的大小由"MPU 区属性及大小寄存器"的 SIZE 域指定
[4]	VALID:MPU 区号有效位。 1:位 3:0(REGION 值)的内容作为当前 MPU 区号 0:MPU 区号寄存器所设定的当前区号保持不变 读取 VALID 的结果总是 0
[3:0]	REGION:MPU 区号,如果 VALID 为 1,则使用 REGION 所指定的区号。读取 REGION 的结果为当前的 MPU 区号

5. MPU 区属性及大小寄存器(MPU Region Attribute and Size Register)

该寄存器用于控制 MPU 保护区的属性、访问权限以及大小。寄存器由 2 个 16 位寄存器组成,可以单独访问,也可以使用字操作同时访问。

MPU 区属性及大小寄存器如图 5-5 所示,其地址为 0xE000EDA0,可读/写,复位值不确定,各位域功能定义如表 5-5 所列,位域之间组合作用将在 5.2 节进行详细介绍。

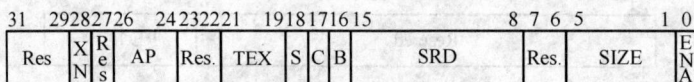

31	29	28	27	26	24	23	22	21	19	18	17	16	15		8	7	6	5		1	0
Res		XN	Res	AP		Res.		TEX		S	C	B		SRD		Res.		SIZE			ENA

图 5-5 MPU 基址寄存器

表 5-5 MPU 基址寄存器位域定义

位　域	描　述
[31:29]	保留
[28]	XN:指令访问禁止位 1:禁止取指;0:允许取指
[27]	保留
[26:24]	AP:数据访问权限设置,设置如下: 表格如下:

值	特权级访问	用户级访问
000	不可访问	不可访问
001	读/写	不可访问
010	读/写	只读
011	读/写	读/写
100	保留	保留
101	只读	不可访问
110	只读	只读
111	只读	只读

位　域	描　述
[23:22]	保留
[21:19]	TEX:类型扩展域
[18]	S:可共享位 1:可共享;0:不可共享
[17]	C:可高速缓存的位 1:可高速缓存;0:不可高速缓存

位 域	描 述
[16]	B:可缓冲的位: 1:可缓冲;0:不可缓冲
[15:8]	SRD:子区控制域 　　每个保护区域被分成8个同等大小的子区,每份是一个子区,所有子区的属性都与父区相同。每个子区都可以独立地允许或禁止,也就是可以部分地使用一个保护区。需要注意,子区不得小于256字节。 　　SRD中8位,每个位控制一个子区是否可用,0表示禁止,1表示可用。如果某个子区被禁止,且其对应的地址范围又没有落在其它区中,则对该子区的访问将引发Fault
[7:6]	保留
[5:1]	SIZE:设置保护区大小,详见表5-6
[0]	SZENABLE:区域使能位 1:允许;0:禁止

表 5-6　SIZE 位域的定义

值	保护区大小	值	保护区大小
00000	保留	10000	128 KB
00001	保留	10001	256 KB
00010	保留	10010	512 KB
00011	保留	10011	1 MB
00100	32 B	10100	2 MB
00101	64 B	10101	4 MB
00110	128 B	10110	8 MB
00111	256 B	10111	16 MB
01000	512 B	11000	32 MB
01001	1 KB	11001	64 MB
01010	2 KB	11010	128 MB
01011	4 KB	11011	256 MB
01100	8 KB	11100	512 MB
01101	16 KB	11101	1 GB
01110	32 KB	11110	2 GB
01111	64 KB	11111	4 GB

5.2 MPU 的使用

5.2.1 设置 MPU

如果已设置 MPU 控制寄存器允许使用 MPU,那么设置一个 MPU 保护区需要分别设置 MPU 基址寄存器和 MPU 属性及大小寄存器。MPU 设置流程如图 5-6 所示。

如果希望能快速设置多个 MPU 保护区,可以使用别名寄存器来快速设置。在表 3-13 中可以查到相关寄存器的别名寄存器及其地址。下面的例子就是利用 STR 指令一次初始化 4 个保护区。

; R1:指针,指向某个进程控制块的 4 个保护区设置内容,每个保护区 2 个寄存器,共 8 个字

```
MOV    R0,    #NVIC_BASE
ADD    R0,    #MPU_REG_CTRL
LDM    R1,    [R2-R9]     ;加载 4 个保护区的设置信息
STM    R0,    [R2-R9]     ;完成对 4 个保护区的设置
```

注意:不可以使用这些别名来读取保护区寄存器中的内容,因为读取必须先写区号。

在 C/C++程序中可以使用 memcpy()函数来完成上述的功能,但必须对编译器是否使用字传输进行确认,也就是必须是两个 long * 指针之间的拷贝,而不得是 char * 。

5.2.2 保护区属性设置

在 MPU 区属性及大小寄存器中,有 XN、AP、TEX、S、C 和 B 等位域,用于控制相应保护区的访问属性。位域 TEX、C 和 B 的组合关系如表 5-7 所列。位域 AP 的含义见表 5-5。

图 5-6　MPU 配置流程

表 5-7　位域 TEX、C 和 B 的组合关系

TEX	C	B	描　　述	适合存储器类型	保护区的共享性
000	0	0	严格有序	严格有序	可共享
000	0	1	共享设备	设备	可共享
000	1	0	外部和内部之间是写通(Write - Through)关系,没有写分配(Allocate)	普通	S
000	1	1	外部和内部之间是写回(Write - Back)关系,没有写分配(Allocate)	普通	S

TEX	C	B	描　述	适合存储器类型	保护区的共享性
001	0	0	外部和内部之间没有高速缓存(Cache)关系	普通	S
001	0	1	保留	保留	保留
001	1	0	可自定义执行		
001	1	1	外部和内部之间是写回(Write－Back)关系,带有写和读分配(Allocate)	普通	S
010	1	X	不可共享设备	设备	不能共享
010	0	1	保留	保留	保留
010	1	X	保留	保留	保留
1BB	A	A	高速缓存;BB:外部策略;AA:内部策略 策略类型有: 00:不可高速缓存;10:写回、写和读分配 10:写通、无写分配;11:写回、无写分配	普通	S

注意:S 表示 MPU 区属性与大小寄存器中的 S 位。

5.2.3　典型的保护区设置

在启用 MPU 的系统中,设计 MPU 保护区时,一般需要考虑到下列保护区:

1. 代码保护区

➤ 特权极代码,包括初始的向量表;
➤ 用户级代码。

2. SRAM 保护区

➤ 特权级数据,包括主堆栈;
➤ 用户级数据,包括进程堆栈;
➤ 特权级位段别名区;
➤ 用户级位段别名区。

3. 外设保护区

➤ 特权级外设;
➤ 用户级外设;
➤ 特权级外设的位段别名区;
➤ 用户级外设的位段别名区。

4. 系统控制空间(NVIC 以及调试组件)

➢ 仅允许特权级访问。

上面列出的保护区已经超出了 MPU 支持的最多 8 个,并不是都一定需要。如果出现超过了 8 个保护区的情况,还可以使用背景区,把所有的特权级保护区都归入背景区中;这样就只需要明确定义用户级保护区即可。

在实际 Cortex‑M3 应用的典型情况下,一般可能会有下列的保护区:

➢ 特权级的程序代码(如 OS 内核和异常服务程序);

➢ 用户级的程序代码;

➢ 特权级程序的数据存储器,位于代码区中(data_stack);

➢ 用户级程序的数据存储器,位于代码区中(data_stack);

➢ 通用的数据存储器,位于其它存储器区域中(如,SRAM);

➢ 系统设备区,只允许特权级访问,如 NVIC 和 MPU 的寄存器的地址区间;

➢ 常规外设区,如 UART、ADC 等。

用户可以根据需要按表 5‑5 和表 5‑7 来定义自己所希望的保护区。对于 Cortex‑M3 而言,绝大多数保护区,都是 TEX=0、C=1、B=1;系统设备(如 NVIC)的地址区必须按照严格顺序访问;而一般外设的地址区可以共享(TEX=0、C=0、B=1)。

第**6**章

调试系统

Cortex - M3 处理器采用了 CoreSight 调试系统结构,其调试能力非常强大。过去常用的调试手段一般有设置断点、观察寄存器和内存的值、监视变量等。使用仿真头和 JTAG 接口,可以方便地实现这些调试功能。但这些跟踪调试基本都是侵入式的调试方法,也就是对程序运行进行了干涉,影响了程序的全速运行。对于内核连续全速运行的跟踪方法通常只能采用在程序中加入 Printf 语句来实现。CoreSight 调试体系结构提供了非侵入式的调试方法,能在程序全速运行的情况下实现对指令、数据、存储单元的跟踪,可实现程序性能剖析,还提供了可由用户定制的应用驱动跟踪源。这对于调试和优化大型、多任务应用非常有用。

Cortex - M3 处理器提供 2 种调试主机接口(debug host interface),一种是过去常见的 JTAG 接口,另一种是 SW(Serial Wire)调试接口。新的 SW 接口只需要两条信号线,这是针对 Cortex - M3 处理器设计的一种低成本调试接口,它将 CoreSight 结构中的 DAP(Debug Access Port)转换为串行信号提供给仿真器。

本章将对 CoreSight 调试体系结构和 Cortex - M3 调试接口作简要介绍,以便让读者能更好地使用 MDK 进行跟踪调试。

6.1　Cortex - M3 调试系统结构

6.1.1　CoreSight 调试体系结构

2004 年 ARM 推出了 CoreSight 调试体系结构,以实现更为强大的调试能力。CoreSight 体系结构支持多核系统的调试,能对全系统进行高带宽的实时跟踪,包括对系统总线的跟踪与监视。CoreSight 体系结构非常灵活,其各个部件可以根据处理器厂商的需要进行组合。图 6 - 1是一个典型的 CoreSight 调试结构,其组成部分很多,主要分为以下几类:

控制访问部件——用于配置和控制跟踪数据流的产生、获取跟踪数据流,但不产生也不处理跟踪数据流,典型的有:

➢ DAP(Debug Access Port):可以实时访问 AMBA 总线上的系统内存、外设寄存器,以及所有调试配置寄存器,而无须挂起系统;

➢ ECT(Embedded Cross Trigger):包含 CTI(Cross Trigger Interface)和 CTM(Cross

Trigger Matrix)，为 ETM(Embedded Trace Macrocell)提供一个接口，用于将一个处理器的调试事件传递到另一个处理器。

源部件——用于产生向 ATB(AMBA Trace Bus)发送的跟踪数据，典型的有：

➤ HTM (AHB - Trace Macrocell)：用于获取 AHB 总线跟踪信息，包括总线的层次、存储结构、时序、数据流和控制流等；

➤ ETM(Embedded Trace Macrocell)：用于获取处理器核的跟踪信息；

➤ ITM(Instrumentation Trace Macrocell)：是一个由软件驱动跟踪源，其输出的跟踪信息可以由软件设置，包括 Printf 类型的调试信息、操作系统以及应用程序的事件信息等。

连接部件——用于实现跟踪数据的连接、触发和传输，典型的有：

➤ ATB 1:1 bridge：具有 2 个 ATB 接口，用于传递跟踪源发出的控制信号；

➤ Replicator：可以让来自同一跟踪源的数据同时写到两个不同的汇集点去；

➤ Trace Funnel：用于将多个跟踪数据流组合起来，在 ATB 总线上传输。

汇集点——是芯片上跟踪数据的终点，典型的有：

➤ TPIU (Trace Port Interface Unit)：将片内各种跟踪源获取的信息按照 TPIU 帧的格式进行组装，然后通过 Trace Port 传送到片外；

➤ ETB(Embedded Trace Buffer)：一个 32 位的 RAM，作为片内跟踪信息缓冲区；

➤ SWO(Serial Wire Output)：类似 TPIU，但仅输出 ITM 单元的跟踪信息，只需要一个引脚来实现。

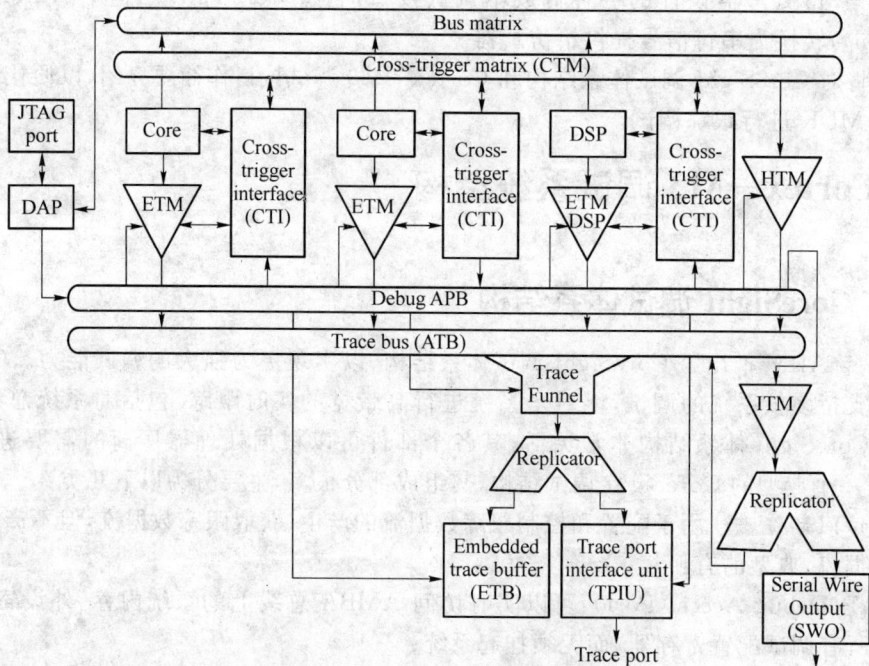

图 6 - 1　典型的 CoreSight 调试结构图

对于带有 CoreSight 调试体系结构的处理器,工程师就可以实现实时调试,当应用程序在处理器上全速运行时,可以透明地观察并记录处理器中的各种事件,包括内存单元读/写、中断异常的发生与处理、操作系统任务之间的触发关系与运行过程等。这一新的调试体系结构将嵌入式系统调试从黑盒变为了白盒,使得工程师有能力应付更复杂的系统的设计与调试。

使用 Trace Port 接口进行调试需要专用的跟踪器(Tracer),如图 6-2 所示。ARM 公司的开发工具 RVDS 中 RVT(RealView Tracer)就是这种跟踪器,其价格较为高昂,因此 RVDS 更适合 SoC 的设计和开发。为了提供廉价的实时跟踪调试工具,ARM 公司在其针对 MCU 的开发工具 RealView MDK 中,增加了使用图 6-1 中的 SWO 接口进行实时跟踪的功能,可以对 Cortex-M3 处理器的实时调试分析,能从 ITM 单元中实时获取内存单元读/写信息、Printf 打印信息、操作系统任务信息等,如图 6-3 所示。关于 SWO 将在 6.2 节作进一步的介绍。

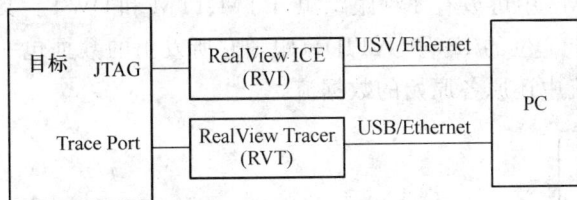

图 6-2 RVDS 工具方案

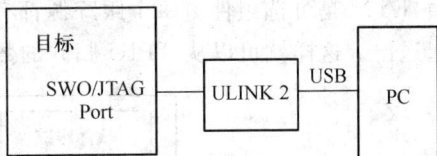

图 6-3 MDK 工具方案

6.1.2 Cortex-M3 调试结构

CoreSight 调试体系结构非常灵活,Cortex-M3 的调试体系结构如图 6-4 所示,其调试信息的数据流如图 6-5 所示。

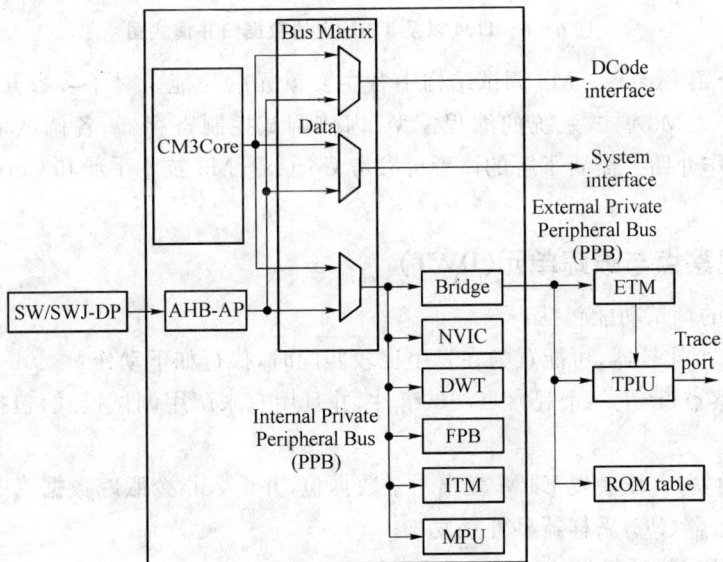

图 6-4 Cortex-M3 的调试系统结构图

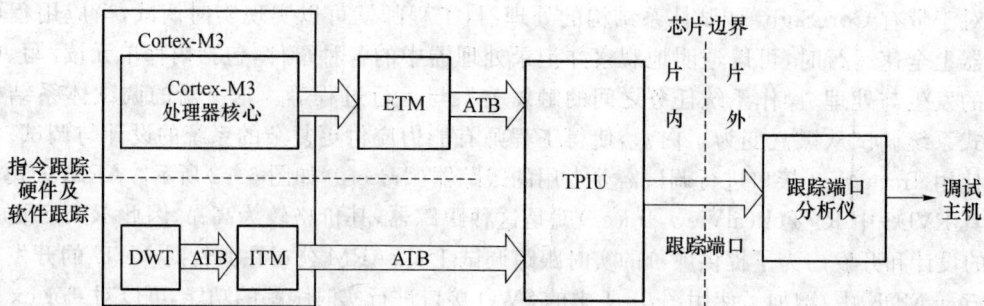

图 6 - 5　Cortex - M3 的调试系统数据流图

从图 6 - 5 和图 6 - 6 可见,在 Cortex - M3 中可以有 3 种跟踪源:ETM、ITM 和 DWT。其中,ETM 是可选组件。每个跟踪源都有一个 7 位的 ID 号(ATID),跟随它所发出的数据包一起送出。这样就可以从 TPIU 归并的数据流中还原各原始的数据流。

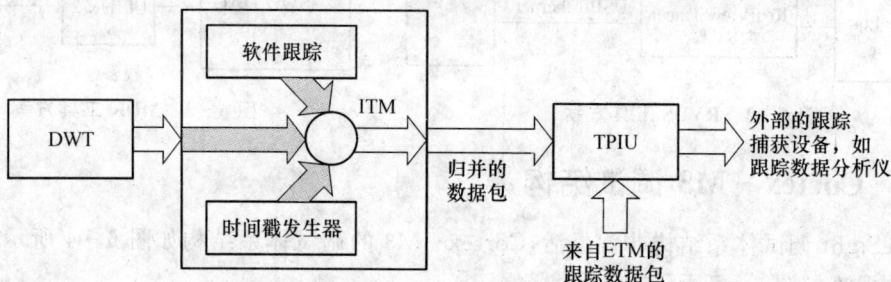

图 6 - 6　ITM 以及 TPIU 上的数据归并模式图

下面详细介绍 Cortex - M3 调试结构中各主要单元的功能。对于多数开发者而言,一般不必关心 Cortex - M3 调试系统的编程模型、内核调试控制寄存器、各调试单元的控制寄存器,因此这里不作介绍。需要了解的读者可参考 Cortex - M3 技术手册和 CoreSight 体系结构技术手册。

1. 数据观察点与跟踪单元(DWT)

DWT 提供的调试功能包括:

➢ 包含了 4 个比较器,可配置为在发生比较匹配时,执行如下动作:

a. 硬件观察点(产生一个观察点调试事件,并且用它来调用调试模式,包括停机模式和调试监视器模式;

b. ETM 触发,可以触发 ETM 发出一个数据包,并汇入指令跟踪数据流中;

c. 程序计数器(PC)采样器事件触发;

d. 数据地址采样器触发;

e. 第一个比较器 DWT_COMP0 还能用于和时钟周期计数器(CYCCNT)进行比较。

➢ 包含几个计数器,对下列项目进行计数:

a. 时钟周期(CYCCNT);

b. 被折叠(Folded)的指令;

c. 对加载/存储单元(LSU)的操作;

d. 睡眠的时钟周期;

e. 每指令周期数(CPI);

f. 中断的额外开销(overhead)。

➢ 以固定的周期采样 PC 的值。

➢ 中断事件跟踪。

利用 DWT 中的计数器,可以进行应用程序代码的性能剖析(Profiling)。通过对计数器编程,让它们在计数器溢出时发出事件(以跟踪数据包的形式)。例如利用 CYCCNT 寄存器可以测量执行某个任务所花的周期数,在操作系统中统计 CPU 使用率。

2. 仪表跟踪宏单元(ITM)

ITM 提供的功能包括:软件跟踪、硬件跟踪和时间戳数据生成。

➢ 软件跟踪是指软件可以直接写到 ITM 激励端口,从而把它们输出成跟踪数据。ITM 的一个主要用途就是支持调试消息的输出(例如,printf 格式的输出)。ITM 包含 32 个激励端口,允许不同的软件把数据输出到不同的端口,从而让调试主机可以把它们的消息分离开。与基于 UART 的文字输出不同,使用 ITM 输出不会对应用程序造成很大的延迟,而且软硬件的复杂程度以及成本都将显著降低。

➢ 硬件跟踪是指通过 ITM 将 DWT 产生的跟踪数据包输出,如图 6-6 所示。注意:要使用 DWT 跟踪,需要在 ITM 控制寄存器中置位 DWTEN 位,剩下的 DWT 跟踪设置则在 DWT 控制寄存器中完成。

➢ ITM 内含一个 21 位的计数器用来产生时间戳,该计数器使用 Cortex-M3 时钟或 SWV(串行线观察器)输出的位时钟率。产生的时间戳数据包插入到跟踪数据流中(如图 6-6 所示),该数据用于帮助调试器得到各事件的发生时间。

3. 嵌入式跟踪宏单元(ETM)

ETM 功能块用于提供指令跟踪(即指令执行的历史记录),它是个选配件。该跟踪单元产生的数据量非常大,ETM 内部有一个 FIFO 缓冲区,为跟踪数据流的捕捉提供够用的时间。为了减少产生的数据量,ETM 并不会一直精确地输出处理器当前正在执行的地址。通常它只输出有关程序执行流的信息,并且只在需要时才输出完整的地址(如当一个跳转发生时)。因为调试主机也有一份二进制映像的拷贝,可以利用此拷贝来重建指令的执行序列。ETM 与其它的调试组件也有互相交互。例如,DWT 的比较器可用于产生 ETM 的触发信号,或者控制 ETM 跟踪的启动与停止。

为了与 Cortex-M3 相适应,Cortex-M3 的 ETM 与其它 ARM 处理器的 ETM 有较大的不同。例如,Cortex-M3 的 ETM 没有自己的地址比较器,而由 DWT 的比较器代为完成。

ETM 输出的数据量很大,因此如果使用 ETM 单元,需要比较强大的软硬件调试工具,例如 RVDS。由于 Cortex-M3 的定位以及成本的缘故,目前已有的 Cortex-M3 芯片中都未配置该组件。

4. 跟踪端口接口单元(TPIU)

如图 6-6 所示,ITM、DWT 和 ETM 的跟踪数据都在 TPIU 处汇聚。TPIU 将这些跟踪数据格式化后输出到片外,以供跟踪端口的设备接收使用。Cortex-M3 的 TPIU 支持以下两种输出模式:

> 带时钟模式(Clocked mode),使用最多 4 位的并行数据输出端口;
> 串行线观察器(SWV)模式,使用单一位的 SWV 输出。

在带时钟模式下,数据输出端口中实际被使用的位数是可编程的。这取决于芯片的封装和应用提供给跟踪输出信号的引脚的数量。在具体的芯片应用中,通过检查 TPIU 的寄存器,可以判断跟踪端口的最大尺寸。此外,跟踪数据输出的速度也是可编程的。

在 SWV 模式下,将使用 SWV 协议。它减少了所需的输出信号数,但是跟踪输出的最大带宽也减小了。

关于 TPIU 数据帧的格式可以参考 CoreSight 体系结构技术手册。

5. ROM 表

ROM 表用于自动检测在某 Cortex-M3 芯片中包含了哪些调试组件。Cortex-M3 有一个预定义的存储器映射并且包含了标准的调试组件,但是新的 Cortex-M3 器件可以包含不同的调试组件,芯片厂商在实现 Cortex-M3 时也可以对调试组件加以修改。这张 ROM 表是提供给调试工具使用的,以使之能检测到调试系统中具体包含的组件,它记录了 NVIC 和各个调试功能块的地址。ROM 表位于 0xE00FF000 处,通过分析 ROM 表中的内容,可以得到系统和调试组件在存储器系统中的位置。

6. AHB 访问端口(AHB-AP)

如图 6-4 所示,AHB-AP 是进入 Cortex-M3 的调试访问端口,并同时提供对系统中的所有存储器和寄存器(包括处理器内部寄存器)的访问。AHB-AP 是进入总线矩阵的桥梁,调试主机通过调试端口 SW-DP 或 JTAG-DP 来访问 AHB-AP。

6.2　调试端口

如图 6-4 所示,Cortex-M3 提供 SW-DP 和 JTAG-DP 两种调试端口(DP,Debug

Port)。这两个调试接口在实现 Cortex – M3 调试访问时提供不同的机制。芯片厂商在实现 Cortex – M3 处理器时，调试端口的配置可以有以下 3 种情况：

- ➢ SWJ – DP 调试端口，也就是 SW 端口和 JTAG 端口都具备，并将两个调试端口组合在一起；
- ➢ SW – DP 调试端口，只有时钟和数据两根引脚的低成本调试端口；
- ➢ 无调试端口，也就是芯片不具备调试功能。

对于 SWJ – DP 调试端口，在使用时一次只能使用其中一个，只有当两个调试接口都没有使用时才能在这两个调试端口间进行切换。

6.2.1 JTAG 调试端口

JTAG 调试端口（JTAG – DP）含有一个 DP 状态机，用来控制 JTAG – DP 的操作，包括控制扫描链接口（扫描链接口提供与 JTAG – DP 连接的外部物理接口）。它是严格基于 JTAG TAP 状态机的，详细信息见 IEEE 1149.1 标准。这里不作详细介绍。

6.2.2 SW 调试端口

串行线调试端口（SW – DP）是一种两根引脚（时钟和数据）的低成本调试接口。Cortex – M3 的 TPIU 实现 SWV 输出模式，需要一根单独的外部引脚，在具体的芯片实现中可以采用以下 3 种方式之一：

① 使用专用的引脚，如图 6 – 7 所示。这是最简单的方式，但是需要增加一个额外的引脚。

② 共用跟踪端口的引脚，如图 6 – 8 所示。由于 TRACEDATA[0] 和 TRACESWO 这两个信号在任何时候只会使用其中一个，因此可用 SWOACTIVE 控制信号的切换，实现共用。对于有专用 TRACE 端口的芯片，这样既不降低功能又不增加引脚。

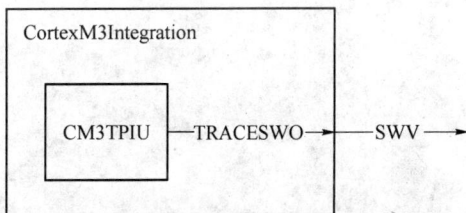

图 6 – 7　使用专用引脚作为 SWV

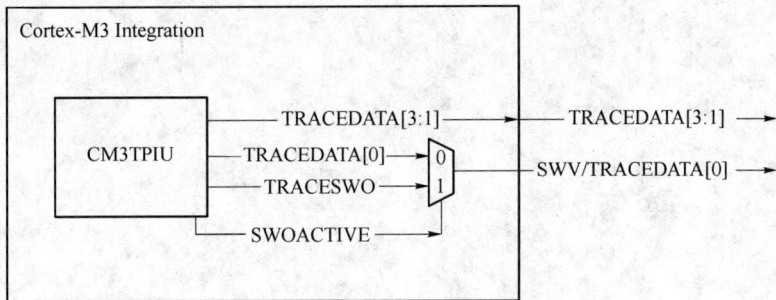

图 6 – 8　SWV 与跟踪端口共用引脚

③ 共用 JTAG - TDO 引脚,如图 6 - 9 所示。TRACSWO 和 JTAG - TDO 共用一个外部引脚,由 JTAGNSW 信号控制多路选择器。对于不配置 TRACE 端口的处理器,这种设计使用的引脚最少,也是 ARM 推荐使用的设计。

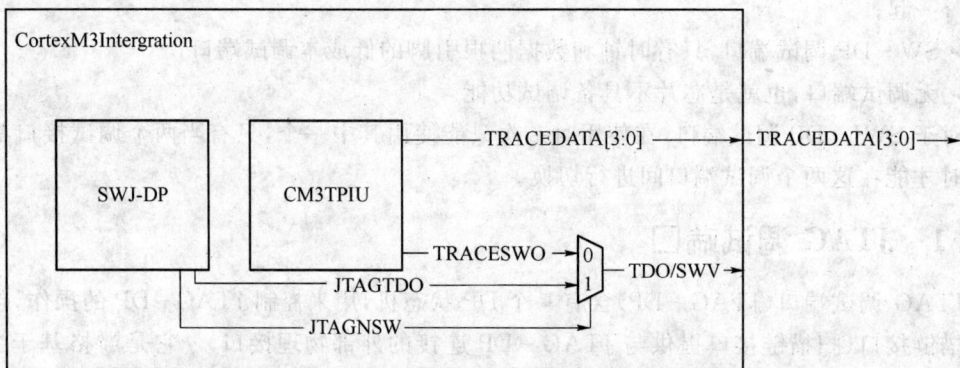

图 6 - 9   SWV 与 JTAG - TDO 共用引脚

SW - DP 使用串行线调试(SWD,Serial Wire Debug)协议。这对于多数进行嵌入式应用开发的工程师而言并不重要,因此这里不作介绍,详细内容可参考 Cortex - M3 技术手册和 CoreSight 技术手册。在第 9 章的例程中,将会介绍如何在 MDK 中使用 SW 调试端口。

第 7 章

SAM3U 处理器基础

本章将对 SAM3U 处理器的系统控制器和片上外围设备作简要介绍,让读者对 SAM3U 处理器有一个初步的认识;在后续章节中将会对相关模块作详细介绍。另外,为了让读者能按照第 9 章的介绍迅速开发第一个 SAM3U 处理器应用小例程,本章还将详细介绍 GPIO 的功能以及 I/O 引脚的复用情况。

7.1 系统控制器及片上外设简介

7.1.1 系统控制器

系统控制器是系统关键外设的集合,包括电源、复位、时钟、定时、中断、看门狗等所有重要模块的控制器,如图 7-1 所示。注意:图中 FSTT0～FSTT15 是可能的快速启动源,由 WK-UP0～WKUP15 引脚产生,但不是物理引脚。另外,系统控制器用户接口还内嵌了用来配置总线矩阵的寄存器。

系统控制器和外设地址映射请参考 3.2 节。下面分别对各种系统控制器作简要介绍。

(1) 复位控制器,低电压和供电监测器

SAM3U 内置了 3 种用于芯片监视、警告与/或复位的功能特性:

➢ VDDBU 上的上电复位:VDDBU 引脚上有上电复位单元,它总是处于工作状态,在启动和关电时都监测电压。如果 VDDBU 低于电压阈值,芯片将复位。

➢ VDDCORE 上的低电压监测:VDDCORE 引脚上有低电压监测单元,它缺省处于工作状态,通过软件设置供电控制器(SUPC_MR)可关闭它。在低功耗模式(如等待、睡眠模式)下,建议禁止该单元功能。如果 VDDCORE 低于电压阈值,核将发出复位信号。

➢ VDDUTMI 上的供电监测。VDDUTMI 引脚上有供电监测单元,缺省情况下它处于非工作状态。可以通过软件设置使之激活,还可以设置其电压阈值为 1.9～3.4 V 的 16 个等级之一。该单元由供电控制器(SUPC)来控制,可工作于采样模式下,它允许用一个最高可达 2 048 的因子去除供电监测功耗。

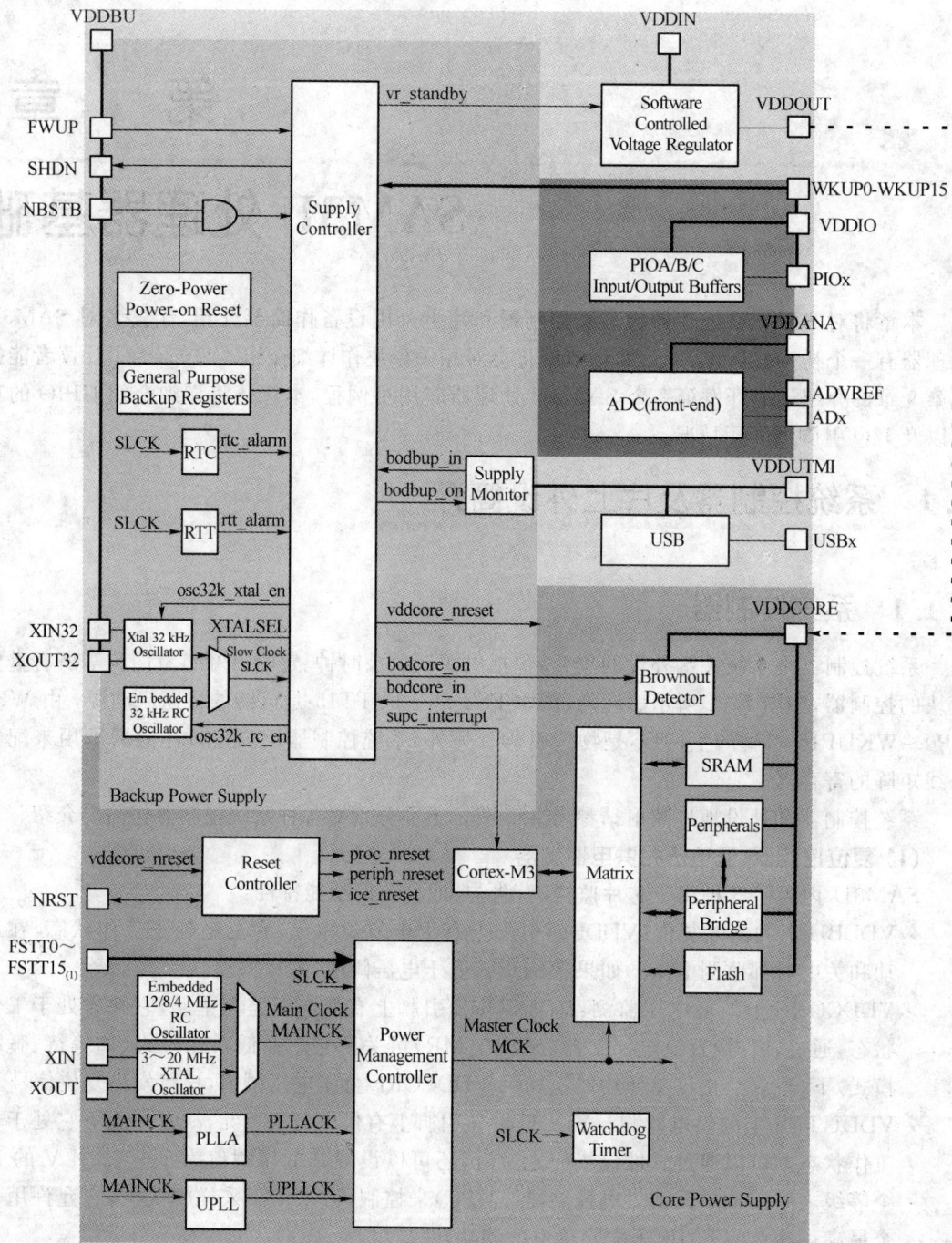

图 7 - 1 SAM3U 处理器系统控制器框图

（2）复位控制器

复位控制器可以记录上次的复位源,无论上次复位是上电复位、唤醒复位、软件复位、用户复位还是看门狗复位。复位控制器还控制系统内部复位和 NRST 引脚输出,它能给外部设备发出复位信号。通过在 NRST 引脚上简单地连接一个按键即可实现手动复位。

（3）供电控制器

供电控制器控制处理器的每一部分以及片上外设的电源供给(通过电压调节器控制)。供电控制器有它自己的复位电路,它由 32 kHz 慢时钟发生器提供时钟。复位电路是基于一个零功耗上电复位单元和低电压检测单元。零功耗上电复位能使供电控制器正确启动,可编程的低电压检测单元能检测到电池放电或是主电压掉电。慢时钟发生器是基于一个 32 kHz 晶体振荡器和一个内嵌 32 kHz RC 振荡器的。默认用 RC 振荡器作为慢时钟,但也可以通过软件设置晶体振荡器作为慢时钟源。供电控制器通过电压调节器来启动设备,然后产生一个合适的复位信号给内核电源。供电控制器也能使系统进入不同的低功耗模式,并能被各种事件唤醒。

（4）时钟发生器

时钟发生器由以下部分组成:

- 一个低功耗的带旁路模式的 32 768 Hz 慢时钟振荡器;
- 一个低功耗 RC 振荡器;
- 一个可以被旁路的,3～20 MHz 晶体振荡器;
- 一个由厂家配置的快速 RC 振荡器。有 3 种输出频率可供选择:4、8 或 12 MHz。默认情况下为 4 MHz,8 MHz 和 12 MHz 的输出已由厂家校准好了;
- 一个给高速 USB 设备控制器提供时钟的 480 MHz UPLL,输入频率仅为 12 MHz;
- 一个可编程的 96～192 MHz 的 PLL (PLL A),可以为处理器和外设提供 MCK 时钟。PLL A 的输入频率为 8～16 MHz。

（5）功耗管理控制器

功耗管理控制器给系统提供所有的时钟信号。包括:

- 处理器时钟 HCLK;
- 空闲运行处理器时钟 FCLK;
- Cortex 系统节拍外部时钟;
- 主控时钟 MCK,专门提供给总线矩阵和存储器接口;
- USB 设备 HS 时钟 UDPCK;
- 独立外设时钟,典型频率是 MCK;
- 3 个可编程时钟输出:PCK0、PCK1 和 PCK2。

由供电控制器选择是用 32 kHz RC 振荡器还是晶体振荡器。未被使用的振荡器自动被禁止,从而使电源消耗达到最佳状态。默认情况下,芯片开始运行时使用快速 RC 振荡器产生的 4 MHz 的主时钟。

(6) 看门狗定时器

➢ 16 位密码保护的一次性编程计数器；

➢ 窗口定时器，防止处理器在看门狗访问时进入死锁。

(7) 系统节拍定时器

➢ 24 位向下计数器；

➢ 自动重载功能；

➢ 灵活的系统定时器。

(8) 实时定时器

实时定时器，允许不同精确度的时间备用。

—32 位空闲运行备份计数器；

—集成了一个 16 位的运行在慢时钟上的可编程的预分频器；

—报警寄存器可以产生一个系统唤醒信号。

(9) 实时时钟

➢ 低功耗；

➢ 全异步设计；

➢ 两百年的日历；

➢ 可编程的周期中断；

➢ 闹钟和更新并行；

➢ 可控制闹钟和更新时间/日历数据输入。

(10) 通用备份寄存器

8 个 32 位通用备份寄存器。

(11) 嵌套向量中断控制器

➢ 30 个可屏蔽外部中断；

➢ 16 个优先级；

➢ 中断优先级可动态地重新配置；

➢ 优先级分组：

—可选择可抢占中断等级和不可抢占中断等级。

➢ 支持尾链和迟到中断

—背靠背中断处理技术使得处理器在两个 ISR 之间没有进行多余的状态进栈和出栈操作。

➢ 进中断时能自动保存处理器状态，中断返回时能自动恢复。

—中断退出时不需要多余的指令。

7.1.2 片上外设

SAM3U 处理器外设如图 1-5 所示,下面分别对这些外设的特性作简要介绍。

(1) 串行外设接口(SPI)

➤ 支持与多种串行外部设备通信:

—4 个带外部解码器的片选线,最多允许与 15 个外设进行通信;

—串行存储设备,如 DataFlash 与 3 线 EEPROM;

—串行外设,如 ADC、DAC、LCD 控制器、CAN 控制器和传感器;

—外部协处理器。

➤ 主/从串行外设总线接口;

—每个片选对应的数据长度都可编程设置为 8~16 位;

—每个片选的相位和极性都可编程;

—每个片选的连续传输之间延迟以及时钟和数据信号之间延迟,都可编程设置;

—可编程设置连续传输之间的延迟时间;

—故障检测模式可选。

➤ 支持超快传输:

—传输的波特率可达到 MCK;

—片选线可被激活,用以加快在相同设备上的传输速度。

(2) 双线接口 (TWI)

➤ 主、多主以及从模式操作;

➤ 与 Atmel 的双线接口、串行存储器以及 I^2C 兼容设备相兼容;

➤ 从地址可以为 1、2 或 3 字节;

➤ 连续读/写操作;

➤ 比特率:最高可达 400 kbit/s;

➤ 从模式下支持广播呼叫(General Call);

➤ (仅)在主模式下连接到 PDC 通道,可优化数据传输:

—一个通道用于接收器;

—一个通道用于发送器。

(3) 通用异步收发器 (UART)

➤ 两引脚 UART:

—特性与标准 Atmel USART 100% 兼容;

—独立的接收器和发送器,它们共有一个可编程波特率发生器;

—产生 Even、Odd、Mark 或 Space 奇偶校验;

—奇偶、成帧和溢出错误检测;

——支持自动回显,本地回环及远程回环通道模式;

——支持 2 个 PDC 通道,分别连接到接收器和发送器。

(4) 通用同步异步收发器(USART)

➢ 波特率发生器可编程设置。

➢ 5～9 位的全双工同步或异步串行通信,支持:

——异步模式下,1、1.5 或 2 个停止位,或同步模式下 1 或 2 个停止位;

——可产生奇偶校验、检测奇偶校验错误;

——成帧错误检测,溢出错误检测;

——可设置 MSB 或 LSB 先传送;

——Break 产生和检测可选;

——8 或 16 倍的过采样接收器频率;

——硬件握手 RTS - CTS;

——接收器超时和发送器时间保护;

——可选多点通信模式,可产生和检测地址;

——可选曼彻斯特编码。

➢ 带驱动控制信号的 RS485。

➢ 用于智能卡接口的 ISO7816,T=0 或 T=1 协议:

——NACK 处理,有重复和循环限制的错误计数器。

➢ SPI 模式:

——主或从模式;

——串行时钟相位和极性可编程;

——SPI 串行时钟(SCK)频率达 MCK/4。

➢ IrDA 调制解调:

——通信速率可达 115.2 Kbps。

(5) 串行同步控制器(SSC)

➢ 提供用于音频和电信产品应用(带 CODEC 的主模式或从模式、I²S、TDM 总线、读卡器等)的串行同步通信线路,包含一个独立的接收器和发送器,以及一个共同的时钟分频器;

➢ 提供可配置的帧同步和数据长度;

➢ 接收器和发送器可编程为自动启动或在帧同步信号线上检测到不同事件时启动;

➢ 接收器和发送器均包含一个数据信号、一个时钟信号和一个帧同步信号。

(6) 定时/计数器(TC)

➢ 3 个 16 位定时/计数器通道;

➢ 功能范围宽,包括:

    —频率测量；

    —事件计数；

    —间隔测量；

    —脉冲产生；

    —延时；

    —脉宽调制；

    —递增/递减；

    —4 倍解码逻辑电路。

➤ 每个通道都是用户可配置的,包括:

    —3 个外部时钟输入；

    —5 个内部时钟输入；

    —2 个多用途的输入/输出信号。

➤ 2 个全局寄存器,作用于 3 个 TC 通道。

(7) 脉宽调制控制器(PWM)

➤ 4 个通道,每个通道一个 16 位计数器。

➤ 共同的时钟发生器,提供 13 个不同的时钟:

    —1 个模 n 计数器,提供 11 个时钟；

    —2 个独立的线性分频器,作用于模 n 计数器的输出；

    —高频率的异步时钟模式。

➤ 独立的可编程通道:

    —独立的允许/禁止命令；

    —独立的时钟选择；

    —独立的周期和占空比设置,带有双缓存器；

    —选择输出波形的极性可编程；

    —每个通道可编程选择中心或左对齐方式；

    —每个通道有独立的强制输出；

    —每个通道带有 12 位的死区时间发生器,提供独立的互补输出。

➤ 同步通道模式:

    —同步通道共享同一个计数器；

    —在几个周期(数量可编程设置)之后,更新同步通道寄存器的模式。

➤ 连接到一个 PDC 通道:

    —在不需要处理器的干预下提供缓冲传输,更新同步通道的占空比。

➤ 2 个独立的事件线,在一个周期里 ADC 上最多可以发送 8 个触发脉冲；

➤ 4 个可编程的故障输入,提供了对输出的异步保护。

(8) 高速多媒体卡接口(HSMCI)

- 与多媒体卡 4.3 规范兼容;
- 与 SD 存储卡 2.0 规范兼容;
- 与 SDIO V2.0 规范兼容;
- 与 CE-ATA 1.1 规范兼容;
- 卡时钟频率达 MCK/2;
- 支持引导操作模式;
- 支持高速模式;
- 内嵌功耗管理,在其不使用时可用减慢时钟频率;
- HSMCI 有一个卡槽,可支持以下三者之一:
  - ——一个多媒体卡总线(可接多达 30 个卡)
  - ——一个 SD 存储卡;
  - ——一个 SDIO 卡。
- 支持流、块以及多块数据的读/写。
- 支持与 DMA 控制器连接:
  - ——大量数据传输时,处理器负载降到最少。
- 内嵌带有大容量存储区域(Memory Aperture,某外设或存储单元对应的一段连续地址空间)的 FIFO(32 字节),支持递增访问。
- 支持 CE-ATA 完成信号禁止命令。

(9) USB 高速设备端口 (UDPHS)

- USB V2.0 高速兼容,480 Mbps。
- 内嵌 USB V2.0 UTMI+ 高速传送器。
- 内嵌 4 KB 双端口 RAM,用于 USB 端点。
- 内嵌 6 通道 DMA 控制器。
- 挂起/恢复逻辑单元。
- 等时和批量 USB 端点有 2 个或 3 个 bank。
- 可通过软件配置 7 个 USB 端点。
- 最大化的配置即 7 个 USB 端点。
  - ——端点 0:64 字节,1 个 bank 模式;
  - ——端点 1&2:512 字节,2 个 bank 模式,高速等时;
  - ——端点 3&4:64 字节,3 个 bank 模式;
  - ——端点 5&6:1024 字节,3 个 bank 模式,高速等时。

(10) 12 位模/数转换器 ADC0

- 8 通道 ADC。
- 12 位、采样频率 1 MHz 或 10 位、采样频率 2 MHz;循环管道 ADC。

> 集成的 8～1 多路复用器。
> 12 位分辨率。
> 可选择单端或差分输入电压。
> 增益可编程,支持最大刻度的输入范围。
> 可使用外部参考电压,以提高低电压输入的精度。
> 每个通道可独立允许和禁止。
> 多个转换触发源:
　　—硬件或软件触发;
　　—外部触发引脚;
　　—定时器计数器的 0～2 输出(TIOA0～TIOA2)触发;
　　—PWM 触发。
> 睡眠模式和转换序列器:
　　—触发时可自动唤醒,当所有允许的通道转换完成之后返回睡眠模式。

(11) 10 位模/数转换器 ADC1

> 8 通道 ADC。
> 10 位、采样频率 460 kHz 或 8 位、采样频率 660 kHz;ADC 逐步逼近寄存器。
> $-2/+2$ LSB 非线性积分,$-1/+1$ LSB 非线性微分。
> 集成了 8～1 多路复用器。
> 可使用外部参考电压,以提高低电压输入的精度。
> 每个通道可独立允许和禁止。
> 多个转换触发源:
　　—硬件或软件触发;
　　—外部触发引脚;
　　—定时器计数器的 0～2 输出(TIOA0～TIOA2)触发;
　　—PWM 触发。
> 睡眠模式和转换序列器:
　　—触发时可自动唤醒,当所有允许的通道转换完成之后返回睡眠模式。

7.2　GPIO 及引脚复用

7.2.1　概　述

　　SAM3U 处理器具有 3 个通用并行输入/输出(GPIO)控制器:PIOA、PIOB 和 PIOC,最多可控制 96 根 I/O 引脚。每个 PIO 可管理多达 32 个完全可编程 I/O 引脚,其内部结构如图 7-2 所示。每个 I/O 引脚既可用作一个通用 I/O 也可分配给一个片上外设,这样可以优化产品引脚。PIO 控制器的每个 I/O 引脚都具备如下特征：

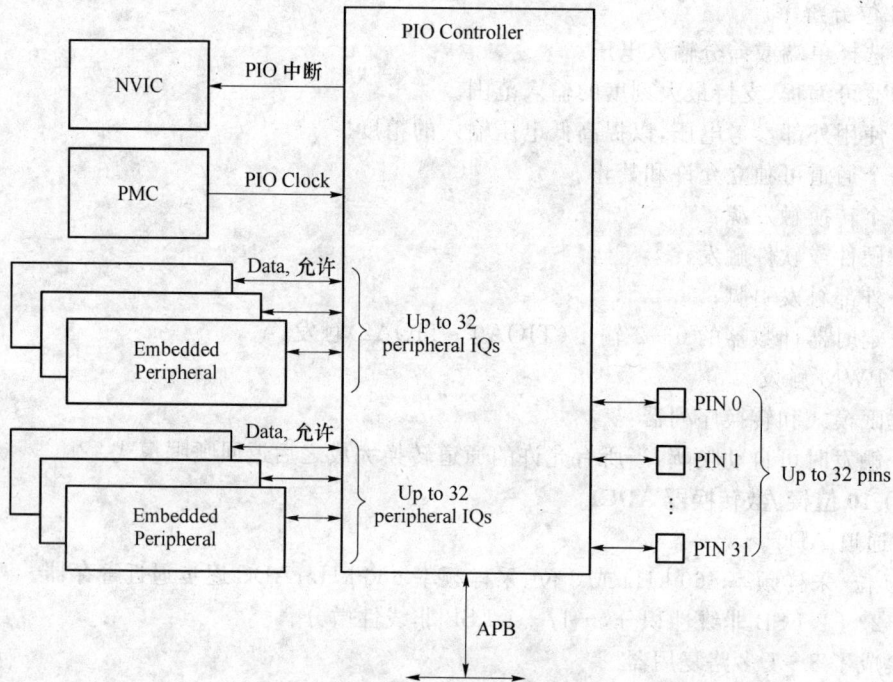

图 7-2　GPIO 方框图

➢ 输入变化可产生中断,允许任何 I/O 引脚的电平跳变产生中断;
➢ 还有其它中断模式,允许任何 I/O 引脚的上升沿、下降沿、低电平或高电平产生中断;
➢ 带干扰滤波器,能过滤持续时间小于半个系统时钟周期的脉冲;
➢ 带去抖动滤波器,能过滤按键和按钮操作中的多余脉冲;
➢ 与开漏 I/O 口类似的多路驱动能力;
➢ 可控制 I/O 引脚的上拉;
➢ 输入可见、输出可控。

PIO 控制器一次写操作就可同步输出多达 32 位的数据,可以用于各种片上外设及片外外设,如图 7-3 所示。

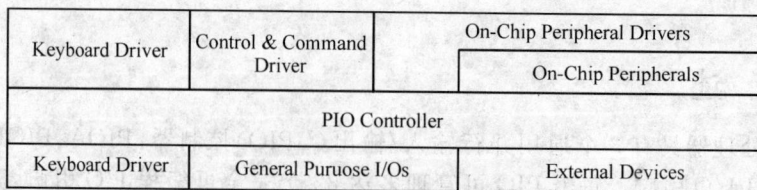

Keyboard Driver	Control & Command Driver	On-Chip Peripheral Drivers	
		On-Chip Peripherals	
PIO Controller			
Keyboard Driver	General Puruose I/Os	External Devices	

图 7-3　GPIO 应用框图

7.2.2　用户接口

　　每个由 PIO 控制器控制的 I/O 引脚都与每个 PIO 控制器用户接口寄存器的某个位相关。如果某个并行 I/O 引脚未定义,则设置相应位无效,读取未定义位的返回值为 0。如果 I/O 引脚未与任何外设复用,则 I/O 引脚由 PIO 控制器控制,读取 PIO_PSR 将系统地返回 1。PIO 控制器的控制寄存器如表 7-1 所列,PIOA、PIOB 和 PIOC 的控制寄存器内存映射基地址分别为:0x400E0C00、0x400E0E00 和 0x400E1000。限于篇幅,本书将不介绍所有系统控制器和片上外设用户接口的详细设置,读者可以查询 SAM3U 数据手册,希望阅读中文手册的朋友可以参考网站 up. whut. edu. cn 上武汉理工大学 UP 团队翻译的中文手册。

表 7-1　GPIO 寄存器映射

偏　移	寄存器	名　称	访问方式	复位值
0x0070	外设 AB 选择寄存器	PIO_ABSR	读/写	0x00000000
0x0074～0x007C	保留			
0x0080	系统时钟抗干扰输入滤波器选择寄存器	PIO_SCIFSR	只写	—
0x0084	去抖动输入滤波器选择寄存器	PIO_DIFSR	只写	—
0x0088	抗干扰或去抖动滤波器时钟选择状态寄存器	PIO_IFDGSR	只读	0x00000000
0x008C	满时钟分频器去抖动寄存器	PIO_SCDR	读/写	0x00000000
0x0090～0x009C	保留			
0x00A0	输出写允许	PIO_OWER	只写	—
0x00A4	输出写禁止	PIO_OWDR	只写	—
0x00A8	输出写状态寄存器	PIO_OWSR	只读	0x00000000
0x00AC	保留			
0x00B0	其它中断模式允许寄存器	PIO_AIMER	只写	—
0x00B4	其它中断模式禁止寄存器	PIO_AIMDR	只写	—
0x00B8	其它中断模式屏蔽寄存器	PIO_AIMMR	只读	0x00000000
0x00BC	保留			
0x00C0	边沿选择寄存器	PIO_ESR	只写	—
0x00C4	电平选择寄存器	PIO_LSR	只写	—
0x00C8	边沿/电平状态寄存器	PIO_ELSR	只读	0x00000000
0x00CC	保留			
0x00D0	下降沿/低电平选择寄存器	PIO_FELLSR	只写	—
0x00D4	上升边沿/高电平选择寄存器	PIO_REHLSR	只写	—
0x00D8	下降/上升-低/高状态寄存器	PIO_FRLHSR	只读	0x00000000
0x00DC	保留			
0x00E0	锁定状态	PIO_LOCKSR	只读	0x00000000
0x00E4～0x00F8	保留			
0x0100～0x0144	保留			

7.2.3 功能描述

图 7-4 给出了与每个 I/O 相关的大部分控制逻辑。在描述中,信号线只表示 32 个信号之一,每个引脚都是一样的。

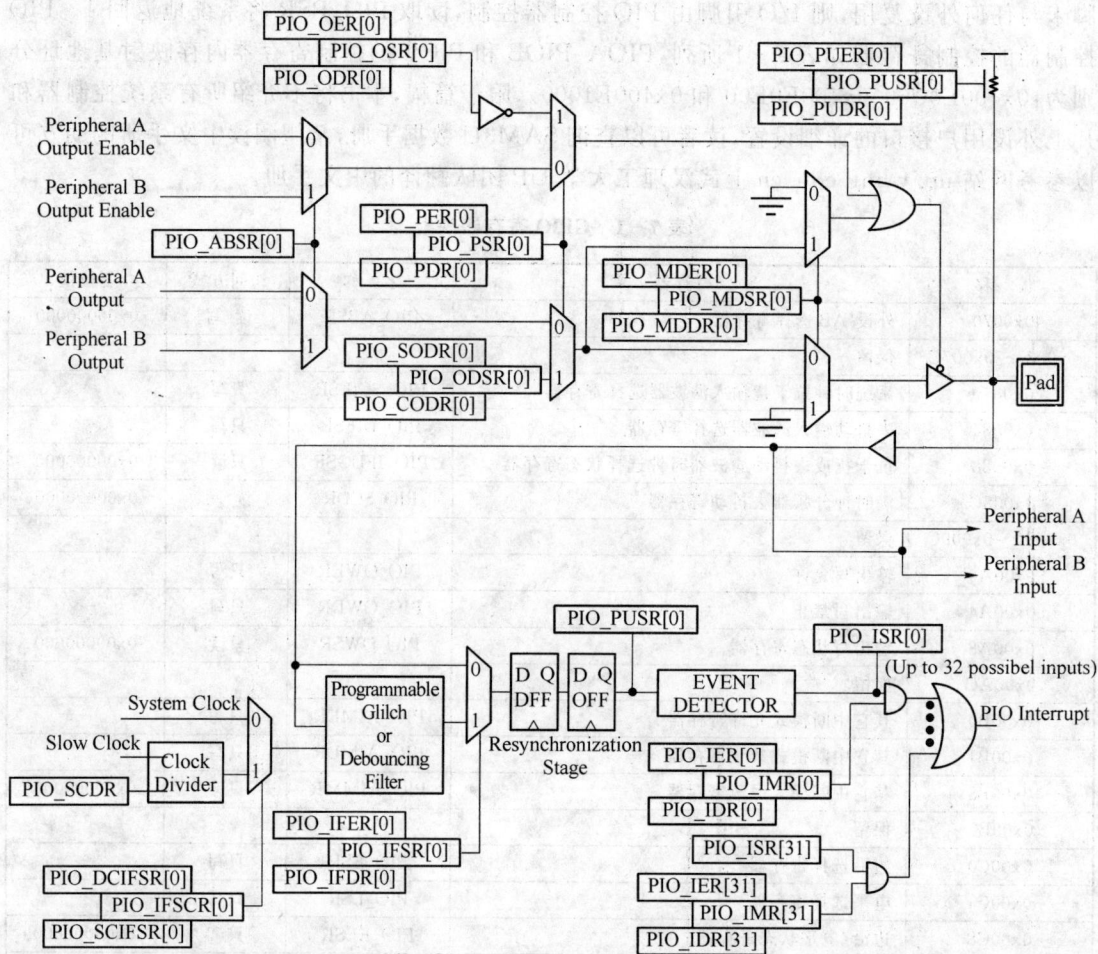

图 7-4 I/O 引脚控制逻辑

1. 上拉电阻控制

每个 I/O 引脚都包含一个内嵌的上拉电阻。通过设置 PIO_PUER(上拉允许寄存器)和 PIO_PUDR(上拉禁止电阻器)可以分别允许和禁止上拉电阻。设置这些寄存器将会置位或复位 PIO_PUSR(上拉状态寄存器)中的相应位。读取 PIO_PUSR 返回 1 表示相应的上拉电阻被禁止,返回 0 表示相应的上拉电阻被允许。无论 I/O 引脚如何配置,都可以对上拉电阻进行控制。复位后,所有的上拉电阻都被允许,即 PIO_PUSR 的复位值为 0x0。

2. I/O 引脚或外设功能选择

当一个 I/O 引脚与一个或两个外设功能复用时,需要通过 PIO_PER(PIO 允许寄存器)和 PIO_PDR(PIO 禁止寄存器)进行选择控制。PIO_PSR(PIO 状态寄存器)反映设置和清除相关寄存器的结果,它指示引脚是由相应的外设控制还是由 PIO 控制器控制。0 表示引脚由 PIO_ABSR(AB 选择寄存器)选择的相应片上外设控制;1 表示引脚由 PIO 控制器控制。

如果一个引脚只用作通用 I/O 口(不与片上外设复用),则 PIO_PER 和 PIO_PDR 将不起作用,读取 PIO_PSR 相应位将返回 1。

复位后,绝大多数情况下,I/O 引脚是由 PIO 控制器控制的,即 PIO_OSR 复位值为 1。但在某些情况下,PIO 口必须由外设控制(比如:存储器片选信号在复位后必须为不活动状态;为从外部存储器启动,地址线必须为低)。因此,PIO_PSR 的复位值要根据设备复用情况,在产品级中进行定义。

3. 外设 A/B 选择

PIO 控制器可在一个引脚上复用多达两个外设功能,通过设置 PIO_ABSR(AB 选择寄存器)可以实现外设 A/B 间的选择。对于每个引脚而言,相应位置 0 表示选择外设 A,1 则表示选择外设 B。

需要注意的是,外设 A 和外设 B 的复用只会影响输出线路。外设输入线路总是与输入引脚相连的。复位后,PIO_ABSR 被置为 0,这意味着所有的 PIO 引脚都配置给外设 A。但是因为 PIO 控制器复位时,I/O 引脚处于 I/O 模式,所以外设 A 通常不驱动引脚。

设置 PIO_ABSR 可管理复用功能,这与引脚的配置是无关的。但是将某个引脚分配给某个外设功能时,除了设置 PIO_PDR 外,还需要设置外设选择寄存器(PIO_ABSR)。

4. 输出控制

当 I/O 引脚分配给某个外设功能,即 PIO_PSR 中相应位为 0 时,I/O 引脚的驱动是由外设控制的。外设 A 或 B 根据 PIO_ABSR(AB 选择寄存器)的值,决定是否驱动引脚。

当 I/O 引脚由 PIO 控制器控制时,引脚可以配置成被 PIO 控制器驱动。这可以通过设置 PIO_OER(输出允许寄存器)和 PIO_ODP(输出禁止寄存器)来实现。PIO_OSR(输出状态寄存器)反映了设置结果。当这个寄存器中某位为 0 时,相应的 I/O 引脚只用作输入;为 1 时,相应的 I/O 引脚由 PIO 控制器驱动。

通过设置 PIO_SODR(置位输出数据寄存器)和 PIO_CODR(清零输出数据寄存器)可以设置相应 I/O 口的驱动电平。这些写操作将分别置位和清零 PIO_ODSR(输出数据状态寄存器),PIO_ODSR 代表 I/O 引脚上的驱动数据。无论引脚配置为由 PIO 控制器控制还是分配给外设控制,都可以通过设置 PIO_OER 和 PIO_ODR 来管理 PIO_OSR。这使得在设置引脚由 PIO 控制器控制之前,可以先配置 I/O 引脚。

　　类似地,设置 PIO_SODR 和 PIO_CODR 能够影响 PIO_ODSR。这一点很重要,因为它定义了 I/O 引脚上的第一个驱动电平。

5. 同步数据输出

　　不能使用 PIO_SODR 和 PIO_CODR 寄存器对一个(或多个)PIO 引脚进行清零的同时,又设置另外一个(或多个)PIO 引脚。这需要对这 2 个不同的寄存器进行 2 次连续的写操作。为了克服该缺点,PIO 控制器提供了只须写 1 次 PIO_CDSR(输出数据状态寄存器)就可以直接控制 PIO 输出的方法。只有未被 PIO_OWSR(输出写状态寄存器)屏蔽的位才能被这样修改。通过设置 PIO_OWER(输出写允许寄存器)和 PIO_OWDR(输出写禁止寄存器)可以设置和清除屏蔽 PIO_OWSR 的屏蔽位。

　　复位后,PIO_OWSR 复位为 0x0,所有的 I/O 引脚上的同步数据输出都被禁止。

6. 多路驱动控制(开漏)

　　使用多路驱动特性,每个 I/O 都能够独立地被编程为开漏模式,这个特性允许在 I/O 引脚上连接若干个驱动器,这个 I/O 引脚只可以被每个设备驱动为低电平。为了保证引脚上的高电平,需要外接一个上拉电阻(或者允许内部的上拉电阻)。

　　多路驱动特性由 PIO_MDER(多路驱动允许寄存器)和 PIO_MDDR(多路驱动禁止寄存器)进行控制。无论 I/O 引脚由 PIO 控制器控制还是分配给外设,都可以选择多路驱动。PIO_MDSR(多路驱动状态寄存器)可指示被配置为支持外部驱动器的引脚。

　　复位后,所有引脚的多路驱动特征都被禁止,即 PIO_MDSR 复位值为 0x0。

7. 输出引脚时序

　　图 7-5 所示为设置 PIO_SODR 或 PIO_CODR 时,或直接设置 PIO_ODSR 时,输出是如何驱动的。只有 PIO_OWSR 中的相应位被置位时,最后一种情况才会有效。图 7-5 同时也示意出了 PIO_PDSR 反馈在什么时候生效。

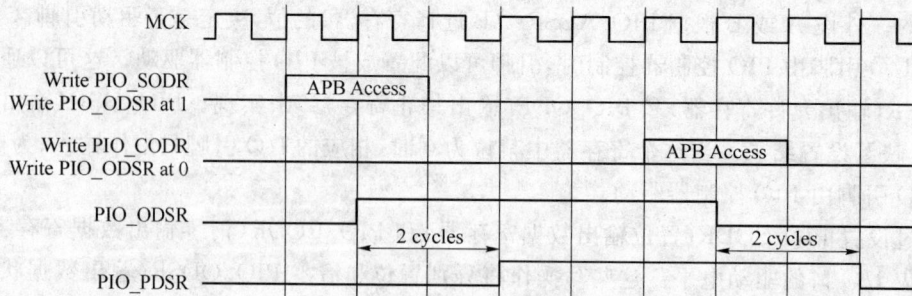

图 7-5　I/O 引脚输出时序

8. 输入

通过读取 PIO_PDSR(引脚数据状态寄存器)可以获得每个 I/O 引脚上的电平。无论 I/O 线路的配置如何(只作输入、由 PIO 控制器驱动或由外设驱动),PIO_PDSR 寄存器都能够指示出 I/O 引脚上的电平。

要读取 I/O 引脚上的电平必须先允许 PIO 控制器的时钟。否则,读取到的将是时钟被禁止时 I/O 引脚上的电平。

9. 输入抗干扰和去抖动滤波

输入抗干扰和去抖动滤波器都是可选的,且对每个 I/O 引脚上都可独立编程。抗干扰滤波器能过滤持续时间少于 1/2 个主控时钟(MCK)周期的干扰,去抖动滤波器能够过滤持续时间少于 1/2 个可编程分频慢时钟周期的脉冲。

通过设置 PIO_SCIFSR(系统时钟抗干扰输入滤波选择寄存器)和 PIO_DIFSR(去抖动输入滤波选择寄存器)可以选择抗干扰滤波和去抖动滤波。通过设置 PIO_SCIFSR 和 PIO_DIFSR 可以分别设置和清除 PIO_IFDGSR 中的位。

通过读取 PIO_IFDGSR(抗干抗扰或去抖动输入滤波选择状态寄存器)可以确认当前的选择状态。

> PIO_IFDGSR [i] = 0:抗干扰滤波器能够过滤持续时间短于 1/2 个主控时钟周期的干扰脉冲。

> PIO_IFDGSR [i] = 1:去抖动滤波器能够过滤持续时间短于 1/2 个可编程分频慢时钟周期的脉冲。

对于去抖动滤波器,分频慢时钟的周期是由 PIO_SCDR(慢时钟分频器寄存器)的 DIV 域设置。$Tdiv\_slclk = ((DIV+1) \times 2)Tslow\_clock$。

当抗干扰或去抖动滤波器被允许时,持续时间少于 1/2 个选择时钟周期(根据 PIO_SCIFSR 和 PIO_DIFSR 的设置,可选择 MCK 或分频慢时钟作为时钟)的干扰或脉冲将被自动丢弃,但是持续时间大于等于 1 个选择时钟(MCK 或分频慢时钟)周期的脉冲将被接受。对于那些持续时间介于 1/2 个选择时钟周期和 1 个选择时钟周期之间的脉冲,则是不确定的,接受与否将取决于它们发生的精确时序。因此,一个可见的脉冲必须超过一个选择时钟周期,而一个确定能被过滤掉的干扰则不能超过 1/2 个选择时钟周期。

当允许抗干扰或去抖动滤波器时,不会修改外设的输入行为。它只影响 PIO_PDSR 的值和输入跳变中断检波。要使用抗干扰和去抖动滤波器,必须允许 PIO 控制器时钟。

10. 输入边沿 /电平中断

PIO 控制器可以编程为在 I/O 引脚上检测到一个边沿或者电平时产生一个中断。通过设置和清除 PIO_IER(中断允许寄存器)和 PIO_IDR(中断禁止寄存器)这两个寄存器可以控制输入边沿/电平时产生中断。通过设置 PIO_IMR(中断屏蔽寄存器)中的相应位可以允许和禁止输入跳变中断。因为输入跳变检测需要对 I/O 引脚上的输入进行 2 次连续采样,所以必须允许 PIO 控制器时钟。无论 I/O 引脚如何配置,无论配置为只输入,还是由 PIO 控制器控制或分配给一个外设功能,输入跳变中断都是可以使用的。

默认情况下,任何时候只要在输入上检测到一个边沿,就可以产生一个这种中断。通过设置 PIO_AIMER(其它中断模式允许寄存器)和 PIO_AIMDR(其它中断模式禁止寄存器)可以允许/禁止其它中断模式。从 PIO_AIMMR(其它中断模式屏蔽寄存器)可以读取当前选择状态。其它模式有:上升沿检测、下降沿检测、低电平检测和高电平检测。

要选择其它中断模式:

➢ 必须通过设置一系列的寄存器来选择事件检测的类型(边沿或电平)。PIO_ESR(边沿选择寄存器)和 PIO_LSR(电平选择寄存器)分别用于允许边沿和电平检波。从 PIO_ELSR(边沿/电平状态寄存器)可以获知当前选择的状态。

➢ 必须通过设置一系列的寄存器来选择事件检测的极性(上升沿/下降沿或高电平/低电平)。通过 PIO_FELLSR(下降沿/低电平选择寄存器)和 PIO_REHLSR(上升沿/高电平选择寄存器)可以选择下降沿/上升沿(如果在 PIO_ELSR 中选择了边沿)或高电平/低电平(如果在 PIO_ELSR 中选择了电平)。从 PIO_FRLHSR(上升/下降-高/低状态寄存器)可以获知当前选择的状态。

当在 I/O 引脚上检测到输入边沿或者电平时,PIO_ISR(中断状态寄存器)的相应位将被置位。如果 PIO_IMR 中的相应位被置位,PIO 控制器的中断线路将发出一个中断。32 个中断信号通道"线或"在一起向嵌套向量中断控制器(NVIC)产生一个中断信号。

当软件读取 PIO_ISR 时,所有中断都将自动清除。这意味着读取 PIO_ISR 时,必须处理所有的挂起中断。当中断为电平触发时,只要中断源还没有被清除,即使对 PIO_ISR 进行了某些读操作,中断也会一直产生。

图 7-6 为 I/O 引脚输入的事件检测逻辑图。

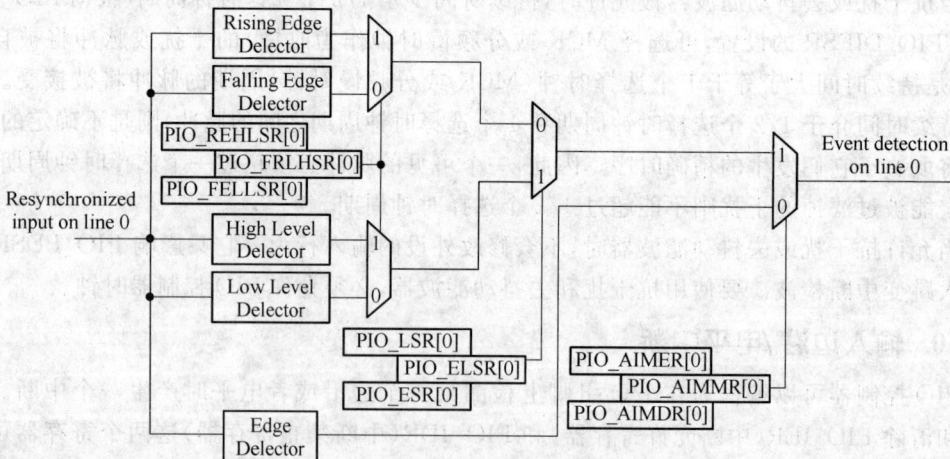

图 7-6 I/O 引脚输出事件检测逻辑

11. 引脚锁定

当 I/O 引脚由外设(特别是脉宽调制控制器 PWM)控制时,外设可以通过 PIO 控制器的输入锁定某个 I/O 引脚。当某个 I/O 引脚被锁定时,I/O 的配置被锁定,对 PIO_PER、PIO_PDR、PIO_MDER、PIO_MDDR、PIO_PUDR、PIO_PUER 和 PIO_ABSR 的相应位的写操作将被丢弃。通过读取 PIO 锁定状态寄存器 PIO_LOCKSR,用户可以随时了解哪个 I/O 引脚被锁定。一旦 I/O 引脚被锁定,唯一的解锁方法是硬件复位 PIO 控制器。

12. I/O 引脚编程设置实例

如希望实现如下的配置,按表 7-2 所列进行设置即可:

> I/O 引脚 0~3 上的 4 位为输出端口(应该可以通过单个写操作来写入),开漏模式,使用上拉电阻;
> I/O 引脚 4~7 上有 4 个输出信号(比如驱动 LED),驱动为高电平或低电平,不使用上拉电阻;
> I/O 引脚 8~11 上有 4 个输入信号(比如读取按钮状态),使用上拉电阻,使用抗干扰滤波,输入跳变中断;
> I/O 引脚 12~15 上有 4 个输入信号,读取外部设备状态(轮询模式,不用输入跳变中断),不使用上拉电阻,不使用抗干扰滤波器;
> I/O 引脚 16~19,分配给外设 A,使用上拉电阻;
> I/O 引脚 20~23,分配给外设 B,不使用上拉电阻;
> I/O 引脚 24~27,分配给外设 A,输入跳变中断,使用上拉电阻。

表 7-2 PIO 编程设置

寄存器	写入的值	寄存器	写入的值
PIO_PER	0x0000FFFF	PIO_IDR	0xF0FFF0FF
PIO_PDR	0xFFFF0000	PIO_MDER	0x0000000F
PIO_OER	0x000000FF	PIO_MDDR	0xFFFFFFF0
PIO_ODR	0xFFFFFF00	PIO_PUDR	0xF0F000F0
PIO_IFER	0x00000F00	PIO_PUER	0x0F0FFF0F
PIO_IFDR	0xFFFFF0FF	PIO_ABSR	0x00F00000
PIO_SODR	0x00000000	PIO_OWER	0x0000000F
PIO_CODR	0x0FFFFFFF	PIO_OWDR	0x0FFFFFF0
PIO_IER	0x0F000F00		

7.2.4 引脚复用

SAM3U 的 3 个 PIO 控制器:PIOA、PIOB 和 PIOC 的引脚和外设信号进行了复用。每根

I/O 引脚可以被指定到 2 个外设功能之一：A 或 B。表 7-3 定义了 SAM3U 的外设标识符 (Peripheral ID)，嵌套向量中断控制器用外设标识符来控制外设的中断，而功耗管理控制器则用外设标识符来控制外设时钟，其中"×"表示有联系。表 7-4、表 7-5、表 7-6 则分别定义了 PIOA、PIOB 和 PIOC 与那些外设引脚复用的。注意：表中一些只有输出的外设功能可能被重复定义。

表 7-3 SAM3U 外设 ID 及助记符

外设 ID	外设助记符	NVIC 中断控制	PMC 时钟控制	外设名称
0	SUPC	X		供电控制器
1	RSTC	X		复位控制器
2	RTC	X		实时时钟
3	RTT	X		实时定时器
4	WDT	X		看门狗定时器
5	PMC	X		功耗管理控制器
6	EEFC0	X		增强内嵌 Flash 控制器 0
7	EEFC1	X		增强内嵌 Flash 控制器 1
8	UART	X	X	通用异步收发器
9	SMC	X	X	静态存储控制器
10	PIOA	X	X	并行 I/O 控制器 A
11	PIOB	X	X	并行 I/O 控制器 B
12	PIOC	X	X	并行 I/O 控制器 C
13	USART0	X	X	USART 0
14	USART1	X	X	USART 1
15	USART2	X	X	USART 2
16	USART3	X	X	USART 3
17	HSMCI	X	X	高速多媒体卡接口
18	TWI0	X	X	双线接口 0
19	TWI1	X	X	双线接口 1
20	SPI	X	X	串行外设接口
21	SSC	X	X	同步串行控制器
22	TC0	X	X	定时计数器 0
23	TC1	X	X	定时计数器 1
24	TC2	X	X	定时计数器 2
25	PWM	X	X	脉宽调制控制器
26	ADC12B	X	X	12 位 ADC 控制器
27	ADC	X	X	10 位 ADC 控制器
28	DMAC	X	X	DMA 控制器
29	UDPHS	X	X	高速 USB 设备

表 7-4　PIOA 引脚复用

I/O 引脚	外设 A	外设 B	额外功能
PA0	TIOB0	NPCS1	WKUP0[1][2]
PA1	TIOA0	NPCS2	WKUP1[1][2]
PA2	TCLK0	AD12BTRG	WKUP2[1][2]
PA3	MCCK	PCK1	
PA4	MCCDA	PWMH0	
PA5	MCDA0	PWMH1	
PA6	MCDA1	PWMH2	
PA7	MCDA2	PWML0	
PA8	MCDA3	PWML1	
PA9	TWD0	PWML2	WKUP3[1][2]
PA10	TWCK0	PWML3	WKUP4[1][2]
PA11	URXD	PWMFI0	
PA12	UTXD	PWMFI1	
PA13	MISO		
PA14	MOSI		
PA15	SPCK	PWMH2	
PA16	NPCS0	NCS1	WKUP5[1][2]
PA17	SCK0	ADTRG	WKUP6[1][2]
PA18	TXD0	PWMFI2	WKUP7[1][2]
PA19	RXD0	NPCS3	WKUP8[1][2]
PA20	TXD1	PWMH3	WKUP9[1][2]
PA21	RXD1	PCK0	WKUP10[1][2]
PA22	TXD2	RTS1	AD12B0
PA23	RXD2	CTS1	
PA24	TWD1	SCK1	WKUP11[1][2]
PA25	TWCK1	SCK2	WKUP12[1][2]
PA26	TD	TCLK2	
PA27	RD	PCK0	
PA28	TK	PWMH0	
PA29	RK	PWMH1	
PA30	TF	TIOA2	AD12B1
PA31	RF	TIOB2	

表 7-5 PIOB 引脚复用

I/O 引脚	外设 A	外设 B	额外功能	注　释
PB0	PWMH0	A2	WKUP13[1][2]	
PB1	PWMH1	A3	WKUP14[1][2]	
PB2	PWMH2	A4	WKUP15[1][2]	
PB3	PWMH3	A5	AD12BAB2	
PB4	TCLK1	A6	AD12BAB3	
PB5	TIOA1	A7	AD0	
PB6	TIOB1	D15	AD1	
PB7	RTS0	A0/NBS0	AD2	
PB8	CTS0	A1	AD3	
PB9	D0	DTR0		
PB10	D1	DSR0		
PB11	D2	DCD0		
PB12	D3	RI0		
PB13	D4	PWMH0		
PB14	D5	PWMH1		
PB15	D6	PWMH2		
PB16	D7	PWMH3		
PB17	NANDOE	PWML0		
PB18	NANDWE	PWML1		
PB19	NRD	PWML2		
PB20	NCS0	PWML3		
PB21	A21/NANDALE	RTS2		
PB22	A22/NANDCLE	CTS2		
PB23	NWR0/NWE	PCK2		
PB24	NANDRDY	PCK1		
PB25	D8	PWML0		仅在 144 引脚的版本上有
PB26	D9	PWML1		仅在 144 引脚的版本上有
PB27	D10	PWML2		仅在 144 引脚的版本上有
PB28	D11	PWML3		仅在 144 引脚的版本上有
PB29	D12			仅在 144 引脚的版本上有
PB30	D13			仅在 144 引脚的版本上有
PB31	D14			仅在 144 引脚的版本上有

表 7－6   PIOC 引脚复用

I/O 引脚	外设 A	外设 B	额外功能	注　释
PC0	A2			仅在 144 引脚的版本上有
PC1	A3			仅在 144 引脚的版本上有
PC2	A4			仅在 144 引脚的版本上有
PC3	A5	NPCS1		仅在 144 引脚的版本上有
PC4	A6	NPCS2		仅在 144 引脚的版本上有
PC5	A7	NPCS3		仅在 144 引脚的版本上有
PC6	A8	PWML0		仅在 144 引脚的版本上有
PC7	A9	PWML1		仅在 144 引脚的版本上有
PC8	A10	PWML2		仅在 144 引脚的版本上有
PC9	A11	PWML3		仅在 144 引脚的版本上有
PC10	A12	CTS3		仅在 144 引脚的版本上有
PC11	A13	RTS3		仅在 144 引脚的版本上有
PC12	NCS1	TXD3		仅在 144 引脚的版本上有
PC13	A2	RXD3		仅在 144 引脚的版本上有
PC14	A3	NPCS2		仅在 144 引脚的版本上有
PC15	NWR1/NBS1		AD12B4	仅在 144 引脚的版本上有
PC16	NCS2	PWML3	AD12B5	仅在 144 引脚的版本上有
PC17	NCS3		AD12B6	仅在 144 引脚的版本上有
PC18	NWAIT		AD12B7	仅在 144 引脚的版本上有
PC19	SCK3	NPCS1		仅在 144 引脚的版本上有
PC20	A14			仅在 144 引脚的版本上有
PC21	A15			仅在 144 引脚的版本上有
PC22	A16			仅在 144 引脚的版本上有
PC23	A17			仅在 144 引脚的版本上有
PC24	A18	PWMH0		仅在 144 引脚的版本上有
PC25	A19	PWMH1		仅在 144 引脚的版本上有
PC26	A20	PWMH2		仅在 144 引脚的版本上有
PC27	A23	PWMH3		仅在 144 引脚的版本上有
PC28		MCDA4	AD4	仅在 144 引脚的版本上有
PC29	PWML0	MCDA5	AD5	仅在 144 引脚的版本上有
PC30	PWML1	MCDA6	AD6	仅在 144 引脚的版本上有
PC31	PWML2	MCDA7	AD7	仅在 144 引脚的版本上有

注：表 7－4、表 7－5 中(1)表示备份模式下的唤醒源(由 SUPC 管理)。(2)表示等待模式下的快速启动源(由 PMC 管理)。

第 **8** 章

EM - SAM3U 开发板

EM - SAM3U 是深圳市英蓓特信息技术有限公司新推出的一款基于 SAM3U 系列处理器的全功能评估板,采用 SAM3U4E 处理器,其封装形式为 LQFP144。该板功能接口丰富,与 ATMEL 公司的 SAM3U - EK 开发板完全兼容,是一个很好的应用开发平台,也是学习者的首选。评估板实物如图 8 - 1 所示,其硬件原理图可参考该评估板附带光盘。

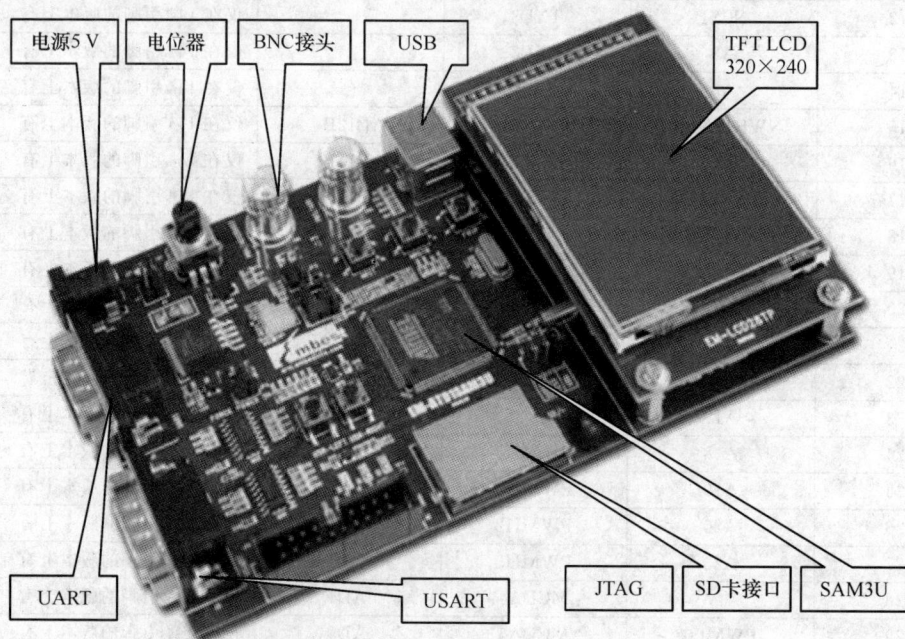

图 8 - 1 EM - SAM3U 评估板实物图

8.1   EM - SAM3U 评估板的基本结构

8.1.1   模块结构

EM - SAM3U 评估板的基本结构如图 8 - 2 所示。

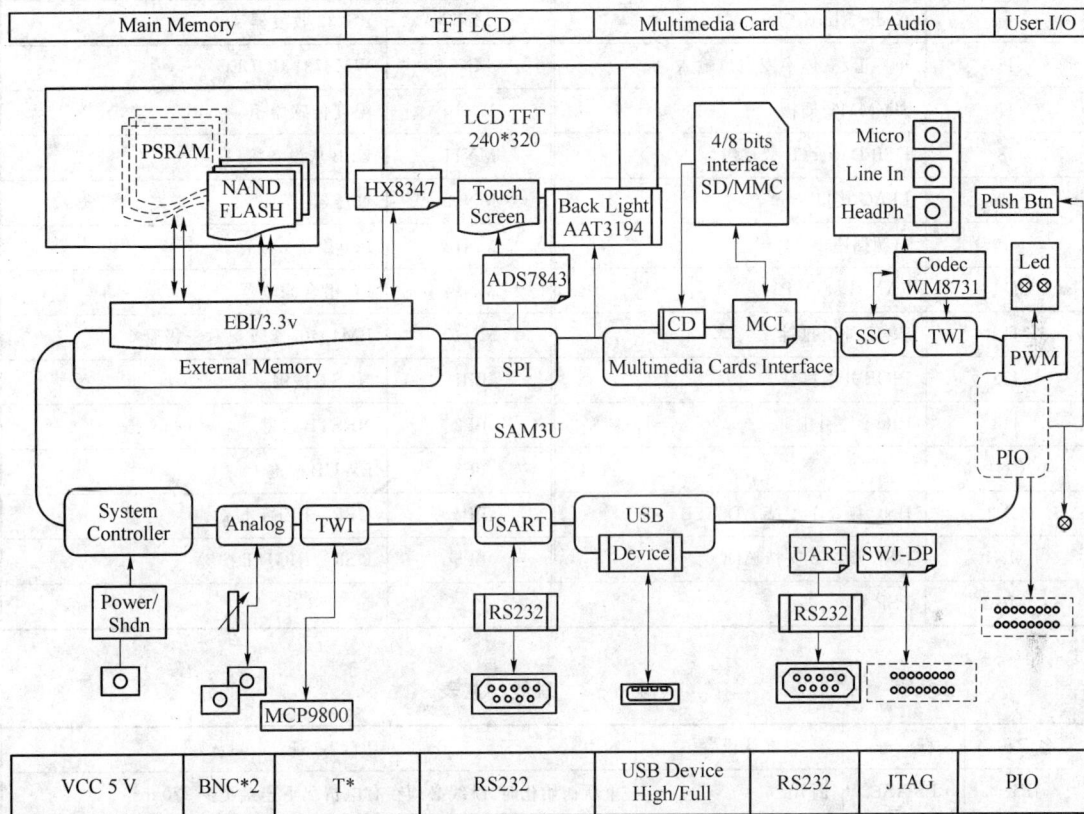

图 8 - 2   EM - SAM3U 评估板结构图

8.1.2   连接器、跳线

EM - SAM3U 评估版上的连接器、主要器件、按键和跳线设置分别如表 8 - 1 和表 8 - 2 所列。

表 8 - 1　连接器、主要器件及按键一览表

器　件	功　能	器　件	功　能
J1	LCD 连接器	MN3	NAND Flash
J2	UART DB9 公接头	MN4	AAT3194 DC／DC 转换器
J3	USART DB9 公接头	MN5	触摸屏控制器
J4	HEADPHONE LINE - OUT	MN6	RS232 收发器 1
J5	Audio LINE - IN	MN7	RS232 收发器 2
J6	单声道/立体声麦克风输入	MN8	WM8731 CODEC
J7	SD/MMC 插槽	MN10	温度传感器
J8	USB Device(B 型)接口	MN11	USB 从设备接口
J9	JTAG 接口	MN12	稳压器
J10	电源插座	MN13	PolyZen 二极管
J11	SAM3U LOFP144	MN14	LC 组合滤波器
J12	PIOC 外引排针	MN15	LM4040 - 2.5 贴片三极管
J13	PIOB 外引排针	BP1	NRST 按键
J14	PIOA 外引排针	BP2	NRSTB 按键
CN1		BP3	FWUP 按键
CN2	BNC 接口 1 支持 ADC12B	BP4	USR - LEFT 按键
MN1	BNC 接口 2 支持 ADC0	BP5	USR - RIGHT 按键
MN2	PSRAM		

表 8 - 2　跳线一览表

名　称	标　号	默认设置	特　征
JP1	ERASE	断开	重新初始化时,跳线必须在有电情况下连接至少 220 ms
JP2(DNP)	TEST	断开	保留
JP3	VIN	连接	测量电流反馈到 VDDIO 引脚
JP5	AD12BVREF	Pin1 与 Pin2 连接,切换到＋3.3 V	为 12 位 ADC 选择参考电压,3.3 V(连接 1~2)或 2.5 V(连接 2~3)
JP6	VIO	连接	测量电流反馈到 VDDIO 引脚
JP7	VUTMI	连接	测量电流反馈到 VDDUTMI 引脚
JP8	VANA	连接	测量电流反馈到 VDDANA 引脚

名 称	标 号	默认设置	特 征
JP9	VCORE	连接	测量电流反馈到 VDDCORE 引脚
JP10	VPLL	连接	测量电流反馈到 VDDPLL 引脚
JP11	VOUT	连接	测量电流从 VDDOUT 引脚输出
JP12	NCS0	连接	断开 NCS0 上的连接
JP13	NCS1	连接	断开 NCS1 上的连接
JP14	NCS2	连接	断开 NCS2 上的连接
JP15	3AXS	断开	加速度传感器敏感度选择,连接时为 440 mV/g,断开时为 117.5 mV/g
JP16	3AXS	断开	连接会导致每个自由度的输出有轻微的偏差,这是由于设备具有自检功能
JP17	FORCE POWER ON	断开	连接会使＋3.3 V LDO 输出有效
JP18(DNP)	—	断开	连接会将 50 欧姆的终端电阻接到 AD12BAD3 BNC 端口
JP19(DNP)	—	断开	连接会将 50 欧姆的终端电阻接到 AD0 BNC 端口
JP20	ADVREF	Pin1、Pin2 关,切换到＋3.3 V	为 10 位 ADC 选择参考电压,3.3 V(连接 1～2)或 2.5 V(连接 2～3)
JP21	—	断开	测量电流且反馈到 ZigBee 模块中

8.1.3 电 源

EM－SAM3U 开发板通过连接器 J10 获得一个外部＋5 V 直流电源,由一个二极管 MN13 和一个 LC 组合滤波器 MN14 构成保护电路。

可调低压差线性稳压器 MN12 使电压稳定在 3.5 V 左右,为开发板上所有 3.3 V 组件供电。稳压器的关闭控制由 2 个场效应晶体管 Q1、Q2 构成,它们由 SAM3U4E 处理器的 SHDN 引脚控制。当 SAM3U4E 处理器处于备份模式时,SHDN 引脚输出低电平,稳压器关闭;当处理器处于运行模式时,SHDN 引脚输出高电平,稳压器运行。

连接跳线 JP17(FORCE POWER ON)时,无论 SHDN 针输出什么电平,场效应晶体管 Q1 都会被强制打开,稳压器的 3.3 V 输出也会被强制有效。

8.1.4 时钟源

SAM3U4E 微控制器的时钟发生器包括:
➢ 一个低功耗的 32 768 Hz 的慢时钟振荡器。
➢ 一个 3～20 MHz 石英晶体振荡器,可以被旁路(当接 USB 接口时为 12 MHz)。
➢ 一个出厂设置的内部快速 RC 振荡器,3 个输出频率可选择:4、8 或 12 MHz(默认值是

4 MHz)。

➤ 一个为 USB 高速设备控制器提供时钟的 480 MHz UTMI PLL(锁相环)。

➤ 一个 96～192 MHz 可编程 PLL(输入值为 8～16 MHz),为中央处理器和外设提供时钟 MCK。

8.1.5　复位和唤醒电路

开发板上 NRST 按钮(BP1)和 NRSTB 按钮(BP3)为 SAM3U4E 处理器提供了外部复位控制。开发板上 WAKE－UP 按钮 BP4 用于将芯片从低功耗模式中唤醒。

8.2　EM－SAM3U 评估板的组件与接口

本节将对 EM－SAM3U 评估板上的各种组件以及接口做简要介绍,并给出一些相关参数和列表。

1. 存储器

ATSAM3U4E 芯片嵌入了:

➤ 256 KB 的内部 Flash。

➤ 48 KB 的内部双块 SRAM。

➤ 16 KB 的 ROM,内部带有引导程序(UART 接口、USB 接口)和 IAP(现场编程)程序。

该 SAM3U4E 芯片具有外部总线接口(EBI),它可以连接多种外部存储器和任何并行外设。该 SAM3U 开发板配备了两种与外部总线接口连接的外部存储器:

➤ 1 个 PSRAM:Micron MT45V512KW16PEGA 512K×16,48－ball VFBGA、16 位数据接口。

➤ 1 个 NAND－Flash:MT29F2G16ABD。

2. UART

通用同步接收器是一个 2 引脚的 UART,可用于通信和跟踪。另外,它还提供了一个很好的批量编程解决方案。UART 与 2 个 PDC 通道相连,可减少处理器对包进行处理的时间。

2 引脚的 UART(TXD 和 RXD)通过 RS232 收发器(MN6)进行缓冲,将结果输出到 DB9 公接头 J3 上。

3. USART

通用同步/异步收发器(USART)提供了一个全双工同步/异步串行链路。数据帧格式是可配置的,如数据长度、奇偶校验、停止位的个数等,以支持各种串行通信标准。USART 也与 2 个 PDC 通道相连,用于 TX/RX 的数据访问。

EM－SAM3U 开发板上有 3 个 USART,EM－SAM3U 通过 RS232 收发器 MN7 将 US-ART1 总线(包括 TXD、RXD,和 RTS、CTS 握手信号控制)与 DB9 公接头 J3 相连。

4. LED

EM－SAM3U 开发板上包括 3 个 LED：

➤ 绿色发光二极管 D3 和 D4 是由用户自定义的,通过 GPIO 控制。

➤ 红色发光二极管 D5 是指示电源的,当＋3.3 V 电压正常时 D5 亮,它也由 GPIO 控制(默认情况下,相应 GPIO 引脚被禁止,一个板上的上拉电阻将该 LED 连接到＋3.3 V 上)。

5. LCD、背光控制和触摸屏

EM－SAM3U 开发板配备了一个带有触摸屏的 TFT LCD:FTM280C12D,集成了驱动芯片 HX8347。该 LCD 大小为 2.8 英寸,分辨率为 240×320 像素。

LCD 模块引脚分配如表 8－3 所列。

LCD 模块通过 NRST 复位,JTAG 端口和按钮 BP1 共用 NRST。LCD 的片选引脚接到了 NCS2 上。SAM3U4E 通过 PIOB 口与 LCD 通信,遵守 16 位并行"8080－like"总线协议。

LCD 的背光是由 4 个 LED 组成的,由 AAT3194 驱动(MN4)。AAT3194 通过 S2C 接口与 SAM3U4E 连接,可以打开、关闭和设置 LED 灯的亮度。

LCD 单元集成了一个由 ADS7843 (MN5)控制的 4 线触摸屏,它是一个 SPI 从设备。ADS7843 触摸 ADC 辅助输入 IN3/ IN4 与测试点连接,是可选的扩展功能引脚。

6. JTAG

EM－SAM3U 开发板采用标准的 20 引脚 JTAG 连接器,以实现与任意 ARM JTAG 仿真器的连接,如 SAM－ICE、ULink2、JLink、CoLink 等。

7. 音频解码器

EM－SAM3U 开发板上包含一个

表 8－3　LCD 引脚分配

引脚	标识	功　能
1	GND	地
2	CS	片选
3	RS	寄存器选择信号
4	WR	写信号
5	RD	读信号
6～21	DB0～DB15	数据总线
22～23	NC	无连接
24	RESET	复位信号
25	GND	地
26	X＋	触摸屏 Y_RIGHT
27	Y＋	触摸屏 Y_UP
28	X－	触摸屏 Y_LEFT
29	Y－	触摸屏 Y_DOWN
30	GND	地
31	VDD1	数字电源
32	VDD2	模拟电源
33～36	A1～A4	背光电源
37～38	NC	无连接
39	K	背光地

音频解码器 WM8731,用于数字声音的输入和输出。这个接口的音频插孔作用包括麦克风输入、线性音频输入和耳机输出。

SAM3U4E 提供 WM8731 所需的时钟信号,WM8731 的第 21 脚 MODEl 被默认拉低,这样可以通过 TWI 来访问此模块。它的第 15 脚 CSB 被拉高,从而将 WM8731 的 TWI 地址设置为 33 [0x0011011]。

音频解码器接口如图 8-3 所示。

WM8731 的 ADC 和 DAC 都有独立的左/右(LRC)时钟控制,可以运行在不同的速率下。位时钟 BCLK 是共享的,既可以是 SSC 的传输时钟(TK),也可以接收时钟(RK)。注意:不同的 ADC/DAC 速率必须有不同的 RK/TK 速率。

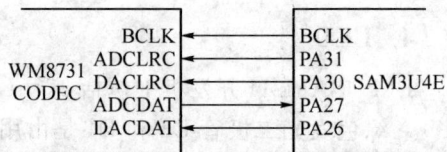

图 8-3 音频解码器接口

8. USB 接口

SAM3U4E 的 UDPHS 端口符合 USB2.0 高速设备规范。J8 是 B 型 USB 插座。

9. ADC 输入

SAM3U4E 有 2 个 ADC 转换器,其中一个是 8 路的 12 位 ADC,另一个是 8 路的 10 位 ADC。EM-SAM3U 将其中的两路通道连接到 BNC 头上:一个是 12 位 ADC 的通道 3,另一个是 10 位 ADC 的通道 0。

如图 8-4 所示,AD12BAD3 和 AD0 两个通道连接在同一个电位计上。若希望它们分别单独工作,则需要移除电阻 R82 或者 R84。

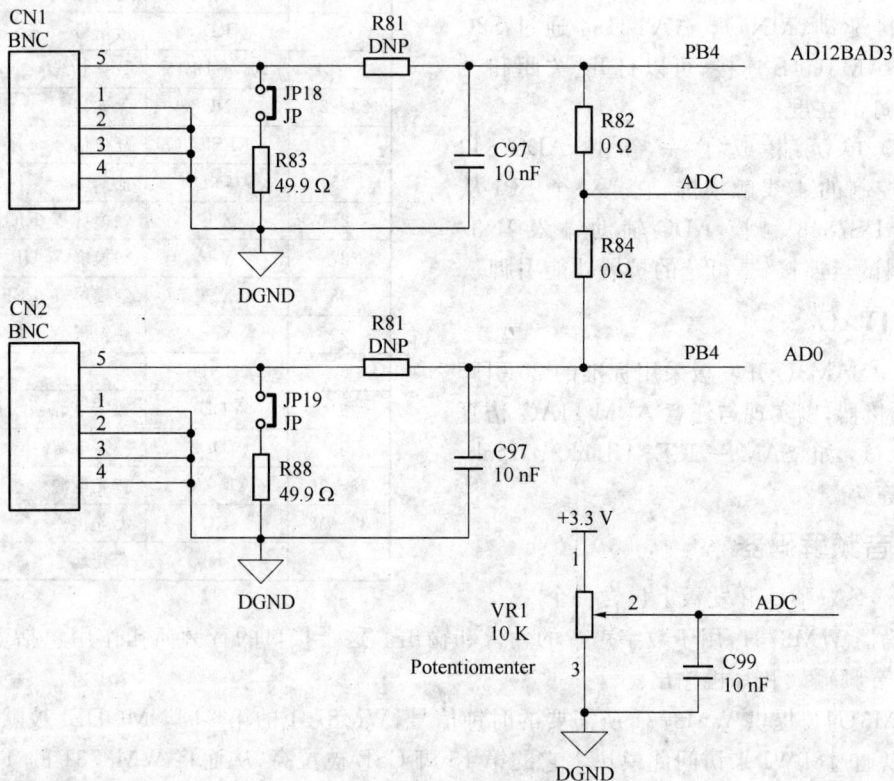

图 8-4 ADC 输入原理图

10. USER 按键

EM－SAM3U 开发板上有两个用户按钮 USR－LEFT 和 USR－RIGHT，分别与 PA18 和 PA19 相连接，默认情况下定义为左、右按钮。

11. 温度传感器

温度传感器 MCP9800 连接在 SAM3U4E 的 TWI 总线上，该设备有一个开漏输出引脚 ALERT。当环境温度高于用户编程设置的温度极限时，该设备将在 ALERT 引脚上产生报警信号。

12. SD 卡

EM－SAM3U 开发板具有一个 MMC/MMCPlus 的 8 位高速多媒体接口。该接口可用作 4/8 位接口，与一个 8 位的带插卡检测的 SD/MMC 卡槽相连接。

13. PIO 扩展

SAM3U4E 有 3 个 PIO 控制器：PIOA、PIOB 和 PIOC。它们所对应的 32 条 I/O 引脚分别通过排针 J12、J13 和 J14 引出。

第 9 章

快速启用 SAM3U

ARM 公司于 2007 年推出的嵌入式开发工具 MDK(Microcontroller Development Kit)是用来开发基于 ARM 核微控制器的嵌入式应用程序的开发工具。它集 ARM 公司的 RealView 编译工具 RVCT 4 和 Keil 公司的 IDE 环境 μVision 两者的优势于一体,适合不同层次的开发者使用,包括专业的应用程序开发工程师和嵌入式软件开发的入门者。

ARM 公司的 RealView 编译工具集是面向 ARM 技术的编译器中,能够提供最佳性能的一款编译工具。编译器能生成优化的 32 位 ARM 指令集、16 位的 Thumb 指令集以及最新的 Thumb - 2 指令集,完全支持 ISO 标准 C 和 C++,其生成的代码具有密度高、容量最小、性能高的特点。

Keil 公司的 μVision IDE 是一个窗口化的软件开发平台,为广大单片机及嵌入式开发者所熟悉。它集成了功能强大的源代码编辑器、丰富的设备数据库、高速 CPU 及片上外设模拟器、高级 GDI 接口、Flash 编程器、完善的开发工具手册、设备数据手册和用户向导等。

ARM 公司于 2008 年 11 月 12 日发布了 ARM Cortex 微控制器软件接口标准 CMSIS (Cortex Microcontroller Software Interface Standard)。CMSIS 是独立于供应商的 Cortex - M3 处理器系列硬件抽象层,为芯片厂商和中间件供应商提供简单的处理器软件接口,简化了软件复用的工作,降低了 Cortex - M3 上操作系统的移植难度,并缩短了新入门的微控制器开发者的学习曲线和新产品的上市时间。

本章简要介绍 MDK 的基本功能、CMSIS 标准,并通过一个简单例程介绍如何使用 MDK 进行 SAM3 处理器应用开发。如需详细了解 MDK 的各项功能以及 RVCT 的特性,可参考《ARM 开发工具 RealView MDK 使用入门》[9]。

读者可以通过 www.realview.com.cn 或 www.embedinfo.com 下载 MDK 评估版本,并可获得各种相关文档、例程等技术支持。

9.1 MDK 的安装与配置

9.1.1 MDK 安装的最小系统要求

安装 MDK 软件必须满足的最小系统要求为:

➢ 操作系统：Windows 98、Windows NT4、Windows 2000、Windows XP；

➢ 硬盘空间：30M 以上；

➢ 内存：128M 以上。

9.1.2 MDK 的安装

MDK 的安装步骤如下：

(1) 购买 MDK 的安装程序，或从 https://www.realview.com.cn 下载 MDK 的评估版；双击图标即弹出如图 9-1 所示的安装界面。

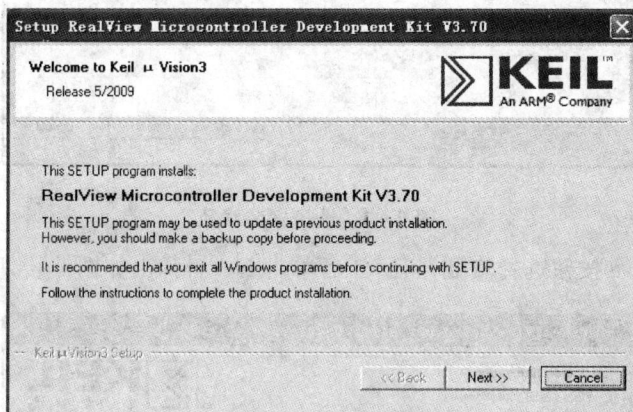

图 9-1 开始安装

(2) 单击 Next 即弹出如图 9-2 对话框。建议在安装之前关闭所有的其他应用程序。

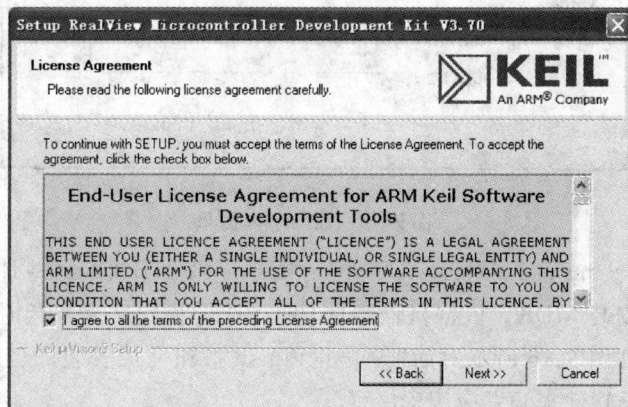

图 9-2 接受许可协议

（3）仔细阅读许可协议后，选中 I agree to all the terms of the preceding License Agreement 项，再单击 Next，弹出如图 9-3 所示对话框。

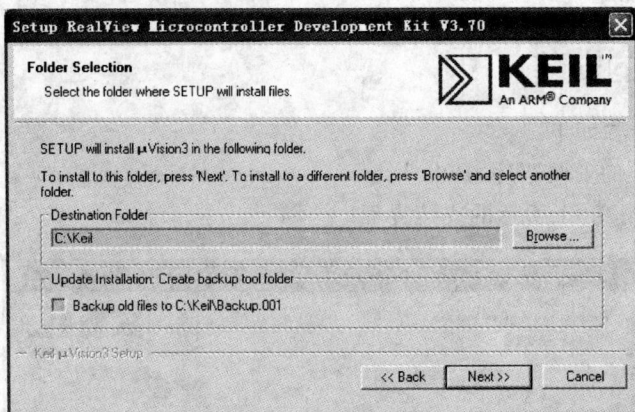

图 9-3　选择安装路径

（4）单击 Browse 按钮选择安装路径，然后单击 Next，弹出如图 9-4 所示对话框。

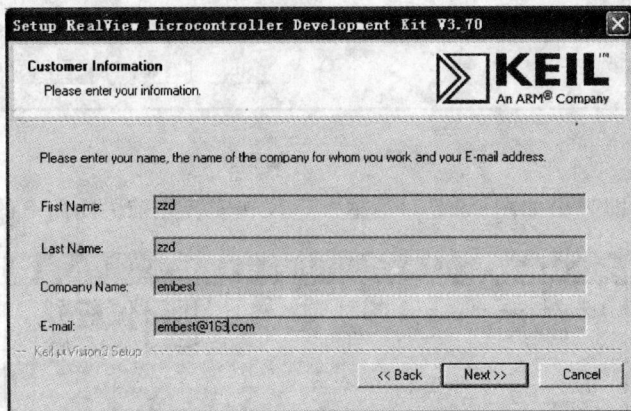

图 9-4　输入个人信息

（5）输入 First Name、Last Name、Company Name 以及 E-mail 地址后，单击 Next 安装程序将在计算机上安装 MDK。依据机器性能的不同，安装程序大概耗时半分钟到两分钟不等。之后将会弹出如图 9-5 所示对话框，单击 Finish 按钮完成安装。至此，开发人员就可在计算机上使用 MDK 软件来开发应用程序了。

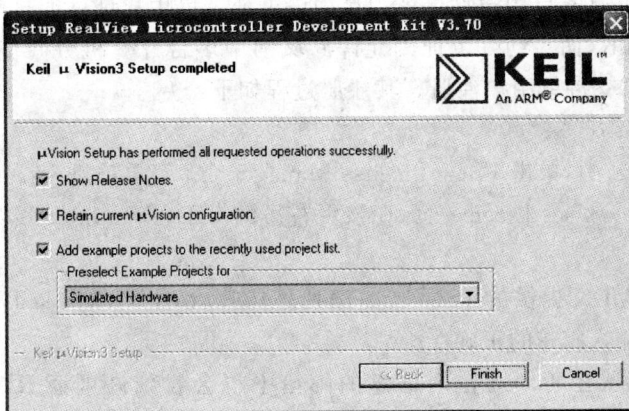

图 9 - 5 安装完成

9.1.3 MDK 目录结构

安装程序将开发工具安装在相应根目录的子目录中,默认根目录是 C:\KEIL。表 9 - 1
列出了 MDK 的目录结构。根据软件版本及安装目录的不同,这种结构会有所不同。以下说
明以默认目录为例。

表 9 - 1 ARM 开发工具目录结构

文件夹	内 容
C:\KEIL\ARM\BIN	μVision/ARM 工具链的可执行文件
C:\KEIL\ARM\INC	Keil C 的包含文件及特定的 C 编译器包含文件
C:\KEIL\ARM\ADS	ARM ADS/RealView™工具链的例程及启动文件
C:\KEIL\ARM\GNU	GNU 工具链的例程及启动文件
C:\KEIL\ARM\Flash	Keil ULINK USB - JTAG Adapter Flash 编程算法文件
C:\KEIL\ARM\HLP	Keil ARM 工具链及 μVision 的在线帮助文档
C:\KEIL\ARM\ ... \Startup	特定设备的启动文件
C:\KEIL\ARM\...\Examples	基于 Keil C,GNU 或 ADS 的一般例程
C:\KEIL\ARM\ ... \Boards	基于 Keil C,GNU 或 ADS 的评估板例程
C:\KEIL\UV3	普通的 μVision 文件

9.1.4 注册与帮助

MDK 有严格的注册系统和功能强大的帮助。

MDK 有两种许可证：单用户许可证和浮动许可证。单用户许可证只允许单用户最多在 2 台计算机上使用 MDK，而浮动许可证则允许局域网中多台计算机分时使用 MDK。目前，中国版的 MDK 暂时只支持单用户注册。其注册过程如下：

（1）安装好 μVision 3；

（2）μVision IDE 中，单击 File→License Management 菜单项进入许可证管理对话框；

（3）选择 Single – User License 页，在该页右边的 CID（Computer ID）文本框中会自动产生 CID；

（4）用 CID 和 MDK 提供的 PSN（产品序列号）在 https://www.keil.com/license/embest.htm 上注册，请确保输入邮箱的正确性；

（5）通过注册后，在所填写注册信息的邮箱中将会收到许可证 ID 码 LIC（License ID Code）；

（6）将得到的许可证 ID 输入 New License ID Code（LIC）文本框，然后单击右边的 Add LIC 按钮，此时注册成功，如图 9 – 6 所示。

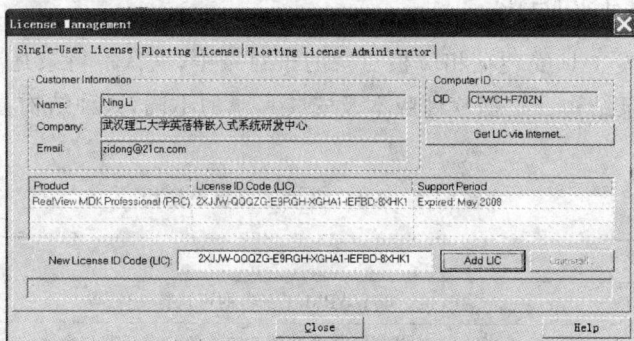

图 9 – 6　单用户许可证注册成功

MDK 提供完善的帮助文档和丰富的例程。同时，MDK 还提供了功能强大的在线帮助：http://www.keil.com/arm（英文）和 http://www.realview.com.cn（中文）。其中有 MDK 的使用方法、编译器、汇编器以及链接器的使用方法和大量的例程，给开发者提供了强有力的技术支持。另外，MDK 中国版还提供了中文的帮助。

9.2　μVision IDE

μVision IDE 是一个基于窗口的软件开发平台，它集成了功能强大的编辑器、工程管理器以及 make 工具。μVision IDE 集成的工具包括 C/C++编译器、宏汇编器、链接/定位器和十六进制文件生成器、软件仿真器、调试器。μVision 有编译和调试两种工作模式，两种模式下设计人员都可查看并修改源文件。图 9 – 7 是典型的 μVision IDE 窗口配置。

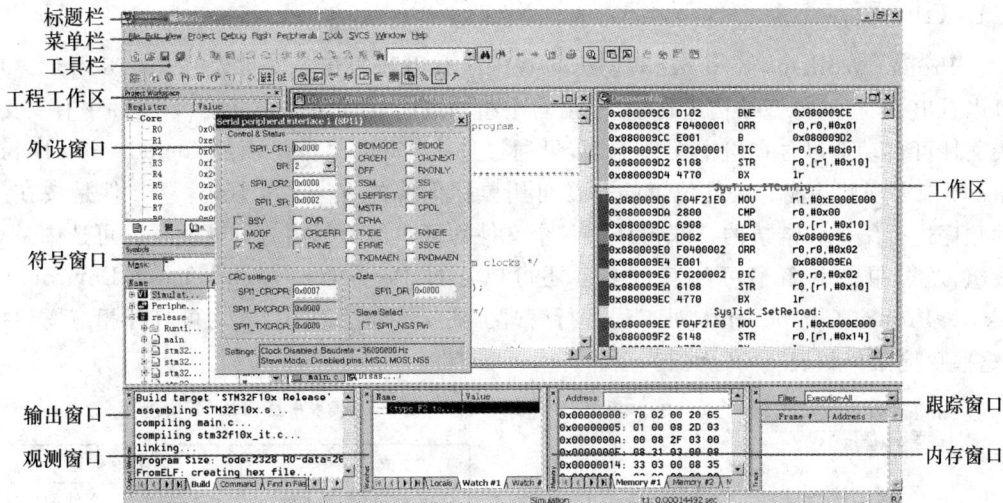

图 9 - 7　典型 μVision IDE 窗口的配置

　　μVision IDE 由如图 9 - 7 所示的多个窗口、对话框、菜单栏、工具栏组成。其中菜单栏和工具栏用来实现快速的操作命令;工程工作区(Project Workspace)用于文件管理、寄存器调试、函数管理、手册管理等;输出窗口(Output Window)用于显示编译信息、搜索结果以及调试命令交互等;内存窗口(Memory Window)可以不同格式来显示内存中的内容;观测窗口(Watch & Call Stack Window)用于观察、修改程序中的变量以及当前的函数调用关系;工作区(Workspace)用于文件编辑、反汇编输出和一些调试信息显示;外设对话框(Peripheral Dialogs)帮助设计者查看片上外设接口的工作状态。本节将对上述各部分做简要介绍。

9.2.1　菜单栏、工具栏、状态栏

　　菜单栏可提供如下菜单功能:编辑操作、工程维护、开发工具配置、程序调试、外部工具控制、窗口选择和操作,以及在线帮助等。

　　工具栏按钮可以快速执行 μVision3 的命令。状态栏显示了编辑和调试信息,在 View 菜单中可以控制工具栏和状态栏是否显示。键盘快捷键可以快速执行 μVision3 的命令,它可以通过菜单命令 Edit→Configuration - Shortcut Key 来进行配置。

　　状态栏位于窗口的底部,它显示了当前 μVision 的命令及其他一些状态信息。

9.2.2　工程工作区

　　μVision IDE 的工作区由 5 部分组成(如图 9 - 8 所示),分别为 Files(文件)页、Regs(寄存器)页、Books(书)页、Functions(函数)页、Templates(模板)页。它显示了工程结构。

1. Files 页

在 Project Workspace→Files 可打开工程中所有用到的相关文件,如图 9 - 8 所示。从图中可以看出,工程以树型结构进行组织,由若干组构成的,组下面是文件。若文件中有头文件,则头文件可自动地包含在组中文件下面,可通过选中 View 菜单下面的 Include File Dependencies 项来实现此功能。文件位置的改变可用鼠标拖拽的方法来实现,这些文件是按在工程中的顺序进行编译和链接的。双击任何一个文件均可在编辑框内打开此文件。可选中一个目标或组,通过单击其名字可为其改名。还可以通过 Project→"Components,Environment,Books"→Project Components 对工程进行管理。右击目标、组、文件,均可打开相应的快捷菜单,这些快捷菜单如表 9 - 2 所列。

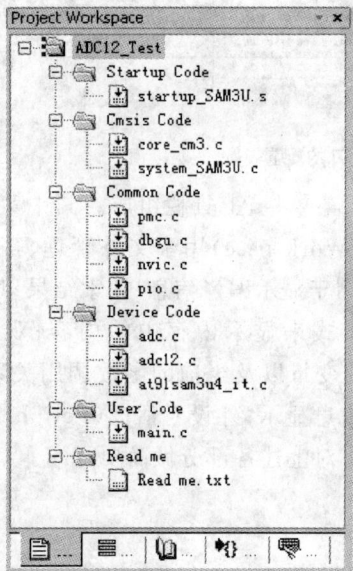

表 9 - 2　File 页快捷菜单

快捷菜单	功能描述
Option for...	设置目标、组、文件的属性
Open List File	打开 List 文件
Open Map File	打开 Map 文件
Open File	打开文件
Rebuild Target	重编译目标
Build Target	编译目标
Translate File	编译文件
Stop build	停止编译
New Group	建新组
Add File to Group	添加文件到组
Manage Components	组件管理
Remove Item	移除文件
Include Dependencies	自动包含头文件

图 9 - 8　工程工作区

2. Regs 页

在 Project Workspace - Regs 页中列出了 CPU 的所有寄存器。例如,若使用 ARM9 的 CPU,则会按模式排列共有 8 组,分别为 Current 模式寄存器组、User/System 模式寄存器组、Fast Interrupt 模式寄存器组、Interrupt 模式寄存器组、Supervisor 模式寄存器组、Abort 模式寄存器组、Undefined 模式寄存器组以及 Internal 模式寄存器组,如图 9 - 9 所示。在每个寄存器组中又分别有相应的寄存器。在调试过程中,值发生变化的寄存器将会以蓝色显示。选中指定寄存器单击或按 F2 键便可出现一个编辑框,从而可改变此寄存器的值。

3. Books 页

在 Project Workspace – Books 页中,列出了关于 μVision IDE 的一些发行信息、开发工具用户指南及设备数据库相关书籍,如图 9 – 10 所示。双击指定的书籍可以将其打开。并且可以通过 Project→"Components,Environment,Books"→Books 进行管理,可添加、删除、整理书籍。

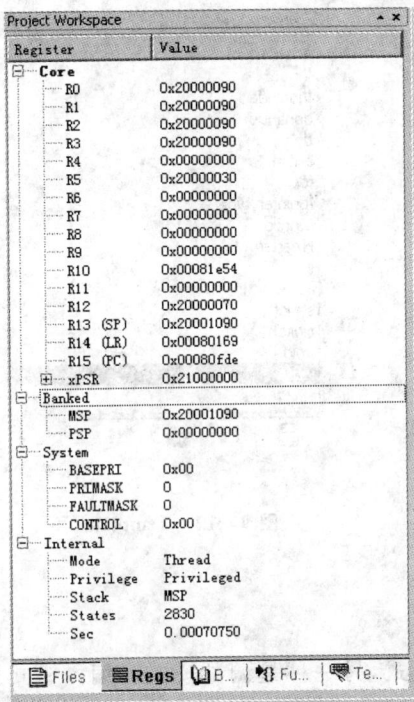

图 9 – 9 Regs 页

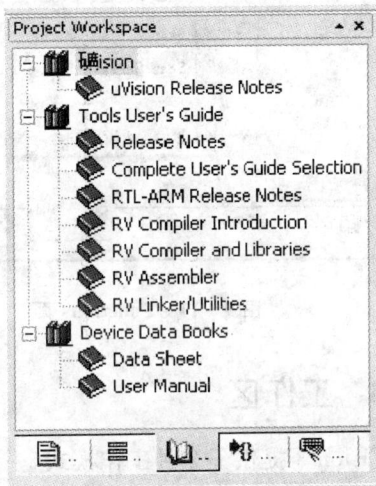

图 9 – 10 Books 页

4. Functions 页

在 Project Workspace – Functions 页中,列出了工程中各个文件中的函数,通过此功能可以迅速定位函数所在的位置,通过双击函数名即可找到此函数所在的位置。如图 9 – 11 所示,右击在弹出的快捷菜单上可以选择这些函数显示的方式。

5. Templates 页

在 Project Workspace – Templates 页中,列出了一些常用的模板,通过此功能可以实现快速编程,如图 9 – 12 所示。还可以允许插入模板及配置模板。

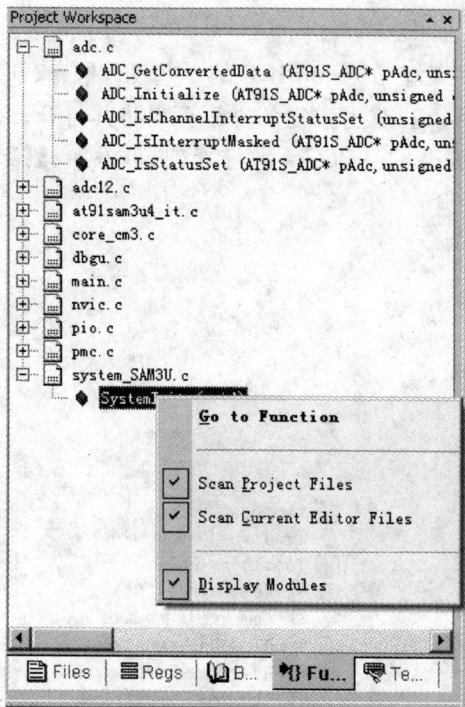

图 9-11　Functions 页　　　　　　　图 9-12　Templates 页

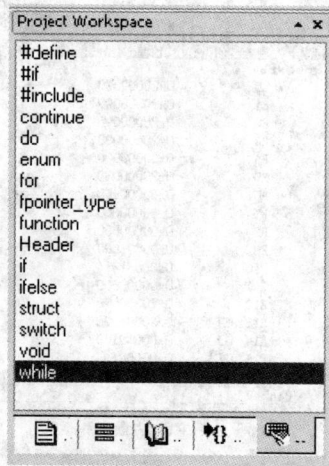

9.2.3　工作区

μVision 3 提供了 2 种工作模式,一种是编译模式,另一种是调试模式。编译模式用于汇编及编译所有的应用程序源文件,并生成可执行程序;调试模式中,μVision 提供了一个强大的调试器,用于测试应用程序。在两种模式下,均可使用 μVision IDE 的源文件编辑器对源代码进行修改。在调试模式下,还增加了额外的窗口,并有自己的窗口布局。

1. 编译模式下的工作区

在编译模式下,工作区用于编写源文件,既可用汇编语言编写程序,也可用 C 语言编写程序。通过 File→New 命令新建源文件,将打开一个标准的文本编辑窗口,可在此窗口输入源文件。

对于 C 语言源程序,当文件被以扩展名.C 保存时,μVision 会以高亮的形式显示 C 语言中的关键字,并在左侧显示文件中各行的标号。对 C 语言源文件,μVision 以分块的形式来进行管理。比如一个函数,在函数名的左侧会有一个"+"或"-",通过单击该标志可将其展开或折叠。其它的块也是同样的管理方法。通过 Edit→Outlining 下的菜单命令,也可进行此项管理功能。通过双击指定的行则可设置断点,在左侧以红色方块显示。图 9-13 是典型的编译模式下的工作区。

```
10
11   #include <stdio.h>              /* prototype declarations for I/O functions */
12   #include <LPC21xx.H>             /* LPC21xx definitions                      */
13
14
15   /***************/
16   /* main program */
17   /***************/
18 □ int main (void) {                /* execution starts here                    */
19
20     /* initialize the serial interface     */
21     PINSEL0 = 0x00050000;          /* Enable RxD1 and TxD1                     */
22     U1LCR = 0x83;                  /* 8 bits, no Parity, 1 Stop bit            */
23     U1DLL = 97;                    /* 9600 Baud Rate @ 15MHz VPB Clock         */
24     U1LCR = 0x03;                  /* DLAB = 0                                 */
25
26     printf ("Hello World\n");      /* the 'printf' function call               */
27
28     while (1) {                    /* An embedded program does not stop and    */
29       ; /* ... */                  /* never returns.  We've used an endless    */
30     }                              /* loop.  You may wish to put in your own    */
```

图 9-13　编译模式下的工作区

2．调试模式下的工作区

调试模式下的工作区主要用于显示反汇编程序、源代码的执行跟踪及调试信息。它既可以汇编语言形式显示,也可以 C 语言形式显示,还可以汇编与 C 语言混合显示。在此模式下,也能设置断点,方法是在指定位置双击鼠标左键。图 9-14 是典型的编译模式下的工作区。

```
        33:  }
0x0000028C E12FFF1E  BX        R14
0x00000290 E0010000  DD        0xE0010000
        18: int main (void) {              /* execution starts here                */
        19:
        20:    /* initialize the serial interface     */
0x00000294 E92D4010  STMDB     R13!,{R4,R14}
        21:    PINSEL0 = 0x00050000;          /* Enable RxD1 and TxD1
0x00000298 E3A00805  MOV       R0,#0x00050000
0x0000029C E59F102C  LDR       R1,[PC,#0x002C]
0x000002A0 E5810000  STR       R0,[R1]
        22:    U1LCR = 0x83;                  /* 8 bits, no Parity, 1 Stop bit
0x000002A4 E3A00083  MOV       R0,#0x00000083
0x000002A8 E2411907  SUB       R1,R1,#0x0001C000
0x000002AC E5C1000C  STRB      R0,[R1,#0x000C]
        23:    U1DLL = 97;                    /* 9600 Baud Rate @ 15MHz VPB Clock
0x000002B0 E3A00061  MOV       R0,#0x00000061
0x000002B4 E5C10000  STRB      R0,[R1]
        24:    U1LCR = 0x03;                  /* DLAB = 0
        25:
0x000002B8 E3A00003  MOV       R0,#0x00000003
```

图 9-14　调试模式下的工作区

9.2.4　输出窗口

输出窗口有 3 个页面,分别为 Build 页、Command 页和 Find in Files 页(分别如图 9-15、

图 9 - 16 和图 9 - 17 所示）。可通过 View→Output Window 命令来显示或隐藏此窗口。

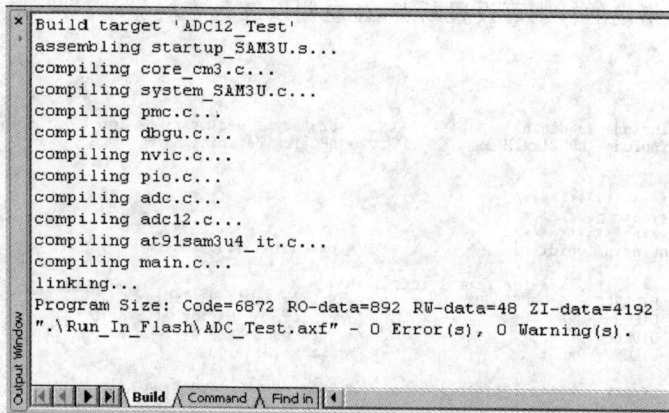

```
× Build target 'ADC12_Test'
  assembling startup_SAM3U.s...
  compiling core_cm3.c...
  compiling system_SAM3U.c...
  compiling pmc.c...
  compiling dbgu.c...
  compiling nvic.c...
  compiling pio.c...
  compiling adc.c...
  compiling adc12.c...
  compiling at91sam3u4_it.c...
  compiling main.c...
  linking...
  Program Size: Code=6872 RO-data=892 RW-data=48 ZI-data=4192
  ".\Run_In_Flash\ADC_Test.axf" - 0 Error(s), 0 Warning(s).
    ◄◄ ◄ ▶ ▶▶  Build ∧ Command ∧ Find in ∧
```

图 9 - 15　输出窗口之 Build 页

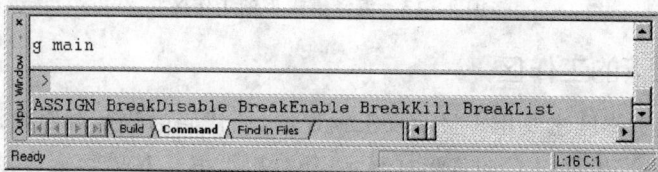

```
× g main
  >
  ASSIGN BreakDisable BreakEnable BreakKill BreakList
    ◄◄ ◄ ▶ ▶▶  Build ∧ Command ∧ Find in Files ∧   ◄ ▶
  Ready                                              L:16 C:1
```

图 9 - 16　输出窗口之 Command 页

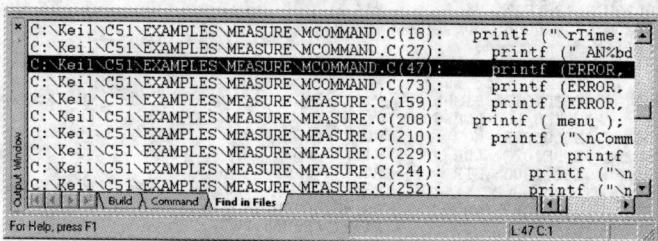

```
× C:\Keil\C51\EXAMPLES\MEASURE\MCOMMAND.C(18):   printf ("\rTime:
  C:\Keil\C51\EXAMPLES\MEASURE\MCOMMAND.C(27):     printf (" AN%bd
  C:\Keil\C51\EXAMPLES\MEASURE\MCOMMAND.C(47):    printf (ERROR,
  C:\Keil\C51\EXAMPLES\MEASURE\MCOMMAND.C(73):    printf (ERROR,
  C:\Keil\C51\EXAMPLES\MEASURE\MEASURE.C(159):    printf (ERROR,
  C:\Keil\C51\EXAMPLES\MEASURE\MEASURE.C(208):   printf ( menu );
  C:\Keil\C51\EXAMPLES\MEASURE\MEASURE.C(210):    printf ("\nComm
  C:\Keil\C51\EXAMPLES\MEASURE\MEASURE.C(229):          printf
  C:\Keil\C51\EXAMPLES\MEASURE\MEASURE.C(244):     printf ("\n
  C:\Keil\C51\EXAMPLES\MEASURE\MEASURE.C(252):     printf ("\n
    ◄◄ ◄ ▶ ▶▶  Build ∧ Command ∧ Find in Files ∧   ◄ ▶
  For Help, press F1                                 L 47 C:1
```

图 9 - 17　输出窗口之 Find in Files 页

　　Build 页如图 9 - 15 所示。此页用于显示编译时的信息，包括汇编、编译、链接、生成目标程序等，并给出编译结果、显示错误及警告提示信息。

　　Command 页如图 9 - 16 所示。在此页面可以用 Debug 命令与 μVision3 调试器进行通信，并可显示调试命令后的相关信息，通过使用 Debug 命令可以查看与修改寄存器的值，也可以调用 Debug 函数。

　　Find in Files 页如图 9 - 17 所示。当使用 Edit→Find in Files 命令进行查找时，会在 Find in Files 页显示查找结果。

9.2.5 内存窗口

内存窗口可以不同的格式同时显示最多 4 个指定内存区域的内容,如图 9-18 所示。在 Address 文本编辑框中,输入内存地址即可显示相应开始地址中的内容。需要说明的是,它支持表达式输入,只要这个表达式代表了某个区域的地址即可,如图 9-18 中所示的 main。双击某个内存地址将弹出文本编辑框,可用于修改相应地址处的内存值。

在存储区内右击可以打开如图 9-18 所示的对话框,在此可以选择输出格式。通过选择 View→Periodic Window Update 命令,可在运行时实时更新此窗口中的值。在运行过程中,若某些地址处的内容发生变化,则将以红色显示。

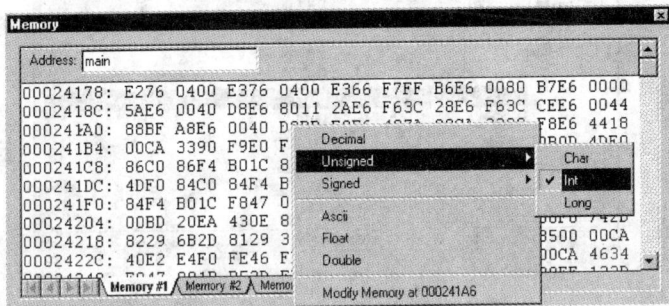

图 9-18　存储器窗口

μVision 3 可以仿真高达 4 GB 的存储空间,当载入一个目标应用程序时,μVision3 将为其自动分配内存地址空间。对于那些没有显示变量声明的目标内存区域,例如 I/O 口的地址映像,则可由开发设计人员通过 MAP 调试命令指定,也可通过 Debug→Memory Map 菜单命令激活存储器映射对话框来设置。

9.2.6 观测窗口

观测窗口(Watch Windows)用于查看和修改程序中变量的值,并列出了当前的函数调用关系。在程序运行结束之后,观测窗口中的内容将自动更新。也可通过菜单命令 View→Periodic Window Update 设置来实现程序运行时实时更新变量的值。观测窗口共包含 4 个页即 Locals 页、Watch ♯1 页、Watch ♯2 页、Call Stack 页,分别介绍如下。

Locals 页如图 9-19 所示,此页列出了程序当前函数中全部的局部变量。要修改某个变量的值,只需将其选中,然后单击或按 F2 键即可弹出一个文本框来修改它。

Watch 页如图 9-20 所示,观测窗口有 2 个 Watch 页,此页列出了用户指定的程序变量。有 3 种方式可以把程序变量加到 Watch 页中:

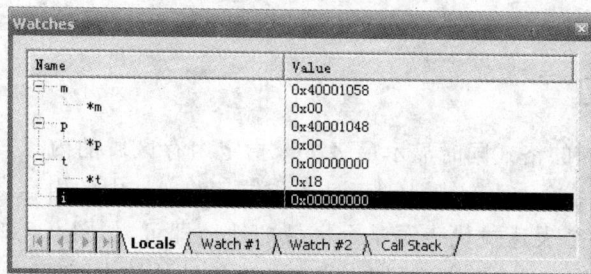

图 9 - 19   Watch 窗口之 Locals 页

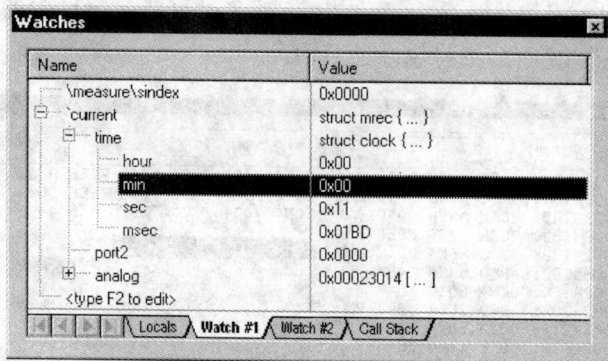

图 9 - 20   Watch 窗口之 Watch 页

在 Watch 页中,选中 type F2 to edit 项,然后按 F2 键,会出现一个文本框,在此输入要添加的变量名即可。用同样的方法可以修改已存在的变量。

在工作空间中,选中要添加到 Watch 页中的变量,右击弹出快捷菜单,选择 Add to Watch Window 即可把选定的变量添加到 Watch 页中。

在 Output Window 窗口的 Command 页中,用 WS(WatchSet)命令将所要添加的变量添入 Watch 页中。

若要修改某个变量的值,只需将其选中,再单击或按 F2 键即可出现一个文本框修改。若要删除变量,只需将其选中,按 Delete 键或在 Output Window 窗口的 Command 页中用 WK(WatchKill)命令就可以删除。

Call Stack 如图 9 - 21 所示,此页显示了函数的调用关系。双击此页中的某行,将会在工作区中显示该行对应的调用函数以及相应的运行地址。

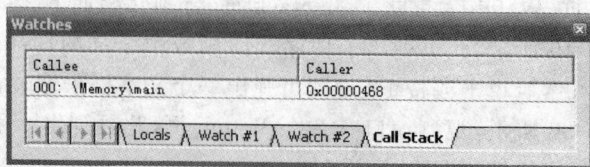

图 9 - 21   Watch 窗口之 Call Stack 页

9.2.7 外设对话框

μVision 3 为程序设计和调试提供了多种处理器内部的外围接口对话框：I/O 端口对话框、中断对话框、时钟对话框、A/D 转换器对话框、串口对话框、实时钟对话框等。通过 Peripherals 菜单可以打开这些对话框，它们显示了当前处理器片上外围接口状态，并可以通过它们来配置相关外围接口。每个对话框都列出了对应的相关特殊功能寄存器，并给出了其当前值，调试时可设置这些值。

下面以 GPIO 为例说明外设对话框的使用。GPIO 对话框如图 9-22 所示，左侧列出了 5 个特殊功能寄存器的名称和值，右侧则显示了各寄存器每一位的状态，其中以灰色显示的位不能修改。

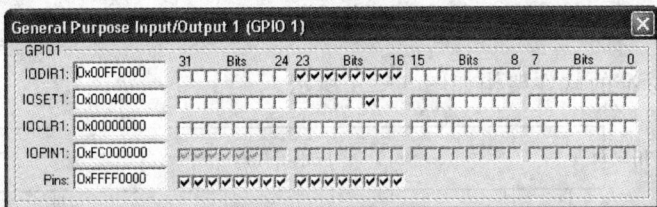

图 9-22　GPIO 对话框

外设对话框的具体内容因外围接口的特性不同而不同，有些设置较为复杂，这里不一一介绍，感兴趣的读者可以查阅相关帮助。

9.3　CMSIS 标准

ARM 公司于 2008 年 11 月 12 日发布了 ARM Cortex 微控制器软件接口标准（CMSIS：Cortex Microcontroller Software Interface Standard）。CMSIS 是独立于供应商的 Cortex-M3 处理器系列硬件抽象层，为芯片厂商和中间件供应商提供了简单的处理器软件接口，简化了软件复用工作，降低了 Cortex-M3 上操作系统的移植难度，并缩短了新入门的微控制器开发者的学习曲线和新产品的上市时间。

根据近期的调查研究，软件开发已经被嵌入式行业公认为最主要的开发成本。图 9-23 为近年

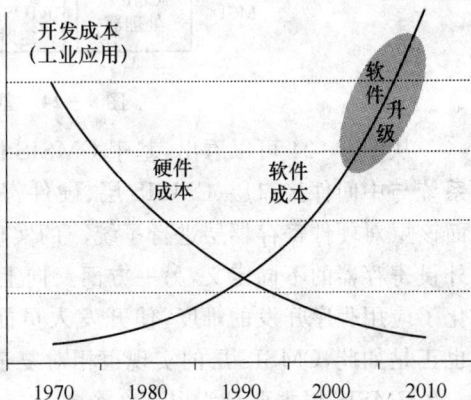

图 9-23　软件与硬件开发成本对比图

来软件开发与硬件开发成本对比图。因此，ARM 与 Atmel、IAR、KEIL、Luminary Micro、Micrium、NXP、SEGGER 和 ST 等诸多芯片和软件工具厂商合作，将所有 Cortex 芯片厂商的产品软件接口标准化，制定了 CMSIS 标准。此举意在降低软件开发成本，尤其针对进行新设备项目开发或将已有的软件移植到其它芯片厂商提供的基于 Cortex 处理器的微控制器的情况。有了该标准，芯片厂商就能够将他们的资源专注于对其产品的外设特性进行差异化，并且能够消除对微控制器进行编程时需要维持的不同的、互相不兼容的标准的需求，从而达到降低开发成本的目的。

CMSIS 的现有标准是 CMSIS 1.1，内容并不完整，其框架中还有一部分没有完成。各芯片厂商也还没有推出各自基于 CMSIS 标准的 BSP 包。但未来的 Cortex - M 处理器应用将统一在 CMSIS 的标准之下是必然趋势。

9.3.1　基于 CMSIS 标准的软件架构

基于 CMSIS 标准的软件架构如图 9 - 24 所示。

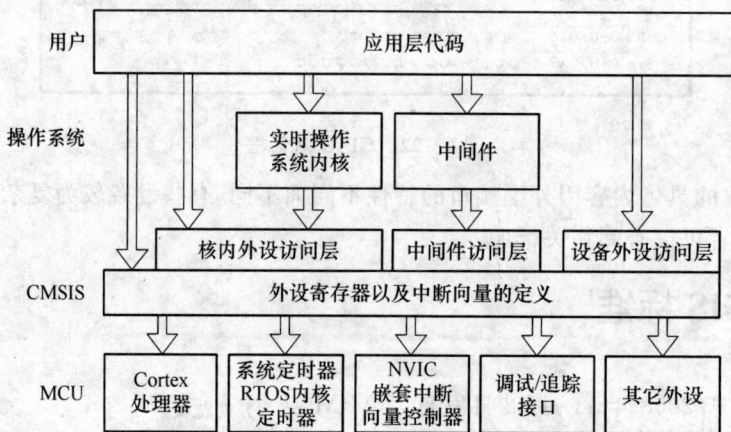

图 9 - 24　基于 CMSIS 标准的软件架构

从图 9 - 24 可以看出，基于 CMSIS 标准的软件架构主要分为以下 4 层：用户应用层、操作系统与中间件接口层、CMSIS 层、硬件寄存器层。其中 CMSIS 层起着承上启下的作用，一方面该层对硬件寄存器层进行了统一的实现，屏蔽了不同厂商对 Cortex - M 系列微处理器核内外设寄存器的不同定义，另一方面又向上层的操作系统及中间件接口层和应用层提供接口，简化了应用程序开发的难度，使开发人员能够在完全透明的情况下进行一些应用程序的开发。也正是如此，CMSIS 层的实现也相对复杂。下面对 CMSIS 层的结构进行剖析。

CMSIS 层主要分为以下 3 个部分：

核内外设访问层（CPAL）——该层由 ARM 负责实现。包括对寄存器地址的定义，对核寄存器、NVIC、调试子系统的访问接口定义以及对特殊用途寄存器的访问接口(如 CONTROL、xPSR)定义。由于对特殊寄存器的访问以内联方式定义,所以针对不同的编译器 ARM 统一用 __INLINE 来屏蔽差异。该层定义的接口函数均是可重入的。

中间件访问层(MWAL)——该层也由 ARM 负责实现,但需由芯片厂商针对自己生产的设备特性对该层进行更新。该层主要负责定义一些中间件访问的 API 函数,如为 TCP/IP 协议栈、SD/MMC、USB 协议以及实时操作系统的访问与调试提供标准软件接口。该层在 CMSIS 1.1 标准中尚未实现。

设备外设访问层(DPAL)——该层由芯片厂商负责实现。该层的实现与 CPAL 类似,负责对硬件寄存器地址以及外设访问接口进行定义。该层可调用 CPAL 层提供的接口函数同时根据设备特性对异常向量表进行扩展,以处理相应外设的中断请求。

有了以上 3 个部分的划分,芯片厂商就能专注于对其产品的外设特性进行差异化,并且消除他们对微控制器进行编程时需要维持的不同的、互不兼容的标准需求,以达到低成本开发的目的。

9.3.2　CMSIS 规范

CMSIS 的文件结构(以 SAM3U 为例)如图 9-25 所示。

其中,stdint.h 包括对 8 位、6 位、32 位等类型指示符的定义,主要用来屏蔽不同编译器之前的差异。core_cm3.h 和 core_cm3.c 中包括

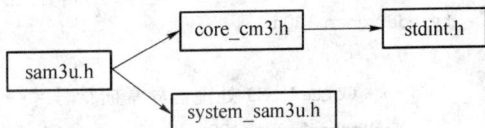

图 9-25　CMSIS 文件结构

Cortex-M3 核的全局变量声明和定义,并定义一些静态功能函数。system_<device>.h 和 system_<device>.c(即图 9-25 的 system_sam3u.h 和 system_sam3u.c)定义的是不同芯片厂商定义的系统初始化函数(SystemInit)以及一些指示时钟的变量,如 SystemFrequency。<device>.h(即图 9-25 的 sam3u.h)是提供给应用程序的头文件,它包含 core_cm3.h 和 system_<device>.h,定义了与特定芯片厂商相关的寄存器以及各中断异常号,并可定义 Cortex-M3 核中的特殊设备,如 MCU、中断优先级位数以及 SysTick 时钟配置。虽然 CMSIS 提供的文件很多,但在应用程序中只需包含<device.h>(即图 9-25 的 sam3u.h)。

1. 工具链

CMSIS 支持目前嵌入式开发的三大主流工具链,即 ARM ReakView(armcc)、IAR EWARM(iccarm)以及 GNU 工具链(gcc)。通过在 core_cm3.c 中的如下定义,来屏蔽一些编译器内置关键字的差异:

```
#if defined( __CC_ARM)
  #define __ASM            __asm
```

```
# define __INLINE           __inline
#elif defined ( __ICCARM__ )
  # define __ASM            __asm
  # define __INLINE          inline
  # define __nop            __no_operation
#elif defined ( __GNUC__ )
  # define __ASM             asm
  # define __INLINE          inline
#endif
```

这样 CPAL 中的功能函数就可以被定义成静态内联类型(static __INLINE),以实现编译优化。

2. 中断异常

CMSIS 对异常和中断标识符、中断处理函数名以及中断向量异常号都有严格的要求。异常和中断标识符需加后缀_IRQn,系统异常向量号必须为负值,而设备的中断向量号是从 0 开始递增,具体定义如下(以 SAM3U 为例):

```
typedef enum IRQn
{
/***** Cortex-M3 处理器异常向量号 ***************/
    NonMaskableInt_IRQn          =-14,
    MemoryManagement_IRQn        =-12,
    BusFault_IRQn                =-11,
    UsageFault_IRQn              =-10,
    SVCall_IRQn                  =-5,
    DebugMonitor_IRQn            =-4,
    PendSV_IRQn                  =-2,
    SysTick_IRQn                 =-1,
/*********** SAM3U 普通中断向量号 ***************/
    SUPC_IRQn                    = 0,
    RSTC_IRQn                    = 1,
    RTC_IRQn                     = 2,
    RTT_IRQn                     = 3,
    } IRQn_Type;
```

CMSIS 对系统异常处理函数以及普通的中断处理函数名的定义也有所不同。系统异常处理函数名需加后缀_Handler,而普通中断处理函数名则加后缀_IRQHandler。这些异常中断处理函数被定义为 weak 属性的,以便在其它的文件中重新实现时不出现重复定义的错误。这些处理函数的地址用来填充中断异常向量表,并在启动代码中给以声明。例如 NMI_Handler、MemManage_Handler、SysTick_Handler、SUPC_IRQHandler 等。

3. 数据类型

CMSIS 对数据类型的定义是在 stdint.h 中完成的,对核寄存器结构体的定义是在 core_cm3.h 中完成的,寄存器的访问权限是通过相应的标识来指示的。CMSIS 定义以下 3 种标识符来指定访问权限:_I(volatile const)、_O(volatile)和 _IO(volatile)。其中 _I 用来指定只读权限,_O 用来指定只写权限,_IO 用来指定读/写权限。

4. 调试

嵌入式软件开发中一个基本的需求就是能通过终端来输出调试信息,这一般可通过两种方式实现。一种是使用串口线连接板子上的 UART 和 PC 上的 COM 口,通过 PC 上的超级终端来查看调试信息;另一种则是采用半主机机制,但有可能不为所用的工具链所支持。基于 Cortex-M3 核的软件调试突破了这样的限制,Cortex-M3 内核中提供了一个 ITM 接口,通过 SWV 可调试由 SWO 引脚接收到的 ITM 数据。ITM 实现了 32 个通用的数据通道,基于这样的实现,CMSIS 规定了用通道 0 作为终端来输出调试信息,通道 31 用于操作系统的输出调试(特权模式访问)。在 core_cm3.h 中定义了 ITM_SendChar 函数,因此可通过调用 ITM_SendChar 来重写 fputc,以在应用程序中通过 printf 打印调试信息,这些调试信息可通过 ITM Viewer 查看。有了这样的实现,嵌入式软件开发者就可以在不配置串口和使用终端调试软件的情况下输出调试信息,在一定程度上减少了软件开发者的工作量。

5. 安全机制

在嵌入式软件开发过程中,代码的安全性和强大性一直是开发人员所关注的,因此 CMSIS 在这方面也作出了努力。所有的 CMSIS 代码都是基于 MISRA-C 2004(Motor Industry Software Reliability Association for the C programming language)标准的。MIRSA-C 2004 制定了一系列安全机制来保证驱动层软件的安全性,因此是嵌入式行业都应遵循的标准。对于不符合 MISRA 标准的,编译器会提示错误或警告,这主要取决于开发者所使用的工具链。

9.4 第一个 SAM3U 应用程序 Blinky

使用 MDK 作为嵌入式开发工具,其开发的流程与其它开发工具基本一样,一般可以分以下几步:

① 新建一个工程,从设备库中选择目标芯片,配置编译器环境;

② 用 C 或汇编语言编写源文件;

③ 编译目标应用程序;

④ 修改源程序中的错误；

⑤ 测试链接应用程序。

图 9-26 描述了完整的 MDK 软件开发流程。本节以一个基于 ATSAM3U4E 处理器的嵌入式应用程序 Blinky 为例，结合 9.3 节的 CMSIS 标准，简要介绍使用 MDK 进行嵌入式应用开发的过程。此程序就是用 GPIO 口控制开发板上的 LED 灯。读者可以按照本节的介绍逐步实现这个例程，以快速熟悉使用 MDK 进行 SAM3 应用开发的基本过程。

9.4.1 选择工具集

利用 μVision 3 创建应用程序，首先要选择开发工具集。单击 Project → Manage → "Components, Environment, and Books"菜单项，在如图 9-27 所示对话框中可选择所使用的工具集。在 μVision 3 中可使用 ARM RealView 编译器、GNU GCC 编译器。当使用 GNU GCC 编译器时，需要安装相应的工具集。如果用户不作选择，则默认为使用 RealView 编译工具 RVCT 4.0。

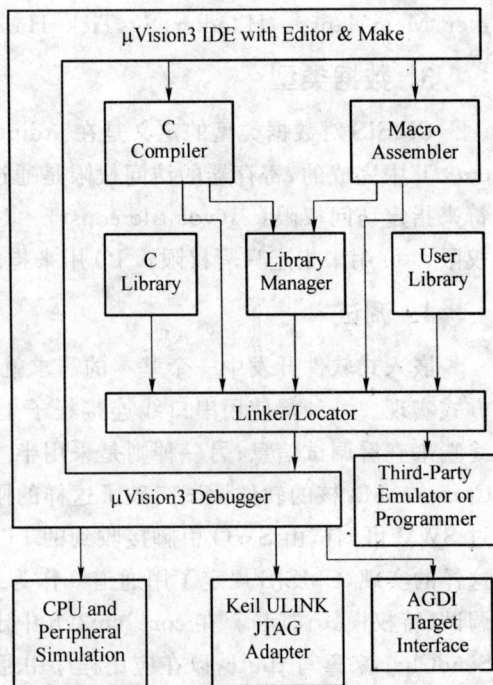

图 9-26 MDK 软件开发流程

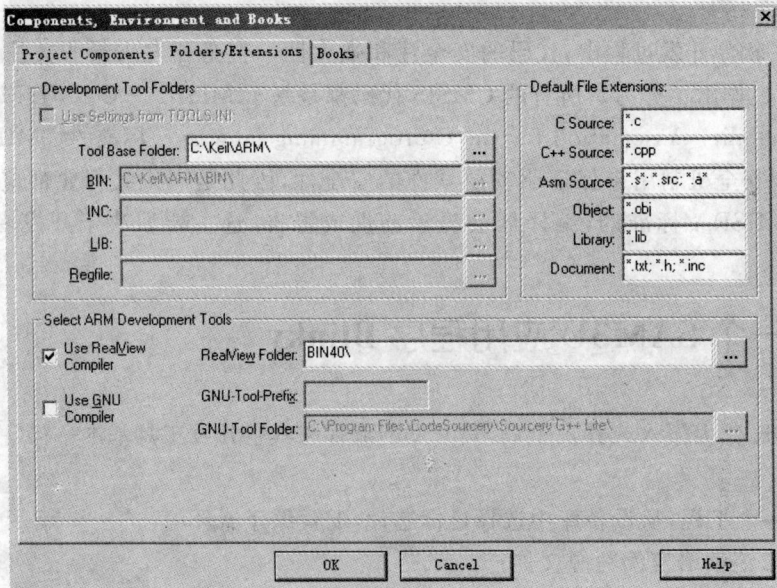

图 9-27 选择工具集

9.4.2 创建一个新的工程

这里先建立一个新的文件夹 Blinky,单击 Project→New Project 菜单项,MDK 将打开一个标准对话框,输入希望新建工程的名字即可创建一个新的工程,建议对每个新建工程使用独立的文件夹。先把工程目录指定到 Blinky 文件夹,然后在图 9 - 28 所示的对话框中输入 Blinky,MDK 将会创建一个以 Blinky.UV2 为名字的新工程文件,它包含了一个缺省的目标 (target)和文件组名。这些内容在 Project Workspace - Files 中可以看到。

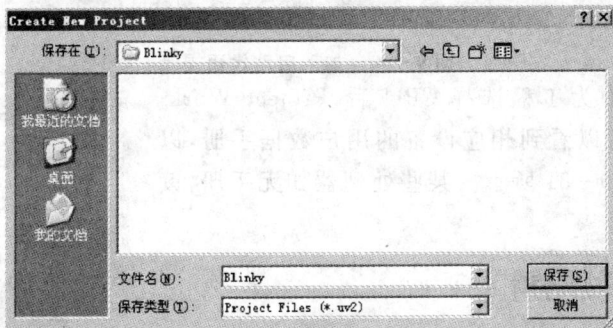

图 9 - 28 创建一个新工程

创建一个新工程时,μVision 3 要求设计者为工程选择一款对应的处理器,如图 9 - 29 所示。该对话框中列出了 MDK 所支持的处理器设备数据库,也可单击 Project→Select Device 菜单项进入此对话框。选择了某款处理器之后,μVision 3 将会自动为工程设置相应的工具选项,这使得工具的配置过程简化。图 9 - 29 是以 ATSAM3U4E 控制器为例的。

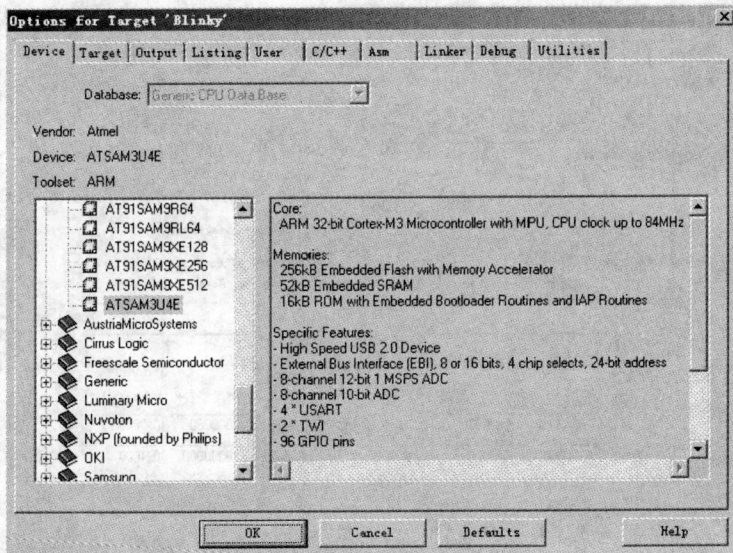

图 9 - 29 选择处理器

对于大部分处理器设备,MDK 会提示是否在目标工程里加入 CPU 的相关启动代码,如图 9-30 所示。启动代码是用来初始化目标设备的配置,完成运行时系统的初始化工作,对于嵌入式系统开发而言是必不可少的,单击"是"便可将启动代码加入工程,这使得系统的启动代码编写工作量大大减少。

图 9-30 加入启动代码提示

在设备数据库中为工程选择 CPU 后,Project Workspace - Books 内就可以看到相应设备的用户数据手册,以供设计者参考,如图 9-31 所示。某些处理器如无手册,读者也可自行添加。

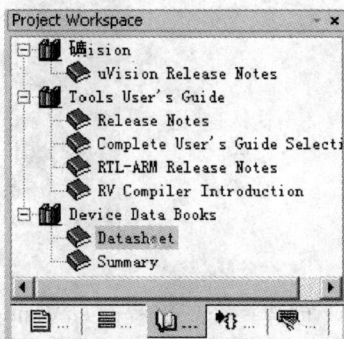

图 9-31 相应设备数据手册

9.4.3 硬件选项配置

μVision 3 可根据目标硬件的实际情况对工程进行配置。单击菜单项 Project → Options for Target,在弹出的 Target 页面可指定目标硬件和所选择设备片内组件的相关参数,例如外部晶振、片上 ROM/RAM、是否使用操作系统等,如图 9-32 所示。

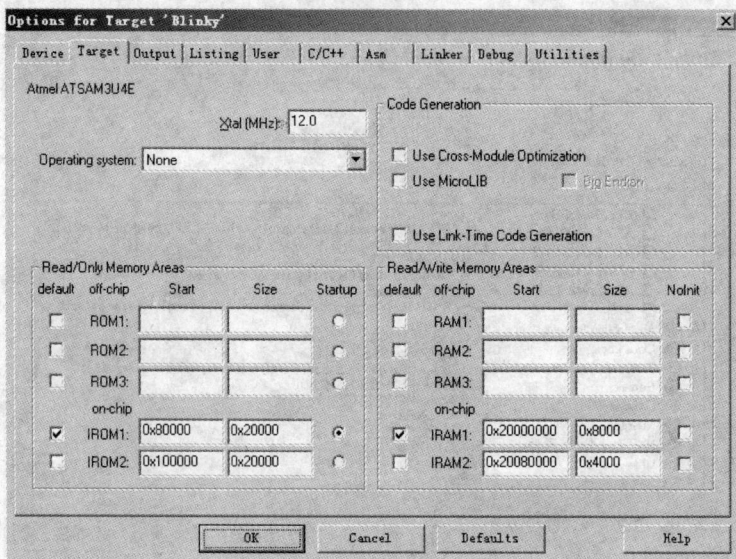

图 9-32 目标硬件选项配置

9.4.4　创建文件组及源文件

创建一个工程之后,就应开始编写源程序。这里先创建几个文件组,用于存放源文件。双击 Blinky. Uv2 打开工程,右击打开 Project Workspace 中的 Source Group 1,选择 New Group,添加文件并重命名文件组,如图 9-33 所示。

单击并将工程名字修改为"Blinky"。然后创建 3 个文件组,分别为:Starup Code,用于存放启动代码;Cmsis Code,用于存放与 CMSIS 标准相关的代码;Source Code,用于存放用户自己编写的代码。创建完成后如图 9-34 所示。

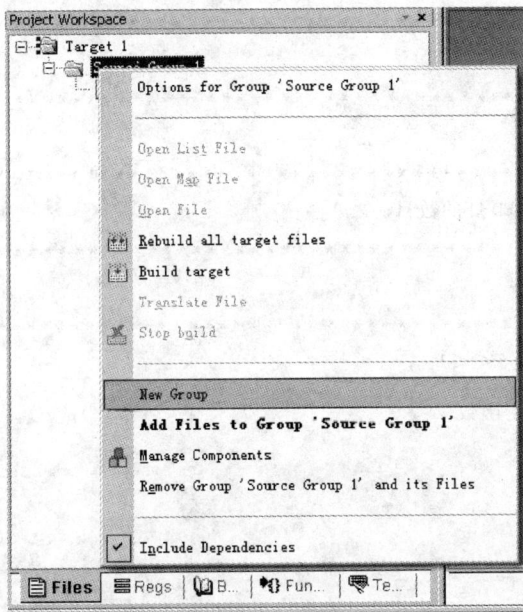

图 9-33　创建文件组

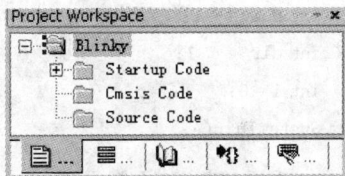

图 9-34　文件组创建完成

文件组创建完成之后即开始创建源文件。启动代码使用默认的,在创建工程时已经添加了。Cmsis Code 包含两个. c 文件,分别为 core_cm3. c 和 system_SAM3U. c,这两个文件的位置在 MDK 安装目录下的\Keil\ARM\Boards\Atmel\SAM3U_EK\Blinky 中,或本书例程包的\Common\src\emsis 目录下。关于这两个文件的介绍可以参考 9.3 节,这里就不给出它们的源代码了,直接将这两个文件拷贝到当前工程下。Source Code 需要设计者自己编写。下面以 Source Code 为例介绍如何创建源文件。

选择菜单项 File→New 可创建新的源文件,μVision IDE 将会打开一个空的编辑窗口用以输入源程序。在输入完源程序后,选择菜单项 File→Save As 保存源程序。当以 ∗. C 为扩展名保存源文件时，μVision IDE 将会根据 C 语言语法以彩色高亮字体显示源程序。在本例中，使用 MAIN.C 来保存示例文件。

```c
/********************************************************************
* 文件名：main.c
* 作者   ：Wuhan R&D Center, Embest
* 描述   ：Main program body
********************************************************************/
/********************************************************************
* Headers
********************************************************************/
#include <SAM3U.H>
/********************************************************************
* Local definitions
********************************************************************/
#define LED_NUM 2                    //LED 灯的数目
/********************************************************************
* Local variables
********************************************************************/
const unsigned long led_mask[] = { 1<<0, 1<<1 };

int main (void) {                    //主函数
  int num = -1;
  int dir =   1;
  int i = 0;
  SystemInit();

  /* 配置 PB0,PB1 引脚驱动 LED */
  * AT91C_PIOB_PER         = 0x03;
  * AT91C_PIOB_OER         = 0x03;
  * AT91C_PIOB_PPUDR       = 0x03;
  * AT91C_PIOB_OWER        = 0x03;
  * AT91C_PIOB_ABSR        &=~0x03;
  /* 无限循环 */
  for (;;) {
    /* 'num'的变化范围：0,1,...,LED_NUM-1,LED_NUM-1,...,1,0,0,...    */
    num += dir;
    if (num == LED_NUM)
      { dir =-1; num = LED_NUM-1; }
```

```
    else if(num < 0)
        { dir = 1; num = 0;      }
    * AT91C_PIOB_CODR = led_mask[num];
    /* 延时 */
    for(i = 0;i<10000000;i++);
    * AT91C_PIOB_SODR = led_mask[num];
    /* 延时 */
    for(i = 0;i<10000000;i++);
    }
}
```

main.c 中 main()函数的功能很简单,就是利用 PIOB 端口的 2 个引脚 PB0、PB1 来驱动 2 个绿色的 LED 灯 D3、D4,循环点亮和熄灭 2 个 LED 灯;点亮和熄灭时间用软件循环延时实现。在开发板上,处理器的 PB0 和 PB1 引脚已经分别与 LED 灯 D3、D4 连接了。关于 GPIO 控制器,7.2 节已详细介绍,这里不再复述了。

在 main.c 调用了一个函数 SystemInit()。这个函数用于系统的初始化和基本配置,在 system_SAM3U.c 中定义,属于 CMSIS 标准的一部分,由芯片制造商提供,其内容涉及 PMC、EEFC、SUPC、WDT 等多个片上单元,这些单元将会在后续章节中详细介绍,这里不做解释。为了方便读者了解此函数,下面给出此函数的源代码。

```
/****************************************************************
 * Initialize the system
 * @param none
 * @return none
 * @brief Setup the microcontroller system.
 *        Initialize the System and update the SystemFrequency variable.
 ****************************************************************/
void SystemInit (void)
{
#if (EEFC0_SETUP == 1)                  /* Embedded Flash Controller 0 Setup */
  * AT91C_EFC0_FMR = EEFC0_FMR_Val;
#endif

#if (EEFC1_SETUP == 1)                  /* Embedded Flash Controller 1 Setup */
  * AT91C_EFC1_FMR = EEFC1_FMR_Val;
#endif

#if (PMC_SETUP == 1)                    /* Power Management Controller Setup */
#if (CKGR_UCKR_Val & (1 << 16))         /* If UPLL Enabled */
```

```
   * AT91C_CKGR_UCKR = CKGR_UCKR_Val;
   while (!( * AT91C_PMC_SR & (1 << 6)));              /* Wait for LOCKU */
 # endif

 # if (CKGR_MOR_Val & ((1<<3)|(1<<0)))                /* If MOSCRCEN or MOSCXTEN set */
   * AT91C_CKGR_MOR = CKGR_MOR_Val;
 # if (CKGR_MOR_Val & ((1 << 3)))
   while (!( * AT91C_PMC_SR & (1 << 17)));            /* Wait for MOSCRCS */
 # endif
 # if (CKGR_MOR_Val & ((1 << 0)))
   while (!( * AT91C_PMC_SR & (1 << 0)));             /* Wait for MOSCXTS */
 # endif
 # endif

 # if (CKGR_PLLAR_Val & ((0x7FF<<16)))                /* If MULA != 0 */
   * AT91C_CKGR_PLLAR = CKGR_PLLAR_Val;
   while (!( * AT91C_PMC_SR & (1 << 1)));             /* Wait for LOCKA */
 # endif

 if ((PMC_MCKR_Val & 0x03) >= 2)
 {
   /* Write PRES field only */
   * AT91C_PMC_MCKR = ( * AT91C_PMC_MCKR & ~ 0x70) | (PMC_MCKR_Val & 0x70);
 }
 else
 {
   /* Write CSS field only */
   * AT91C_PMC_MCKR = ( * AT91C_PMC_MCKR & ~0x03) | (PMC_MCKR_Val & 0x03);
 }
 while (!( * AT91C_PMC_SR & (1 << 3)));               /* Wait for MCKRDY */
 * AT91C_PMC_MCKR = PMC_MCKR_Val ;                    /* Write all MCKR */
 while (!( * AT91C_PMC_SR & (1 << 3)));               /* Wait for MCKRDY */
 # if (PMC_PCK0_Val)
   * (AT91C_PMC_PCKR + 0) = PMC_PCK0_Val;             /* Write PCK0 */
   while (!( * AT91C_PMC_SR & (1 << 8)));             /* Wait for PCKRDY0 */
 # endif
 # if (PMC_PCK1_Val)
   * (AT91C_PMC_PCKR + 4) = PMC_PCK1_Val;             /* Write PCK1 */
   while (!( * AT91C_PMC_SR & (1 << 9)));             /* Wait for PCKRDY1 */
 # endif
```

```
# if (PMC_PCK2_Val)
    * (AT91C_PMC_PCKR + 8) = PMC_PCK2_Val;              / * Write PCK2 * /
    while (! ( * AT91C_PMC_SR & (1 << 10)));            / * Wait for PCKRDY2 * /
# endif

    * AT91C_PMC_SCER = PMC_SCER_Val;
    * AT91C_PMC_PCER = PMC_PCER_Val;
# endif
    / * Determine clock frequency according to clock register values * /
    switch ( * AT91C_PMC_MCKR & 3) {
        case 0:                                         / * Slow clock * /
            if ( * AT91C_SUPC_SR & (1 << 7))
                SystemFrequency = OSC32_CLK;
            else
                SystemFrequency = ERC_OSC;
            break;
        case 1:                                         / * Main clock * /
            if ( * AT91C_CKGR_MOR & (1 << 24))
                SystemFrequency = OSC_CLK;
            else {
            SystemFrequency = EFRC_OSC;
            switch (( * AT91C_CKGR_MOR >> 4) & 3) {
                case 0:
                    break;
                case 1:
                    SystemFrequency * = 2;
                break;
                case 2:
                    SystemFrequency * = 3;
                    break;
                case 3:
                    break;
            }
        }
        break;
        case 2:                                         / * PLLA clock * /
            if ( * AT91C_CKGR_MOR & (1 << 24))
                SystemFrequency = OSC_CLK;
```

```
      else {
        SystemFrequency = EFRC_OSC;
        switch ((* AT91C_CKGR_MOR >> 4) & 3) {
          case 0:
            break;
          case 1:
            SystemFrequency * = 2;
            break;
          case 2:
            SystemFrequency * = 3;
            break;
          case 3:
            break;
        }
      }
      SystemFrequency * = (((( * AT91C_CKGR_PLLAR) >> 16) & 0x7FF) + 1);
      SystemFrequency / = (((( * AT91C_CKGR_PLLAR) >> 0) & 0x0FF));
      break;
    case 3:                                    /* UPLL clock */
      SystemFrequency = OSC_CLK * 40;
      break;
  }

  if ((( * AT91C_PMC_MCKR >> 4) & 7) == 7)
    SystemFrequency / = 6;
  else
    SystemFrequency >> = (( * AT91C_PMC_MCKR >> 4) & 7);
#if (WDT_SETUP == 1)                           /* Watchdog Setup */
  * AT91C_WDTC_WDMR = AT91C_WDTC_WDDIS;
#endif
}
```

创建完源文件后便可以在工程里加入此源文件，μVision
提供了多种方法。例如在 Project Workspace →Files菜单项
中选择文件组，右击相应的文件组，单击选项 Add Files to
Group 打开一个标准文件对话框，将已创建好源文件加入到
工程中。添加完成后如图 9 - 35 所示。

图 9 - 35　源文件添加完成

9.4.5　编译链接工程

通常在 9.4.3 小节所述的 Project - Options for Target(即图 9 - 32)中包含了创建一个新应用程序所需的所有设置。接下来的工作是编译链接工程,单击工具栏中 Build Target 图标可编译链接工程文件。如果源程序中存在语法错误,μVision 将会在 Output Window - Build 窗口中显示出错误和警告信息。双击提示信息所在行,就会在 μVision 编辑窗口里打开并显示相应的出错源文件,光标会定位在该文件的出错行上,以方便用户快速定位出错位置。若源程序无语法错误,则会出现如图 9 - 36 所示的信息。

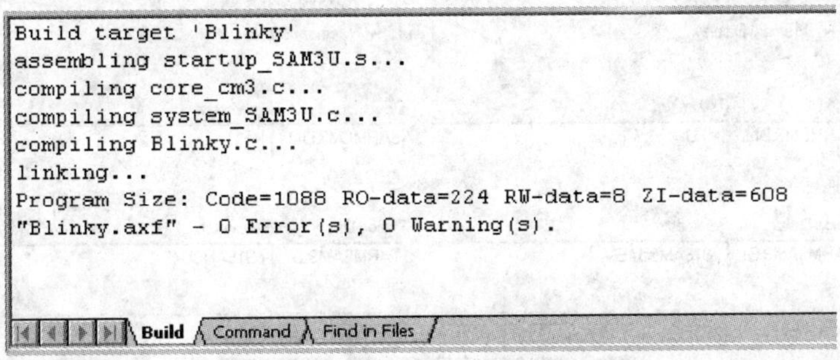

```
Build target 'Blinky'
assembling startup_SAM3U.s...
compiling core_cm3.c...
compiling system_SAM3U.c...
compiling Blinky.c...
linking...
Program Size: Code=1088 RO-data=224 RW-data=8 ZI-data=608
"Blinky.axf" - 0 Error(s), 0 Warning(s).
```

|◄|◄|►|►| **Build** ╲ Command ╲ Find in Files ╲

图 9 - 36　编译链接信息

应用程序的修改、编译和调试按以下步骤进行:

① 修改现有源代码或者向工程里加入新的源文件。单击工具栏中 Build Target 按钮只编译修改过或者是新的源文件,并且会产生可执行文件。μVision 会保持文件的从属列表,同时也知道每一个源文件里的包含文件。即使工具选项被保存在文件从属列表中,MDK 也只是重新编译所需要的文件。使用 Rebuild Target 命令,则不管是否修改过,所有源文件都被编译。

② 使用 MDK 调试器来调试源程序。MDK 提供了两种操作模式:用于在 PC 机上来调试所开发应用程序的仿真模式,或者使用评估板/硬件平台进行的目标调试。若调试中出现问题,则回到第①步修改源程序。

③ 调试通过的程序则可进行 Flash 烧写。MDK 既可使用外部的 Flash 编程工具,也可使用 ULINK 2 适配器来进行 Flash 编程。在使用 Flash 编程工具时,开发者通常需要创建 HEX 文件。

9.4.6　调试程序

在编译链接完成后,就可使用 MDK 的调试器进行调试了。MDK 调试器提供了两种调试模式,可以在 Options for Target→Debug 对话框内选择操作模式,如图 9-37 所示。

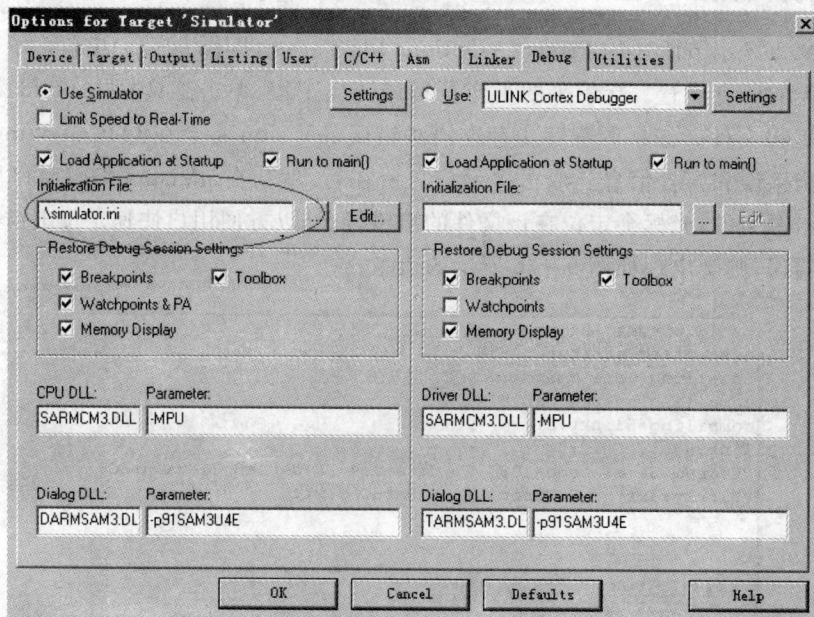

图 9-37 调试器的选择

软件仿真模式——在没有目标硬件情况下,可以作为 MDK 软件仿真器(Simulator)。它可以仿真微控器的许多特性,还可以仿真许多外围设备(包括串口、外部 I/O 口及时钟等)。所能仿真的外围设备在为目标程序选择 CPU 时就被选定了。在目标硬件准备好之前,可用这种方式测试和调试嵌入式应用程序。

GDI 驱动模式——使用高级 GDI 驱动设备连接目标硬件来进行调试,本书所有例程均使用 ULINK Debugger(ULINK 2)调试。其中,ULINK Debugger 通过 USB 接口与 PC 主机连接,通过 JTAG 口与目标设备相连接。

为了验证程序逻辑的正确性,先进行软件仿真调试,即在图 9-37 中选中"Use Simulator"。注意:为了能进行仿真运行一般还需要配置一个调试脚本文件,图 9-37 中是 Simulator.ini,其内容为:

```
MAP 0x400E0000,0x400F0000 read write exec
```

即指定一段存储地址空间以及它们的属性。对于复杂的程序,则需要添加其它的调试函数。

可以使用菜单项 Debug-Start 或快捷键 Ctrl+F5 或工具按钮启动调试运行。为了能直观地了解程序运行的状态,可通过菜单项 View→Logic analyzer window 打开逻辑分析仪,如

图 9-38 所示。

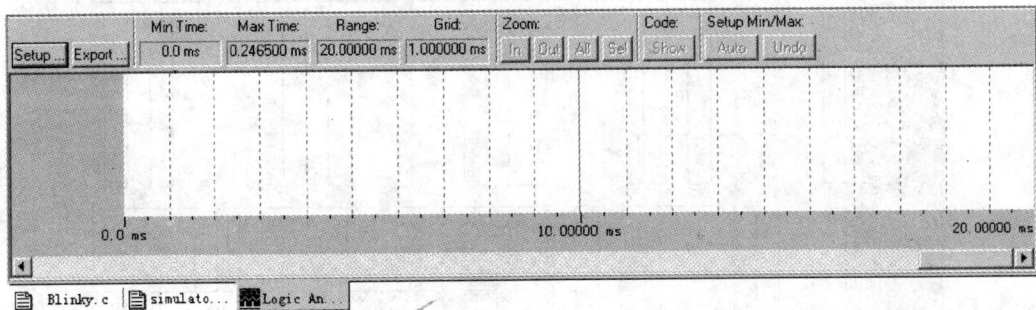

图 9-38 逻辑分析仪窗口

在逻辑分析仪窗口中单击 Steup 按钮,对逻辑分析仪进行设置,如图 9-39 所示。单击窗口右上角的 new 按钮,在其中增加 PortB.0 和 PortB.1 两个位变量。

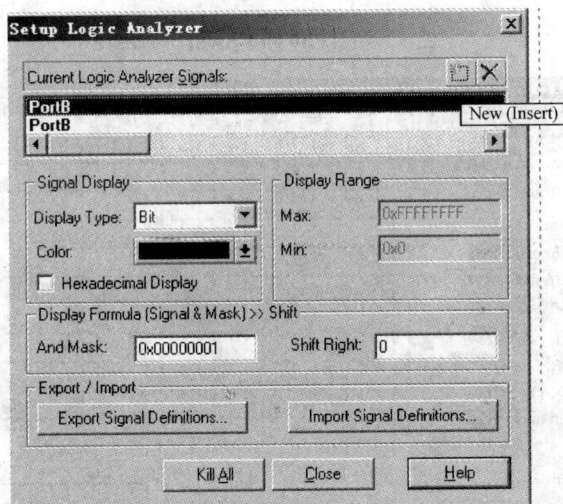

图 9-39 逻辑分析仪设置窗口

关闭逻辑分析仪设置窗口,通过菜单项 Debug-Run 或者按 F5 全速运行程序,将会在逻辑分析仪窗口看到 PB0 和 PB1 引脚的时序图,如图 9-40 所示。

开发者还可以通过菜单项 Peripherals→Parallel I/O Controller→PIOB 来观测 PIOB 端口在程序运行时的情况,如图 9-41 所示。

当程序软件仿真结果与设计要求一致时,则进一步在开发板上进行硬件调试,如图 9-42 所示。回看一下图 9-32 中的配置,是把程序下载到 Flash 中调试。所以还需要在 Utilities 标签中配置相关选项,如图 9-42 所示。

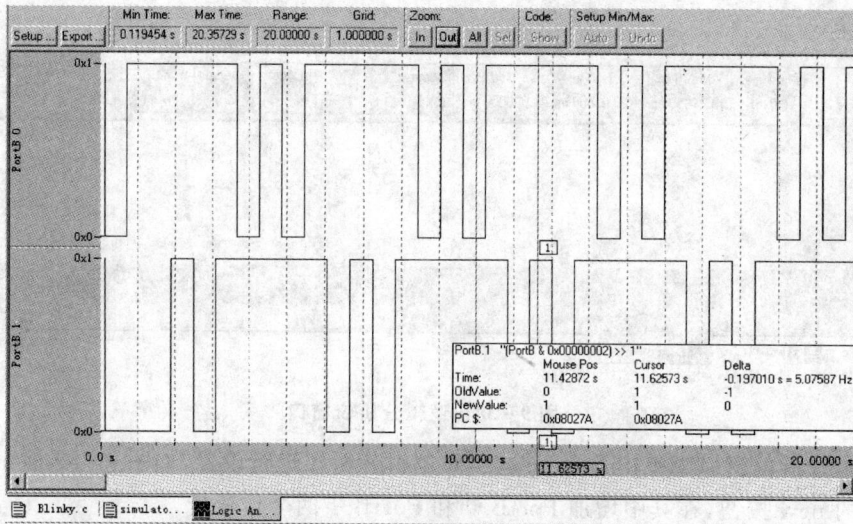

图 9 - 40   PB0 和 PB1 引脚时序图

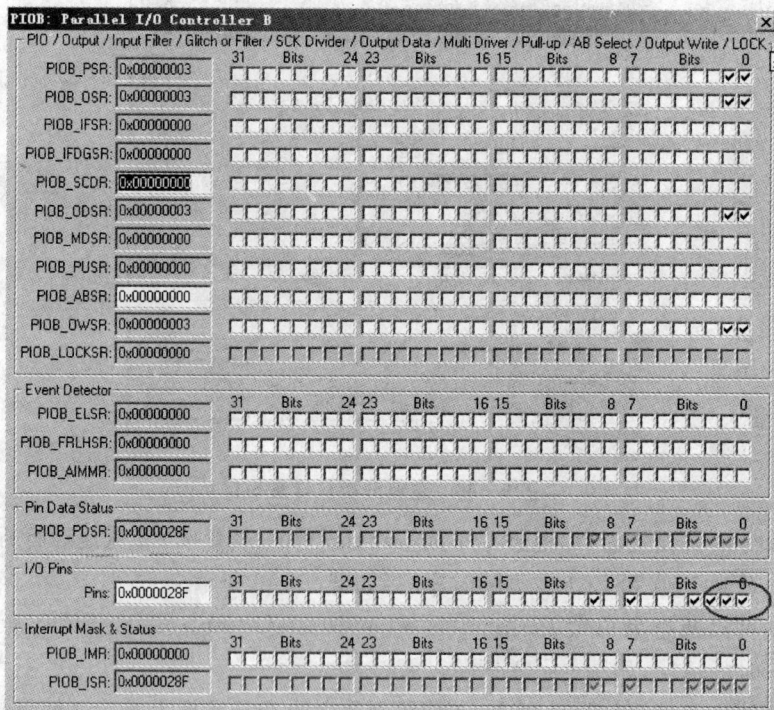

图 9 - 41   PIOB 端口外设窗口

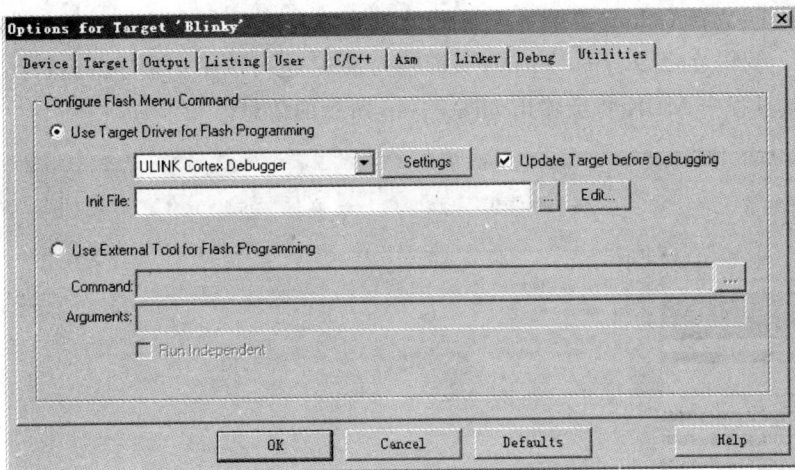

图 9 - 42　Flash 编程器的配置对话框

MDK 自带有 Flash 编程工具,单击图 9 - 42 中的 Settings 按钮,设置对话框如图 9 - 43 所示。关于编程器的配置、编程算法的选择以及初始化文件的配置,在此不作冗述,读者可参考《ARM 开发工具 RealView MDK 使用入门》或查阅 MDK 帮助文挡。

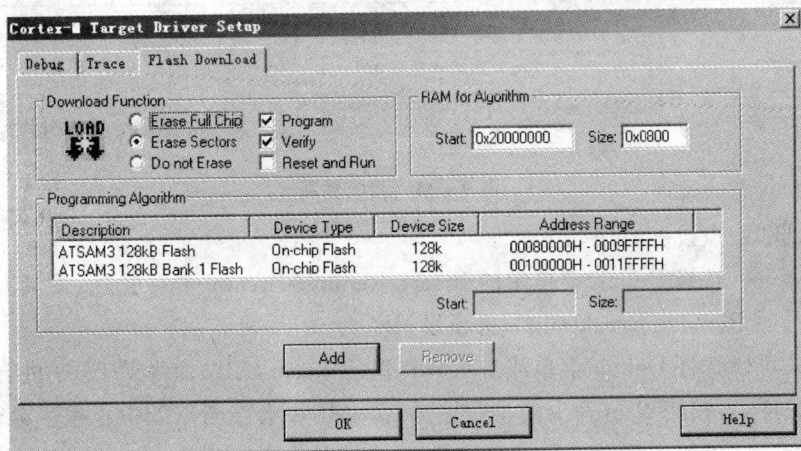

图 9 - 43　ULINK Cortex Debugger 的 Flash 下载设置对话框

选择 Debug 菜单里的选项 Start/Stop Debug Session 或者单击工具栏里的对应图标进入调试模式。MDK 将会初始化调试器并启动程序运行到主函数,以下是调试程序的几个最基本功能。

➤ 执行程序:选择 Debug 菜单中 GO 命令或单击工具栏里的运行图标以启动程序运行。对于工程 Blinky,将会看到开发板上的 LED 闪烁。

➢ 程序中止:选择 Debug 菜单里选择 Halt 命令或者单击工具栏中的停止图标来中止程序运行。另外,在命令行的 Output 页面输入 ESC 也可以中止程序的运行。

➢ 在调试过程中 MDK 将会输出如图 9 - 44 所示的信息。

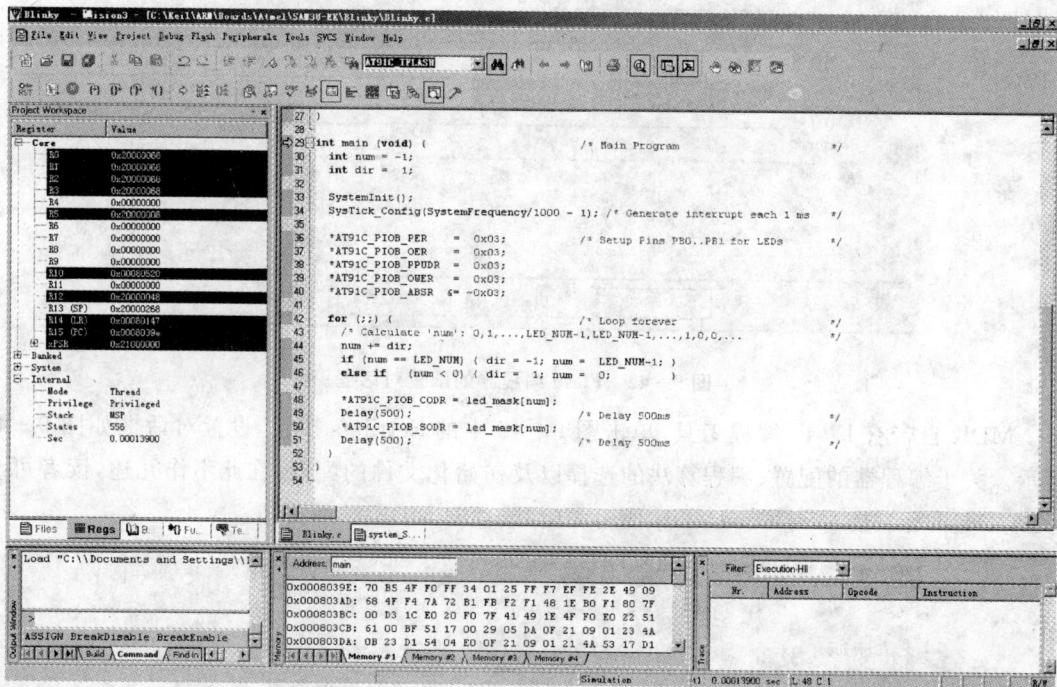

图 9 - 44　调试界面

单步调试和断点设置方法如下:

设置断点——选择 Debug 菜单中的 Insert/Remove Breakpoints 选项,或者右击选择快捷菜单中的 Insert/Remove Breakpoints 选项设置断点。

复位——可以选择 Debug 菜单或者工具栏里的 Reset CPU 命令对 CPU 进行复位。如果已经中止了程序,可使用 Run 命令启动程序运行。MDK 会在断点处中止程序运行。

单步运行——可使用调试工具栏里的 Step 按钮单步运行程序,当前的指令会用黄色箭头标记出。

变量值观察——将鼠标指针停留在变量上可以观察其相应的值。

中止调试——可在任何时刻使用菜单中 Start/Stop Debug Session 选项或者工具栏中相应图标来中止调试。

9.4.7　建立 HEX 文件

应用程序在调试通过后,需要生成 Intel HEX 文件,用于 EEPROM 编程器或仿真器下载到 Flash 中。在 Options for Target - Output 中选择 Create HEX file 选项(如图 9 - 45 所示),MDK 会在编译过程中同时产生 HEX 文件。可以单击菜单项 Flash - Download,利用仿真器 ULINK2 将 HEX 文件下载到 SAM3U 处理器中,之后按开发板上的 NRSTB 按键(BP3)复位系统,程序将开始自动运行。

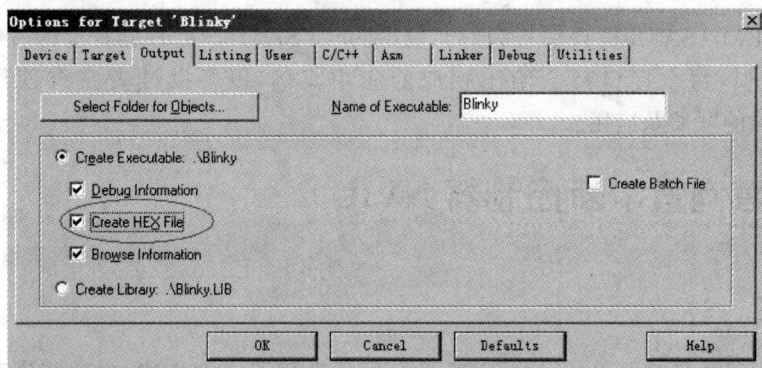

图 9 - 45　输出配置选项

读者可在本书的例程包中打开本节的例程 Blinky,熟悉 MDK 的编程和调试过程。

第 **10** 章

SAM3U 处理器基本接口

本章将以 EM-SAM3U 评估板为对象,分别介绍 SAM3U 处理器片上的各种系统控制器和常见外围接口,每个接口都会给出相应的应用实例,以帮助读者掌握使用 MDK 进行 SAM3U 处理器的开发及应用。

10.1 嵌套向量中断控制器 NVIC

10.1.1 概 述

在第 4 章中,已经对 Cortex-M3 处理器的异常进行了详细描述,也介绍嵌套向量中断控制器(NVIC)的主要特点及功能,包括异常的优先级、分组、异常处理过程、尾链技术、抢占技术等。因此,本节就不再对这些内容作重复叙述了,读者可以参考第 4 章。

10.1.2 NVIC 功能描述

NVIC 主要特性及性能参数:
➢ 30 个可屏蔽中断通道(不包含 16 个 Cortex-M3 中断线);
➢ 16 个可编程的优先等级;
➢ 电源管理控制;
➢ 系统控制寄存器的实现。

ATSAM3U4E 处理器的中断异常向量表如表 10-1 所列。

表 10-1 中断异常向量表

位 置	优先级	优先级类型	名 称	说 明	地 址
—	—	—	—	保留	0x00000000
—	−3	固定	Reset	复位	0x00000004
—	−2	固定	NMI	不可屏蔽中断(来自外部 NMI 输入脚)	0x00000008
—	−1	固定	硬故障	所有类型的失效	0x0000000C

位 置	优先级	优先级类型	名 称	说 明	地 址
	0	可设置	存储管理	存储器管理	0x00000010
	1	可设置	总线错误存储器低位	预取指令失败,存储器访问失败	0x00000014
	2	可设置	错误应用	未定义的指令或非法状态	0x00000018
	—			保留	0x0000001C~ 0x0000002B
	3	可设置	SVCall	通过 SWI 指令的系统服务调用	0x0000002C
	4	可设置	调试监控	调试监控器	0x00000030
	—			保留	0x00000034
	5	可设置	PendSV	可挂起的系统服务请求	0x00000038
	6	可设置	Systick	系统滴答定时器	0x0000003C
0	7	可设置	SUPC	供电控制器	0x00000040
1	8	可设置	RSTC	复位控制器	0x00000044
2	9	可设置	RTC	实时时钟	0x00000048
3	10	可设置	RTT	实时定时器	0x0000004C
4	11	可设置	WDT	看门狗定时器	0x00000050
5	12	可设置	PMC	功耗管理控制器	0x00000054
6	13	可设置	EEFC0	增强内嵌 Flash 控制器 0	0x00000058
7	14	可设置	EEFC1	增强内嵌 Flash 控制器 1	0x0000005C
8	15	可设置	UART	通用异步收发器	0x00000060
9	16	可设置	SMC	静态存储控制器	0x00000064
10	17	可设置	PIOA	并行 I/O 控制器 A	0x00000068
11	18	可设置	PIOB	并行 I/O 控制器 B	0x0000006C
12	19	可设置	PIOC	并行 I/O 控制器 C	0x00000070
13	20	可设置	USART0	USART 0	0x00000074
14	21	可设置	USART1	USART 1	0x00000078
15	22	可设置	USART2	USART 2	0x0000007C
16	23	可设置	USART3	USART 3	0x00000080
17	24	可设置	HSMCI	高速多媒体卡接口	0x00000084
18	25	可设置	TWI0	双线接口 0	0x00000088
19	26	可设置	TWI1	双线接口 1	0x0000008C
20	27	可设置	SPI	串行外设接口	0x00000090

位 置	优先级	优先级类型	名 称	说 明	地 址
21	28	可设置	SSC	同步串行控制器	0x00000094
22	29	可设置	TC0	定时计数器 0	0x00000098
23	30	可设置	TC1	定时计数器 1	0x0000009C
24	31	可设置	TC2	定时计数器 2	0x00000100
25	32	可设置	PWM	脉宽调制控制器	0x00000104
26	33	可设置	ADC12B	12 位 ADC 控制器	0x00000108
27	34	可设置	ADC	10 位 ADC 控制器	0x0000010C
28	35	可设置	DMAC	DMA 控制器	0x00000110
29	36	可设置	UDPHS	高速 USB 设备	0x00000114

10.1.3 应用程序设计

1. 设计要求

采用中断方式实现：

➢ 按下 USR_LEFT 按键时,led1(即开发板上的 D3)点亮,led2(即开发板上的 D4)熄灭。

➢ 按下 USR_RIGHT 按键时,led2(即开发板上的 D4)点亮,led1(即开发板上的 D3)熄灭。

➢ 在按键被按下去 3 s 之后,原来亮的那个灯开始闪烁,同时在 LCD 上显示是哪个键被按下过,哪个灯在闪烁。

2. 硬件设计

评估板上的 USR_LEFT 已与 PA.18 相连,USR_RIGHT 已与 PA.19 相连。D3 已与 PB.0 相连接,D4 已与 PB.1 相连接。因此无须额外硬件连接。

3. 软件设计

软件设计的基本思路：

➢ 采用 2 种中断:按键被按下和时钟中断。

➢ 在按键被按下之后,相应的中断服务子程序将判断是哪个键被按下,并点亮相应的灯,同时设置 LED 灯标志量 use_led,对计时标志量 SysTickint。

➢ 每 1 ms 发生一次系统时钟中断,当累计到 3 s 就给计时标志量 SysTickint 赋值 1。

➢ 主程序在完成系统初始化和相关设备初始化之后,向串口打印相关信息,然后进入死循环查询标志量 SysTickint 的值,一旦为 1,则判断 LED 灯标志量,闪烁相应的 LED 灯,并在 LCD 屏上显示相应的文字。

例程的工程名为 NVIC_test,其结构如图 10 - 1 所示。共有 6 个文件组:

➤ Starup Code 中包含 SAM3U 启动代码,由 MDK 自动生成,一般无须修改。

➤ Cmsis Code 中包含 CMSIS 标准中的 2 个 文件:core_cm3.c 和 system_SAM3U.c, 用于定义处理器内核以及片上外设,一般 无须修改,在 9.3 节已作介绍,所有 SAM3U 应用开发均可使用。

➤ Common Code 中包含一些所有应用程序 都必需包含的库函数,例如 dbgu.c、pmc. c、nvic.c 和 pio.c 等,这些由 Atmel 公司 提供,一般无须修改,可在 Atmel 公司网 站上下载,读者可根据自己应用的需求进 行选择和添加。

➤ Device Code 中包含一些片上设备的驱动 和工程师自己添加的一些设备驱动,例如 LCD 驱动等。一般片上外设的驱动,At- mel 公司也都已提供。另外,所有中断服

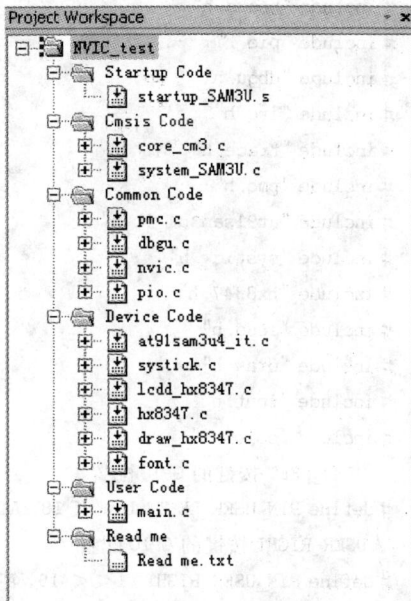

图 10 - 1　NVIC_test 例程的工程结构

务子程序均在 at91sam3u4_it.c 中,相应中断处理的函数名已经列好,开发人员只须将 相应代码填入即可。

➤ User Code 中包含应用层代码,由开发人员编写和添加,例如 main.c 等。

➤ Read Me 中不包含代码,用户存放开发人员的一些简要说明文档。

本书后续的例程均采用这样的工程结构。书中将主要介绍 User Code 和部分相关 Device Code 的内容。关于 Common Code,读者可对照书中介绍以及处理器数据手册进行阅读和 分析。

参考程序如下:

(1) main.c

```
/ * * * * * * * * * * * * * * * * * * * * * * * * * * * * * * * * * * * * * * * * * *
 * 文件名:main.c
 * 作者:Wuhan R&D Center, Embest
 * 描述:Main program body
 * * * * * * * * * * * * * * * * * * * * * * * * * * * * * * * * * * * * * * * * * */
/ * * * * * * * * * * * * * * * * * * * * * * * * * * * * * * * * * * * * * * * * * *
 *    Headers
 * * * * * * * * * * * * * * * * * * * * * * * * * * * * * * * * * * * * * * * * * */
```

```
# include <stdio.h>

# include "board.h"

# include "pio.h"

# include "dbgu.h"

# include "irq.h"

# include "trace.h"

# include "pmc.h"

# include "at91sam3u4_it.h"

# include "systick.h"

# include "hx8347.h"

# include "lcdd.h"

# include "draw.h"

# include "font.h"

# include "color.h"
// USER_LEFT 按键的 GPIO 配置
# define PIN_USER_LEFT {1 << 18, AT91C_BASE_PIOA, AT91C_ID_PIOA, PIO_INPUT, PIO_DEFAULT}
// USER_RIGHT 按键的 GPIO 配置
# define PIN_USER_RIGHT {1<< 19, AT91C_BASE_PIOA, AT91C_ID_PIOA, PIO_INPUT, PIO_DEFAULT}
// 用户按键定义
# define PIN_USER PIN_USER_LEFT,PIN_USER_RIGHT

# define CNT 1000000
/ * * * * * * * * * * * * * * * * * * * * * * * * * * * * * * * * * * * * * * * * * * * * * * * *
 *      Global variables
 * * * * * * * * * * * * * * * * * * * * * * * * * * * * * * * * * * * * * * * * * * * * * * * */
// 将要配置的 GPIO 口
static const Pin pinsUSER[] = {PIN_USER};
// 一个毫秒级的计数器,从程序运行时开始计数
volatile unsigned int timestamp = 0;
// Switch_LED0 和 Switch_LED1 这两个变量决定何时清 LCD,它们在中断函数中被使用
int Switch_LED0 = 0;
int Switch_LED1 = 0;
// use_led = 0 ----> LED1 亮
// use_led = 1 ----> LED2 亮
int use_led = 2;
// 当发生 systick 中断时,会将 SysTickint 置 1
int SysTickint = 0;
/ * * * * * * * * * * * * * * * * * * * * * * * * * * * * * * * * * * * * * * * * * * * * * * * *
 *      Extern variables
 * * * * * * * * * * * * * * * * * * * * * * * * * * * * * * * * * * * * * * * * * * * * * * * */
```

```
extern unsigned long led_mask[];
extern const int led1;
extern const int led2;
/* *******************************************************************
*      Local functions
******************************************************************** */
void DelayMS(unsigned int ms);
void LCD_display(void);
/* *******************************************************************
* @brief main 函数
* @param 无
* @return 无
******************************************************************** */
int main(void)
{
    int cnt = 0;
    /* 初始化时钟 */
    SystemInit();
    /* 在 PMC 中允许外设时钟 */
    PMC_EnablePeripheral(BOARD_DBGU_ID);
    /* 初始化串口 */
    TRACE_CONFIGURE(DBGU_STANDARD, 115200, BOARD_MCK);

    printf(" -- Basic NVIC Project %s -- \n\r", SOFTPACK_VERSION);
    printf(" -- %s\n\r", BOARD_NAME);
    printf(" -- Compiled：%s %s -- \n\r", __DATE__, __TIME__);

    printf(" -- NVIC Test! -- \n\r");
    /* 配置 systick 产生 1 ms 中断 */
    SysTick_Configure(1, SystemFrequency/1000, SysTick_Handler);
    /* 初始化 LCD */
    LCDD_Initialize();
    /* 清屏 LCD */
    LCDD_Fill((void *)BOARD_LCD_BASE, COLOR_WHITE);

    LCDD_Start();
    /* 配置用户按键 */
    PIO_Configure(pinsUSER, PIO_LISTSIZE(pinsUSER));
    /* 允许 GPIO 控制器控制相应的引脚而非外设控制器控制相应的引脚 */
    * AT91C_PIOA_PER = (1 << 19 | 1 << 18);
    /* 允许 PIOA 中断,并指定中断服务函数 */
```

```
IRQ_ConfigureIT(AT91C_ID_PIOA, 0, PIOA_IRQHandler);
/* 配置中断触发的方式:下降沿触发 */
* AT91C_PIOA_AIMER = (1 << 19 | 1 << 18);
* AT91C_PIOA_ESR = (1 << 19 | 1 << 18);
* AT91C_PIOA_FELLSR = (1 << 19 | 1 << 18);
/* 允许抗扰滤波器 */
* AT91C_PIOA_IFER = (1 << 19 | 1 << 18);
/* 允许去抖滤波器 */
* AT91C_PIOA_DIFSR = (1 << 19 | 1 << 18);
/* 允许上拉电阻 */
* AT91C_PIOA_PPUER = (1 << 19 | 1 << 18);
/* 允许 PA.18 和 PA.19 中断 */
* AT91C_PIOA_IER = (1 << 19 | 1 << 18);
/* 读中断状态寄存器来清除所有的标志位 */
* AT91C_PIOA_ISR;
/* 允许 PIOA 中断 */
IRQ_EnableIT(AT91C_ID_PIOA);

while (1)
{
    /* SysTickint = 1 表明用户最后一次按下按键后,已经过了 3 s */
    if(SysTickint == 1)
    {
        switch (use_led)
        {
            /* USR_LEFT 被按下,led1 闪烁 */
            case 0:
            /* 熄灭 led1 */
            * AT91C_PIOB_SODR = led_mask[led1];
            /* 延时 */
            for (cnt = 0;cnt<CNT;cnt ++);
            /* 点亮 led1 */
            * AT91C_PIOB_CODR = led_mask[led1];
            /* 延时 */
            for (cnt = 0;cnt<CNT;cnt ++);
            /* 在液晶上显示信息 */
            LCD_display();
            break;
            /* USR_RIGHT 被按下,led2 闪烁 */
            case 1:
```

```
        /* 熄灭 led2 */
        * AT91C_PIOB_SODR = led_mask[led2];
        /* 延时 */
        for (cnt = 0;cnt<CNT;cnt++);
        /* 点亮 led2 */
        * AT91C_PIOB_CODR = led_mask[led2];
        /* 延时 */
        for (cnt = 0;cnt<CNT;cnt++);
        /* 在液晶上显示信息 */
        LCD_display();
        break;
      default:
        break;
    }
  }
  /* 当用户前后两次按下不同的键,则清屏 LCD */
  if(Switch_LED0 != Switch_LED1)
  LCDD_Fill((void * )BOARD_LCD_BASE, COLOR_WHITE);
  Switch_LED1 = Switch_LED0;
  }
}
/****************************************************************
* @brief 延时函数
* @param 要延时的时间,单位为 ms
* @return 无
****************************************************************/
void DelayMS(unsigned int ms)
{
  unsigned int st = timestamp;
  while (timestamp - st < ms);
}
/****************************************************************
* @brief LCD 显示
* @param 无
* @return 无
* 在 LCD 上显示当前是哪个按键被按下,哪个 LED 灯在闪烁
****************************************************************/
void LCD_display(void)
{
```

```
void * pLcdBase = (void *)BOARD_LCD_BASE;
switch (use_led)
{
    case 0:
/* 在 LCD 上显示以下信息 */
LCDD_DrawString(pLcdBase,0,40,"===================",COLOR_RED);
LCDD_DrawString(pLcdBase, 0, 60, "      Hello      ", COLOR_RED);
LCDD_DrawString(pLcdBase, 0, 80, "                 ", COLOR_RED);
LCDD_DrawString(pLcdBase, 0,100, " Welcome to EMBEST ", COLOR_RED);
LCDD_DrawString(pLcdBase, 0,120, " up. whut. edu. cn ", COLOR_RED);
LCDD_DrawString(pLcdBase, 0,140, " www. embedinfo. com ", COLOR_RED);
LCDD_DrawString(pLcdBase, 0,160, " USR_LEFT be Press ", COLOR_RED);
LCDD_DrawString(pLcdBase, 0,180, " LED1 is blinking ", COLOR_RED);
LCDD_DrawString(pLcdBase, 0,200, "                 ", COLOR_RED);
LCDD_DrawString(pLcdBase, 0,220, "                 ", COLOR_RED);
LCDD_DrawString(pLcdBase, 0,240, "                 ", COLOR_RED);
LCDD_DrawString(pLcdBase,0,260,"===================",COLOR_RED);
    break;
  case 1:
/* 在 LCD 上显示以下信息 */
LCDD_DrawString(pLcdBase,0,40,"===================",COLOR_RED);
LCDD_DrawString(pLcdBase, 0, 60, "      Hello      ", COLOR_RED);
LCDD_DrawString(pLcdBase, 0, 80, "                 ", COLOR_RED);
LCDD_DrawString(pLcdBase, 0,100, " Welcome to UP ", COLOR_RED);
LCDD_DrawString(pLcdBase, 0,120, " up. whut. edu. cn ", COLOR_RED);
LCDD_DrawString(pLcdBase, 0,140, " www. embedinfo. com ", COLOR_RED);
LCDD_DrawString(pLcdBase, 0,160, " USR_RIGHT be Press ", COLOR_RED);
LCDD_DrawString(pLcdBase, 0,180, " LED2 is blinking ", COLOR_RED);
LCDD_DrawString(pLcdBase, 0,200, "                 ", COLOR_RED);
LCDD_DrawString(pLcdBase, 0,220, "                 ", COLOR_RED);
LCDD_DrawString(pLcdBase, 0,240, "                 ", COLOR_RED);
LCDD_DrawString(pLcdBase,0,260,"===================",
COLOR_RED);
        break;
    default:
        while(1);
    }
}
```

(2) at91sam3u4_it. c

```
/ *******************************************************************
 * 文件名：at91sam3u4_it.c
 * 作者 : Wuhan R&D Center, Embest
 * 描述 : Exception Handlers
 ******************************************************************/
/ *******************************************************************
 * Headers
 ******************************************************************/
# include <stdio.h>
# include "board.h"
# include "at91sam3u4_it.h"
/ *******************************************************************
 * Global variables
 ******************************************************************/
const unsigned long led_mask[] = { 1<<0, 1<<1 };
const int led1 = 0;
const int led2 = 1;

extern int use_led;
extern int SysTickint;
extern volatile unsigned int timestamp;
extern int Switch_LED0 ;
extern int Switch_LED1 ;
/ *******************************************************************
 * Exception Handlers
 ******************************************************************/
/ *******************************************************************
 * @brief SysTick 中断处理函数
 * @param 无
 * @return 无
 ******************************************************************/
void SysTick_Handler(void)
{
 timestamp++ ;
 if(timestamp > 3000)
 SysTickint = 1;
}
/ *******************************************************************
 * @brief PIOA 中断处理函数
```

```
 * @param 无
 * @return 无
 * 在中断发生时判断是哪个按键被按下,同时点亮相应的 LED 灯
 ****************************************************************************/
void PIOA_IRQHandler(void)
{
    unsigned int ISR_status = 0;
    unsigned int ELSR_status = 0;
    unsigned int FRLHSR_status = 0;
    /* 配置 PB.0,PB.1 的 GPIO 功能,以控制 LED 灯 */
    * AT91C_PIOB_PER = 0x03;

    * AT91C_PIOB_OER = 0x03;
    * AT91C_PIOB_PPUDR = 0x03;
    * AT91C_PIOB_OWER = 0x03;
    * AT91C_PIOB_ABSR & = ~0x03;
    /* 熄灭两个 LED 灯 */
    * AT91C_PIOB_SODR = 0x03;

    ISR_status =     * AT91C_PIOA_ISR;
    ELSR_status =   * AT91C_PIOA_ELSR;
    FRLHSR_status =  * AT91C_PIOA_FRLHSR;
    /* 按下按键时,timestamp 被清 0.它在 SysTick_Handler 中用于记录时间 */
    timestamp = 0;
    /* 按下按键时,timestamp 被清 0.它在 SysTick_Handler 用来通知主函数最后一次按键按下后已
    经过了 3 s */
    SysTickint = 0;

    if ((ISR_status & (1 << 18)) && !(ELSR_status & (1 << 18)) && !(FRLHSR_status &
    (1 << 18)))
    {  /* USR_LEFT 按键被按下 */

        printf(" -- Turn on LED1! -- \n\r");
        /* 点亮 led1 */
        * AT91C_PIOB_CODR = led_mask[led1];
        /* 熄灭 led1 */
        * AT91C_PIOB_SODR = led_mask[led2];
        /* 通知主函数,此时是 led1 被点亮 */
        use_led = led1;
        Switch_LED0 = 1;
    }
    else if((ISR_status & (1 << 19)) && !(ELSR_status & (1 << 19)) && !(FRLHSR_status &
```

```
(1 << 19)))
{   /* USR_RIGHT 按键被按下 */

      printf(" -- Turn on LED2! -- \n\r");
   /* 点亮 led2 */
   * AT91C_PIOB_CODR = led_mask[led2];
   /* 熄灭 led2 */
   * AT91C_PIOB_SODR = led_mask[led1];
   /* 通知主函数,此时是 led2 被点亮 */
      use_led = led2;

      Switch_LED0 = 0;

   }
}
```

4. 运行过程

① 使用 MDK 通过 ULINK 2 仿真器连接实验板,打开实验例程目录 10.1_NVIC_test 目录 project 子目录下的 NVIC_test.Uv2 例程,编译链接工程。

② 使用 EM-SAM3U 开发板附带的串口线,连接开发板上的串口接口 J2(UART)和 PC 机的串口。

③ 在 PC 机上运行 Windows 自带的超级终端串口通信程序(波特率 115 200、1 位停止位、无校验位、无硬件流控制);或者使用其它串口通信程序。

④ 选择硬件调试模式,连接目标板并下载调试代码到目标系统中。具体方法可以参考第 9 章。

⑤ 复位开发板,例程正常运行之后会在超级终端显示以下信息:

```
-- Basic NVIC Project 1.6RC1 --
-- EM-SAM3U
-- Compiled: Jun 4 2009 11:01:06 --
-- NVIC Test! --
```

按下 USE_LEFT 键后,led1(D3)灯亮,led2(D4)灯灭,超级终端显示:

```
-- Turn on LED1! --
```

3 s 后 led1(D3)开始闪烁,LCD 上显示:

```
====================
      Hello
Welcome to EMBEST
 up.whut.edu.cn
```

```
www.embedinfo.com
USR_LEFT be Press
  LED1 is blinking
====================
```

按 USR_RIGHT 按钮后,led2(D4)灯亮,led1(D3)灯灭,超级终端显示:

```
-- Turn on LED2!--
```

3 s 后 led2(D4)开始闪烁,LCD 上显示:

```
====================
       Hello
Welcome to EMBEST
  up.whut.edu.cn
www.embedinfo.com
USR_right be Press
  LED2 is blinking
====================
```

10.2　DMA 传输

SAM3U 处理器为了实现外设模块间高速数据传输,其 DMAC 控制器提供了 4 个全功能的 DMA 通道(见表 10 - 2);除此之外,SAM3U 处理器还有一个外设 DMA 通道控制器 PDC,它还提供了 17 个简单易用的 DMA 通道。下面详细介绍 DMAC 控制器和 PDC 控制器。

表 10 - 2　DMA 通道

DMAC 通道号	FIFO 大小
0	8 字节
1	8 字节
2	8 字节
3	32 字节

10.2.1　DMA 控制器

1. 概述

DMA 控制器以 AHB 为中心,使用一个或多个 AMBA 总线结构,将数据从源外设传输到目标外设。每个通道需要同时存在源外设和目标外设。在最基本的配置中,DMAC 有一个主控接口和一个通道。主控接口从源外设读取数据,并写入目标外设中。一次 DMAC 数据传输需要用到 2 次 AMBA 传输,这也被称为双访问传输。

用户通过 APB 接口对 DMAC 进行编程。DMAC 内嵌 4 个通道,如图 10-2 所示。
DMAC 用户接口的寄存器映射如表 10-3 所列,其基地址为 0x400B 0000,详细介绍请参考处理器数据手册。

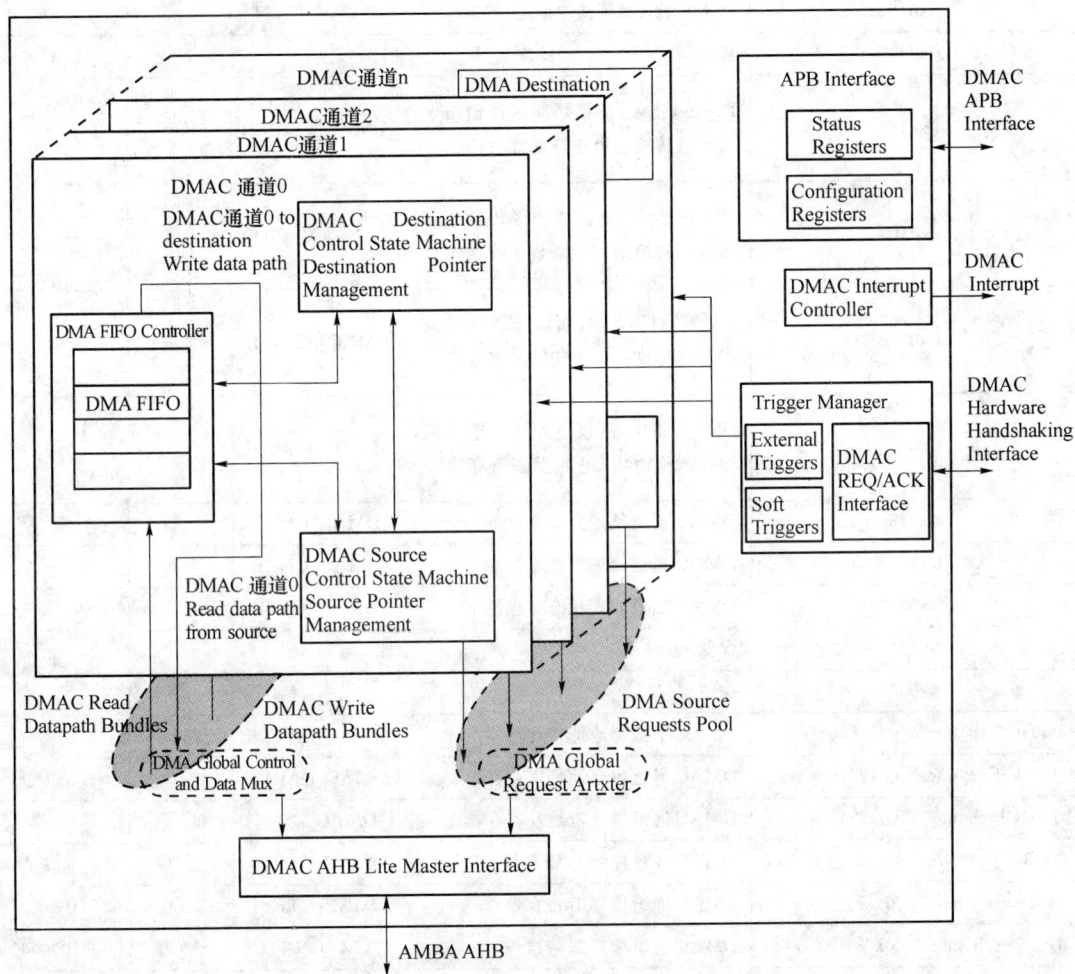

图 10-2　DMA 方框图

表 10-3　DMAC 寄存器映射

偏　移	寄存器	名　称	访问方式	复位值
0x000	DMAC 全局配置寄存器	DMAC_GCFG	读/写	0x10
0x004	DMAC 允许寄存器	DMAC_EN	读/写	0x0
0x008	DMAC 软件单一传输请求寄存器	DMAC_SREQ	读/写	0x0

偏 移	寄存器	名 称	访问方式	复位值
0x00C	DMAC 软件块传输请求寄存器	DMAC_CREQ	读/写	0x0
0x010	DMAC 软件最后传输标志寄存器	DMAC_LAST	读/写	0x0
0x014	保留	—	—	—
0x018	DMAC 错误,链接缓冲区传输结束,缓冲区传输结束中断允许寄存器	DMAC_EBCIER	只写	—
0x01C	DMAC 错误,链接缓冲区传输结束,缓冲区传输结束中断禁止寄存器	DMAC_EBCIDR	只写	—
0x020	DMAC 错误,链接缓冲区传输结束,缓冲区传输结束中断屏蔽寄存器	DMAC_EBCIMR	只读	0x0
0x024	DMAC 错误,链接缓冲区传输结束,缓冲区传输结束中断状态寄存器	DMAC_EBCISR	只读	0x0
0x028	DMAC 通道处理允许寄存器	DMAC_CHER	只写	—
0x02C	DMAC 通道处理禁止寄存器	DMAC_CHDR	只写	—
0x030	DMAC 通道处理状态寄存器	DMAC_CHSR	只读	0x00FF0000
0x034	保留	—	—	—
0x038	保留	—	—	—
0x03C+ch_num×(0x28)+(0x0)	DMAC 通道源地址寄存器	DMAC_SADDR	读/写	0x0
0x03C+ch_num×(0x28)+(0x4)	DMAC 通道目标地址寄存器	DMAC_DADDR	读/写	0x0
0x03C+ch_num×(0x28)+(0x8)	DMAC 通道描述符地址寄存器	DMAC_DSCR	读/写	0x0
0x03C+ch_num×(0x28)+(0xC)	DMAC 通道控制 A 寄存器	DMAC_CTRLA	读/写	0x0
0x03C+ch_num×(0x28)+(0x10)	DMAC 通道控制 B 寄存器	DMAC_CTRLB	读/写	0x0
0x03C+ch_num×(0x28)+(0x14)	DMAC 通道配置寄存器	DMAC_CFG	读/写	0x01000000
0x03C+ch_num×(0x28)+(0x18)	保留	—	—	—
0x03C+ch_num×(0x28)+(0x1C)	保留	—	—	—
0x03C+ch_num×(0x28)+(0x20)	保留	—	—	—
0x03C+ch_num×(0x28)+(0x24)	保留	—	—	—
0x064-0xC8	DMAC 通道 1~3 寄存器*		读/写	0x0
0x017C-0x1FC	保留	—	—	—

注:* 这里所示为 DMA 通道 0 的 DMAC 寄存器地址。所有 DMA 通道的寄存器地址位于 0x064 和 0xC8 之间。

2. 功能描述

(1) 基本定义

为了读者能对 DMAC 有一个清楚的了解,先对其中的一些名词作简要解释。

源外设:位于某 AMBA 层,DMAC 从其中读取数据的设备,读取的数据会被存入通道的 FIFO。源外设和目标外设共同构成一个通道。

目标外设:DMAC 向其存入数据的设备,存入的数据从 FIFO 中读取(数据来自源外设)。

内存:既可以作源外设又可以作目标外设,在 DMAC 传输中总处于"就绪"状态,在与 DMAC 交互时不要求与其进行握手。

通道:读/写数据通路,位于一个已配置的 AMBA 层的外设和另一个与之在相同或不同 AMBA 层的目标外设之间,通过 FIFO 发生联系。如果源外设不是内存,则需要给通道指定 一个源握手接口。如果目标外设不是内存,则需要给通道指定一个目标握手接口。可以通过 编程通道寄存器,动态地指定源和目标握手接口。

主控接口:DMAC 是 AHB 总线上的主控设备,通过 AHB 总线从源外设读取数据并写入 目标外设。

从控接口:被编程设置的 DMAC 上的 APB 接口。在实际应用中,从控接口可与主控接口 位于同一层,也可以位于不同的层。

握手接口:由一组信号寄存器组成,这组寄存器根据协议在 DMAC 与源或目标外设之间 进行握手,以控制它们之间的单一或块数据传输。握手接口主要用来请求、响应和控制 DMAC 事务。通道可以接收两种类型的握手接口:硬件的和软件的。

硬件握手接口:用硬件信号方式控制 DMAC 与源或目标外设之间的单一或块数据传输。

软件握手接口:用软件寄存器方式控制 DMAC 与源或目标外设之间的单一或块数据传 输,在外设的 I/O 接口上不需要特定的 DMAC 握手信号。这种模式适于用 DMAC 控制一个 已存在的外设,而不对该外设作修改。

流控制器:该设备可以是 DMAC 也可以是源/目标外设,用于定义数据传输长度,结束 DMAC 缓冲区传输。如果一个缓冲区的长度在通道允许之前就已知,则应将 DMAC 作为流 控制器。

传输层次:图 10-3 描述了非内存外设之间的 DMAC 传输、缓冲区传输、单一或块数据传 输、AMBA 传输(单一传输或突发传输)的层次关系。图 10-4 描述了内存 DMAC 传输的层 次关系。

缓冲区:DMAC 数据缓冲区,其数据长度由流控制器定义。

如果是 DMAC 和内存之间的传输,缓冲区会被直接分解成为一组 AMBA 突发数据传输 和 AMBA 单一传输。

如果是 DMAC 和非内存外设之间的传输,缓冲区会被分解成为一组 DMAC 事务(单一传输和块数据传输),也就是被分为一组 AMBA 传输。

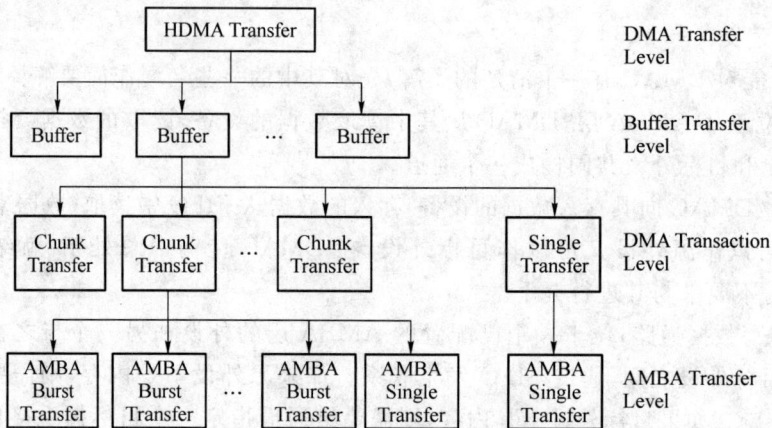

图 10 - 3 非内存外设的 DMA 传输层次关系

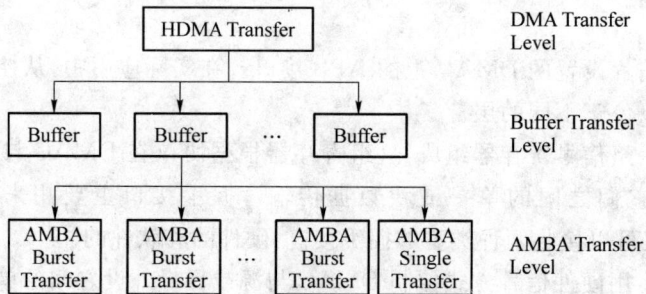

图 10 - 4 内存的 DMA 传输层次关系

事务:由硬件或软件握手接口决定的 DMAC 传输的最基本单位。事务只跟非内存源/目标设备与 DMAC 之间的传输有关。有 2 种类型的事务:单一传输和块数据传输。

——单一传输:单一事务的长度总是 1,并被转化成单一 AMBA 访问。

——块传输:块事务的长度被编程写入 DMAC。块事务被转化成为一组 AHB 访问。DMAC 通过执行不超过 16 个节拍的递增式突发传输来执行每个 AMBA 突发传输。

DMAC 传输:在 DMAC 传输中,由软件控制缓冲区的数量。一旦 DMAC 传输完成,DMAC 的硬件会禁止通道,并会产生一个 DMAC 传输完成的中断信号。此时,可以对通道进行编程以开始新的 DMAC 传输。

单一缓冲区 DMAC 传输:只有一个缓冲区。

多缓冲区 DMAC 传输:一个 DMAC 传输可能由多个 DMAC 缓冲区组成。由缓冲区链(链表指针)、自动重载通道寄存器、相邻缓冲区技术支持来实现多缓冲区 DMAC 传输功能。

源外设和目标外设可单独选择使用模式。

—— 链表(缓冲区链),由一个描述符指针(DSCR)指向存在的下一个链表项(LLI)的系统内存地址。LLI 是一组描述下一缓冲区(缓冲区描述符)的寄存器和描述符指针寄存器的寄存器。当缓冲区链被允许时,DMAC 在每个缓冲区的开始处获取 LLI。

—— 相邻缓冲区,下一个缓冲区的首地址和上一个缓冲区的尾地址是连续的。

通道锁:在 DMAC 传输、缓存或块传输中,通过锁定主控设备总线接口的仲裁器,可通过软件编程设置一个通道使其保持 AHB 主控接口。

总线锁:在 DMAC 传输、缓冲、或事务(单一事务或块事务)中,通过发出 hmastlock 信号,可软件编程设置一个通道使其保持 AMBA 总线控制状态。发出通道锁信号是为了总线锁持续时间最短。

(2) 内存外设

图 10 - 4 描述了内存外设 DMA 传输的层次关系。内存外设和 DMAC 之间没有握手接口,所以内存不能作为流控制器。一旦通道被允许,传输马上进行,不需要等待事务请求。另一种不需要进行事务级握手接口的途径是:一旦通道被允许,允许 DMAC 试图对外设进行 AMBA 传输。如果从控外设不能接收 AMBA 传输,就会往总线上插入一个等待状态直到状态变为就绪(建议总线上等待状态不超过 16 个)。通过使用握手接口,外设能通知 DMAC 数据的发送/接收已就绪,这样 DMAC 就可以直接访问外设而不需要外设再往总线上插入等待状态。

(3) 握手信号

握手接口用于事务级,以控制单一或块传输流。使用何种握手接口操作,取决于是外设还是 DMAC 作为流控制器。

外设使用握手接口通知 DMAC,AMBA 总线上的数据发送/接收准备已就绪。非内存外设可通过 2 种握手接口向 DMAC 请求 DMAC 数据传输:硬件握手、软件握手。可用软件在每个通道上选择硬件或者软件握手。软件握手通过内存映射寄存器来实现,而硬件握手则是通过使用指定的握手接口来实现。

① 软件握手

当从控外设请求 DMAC 进行一次 DMAC 事务的时候,从控外设会将请求通过一个中断信号发送到 CPU 或者中断控制器。中断服务程序会用软件寄存器的方式开始和控制一个 DMAC 事务。这些软件寄存器用来实现软件握手。DMAC_CFGx 通道配置寄存器的 SRC_H2SEL/DST_H2SEL 位域必须设置为 0,以允许软件握手。当外设不是流控制器时,最后事务寄存器 DMAC_LSAT 将不被使用,这些寄存器中的值被忽略。

② 块传输事务

向 DMAC_CREQ[2x]寄存器中写 1 可启动一个源外设块传输事务请求,其中 x 表示通道号。向 DMAC_CREQ[2x+1]寄存器中写 1 则可启动一个目标外设块传输事务请求,其中 x 表示通道号。块传输事务完成后,硬件会清除 DMAC_CREQ[2x]或 DMAC_CREQ[2x+1]

寄存器。

③ 单一传输事务

向 DMAC_SREQ[2x]寄存器中写 1 可启动一个源外设单一传输事务请求,其中 x 表示通道号。向 DMAC_SREQ[2x+1]寄存器中写 1 则可启动一个目标外设单一传输事务请求,其中 x 表示通道号。单一事务完成后,硬件会清除 DMAC_SREQ[x]或 DMAC_SREQ[2x+1]寄存器。软件可轮询 DMAC_CREQ[x]/DMAC_CREQ[2x+1] 和 DMAC_SREQ[x]/DMAC_SREQ[2x+1]寄存器的值。当所有位都为 0 时,表示所有块传输事务或单一传输事务均已完成。

(4) DMAC 传输类型

一个 DMAC 传输可能由单一或多缓冲区传输组成。对多缓冲区传输的连续缓冲区,可重新编程设置 DMAC 中的 DMAC_SADDRx/DMAC_DADDRx 寄存器,以使用以下 2 种方法:用链表链接缓冲区;缓冲区地址连续。

对多缓冲传输中连续缓冲区,可重新编程设置 DMAC 中的 DMAC_CTRLAx 和 DMAC_CTRLBx 寄存器,以使用以下方法:用链表链接缓冲区。

当缓冲区链接时,可将链表作为多缓冲区选择的方法,对于连续缓冲区,可编程设置 DMAC 中的 DMAC_DSCRx 寄存器,以使用以下方法:用链表链接缓冲区。

一个缓冲区描述符(LLI)由以下寄存器组成:DMAC_SADDRx、DMAC_DADDRx、DMAC_DSCRx、DMAC_CTRLAx、DMAC_CTRLBx。这些寄存器和 DMAC_CFGx 寄存器一起被 DMAC 用来建立和描述缓冲区传输。

① 设置 DMAC 进行多缓冲区传输

要实现多缓冲区传输需要对 DMAC 的一些寄存器(DMAC_SADDR、DMAC_DADDR 和 DMAC_CFG 等)做设置,表 10-4 列出了不同多缓冲区传输类型的相关设置。

表 10-4 多缓冲区传输管理表

传输类型	AUTO	SRC_PER	DST_PER	SRC_DSCR	DST_DSCR	BTSIZE	SADDR	DADDR	其它域
单缓冲区或多缓冲区传输的最后一个缓冲区	0	—	—	1	1	USR	USR	USR	USR
目标地址 DADDR 连续的多缓冲区传输	0	—	0	0	1	LLI	LLI	CONT	LLI
源地址 SADDR 连续的多缓冲区传输	0	0	—	1	0	LLI	CONT	LLI	LLI
LLI 链表的多缓冲区传输	0	—	—	0	0	LLI	LLI	LLI	LLI

注:USR 表示由用户编程设置这个寄存器。CONT 表示地址是连续的。LLI 表示寄存器的域根据链表项的内容进行更新。

② 用链表链接缓冲区

在这种情况下,DMAC 可通过从内存中获得缓冲区描述符的方式在启动缓冲区之前对通道寄存器进行编程设置。这就是 LLI 更新。

DMAC 缓冲区链接通过描述符指针寄存器(DMAC_DSCRx)来实现,这些寄存器内部存有下一个缓冲区内存地址。每个缓冲区描述符都包含了对应的缓冲区描述符(DMAC_SADDRx、DMAC_DADDR、DMAC_DSCRx、DMAC_CTRLAx 和 DMAC_CTRLBx)。为了建立缓冲区链接,必须在内存中对链表进行编程。DMAC_SADDRx、DMAC_DADDRx、DMAC_DSCRx、DMAC_CTRLAx 和 DMAC_CTRLBx 是在 LLI 更新时从系统内存中获取。DMAC_CTRLAx 寄存器更新的内容会在缓冲区结束时回写到内存中。图 10-5 描述了如何使用内存中链表去定义缓冲链,用于多缓冲区传输。

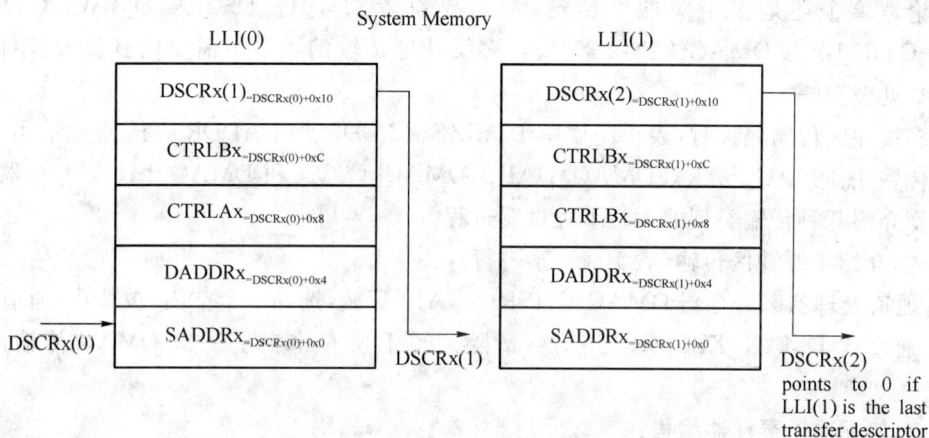

图 10-5　使用链表进行多缓冲区传输

链表多缓冲区传输通过对 DMAC_DSCRx 寄存器的 DSCRx(0)域和 DMAC_CTRLBx 的 SRC_DSCR 和 DST_DSCR 域置 0 来进行初始化;其它域和寄存器的值忽略,当描述符从内存恢复时会覆盖这些值。最后一个描述符必须写入内存中,其下一个描述符的地址设为 0。

③ 缓冲区间连续地址

在这种情况下,连续缓冲区间的地址是连续的。通过对 DMAC_CTRLAx. SRC_DSCR、DMAC_CFGx. SRC_REP、DMAC_CTRLAx. DST_DSCR 和 DMAC_CFGx. DST_REP 的设置,来实现缓冲区之间地址连续的功能。

④ 缓冲区间传输挂起

如果满足以下条件,在每个缓冲区传输完成时会发出一个缓冲区传输完成的中断:缓冲区中断是不可屏蔽的,DMAC_EBCIMR. BTC[n]=1,其中 n 表示通道号。注意:缓冲区传输完成中断是在每个传输发送到目标设备完成时发出的。

如果满足以下条件,在到达每个多缓冲区链的链尾处时会发出一个链尾中断:缓冲区链尾中断未屏蔽,且 DMAC_EBCIMR.CBTC[n]＝1,其中 n 表示通道号。

⑤ 结束多缓冲区传输

所有多缓冲区传输必须按照表 10-4 第 1 行所列方法结束。在每个缓冲区传输结束时,如果 DMAC 在表 10-4 第 1 行的状态,那么前一个缓冲区就是最后一个缓冲区,DMAC 传输就被终止。

对于表 10-4 中第 2、3、4 行的情况,用户必须设置内存中的最后一个描述符,LLI. DMAC_CTRLBx. SRC_DSCR 和 LLI. DMAC_CTRLBx. DST_DSCR 被设置为 1, LLI. DMAC_DSCRx 被设置为 0。

(5) 通道编程

无论是单个还是多个缓冲区传输,都需要设置 DMAC_DSCRx、DMAC_CTRLAx、DMAC_CTRLBx 和 DMAC_CFGx 寄存器,多缓冲区传输的类型也需要由其设置,不同的传输类型参见表 10-4。

在多缓冲区传输允许时,表 10-4 中 BTSIZE、SADDR 和 DADDR 列的值显示了下一个缓冲区传输中 DMAC_SARx、DMAC_DARx、DMAC_CTLx 和 DMAC_LLPx 寄存器的值。下面分别介绍几种传输类型的通道编程设置过程。

首先,介绍单缓冲区传输(表 10-4 第一行)。

① 通道处理状态寄存器 DMAC_CHSR. ENABLE 域,选择一个空闲(被禁止)通道。

② 通过读 DMAC_EBCISR 寄存器,清除通道上所有来自上一次 DMAC 传输的挂起中断。

③ 对如下通道寄存器编程:

a. 在通道 x 的 DMAC_SADDRx 寄存器中写入源开始地址。

b. 在通道 x 的 DMAC_DADDRx 寄存器中写入目标开始地址。

c. 按照表 10-4 第一行所示设置 DMAC_CTRLAx、DMAC_CTRLBx、DMAC_CFGx 寄存器。将 DMAC_CTRLBx 的 DST_DSCR 和 SRC_DSCR 域置 1,AUTO 域置 0。

d. 对 DMAC_CTRLAx 寄存器写入通道 x 的 DMAC 传输控制信息。可对寄存器进行如下编程:

➢ 设置传输类型(内存或非内存外设,源和目标外设),通过对 DMAC_CTRLBx. FC 编程设置流控制器。

➢ 设置传输特性:

— 在 SRC_WIDTH 域中设置源传输宽度;

— 在 DST_WIDTH 域中设置目标传输宽度;

— 在 SRC_INC 域中设置的源地址固定或递增/递减;

— 在 DST_INC 域中设置的目标地址固定或递增/递减。

e. 将通道配置信息写入通道 x 的 DMAC_CFGx 寄存器中。

➢ 指定源和目标外设的握手接口类型(软件或硬件)。如果设备是内存则不需要。这一步要求分别对 SRC_H2SEL 位和 DST_H2SEL 位编程。写入 1 激活处理源/目标外设请求的硬件握手接口,写入 0 激活处理源/目标外设请求的软件握手接口。

➢ 如果激活了源或目标外设的硬件握手接口,则会给外设分配一个握手接口。这要求分别对 SRC_PER 和 DST_PER 位域编程。

④ 在完成 DMAC 所选择通道的编程之后,在 DMAC_CHER. ENABLE[n]中写 1 允许通道,其中 n 表示通道号。要确保 DMAC_EN. ENABLE 寄存器的第 0 位为允许状态。源或目标外设请求单一事务或块事务以传输缓冲区数据(假设为非内存设备)。

⑤ DMAC 在每个缓冲区事务(单一或块事务)结束后响应,并执行缓冲区传输。

⑥ 一旦传输完成,硬件会发出中断并禁止通道。这时可以通过响应缓冲区结束事件或发送结束中断,或轮询通道处理状态寄存器(DMAC_CHSR. ENABLE[n])位是否被硬件清除,来检测传输是否完成。

其次,介绍源地址链表、目标地址链表的多缓冲区传输(表 10 - 4 第 4 行)。

① 读通道允许寄存器选择一个空闲(被禁止)通道。

② 在内存中建立链表项(LLI)链(也可以称为缓冲区描述符),往内存中每个通道 x 的 LLI 的缓冲区描述符的 LLI. DMAC_CTRLAx 和 LLI. DMAC_CTRLBx 寄存器中写入控制信息(图 10 - 6)。例如,可对寄存器进行如下编程:

a. 设置传输类型(内存还是非内存外设,源或目标设备),通过对 DMAC_CTRLBx. FC 编程设置流控制器。

b. 设置传输特性:

➢ 在 SRC_WIDTH 域中设置源传输宽度;

➢ 在 DST_WIDTH 域中设置目标传输宽度;

➢ 在 SRC_INC 域中设置源地址是固定还是递增/递减;

➢ 在 DST_INC 域中设置源地址是固定还是递增/递减。

③ 将通道配置信息写入通道 x 的 DMAC_CFGx 寄存器中。

a. 指定源和目标外设的握手接口类型(软件和硬件),对于内存设备则不需要。这一步要求分别对 SRC_H2SEL 位和 DST_H2SEL 位编程。写入 1 激活指定通道的处理源或目标外设请求的硬件握手接口,写入 0 激活指定通道的处理源或目标外设请求的软件握手接口。

b. 如果激活了源或目标外设的硬件握手接口,则会分配给外设一个硬件握手接口。这要求分别对 SRC_PER 和 DST_PER 位域编程。

④ 确保所有位于内存中的 LLI(除了最后一个)的 LLI. DMAC_CTRLBx 寄存器如表 10 - 4 第 4 行所列进行设置。最后一个链表项的 LLI. DMAC_CTRLBx 寄存器则必须按

表 10-4 第 1 行所列进行设置。图 10-5 所示为有 2 个链表项的链表实例。

⑤ 确保所有位于内存中的 LLI 的 LLI. DMAC_DSCRx 寄存器都为非 0 值,并指向下一个链表项的基址。

⑥ 确保所有位于内存中的 LLI 的 LLI. DMAC_SADDRx/LLI. DMAC_DADDRx 寄存器在从 LLI 取地址之前指向源或目标外设缓冲区的开始地址。

⑦ 确保所有位于内存中的 LLI 的 LLI. DMAC_DSCRx 的 LLI. DMAC_CTRLAx. DONE 位域被清除。

⑧ 通过读状态 DMAC_EBCISR 寄存器,清除通道上所有来自上一次 DMAC 传输的挂起中断。

⑨ 按表 10-4 第 4 行所列编程设置 DMAC_CTRLBx 和 DMAC_CFGx 寄存器。

⑩ 将 DMAC_DSCRx 寄存器设置为 DMAC_DSCRx(0),指向第一个链表项。

⑪ 最后往 DMAC_CHER. ENABLE[n] 位写 1,其中 n 是通道号,开始执行传输。

⑫ DMAC 从 DMAC_DSCRx(0) 中取出第一个链表项(LLI)。取 LLI. DMAC_SADDRx、LLI. DMAC_DADDRx、LLI. DMAC_DSCRx 和 LLI. DMAC_CTRLBx 寄存器,DMAC 根据 DMAC_DSCRx(0) 自动重新编程设置这些寄存器。

⑬ 源和目标外设请求单一传输或块传输事务以进行缓存区数据的传输(假设为非内存设备)。在每个事务结束后 DMAC 都会响应,并执行缓冲区传输。

⑭ 一旦数据开始传输,DMAC_CTRLAx 的内容就会被写到系统内存之外的位置,与原来读取的地址位于同一层的同一位置。也就是说,在缓冲区传输开始之前取链表项的 DMAC_CTRLAx 的值。只有 DMAC_CTRLAx 寄存器被写出,因为只有 DMAC_CTRLAx. BT-SIZE 和 DMAC_CTRLAx. DONE 位域是可以被 DMAC 硬件更新的,另外,当传输结束时,DMAC_CTRLAx. DONE 位域被置位。

注意:不能从 DMAC 内存映像中轮询 DMAC_CTRLAx. DONE 位域的值,而应从缓冲区相应的 LLI 的 LLI. DMAC_CTRLAx. DONE 中轮询获取。如果 DMAC_CTRLAx. DONE 位域被置位,则表示传输已经结束。LLI. DMAC_CTRLAx. DONE 位域在传输开始时被清除。

⑮ DMAC 不等缓冲区中断被清除,便从当前 DMAC_DSCRx 寄存器所指的位置读取下一个 LLI,并自动对 DMAC_SADDRx、DMAC_DSCRx、DMAC_CTRLAx 和 DMAC_CTRL-Bx 等通道寄存器重新编程设置。DMAC 将连续传输,直到缓冲区传输结尾处的 DMAC_CTRLBx 和 DMAC_DSCRx 寄存器与表 10-4 第 1 行所列相匹配。则 DMAC 会知道前一个被传输的缓冲区是 DMAC 传输的最后一个缓冲区。DMAC 传输如图 10-6 所示。

如果用户需要执行一个源和目标外设地址连续,但传输量超过 DMAC_CTRLAx. BT-SIZE 缓冲区最大值的 DMAC 传输,可以选择多缓冲区传输,如图 10-7 所示。

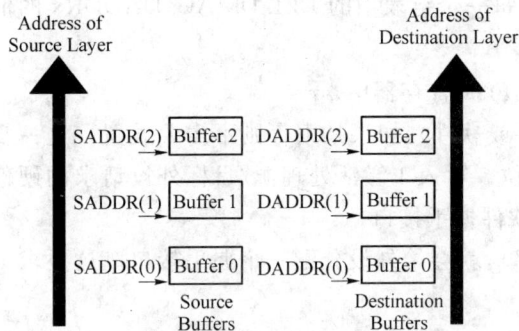

图 10 - 6　源地址链表、目标地址链表的多缓冲区传输

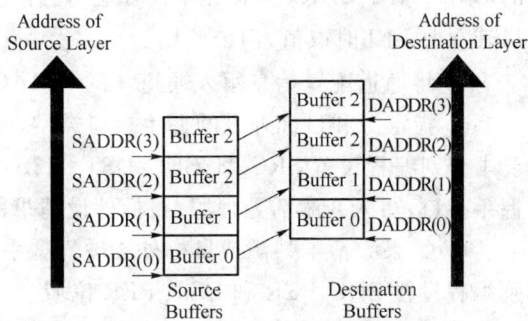

图 10 - 7　源地址链表、目标地址连续的多缓冲区传输

DMAC 传输流程如图 10 - 8 所示。

最后,介绍源地址链表、目标地址连续的多缓冲区传输(表 10 - 4 第 2 行)。

① 读通道允许寄存器选择一个空闲(被禁止)通道。

② 在内存中建立链表,对于在内存中的每个通道 x 的 LLI,将控制信息写入其缓冲区描述符的 LLI. DMAC_CTRLAx 和 LLI. DMAC_CTRLBx 寄存器中。例如,对寄存器作如下编程设置:

a. 设置传输类型(内存或非内存设备,源或目标外设),对 DMAC_CTRLBx. FC 编程设置流控制器。

b. 设置传输特性:

—— 在 SRC_WIDTH 域中设置源外设传输宽度;

—— 在 DST_WIDTH 域中设置目标外设传输宽度;

—— 在 SRC_INC 域中设置源外设地址固定或递增/递减;

—— 在 DST_INC 域中设置目标外设地址固定或递增/递减。

③ 将目标外设的开始地址写入通道 x

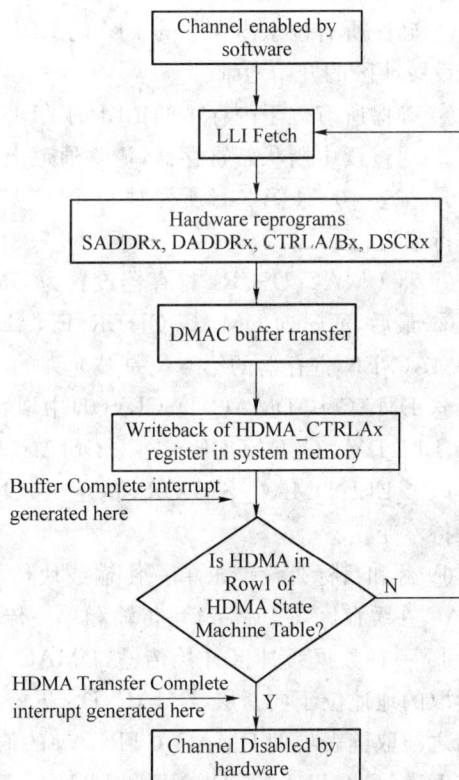

图 10 - 8　源地址链表、目标地址链表的
多缓冲区传输流程图

的 DMAC_DADDRx 寄存器中。注意：内存中的每一个链表项的 LLI. DMAC_DADDRx 的值尽管在取 LLI 时取值，但未使用。

④ 将通道配置信息写入通道 x 的 DMAC_CFGx 寄存器中。

a. 指定源和目标外设的握手接口类型（硬件或软件），如果是内存则不需要设置。这一步要求分别编程设置 SRC_H2SEL/DST_H2SEL 位。写入 1 激活处理源/目标外设请求的硬件握手接口，写入 0 激活处理源/目标外设请求的软件握手接口。

b. 如果激活了某源或目标外设硬件握手接口，就会给外设分配一个握手接口。这要求分别编程设置 SRC_PER 和 DST_PER 位域。

⑤ 确保所有的 LLI（除了最后一个 LLI）的 LLI. DMAC_CTRLBx 寄存器被设置为如表 10-4 第 2 行所列。最后一个 LLI 的 LLI. DMAC_CTRLBx 寄存器要被设置为如表 10-4 第 1 行所列。图 10-5 描述了有 2 个链表项的链表实例。

⑥ 确保所有位于内存中的 LLI（除了最后一个 LLI）的 LLI. DMAC_DSCRx 寄存器都为非 0 值，并指向下一个链表项。

⑦ 确保所有位于内存中的 LLI 的 LLI. DMAC_SADDRx 寄存器在 LLI 取地址之前指向源外设缓冲区的开始地址。

⑧ 确保所有位于内存中的 LLI 的 LLI. DMAC_DSCRx. DONE 位域被清除。

⑨ 通过读中断状态寄存器，清除通道上所有因上一次 DMAC 传输挂起的中断。

⑩ 按表 10-4 第 2 行所列对 DMAC_CTRLAx、DMAC_CTRLBx 和 DMAC_CFGx 寄存器进行编程。

⑪ 将 DMAC_DSCRx 寄存器设置为 DMAC_DSCRx(0)，指向第一个链表项。

⑫ 最后，通过向 DMAC_CHER. ENABLE[n] 中写入 1 允许通道，开始执行传输。要确保 DMAC_EN 寄存器的第 0 位是被允许的。

⑬ DMAC 从 DMAC_DSCRx(0) 中取出第一个链表项（LLI）。读取 LLI. DMAC_SADDRx、LLI. DMAC_DADDRx、LLI. DMAC_DSCRx、LLI. DMAC_CTRLBx 寄存器。注意：尽管获取了 LLI. DMAC_SADDRx 的值，但没有使用。在 DMAC 中 DMAC_DADDRx 寄存器将保持不变。

⑭ 源和目标外设请求单一传输或块传输事务以传输数据缓冲器（假设为非内存设备），DMAC 在缓存区每个事务（块传输和单一传输事务）结束之后响应，并执行缓冲区传输。

⑮ 一旦数据缓冲区开始传输，DMAC_CTRLAx 就会被写到系统内存之外的位置，与原来读取的地址位于同一层（DMAC_DSCRx. DSCR_IF）的同一位置。也就是说在缓冲区传输开始之前取链表项的 DMAC_CTRLAx 的值。只有 DMAC_CTRLAx 寄存器能被写出，因为只有 DMAC_CTRLAx. DONE 和 DMAC_CTRLAx. BTSIZE 位域是可以被 DMAC 硬件更新的。另外 DMAC_CTRLAx. DONE 位域在传输结束时会置位。注意：不能从 DMAC 内存映像中轮询 DMAC_CTRLAx. DONE 位域的值，而应从缓冲区相应的 LLI 的 LLI. DMAC_

CTRLAx. DONE 中轮询获取。如果 DMAC_CTRLAx. DONE 位域被置位,则表示传输已经结束。LLI. DMAC_CTRLAx. DONE 位域在传输开始时被清除。

⑯ DMAC 不等缓冲区中断被清除,便从当前 DMAC_DSCRx 寄存器所指的位置读取下一个 LLI,并自动对 DMAC_SADDRx、DMAC_DSCRx、DMAC_CTRLAx 和 DMAC_CTRL-Bx 等通道寄存器重新编程设置。DMAC_DADDRx 寄存器则不改变。DMAC 将连续传输,直到缓冲区传输结尾处的 DMAC_CTRLAx、DMAC_CTRLBx 和 DMAC_DSCRx 寄存器与表 10-4 第 1 行所列相匹配。由此 DMAC 知道前一个被传输的缓冲区是 DMAC 传输的最后一个缓冲区。

源地址链表、目标地址连续的多缓冲区的 DMAC 传输如图 10-9 所示,注意其目标地址是递减的。

源地址链表、目标地址连续的多缓冲区的 DMAC 传输的流程图如图 10-10 所示。

(6) 在传输结束之前禁止通道

正常操作下,软件通过向通道处理允许寄存器的 DMAC_CHER. ENABLE[n]写 1 来允许一个通道,在传输结束时硬件通过清除 DMAC_CHER. ENABLE[n]位来禁止一个通道。

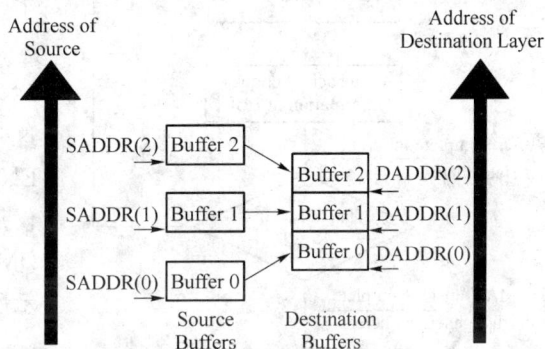

图 10-9 源地址链表、目标地址连续的多缓冲区 DMAC 传输

为防止数据丢失,建议软件采用写通道处理状态寄存器的 SUSPEND[n]位和 EMPTY[n]的方式来禁止一个通道。

➤ 如果软件希望在 DMAC 传输结束前禁止通道 n,那么可以设置 DMAC_CHER. SUS-PEND[n]位以通知 DMAC 暂停所有的源外设传输。这样通道 FIFO 就不会收到新的数据了。

➤ 现在软件可以轮询 DMAC_CHSR. EMPTY[n]位直到通道 n 的 FIFO 为空,其中 n 表示通道号。

➤ 一旦 FIFO 为空,软件就可以清除 DMAC_CHSR. EMPTY[n]位,n 表示通道号。

当 DMAC_CTRLAx. SRC_WIDTH 小于 DMAC_CTRL.Ax. DST_WIDTH,而且 DMAC_CHSRx. SUSPEN[n]位为高时,一旦 FIFO 所包含的内容没有允许 DMAC_CTRLAx. DST_WIDTH 宽度的数据被执行时,DMAC_CHSR. EMPTY[n]会被置位。尽管如此,在 FIFO 中仍然会有不足以构成一个 DMAC_CTRLAx. DST_WIDTH 传输宽度的数据。在这种配置下,一旦通道被禁止,残留在 FIFO 中的数据将不能传输给目标外设。通过向 DMAC_CHER. RESUME[n]写 1,可解除通道的挂起状态。DMAC 以正常的方式结束传输。这里的 n 表示通道号。注意:如果用软件禁止一个通道,一个激活的单一传输或块传输事务就不能保证能接收到响应。

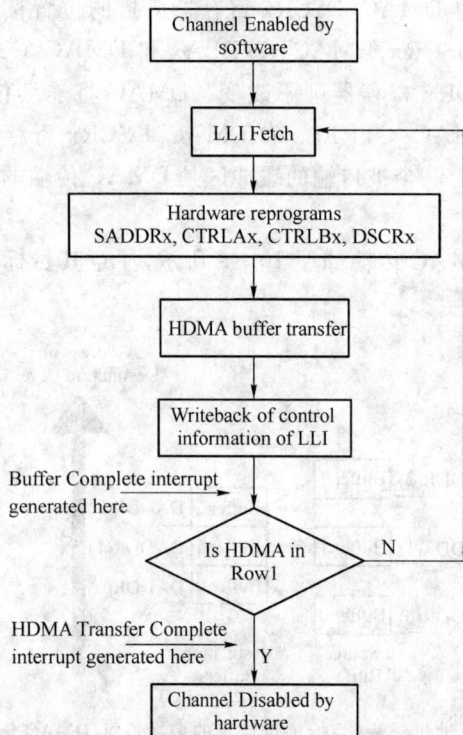

图 10 - 10　源地址链表、目标地址连续的多缓冲区 DMAC 传输的流程图

下面介绍非正常传输中止。

一个 DMAC 传输可以通过软件清除通道允许位 DMAC_CHDR. ENABLE[n]来突然中止其传输,其中 n 表示通道号。这并不意味着通过 APB 接口清除 DMAC_CHDR. ENABLE[n]位可以立即禁止通道,这仅是请求禁止通道而已。必须轮询 DMAC_CHSR. ENABLE],当读到 0 时才表示该通道被禁止了。

可以通过软件清除全局允许位 DMAC_EN. ENABLE 来突然中止所有通道。同样,这并不意味着通过 APB 总线清除 DMAC_EN. ENABLE 位可以立即禁止所有通道,这仅是请求禁止所有通道而已。必须轮询 DMAC_CHSR. ENABLE,当读到 0 时才表示所有通道被禁止了。

注意:如果 FIFO 中还有数据时,通道允许位被清除,那么数据将不会被发送到目标外设,并在通道重新被允许时被清除。所以如果是读易失性源外设(比如源 FIFO)则数据会丢失。当数据不是一个读易失性设备(比如内存)且 FIFO 不为空(来自源外设的有效数据请求)时禁止通道不会造成数据丢失。

注意:如果一个通道被软件禁止了,则激活的单一传输或块传输事务就不能保证接收到响应。

3. 应用程序设计

(1) 设计要求

分别实现单缓冲区 DMA 传输和链表链接多缓冲区 DMA 传输:

➤ 先利用 DMA 通道 0 将 RAM 中一个 32 位数据缓存区内的内容传送到 RAM 中所指定的目标缓冲区内,在传输完成之后会产生一个通道传输完成中断。

➤ 通过 DMA 通道 0 的链表传输模式,将 RAM 中 2 个 32 位数据缓冲区内的内容传送到 RAM 中指定的 2 个目的缓冲区内。

➤ 在所有的数据传输完成之后,再核查数据的传输是否正确。

(2) 硬件设计

由于进行的是片内存储器到存储器之间的数据传送,因此无需硬件连接。注意,由于是存储器到存储器之间的传送,DMA 的传送通过软件来启动。

(3) 软件设计

根据设计任务要求,软件程序需要完成以下工作:

> 设置 DMA 通道 0,使之能实现 Flash 到 RAM 的 DMA 传送,软件启动 DMA 传送。

> 设置 DMA 通道 0,以使之能以链表模式实现 2 个源缓冲区到 2 个目的缓冲区的传送,软件启动 DMA 传送。

> 配置评估板串行端口,用于打印输出。

> 在传输结束后将源和目的数据传输到串口终端,然后对传送的源数据和目的数据进行比较。

整个工程主要包含 2 个源文件:at91sam3u4_it.c 和 main.c。其中 DMAC 传输结束中断服务子程序在 at91sam3u4_it.c 中,其它 DMA 配置、传输启动和比较则均在 main.c 的 main() 函数中实现。

另外本例程的 Device Code 文件组的 dma.c 和 dmad.c 是 DMAC 的驱动程序,读者可以参考阅读,也可用于自己的 DMAC 应用程序中。

main.c 参考程序如下:

```
/*******************************************************************
*  文件名:main.c
*  作者 :Wuhan R&D Center, Embest
*  描述 :Main program body
*******************************************************************/
/*******************************************************************
*       Headers
*******************************************************************/
# include "board.h"
# include "pmc.h"
# include "irq.h"
# include "assert.h"
# include "trace.h"
# include "dma.h"
# include "dmad.h"
# include "at91sam3u4_it.h"
# include <stdio.h>
/*******************************************************************
*       Local definitions
```

```
**************************************************************/
# define BufferSize        32
# define LAST_ROW          0x100
# define NOT_LAST_ROW      0x200
/ **************************************************************
*     Local variables
***************************************************************/
```

/* 单缓冲区传输的源和目的缓冲区 */
/* DMA 传送源地址，将被定位于 Flash 中 */

```
unsigned int SRC_Single_Buf[BufferSize] =
{0, 1, 2, 3, 4, 5, 6, 7,
 8, 9,10,11,12,13,14,15,
 16,17,18,19,20,21,22,23,
 24,25,26,27,28,29,30,31
};
unsigned int DST_Single_Buf[BufferSize];
```

/* DMA 链表传输的 2 个源和目的缓冲区 */
/* 2 个源缓冲区 */

```
unsigned int SRC_List1_Buf[BufferSize];
unsigned int SRC_List2_Buf[BufferSize];
```

/* 2 个目的缓冲区 */

```
unsigned int DST_List1_Buf[BufferSize];
unsigned int DST_List2_Buf[BufferSize];
```

/* DMA 通道传输结束标志 */

```
unsigned char End_DMAC = 0;
```

/* DMA 传输链表 */

```
static DmaLinkList LLI_CH[4];
/ ****************************************************************
*     Local functions
***************************************************************/
/ ****************************************************************
*  @brief DMA 通道中断允许
*  @param channel 要允许的通道号
*  @return none
***************************************************************/
static __inline void DMACH_EnableIt(unsigned int channel)
{
    unsigned int intFlag;
    intFlag = DMA_GetInterruptMask();
```

```
    /* DMA 缓冲区传输完成中断允许 */
    intFlag |= (AT91C_HDMA_BTC0 << channel);
    DMA_EnableIt(intFlag);
}
/*****************************************************************
 * @brief DMA 配置 DMA 传输链表
 * @param none
 * @return channel 要传输的通道号
 *        LLI_rownumber 使用的是链表的一个元素
 *        LLI_Last_Row 是否是链表的最后一个元素
 *        From_add 链表的源地址
 *        To_add 链表的目的地址
 *        Ctrla 链表的控制器 A 寄存器的值
 *        Ctrlb 链表的控制器 B 寄存器的值
 * 用来配置 DMA 链表中某个元素的源地址、目的地址以及相关的
 * 控制寄存器,另外还让它指向链表的下一个元素
 *****************************************************************/
static void AT91F_Prepare_Multiple_Transfer(unsigned int Channel,
                                            unsigned int LLI_rownumber,
                                            unsigned int LLI_Last_Row,
                                            unsigned int From_add,
                                            unsigned int To_add,
                                            unsigned int Ctrla,
                                            unsigned int Ctrlb)
{
    LLI_CH[LLI_rownumber].sourceAddress = From_add;
    LLI_CH[LLI_rownumber].destAddress = To_add;
    LLI_CH[LLI_rownumber].controlA = Ctrla;
    LLI_CH[LLI_rownumber].controlB = Ctrlb;
    if (LLI_Last_Row != LAST_ROW)
        LLI_CH[LLI_rownumber].descriptor =
            (unsigned int)&LLI_CH[LLI_rownumber + 1] + 0;
    else
        LLI_CH[LLI_rownumber].descriptor = 0;
}
/*****************************************************************
 * @brief main 函数用来配置和控制 DMA 传输
 * @param none
 * @return none
```

```
**************************************************************************/
int main()
{
    unsigned int i;
    unsigned int flag;
    /* 选择通道 0 */
    unsigned int channel = 0;
    unsigned int LLI_rownumber = 0;

    SystemInit();
    /* DBGU 串口的配置 */
    TRACE_CONFIGURE(DBGU_STANDARD, 115200, SystemFrequency);
    printf("\n\r============================\n\r");
    printf("        DMA Test        ");
    printf("\n\r============================\n\r");
    printf("\n\r--------------DMA Single Buffer Transfer-------------\n\r");
    /* 初始化 DMA 通道 0 */
    DMAD_Initialize(channel);
    /* 配置通道控制 B 寄存器 */
    DMAD_Configure_Buffer (channel,
                    DMA_TRANSFER_SINGLE,
                    DMA_TRANSFER_SINGLE,
                    (void *)0,
                    (void *)0);
    /* 配置 DMA 传输控制信息 */
    DMAD_Configure_TransferController (channel,
                        BufferSize,
                        AT91C_HDMA_SRC_WIDTH_WORD >> 24,
                        AT91C_HDMA_DST_WIDTH_WORD >> 28,
                        (unsigned int)SRC_Single_Buf,
                        (unsigned int)DST_Single_Buf);
    /* 设置 DMA 配置寄存器 */
    DMA_SetConfiguration(channel, BOARD_SD_DMA_HW_SRC_REQ_ID \
                        | BOARD_SD_DMA_HW_DEST_REQ_ID \
                        | AT91C_HDMA_SRC_H2SEL_HW \
                        | AT91C_HDMA_DST_H2SEL_SW \
                        | AT91C_HDMA_SOD_DISABLE \
                        | AT91C_HDMA_FIFOCFG_LARGESTBURST);
    /* 允许 DMA 中断 */
    DMACH_EnableIt(channel);
```

```
IRQ_ConfigureIT(AT91C_ID_HDMA, 0, DMAC_IRQHandler);
IRQ_EnableIT(AT91C_ID_HDMA);
/* 允许 DMA 通道 */
DMA_EnableChannel(channel);
/* 等待 DMA 传输结束 */
while (!End_DMAC);
printf("\n\r Compelete DMA Single Buffer Transfer. \n\r");
End_DMAC = 0;
/* 禁止 DMA 通道 */
DMA_DisableChannel(channel);
printf("\n\r-----------DMA Linked List Buffer Transfer----------\n\r");
for (i = 0; i < BufferSize; i++)
{
    SRC_List1_Buf[i] = BufferSize + i;
    SRC_List2_Buf[i] = 2 * BufferSize + i;
}
/* 配置通道控制 B 寄存器 */
DMAD_Configure_Buffer (channel,
                    DMA_TRANSFER_LLI,
                    DMA_TRANSFER_LLI,
                    &LLI_CH[0],
                    (void *)0);
/* 配置 DMA 传输控制信息 */
DMAD_Configure_TransferController (channel,
                        BufferSize,
                        AT91C_HDMA_SRC_WIDTH_WORD >> 24,
                        AT91C_HDMA_DST_WIDTH_WORD >> 28,
                        (unsigned int)SRC_List1_Buf,
                        (unsigned int)DST_List1_Buf);
/* 设置 DMA 传输链表的第 0 个元素 */
AT91F_Prepare_Multiple_Transfer (channel, LLI_rownumber++, NOT_LAST_ROW,
                        (unsigned int)SRC_List1_Buf,
                        (unsigned int)DST_List1_Buf,
                        (((unsigned int)(BufferSize))
                        | AT91C_HDMA_SRC_WIDTH_WORD
                        | AT91C_HDMA_DST_WIDTH_WORD),
                        ( AT91C_HDMA_DST_DSCR_FETCH_FROM_MEM
                        | AT91C_HDMA_DST_ADDRESS_MODE_INCR
                        | AT91C_HDMA_SRC_DSCR_FETCH_DISABLE
```

```
                                    | AT91C_HDMA_SRC_ADDRESS_MODE_INCR
                                    | AT91C_HDMA_FC_MEM2MEM));
/* 设置 DMA 传输链表的第 1 个元素 */
AT91F_Prepare_Multiple_Transfer(channel, LLI_rownumber ++ , LAST_ROW,
                                (unsigned int)SRC_List2_Buf,
                                (unsigned int)DST_List2_Buf,
                                (((unsigned int)(BufferSize))
                                    | AT91C_HDMA_SRC_WIDTH_WORD
                                    | AT91C_HDMA_DST_WIDTH_WORD),
                                (AT91C_HDMA_DST_DSCR_FETCH_FROM_MEM
                                    | AT91C_HDMA_DST_ADDRESS_MODE_INCR
                                    | AT91C_HDMA_SRC_DSCR_FETCH_DISABLE
                                    | AT91C_HDMA_SRC_ADDRESS_MODE_INCR
                                    | AT91C_HDMA_FC_MEM2MEM));
/* 设置 DMA 配置寄存器 */
DMA_SetConfiguration(channel, BOARD_SD_DMA_HW_SRC_REQ_ID \
                                    | BOARD_SD_DMA_HW_DEST_REQ_ID \
                                    | AT91C_HDMA_SRC_H2SEL_HW \
                                    | AT91C_HDMA_DST_H2SEL_SW \
                                    | AT91C_HDMA_SOD_DISABLE \
                                    | AT91C_HDMA_FIFOCFG_LARGESTBURST);

/* 允许 DMA 通道 */
DMA_EnableChannel(channel);
/* 等待 DMA 传输结束 */
while (! End_DMAC);
printf("\n\r Compelete DMA Linked List Buffer Transfer. \n\r");
End_DMAC = 0;
DMA_DisableChannel(channel);
/* 显示 3 个目的缓冲区里的内容 */
printf("\n\rThe contents of the DST_Single_Buf are：\n\r");
for (i = 0; i < BufferSize; i ++)
{
    printf(" % d ", DST_Single_Buf[i]);
}
printf("\n\rThe contents of the DST_List1_Buf are：\n\r");
for (i = 0; i < BufferSize; i ++)
{
    printf(" % d ", DST_List1_Buf[i]);
}
```

```
printf("\n\rThe contents of the DST_List2_Buf are:\n\r");
for (i = 0; i < BufferSize; i++)
{
    printf(" %d ", DST_List2_Buf[i]);
}
flag = 0;
/* 对 DMA 传输进行校验 */
for (i = 0; i < BufferSize; i++)
{
    if ((SRC_Single_Buf[i] != DST_Single_Buf[i]) ||
        (SRC_List1_Buf[i] != DST_List1_Buf[i]) ||
        (SRC_List2_Buf[i] != DST_List2_Buf[i]))
    {
        flag = 1;
        break;
    }
}
if (flag == 0)
{
    printf("\n\r DMA transfer success! \n\r");
}
else
{
    printf("\n\r DMA transfer fail! \n\r");
}

while (1);
}
```

at91sam3u4_it.c 参考程序如下：

```
/*******************************************************************
* 文件名: at91sam3u4_it.c
* 作者 : Wuhan R&D Center, Embest
* 描述 : Main Interrupt Service Routines
*******************************************************************/
/*******************************************************************
*    Headers
*******************************************************************/
#include "board.h"
#include "dma.h"
```

```
# include "at91sam3u4_it.h"
# include <stdio.h>
/ * * * * * * * * * * * * * * * * * * * * * * * * * * * * * * * * * * * * * * * * * * * * * * * * * * *
 *     Types
 * * * * * * * * * * * * * * * * * * * * * * * * * * * * * * * * * * * * * * * * * * * * * * * * * * */
extern unsigned char End_DMAC;
/ * * * * * * * * * * * * * * * * * * * * * * * * * * * * * * * * * * * * * * * * * * * * * * * * * *
 * @brief HDMA
 * @param none
 * @return none
 * DMA 缓冲区传输结束中断处理,及 DMA 通道结束中断处理
 * * * * * * * * * * * * * * * * * * * * * * * * * * * * * * * * * * * * * * * * * * * * * * * * * */
void DMAC_IRQHandler(void)
{
    unsigned int status;
    status = DMA_GetStatus();
    / * 当 DMA 通道 0 的某个缓冲区传输结束时 * /
    if ((status & AT91C_HDMA_BTC0) == AT91C_HDMA_BTC0)
    {
        printf("\n\r Buffer transfer completed. ");
    }
    / * 当 DMA 通道 0 传输结束时 * /
    if ((status & AT91C_HDMA_CBTC0) == AT91C_HDMA_CBTC0)
    {
        printf("\n\r Channel Chanined buffer transfer terminated. ");
        End_DMAC = 1;
    }
    / * 当 DMA 传输出现错误时 * /
    if ((status & AT91C_HDMA_ERR0) == AT91C_HDMA_ERR0)
    {
        printf("\n\r Have an AHB Read or Write Error Access. ");
    }
}
```

(4) 运行过程

① 使用 Keil μVision3 通过 ULINK 2 仿真器连接实验板,打开实验例程目录 10.2.1_DMA_test 子目录下的 DMA_Test.Uv2 例程,编译链接工程;

② 用串口线连接 PC 机的串口和开发板的 UART 口,并在 PC 机上运行 Windows 自带的超级终端串口通信程序(波特率 115 200、1 位停止位、无校验位、无硬件流控制);或者使用

其它串口通信程序。

③ 运行程序,通过超级终端观察串口输出,来判断 DMA 传输是否正确。正确结果如下:

```
===============================
        DMA Test
===============================
--------------DMA Single Buffer Transfer--------------
- I - DMAD_Initialize channel 0
  Buffer transfer completed.
  Channel Chanined buffer transfer terminated.
  Compelete DMA Single Buffer Transfer.
------------DMA Linked List Buffer Transfer------------
  Buffer transfer completed.
  Buffer transfer completed.
  Channel Chanined buffer transfer terminated.
  Compelete DMA Linked List Buffer Transfer.
The contents of the DST_Single_Buf are:
0 1 2 3 4 5 6 7 8 9 10 11 12 13 14 15 16 17 18 19 20 21 22 23 24 25 26 27 28 29 30 31

The contents of the DST_List1_Buf are:
32 33 34 35 36 37 38 39 40 41 42 43 44 45 46 47 48 49 50 51 52 53 54 55 56 57 58 59 60 61 62 63

The contents of the DST_List2_Buf are:
64 65 66 67 68 69 70 71 72 73 74 75 76 77 78 79 80 81 82 83 84 85 86 87 88 89 90 91 92 93 94 95

DMA transfer success!
```

上面先传输单缓冲区里的内容,传输完毕后再通过 linked list 模式传输多缓冲区里的内容。以上显示的数据分别为接收到的 3 个目标缓冲区里面的数据。

如果 DMA 传输无误,串口显示:

DMA transfer success.

否则显示:

DMA transfer fail.

10.2.2 外设 DMA 控制器 PDC

1. 概述

外设 DMA 控制器(PDC,Peripheral DMA Controller)用于片上串行外设(如 UART、US-ART、SSC、SPI、MCI 等)和片上或片外存储器之间进行数据传输,PDC 控制器可减少处理器对外设的干预,大大减少处理器的中断处理开销,明显减少数据传输所需要的时钟周期,从而改善了处理器的性能,并使处理器更加节能。

PDC 通道是成对实现的,每对专用于一个特定的外设,例如 UART、USART、SSC 和 SPI 等。如图 10-11 所示,其中一个通道用于接收外设数据,另一个通道用于向外设发送数据。

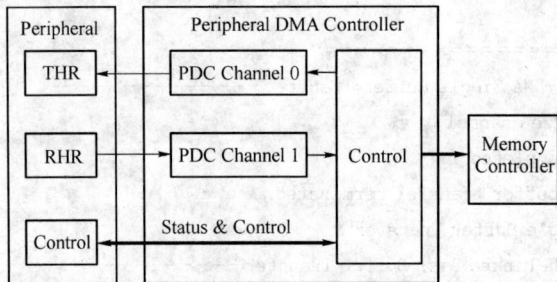

图 10-11 PDC 方框图

PDC 通道的用户接口集成在每一个外设的内存空间中(如表 10-5 所列),读者可参考 SAM3U 处理器数据手册来了解每个寄存器的功能及设置。每个 PDC 通道用户接口基地址就是相应外设用户接口的基地址。它包含:

➢ 2 个 32 位的存储指针寄存器(发送和接收)。

➢ 2 个 16 位的传输计数寄存器(发送和接收)。

➢ 2 个 32 位的下一个存储指针寄存器(发送和接收)。

➢ 2 个 16 位的下一个传输计数寄存器(发送和接收)。

外设通过发送和接收信号来触发 PDC 传输。当数据传输完成后,相应的外设产生一个传输结束中断。

表 10-5 PDC 寄存器映射

偏 移	寄存器	名 称	访问方式	复位值
0x100	接收指针寄存器	PERIPH(1)_RPR	读/写	0x0
0x104	接收计数器寄存器	PERIPH_RCR	读/写	0x0
0x108	发送指针寄存器	PERIPH_TPR	读/写	0x0
0x10C	发送计数器寄存器	PERIPH_TCR	读/写	0x0
0x110	下一接收指针寄存器	PERIPH_RNPR	读/写	0x0
0x114	下一接收计数器寄存器	PERIPH_RNCR	读/写	0x0
0x118	下一发送指针寄存器	PERIPH_TNPR	读/写	0x0
0x11C	下一发送计数器寄存器	PERIPH_TNCR	读/写	0x0
0x120	PDC 传输控制寄存器	PERIPH_PTCR	只写	—
0x124	PDC 传输状态寄存器	PERIPH_PTSR	只读	0x0

注:PERIPH 这 10 个寄存器在不同外设内存空间的映射地址的偏移是相同的,用户可以根据所需功能和目标外设对其进行定义。

2. 功能描述

(1) 配置

PDC 通道用户接口集成在与它相关的外设的用户接口中(偏移为 0x100),如表 10-5 所列。每个外设都包含有 4 个 32 位指针寄存器(RPR、RNPR、TPR 和 TNPR)和 4 个 16 位计数寄存器(RCR、RNCR、TCR 和 TNCR)。缓冲区大小(传输数据个数)通过 1 个内部的 16 位传输计数寄存器配置,在任何时刻都可以读取每个通道上的传输剩余值。

存储基址配置在一个 32 位的存储指针中,该存储指针定义了所要访问的第一个存储地址。可以在任何时候读取当前传输的存储地址和剩余的传输数目。PDC 有专用的状态寄存器,用于反映每个通道的允许和禁止状态。每个通道的状态可通过读取外设状态寄存器获得。可以通过设置 PDC 传输控制寄存器中的 TXTEN/TXTDIS 位和 RXTEN/RXTDIS 位来允许和/或禁止收发。这些控制位使得可以安全读取指针寄存器和计数寄存器,而不用担心它们在 2 次读取之间发生的变化。

PDC 发送状态标识到外设,在状态寄存器中可见这些标识(ENDRX、ENDTX、RXBUFF 和 TXBUFE)。

当 ERIPH_RCR 寄存器值为 0 时,ENDRX 标识置位。当 PERIPH_RCR 和 PERIPH_RNCR 都为 0 时,RXBUFF 标识置位。

当 PERIPH_TCR 寄存器为 0 时,ENDTX 标识置位。当 PERIPH_TCR 和 PERIPH_TNCR 寄存器为 0 时,TXBUFE 标识置位。

相关详细描述可查阅 SAM3U 数据手册。

(2) 存储指针

每个外设都通过一个数据接收通道和一个数据发送通道与 PDC 相连。每个通道都有一个内部的 32 位存储指针。每个存储指针可以指向内存空间的任何地址(片上存储器或外部总线接口存储器)。

根据传输的类型的不同(可能是字节、半字、字),存储指针在外设数据传输中可分别按 1、2、4 递增。如果在 PDC 工作时修改存储指针,传输地址将会改变,PDC 将按新地址传输数据。

(3) 传输计数器

每个通道都有 1 个内部的 16 位传输计数器,该计数器用于计算相应外设已经传输完的数据块的大小,其值随数据传输递减。当计数值为 0 时,PDC 停止数据传输,本次传输结束。

如果下次计数器的值为 0,则激活相应外设的结束标识,同时禁止 PDC 触发器。当 PDC 再工作时将修改计数器值,传输数目将被更新,PDC 将从新值开始计数。

修改下一计数/指针寄存器缓冲区可以将缓冲区链接起来。如上所述,计数器在每次数据传输后就会递减,当传输计数器值为 0 时,下一计数/指针值将被加载到计数/指针寄存器,并重新允许触发。

对于每个通道都有两个状态位,分别指示当前缓冲区已经传输结束(ENDRX,ENDTX)、当前和下一缓冲区都已经传输结束(RXBUFF,TXBUFE)。这些位被直接映射到外设状态寄存器,它们可以触发一个到 AIC 的中断请求。

当计数寄存器(计数寄存器或下一计数寄存器)其中之一被写入一个非零值时,外设结束标识自动清除。注意:当下一计数寄存器的值加载到计数寄存器中后,下一计数寄存器将被置为 0。

(4) 数据传输

外设用发送(TXRDY)和接收(RXRDY)信号来触发 PDC 传输。当外设接收到一个外部字符时,其将发送一个接收就绪信号给 PDC,然后 PDC 请求使用系统总线。当使用获得许可时,PDC 开始读取外设接收保持寄存器,然后触发一个对存储器的写操作。

在每次传输后,相应的 PDC 存储指针递增,传输剩余数目递减,当达到存储块大小时,PDC 向外设发送停止信号,传输结束。

发送传输时也遵循同样的过程。

(5) PDC 传输请求的优先级

PDC 根据设定的优先级处理来自通道的传输请求。优先级定义见产品数据手册。如果同一种外设同时发出了相同类型的请求(接收或发送),那么优先级由外设的 ID 号来决定。如果传输请求不是同时的,则按其发生的时间顺序进行处理,其中接收请求优于发送请求。

(6) PDC 标识和外设状态寄存器

每个连接到 PDC 的外设都会给 PDC 发出接收准备好、发送准备好标志,PDC 也会给外设回送相应标志。所有这些标志都仅在外设状态寄存器中可见。根据设备的类型是半双工还是全双工,来决定标志隶属于单个通道或是两个不同通道。

接收传输结束标志——当 PERIPH_RCR 寄存器到达 0,且最后一个数据被传入存储器时,该标志被置 1;当将一个非零值写入 PERIPH_RCR 或 PERIPH_RNCR 寄存器时,该位被复位。

发送传输结束标志——当 PERIPH_TCR 寄存器到达 0,且最后一个数据被写入外设 THR 时,该位被置 1;当将一个非零值写入 PERIPH_TCR 或 PERIPH_TNCR 寄存器时,该位被复位。

接收缓冲满标志——当 PERIPH_RCR 寄存器到达 0、PERIPH_RNCR 也被置为 0 时,且最后一个数据被传入存储器时,该位被置位;当将一个非零值写入 PERIPH_RCR 或 PERIPH_RNCR 寄存器时,该位被复位。

发送缓冲满——当 PERIPH_TCR 寄存器到达 0、PERIPH_TNCR 寄存器也被置为 0,且最后一个数据被写入外设 THR 时,该位被置 1;当将一个非零值写入 PERIPH_TCR 或 PERIPH_TNCR 寄存器时,该位被复位。

3. 应用程序设计

(1) 设计要求

利用 PDC 将从 UART 串口获取数据,将这些数据存储到存储器中,之后再通过 UART 传输出去。

(2) 硬件设计

UART 中带有 PDC 通道,无须硬件连接。

(3) 软件设计

根据设计任务要求,应用程序需要完成以下工作:

➢ 设置 UART 串口,使之能够正常的接收和发送数据。

➢ 设置 UART 的 PDC 传输方式,配置源地址、目标地址、传输数据的大小等。

➢ 软件启动 PDC 传送,等待用户通过串口传输数据。

➢ 串口接收到的数据存入内存。

➢ 将采用 PDC 方式接收到的 UART 数据再通过 UART 传输出去(非 PDC 方式)。

整个工程主要包含 1 个源文件即 main.c,上述过程均在函数 main()中实现。

main.c 参考程序如下:

```
/*****************************************************************
 * 文件名：main.c
 * 作者：Wuhan R&D Center, Embest
 * 描述：Main program body
 *****************************************************************/
/*****************************************************************
 * Headers
 *****************************************************************/
#include "board.h"
#include "pio.h"
#include "pmc.h"
#include "irq.h"
#include "dbgu.h"
#include "trace.h"
#include "at91sam3u4_it.h"
#include <stdio.h>
/*****************************************************************
 *    Local definitions
 *****************************************************************/
#define BufferSize   10
```

```
/ ***************************************************************
 * Local variables
 ***************************************************************/
char Rev1Buffer[BufferSize];
char Rev2Buffer[BufferSize];
/ ***************************************************************
 * @brief main 函数用来配置和控制 PDC 传输
 * @param none
 * @return none
 ***************************************************************/
int main()
{
    int i;
    unsigned int CurrDataCounter;
    AT91PS_PDC pPDC = AT91C_BASE_PDC_DBGU;

    SystemInit();
    // Configure DBGU
    TRACE_CONFIGURE(DBGU_STANDARD, 115200, SystemFrequency);

    printf("\n\r============================\n\r");
    printf("        PDC Test        ");
    printf("\n\r============================\n\r");

    printf("please input % d characters :\n\r", 2 * BufferSize);
    / * 接收指针寄存器 * /
    pPDC - >PDC_RPR = (unsigned int)Rev1Buffer;
    / * 接收计数值寄存器 * /
    pPDC - >PDC_RCR = BufferSize;
    / * 发送指针寄存器 * /
    pPDC - >PDC_TPR = AT91C_BASE_DBGU - >DBGU_RHR;
    / * 发送计数值寄存器 * /
    pPDC - >PDC_TCR = BufferSize;
    / * 下一个接收指针寄存器 * /
    pPDC - >PDC_RNPR = (unsigned int)Rev2Buffer;
    / * 下一个接收计数值寄存器 * /
    pPDC - >PDC_RNCR = BufferSize;
    / * 下一个发送指针寄存器 * /
    pPDC - >PDC_TNPR = AT91C_BASE_DBGU - >DBGU_RHR;
    / * 下一个发送计数值寄存器 * /
    pPDC - >PDC_TNCR = BufferSize;
```

```
/* PDC 传输控制寄存器 */
pPDC->PDC_PTCR = AT91C_PDC_TXTEN | AT91C_PDC_RXTEN;
/* 获取发送计数器的值,直到传输结束 */
CurrDataCounter = pPDC->PDC_RNCR;
while (CurrDataCounter != 0)
{
    CurrDataCounter = pPDC->PDC_RCR;
}
printf(" Complete transfer...!");
printf("\n\rReceive Buffer1 is :\n\r");
for (i = 0; i < BufferSize; i++)
{
    printf("%c", Rev1Buffer[i]);
}
printf("\n\rReceive Buffer2 is :\n\r");
for (i = 0; i < BufferSize; i++)
{
    printf("%c", Rev2Buffer[i]);
}
while (1);
}
```

(4) 运行过程

① 使用 Keil μVision3 通过 ULINK 2 仿真器连接实验板,打开实验例程目录 10.2.2_DMA_test 子目录下的 DMA_Test.Uv2 例程,编译链接工程。

② 用串口线连接 PC 机的串口和开发板的 UART 口,并在 PC 机上运行 Windows 自带的超级终端串口通信程序(波特率 115 200、1 位停止位、无校验位、无硬件流控制);或者使用其它串口通信程序。

③ 运行程序,通过超级终端观察串口输出。程序运行后串口显示:

```
==============================
      PDC Test
==============================
please input 20 characters :
```

这时需要通过串口输入 20 个字符(具体输入多少个字符可在程序中配置),例如在 PC 超级终端输入:

WHUT, up.whut.edu.cn

输入完成之后,串口马上显示:

```
 Complete transfer...!
Receive Buffer1 is :
WHUT, up.w
Receive Buffer2 is :
hut.edu.cn
```

程序运行正常时,输出的数据与之前通过 PDC 传输到内存的数据完全一样。

10.3 串行通信接口 UART & USART

SAM3U 处理器带有 1 个通用异步收发器 UART 和 1 个通用同步异步收发器 USART,可以提供 1 个 UART 接口和 4 个 USART 接口,而且 USART 还支持 SPI 和 IrDA。本节将介绍这 2 种串行通信接口。

10.3.1 通用异步收发器 UART

1. 概述

通用异步收发器是一个用来进行数据交换和跟踪的两引脚 UART(如图 10 - 12 所示),它适合作为批量编程工具。此外,它与 2 个 PDC 通道相关联,使得包处理所占用处理器时间减至最小。UART 的用户接口寄存器映射如表 10 - 6 所列,其基地址为 0x400E0600。

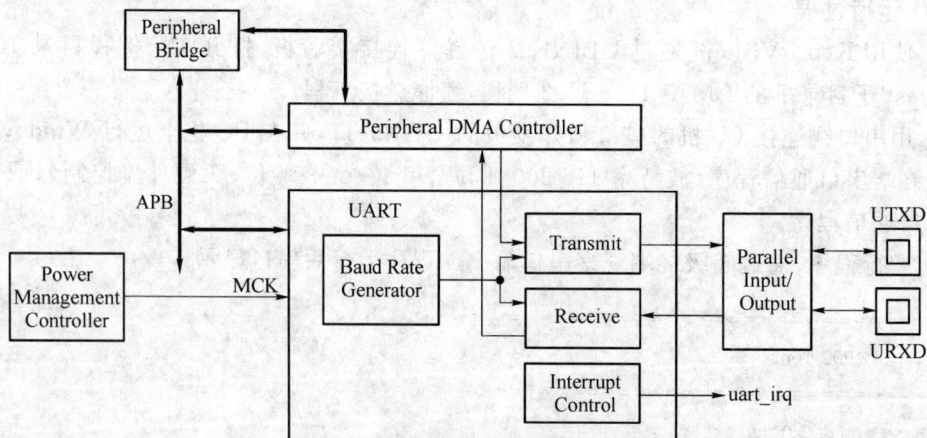

图 10 - 12 通用异步收发器 UART

表 10 – 6　UART 寄存器映射

位移量	寄存器	名 称	访问方式	复位值
0x0000	控制寄存器	UART_CR	只写	—
0x0004	模式寄存器	UART_MR	读/写	0x0
0x0008	中断允许寄存器	UART_IER	只写	—
0x000C	中断禁止寄存器	UART_IDR	只写	—
0x0010	中断屏蔽寄存器	UART_IMR	只读	0x0
0x0014	状态寄存器	UART_SR	只读	—
0x0018	接收保持寄存器	UART_RHR	只读	0x0
0x001C	发送保持寄存器	UART_THR	只写	—
0x0020	波特率发生器寄存器	UART_BRGR	读/写	0x0
0x0024～0x003C	保留	—	—	—
0x0100～0x0124	PDC 域	—	—	—

2. 功能描述

UART 只工作在异步模式下,只支持 8 位字符处理(带校验),因此它没有时钟引脚。UART 由相互独立工作的接收器和发送器,以及一个共有的波特率发生器组成。不能实现接收器超时和发送器时间保证。但是所有的实现特性都与标准 USART 一致。

(1) 波特率发生器

波特率发生器为接收器和发送器提供名为波特率时钟的位周期时钟。波特率时钟由主控时钟分频得到,分频数由波特率生成器寄存器(UART_BRGR)中 CD 域确定。若 UART_BRGR 置 0,波特率时钟被禁止且 UART 不工作。波特率＝MCK/(16×CD),最大允许波特率是主控时钟 16 分频;最小允许波特率是主控时钟(16 x 65 536)分频。

(2) 接收器

① 接收器复位,允许与禁止

设备复位后,UART 接收器被禁用,因此使用之前必须允许接收器。可以通过将控制寄存器 UART_CR 的 RXEN 位置 1 来允许接收器。在这个命令下,接收器开始寻找起始位。

可以通过将控制寄存器 UART_CR 的 RXDIS 位置 1 来禁止接收器。若接收器正在等待起始位,则会马上被停止。但是,如果接收器已经检测到起始位,且正在接收数据,则在实际停止操作之前它会一直工作到接收到停止位。同样,可以通过将控制寄存器 UART_CR 的 RSTRX 位置 1,使接收器处于复位状态。这样的话,不管它当前处于什么状态接收器都会立即停止它的当前操作,并且被禁用。如果正在数据传输过程中,数据将会丢失。

② 起始位检测和数据采样

UART 只支持异步操作,这只会影响它的接收器。UART 接收器通过采样 URXD 信号来检测收到字符的起始位(Start Bit),直到检测到有效的起始位。若连续 7 个以上的采样时钟周期都检测到 URXD 为低电平,就表示检测到了有效的起始位。采样时钟的频率是波特率的 16 倍。也就是说,将长于 7/16 的位周期空间作为有效的起始位;等于或小于 7/16 的位周期空间将被忽略,接收器会继续等待一个有效的起始位,如图 10-13 所示。

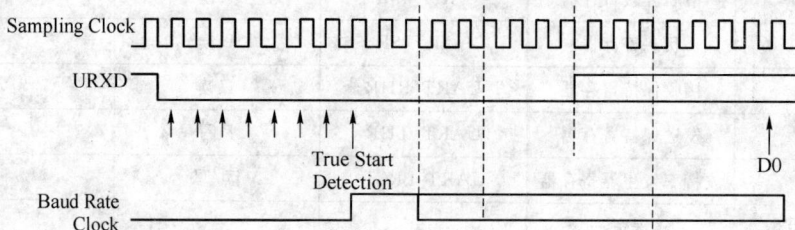

图 10-13 起始位(Start)检测

当检测到有效的起始位后,接收器将在每一位的理论中点处采样 URXD。假设每一位持续 16 个采样时钟周期(1 位周期),那么采样点位就是起始该位之后的 8 个周期(0.5 位周期)。因此,第一个采样点就是起始位被检测到之后下降沿后的 24 个周期,如图 10-14 所示。

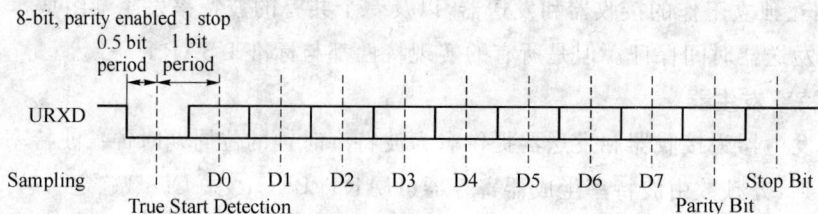

图 10-14 字符接收

③ 接收就绪

当接收到一个完整字符之后,该字符被传输到接收保持寄存器 UART_RHR 寄存器,且 UART_SR(状态寄存器)的 RXRDY 状态位被置位。读 UART_RHR 之后,将自动清零 RXRDY 位。

④ 接收器溢出

若自上一次传输之后,软件(或外设数据控制器)没有读 UART_RHR,RXRDY 位仍被置位,此时接收到新的字符,UART_SR 中的 OVRE 状态位将置位。通过软件写控制寄存器,使其中 RSTSTA 位(复位状态)置 1,可清零 OVRE 位。

⑤ 校验错误

每次接收到数据,接收器就根据 UART_MR 寄存器的 PAR 域计算收到的数据的校验位。然后与接收到的校验位进行比较。如果不同,UART_SR 寄存器的 PARE 位置 1,且同时 RXRDY 置位。将控制寄存器 UART_CR 的 RSTSTA 位置 1 时,校验位清零。在写复位命令之前,若接收到新的字符,PARE 位仍置为 1。

⑥ 接收器帧错误

检测到起始位之后,所有数据都被采样接收后生成一个字符。当检测到停止位为 0 时,停止位也被采样;在 RXRDY 位被置位的同时,UART_SR 寄存器的 FRAME 位(帧错误)也被置位。FRAME 位保持为 1,直到将控制寄存器 UART_CR 的 RSTSTA 位置 1。

(3) 发送器

① 发送器复位,允许与禁止

设备复位后,UART 发送器被禁止,在使用之前必须先允许它。通过将控制寄存器 UART_CR 的 TXEN 位置 1 来允许发送器。这个命令之后,发送器在实际开始发送之前,将会等待字符写入发送保持寄存器(UART_THR)。

可以编程将控制寄存器 UART_CR 的 TXDIS 位置 1 来禁止发送器。若发送器没有工作,将会被立即禁止。但是,如果一个字符正在移位寄存器中"且/或"一个字符正被写入发送保持寄存器,则要等这些字符传送结束之后发送器才会真正停止。同样,可以编程将控制寄存器 UART_CR 的 RSTTX 位置 1 来使发送器处于复位状态。这将会立即停止发送器,不管它是否正在处理字符。

② 发送格式

UART 发送器按波特率时钟速度驱动 UTXD 引脚。按模式寄存器中定义的格式和移位寄存器中存放的数据来驱动这根引脚线。如图 10-15 所示,1 个 0 起始位,8 个数据位,数据从低位到高位,1 个可选的校验位和 1 个 1 停止位连续地移出。UART_MR 中的 PARE 位域决定校验位是否需要移出。当校验位是允许时,可以选择奇校验、偶校验,或固定空间或标志位。

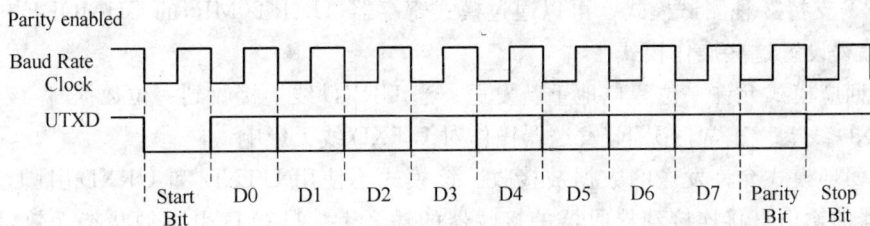

图 10-15　字符发送

③ 发送器控制

当允许发送器时,状态寄存器 UART_SR 中的 TXRDY(发送就绪)位置位。当向发送保持寄存器(UART_THR)写数据后,写入的字符从 UART_THR 传输到移位寄存器,开始发送数据。随后 TXRDY 位将保持为 1 直到往 UART_THR 中写入下一个字符。一旦第一个字符发送完成,最近写入 UART_THR 的字符被传输到移位寄存器,并且 TXRDY 位再次置1,以表明保持寄存器是空的。

当移位寄存器和 UART_THR 都为空,也就是所有写入 UART_THR 的字符都已处理完,在最后一个停止位发送完成之后 TXEMPTY 变为 1,如图 10-16 所示。

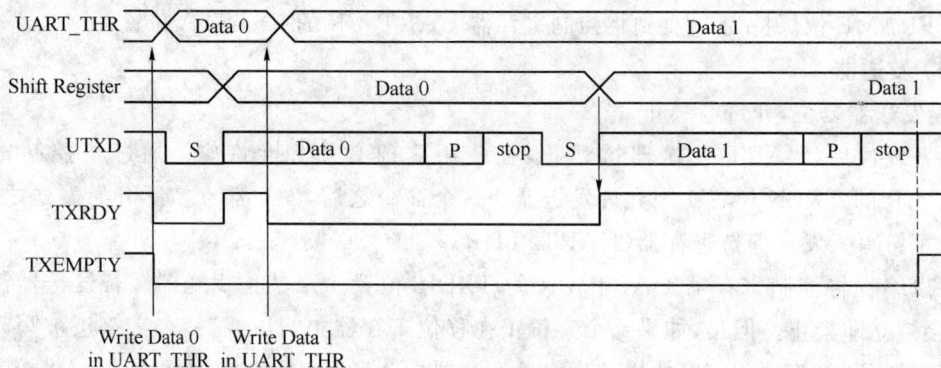

图 10-16　发送控制

(4) 使用 PDC

UART 的接收器和发送器都与 PDC 通道连接。通过映射到 UART 用户接口的从偏移量 0x100 开始的寄存器,可对外设数据控制器通道进行编程。状态位在 UART 状态寄存器(UART_SR)中反映,并能够产生中断。RXRDY 位触发接收器的 PDC 通道数据接收传输。这将导致从 UART_RHR 中读取数据。TXRDY 位触发发送器的 PDC 通道数据发送传输。这将导致向 UART_THR 中写入数据。

(5) 测试模式

UART 支持 3 种测试模式。可以通过模式寄存器(UART_MR)的 CHMODE 位域(通道模式)来编程设置这些操作模式。

自动回应模式允许一位一位地重新发送。当 URXD 线上接收到一位数据时,该数据被发送到 UTXD 线上。正常情况下,发送器操作对 UTXD 线无影响。

本地回环模式允许发送的数据被接收。该模式不使用 UTXD 和 URXD 引脚,而是在内部,发送器的输出直接连接到接收器的接收器的输入上。URXD 引脚的状态无效,UTXD 被保持为高,如同在空闲状态。

远程回环模式则是将 URXD 引脚和 UTXD 引脚直接连接。发送器和接收器被禁止,无效。这种模式允许一位一位地重发送。

10.3.2 通用同步异步收发器 USART

1. 概述

通用同步异步收发器 USART 提供一个全双工通用同步异步串行连接,如图 10 - 17 所示。数据帧格式可编程(包括数据长度、奇偶校验、停止位数)以支持尽可能多的标准。其接收器能够实现奇偶错误、帧错误和溢出错误的检测。允许接收器超时以处理可变长度帧,同时发送器的时间保障功能使其与低速远程设备进行通信更加简单。接收与发送的地址位提供了多点通信支持。

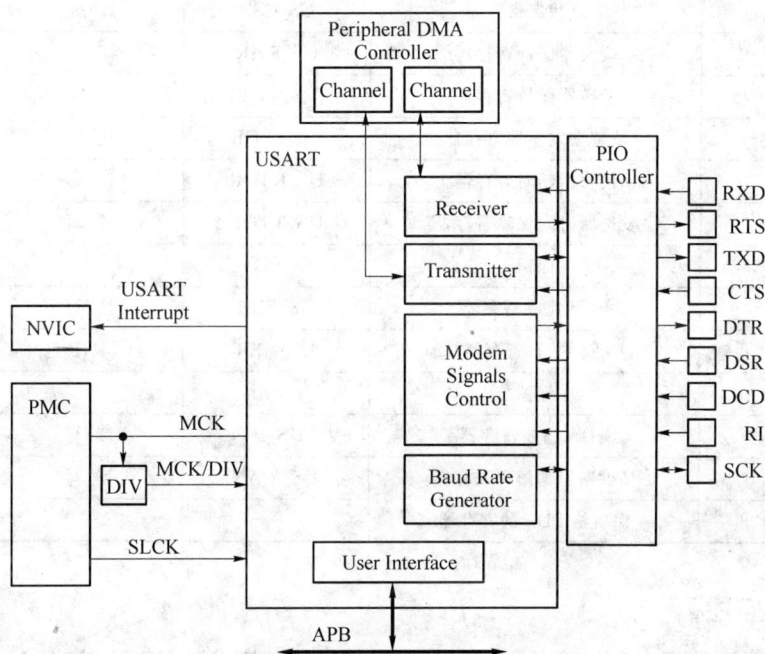

图 10 - 17 通用同步异步收发器 USART

SAM3U 处理器提供 4 个 USART 接口:USART0、USART1、USART2 和 USART3。用户接口寄存器如表 10 - 7 所列,其基地址为 0x40090000、0x40094000、0x40098000 和 0x4009C000。

USART 提供了 3 种测试模式:远程环回、本地环回和自动回应。

USART 支持 RS485 总线接口和 SPI 总线接口的特定操作模式,还支持 ISO7816 T = 0 或 T = 1 智能卡插槽、红外收发器连接。硬件握手通信通过 RTS 与 CTS 引脚自动实现溢出控制。

该 USART 支持能连接到发送器和接收器的外围 DMA 控制器。PDC 提供没有任何处理器干预情况下的链式缓冲管理。

表 10 - 7   USART 寄存器映射

偏移量	寄存器	名　称	访问方式	复位值
0x0000	控制寄存器	US_CR	只写	—
0x0004	模式寄存器	US_MR	读/写	—
0x0008	中断允许寄存器	US_IER	只写	—
0x000C	中断禁止寄存器	US_IDR	只写	—
0x0010	中断屏蔽寄存器	US_IMR	只读	0x0
0x0014	通道状态寄存器	US_CSR	只读	—
0x0018	接收器保持寄存器	US_RHR	只读	0x0
0x001C	发送器保持寄存器	US_THR	只写	—
0x0020	波特率发生器寄存器	US_BRGR	读/写	0x0
0x0024	接收器超时寄存器	US_RTOR	读/写	0x0
0x0028	发送器时间保障寄存器	US_TTGR	读/写	0x0
0x002C～0x003C	保留	—	—	—
0x0040	FIDI 比率寄存器	US_FIDI	读/写	0x174
0x0044	错误数目寄存器	US_NER	只读	—
0x0048	保留	—	—	—
0x004C	IrDA 滤波寄存器	US_IF	读/写	0x0
0x0050	曼彻斯特编解码寄存器	US_MAN	读/写	0x30011004
0x0100～0x0128	保留给 PDC 的寄存器	—	—	—

2. 功能描述

USART 能够管理多种类型的同步或异步串行通信,其支持下列通信模式:

➤ 5～9 位全双工异步串行通信:

　— 高位或低位在先;

　— 0.5、1.5、2 位停止位;

　— 支持偶校验、奇校验、标志校验、空间校验或无校验;

　— 接收器支持 8 或 16 倍过采样频率;

　— 可选的硬件握手功能;

　— 可选的中止管理;

　— 可选的多点串行通信。

> 高速 5~9 位全双工同步串行通信：
  — 高位或低位在先；
  — 1 或 2 位停止位；
  — 支持偶校验、奇校验、标志校验、空间校验或无校验；
  — 接收器支持 8 或 16 倍过采样频率；
  — 可选的硬件握手；
  — 可选的间断管理；
  — 可选的多点串行通信。
> 带驱动器控制信号的 RS485 标准。
> ISO7816，用于与智能卡连接的 T0 或 T1 协议：
  — NACK 处理、带重复与反复限制的错误计数器、反转数据。
> 支持红外线 IrDA 调制解调操作。
> SPI 模式：
  — 主或从模式；
  — 时钟极性和相位可编程；
  — SPI 串行时钟频率可高达内部时钟频率 MCK 的 1/4。
> 测试模式：
  — 支持远程环回，本地环回和自动回应。

(1) 波特率发生器

波特率发生器为接收器和发送器提供位周期时钟，也就是波特率时钟，如图 10-18 所示。

可设置模式寄存器(US_MR)的 USCLKS 位域，选择以下时钟之一为波特率发生器的时钟源：

> 主控时钟 MCK。
> 主控时钟分频，分频因子与产品相关，通常情况下为 8。
> 外部时钟，在 SCK 引脚有效。

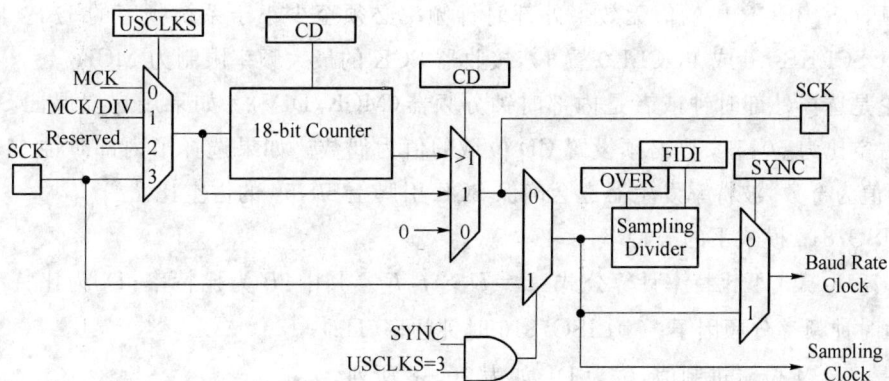

图 10-18 USART 波特率发生器

波特率发生器的 16 位分频器由波特率发生器寄存器(US_BRGR)中 CD 域编程设置。若 CD 为 0,则波特率发生器不产生时钟;若 CD 为 1,则分频器被旁路,并失效。

如果选择外部 SCK 时钟,SCK 引脚所提供高低电平的持续时间必须为一个主控时钟(MCK)周期 K 的 1/3。

① 异步模式下的波特率

若 USART 工作在异步模式下,所选定时钟先按 US_BRGR 寄存器中 CD 域的值分频。所得时钟再根据 US_MR 寄存器中的 OVER 位被 8 或 16 分频,作为接收器的采样时钟。若 OVER 为 1,接收器采样时钟为波特率时钟的 8 倍;若 OVER 为 0,接收器采样时钟为波特率时钟的 16 倍。波特率计算公式:波特率＝所选时钟/[8×(2−OVER)×CD]。

假设 MCK 工作在最高时钟频率下,且 OVER 为 1,则最高波特率是对 MCK 时钟 8 分频。波特率误差＝1−(期望波特率/实际波特率),如果误差超过 5%,建议不要使用。

② 异步模式下的分数波特率

前面定义的波特率发生器必须遵循以下约定:输出频率的变化必须是参考频率的整数倍。解决这个问题的一种方法是使用一个包含分数 N 的高精度时钟发生器。因此需要对波特率发生器体系结构进行改进,使其能产生对参考时钟源进行分数分频。分数部分在波特率发生器寄存器(US_BRGR)中的 FP 域进行设置。如果 FP 设为非 0,则小数部分被激活,分辨率为时钟分频器的 1/8。该功能仅在 USART 普通模式可用。分数波特率的计算公式是:波特率＝所选时钟/[8×(2−OVER)×(CD+FP/8)]。

③ 同步模式或 SPI 模式下的波特率

若 USART 工作在同步模式下,所选时钟按 US_BRGR 寄存器中 CD 域的值分频,波特率＝所选时钟/CD。

在同步模式中,如果选择外部时钟(USCLKS ＝ 3),时钟由 USART SCK 引脚信号提供;不需分频,US_BRGR 中的值无效。外部时钟频率必须至少小于系统频率的 1/3。同步模式的主机(USCLKS＝0 或 1, CLK0 置 1),接收器 SCK 的最大频率限制为 MCK/3。

无论是选择外部时钟或者是内部时钟分频器(MCK/DIV)。如果用户要保证 SCK 引脚上信号占空比为 50:50,则必须设置 CD 位域的值为偶数。如果选择了内部时钟 MCK,即使 CD 域的值为奇数,波特率发生器也会确保 SCK 引脚上 50:50 的占空比。

④ ISO7816 模式下的波特率

ISO7816 模式下比特率计算公式:$B＝D_i×f/F_i$。其中:B 为比特率;D_i 为比特率调整因子;F_i 为时钟频率分频因子;f 为 ISO7816 时钟频率(Hz)。

D_i 是一个 4 位二进制值,称为 DI,如表 10−8 所列。

F_i 是一个 4 位二进制值,称为 FI,如表 10−9 所列。

表 10 - 8　D_i 的二进制与十进制值

DI 域	0001	0010	0011	0100	0101	0110	1000	1001
Di(十进制)	1	2	4	8	16	32	12	20

表 10 - 9　F_i 的二进制与十进制值

FI 域	0000	0001	0010	0011	0100	0101	0110	1001	1010	1011	1100	1101
Fi(十进制)	372	372	558	744	1116	1488	1860	512	768	1024	1536	2048

若 USART 配置为 ISO7816 模式,模式寄存器(US_MR)中的 USCLKS 域指定的时钟先按波特率发生器寄存器(US_BRGR)中 CD 的值分频;得到的时钟提供给 SCK 引脚,作为智能卡时钟输入,即 CLKO 位可在 US_MR 中设置。

该时钟由 FI_DI_Ratio 寄存器(US_FIDI)中的 FI_DI_RATIO 域值分频。由采样分频器执行,ISO7816 模式下分频系数最高可达 2 047。F_i/D_i 比率必须为整数,且用户必须尽量设置 FI_DI_RATIO 值接近期望值。

FI_DI_RATIO 域复位值为 0x174(十进制 372),这是 ISO7816 时钟与比特率间最常见的分频率($F_i=372,D_i=1$)。

图 10 - 19 所示为位时间与 ISO7816 时钟之间的关系。

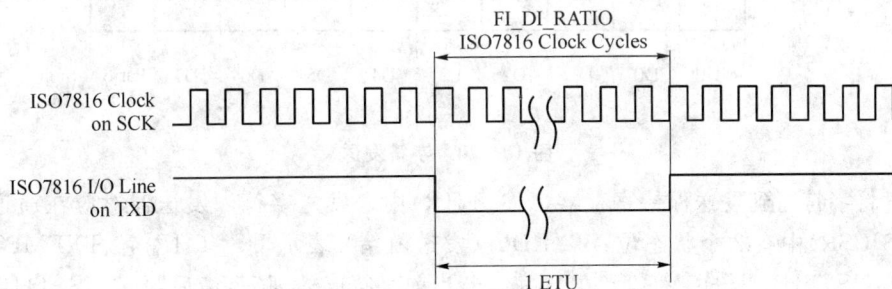

图 10 - 19　基本时间单元(ETU)

(2) 接收器和发送器控制

复位后,接收器被禁用。用户必须通过设置控制寄存器(US_CR)的 RXEN 位来允许接收器。但接收器寄存器在接收器时钟被允许之前就可编程。同样,复位后发送器被禁用。用户必须通过设置控制寄存器(US_CR)的 TXEN 位来允许发送器,但发送器寄存器在发送器时钟被允许之前就可编程。发送器与接收器可一起或分别允许。

任意时刻,软件可通过分别置位 US_CR 寄存器中的 RSTRX 与 RSTTX 来对 USART 接收器或发送器复位。软件复位与硬件复位效果相同。复位时,不管是接收器还是发送器,通信立即停止。

用户也可通过 US_CR 寄存器中的 RXDIS 与 TXDIS 位来分别禁用接收器与发送器。若正在接收字符时接收器被禁用,USART 等待当前字符接收结束后,再停止接收。若发送器正在工作时被禁用,USART 等当前字符及存于发送编程寄存器(US_THR)中的字符发送完成之后再禁用发送器。若编程设置了保障时间,它将正常处理。

(3) 同步与异步模式

① 发送器操作

在同步模式和异步模式下(SYNC = 0 或 SYNC = 1)发送器操作相同,1 个起始位,最多 9 个数据位,1 个可选的奇偶校验位及最多 2 个停止位,每个位在串行时钟(可编程设置)的下降沿由 TXD 引脚移出。

数据位的数目由 US_MR 寄存器的 CHRL 域与 MODE9 位决定。如果设置 MODE9 位,则不管 CHRL 位域如何设置,数据位均为 9 位。奇偶校验位由 US_MR 中的 PAR 域设置。可配置为奇检验、偶检验、空间检验、标志检验或无校验位。MSBF 域配置先发送的位;若写入 1,将先发送最高位;若写入 0,将先发送最低位。停止位数目由 NBSTOP 域确定。异步模式下支持 1.5 个停止位。字符发送如图 10-20 所示。

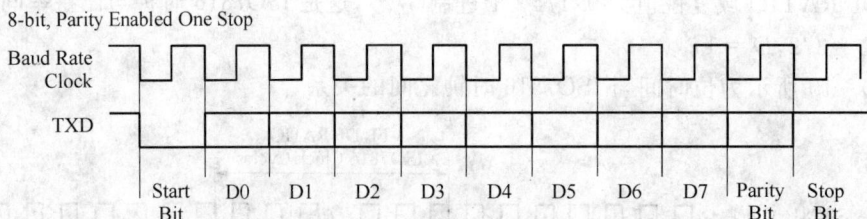

图 10-20　字符发送

通过将字符写到发送保持寄存器(US_THR)中来发送字符。发送器对应在通道状态寄存器(US_CSR)中有 2 个状态位:TXRDY(发送就绪)表示 US_THR 空,TXEMPTY 表示所有写入 US_THR 中的字符都已处理完。若当前字符已处理完,最后写入 US_THR 的字符被送入发送器移位寄存器中,则 US_THR 变空,于是 TXRDY 升高。

发送器被禁用后,TXRDY 与 TXEMPTY 位均为低。当 TXRDY 为低时,往 US_THR 中写入字符无效,且写入的数据丢失。发送器状态如图 10-21 所示。

② 曼彻斯特编码

当使用曼彻斯特编码时,通过 USART 发送的字符采用双相曼彻斯特编码 II 格式。为了使用这种模式,要将 US_MR 寄存器的 MAN 位域置 1。根据极性配置,一个逻辑电平(0 或 1)被编码成信号 0 到 1 或 1 到 0 的转换进行发送。因此,电平转换总是发生在每个位时间的中点。虽然它比原来的 NRZ 信号占用更多带宽(2 倍),但是由于预期输入必须在半个位时钟时产生变化,它能实现更多的差错控制。一个曼彻斯特编码序列例子:如果采用默认极性的编码器,字节 0xB1 或 10110001 将被编码为 1001101001010110。图 10-22 是这一编码方案的图解。

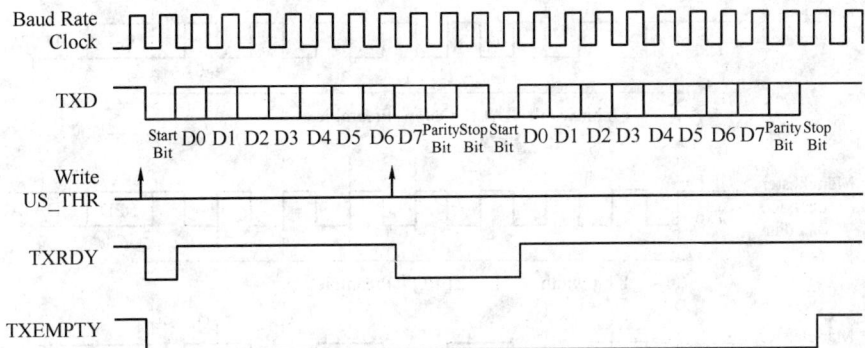

图 10−21　发送器状态

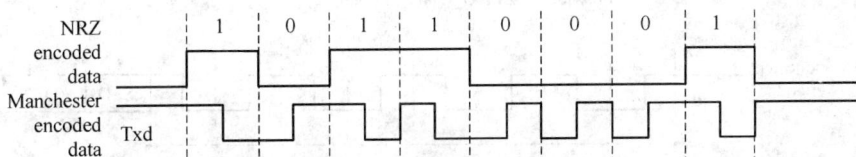

图 10−22　NRZ 码转为曼彻斯特码

　　曼彻斯特编码字符也可以通过增加一个可配置的前同步信号和一个帧起始定界符样式来封装。根据配置,前同步信号是一个训练序列,由预定义模式组成,其长度可编程为 1～15 个比特时间。若前同步信号长度被设为 0,将不会产生前同步信号波形。前同步信号模式有以下几种序列可选择:ALL_ONE、ALL_ZERO、ONE_ZERO 或 ZERO_ONE,将其写入 US_MAN 寄存器的 TX_PP 位域,位 TX_PL 则用来设定前同步信号长度。图 10−23 说明并定义了有效模式。为了提高灵活性,可通过 US_MAN 寄存器的 TX_MPOL 位域来配置编码方案。若设置 TX_MPOL 位为 0(默认为 0),则通过 0 到 1 的转换来对逻辑 0 进行编码,用 1 到 0 的转换来对逻辑 1 进行编码。若 TX_MPOL 为域设为 1,则用 0 到 1 的转换来对逻辑 1 进行编码,用 0 到 1 的转换来对逻辑 1 进行编码。

　　通过 US_MR 寄存器的 ONEBIT 位可配置一个帧起始定界符,其由一个用户定义模式组成,用来表示有效数据的开始。图 10−24 给出了这些模式。

　　若帧起始定界符(即开始位)是一个比特位(ONEBIT 设为 1),当检测到用曼彻斯特编码的逻辑 0,则认为一个新的字符正在串行线上发送。若帧起始定界符是一种同步模式,或者说是一个同步(ONEBIT 设为 0)符,当 3 个位时间的序列在线上串行发送时,则认为是一个新字符的开始。当转换发生在第二个比特时间中间时,同步符波形本身就是一个无效的曼彻斯特波形。有 2 种不同的同步模式:命令同步符和数据同步符。命令同步符用一个高电平来表示 1,持续 1.5 个位时间;然后转换到低电平表示第二个 1,持续 1.5 个位时间。若将 US_MR 寄

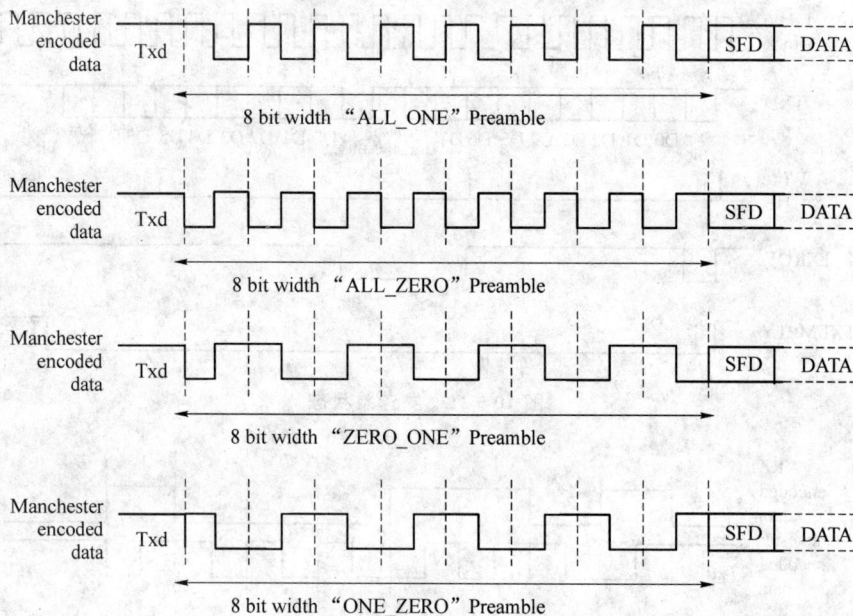

图 10-23 前同步信号模式,采用默认极性

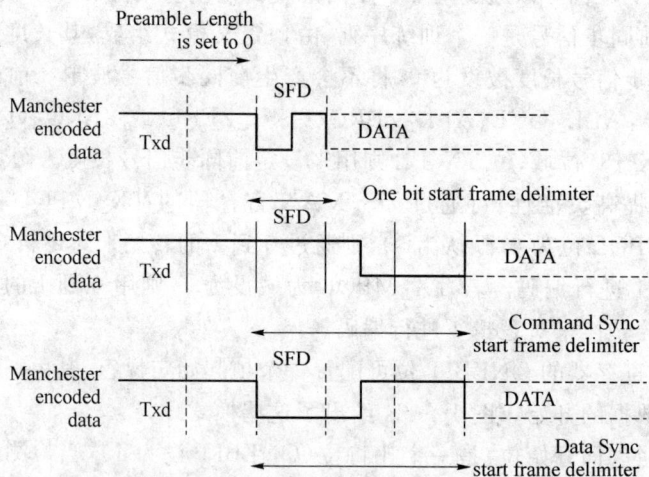

图 10-24 帧起始定界符

存器的 MODSYNC 位域设置为 1,下一个字符则为命令同步符;如果设为 0,下一个字符则是数据。当使用 DMA 时,可通过修改内存中一个字符来更新 MODSYNC 位域。为了允许该模式,必须将 US_MR 寄存器的 VAR_SYNC 位域值设置为 1。这样 US_MR 中的 MODSYNC 位被忽略,同步符由 US_THR 的 TXSYNH 的位域进行配置。USART 字符格式将被修改,

并包含同步符信息。

③ 漂移补偿

漂移补偿仅在 16 倍过采样模式下有效,这时有一个硬件修复系统允许更大的时钟漂移,可通过将 USART_MAN 位置 1 来允许此硬件系统。若 RXD 的边沿(上升沿或下降沿)处于期望的 16 倍时钟周期的边沿,这被认为是正常跳动,没有纠正操作。如果 TXD 事件发生在预期边沿之前的 2~4 个时钟周期内,当前周期被缩短 1 个时钟周期。如果 TXD 事件发生在预期边沿之后的 2~3 个时钟周期内,当前周期被延长 1 个时钟周期。这些间隔被当作漂移,纠正操作将自动进行。

④ 异步接收器

若 USART 工作在异步模式下(SYNC=0),接收器将对 RXD 输入线进行过采样。过采样频率为 16 或 8 倍波特率,由 US_MR 中的 OVER 位设置。

接收器对 RXD 线采样时,若在 1.5 个比特时间内采样值均为 0 表示检测到起始位,然后以比特率对数据位、校验位、停止位等进行采样。

若是 16 倍波特率(OVER 为 0)频率的过采样,连续 8 次采样结果均为 0,则表示检测到起始位。之后,每隔 16 个采样时钟周期对后续的数据位、校验位、停止位依次采样。若是 8 倍波特率(OVER 为 1)频率的过采样,连续 4 次采样结果均为 0,表示检测到起始位。之后,每隔 8 个采样时钟周期对数据位、校验位、停止位依次采样。

接收器设置数据的位数、最先发送位及校验模式的位域与发送器相同,即分别为 CHRL、MODE9、MSBF 及 PAR。停止位数对接收器无效,因为无论 NBSTOP 域为何值,接收器都只确认 1 个停止位,因此发送器与接收器间可出现重新同步。此外,接收器在检测到停止位后即开始寻找新的起始位,因此当发送器只有 1 个停止位时也能实现重新同步。

图 10-25 和图 10-26 给出了当 USART 工作在异步模式下的起始位检测及字符接收。

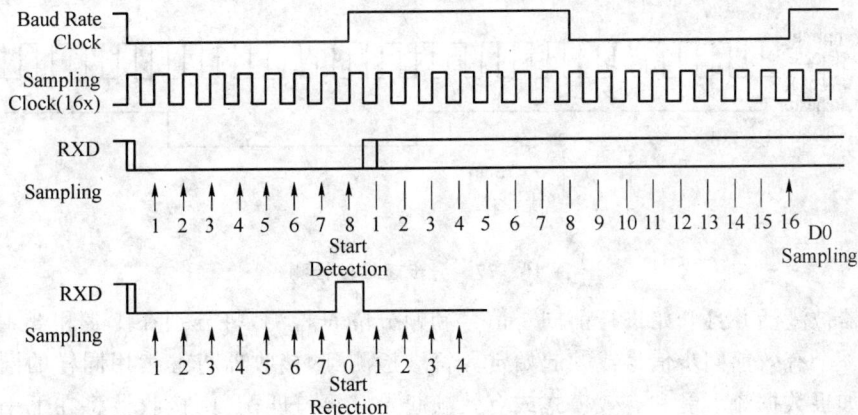

图 10-25 异步起始位检测

8-bit, Parity Enabled

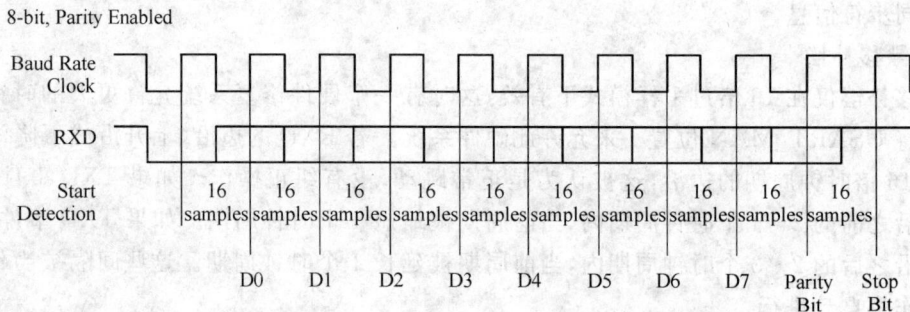

图 10－26　字符接收

⑤ 曼彻斯特解码器

当 US_MR 寄存器的 MAN 位域设置为 1 时，曼彻斯特解码器被允许。解码器将进行前同步信号、帧起始定界符的检测。其中一条输入线专门用作曼彻斯特编码数据输入。

可以定义一个可选前同步信号序列，其长度也可用户定义，并且与发射端完全独立。通过设置 US_MAN 寄存器的 RX_PL 位来配置前同步信号序列长度。若长度设为 0，不检测前同步信号且功能禁用。另外，输入流极性也可通过 US_MAN 寄存器的 RX_MPOL 位域进行设置。根据应用的需求，可通过 US_MAN 的 RX_PP 位设定前同步信号模式，使之相匹配。有效前同步信号模式如图 10－23 所示。

不像前同步信号，帧起始定界符在曼彻斯特编/解码器中共享。因此，如果 ONEBIT 位置 1，只有 0 曼彻斯特编码能被检测到，并被当作有效的帧起始定界符。如果 ONEBIT 位置 0，只有同步模式可以被检测到，并被当作有效的帧起始定界符。

解码器通过检测输入流的转换进行操作。如果 RXD 在 1/4 比特时间内被采样为低电平，则认为检测到一个开始位，如图 10－27 所示。

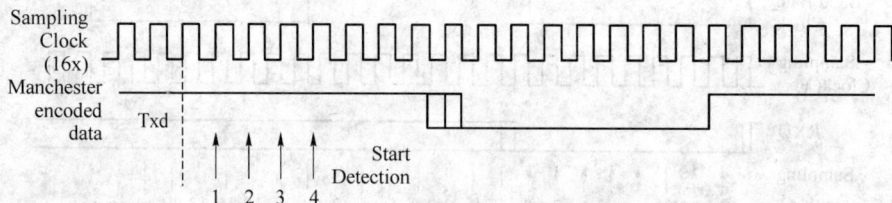

图 10－27　异步起始位检测

接收器被激活并且开始进行前同步信号和帧分隔符检测，将分别在 1/4 和 3/4 周期采样数据。若一个有效前同步信号或帧起始定界符被检测到，接收器将继续用同样的同步时钟进行解码。如果数据流不能和有效模式或有效帧起始定界符匹配，则接收器将在下一个边沿重新同步。估计位值的最小时间阈值是 3/4 位时间。

若检测到帧起始定界符之后跟着一个有效的前同步信号（如果使用），输入流将被解码成 NRZ 编码数据并传送给 USART 处理。图 10－28 给出了曼彻斯特编码模式不匹配的情况。当输入数据流被传送给 USART，接收器也能够检测到是否违反曼彻斯特编码。违反编码是指在位元中间缺少电平转换。这种情况，US_CSR 寄存器中的 MANE 标志被置 1。通过对控制寄存器（US_CR）的 RSTSTA 位置 1 可清除 MANE 标志。图 10－28 给出了一个在数据传送阶段曼彻斯特错误检测的例子。

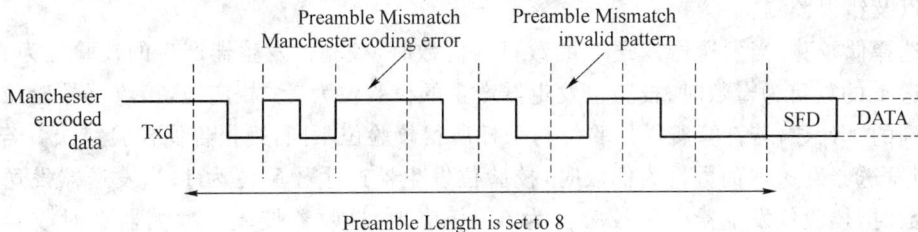

图 10－28　前同步信号模式不匹配

当帧起始定界符是同步模式（ONEBIT 位置 0）时，支持命令同步符和数据同步符。如果检测到一个有效同步，接收到的字符被写入 US_RHR 寄存器的 RXCHR 的位域，同时 RXSYNH 被更新。当接收到的字符是命令时，RXCHR 被置 1，当接收到的字符是数据时 RXCHR 被置 0。由于解码器是被设置在单极模式中使用，帧的首位必须是一个 0 到 1 的电平转换。

⑥ 同步接收器

同步模式下（SYNC ＝ 1），接收器在每个波特率时钟的上升沿对 RXD 信号采样。若检测到低电平，确定为起始位；依次采样所有数据位、校验位及停止位后；接收器将继续等待下一个起始位。同步模式提供高速传输能力。域及位的配置与异步模式下相同。图 10－29 描述了同步模式下的字符接收时序。

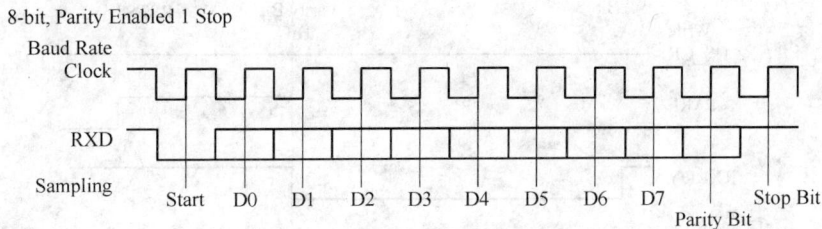

图 10－29　同步模式字符接收

⑦ 接收器操作

当字符接收完成，它将被传输到接收保持寄存器（US_RHR），且状态寄存器（US_CSR）的

RXRDY 位变高。若 RXRDY 置位时接收完一个字符,则 OVRE(溢出错误)位置位。最后的字符传输到 US_RHR 并覆盖上一个字符。通过控制寄存器(US_CR)的 RSTSTA(复位状态)位写 1,可清除 OVRE 位。

⑧ 校验

通过设置模式寄存器(US_MR 的)PAR 位域,USART 可支持 5 种校验模式。PAR 域还可以允许多点模式(Multidrop mode)(详细介绍请参见下面的"多点模式")。支持奇偶校验位的生成以及错误校测。

若选择偶校验,当发送器发送 1 的数目为偶数时,校验位发生器产生的校验位为 0;当发送器发送 1 的数目为奇数时,校验位发生器产生的校验位为 1。相应地,接收器校验位检测器会对收到的 1 计数,若计算所得校验位与采样所得校验位不同,则报告偶校验错误。若选择奇校验,当发送器发送 1 的数目为偶数时,校验位发生器产生校验位为 1;当发送器发送 1 的数目为奇数时,校验位发生器产生校验位为 0。相应地,接收器校验位检测器会对收到的 1 计数,若计算所得校验位与采样所得校验位不符,则报告奇校验错误。若使用标志校验,对于所有字符,检验发生器所产生的校验位均为 1;若接收器采样得到的校验位为 0,则接收器校验位检测器报告检验错误。若使用空间校验,对于所有字符,检验发生器所产生校验位均为 0;若接收器采样得到的校验位为 1,接收器校验位检测器报告校验错误。若检验禁用,发送器不产生校验位,接收器也不报告校验错误。

当接收器检测到校验误差,它将置通道状态寄存器(US_CSR)的 PARE(校验错误)位。通过对控制寄存器(US_CR)的 RSTSTA 位写 1,可清除 PARE 位。图 10-30 给出校验位的置位与清零时序。

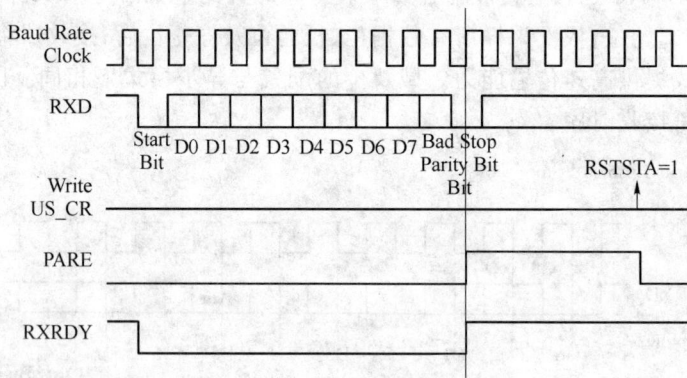

图 10-30 校验错误

⑨ 多点模式(Multidrop Mode)

若模式寄存器(US_MR)的 PAR 域编程设置为 0x6 或 0x7,USART 将运行在多点模式下。该模式区分数据字符与地址字符。当校验位为 0 时发送数据;当校验位为 1 时发送地址。

USART 配置为多点模式,当校验位为高时,接收器将对校验错误位 PARE 置位;当控制寄存器的 SENDA 位为 1 时,校验位为高发送器也可发送字符。为处理检验错误,将控制寄存器 RSTSTA 位写 1 可对 PARE 位清零。

当 SENDA 写入 US_CR 时,发送器发出地址字节(校验位置位)。这种情况下,下一个写入 US_THR 的字节将作为地址来发送。如果没有写 SENDA 命令,任何写入 US_THR 的字符将正常被发送(校验位为 0)。

⑩ 发送器时间保障

时间保障特性允许 USART 与慢速远程器件的连接。时间保障功能允许发送器 TXD 线上 2 字符间插入空闲状态。该空闲状态实际上是一个长停止位。

空闲状态的持续时间由发送时间保障寄存器(US_TTGR)的 TG 域编程设定。若该域编程值为零,则不产生时间保障。否则,在每次发送了停止位之外,TXD 还保持 TG 中指定的位数周期的高电平。

如图 10-31 所示,TXRDY 与 TXEMPTY 状态位的行为可由时间保障改变。TXRDY 只有在下一字符起始位发送后才变高。即使字符已写入 US_THR,时间保障期间 TXRDY 仍保持为 0。由于时间保障是当前传输的一部分,因此 TXEMPTY 为低要保持到时间保障阶段结束。

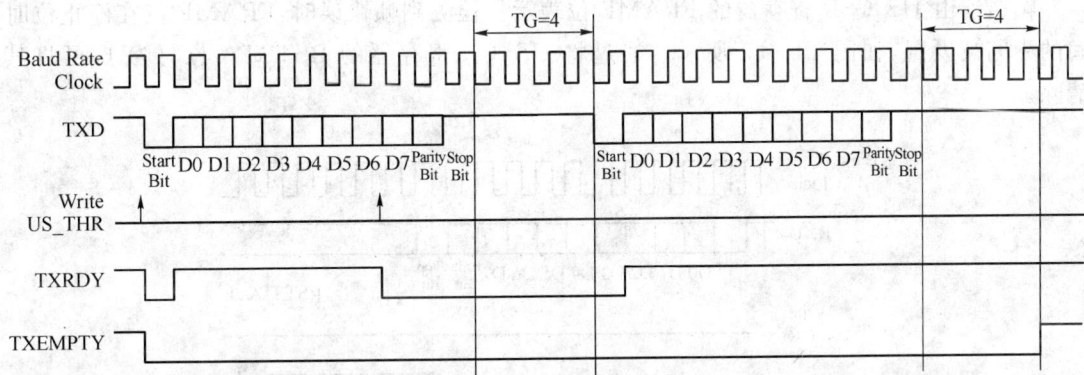

图 10-31 时间保障操作

⑪ 接收器超时

接收器超时提供对可变长度帧处理的支持。接收器可检测 RXD 线上的空闲状态,如果检测到超时,通道状态寄存器(US_CSR)的 TIMEOUT 位将变高并产生中断,以告知驱动程序帧结束。

通过对接收器超时寄存器(US_RTOR)的 TO 域编程,可设置超时延迟周期(接收器等待新字符的时间)。若 TO 域设置为 0,接收器超时被禁用,将不检测超时;US_CSR 寄存器中 TIMEOUT 位保持为 0。否则,接收器将 TO 的值载入一个 16 位计数器。该计数器在每比特

周期中自减,并在收到新字符后重载。若计数器达到 0,状态寄存器中 TIMEOUT 位变高,用户可:

> 停止计数器时钟,直到接收到新字符。可通过对控制寄存器(US_CR) 的 STTTO (启动超时)位写 1 来实现之。这样,在接收到字符之前 RXD 线上的空闲状态将不会产生超时,而且可避免在接收字符之前必须去处理中断,并还允许帧接收之后时等待 RXD 上的下一个空闲状态。

> 在没有收到字符时将产生一个中断。可通过对 US_CR 中 RETTO (重载与启动超时)位写 1 来实现之。若 RETTO 被执行,计数器开始从 TO 值向下计数。产生的周期性中断可以用来处理用户超时,例如当键盘上无键按下时。

若执行 STTTO,则计数器时钟在收到第一个字符前停止。帧启动之前 RXD 的空闲状态不提供超时。这样可防止周期性中断,并在检测到 RXD 为空闲状态时允许帧结束等待。

若执行 RETTO,则计数器开始从 TO 值向下计数。产生的周期性中断可用来处理用户超时,例如当键盘上无输入时。

⑫ 帧错误

接收器可检测帧错误。当检测到收到字符的停止位为 0 时表示发生了帧错误。当接收器与发送器完全不同步时可能出现帧错误。

帧错误由 US_CSR 寄存器的 FRAME 位表示。检测到帧错误时,FRAME 位在停止位时间的中间被设置,如图 10-32 所示。通过将 US_CR 寄存器的 RSTSTA 位写为 1,可将其清除。

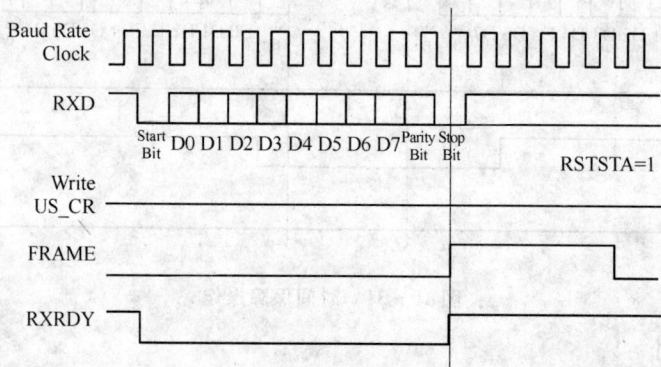

图 10-32　帧错误状态

⑬ 发送间断

用户可请求发送器在 TXD 线上产生间断条件,可使得在至少一个完整字符时间内 TXD 线为低。这与校验位及停止位均为 0 的 0x00 字符的发送情况相同。无论如何,发送器至少保证 TXD 线在一个完整的字符传输时间内为低,直到用户请求将间断条件删除。

将 US_CR 寄存器 STTBRK 位写 1 可发送一个间断。这可在任何时间执行,即使发送器为空(移位寄存器及 US_THR 中均无字符)或字符正在发送。若有字符正在移出时出现了间断请求,则在 TXD 线变低之前先完成字符传输。一旦需要 STTBRK 命令,在间断完成前将忽略其它 STTBRK 命令。

通过往 US_CR 寄存器的 STPBRK 位写 1 可删除间断条件。若在最小间断持续时间(1个字符,包括起始位、数据位、校验位及停止位)结束前请求 STPBRK,发送器保证间断条件完成。

发送器将间断视为一个字符,即只有当 US_CSR 寄存器中 TXRDY 为 1 时,STTBRK 与 STPBRK 命令才被考虑;与处理一个字符一样,在间断条件启动时将清除 TXRDY 与 TX-EMPTY 位。

将 US_CR 寄存器中 STTBRK 与 STPBRK 位写为 1,将导致无法预测的结果。所有前面没有 STTBRK 命令的 STPBRK 命令请求将被忽略。当间断挂起时,写入发送保持寄存器但未启动的字节将被忽略。

间断条件后最多 12 比特时间内,发送器将 TXD 线变回 1。因此,发送器保证远程接收器正确检测到间断结束以及下一个字符的启示位。若时间保障值大于 12,TXD 线将在时间保障期内保持高电平。在 TXD 线保持这一周期为高之后,发送器恢复正常工作。

⑭ 接收间断

当收到的所有数据、检验及停止位均为低时,接收器检测到间断条件。这与数据为 0x00 且 FRAME 为低(帧错误)的帧的检测结果相同。

当检测到低电平的停止位时,接收器将对 US_CSR 寄存器的 RXBRK 置位,该位可通过对 US_CR 寄存器的 RSTSTA 位写 1 来清零。

在异步工作模式下检测到至少 2/16 个位周期为高电平,或在同步工作模式下有一个采样值为高时,表明接收间断结束。间断结束也可通过对 RXBRK 置位来实现。

⑮ 硬件握手

USART 可以通过硬件握手来实现带外(out-of-band)数据流的控制。RTS 与 CTS 引脚用于与远程器件连接,如图 10-33 所示。

在 US_MR 寄存器 USART_MODE 域写入 0x2,则 USART 将执行硬件握手操作。

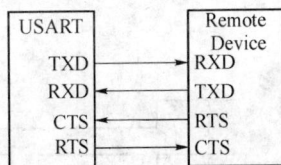

图 10-33　与远程器件连接的硬件握手

除了接收器对 RTS 引脚电平、发送器对 CTS 引脚电平的控制按后述方式改变外,允许进行硬件握手之后的 USART 操作与标准同步或异步模式下相同。使用该模式需要用 PDC 通道接收数据。发送器在任何情况下均可处理硬件握手。

图 10-34 给出当允许硬件握手时接收器的操作。若接收器被禁用且来自 PDC 通道的 RXBUFF(接收缓冲满)状态为高时,RTS 引脚拉高。通常当 CTS 引脚(由 RTS 驱动)为高时

远程器件不会开始发送。一旦接收器被允许，RTS 变低，即告知远程器件可启动发送。给 PDC 定义一个新缓冲器，将 RXBUFF 状态位清零，则 RTS 引脚电平变低。

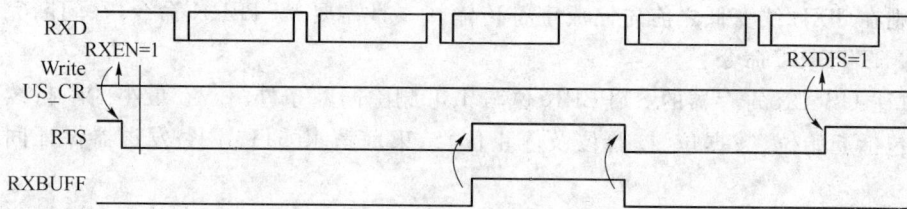

图 10-34　允许硬件握手时接收器工作行为

图 10-35 给出允许硬件握手后，发送器是如何操作的。CTS 引脚禁用发送器；若有字符正在处理，则在当前字符处理完成后将发送器禁用；一旦 CTS 变低即开始下一个字符的发送。

（4）ISO7816 模式

USART 有一个与 ISO7816 兼容的模式。该模式允许与智能卡连接，并可通过 ISO7816 链接与安全访问模块（SAM）通信。支持 ISO7816 规范定义的 T=0 与 T=1 协议。

通过对 US_MR 寄存器 USART_MODE 域写 0x4，可让 USART 工作在 ISO7816 的 T=0 模式下；若写 0x5，则 USART 将工作在 ISO7816 的 T=1 模式下。

① ISO7816 模式概述

ISO7816 模式通过一条双向线实现半双工通信。波特率由远程器件的时钟分频提供。USART 与智能卡的连接如图 10-36 所示。TXD 线变为双向，波特率发生器通过 SCK 引脚向 ISO7816 提供时钟。由于 TXD 引脚变为双向，其输出由发送器输出驱动，但只有当发送器输入和接收器输入相连时，发送器才处于激活状态。由于 USART 产生时钟，因此它被视为通信主机。

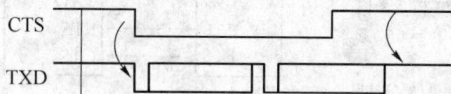

图 10-35　允许硬件握手时发送器工作行为

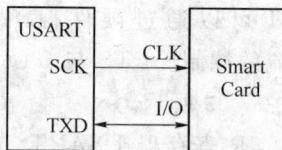

图 10-36　智能卡与 USART 的连接

无论是工作在 ISO7816 的 T=0 模式还是 T=1 模式下，字符格式固定。不管 CHRL、MODE9、PAR 及 CHMODE 域中是什么值，其配置总为 8 位数据位、偶检验及 1 或 2 位停止位。MSBF 可设置发送是高位在先还是低位在先。奇偶校验位（PAR）能够在普通模式或反转模式下进行发送。

由于通信不是全双工的,USART 不能发送器与接收器同时操作;因而必须根据需要允许或禁止接收器或发送器。ISO7816 模式下同时允许发送器与接收器,其结果无法预知。

ISO7816 规范定义了一个反转发送格式。字符的数据位必须以其负值在 I/O 线上发送。USART 不支持该格式,因此在将其写入发送保持寄存器(US_THR)前或由接收保持寄存器(US_RHR)读出后必须进行一个额外的或操作。

② T=0 协议

T=0 协议中,字符由 1 个起始位、8 个数据位、1 个奇偶校验位及 1 个 2 位时间的保障时间组成。在保障时间中,发送器移出位但不驱动 I/O 线。若没有检测到奇偶校验错误,保障时间内 I/O 线保持为 1,之后发送器可继续发送下个字符,如图 10-37 所示。

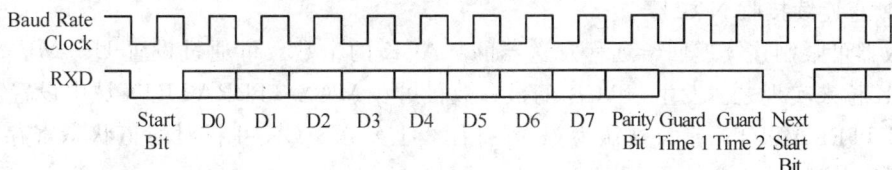

图 10-37   没有校验错误的 T=0 协议

若接收器检测到校验错误,在保障时间内它将 I/O 线驱动为 0,如图 10-38 所示。该错误位也称为 NACK,即无应答。此时,由于保障时间长度未变而增加了 1 个位时间的错误位时间,因此字符加长 1 比特时间。

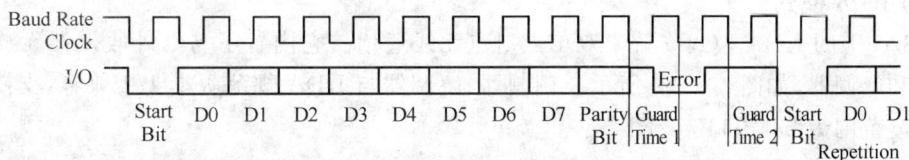

图 10-38   有校验错误的 T=0 协议

当 USART 为接收器且检测到错误,它不会将字符载入接收保持寄存器(US_RHR);而是适当设置状态寄存器(US_SR)的 PARE 位以使软件来处理该错误。

③ 接收错误计数器

USART 接收器还可记录错误总数,可从错误数目寄存器(US_NER)中读出错误总数。NB_ERRORS 域最多可记录 255 个错误。读取 US_NER 将自动清除 NB_ERRORS 域。

④ 接收 NACK 抑制

USART 可配置为抑制错误,通过置位 US_MR 的 INACK 位来实现。若 INACK 为 1,即使检测到检验位错误,I/O 线上也没有错误信号,但 US_SR 寄存器中 INACK 位置位。可通过写控制寄存器(US_CR)的 RSTNACK 位为 1 来清除 INACK 位。

此外,若 INACK 置位,接收到的错误字符将保存在接收保持寄存器中,就像没有错误出现，但 RXRDY 位不会升高。

⑤ 发送字符复制

当 USART 正在发送字符并得到 NACK 时，在移到下一个字符前，它可自动复制该字符。通过对 US_MR 寄存器的 MAX_ITERATION 域写入大于 0 的值可允许复制。每个字符最多可发送 8 次；第 1 次发送加 7 次复制发送。

若 MAX_ITERATION 不等于 0，USART 复制字符的次数与 MAX_ITERATION 中的值相同。当 USART 复制次数达到 MAX_ITERATION 值时，通道状态寄存器（US_CSR）中 ITERATION 位被置位。若复制字符得到接收器应答，复制停止并将迭代计数器清零。US_CSR 寄存器中 ITERATION 位可通过对控制寄存器的 RSIT 位写 1 来清零。

⑥ 禁止连续接收 NACK

接收器可限制连续返回给远程发送器的 NACK 的个数。可通过设置 US_MR 寄存器的 DSNACK 位来实现之。发生 NACK 的最多数目可在 MAX_ITERATION 域中设置。一旦达到 MAX_ITERATION，字符被认为正确，将往线上发送 ACK 并将对通道状态寄存器的 ITERATION 位置位。

⑦ T＝1 协议

当工作在 ISO7816 的 T＝1 协议下时，发送操作与只有一位停止位的异步格式相似。在发送时产生校验位，在接收时对其检测。通过设置通道状态寄存器（US_CSR）的 PARE 位来允许进行错误检测。

（5）IrDA 模式

USART 的 IrDA 模式支持半双工点对点无线通信。它内置了与红外收发器无缝连接的调制器和解调器，如图 10-39 所示。调制器、解调器与 IrDA 规范版本 1.1 兼容，支持的数据传输速度范围为 2.4～115.2 Kb/s。

通过对 US_MR 寄存器的 USART_MODE 域写 0x8，可允许 US-ART IrDA 模式。通过 IrDA 滤波寄存器（US_IF）可配置解调滤波器。USART 发送器与接收器工作在正常异步模式下，所有参数均可访问。注意：调制器与解调器均处于激活状态。

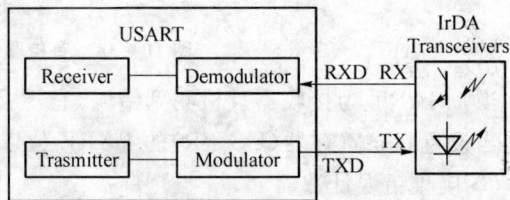

图 10-39　与 IrDA 收发器连接

接收器与发送器必须根据传输方向来允许或禁止。要接收 IrDA 信号，必须进行以下配置：

➤ 禁止 TX，允许 RX。
➤ 配置 TXD 为 PIO，并且设置其输出为 0。目的是避免 LED 发射（LED emission），禁止内部上拉（以减少功耗）。
➤ 接收数据。

① IrDA 调制

当波特率小于或等于 115.2 Kb/s,使用 RZI 调制方案,"0"由一个 3/16 比特周期的光脉冲表示。图 10-40 为字符发送的示例。

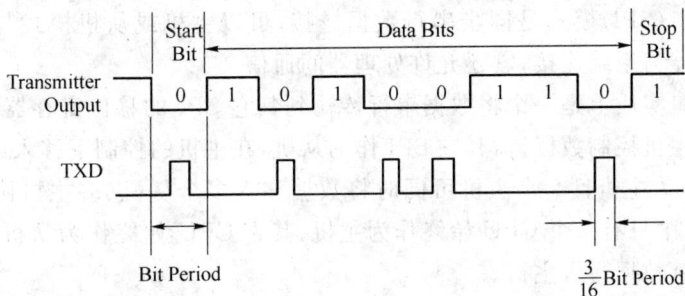

图 10-40   IrDA 调制

② IrDA 解调器

解调器基于 IrDA 接收滤波器,包含一个 8 位向下计数器,值从 US_IF 中载入。当检测到 RXD 引脚上的下降沿,滤波计数器开始以主机时钟(MCK)速度向下计数。若检测到 RXD 引脚上的上升沿,则计数器停止并重新载入 US_IF 的值。若计数器到达 0 仍未检测到上升沿,则在一个位时间内将接收器的输入拉低。IrDA 解调器的操作如图 10-41 所示。

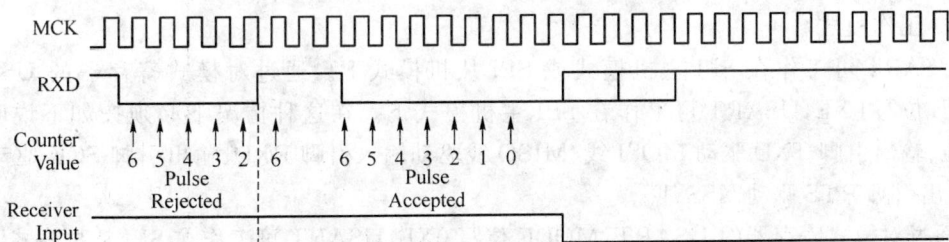

图 10-41   IrDA 解调器操作

由于 IrDA 模式与 ISO7816 使用相同的逻辑,因此要注意 US_FIDI 中的 FI_DI_RATIO 域值必须大于 0,以确保 IrDA 通信操作正确。

(6) RS485 模式

USART 的 RS485 模式允许线驱动控制。在 RS485 模式下,USART 与异步或同步模式下操作相同,并且所有参数均可配置。不同之处在于当发送器工作时将 RTS 引脚拉高,RTS 引脚的动作由 TXEMPTY 位控制。图 10-42 为 USART 与 RS485 总线的典型连接。

通过对 US_MR 寄存器的 USART_MODE

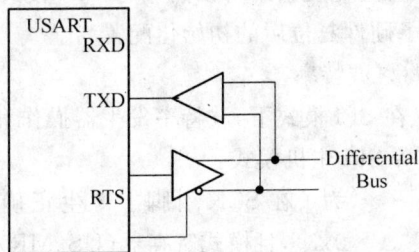

图 10-42   与 RS485 总线的典型连接

域写入 0x1,可将 USART 设置为 RS485 模式。RTS 引脚电平与 TXEMPTY 位相反。注意:对时间保障编程时 RTS 引脚为高,因此在最后一个字符传输完成后 RTS 依然为高。

(7) SPI 模式

串行外设接口(SPI)模式是同步串行数据链接,可以主机或从机模式与外部器件进行通信。若外部处理器与系统连接,它还允许处理器间通信。

串行外设接口实质上是一个将数据串行传输到其它 SPI 的移位寄存器。数据传输时,一个 SPI 系统作为主机控制数据流,其它 SPI 作为从机,在主机的控制下移入或移出数据。不同的 CPU 可轮流作为主机且一个主机可同时将数据移入多个从机(多主机协议与单主机协议不同,单主机协议中只有一个 CPU 始终作为主机,其它 CPU 始终作为从机)。但任何时候只允许一个从机将其数据写入主机。

SPI 系统由主机发出 NSS 信号选定一个从机。SPI 主机模式的 USART 只能连接一个从机,这是因为它只能产生一个 NSS 信号。SPI 系统包括 2 条数据线及 2 条控制线:

➤ 主机输出/从机输入(MOSI):该数据线用于将主机输出数据移入到从机中。

➤ 主机输入/从机输出(MISO):该数据线用于将从机的数据输出到主机。

➤ 串行时钟(SCK):该控制线由主机驱动,用来调节数据流;主机传输时数据波特率可变;每个 SCK 周期传输 1 位。

➤ 从机选择(NSS):该控制线用于主机选择或取消选择从机。

① 工作模式

USART 可工作在 SPI 主机模式或 SPI 从机模式下。通过对模式寄存器的 USART_MODE 位写 0XE,USART 可工作在 SPI 主机模式下。在这种情况下必须按如下说明连接 SPI 线:输出引脚 TXD 驱动 MOSI 线、MISO 线驱动输入引脚 RXD、输出引脚 SCK 驱动 SCK 线、输出引脚 RTS 驱动 NSS 线。

通过对模式寄存器的 USART_MODE 位写 0XF,USART 可工作在 SPI 从机模式下。在这种情况下必须按如下说明进行 SPI 线连接:MOSI 线驱动输入引脚 RXD、输出引脚 TXD 驱动 MISO 线、SCK 线驱动输入引脚 SCK、NSS 线驱动输入引脚 CTS。

为避免发生不可预测行为,SPI 模式一旦发生变化,必须对发送器和接收器进行软件复位(除了硬件复位后的初始化配置)。

② 波特率

在 SPI 模式下,波特率发生器操作和 USART 同步模式相同,不过必须遵守以下约束。

➤ SPI 主机模式:

— 为了在 SCK 引脚上产生正确的串行时钟,不能选择外部时钟 SCK(USCLKS ≠ 0x3),且模式寄存器(US_MR)的 CLKO 位必须置 1。

— 为了接收器和发送器能够正常工作,CD 值必须大于等于 4。

— 若选择了内部时钟分频(MCK/DIV),CD 值必须设为偶数,以使 SCK 引脚能够产生

50∶50 占空比;如果选择了内部时钟(MCK),则 CD 值也可以设为奇数。

➤ SPI 从机模式:

— 必须选择外部时钟(SCK),模式寄存器(US_MR)的 USCLKS 位域的值无效;同样 US_BRGR 的值也无效。这是因为时钟是由 USART 的 SCK 引脚上的信号直接提供的。

— 为了接收器和发送器能够正常工作,外部时钟(SCK)频率不能超过系统时钟频率的 1/4。

③ 数据传输

在每个可编程串行时钟的上升沿或下降沿(视 CPOL CPHA 情况来设置)最多有 9 位数据能连续地在 TXD 引脚上移出,且没有开始位、奇偶校验位和停止位。

可通过设置 CHRL 位和模式寄存器(US_MR)的 MODE9 位来选择数据的位数。如果选择 9 位数据仅设置 MODE9 位即可,不用关心 CHRL 域。在 SPI 模式(主机或从机模式)下总是先发送最高数据位。

数据传输有 4 种极性与相位的组合,如表 10-10 所列。时钟极性由模式寄存器的 CPOL 位设置,时钟相位通过 CPHA 位设置。这 2 个参数确定在哪个时钟边沿驱动和采样数据,每个参数有 2 种状态,组合后就有 4 种可能。因此,一对主机/从机必须使用相同的参数对值来进行通信。若使用多从机,且每个从机固定为不同的配置,则主机与不同从机通信时必须重新配置。

表 10-10 SPI 总线协议模式

SPI 总线协议模式	CPOL	CPHA
0	0	1
1	0	0
2	1	1
3	1	0

④ 字符发送

通过向发送保持寄存器(US_THR)写入字符进行字符发送。若 USART 工作在 SPI 主机模式,可以增加发送字符的附加条件。当接收器没有准备好(没有读字符时),设置 USART_MR 寄存器的 INACK 位值可以禁止任何字符的发送(尽管数据已写入 US_THR)。若 INACK 设为 0,无论接收器是什么状态,字符都会被发送;若 INACK 设为 1,发送器在发送数据(RXRDY 标志清除)前要等待接收保持寄存器的数据被读取完,这样可以避免接收器产生任何溢出(字符丢失)。

发送器在通道状态寄存器(US_CSR)有 2 个状态位:TXRDY(发送准备)用来表示 US_THR 为空;TXENPTY 用来表示所有写入 US_THR 的字符已经被处理完成。当处理完当前字符,写入 US_THR 的最后一个字符被发送到发送寄存器的移位寄存器,同时 US_THR 清空,然后 TXRDY 置位。

当发送器被禁止时,TXRDY 和 TXENPTY 位都为 0。当 TXRDY 为 0 时,向 US_THR 写入字符无效且写入的字符丢失。

若 USART 工作在 SPI 从机模式,并且当发送器保持寄存器(US_THR)为空时,如果一定要发送一个字符,则 UNRE(缓冲区数据为空出错)位置位。在此期间 TXD 发送线保持高电平。通过向控制寄存器(US_CR)的 RSTSTA(复位状态)位写 1,可清除 UNRE 位。

在 SPI 主机模式下,发送最高位之前,在一个 1 位时间里从机选择线(NSS)发出低电平信号;在发送最低位之后,NSS 保持一个 1 位时间的高电平。因此,从机选择信号在字符发送之间总是被释放,总是插入最少 3 个位时间的延迟。然而,为了使从机设备支持 CSAAT 模式(传输后片选激活),可通过将控制寄存器(US_CR)的 RTSEN 位置 1,将从机选择线(NSS)强制拉低。只有将控制寄存器(US_CR)的 RTSDIS 位置 1 才能将从机选择线(NSS)拉高释放(例如当所有数据已发往从机设备)。

在 SPI 从机模式下,发生器不会请求在从机选择线(NSS)的下降沿初始化字符发送,而仅在低电平时进行。不过,在最高位对应的第一个串行时钟周期之前,从机选择线(NSS)上必须至少持续 1 个位时间的低电平。

⑤ 字符接收

当一个字符被接收完,它被转移到接收保持寄存器(US_RHR),同时状态寄存器(US_CSR)的 RXRDY 位被拉高。若字符在 RXRDY 置位时被接收,OVER(溢出错误)位置位。最后一个字符被转移到 US_RHR,并覆盖当前字符。对控制寄存器(US_CR)的 RSTSTA(复位状态)位写 1 可清空 OVRE 位。

为保证 SPI 从机模式下接收器的正常操作,主机设备在发送帧时必须确保发送每个字符之间有至少 1 个位时间的延迟。接收器不会要求在从机选择线(NSS)的下降沿时初始化字符接收,而是在低电平时进行。不过,在最高位对应的第一个串行时钟周期之前,从机选择线(NSS)上必须至少持续 1 个位时间的低电平。

⑥ 接收超时

因为接收器波特率时钟仅在 SPI 模式中数据发送时可用,这种模式下接收器是不可能超时的,不管超时寄存器(US_RTOR)的超时值为多少(TO 位域值)。

(8) 测试模式

USART 可编程设置为 3 种不同的测试模式。内部回环可实现板上诊断。回环模式下,根据 USART 接口引脚不连接或连接分别配置为内部或外部回环。

① 自动回应模式

自动回应模式允许一位一位地重发。RXD 引脚收到一位后,将它发送到 TXD 引脚,如图 10 - 43 所示。对发送器编程不影响 TXD 引脚,RXD 引脚仍与接收器输入连接,因此接收器保持激活状态。

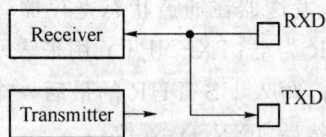

图 10 - 43 自动回应模式配置

② 本地回环模式

本地回环模式下，发送器输出直接与接收器输入连接，如图 10 - 44 所示。TXD 与 RXD 引脚未使用。RXD 引脚对接收器无效，而 TXD 引脚与空闲状态一样，始终为高。

③ 远程回环模式

远程回环模式下，直接将 RXD 引脚与 TXD 引脚连接，如图 10 - 45 所示。对发送器与接收器的禁止无效。该模式允许一位一位地重传。

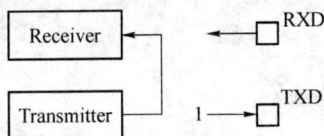

图 10 - 44 本地回环模式配置   图 10 - 45 远程回环模式配置

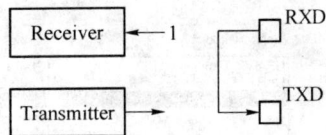

10.3.3 应用程序设计

1. 设计要求

➤ 实现 PC 机串口与开发板的 UART 串口的通信；通过 PC 超级终端开发板的串口送字符，开发板上的串口将收到的字符再传回给 PC，在超级终端上显示其串口接收到的字符。

➤ 实现 PC 机串口与开发板的串口 USART 的通信；通过 PC 超级终端开发板的串口送字符，开发板上的串口将收到的字符再传回给 PC，在超级终端上显示其串口接收到的字符。

➤ 另外对 USART 实现接收速度和接收总字节数测试。

2. 硬件设计

由于 EM-SAM3U 开发板上 UART 和 USART 接口已配备好了，该例程不需要额外电路设计。只需用一根 RS232 串行通信线将开发板的 UART(J2)或 USART(J3)与 PC 机的串口相连即可。

3. 软件设计

根据任务要求，程序内容主要包括：

➤ 初始化 UART 或 USART。

➤ 检测串口接收器（UART 或 USART），如果有数据则通过 PDC 将数据接收并放入接收缓冲区；并将收到的字符通过串口发送给 PC 机。

➢ 针对 USART,还要配置 TC0,使产生秒中断,以测试接收速度和接收总字节数。

由于本实例将 USART 和 UART 例程放在了一起,因此这个工程下有 2 个不同的工程目标 USART_Test 和 UART_Test。这里可以通过 Project-Manage-Components,Enbironment and Books 来配置多个不同的工程目标,如图 10 - 46 所示。

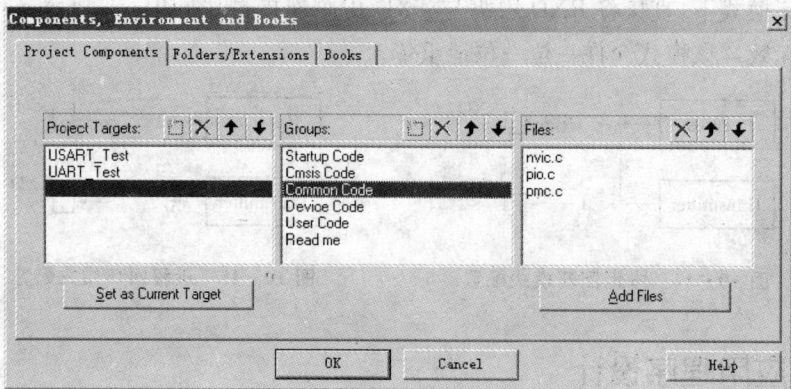

图 10 - 46 配置不同的工程目标

这样可以让一个工程有不同的配置,可以轻松进行选择,非常便于开发和调试,如图 10 - 47 所示。

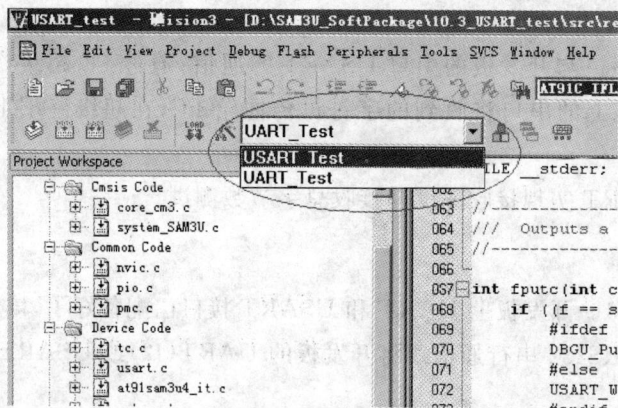

图 10 - 47 选择不同的工程目标

USART_Test 和 UART_Test 这 2 个工程目标的源文件是完全相同的,只有其编译配置有所不同(如图 10 - 48 所示),UART_Test 工程目标加入一个预处理符号"DBGU"。这个和程序中"♯define DBGU"的作用是一样的,只是可以不修改程序,而是只选择不同工程目标。这个预定义符号的作用,就是为了让编译器根据条件编译 USART 或 UART 相关代码。

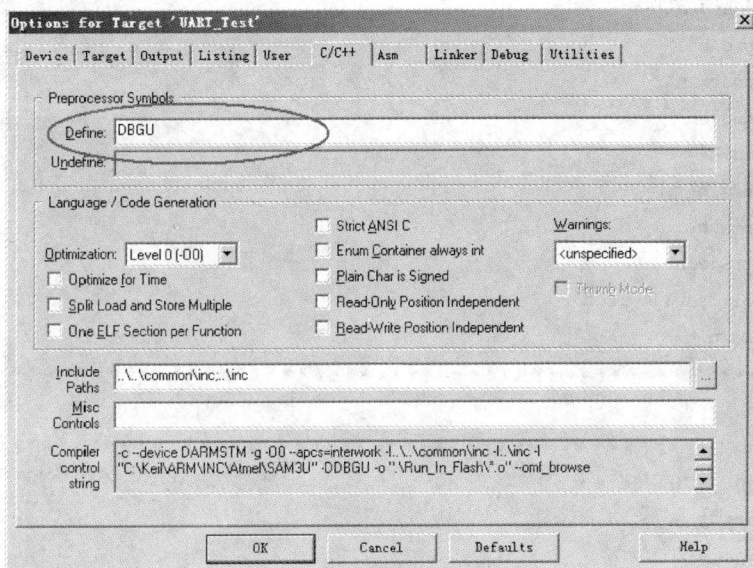

图 10 - 48　预处理符号定义

整个工程主要包含 5 个源文件：usart. c、retarget. c、tc. c、at91sam3u4_it. c 和 main. c。其中：

➤ usart. c 中主要是 USART 配置及驱动函数。

➤ retarget. c 主要是终端重定向函数，将 fputc 输出定向到 USART 或 UART。

➤ tc. c 中为 Timer Counter 配置及驱动函数。

➤ at91sam3u4_it. c 中则是 USART 和 TC0 的中断处理函数。

➤ main. c 中包括 UART 配置函数和 TC0 配置函数，main()函数则用于初始化系统并与 PC 超级终端交互。

main. c 参考程序如下：

```
/****************************************************
* 文件名：main.c
* 作者 : Wuhan R&D Center, Embest
* 描述 : Main program body
*****************************************************/
/****************************************************
*     Headers
*****************************************************/
# include <stdio. h>
# include <stdarg. h>
```

```
# include "board. h"
# include "pio. h"
# include "usart. h"
# include "dbgu. h"
# include "tc. h"
# include "irq. h"
# include "pmc. h"
# include "trace. h"
# include "at91sam3u4_it. h"
# include "main. h"
/************************************************************************
*    Types
************************************************************************/
/* DBGU 使用的 PIO 引脚 */
const Pin pins[] = {
    PINS_DBGU,
    BOARD_PIN_USART_RXD,
    BOARD_PIN_USART_TXD,
    BOARD_PIN_USART_CTS,
    BOARD_PIN_USART_RTS
};

/* 接收缓冲区 */
unsigned char pBuffer[BUFFER_SIZE];
/************************************************************************
*    Local definitions
************************************************************************/
/* 每秒最大字节数(强制使用 CTS 引脚) */
# define MAX_BPS        500

# define ESC            27

/* PDC 使用的接收缓冲区大小,单位为 byte */
# define BUFFER_SIZE    1
/************************************************************************
*    Local functions
************************************************************************/
/************************************************************************

*  @brief DBGU(UART)配置
*  @param mode 操作模式.
*  @param baudrate 波特率(如 115200).
```

```
  * @param mck 系统主频,单位 Hz
  * @return 无
  * 用所给的参数初始化 DBGU,并且允许发送器和接收器
  ********************************************************************/
void DBGU_Configure(
    unsigned int mode,
    unsigned int baudrate,
    unsigned int mck)
{
    /* 复位并禁止接收器和发送器,禁止中断 */
    AT91C_BASE_DBGU->DBGU_CR = AT91C_US_RSTRX | AT91C_US_RSTTX;
    AT91C_BASE_DBGU->DBGU_IDR = 0xFFFFFFFF;

    /* 配置波特率 */
    AT91C_BASE_DBGU->DBGU_BRGR = mck / (baudrate * 16);

    /* 配置模式寄存器 */
    AT91C_BASE_DBGU->DBGU_MR = mode;

    /* 禁止 DMA 通道 */
    AT91C_BASE_DBGU->DBGU_PTCR = AT91C_PDC_RXTDIS | AT91C_PDC_TXTDIS;

    /* 允许接收器和发送器 */
    AT91C_BASE_DBGU->DBGU_CR = AT91C_US_RXEN | AT91C_US_TXEN;
}

/********************************************************************
  * @brief 输出一个字符送至 DBGU(UART)
  * @param c 待发送的字符.
  * @return 无
  * 注:此功能是同步的(例如:使用轮询)
  ********************************************************************/
void DBGU_PutChar(unsigned char c)
{
    /* 等待发送器就绪 */
    while ((AT91C_BASE_DBGU->DBGU_CSR & AT91C_US_TXEMPTY) == 0);

    /* 发送字符 */
    AT91C_BASE_DBGU->DBGU_THR = c;

    /* 等待发送完成 */
    while ((AT91C_BASE_DBGU->DBGU_CSR & AT91C_US_TXEMPTY) == 0);
}
/********************************************************************
```

```
 * @brief 查询 DBGU(UART)接收是否已完成
 * @param 无.
 * @return 1 可以从 DBGU 读取一个字符
 *     0 DBGU 接收未就绪
 * 查询是否可以从 DBGU(UART)读取一个字符
 ****************************************************************/
unsigned int DBGU_IsRxReady()
{
    return (AT91C_BASE_DBGU->DBGU_CSR & AT91C_US_RXRDY);
}


/****************************************************************
 * @brief 从 DBGU 读取并返回一个字符
 * @param 无.
 * @return 从 DBGU 读取的字符
 ****************************************************************/
unsigned char DBGU_GetChar(void)
{
    while ((AT91C_BASE_DBGU->DBGU_CSR & AT91C_US_RXRDY) == 0);
    return AT91C_BASE_DBGU->DBGU_RHR;
}
/****************************************************************
 * @brief 配置 USART
 * @param   无
 * @return   无
 * 配置 USART 工作在硬件握手模式,异步,8 位数据位,1 位停止位,无奇偶校验,
 * 波特率 115 200,并且允许发送器和接收器
 ****************************************************************/
void ConfigureUsart(void)
{
    unsigned int mode = AT91C_US_USMODE_NORMAL
                      | AT91C_US_CLKS_CLOCK
                      | AT91C_US_CHRL_8_BITS
                      | AT91C_US_PAR_NONE
                      | AT91C_US_NBSTOP_1_BIT
                      | AT91C_US_CHMODE_NORMAL;

    /* 配置引脚 */
    PIO_Configure(pins, PIO_LISTSIZE(pins));

    /* 允许 USART 时钟 */
```

```
    PMC_EnablePeripheral(BOARD_ID_USART);

    /* 配置 USART */
    USART_Configure(BOARD_USART_BASE, mode, 115200, BOARD_MCK);

    /* 配置 RXBUFF 中断 */
    IRQ_ConfigureIT(BOARD_ID_USART, 0, USART1_IRQHandler);
    IRQ_EnableIT(BOARD_ID_USART);

    /* 允许接收器和发送器 */
    USART_SetTransmitterEnabled(BOARD_USART_BASE, 1);
    USART_SetReceiverEnabled(BOARD_USART_BASE, 1);
}
/* *************************************************************************
 * @brief 配置 TC0
 * @param    无
 * @return   无
 * 配置 Timer Counter 0(TC0)使每秒产生一次中断
 * ***********************************************************************/
void ConfigureTc0(void)
{
    unsigned int div, tcclks;

    /* 允许 TC0 外设时钟 */
    PMC_EnablePeripheral(AT91C_ID_TC0);

    /* 配置 TC0 秒滴答 1s ( = 1Hz) */
    TC_FindMckDivisor(1, BOARD_MCK, &div, &tcclks);
    TC_Configure(AT91C_BASE_TC0, tcclks | AT91C_TC_CPCTRG);
    AT91C_BASE_TC0 ->TC_RC = (BOARD_MCK / (2 * div));

    /* 配置 RC 比较中断 */
    IRQ_ConfigureIT(AT91C_ID_TC0, 0, TC0_IRQHandler);
    AT91C_BASE_TC0 ->TC_IER = AT91C_TC_CPCS;
    IRQ_EnableIT(AT91C_ID_TC0);
}
/* *************************************************************************
 * @brief 显示目录
 * @param 无
 * @return 无
 * ***********************************************************************/
void DisplayMenu(void)
{
```

```
    printf(" -- Menu:\n\r");
    printf("    1: Press any key to process pressing key test! \n\r");
    printf("    2: Press 'ESC' to exit! \n\r");
}

/* *************************************************************************
 * @brief main 函数
 * @param   无
 * @return  无
 ************************************************************************* */
int main(void)
{
    unsigned char key;

    SystemInit();

#ifdef DBGU
    /* 允许 DBGU 时钟 */
    PMC_EnablePeripheral(BOARD_DBGU_ID);
    TRACE_CONFIGURE(DBGU_STANDARD, 115200, BOARD_MCK);
#else
    /* 配置 USART */
    ConfigureUsart();
#endif
    printf(" -- Basic USART/UART Project %s -- \n\r", SOFTPACK_VERSION);
    printf(" -- %s\n\r", BOARD_NAME);
    printf(" -- Compiled: %s %s -- \n\r", __DATE__, __TIME__);
    printf(" -- SystemFrequency = %d -- \n\r", SystemFrequency);

#ifdef DBGU
    printf(" -- UART TEST! \n\r");
    printf(" -- Please Input Character From Keyboard \r\n");
    while (1)
    {
        key = DBGU_GetChar();
        printf(" %c", key);
    }
#else
    printf(" -- USART TEST! \n\r");
    DisplayMenu();
    do
    {
```

```
        key = USART_Read(BOARD_USART_BASE, 0);
        printf(" % c", key);
    } while(key ! = 27);

    /* 配置 TC0 秒中断 */
    ConfigureTc0();

    /* 开始接收数据并且启动 timer */
    USART_ReadBuffer(BOARD_USART_BASE, pBuffer, BUFFER_SIZE);
    BOARD_USART_BASE - >US_IER = AT91C_US_RXBUFF;
    TC_Start(AT91C_BASE_TC0);

    printf("\n\r-- Test OK! --\n\r");
    while (1);
#endif
}
```

at91sam3u4_it.c 参考程序如下：

```
/********************************************************
 * 文件名：at91sam3u4_it.c
 * 作者：Wuhan R&D Center, Embest
 * 描述：Exception Handlers
 ********************************************************/
/********************************************************
 *      Headers
 ********************************************************/
# include <stdio.h>
# include "board.h"
# include "usart.h"
# include "tc.h"
# include "at91sam3u4_it.h"
# include "main.h"
/********************************************************
 *      Types
 ********************************************************/
extern unsigned char pBuffer[BUFFER_SIZE];

/*两次滴答间隔间接收的字节数*/
volatile unsigned int bytesReceived = 0;

/*字符串缓冲区*/
char pString[24];
/********************************************************
```

```
*       Exception Handlers
************************************************************************/
/*************************************************************************
 * @brief USART1 中断函数
 * @param 无
 * @return 无
 ************************************************************************/
void USART1_IRQHandler(void)
{
    unsigned int status;

    /* 读状态寄存器 */
    status = BOARD_USART_BASE->US_CSR;

    /* 接收缓冲满 */
    if ((status & AT91C_US_RXBUFF) == AT91C_US_RXBUFF)
    {
        bytesReceived += BUFFER_SIZE;

        /* 如果 BPS 不够高,重启动传输 */
        if (bytesReceived < MAX_BPS)
        {
            USART_ReadBuffer(BOARD_USART_BASE, pBuffer, BUFFER_SIZE);
        }
        /* 否则禁止中断 */
        else
        {
            BOARD_USART_BASE->US_IDR = AT91C_US_RXBUFF;
        }
    }
}

/*************************************************************************
 * @brief TC0 中断函数
 * @param 无
 * @return 无
 * 显示每秒接收字节数和总接收字节数,如果 USART 停止则重启动读传输
 ************************************************************************/
void TC0_IRQHandler(void)
{
    unsigned int status;
    static unsigned int bytesTotal = 0;
```

```
NVIC_ClearPendingIRQ((IRQn_Type)AT91C_ID_TC0);

    /* 读 TC0 状态寄存器 */
    status = AT91C_BASE_TC0->TC_SR;

    /* RC 比较 */
    if ((status & AT91C_TC_CPCS) == AT91C_TC_CPCS) {

        /* 显示提示信息 */
        bytesTotal += bytesReceived;
        sprintf(pString, "Bps: %4u; Tot: %6u\r", bytesReceived, bytesTotal);
        USART_WriteBuffer(BOARD_USART_BASE, pString, sizeof(pString));
        bytesReceived = 0;

        /* 恢复传输 */
        if (BOARD_USART_BASE->US_RCR == 0) {

            USART_ReadBuffer(BOARD_USART_BASE, pBuffer, BUFFER_SIZE);
            BOARD_USART_BASE->US_IER = AT91C_US_RXBUFF;

        }

    }

}
```

retarget.c 参考程序如下：

```
/*************************************************************
* 文件名：retarget.c
* 作者 ：Wuhan R&D Center, Embest
* 描述 ：retarget the fputc()
*************************************************************/
/*************************************************************
*       Headers
*************************************************************/
#include <stdio.h>

#include "dbgu.h"
#include "board.h"
#include "usart.h"

// Disable semihosting
#pragma import(__use_no_semihosting_swi)

struct __FILE { int handle;};
FILE __stdout;
FILE __stderr;
//----------------------------------------------------------
```

```
// Outputs a character to a file
//------------------------------------------------------------
int fputc(int ch, FILE * f) {
  if((f == stdout) || (f == stderr)) {
    # ifdef DBGU
    DBGU_PutChar(ch);
    # else
    USART_Write(BOARD_USART_BASE, ch, 0);
    # endif
    return ch;
  }
  else {
    return EOF;
  }
}
//------------------------------------------------------------
// Returns the error status accumulated during file I/O
//------------------------------------------------------------
int ferror(FILE * f) {
  return EOF;
}

void _ttywrch(int ch) {
  # ifdef DBGU
  DBGU_PutChar((unsigned char)ch);
  # else
  USART_Write(BOARD_USART_BASE, ch, 0);
  # endif
}

void _sys_exit(int return_code) {
  label: goto label; /* endless loop */
}
```

(4) 运行过程

① 使用 Keil uVision 3 通过 ULINK 2 仿真器连接实验板,打开实验例程目录 10.3_US-ART_test 目录 project 子目录下的 USART_test. Uv2 例程,编译链接工程。

② 使用 EM-SAM3U 开发板附带的串口线,连接开发板上的串口接口(USART_test:J3 或 UART_test:J2)和 PC 机的串口。

③ 在 PC 机上运行 Windows 自带的超级终端串口通信程序(波特率 115200、1 位停止位、

无校验位、无硬件流控制）；或者使用其它串口通信程序，例如 DWN。

④ 选择硬件调试模式，打开 MDK 的 Debug 菜单，选择 Start/Stop Debug Session 项或按 Ctrl＋F5 键，远程连接目标板并下载调试代码到目标系统中。注意，选择不同工程目标在下载调试之前，必须先进行全部编译。

⑤ 例程正常运行之后会在超级终端显示以下信息。

对于 USART_Test，复位之后：

```
-- Basic USART/UART Project 1.6RC1 --
-- EM - SAM3U
-- Compiled：Aug 6 2009 10：28：32 --
-- SystemFrequency = 84000000 --
-- USART TEST!
-- Menu：
      1：Press any key to process pressing key test!
      2：Press 'ESC' to exit!
}
```

在 PC 机的键盘上任意输入的字符，将通过 USART 在超级终端上显示。

输入的是 ESC 键，则退出 USART 按键测试，进行测速与传送字节数测试：

```
-- Test OK! --
Bps：0；Total：0
Bps：0；Total：0
Bps：0；Total：0
```

通过超级终端发送一个文本文件，则传输开始后，设备会更新 Bps 和 Tot 值：

```
Bps：0；Total：0
Bps：11；Total：11
Bps：0；Total：11
Bps：0；Total：11
```

对于 UART_Test，复位之后：

```
-- Basic USART/UART Project 1.6RC1 --
-- EM - SAM3U
-- Compiled：Aug 6 2009 10：34：58 --
-- SystemFrequency = 84000000 --
-- UART TEST!
-- Please Input Character From Keyboard
```

在 PC 机的键盘上任意输入字符，将通过 UART 在超级终端上显示。

⑥ 也可选择软件调试模式，打开 MDK 的 Debug 菜单，选择 Start/Stop Debug Session 项或按 Ctrl＋F5 键，在串行窗口中也可看到以上超级终端中所显示的相同内容。

10.4　电源管理 SUPC

10.4.1　SAM3U 处理器的电源供给

SAM3U 系列产品有几类电源供给引脚：

➤ VDDCORE 引脚：给提供内核供电，包括处理器、嵌入式存储器和外设；电压范围为 1.62～1.95 V。

➤ VDDIO 引脚：给外设 I/O 线供电；电压范围为 1.62～3.6 V。

➤ VDDIN 引脚：给电压调节器供电。

➤ VDDOUT 引脚：电压调节器输出引脚。

➤ VDDBU 引脚：给慢时钟晶振和一部分系统控制器供电；电压范围为 1.62～3.6 V。且 VDDBU 必须在 VDDIO 和 VDDCORE 之前被供电，或同时它们给供电。

➤ VDDPLL 引脚：给 PLL A、UPLL 和 12MHz 振荡器供电；电压范围为 1.62～1.95V。

➤ VDDUTMI 引脚：给 UTMI＋接口供电；电压范围为 3.0～3.6 V，标称值为 3.3 V。

➤ VDDANA 引脚：给 ADC 单元供电；电压范围为 2.4～3.6 V。

➤ VDDCORE 和 VDDIO 这两个供电引脚共用一个接地引脚 GND。

VDDBU、VDDPLL、VDDUTMI 和 VDDANA 分别有各自独立的接地引脚，这些地线引脚分别是 GNDBU、GNDPLL、GNDUTMI 和 GNDANA。

SAM3U 内部的电压调节器由供电控制器 SUPC（SUPC，Supply Controller）控制。SAM3U 的供电方式可以有多种：单电源供电、核由外部供电或者使用备用电源。

SAM3U 除了正常工作模式之外，还有以下 3 种低功耗模式。

(1) 备份模式

备份模式的目的是尽可能地让处理器功耗达到最低，备份模式下可以执行周期性唤醒，但不能实现快速启动（＜0.5 ms）。该模式下，电源控制器、零功耗上电复位部件、RTT、RTC、备份寄存器和 32 kHz 振荡器（由电源控制器来选择是 RC 或是晶体振荡器）运行，电压调节器和核电源关闭。

备份模式是基于 Cortex-M3 深度睡眠模式的，这种模式下电压调节器被禁止。SAM3U 系列处理器可以通过 FWUP 引脚、WUP0～WUP15 引脚、BOD、RTT 或者 RTC 唤醒事件从该模式中唤醒，此模式下典型的电流值为 2.5 μA。

通过 WFE 指令设置 System Contol 寄存器的 SLEEPDEEP 位，可让系统进入备份模式。

当发生以下事件时,系统将从备份模式退出:

> FWUP 引脚(低电平,可配置防抖动)。

> WKUPEN0~15 引脚(边沿,可配置防抖动)。

> BOD 报警。

> RTC 报警。

> RTT 报警。

(2) 等待模式

等待模式的目的是让设备均处于有电状态时功耗达到最低,等待模式可以实现 10 μs 以内的快速启动。等待模式下核外设和存储器的时钟均停止运行,但仍保持对核、外设和存储器的电源供给,因此可从此模式中快速启动。

通过等待事件(WFE)指令和设置 LPM = 1(PMC_FSMR 中的低功耗模式位)可进入该模式。通过处理外部事件或内部事件能够唤醒 Cortex-M3 核。通过配置外部引脚 WUP0~WUP15(快速启动)、RTC 或 RTT 报警和 USB 唤醒事件可唤醒 CPU(从 WFE 中退出)。

等待模式中,如果使用内部电压调节器,电流的典型消耗值是 15 μA(VDDIN 上);如果使用内部电压调节器,电流的典型消耗值是 8 μA(VDDCORE 上)。

进入等待模式的步骤如下:

① 选择 4/8/12 MHz 快速 RC 振荡器作为主时钟;

② 设置 PMC 快速启动模式寄存器(PMC_FSMR)的 LPM 位;

③ 处理器执行 WFE 指令。

注意:在写 MOSCRCEN 位和有效进入等待模式之间需要内部主时钟重同步周期。根据用户应用程序的需求,可建议先清除 MOSCRCEN 位,这是为了确保内核不执行非期望的指令。

(3) 休眠模式

休眠模式的目的是为优化设备功耗和响应时间之比。该模式中处理器时钟停止运行,外设时钟可被允许。通过等待中断(WFI)或等待事件指令(WFE)和设置 LPM =0 可以进入该模式。中断(如果用了 WFI 指令)或事件(如果用了 WFE 指令)可唤醒处理器。

10.4.2 概 述

供电控制器(SUPC,Supply Controller)控制系统核的供电电压,管理备份低功耗模式,其结构如图 10-49 所示。在备份低功耗模式下,电流消耗减小到几个毫安,仅保留用以保持备份的电源。有多种唤醒源用于退出这种模式,包括 FWUP 或 WKUP 引脚上的事件,或者时钟报警。SUPC 可通过选择低功耗 RC 振荡器或者低功耗晶体振荡器来产生慢时钟。

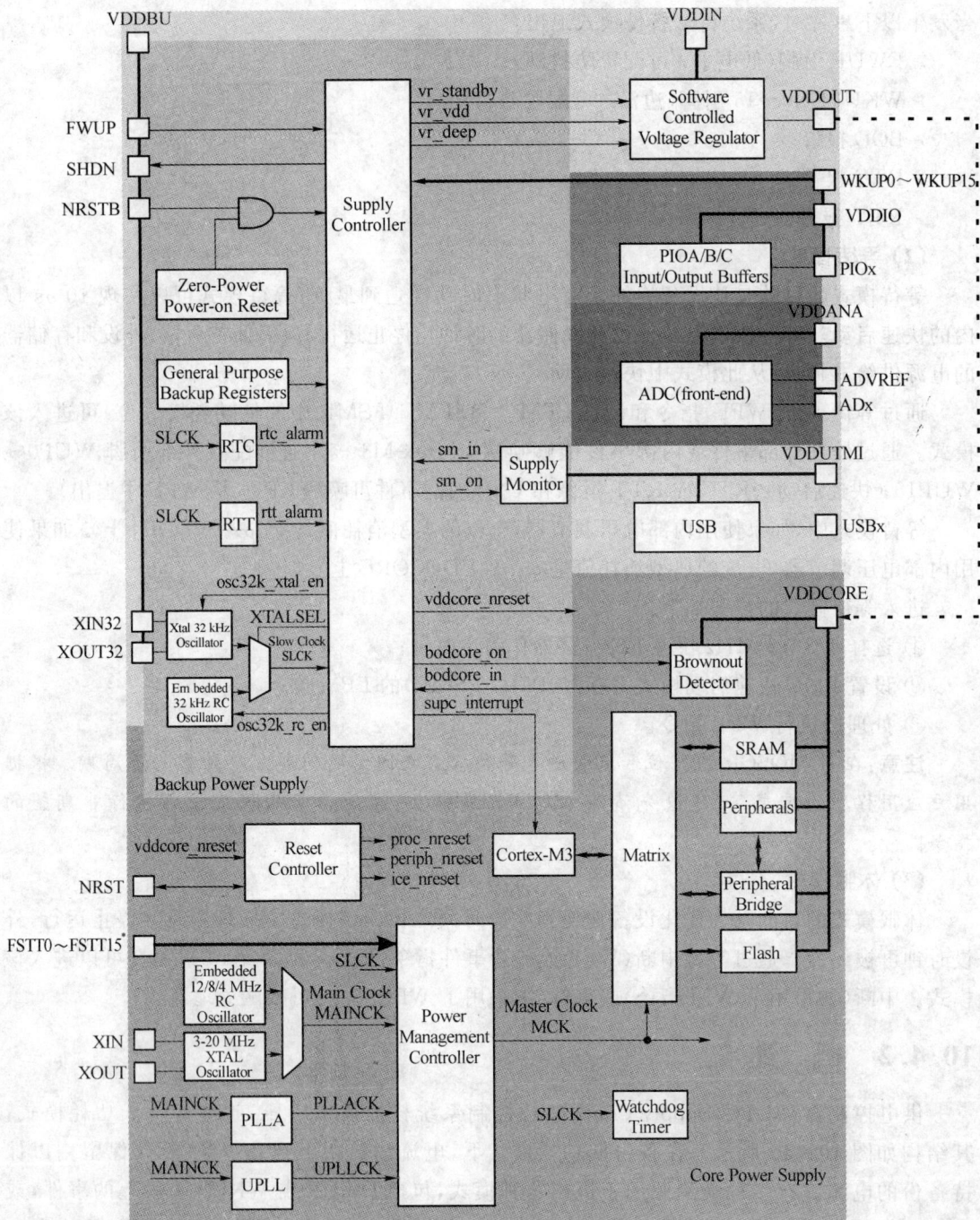

注: * FSTT0～FSTT15是快速启动源，由WKUP0～WKUP15引脚产生。

图 10-49　供电控制器框图

SUPC 的用户接口如表 10 - 11 所列,其基地址为 0x400E1210,详细介绍可查阅 SAM3U 芯片数据手册。

表 10 - 11　SUPC 寄存器映射

偏　移	寄存器	名　称	访问类型	复位值
0x00	供电控制器控制寄存器	SUPC_CR	只写	N/A
0x04	供电控制器供电监视器模式寄存器	SUPC_SMMR	读/写	0x00000000
0x08	供电控制器模式寄存器	SUPC_MR	读/写	0x00005A00
0x0C	供电控制器唤醒模式寄存器	SUPC_WUMR	读/写	0x00000000
0x10	系统控制器唤醒输入寄存器	SUPC_WUIR	读/写	0x00000000
0x14	供电控制器状态寄存器	SUPC_SR	只读	0x00000800
0x18	保留			

10.4.3　功能描述

SUPC 可分为 2 个电源供电区域:

备份电源供电区域——包括 SUPC、复位控制器的一部分、慢时钟切换、通用备份寄存器、电源监视器、实时定时器 RTT 和实时钟单元 RTC。

核电源供电区域——包括复位控制器的另一部分、低电压检测器、处理器、SRAM 存储器、Flash 存储器和外设。

SUPC 控制核心电源电压的供电。当备份电压上升(系统启动时)或者进入备份低功耗模式时,SUPC 将起作用。

SUPC 集成了一个慢时钟生成器,该时钟生成器基于一个 32 kHz 的晶体振荡器和一个内嵌的 32 kHz 的 RC 振荡器。默认是由 RC 振荡器提供慢时钟,但是可以通过软件编程允许晶体振荡器工作,并选择其为慢时钟源。

1. 慢时钟生成器

SUPC 中内嵌一个由备份电源供电的慢时钟发生器。一旦备份电源提供电源,晶体振荡器和内置 RC 振荡器均被上电,但只有内置 RC 振荡器启用。

用户可以选择晶体振荡器作为慢时钟发生器的源,因为它提供更精确的频率。可通过将 SUPC 控制寄存器(SUPC_CR)的 XTALSEL 位置 1 来进行设置。它将导致首先启动晶体振荡器,等待 32 768 个慢时钟周期,随后切换到晶体振荡器输出,然后禁用 RC 振荡器以节能。慢时钟资源切换是无干扰的。当切换序列完成,SUPC 状态寄存器的 OSCSEL 位置位。

仅通过切断备份电源供电才可能返回到使用 RC 振荡器。如果用户不需要晶体振荡器,XIN 和 XOUT 引脚可以不连接。用户也可以将晶体振荡器设置为工作于旁路模式,这样不需要连接一个石英晶体,在这种情况下用户必须给 XIN 引脚提供一个外部时钟信号。使用旁路模式,须将 SUPC 的模式寄存器的 OSCBYPASS 位设置为 1。

2. 稳压器控制/备份低功耗模式

SUPC 可以用来控制内嵌的 1.8 V 稳压器。稳压器根据所需负载电流,自动调整其静态电流。程序员可以关闭稳压器,然后通过将 SUPC 控制寄存器的 VROFF 位置 1 使设备处于备份状态。同样可以通过执行 Cortex-M3 指令 WFI 或者 WFE 进入备份模式。设置 Cortex-M3 系统控制寄存器的 SLEEPONEXIT 位,可以选择备份模式的进入机制,有 2 种选项:

立即睡眠(**Sleep-now**)——如果 SLEEPONEXIT 位被清零,执行 WFI 或者 WFE 指令之一,则设备就进入备份模式。

退出后睡眠(**Sleep-on-exit**)——如果 SLEEPONEXIT 被置位,执行 WFI 指令后,一旦退出最低优先级的中断服务程序,则立刻进入备份模式。

这将在最后写指令的同步时间之后使 vddcore_nreset 信号有效,最多 2 个慢时钟周期。一旦 vddcore_nreset 信号有效,在内核电源关闭前的一个慢时钟周期之内,处理器和外设将停止工作。

3. 使用备份电池/备份电源

本产品可使用也可不使用备份电池,或者更一般的备份电源。

在使用分离备份电源 VDDBU 时,在备份模式下只提供 VDDBU 电源,且没有其它外部电源提供电源。这种情况下,至少在 VDDIO 供电被取消前的 2 个慢时钟周期之前,用户需要清除 SUPC 模式寄存器(SUPC_MR)的 VDDIORDY 位。当从备份模式唤醒时,程序员需要对 VDDIORDY 位置位。

当不使用分离备份电源 VDDBU 时,外部电源给 VDDIO 提供电压,所有的 I/O 配置(例如 WKUP 引脚配置)保持为备份模式。当没有使用备份电池时,VDDIORDY 已置位,因此用户无须对它编程。

4. 供电监视器

SUPC 内嵌了一个供电监视器,位于备份电源区,用于监视 VDDUTMI 电源。如果主电源低于某一水平,供电监视器能够阻止处理器进入一个不可预知的状态。供电监视器的阈值是可编程的,可从 1.9 V 到 3.4 V,阈值通过 SUPC 供电监视器模式寄存器(SUPC_SMMR)的 SMTH 域编程来设置,设置的步进值为 100 mV。

通过对 SUPC_SMMR 寄存器的 SMSMPL 域编程,用户可以选择,在每 32、256 或 2 048 个慢时钟周期中有一个慢时钟周期内供电监视器是有效的。

如果用户没有必要连续监视 VDDUTMI 电压,可增大允许供电监视器的分频值,典型的供电监视器参数为 32、256、2 048。

供电监视器检测事件能够产生一个对内核电源的复位或者对内核电源的唤醒。若 SUPC_ SMMR 寄存器的 SMRSTEN 位为 1 时,当发生供电监视器检测事件时将产生内核复位。如果 SUPC 唤醒模式寄存器(SUPC_WUMR)的 SMEN 位置 1,当电源监视器检测事件发生时将产生对内核电源的唤醒。

SUPC 为电源监视器在供电控制状态寄存器中提供了 2 个状态位,用于检查上一次的唤醒是否由电源监视器所致:

➤ 若连续测量,SMOS 位提供实时信息,该位在每个测量周期或者慢时钟周期更新。

➤ SMS 位提供保存的信息,并且显示自从上次读 SUPC_SR 以来电源监视检测事件是否发生过。

如果 SUPC 电源监视模式寄存器(SUPC_SMMR)的 SMIEN 位为 1,则置位 SMS 位会产生一个中断。

5. 备份电源供电复位

(1) 备份电源电压的上升

一旦备份电压 VDDBU 上升,则 RC 振荡器上电,只要 VDDBU 没有达到目标电压则零功耗上电复位单元维持输出为低。在这段时间内,SUPC 完全复位。当备份电压 VDDBU 变为有效且零功耗上电复位信号释放,则开始计数 5 个慢时钟周期,这段时间用于 32K RC 振荡器的稳定。

这个时间之后,SHDN 引脚有效并且稳压器被允许。内核电压上升,且当内核电压 VDDCORE 有效时低电压检测器提供 bodcore_in 信号。在 bodcore_in 信号有效至少 1 个慢时钟周期后,释放给复位控制器的 vddcore_nreset 信号,如图 10 - 50 所示。

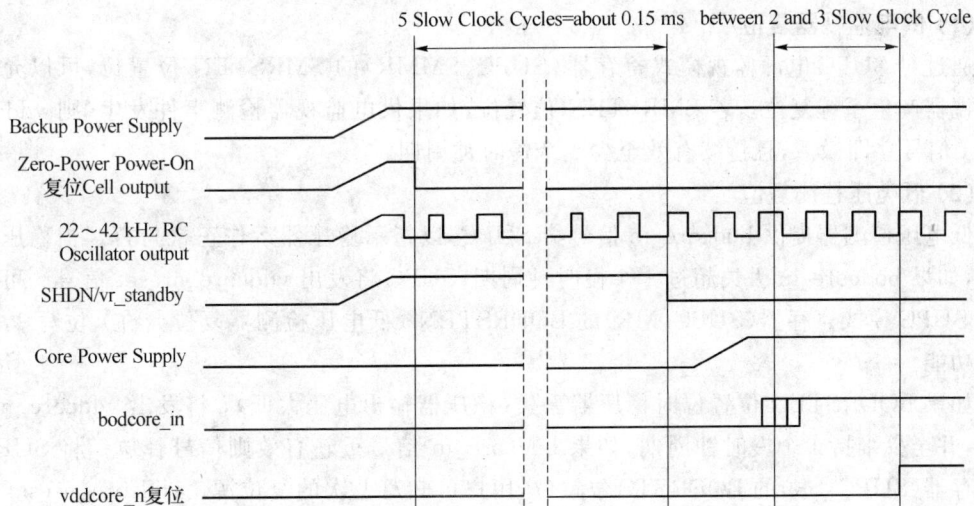

图 10 - 50 备份电源电压的上升

(2) NRSTB 异步复位引脚

NRSTB 引脚是一个异步复位输入，它的功能非常像零功耗上电复位单元。一旦 NRSTB 接地，SUPC 复位并产生整个系统的复位，如图 10-51 所示。

当 NRSTB 时被释放，系统将启动，操作过程如上面"备份电源电压的上升"所描述。在上电复位系统阶段 NRSTB 引脚不需要驱动，它通过零功耗上电单元提供。

(3) SHDN 输出引脚

SHDN 输出引脚行为如图 10-51 所示，可利用 SHDN 引脚去控制外部稳压器的关闭功能。

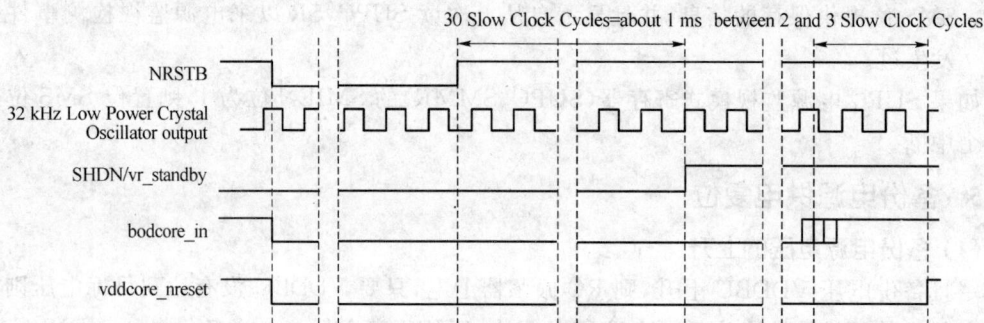

图 10-51　NRSTB 引脚复位时序

6. 内核复位

SUPC 给复位控制器提供 vddcore_nreset 信号。正常情况下，在关闭内核电源之前 vddcore_nreset 信号有效，一旦内核电源正常则释放 vddcore_nreset 信号。通过编程还可以设置其它两个源来激活 vddcore_nreset：电源监视器检测事件和低电压检测事件。

(1) 供电监视器复位

通过对 SUPC 电源监视模式寄存器（SUPC_SMMR）的 SMRSTEN 位置位，可以允许供电监视器产生系统复位。若 SMRSTEN 位置位，如果供电监视器检测事件发生，则 vddcore_nreset 信号立即激活，且持续有效至少 1 个慢时钟周期。

(2) 低电压检测复位

低电压检测器提供 bodcore_in 信号给 SUPC，以指示稳压器运作正常与否。当稳压器允许时，如果 bodcore_in 丢失超过 1 个慢时钟周期，SUPC 将发出 vddcore_nreset 信号。可以通过对 SUPC 模式寄存器（SUPC_MR）的 BODRSTEN（低电压检测器复位允许）位写 1，来允许此功能。

如果 BODRSTEN 位置位时稳压器丢失（稳压器输出电压太低），将发出 vddcore_nreset 信号，并至少维持 1 个慢时钟周期，如果 bodcore_in 信号重新有效则信号释放。将 SUPC 状态寄存器（SUPC_SR）的 BODRSTS 位置位，用户可知道上次的复位源。vddcore_nreset 保持有效直到 bodcore_in 信号重新有效。

7. 唤醒源

唤醒事件允许设备退出备份模式。当检测到一个唤醒事件时,SUPC 自动执行重新允许内核电源的操作。唤醒源如图 10-52 所示,可以分为强制唤醒、唤醒输入、时钟报警和供电检测器唤醒。

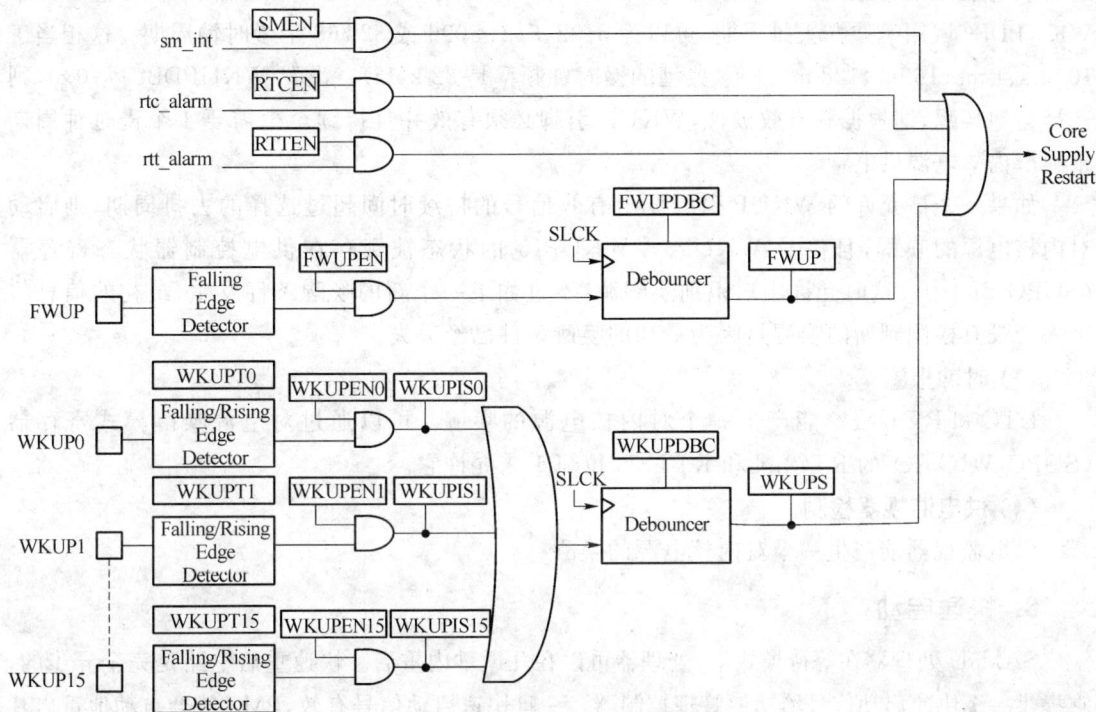

图 10-52   唤醒源

(1) 强制唤醒

通过写 SUPC 唤醒模式寄存器(SUPC_WUMR)的 FWUPEN 位为 1,可将 FWUP 引脚设置为唤醒源,同一个寄存器的 FWUPDBC 域设置去抖周期,可以设置 3、32、512、4 096 或者 32 768 个慢时钟周期。这相当于 $100~\mu s$、1 ms、16 ms、128 ms、1 s(典型的慢时钟频率是 32 kHz)。设置 FWUPDBC 为 0x0,则选择立即唤醒,即 FWUP 必须持续有效 1 个慢时钟周期来唤醒核电源供电。

如果 FWUP 引脚持续有效时间超过去抖周期,则启动对内核电源的唤醒,供电控制器状态寄存器(SUPC_SR)的 FWUP 位被置位,并且保持为高直到该寄存器被读。

(2) 唤醒输入

唤醒输入 WKUP0~WKUP15 都能通过编程设置为一个产生对内核供电单元的唤醒源。

每一个输入可以通过对唤醒输入寄存器（SUPC_WUIR）中相应的位 WKUPEN0～WKUPEN15写 1 来允许。唤醒电平可以通过设置 SUPC_WUIR 寄存器中相应的极性位 WKUPPL0～WKUPPL15 来选择。

由此产生的所有信号经过线或（wired-ORed）去触发一个去抖计数器，去抖计数器可以通过对供电控制器唤醒模式寄存器（SUPC_WUMR）的 WKUPDBC 域编程来设置，其中WKUPDBC域用于选择去抖周期，可以为 3、32、512、4 096 或 32 768 个慢时钟周期。这相当于 $100\,\mu s$、1 ms、16 ms、128 ms、1 s（典型的慢时钟频率是 32 kHz）。设置 WKUPDBC 为 0x0，则选择立即唤醒，即根据其有效极性，WKUP 引脚必须有效并且持续至少需要 1 个慢时钟周期来唤醒内核电源供电。

如果一个被允许的 WKUP 引脚发出有效信号的持续时间超过选择的去抖周期，则启动对内核电源的唤醒，且信号 WKUP0～WKUP15 的状态被锁存在供电控制器状态寄存器（SUPC_SR）中。这时允许用户识别唤醒源，不过如果一个新的唤醒条件发生，最初的信息将丢失。没有检测到新的唤醒是因为最初的唤醒条件已经丢失。

(3) 时钟报警

RTC 和 RTT 报警能产生一个对内核电源的唤醒。可以通过对电源唤醒模式寄存器（SUPC_WUMR）的 RTCEN 和 RTTEN 位写 1 来允许它。

(4) 供电监视器检测

供电监视器能产生一个对内核电源的唤醒。

8. 快速启动

SAM3U 处理器在等待模式下，处理器可以在几微秒内重启。快速重启电路是完全异步的，它提供一个快速启动信号给功耗管理控制器。一旦快速启动信号有效，PMC 就会自动地重启片内 4/8/12 MHz 快速 RC 振荡器，将主时钟转换到 4/8/12 MHz 并重新允许处理器时钟。

快速启动源包括：WKUP0～WKUP15、usb_wakeup、rtc_alarm 和 rtt_alarm。只要检测到这 19 种唤醒输入中有一个为低电平，就能发生快速启动。

10.4.4　应用程序设计

1. 设计要求

① 通过开发板上的 USR-LEFT、USR-RIGHT 按键，让处理器分别进入电源备份模式和等待模式；

② 在电源备份模式下，5 s 后 RTC 自动唤醒，否则通过 FWUP 按键强制唤醒；

③ 在等待模式下，3 s 后通过 RTT 自动唤醒；

④ 正常状态下 2 个 LED 灯同时闪烁，备份模式下仅 D3 灯闪烁，等待模式下仅 D4 灯闪烁。

2. 硬件设计

在 EM-SAM3U 开发板上,按键 USR-LEFT(BP4)与 PA18 相连,按键 USR-RIGHT(BP5)与 PA19 相连,按键 BP4 与 FWUP 连接,LED 灯 D3 与 PB0 相连,LED 灯 D4 与 PB1 相连,如图 10-53 所示。

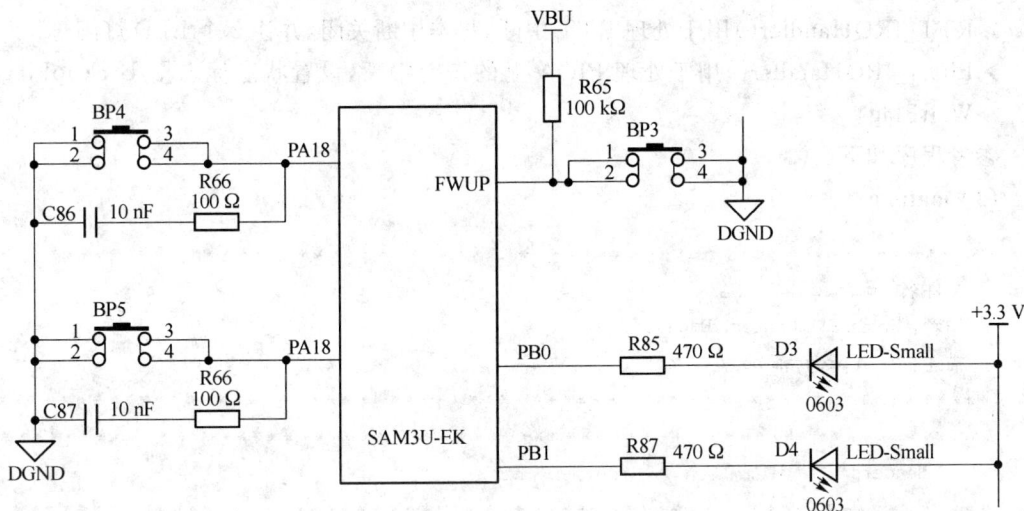

图 10-53 SUPC 应用实例电路图

3. 软件设计

根据任务要求,程序内容主要包括:

➤ 配置 SysTick 计数器,用以产生精确的延时。

➤ 配置用户按键对应的 PIOA 中断和 RTT 中断。

➤ 初始化 LED 对应的 PIO 引脚。

➤ 在进入电源备份域模式前配置 RTC 报警和该模式下的唤醒源,然后进入备份模式。

➤ 进入等待模式前配置 RTT 报警以及允许 RTT 中断唤醒,然后进入备份模式。

整个工程主要包含 2 个源文件:main. c 和 at91sam3u4_it. c。

其中,main. c 的一些主要函数功能如下:

➤ RTC_GetTime()函数用于获取 RTC 时间。

➤ RTC_SetTimeAlarm()函数用于设置 RTC 报警时间。

➤ PWR_EnterWaitMode()函数用于配置 RTT 报警,之后进入等待状态。

➤ PWR_EnterBackupMode()函数用于配置 RTC 报警,之后进入备份状态。

➤ LedBlinky()函数用于闪烁 2 个 LED 灯。

➤ main()函数的功能是：初始化系统、时钟、PIOA 以及相关中断之后，闪烁 LED 灯，轮询状态标志量 BackupFlag 或 WaitFlag，根据状态标志量的调用 PWR_EnterWaitMode() 或 PWR_EnterBackupMode()让处理器进入等待状态或备份状态。

at91sam3u4_it.c 中包含以下 3 个函数：

➤ SysTick_Handler()用于系统滴答时钟中断，用于精确延时。

➤ RTT_IRQHandler()用于处理 RTT 中断，将本中断关闭，并让 2 个 LED 灯闪烁。

➤ PIOA_IRQHandler()用于处理 PIOA 上的按键中断，设置状态标志量 BackupFlag 或 WaitFlag。

参考程序如下：

(1) main. c

```
/****************************************************************
*  文件名：main.c
*  作者：Wuhan R&D Center, Embest
*  描述：Main program body
****************************************************************/
/****************************************************************
*      Headers
****************************************************************/
# include <stdio.h>

# include "board.h"
# include "pio.h"
# include "dbgu.h"
# include "irq.h"
# include "trace.h"
# include "pmc.h"
# include "at91sam3u4_it.h"
/****************************************************************
*      Local definitions
****************************************************************/
/* USER_LEFT 按钮定义 */
# define PIN_USER_LEFT {1 << 18, AT91C_BASE_PIOA, AT91C_ID_PIOA, PIO_INPUT, PIO_DEFAULT}

/* USER_RIGHT 按钮定义 */
# define PIN_USER_RIGHT {1 << 19, AT91C_BASE_PIOA, AT91C_ID_PIOA, PIO_INPUT, PIO_DEFAULT}

/* 用户按键定义 */
# define PIN_USER PIN_USER_LEFT,PIN_USER_RIGHT
/****************************************************************
```

```
*       Types
*****************************************************************/
/* 用户按键 */
static const Pin    pinsUSER[] = {PIN_USER};
const unsigned long led_mask[] = { 1<<0, 1<<1 };

/* SAM3U 开发板上 D2 */
unsigned int led1 = 0;

/* SAM3U 开发板上 D3 */
unsigned int led2 = 1;

volatile unsigned int Led1Flag = 1;
volatile unsigned int Led2Flag = 1;

unsigned int BackupFlag = 0;
unsigned int WaitFlag = 0;
unsigned int WakeUpFlag = 1;
/* 系统滴答计数器 */
volatile unsigned long SysTickCnt;
/*****************************************************************
*       Local functions
*****************************************************************/
/*****************************************************************
* @brief 延迟 ticks 毫秒
* @param ticks 延迟毫秒数
* @return 无
*****************************************************************/
void Delay(unsigned long ticks)
{
    unsigned long systickcnt;

    systickcnt = SysTickCnt;
    while ((SysTickCnt - systickcnt) < ticks);
}
/*****************************************************************
* @brief 初始化 LED 灯
* @param  无
* @return 无
*****************************************************************/
void LedInit(void)
{
    /* 设置引脚 PB0..PB1 */
```

```
    * AT91C_PIOB_PER = 0x03;

    * AT91C_PIOB_OER = 0x03;

    * AT91C_PIOB_PPUDR = 0x03;

    * AT91C_PIOB_OWER = 0x03;

    * AT91C_PIOB_ABSR & = ~0x03;

    /* 2LED 灯置灭,低电平有效 */
    * AT91C_PIOB_SODR = 0x03;
}
/* **********************************************************
 * @brief PA18、PA19 初始化
 * @param    无
 * @return   无
 * *********************************************************/
void PIOA_Init(void)
{
    /* 设置由 PIO 控制器控制 */
    * AT91C_PIOA_PER = (1 << 19 | 1 << 18);
    /* 附加中断模式允许 */
    * AT91C_PIOA_AIMER = (1 << 19 | 1 << 18);
    /* 边缘检测 */
    * AT91C_PIOA_ESR = (1 << 19 | 1 << 18);
    /* 下降延 */
    * AT91C_PIOA_FELLSR = (1 << 19 | 1 << 18);
    /* 干扰过滤允许 */
    * AT91C_PIOA_IFER = (1 << 19 | 1 << 18);
    /* 去抖动过滤允许 */
    * AT91C_PIOA_DIFSR = (1 << 19 | 1 << 18);
    /* 上拉允许 */
    * AT91C_PIOA_PPUER = (1 << 19 | 1 << 18);
    /* 中断允许 */
    * AT91C_PIOA_IER = (1 << 19 | 1 << 18);
    /* 读状态寄存器,清除状态标志 */
    * AT91C_PIOA_ISR;
}
/* **********************************************************
 * @brief 获取 RTC 当前时间
 * @param pHour 存储当前小时数.
 * @param pMinute 存储当前分钟数.
 * @param pSecond 存储当前秒数.
```

```
 *  @return 无
 *************************************************************************/
void RTC_GetTime(
    unsigned char  * pHour,
    unsigned char  * pMinute,
    unsigned char  * pSecond)
{
    unsigned int time;

    TRACE_DEBUG("RTC_GetTime()\n\r");
    /* 获取当前 RTC 时间值 */
    time = AT91C_BASE_RTC - >RTC_TIMR;
    while (time != AT91C_BASE_RTC - >RTC_TIMR) {
        time = AT91C_BASE_RTC - >RTC_TIMR;
    }
    /* 小时数 */
    if (pHour) {

        * pHour = ((time & 0x00300000) >> 20) * 10
                + ((time & 0x000F0000) >> 16);
        if ((time & AT91C_RTC_AMPM) == AT91C_RTC_AMPM) {
            * pHour + = 12;
        }
    }

    /* 分钟数 */
    if (pMinute) {
        * pMinute = ((time & 0x00007000) >> 12) * 10
                + ((time & 0x00000F00) >> 8);
    }
    /* 秒数 */
    if (pSecond) {
        * pSecond = ((time & 0x00000070) >> 4) * 10
                + (time & 0x0000000F);
    }
}
/*************************************************************************
 *  @brief 设置 RTC 报警
 *  @param pHour RTC 报警匹配小时数.
 *  @param pMinute RTC 报警匹配分钟数.
 *  @param pSecond RTC 报警匹配秒数.
```

```
 *  @return 0   设置成功
 *           1   设置失败
 **************************************************************/
int RTC_SetTimeAlarm(
    unsigned char * pHour,
    unsigned char * pMinute,
    unsigned char * pSecond)
{

    unsigned int alarm = 0;
    TRACE_DEBUG("RTC_SetTimeAlarm()\n\r");
    /* 小时数 */
    if (pHour) {

        alarm |= AT91C_RTC_HOUREN | ((*pHour / 10) << 20) | ((*pHour % 10) << 16);

    }
    /* 分钟数 */
    if (pMinute) {

        alarm |= AT91C_RTC_MINEN | ((*pMinute / 10) << 12) | ((*pMinute % 10) << 8);

    }
    /* 秒数 */
    if (pSecond) {

        alarm |= AT91C_RTC_SECEN | ((*pSecond / 10) << 4) | (*pSecond % 10);

    }

    AT91C_BASE_RTC->RTC_TIMALR = alarm;

    return (int)(AT91C_BASE_RTC->RTC_VER & AT91C_RTC_NVTIMALR);
}
/**************************************************************
 * @brief 进入电源备份模式
 * @param  无
 * @return 无
 **************************************************************/
void PWR_EnterBackupMode(void)
{

    unsigned char hour, minute, second;
    Led1Flag = 1;
    Led2Flag = 0;
    /* 置灭 LED */
    *AT91C_PIOB_SODR = led_mask[led1];
    *AT91C_PIOB_SODR = led_mask[led2];
```

```
/* 设置 RTC 报警 */
/* 报警中断禁止 */
*AT91C_RTC_IDR |= (1 << 1);
/* 获取当前时间 */
RTC_GetTime(&hour, &minute, &second);
/* 秒数加 5 */
second += 5;
/* 设置报警 */
if (RTC_SetTimeAlarm(&hour, &minute, &second))
{
    printf(" -- RTC Alarm set Failure! You need push FWUP! -- \n\r");
}
else
{
    printf(" -- RTC Ready! -- \n\r");
}
/* 报警中断允许 */
*AT91C_RTC_IER |= (1 << 1);
/* 配置唤醒源 */
/* 设置 FWUPDBC 域值 */
*AT91C_SUPC_WUMR  &= 0x0000710F;
/* 强制唤醒允许 */
*AT91C_SUPC_WUMR  |= (1 << 0);
/* 实时时钟唤醒允许 */
*AT91C_SUPC_WUMR  |= (1 << 3);

printf(" -- Enter Backup Mode! -- \n\r");
BackupFlag = 0;
/* 设置 SUPC_CR 寄存器 VROFF 位为 1. */
*AT91C_SUPC_CR = 0xA5000000 | 0x04;
}
/****************************************************************
* @brief 进入等待模式
* @param    无
* @return   无
*****************************************************************/
void PWR_EnterWaitMode(void)
{

    Led1Flag = 0;
```

```
        Led2Flag = 1;
        /* 置灭 LED */
        * AT91C_PIOB_SODR = led_mask[led1];
        * AT91C_PIOB_SODR = led_mask[led2];
        /* 设置 RTT */
        /* 设置实时定时器时钟分频值 */
        * AT91C_RTTC_RTMR |= 0x00000003;
        /* 报警中断允许 */
        * AT91C_RTTC_RTMR |= (1 << 16);
        * AT91C_RTTC_RTAR = 0x00000003;
        * AT91C_RTTC_RTMR |= (1 << 18);

        while((* AT91C_RTTC_RTSR) & 0x01);
        /* 配置 RTT 中断 */
        IRQ_ConfigureIT(AT91C_ID_RTT, 0, RTT_IRQHandler);
        IRQ_EnableIT(AT91C_ID_RTT);
        /* 配置唤醒源 */
        * AT91C_PMC_FSMR |= (1 << 16);
        /* 进入等待模式 */
        printf(" -- Enter Wait Mode! -- \n\r");
        WaitFlag = 0;
        * AT91C_CKGR_MOR |= (1 << 2);
}
/* ***********************************************************************
 * @brief LED 灯闪烁
 * @param    无
 * @return   无
 ***********************************************************************/
void LedBlinky(void)
{
    if (Led1Flag)
    {
        /* 点亮 LED */
        * AT91C_PIOB_CODR = led_mask[led1];
    }
    if (Led2Flag)
    {
        * AT91C_PIOB_CODR = led_mask[led2];
    }
```

```
    Delay(500);
    if (Led1Flag)
    {
        / * 置灭 LED * /
        * AT91C_PIOB_SODR = led_mask[led1];
    }
    if (Led2Flag)
    {
        * AT91C_PIOB_SODR = led_mask[led2];
    }
    Delay(500);
}
/ ***********************************************************
 * @brief 显示菜单
 * @param    无
 * @return   无
 ***********************************************************/
void DisplayMenu(void)
{
    printf(" -- Menu:\n\r");
    printf("    1: Press'USR - LEFT' to Enter Backup Mode! \n\r");
    printf("    2: Press'USR-RIGHT' to Enter Wait Mode! \n\r");
}
/ ***********************************************************
 * @brief main 函数
 * @param    无.
 * @return   无.
 ***********************************************************/
int main(void)
{
    SystemInit();
    / * 初始化系统滴答定时器,使每毫秒产生一次中断 * /
    SysTick_Config(SystemFrequency/1000 - 1);
    / * 允许 DBGU 外设时钟 * /
    PMC_EnablePeripheral(BOARD_DBGU_ID);
    TRACE_CONFIGURE(DBGU_STANDARD, 115200, BOARD_MCK);

    printf(" -- SUPC Project % s -- \n\r", SOFTPACK_VERSION);
    printf(" -- % s\n\r", BOARD_NAME);
```

```
printf(" -- Compiled: %s %s --\n\r", __DATE__, __TIME__);

printf(" -- SUPCTest! --\n\r");
/* 配置用户按钮 */
PIO_Configure(pinsUSER, PIO_LISTSIZE(pinsUSER));
PIOA_Init();
/* 配置 PIOA 中断 */
IRQ_ConfigureIT(AT91C_ID_PIOA, 0, PIOA_IRQHandler);
IRQ_EnableIT(AT91C_ID_PIOA);

LedInit();

DisplayMenu();

while (1)
{
    LedBlinky();
    if (BackupFlag)
    {
        PWR_EnterBackupMode();
    }
    if (WaitFlag)
    {
        PWR_EnterWaitMode();
    }
}
/* 判断退出电源备份模式的唤醒源 */
if (WakeUpFlag)
{
    if ((*AT91C_RTC_SR) & 0x02)
    {
        printf(" -- Exit Backup Mode for RTC interupt! --\n\r");
        *AT91C_RTC_SCCR = 0x1F;;
    }
    else if  ((*AT91C_SUPC_SR) & 0x01)
    {
        printf(" -- Exit Backup Mode for FWUP! --\n\r");
    }
    WakeUpFlag = 0;
}
}
}
```

(2) at91sam3u4_it. c

```
/ ****************************************************************
 *  文件名：at91sam3u4_it.c
 *  作者：Wuhan R&D Center, Embest
 *  描述：Exception Handlers
 ***************************************************************/
/ ****************************************************************
 *    Headers
 ***************************************************************/
# include <stdio.h>

# include "board.h"
# include "irq.h"
# include "at91sam3u4_it.h"
/ ****************************************************************
 *    Types
 ***************************************************************/
extern unsigned int BackupFlag;
extern unsigned int WaitFlag;
extern volatile unsigned int Led1Flag;
extern volatile unsigned int Led2Flag;

extern volatile unsigned long SysTickCnt;
/ ****************************************************************
 *    Exception Handlers
 ***************************************************************/
/ ****************************************************************
 *  @brief 系统滴答中断处理函数
 *  @param    无.
 *  @return    无.
 ***************************************************************/
void SysTick_Handler(void)
{
    SysTickCnt ++;
}
/ ****************************************************************
 *  @brief 实时定时器中断处理函数
 *  @param    无.
 *  @return    无.
```

```
**********************************************************/
void RTT_IRQHandler(void)
{
    unsigned int status;
    status = * AT91C_RTTC_RTSR;

    status &= (1 << 0);
    if (status)
    {
        * AT91C_RTTC_RTMR| = !(1 << 16);
        IRQ_DisableIT(AT91C_ID_RTT);

        while ((* AT91C_RTTC_RTSR) & 0x01);

        printf("-- Exit Wait Mode for RTT interrupt! --\n\r");

        Led1Flag = 1;
        Led2Flag = 1;
    }
}
/************************************************************
* @brief PIOA 中断处理函数
* @param    无.
* @return   无.
**********************************************************/
void PIOA_IRQHandler(void)
{
    unsigned int ISR_status    = 0;
    unsigned int ELSR_status   = 0;
    unsigned int FRLHSR_status = 0;

    ISR_status = * AT91C_PIOA_ISR;
    ELSR_status = * AT91C_PIOA_ELSR;
    FRLHSR_status = * AT91C_PIOA_FRLHSR;
    /* 按下 USR-LEFT 按钮 */
    if ((ISR_status & (1 << 18)) && !(ELSR_status & (1 << 18)) && !(FRLHSR_status & (1 << 18)))
    {
        BackupFlag = 1;
    }
    /* 按下 USR_RIGHT 按钮 */
    else if((ISR_status & (1 << 19)) && !(ELSR_status & (1 << 19)) && !(FRLHSR_status &
```

```
(1 << 19)))
{
    WaitFlag = 1;
}
}
```

4. 运行过程

① 使用 Keil μVision 3 通过 ULINK2 仿真器连接实验板，打开实验例 10.4_SUPC_test 目录 project 子目录下的 SUPC_test.Uv2 例程，编译链接工程。

② 使用 EM-SAM3U 开发板附带的串口线，连接开发板上的串口接口（UART）和 PC 机的串口。在 PC 机上运行 Windows 自带的超级终端串口通信程序（波特率 115 200、1 位停止位、无校验位、无硬件流控制）；或者使用其它串口通信程序。

③ 选择硬件调试模式，打开 MDK 的 Debug 菜单，选择 Start/Stop Debug Session 项或按 Ctrl＋F5 键，远程连接目标板并下载调试代码到目标系统中。

④ 例程正常运行之后会在超级终端显示以下信息。

复位之后：

```
-- Basic PWR Project 1.6RC1 --
-- EM - SAM3U
-- Compiled: Aug 3 2009 17:12:58 --
-- PWR Test! --
-- Menu:
        1: Press 'USR-LEFT' to Enter Backup Mode!
        2: Press 'USR-RIGHT' to Enter Wait Mode!
```

此时，2 个 LED 灯同时闪烁。可按下 USR_LEFT 按钮，进入 Backup Mode；或按下 USR_RIGHT 按钮，进入 Wait Mode。

按下 USR_LEFT 后：

```
-- RTC Ready! --
-- Enter Backup Mode! --
```

D3 微弱闪烁，如果不用 FWUP 按钮唤醒，5 s 后，RTC 自动唤醒：

```
-- Basic PWR Project 1.6RC1 --
-- EM - SAM3U
-- Compiled: Jun 7 2009 05:38:24 --
-- PWR Test! --
-- Exit Backup Mode for RTC interupt! --
```

若按下 USR_RIGHT：

-- Enter Wait Mode! --

-- Exit Wait Mode for RTT interrupt! --

2 个 LED 灯烁变为只有 D4 闪烁。且 3 s 后 RTT 自动唤醒，退出 Wait Mode。

⑤ 按下 USR-LEFT 后 RTC 可能初始化失败，这时就只能通过 FWUP(BP4)按键来强制唤醒，才可退出电源备份模式。

10.5　复位控制器 RSTC 和备份寄存器 GPBR

SAM3U 的复位由其复位控制器(RSCT,Reset Controller)管理。当 SAM3U 复位之后多数寄存器都被复位,但系统控制器内嵌的 8 个通用备份寄存器(GPBR,General Purpose Back-up Register)可以保持不变。这样可以利用 GPBR 保存程序运行的数据,在复杂电磁环境下可以为系统运行提供安全保障。

本节将详细介绍复位控制器和通用备份寄存器。

10.5.1　概　述

基于上电复位单元的 RSTC,不需要任何外部元件即可处理系统的所有复位,它还能给出上一次复位源的信息,如图 10 - 54 所示。复位控制器可以独立或同时驱动外部复位、外设以及处理器复位。

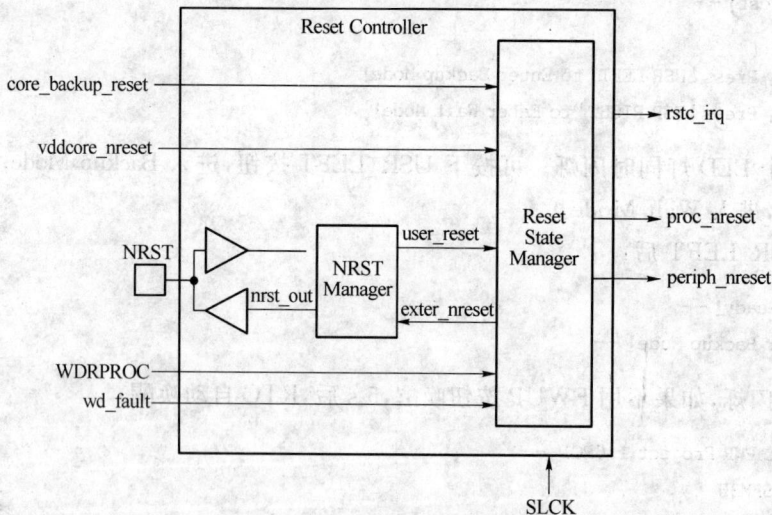

图 10 - 54　复位控制器框图

RSTC 的用户接口如表 10 - 12 所列,其基地址为 0x400E1200;GPBR 的用户接口如表 10 - 13所列,其基地址为 0x400E1290。

表 10 - 12　RSTC 寄存器映射

地址偏移	寄存器	名　称	访问类型	复　位
0x00	控制寄存器	RSTC_CR	只写	—
0x04	状态寄存器	RSTC_SR	只读	0x0000_0000
0x08	模式寄存器	RSTC_MR	读写	0x0000_0000

表 10 - 13　GPBR 寄存器映射

偏移量	寄存器	名　称	访问类型	复位值
0x0	通用备份寄存器 0	SYS_GPBR0	读/写	—
…	…	…	…	—
0x1c	通用备份寄存器 7	SYS_GPBR7	读/写	—

10.5.2　功能描述

如图 10 - 54 所示,RSTC 由一个 NRST 管理器和一个复位状态管理器组成。它运行在慢时钟下,可产生以下复位信号:

➢ proc_nreset:处理器复位线,同时也复位看门狗定时器。

➢ periph_nreset:影响所有的片上外设。

➢ nrst_out:驱动 NRST 引脚。

无论是外部事件还是软件作用,这些复位信号均由复位控制器发出。复位状态管理器控制复位信号的发生;当需要 NRST 引脚信号时,提供一个给 NRST 管理器的信号。NRST 管理器在一个长度可编程的时间里形成 NRST 引脚上的有效信号,以此方式控制外部设备的复位。

复位控制器的模式寄存器(RSTC_MR)可以配置复位控制器。复位控制器由 VDDIO 供电,因此只要 VDDIO 有效,复位控制器的配置就保存着,不用再配置。

1. NRST 管理器

NRST 管理器采样 NRST 输入引脚,在被复位状态管理器要求时,让此引脚为低电平。图 10 - 55 所示为 NRST 管理器的结构。

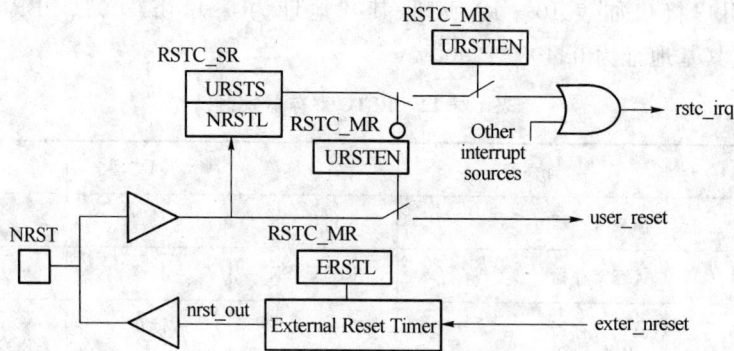

图 10-55　NRST 管理器

(1) NRST 信号或中断

NRST 管理器以慢时钟的速率采样 NRST 引脚。当该引脚被检测到为低电平时,会报告一个用户复位给复位状态管理器。不过,当 NRST 信号有效时,NRST 管理器可以被编程为不触发复位。将 RSTC_MR 中的 URSTEN 位清 0 可以禁止用户复位触发。NRST 引脚的电平可以在任何时间通过读取 RSTC_SR 中的 NRSTL 位(NRST 电平)来获取。只要 NRST 引脚有效,RSTC_SR 中的 URSTS 位就会被置位,此位仅在 RSTC_SR 被读时清零。复位控制器还可以被编程为产生一个中断而不是产生一个复位;这样做的话,RSTC_SR 中的 URST-IEN 位必须被写为 1。

(2) NRST 外部复位控制

复位状态管理器通过发出 ext_nreset 信号来令 NRST 引脚有效。当这种情况发生时,在一段通过 RSTC_SR 中 ERSTL 域所设置的时间内,nrst_out 信号被 NRST 管理器驱动为低。此有效持续时间被称为 EXTERNAL_RESET_LENGTH,持续 $2^{(ERSTL+1)}$ 个慢时钟周期,大约在 $60\,\mu s$ 到 $2\,s$ 之间。注意:ERSTL 设置为 0 表示 NRST 脉冲持续 2 个周期的时间。

该功能特性使复位控制器能设置 NRST 引脚电平,因此能保证 NRST 引脚被驱动为低电平,这样使得各种连接在系统复位信号上的外设都有足够的复位时间。

ERSTL 域在 RSTC_MR 寄存器中,它是备份的,对于一个启动时间比慢时钟振荡器启动时间长的设备,使用此域可以形成系统上电复位。请注意当芯片处于 OFF 模式时,NRST 的输出处于高阻状态。

2. 复位状态

复位状态管理器处理不同的复位源,并产生内部复位信号。它报告状态寄存器(RSTC_SR)中 RSTTYP 域的复位状态。在处理器复位释放时,将执行 RSTTYP 域的更新。

(1) 通用复位

当检测到上电复位或要求异步主设备复位（NRSTB 引脚）或供电控制器检测到电压过低或电压调节器丢失时，会发生通用复位。当产生通用复位信号时，供电控制器发出 vddcore_nreset 信号。所有的复位信号都被释放，并且 RSTC_SR 中的 RSTTYP 域报告一个通用复位。因为 RSTC_MR 被复位，而 ERSTL 的默认值为 0x0，在 backup_nreset 之后 NRST 线信号会上升 2 个周期。图 10-56 所示为通用复位如何影响复位信号。

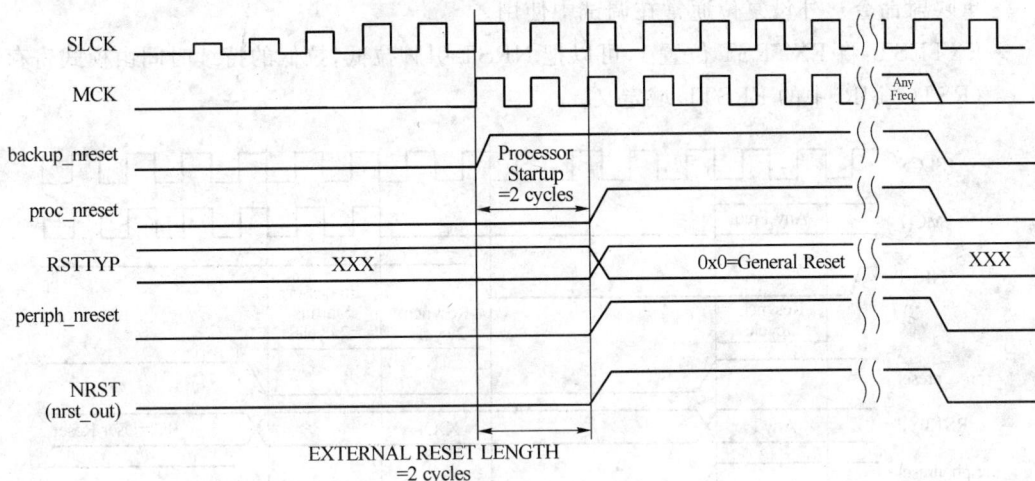

图 10-56 通用复位状态

(2) 备份复位

备份复位发生在处理器从备份模式返回时。当备份复位发生时，供电控制器使 core_backup_reset 信号有效。RSTC_SR 中的 RSTTYP 域将更新，报告发生了一个备份复位。

(3) 用户复位

当 NRST 引脚上检测到一个低电平，且 RSTC_MR 中的 URSTEN 位是 1 时，就会进入用户复位。NRST 输入信号和 SLCK 重新同步，以确保正确的系统行为。只要在 NRST 上检测到一个低电平，就会进入用户复位。此时处理器复位信号和外设复位信号均有效。

在经历 3 个周期的处理器启动时间和两个周期的重新同步时间之后，当 NRST 上升时离开用户复位状态。当处理器复位信号被释放时，状态寄存器（RSTC_SR）中的 RSTTYP 域将装入 0x4，表示发生过一个用户复位。

当在 ERSTL 域进行编程时，NRST 管理器保证 NRST 线对 EXTERNAL_RESET_LENGTH 慢时钟周期有效。不过，如果由于外部驱动使得 NRST 在 EXTERNAL_RESET_LENGTH 后仍为低，内部复位信号将保持有效直到 NRST 确实发生了上升，如图 10-57

所示。

（4）软件复位

复位控制器提供一些命令，用于发出不同的复位信号。通过将控制寄存器（RSTC_CR）中的相应位置 1 来执行这些命令：

➤ PROCRST：将 PROCRST 置 1，可复位处理器和看门狗定时器。

➤ PERRST：将 PERRST 位置 1，可复位所有的嵌入式外设，包括存储器系统，特别还包括重映射命令。外设复位通常在调试中使用。

➤ EXTRST：将 EXTRST 位置 1，可以把 NRST 引脚拉低，拉低的持续时间由模式寄存器（RSTC_MR）中的 ERSTL 域定义。

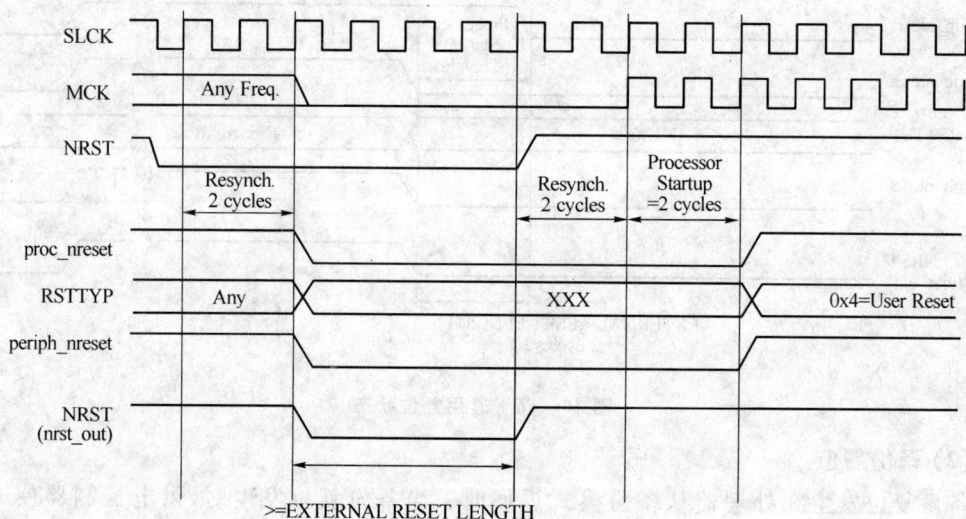

图 10-57　用户复位

当这些位中只要有一个被软件置位，就会进入软件复位状态。所有这些命令都可以独立地或同时执行。软件复位将持续 3 个慢时钟周期。一旦命令写入寄存器，内部复位信号就立即有效。这可以通过主控时钟（MCK）进行检测。当离开软件复位后，内部复位信号将被释放，即与 SLCK 同步。如果 EXTRST 置位，nrstx_out 信号是否有效还要看 ERSTL 域的配置情况。在 NRST 上的下降沿，并不会导致一个用户复位。

当且仅当 PROCRST 位被置位时，复位控制器才会在状态寄存器（RSTC_SR）的 RSTTYP 域中报告软件状态。其它复位不会报告到 RSTTYP 中。一旦一个软件复位操作被检测到，状态寄存器（RSTC_SR）中的 SRCMP 位（软件复位命令正在进行）就会被置位。当离开软件复位时，SRCMP 就被清零。在 SRCMP 置位期间，任何其它软件复位都不能被执行，并且向 RSTC_CR 中写任何值都是无效的，如图 10-58 所示。

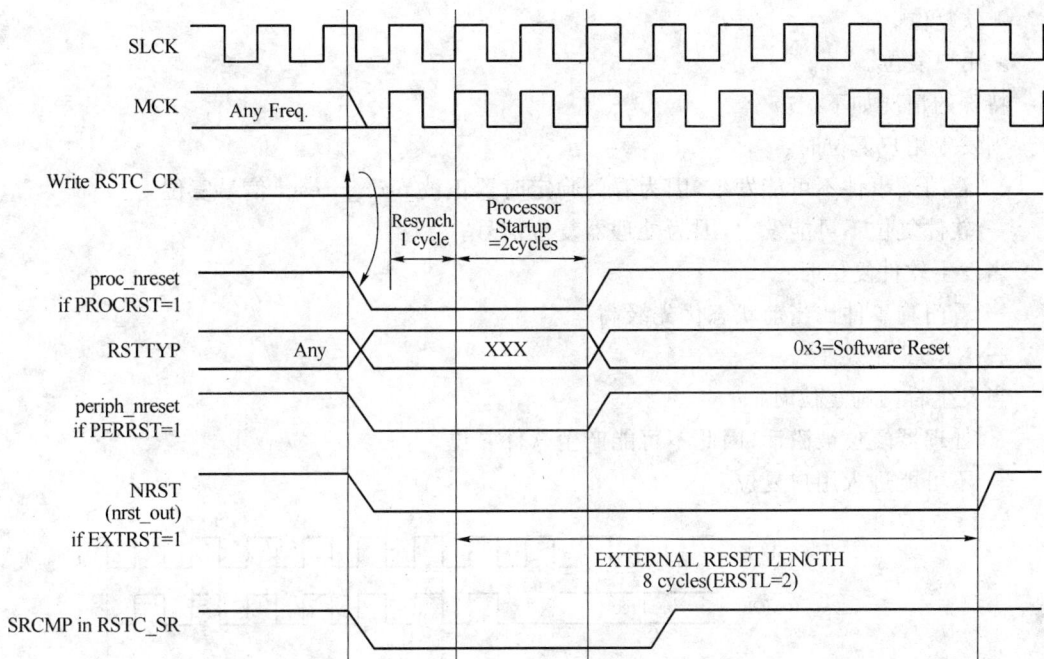

图 10-58 软件复位

(5) 看门狗复位

当发生看门狗故障时,就会进入看门狗复位,如图 10-59 所示。此状态持续 3 个慢时钟周期。当发生看门狗复位时,WDT_MR 中的 WDRPROC 位将决定哪个复位信号有效:

➢ 如果 WDRPROC=0,将会产生处理器复位和外设复位有效。NRST 线也有效,不过是否产生复位取决于 ERSTL 域的配置情况,但 NRST 上的低电平并不导致一个用户复位状态。

➢ 如果 WDRPROC=1,仅处理器复位有效。看门狗定时器被 proc_nreset 信号复位。因为如果 WDRSTEN 被置位,看门狗故障总会引发一个处理器复位,所以通常看门狗定时器在看门狗复位之后被复位。复位后,默认状况下看门狗被允许,并且看门狗定时器周期被设置为最大。当 WDT_MR 中的 WDRSTEN 位被清零时,看门狗故障对复位控制器无影响。

3. 复位状态优先级

复位状态管理器管理以下不同的复位源的优先级,下面按降序排列优先级:

➢ 通用复位。

➢ 备份复位。

➢ 看门狗复位。

➢ 软复位。

➢ 用户复位。

特殊的情况如下：

当发生用户复位时：

— 看门狗事件不可能发生，因为看门狗定时器正被 proc_nreset 信号复位。

— 软件复位不可能发生，因为处理器复位信号。

当发生软件复位时：

— 看门狗事件比当前状态优先级高。

— NRST 无效。

当发生看门狗复位时：

— 处理器复位被激活，因此不可能产生软件复位。

— 不可能进入用户复位。

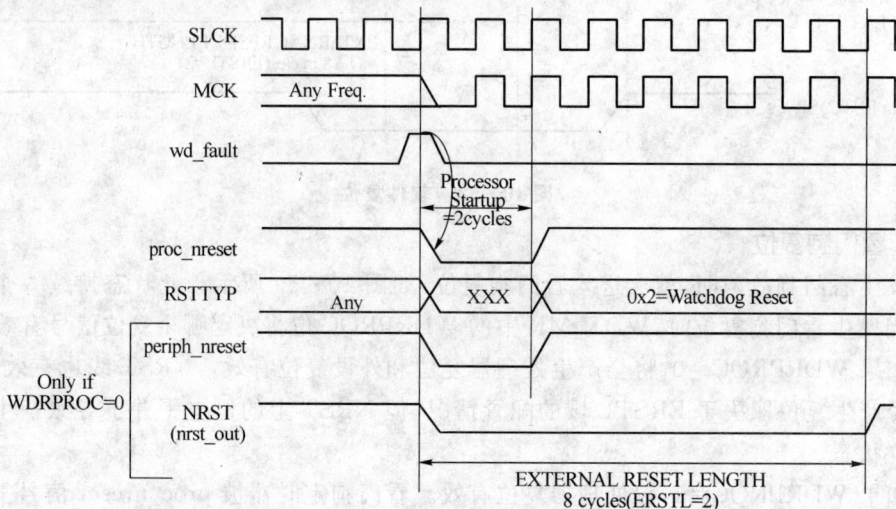

图 10 - 59　看门狗复位

4. 复位控制器状态寄存器

复位控制器状态寄存器(RSTC_SR)提供了以下状态域：

➢ RSTTYP 域：此域给出最后发生复位的类型，如前所述。

➢ SRCMP 位：此域表示正在执行一个软件复位命令，在当前命令处理完之前不能执行其它的软件复位命令。此位在当前软件复位结束时自动清零。

➢ NRSTL 位：状态寄存器的 NRSTL 位给出在每个 MCK 的上升沿采样到的 NRST 引脚的电平。

➤ URSTS 位:NRST 引脚上一个从高到低的跳变,将会对 RSTC_SR 寄存器的 URSTS 位置位。在主时钟(MCK)的上升沿同样也检测到这个跳变,如图 10－60 所示。如果用户复位被禁止(URSTEN＝0)并且通过 RSTC_MR 寄存器中的 URSTIEN 位允许了中断,则 URSTS 位将触发一个中断。读状态寄存器 RSTC_SR,将复位 URSTS 位并清除中断。

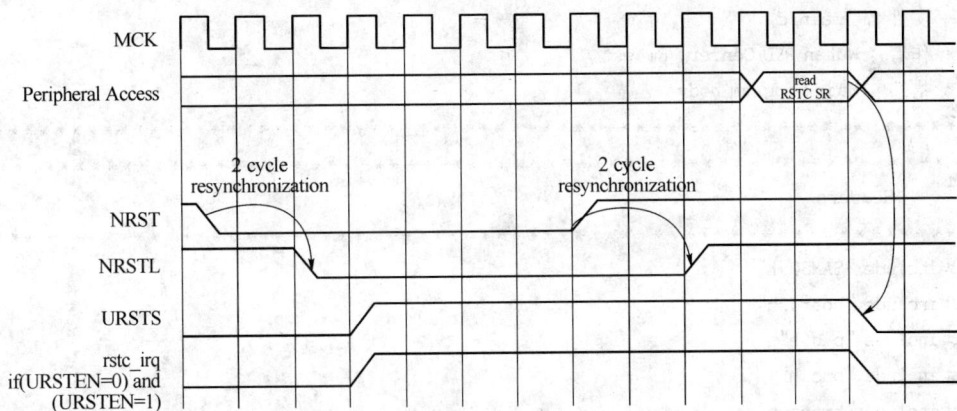

图 10－60　复位控制器状态和中断

10.5.3　应用程序设计

1．设计要求

实现对 RSTC 和 GPBR 的测试:

➤ 在程序中先往 4 个备份寄存器里写入相应的值,然后软件复位处理器和外设。

➤ 下次重新启动时,与之前写入的值比较:如果相同,那么开发板上的 D3 灯闪烁;否则 D4 灯闪烁。通过串口输出相关信息。

2．硬件设计

此部分不需要额外的电路。程序中需要利用串口打印和接收相关信息,因此需用一根 RS232 串行通信线将开发板的 UART(J2)与微机的串口相连。

3．软件设计

根据设计要求,软件设计如下:

➤ 初始化时钟、串口。

➤ 检查是否发生软件复位。

➤ 如发生软件复位则校对备份寄存器中的值是否正确,并用 LED 灯指示比较结果。

➢ 若没有发生软件复位则向备份寄存器中写入特定的值并触发软件复位。

主要程序有 GPBR.c 和 main.c。其中,GPBR.c 是 GPBR 的驱动,只有 BKP_WriteBack-upRegister 和 BKP_ReadBackupRegister 这 2 个函数分别用于读写 GPBR。

main.c 参考程序如下:

```
/*******************************************************************
 * 文件名: main.c
 * 作者 : Wuhan R&D Center, Embest
 * 描述 : Main program body
 *******************************************************************/
/*******************************************************************
 *      Headers
 *******************************************************************/
# include "SAM3U.h"
# include "board.h"
# include "pio.h"
# include "pmc.h"
# include "trace.h"
# include "assert.h"
# include "GPBR.h"
# include "at91sam3u4.h"

# include <stdio.h>
/*******************************************************************
 *      Types
 *******************************************************************/
volatile unsigned long SysTickCnt;
void Delay(unsigned long tick);
void PrintBackupReg(void);
void WriteToBackupReg(unsigned int FirstBackupData);
unsigned int CheckBackupReg(unsigned int FirstBackupData);
/*******************************************************************
 * @brief   延时函数
 * @param   要延时的时间,单位为 ms
 * @return  无
 *******************************************************************/
void Delay(unsigned long tick)
{
    unsigned long systickcnt;

    systickcnt = SysTickCnt;
```

```
    /* 延时 tick ms */
    while ((SysTickCnt - systickcnt) < tick);
}
/* ***************************************************************
 * @brief main 函数
 * @param    无
 * @return   无
 *************************************************************** */
int main()
{
    unsigned int RSTCControl;
    unsigned int RSTCStatus;
    unsigned int mode = 0;
    /* 初始化时钟 */
    SystemInit();
    /* 初始化串口 */
    TRACE_CONFIGURE(DBGU_STANDARD, 115200, SystemFrequency);
    printf("\n\r\n\r\n\r");
    printf("-- Basic RSTC&GPRB Project %s --\n\r", SOFTPACK_VERSION);
    printf("-- %s\n\r", BOARD_NAME);
    printf("-- Compiled: %s %s --\n\r", __DATE__, __TIME__);
    printf("\r\n============================-\r\n");
    printf("      RSTC&GPBR TESTING            ");
    printf("\r\n=============================\r\n");
    /* 获取最后的复位状态 */
    RSTCStatus = AT91C_BASE_RSTC->RSTC_RSR;
    /* 最后一次复位为软件复位 */
    if ((RSTCStatus & AT91C_RSTC_RSTTYP) == AT91C_RSTC_RSTTYP_SOFTWARE)
    {
        printf("The last reset is software reset.\n\r");
        printf("You can check the GPBR's values.\n\r");
        printf("The Data in GPBR are :\n\r");
        /* 打印出 GPBR 寄存器的值 */
        PrintBackupReg();
        /* 配置 systick 产生 1 ms 中断 */
        SysTick_Config(SystemFrequency/1000 - 1);
        /* 检查 GPBR 寄存器,初始值应该是 0x33333333 */
        if (CheckBackupReg(0x33333333) == 0x00)
        {
```

```
    /* GPBR 没有被改变 */
    printf("The GPBR has not changed. \n\r");
    /* 配置 PB0 驱动 LED1 */
    * AT91C_PIOB_PER = 0x01;
    * AT91C_PIOB_OER = 0x01;
    * AT91C_PIOB_PPUDR = 0x01;
    * AT91C_PIOB_OWER = 0x01;
    * AT91C_PIOB_ABSR & = ~0x01;
    /* LED1 闪烁 */
    for (;;)
    {
        * AT91C_PIOB_CODR = 0x01;
        /* 延时 500 ms */
        Delay(500);
        * AT91C_PIOB_SODR = 0x01;
        Delay(500);
    }
}
else
{   /* GPBR 被改变了 */
    printf("The GPBR has changed. \n\r");
    /* 配置 PB1 驱动 LED2 */
    * AT91C_PIOB_PER = 0x02;
    * AT91C_PIOB_OER = 0x02;
    * AT91C_PIOB_PPUDR = 0x02;
    * AT91C_PIOB_OWER = 0x02;
    * AT91C_PIOB_ABSR & = ~0x02;
    /* LED2 闪烁 */
    for (;;)
    {
        * AT91C_PIOB_CODR = 0x02;
        /* 延时 500ms */
        Delay(500);
        * AT91C_PIOB_SODR = 0x02;
        Delay(500);
    }
}
else
```

```
    {
        /* 写 GPBR 寄存器 */
        printf("write the General Purpose Backup Registers.\n\r");
        WriteToBackupReg(0x33333333);
        /* 设置复位模式 */
        mode = 0xA5U<<24 | 0x1U<<0;
        AT91C_BASE_RSTC->RSTC_RMR = mode;
        /* 软件复位处理器和外设 */
        RSTCControl = 0xA5U<<24 | 0x1U<<0;
        AT91C_BASE_RSTC->RSTC_RCR = RSTCControl;
    }
}
/***********************************************************************
 * @brief     写 GPBR 寄存器函数
 * @param     第一个要备份的数据
 * @return    无
 * 写 4 个 GPBR 寄存器
 ***********************************************************************/
void WriteToBackupReg(unsigned int FirstBackupData)
{
    BKP_WriteBackupRegister(AT91C_SYS_GPBR, FirstBackupData);
    BKP_WriteBackupRegister(AT91C_SYS_GPBR+1, *AT91C_SYS_GPBR+0x11111111);
    BKP_WriteBackupRegister(AT91C_SYS_GPBR+2, *(AT91C_SYS_GPBR+1)+0x11111111);
    BKP_WriteBackupRegister(AT91C_SYS_GPBR+3, *(AT91C_SYS_GPBR+2)+0x11111111);
}
/***********************************************************************
 * @brief   显示 GPBR 寄存器值的函数
 * @param   无
 * @return  无
 * 将 4 个 GPBR 寄存器的值显示在超级终端上
 ***********************************************************************/
void PrintBackupReg(void)
{
    printf("SYS_GPBR0 = %08x\n\r", BKP_ReadBackupRegister(AT91C_SYS_GPBR));

    printf("SYS_GPBR1 = %08x\n\r", BKP_ReadBackupRegister(AT91C_SYS_GPBR+1));

    printf("SYS_GPBR2 = %08x\n\r", BKP_ReadBackupRegister(AT91C_SYS_GPBR+2));

    printf("SYS_GPBR3 = %08x\n\r",BKP_ReadBackupRegister(AT91C_SYS_GPBR+3));
}
```

```
/******************************************************************
 * @brief 校对 GPBR 寄存器函数
 * @param 第一个要校对的数据
 * @return 1：备份域的第一个数据不对
 *          2：备份域的第二个数据不对
 *          3：备份域的第三个数据不对
 *          4：备份域的第四个数据不对
 *          0：正常返回
 * 写 4 个 GPBR 寄存器
 ******************************************************************/
unsigned int CheckBackupReg(unsigned int FirstBackupData)
{
    if (BKP_ReadBackupRegister(AT91C_SYS_GPBR) != FirstBackupData)
    {
        return 1;
    }
    if(BKP_ReadBackupRegister(AT91C_SYS_GPBR + 1) != ( * AT91C_SYS_GPBR + 0x11111111))
    {
        return 2;
    }
    if(BKP_ReadBackupRegister(AT91C_SYS_GPBR + 2) != ( * (AT91C_SYS_GPBR + 1) + 0x11111111))
    {
        return 3;
    }
    if(BKP_ReadBackupRegister(AT91C_SYS_GPBR + 3) != ( * (AT91C_SYS·GPBR + 2) + 0x11111111))
    {
        return 4;
    }
    return 0;
}
```

4. 运行过程

① 使用 Keil uVision 3 通过 ULINK 2 仿真器连接实验板，打开实验例程目录 GPBR_test 目录 project 子目录下的 GPBR_test. Uv2 例程，编译链接工程。

② 使用 EM-SAM3U 开发板附带的串口线，连接开发板上的串行接口（UART）和 PC 机的串口。

③ 在 PC 机上运行 Windows 自带的超级终端串口通信程序（波特率 115 200、1 位停止位、无校验位、无硬件流控制）；或者使用其它串口通信程序。

④ 选择硬件调试模式,连接目标板并下载调试代码到目标系统中。具体的方法可以参考第 9 章。

⑤ 复位开发板,例程正常运行之后会在超级终端显示以下信息:

```
-- Basic RSTC&GPRB Project 1.6RC1 --
-- EM - SAM3U
-- Compiled: Jun 2 2009 14:43:21 --
==============================
    RSTC&GPBR TESTING
==============================
write the General Purpose Backup Registers.
```

往备份寄存器里写入数据,然后软件复位处理器和外设。

下面是软件复位之后,串口显示的值:

```
-- Basic RSTC&GPRB Project 1.6RC1 --
-- AT91EM - AT91SAM3U
-- Compiled: Jun 2 2009 14:43:21 --
==============================
    RSTC&GPBR TESTING
==============================
The last reset is software reset.
You can check the GPBR's values.
The Data in GPBR are :
SYS_GPBR0   = 33333333
SYS_GPBR1   = 44444444
SYS_GPBR2   = 55555555
SYS_GPBR3   = 66666666
The GPBR has not changed.
```

此时备份寄存器里的值没有被改变,开发板上 D3 灯闪烁。

10.6   时钟管理

SAM3U 处理器的时钟发生器(Clock Generator)产生的各种时钟分别用于内核和片上各种外设,这些时钟基本上都是可以通过功耗管理控制器(PMC,Power Management Controller)编程设置的,以优化处理器的功耗。

本节将介绍时钟发生器和功耗管理器,以及与时钟相关的实时定时器(RTT,RealTime Timer)和实时钟(RealTime Clock)。

10.6.1 时钟发生器

1. 概述

如图 10-61 所示,时钟发生器由以下部件组成:

- ➤ 1 个低功耗的频率为 32 768 Hz 的慢时钟振荡器,可以被旁路。
- ➤ 1 个低功耗 RC 振荡器时钟。
- ➤ 1 个频率为 3~20 MHz 的晶体振荡器(使用 USB 时必须为 12 MHz),可以被旁路。
- ➤ 1 个出厂已编程的快速 RC 振荡器,有 3 种输出频率可供选择:4、8 或 12 MHz,默认情况下为 4 MHz。
- ➤ 1 个 480 MHz UTMI PLL,为高速 USB 设备控制器提供时钟。
- ➤ 1 个频率为 96~192 MHz 的可编程 PLL(输入频率为 8~16 MHz),可向处理器和外设提供 MCK 时钟。

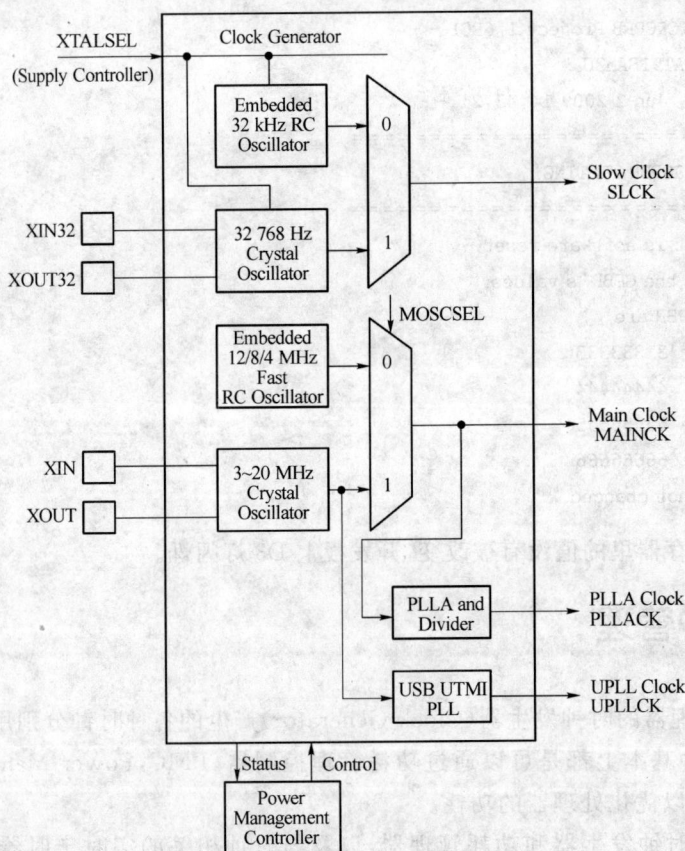

图 10-61 时钟发生器框图

它能够提供如下时钟：

➢ SCLK，慢时钟，也是系统内唯一的常设时钟。

➢ MAINCLK，主时钟振荡器（Main Clock Oscillator）选择单元的输出时钟：晶体振荡器或 4/8/12 MHz 快速 RC 振荡器。

➢ PLLACK，分频器和 PLL（PLLA）的输出时钟，其中 PLL（PLLA）的频率可编程为 96～192 MHz。

➢ UPLLCK，480 MHz UTMIPLL（UPLL）的输出时钟。

时钟发生器用户接口内嵌在功耗管理控制器中，如表 10 - 14 所列。其中，时钟发生器寄存器命名的前缀为 CKGR_。

2. 功能描述

(1) 慢时钟

慢时钟由低速晶体振荡器或低速 RC 振荡器产生。慢时钟源可通过设置供电控制器的控制寄存器（SUPC_CR）的 XTALSEL 位来选择。默认情况下，选择 RC 振荡器。

① 慢时钟 RC 振荡器

默认情况下，慢时钟 RC 振荡器是被选中和允许的。用户必须考虑 RC 振荡器可能产生的漂移。通过设置供电控制器的控制寄存器（SUPC_CR）中 XTALSEL 位可禁止慢时钟 RC 振荡器。

② 慢时钟晶振

时钟发生器集成了一个频率为 32 768 Hz 的低功耗振荡器。XIN 和 XOUT 引脚必须连接到一个频率为 32 768 Hz 的晶振上。如图 10 - 62 所示，此时还必须连接 2 个外部电容。

注意：用户不是必须得使用慢时钟晶振，可以使用 RC 振荡器来代替慢时钟晶振。在这种情况下，可以不连接 XIN 和 XOUT 引脚。

用户可以旁路慢时钟晶振，这样就不用连接晶振。在这种情况下，用户必须向 XIN 引脚提供外部时钟信号。程序员必须确保将供电控制器模式寄存器（SUPC_MR）中的 OSCBYPASS 位和供电控制器控制寄存器（SUPC_CR）中的 XTALSEL 位置 1。

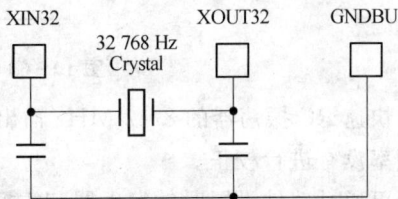

图 10 - 62　典型慢时钟晶振连接

(2) 主时钟

主时钟（Main Clock）如图 10 - 63 所示，它有 2 个时钟源：4/8/12 MHz 快速 RC 振荡器和 3～20 MHz 晶体振荡器。

① 4/8/12 MHz 快速 RC 振荡器

复位后，4/8/12 MHz 快速 RC 振荡器被允许，默认选择 4 MHz 作为其输出频率，并作为

MAINCK（主时钟）的时钟源。MAINCK 是启动系统的默认时钟。

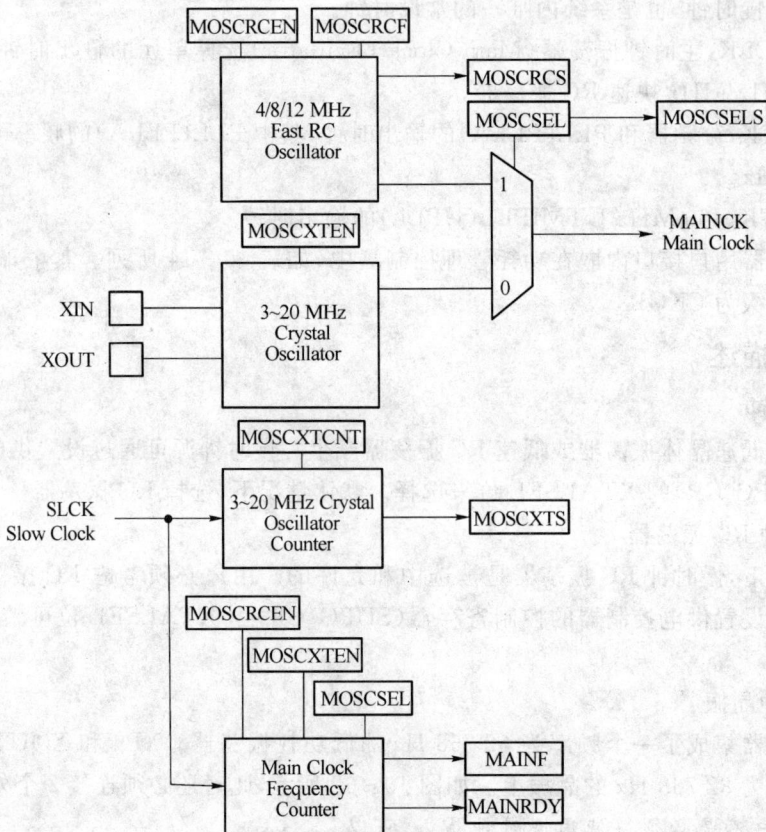

图 10 - 63　主时钟（Main Clock）方框图

快速 RC 振荡器的 8/12 MHz 输出频率在设备出厂时就进行了校正。注意：对 4 MHz 输出频率没有进行校正。

可通过软件设置时钟发生器和主振荡器寄存器（CKGR_MOR）的 MOSCRCEN 位来允许和禁止 4/8/12 MHz 快速 RC 振荡器。用户可以通过 CKGR_MOR 寄存器的 MOSCRCF 位来选择快速 RC 振荡器的输出频率为 4 MHz、8 MHz 还是 12 MHz。当改变频率选择时，功耗管理控制器状态寄存器（PMC_SR）中的 MOSCRCS 位自动清零，且在振荡器稳定前MAINCK时钟一直处于停止状态。当振荡器稳定后，MAINCK 时钟将重新启动，MOSCRCS 位置 1。

当通过对 CKGR_MOR 寄存器的 MOSCRCEN 位清零来禁止主时钟时，功耗管理控制器状态寄存器（PMC_SR）的 MOSCRCS 位自动被清零，以指示主时钟被关闭。

如果功耗管理控制器中断允许寄存器（PMC_IER）中 MOSCRCS 位被置位，将允许触发相应的中断。

② 3～20 MHz 晶体振荡器

复位后,3～20 MHz 晶振被禁止,并且其未被选为 MAINCK 的时钟源。用户可以选择 3～20 MHz晶体振荡器为 MAINCK 的时钟源,因为它提供了更为精确的频率。可以通过软件对主振荡器寄存器(CKGR_MOR)中的 MOSCXTEN 位置位或清零,来允许或禁止主振荡器以减少功耗。

当通过清零 CKGR_MOR 寄存器中的 MOSCXTEN 位禁止主振荡器时,PMC_SR 寄存器中的 MOSCXTS 位自动清零,以指示主时钟已关闭。

当允许主振荡器时,用户必须根据振荡器的启动时间用合适的值对主振荡器计数器进行初始化。启动时间取决于连接到振荡器的晶振的频率。

当通过设置 CKGR_MOR 寄存器中的 MOSCXTEN 位和 MOSCXTCNT 位允许主振荡器时,功耗管理控制器状态寄存器(PMC_SR)中的 MOSCXTS 位被清零,计数器以慢时钟的 1/8 频率从 MOSCXTCNT 开始向下计数,因为 MOSCXTCNT 值以 8 位编码,所以最大启动时间大约为 62 ms。

当计数值到达 0 时,MOSCXTS 位将被置位,以指示主时钟(Main Clock)有效。如果 PMC_IMR 寄存器中的 MOSCXTS 位处于置位状态,则还可以触发一个到处理器的中断。

③ 主时钟振荡器选择

用户可以选择 4/8/12 MHz 快速 RC 振荡器或 3～20 MHz 晶体振荡器作为主时钟的时钟源。

4/8/12 MHz 快速 RC 振荡器的优点是可以快速启动,这是在启动系统时选择它作为默认时钟源以及进入待机模式时选择它为时钟源的原因。而 3～20 MHz 晶体振荡器的优点是非常精确。

通过设置主振荡器寄存器(CKGR_MOR)中的 MOSCSEL 位来实现时钟源的选择。主时钟源可以无干扰地切换,所以切换时没有必要关闭 SLCK、PLLACK 和 PLLBCK,通过功耗管理控制器状态寄存器(PMC_SR)中的 MOSCSELS 位即可得知切换何时完成。

如果置位 PMC_IMR 寄存器中的 MOSCSELS 位,则还可以触发一个到处理器的中断。

④ 主时钟频率计数器

这个设备是一个主时钟频率计数器,它提供主时钟的频率。在以下情况下,主时钟频率计数器将复位,并在慢时钟的下一个上升沿后开始按主时钟的速度递增:

➢ 选择 4/8/12 MHz 快速 RC 振荡器时钟为主时钟的时钟源,且振荡器已稳定(即 MO-SCRCS 位置位时);

➢ 选择 3～20 MHz 晶体振荡器为主时钟的时钟源,且振荡器已稳定(即 MOSCXTS 位置位时);

➢ 当主时钟振荡器选择发生改变时。

然后,在慢时钟的第 16 个下降沿时,时钟发生器主时钟频率寄存器(CKGR_MCFR)中的

MAINFRDY 位被置位,计数器停止计数。可以通过读取 CKGR_MCFR 寄存器的 MAINF 域得到计数器的值,该值反映了 16 个慢时钟周期内主时钟周期的个数。这样,4/8/12 MHz 快速 RC 振荡器或 3~20 MHz 晶体振荡器的频率就可以被确定了。

(3) 分频器和 PLLA 锁相环方框图

锁相环 PLLA 内嵌了一个输入分频器以增加其产生的时钟信号的精度,如图 10-64 所示。然而,当用户对分频器进行编程时必须考虑到 PLLA 的最小输入频率要求。

分频器的值可设置在 1 和 255 之间,步进为 1。当分频域(DIV)被设置为 0 时,相应分频器的输出和锁相环的输出都是连续的 0 电平信号。复位时,每个 DIV 域都设置为 0,所以相应的 PLL 输入时钟也被设置为 0。

PLLA 允许对分频器的输出信号进行倍频。PLLA 时钟信号频率取决于各自的时钟源信号频率、DIVA 及 MULA 参数。应用于时钟信号频率的因子为(MULA + 1)/DIVA。当 MULA 被设为 0 时,PLLA 被禁止,以节省其功耗。向 MUL 域写入一个大于 0 的值可重新允许 PLLA。

每当允许 PLLA 或修改其参数时,PMC_SR 寄存器中的 LOCKA 位都会被自动清零。写入到 CKGR_PLLAR 寄存器 PLLACOUNT 域中的值将被加载到 PLLA 计数器。之后,PLLA 计数器将按慢时钟开始递减,直到其值为 0。此时,PMC_SR 寄存器中的 LOCK 位被置位,并可以触发一个到处理器的中断。为完成 PLLA 过渡,用户必须将所需时间的慢时钟周期个数加载到 PLLACOUNT 域中。

通过设置 PMC_MCKR 寄存器中的 PLLADIV2 位域,可将 PLLA 时钟 2 分频。

(4) UTMI PLL 锁相环的编程

UTMI PLL 如图 10-65 所示,其时钟源为主时钟 MAINCK。当 4/8/12 MHz 快速 RC 振荡器被选为 MAINCK 的时钟源时,其频率必须选为 12 MHz,因为 UTMI PLL 倍频器内置了一个 40 倍的倍频器,以获得 480 MHz 的 USB 高速时钟。

使用 USB 时需要使用 12 MHz 的晶体振荡器。

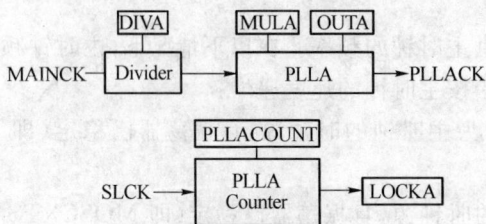

图 10-64　分频器和 PLLA 方框图　　　　图 10-65　UTMI PLL

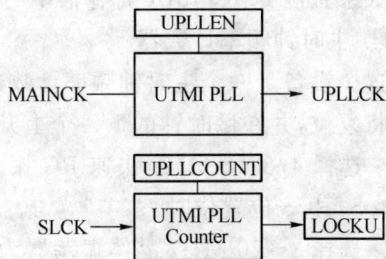

每当通过设置 CKGR_UCKR 寄存器的 UPLLEN 位允许 UTMI PLL 时,PMC_SR 寄存

器的 LOCKU 位都将自动清零。写入 CKGR_UCKR 寄存器 PLLCOUNT 域的值将被加载到
UTMI PLL 计数器;然后 UTMI PLL 计数器将按慢时钟频率的 1/8 开始递减,直到其值为 0。
此时,PMC_SR 寄存器的 LOCKU 位将被置位,且触发一个到处理器的中断。为完成 UTMI
PLL 过渡,用户必须将所需时间的慢时钟周期个数加载到 PLLCOUNT 域中。

10.6.2 功耗管理控制器 PMC

1. 概述

功耗管理控制器(PMC,Power Management Controller)通过控制系统和用户外设时钟实
现对功耗的优化,处理器内部所有时钟如图 10-66 所示。PMC 可以允许和禁止 Cortex-M3
处理器以及大部分外设的时钟输入,其用户接口如表 10-14 所列,其基地址为 0x400E0400,
包括时钟发生器的用户接口。

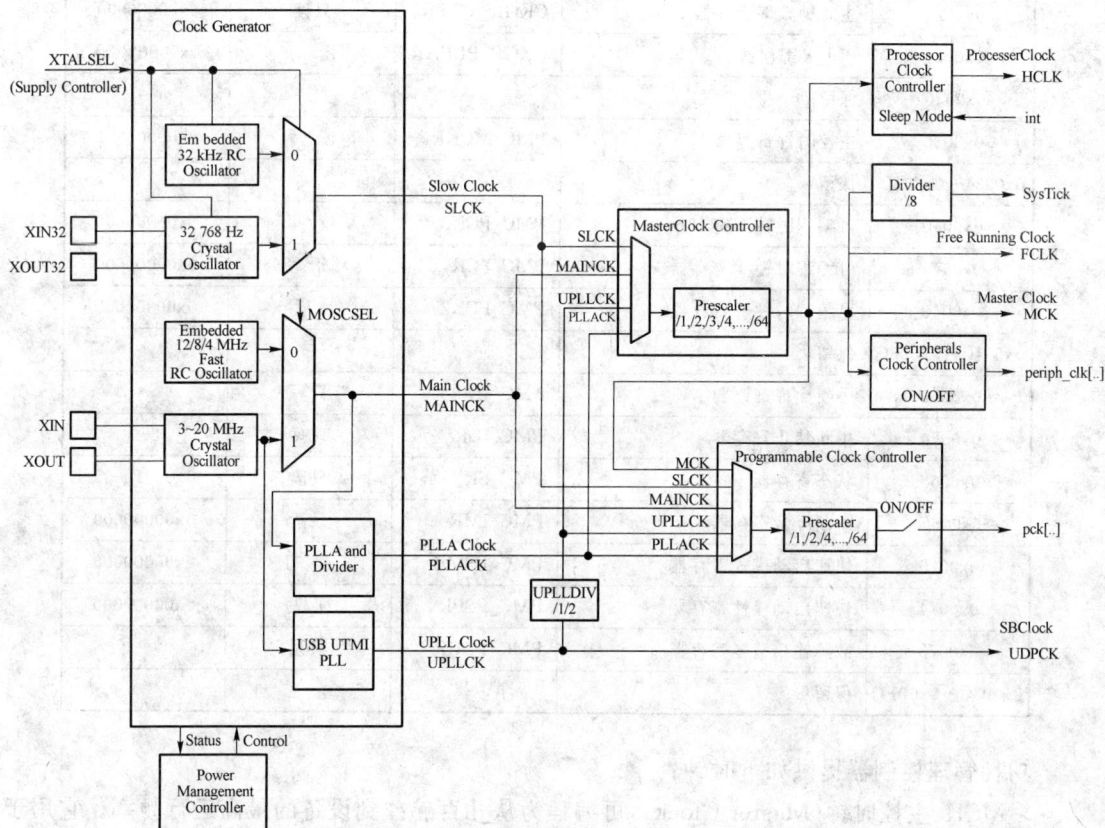

图 10-66 全部时钟框图

表 10 – 14 PMC 寄存器映射

偏　移	寄存器	名　称	访问方式	复位值
0x0000	系统时钟允许寄存器	PMC_SCER	只写	—
0x0004	系统时钟禁止寄存器	PMC_SCDR	只写	—
0x0008	系统时钟状态寄存器	PMC_SCSR	只读	0x00000001
0x000C	保留	—	—	—
0x0010	外设时钟允许寄存器	PMC_PCER	只写	N. A.
0x0014	外设时钟禁止寄存器	PMC_PCDR	只写	—
0x0018	外设时钟状态寄存器	PMC_PCSR	只读	0x00000000
0x001C	UTMI 时钟寄存器	CKGR_UCKR	读/写	0x10200800
0x0020	主振荡器寄存器	CKGR_MOR	读/写	0x00000001
0x0024	主时钟频率寄存器	CKGR_MCFR	只读	0x00000000
0x0028	PLLA 寄存器	CKGR_PLLAR	读/写	0x00003F00
0x002C	保留	—	—	—
0x0030	主控时钟寄存器	PMC_MCKR	读/写	0x00000001
0x0034～0x003C	保留	—	—	—
0x0040	可编程时钟 0 寄存器	PMC_PCK0	读/写	0x00000000
0x0044	可编程时钟 1 寄存器	PMC_PCK1	读/写	0x00000000
0x0048	可编程时钟 2 寄存器	PMC_PCK2	读/写	0x00000000
0x004C～0x005C	保留	—	—	—
0x0060	中断允许寄存器	PMC_IER	只写	—
0x0064	中断禁止寄存器	PMC_IDR	只写	—
0x0068	状态寄存器	PMC_SR	只读	0x00010008
0x006C	中断屏蔽寄存器	PMC_IMR	只读	0x00000000
0x0070	快速启动模式寄存器	PMC_FSMR	读/写	0x00000000
0x0074	快速启动极性寄存器	PMC_FSPR	读/写	0x00000000
0x0078	故障输出清零寄存器	PMC_FOCR	只写	—
0x007C～0x00FC	保留	—	—	—

功耗管理控制器提供如下时钟：

➢ MCK，主控时钟(Master Clock)，可编程为从几百赫兹到设备的最高运行频率。它用于始终运行的模块，如增强内嵌 Flash 控制器。

➢ 处理器时钟(HCLK)，当处理器进入睡眠模式时必须关闭。

> 自由运行处理器时钟(FCLK)。
> Cortex-M3 系统滴答外部时钟。
> USB 设备高速时钟(UDPCK)。
> 外设时钟,典型的有 MCK。这些时钟提供给内嵌外设(USART、SSC、SPI、TWI、TC 和 HSMCI 等),可单独控制。为了减少在产品中所使用时钟的名称,在处理器数据手册中将外设时钟均命名为 MCK。
> 可编程输出时钟,可以从时钟发生器提供的时钟信号中选择其时钟源,结果输出到 PCKx 引脚上。

2. 功能描述

(1) 主控时钟控制器(MasterClock Controller)

主控时钟控制器对主控时钟(MCK)进行选择和分频,如图 10 - 67 所示。MCK 提供给所有外设和存储控制器使用的时钟。

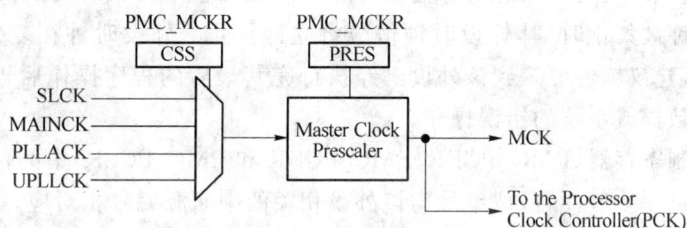

图 10 - 67 主控时钟控制器

MCK 从时钟发生器产生的时钟信号中选择一个时钟源。选择慢时钟时整个设备都将工作在慢时钟下,选择主时钟(Main Clock)时将节省锁相环(PLLs)部分的功耗。

主控时钟控制器由时钟选择器和预分频器组成。它还包括一个主控时钟分频器,以使得处理器时钟可以比主控时钟更快。

通过设置 PMC_MCKR(主控时钟寄存器)中的 CSS(时钟源选择)域可以选择 MCK 的时钟源。预分频器可对时钟源进行 2 的幂分频(分频参数范围为 1～64)和 3 分频。通过 PMC_MCKR 中的 PRES 域可以对预分频系数进行编程设置。

每次设置 PMC_MCKR 寄存器来定义新的主控时钟时,PMC_SR 寄存器的 MCKRDY 位都会被清零。在主控时钟稳定之前,读取 MCKRDY 位总是返回 0;当主控时钟稳定之后,该位被置位并触发一个到处理器的中断。当从高速时钟切换到相对低速时钟时,可在软件中利用这个特点得知主控时钟切换是否完成的。

(2) 处理器时钟控制器

PMC 可通过处理器时钟控制器来实现处理器睡眠模式。当 PMC 快速启动模式寄存器(PMC_FSMR)中的 LPM 位为 0 时,执行 WFI(等待中断)或 WFE(等待事件)指令可以禁止处理器时钟。

处理器时钟 HCLK 在复位后被允许，它可自动地被任何允许的中断重新允许。禁止处理器时钟可以使处理器进入睡眠模式，任何允许的快速/普通中断以及处理器复位都可自动重新允许处理器时钟。

当处理器进入睡眠模式时，时钟在当前指令执行结束后停止，但不会阻止系统总线上其它主控设备的数据传输。

(3) 系统滴答时钟

滴答校准值固定为 10 500，这样在时钟滴答为 10.5 MHz(max HCLK/8)时，可以产生 1 ms 的时基准。

(4) 外设时钟控制器

PMC 通过外设时钟控制器控制每个内嵌外设的时钟。用户可通过设置外设时钟允许寄存器(PMC_PCER)和外设时钟禁止寄存器(PMC_PCDR)来单独允许或禁止某个外设的主控时钟；也可通过读取外设时钟状态寄存器(PMC_PCSR)来获取外设时钟的活动状态。

当某外设时钟被禁止时，其外设时钟信号将立即停止。外设时钟在复位后自动被禁止。为停用某个外设，建议软件要等到该外设已经执行完其最后的程序操作后再禁止其时钟。这样可以避免破坏数据或系统的错误操作。

外设时钟控制寄存器(PMC_PCER、PMC_PCDR 和 PMC_PCSR)中的位编号定义在产品级中的外设标识符。一般而言，位编号与该外设相关的中断源编号相对应。

(5) 空闲运行处理器时钟

自由运行处理器时钟(FCLK)用于采样中断以及为调试模式提供时钟，以确保当处理器处于睡眠模式时，可以采样中断、跟踪睡眠事件。自由运行处理器时钟(FCLK)连接到 MCK 上。

(6) 可编程输出时钟控制器

PMC 控制输出到外部引脚上有 3 个信号：PCKx。通过 PMC_PCKx 寄存器可对每个信号独立编程。每个 PCKx 都可以独立选择时钟源，通过设置 PMC_PCKx 寄存器中的 CSS 域，可选择为慢时钟(SLCK)、主时钟(MAINCK)、PLLA 时钟(PLLACK)、UTMI PLL 时钟(UPLLCK)和主控时钟(MCK)之一。通过设置 PMC_PCKx 寄存器中的 PRES 域，每个输出信号还可以进行 2 的幂分频(分频参数范围为 1~64)。

可以通过对 PMC_SCER 或 PMC_SCDR 寄存器中的相应位(PCKx)写 1，来允许或禁止每个输出信号。通过读取 PMC_SCSR(系统时钟状态寄存器)中的 PCKx 位，能获取可编程输出时钟的活动状态。

此外，与 PCK 类似，PMC_SR 寄存器中的一个状态位指示可编程时钟寄存器所对应的可编程时钟的实际状态。

由于可编程时钟控制器在时钟切换时不进行故障预防，因此强烈建议先禁止可编程时钟，然后再修改其配置,配置生效后再重新允许它。

(7) 快速启动

当 SAM3UE 设备处于待机模式下时,允许处理器在 6 ms 之内重新启动。将 PMC 的时钟发生器的主振荡器寄存器(CKGR_MOR)的 WAITMODE 位置 1 将使系统进入待机模式;当 PMC 快速启动模式寄存器(PMC_FSMR)的 LPM 位为 0 时,执行 WFE 处理器指令也可以使系统进入待机模式。

当在唤醒(WKUP)输入上(可以是 16 个唤醒输入的任意一个,参见 10.4 节)检测到设置的电平时,或者接收到来自 RTC、RTT 和 USB 高速设备控制器的激活报警时,将允许快速启动。

通过 PMC 快速启动极性寄存器(SUPC_FSPR)可以设置 16 个唤醒输入的极性。

快速重启电路是完全异步的,它向功耗管理控制器提供了一个快速启动信号。一旦发出快速启动信号,将自动重启内嵌的 4/8/12 MHz 快速 RC 振荡器。

通过对快速启动模式寄存器(SUPC_FSMR)中相应的位置 1,可以允许相应的唤醒输入引脚和警报产生快速启动事件。用户接口不提供快速启动的任何状态信息,但是通过读取 PIO 控制器、RTC、RTT 和 USB 高速设备控制器的状态寄存器,很容易获得该信息。

(8) 时钟故障检测

时钟故障检测器对 3～20 MHz 的晶振进行监视,并检测该振荡器故障(比如晶振断开)。

通过设置 PMC 时钟发生器的主振荡器寄存器(CKGR_MOR)中的 CFDEN 位可以允许和禁止时钟故障检测器。复位后,检测器被禁止;如果 3～20 MHz 晶体振荡器被禁止,则时钟故障检测器也会被禁止。

如果检测到 3～20 MHz 晶体振荡器时钟发生故障,PMC 状态寄存器(PMC_SR)中的 CFDEV 标识位将被置位,如果它没有被屏蔽,则将产生一个中断。在对 PMC_SR 寄存器进行读操作前,该中断将一直处于激活状态。通过读取 PMC_SR 寄存器的 CFDS 位,用户可以随时了解时钟故障检测器的状态。

如果 3～20 MHz 晶体振荡器被选为 MAINCK 的时钟源(MOSCSEL=1),且主控时钟源是 PLLACK 或 UPLLCK(CSS=2 或 CSS=3),则当检测到时钟故障时,主控时钟将自动切换到 MAINCK 上。无论 PMC 如何配置,检测到时钟故障时都会自动将 MAINCK 切换到 4/8/12 MHz 快速 RC 振荡器时钟。

时钟故障发生时,会将激活与脉宽调制(PWM)控制器相连接的错误输出。通过这个连接,PWM 控制器能够在发生时钟故障时强制改变 PWM 的输出,从而保护由其驱动的设备。这个错误输出将一直处于激活状态,从检测到时钟错误开始,直到通过设置 PMC 错误输出清除寄存器(PMC_FOCR)的 FOCLR 位将其清除。

通过读取 PMC_SR 寄存器的 FOS 位,用户可以随时了解到错误输出的状态。

(9) PMC 的编程顺序

① 检测主振荡器频率(可选)

在有些情况下,用户可能需要精确测量主时钟(Main Clock)频率,通过 CKGR_MCFR 寄存器可以测量主时钟频率。一旦 CKGR_MCFR 寄存器的 MAINFRDY 域置位,用户就可以读取 CKGR_MCFR 寄存器的 MAINF 域,MAINF 域给出了在 16 个慢时钟周期内发生的主时钟周期(Main Clock Cycle)的个数。

② 设置 PLL 和分频器

配置 PLL 和分频器所需的全部参数都在 CKGR_PLLR 寄存器中。其中,DIV 域用于控制分频器本身,当使用 PLL 时,它必须被设置为 1。默认情况下,DIV 参数置 0,即分频器处于关闭状态。MUL 域则是 PLL 的倍频因子,该参数可编程为 0~2 047 之间。如果 MUL 参数置 0,PLL 将被关闭。否则,PLL 输出频率为其输入频率的(MUL+1)倍。PLLCOUNT 域用于指定在设置 CKGR_PLLR 寄存器后,经过多少个慢时钟周期之后,PMC_SR 寄存器的锁存位(LOCK)才会置位。

一旦设置了 PMC_PLL 寄存器,用户必须等待 PMC_SR 寄存器的锁存位(LOCK)置位。通过轮询状态寄存器或等待中断线上发生中断(如果在 PMC_IER 寄存器中允许了锁存中断)可以得知锁存位(LOCK)是否置位。CKGR_PLLR 寄存器中的全部参数都可以在单个写周期内设置。如果 MUL 或者 DIV 在某个阶段被修改了,锁存位(LOCK)将变低,指示 PLL 还没有就绪。当 PLL 被锁存后,锁存位(LOCK)将再次置位。用户必须等到锁存位(LOCK)置位后才能使用 PLL 输出时钟。

代码示例如下:

```
write_register(CKGR_PLLR,0x3209A01)
```

如果要允许 PLL 和分频器,且以主时钟(Main Clock)为 PLL 的输入时钟,PLL 的输出时钟频率为 PLL 输入时钟频率的 801 倍。设置 CKGR_PLLR 寄存器之后,锁存位(LOCK)将在 8 个慢时钟周期后置位。

③ 选择主控时钟(Master Clock)和处理器时钟(Processor Clock)

通过 PMC_MCKR 寄存器可以配置主控时钟和处理器时钟。其中,CSS 域用于选择主控时钟分频器的时钟源;默认情况下主时钟为时钟源。PRES 域则用于控制主控时钟预分频器。用户可选择 1、2、4、8、16、32、64 之一为 PRES 域的值。主控时钟的输出为预分频器的输入除以预分频(PRES)参数。默认情况下,PRES 参数置 1,即主控时钟(Master Clock)与主时钟(Main Clock)相等。一旦设置了 PMC_MCKR 寄存器,用户必须等待 PMC_SR 寄存器的 MCKRDY 位置 1。用户可以通过轮询状态寄存器或等待中断线上的中断(如果在 PMC_IER 寄存器中允许了 MCKRDY 中断)来得知 MCKRDY 位是否置位。

PMC_MCKR 寄存器不能在单个写周期内设置,其最佳编程顺序如下:

  ➢ 如果 CSS 域的新值对应于 PLL 时钟：
  — 设置 PMC_MCKR 寄存器的 PRES 域；
  — 等待 PMC_SR 寄存器的 MCKRDY 位置位；
  — 设置 PMC_MCKR 寄存器的 CSS 域；
  — 等待 PMC_SR 寄存器的 MCKRDY 位置位。
  ➢ 如果 CSS 域的新值对应于主控时钟或慢时钟：
  — 设置 PMC_MCKR 寄存器的 CSS 域；
  — 等待 PMC_SR 寄存器的 MCKRDY 位置位；
  — 设置 PMC_MCKR 寄存器的 PRES 域；
  — 等待 PMC_SR 寄存器的 MCKRDY 位被置位。

如果 CSS 或 PRES 在某一阶段被修改了，MCKRDY 位将变低，指示主控时钟和处理器时钟还没有就绪。用户必须等待 MCKRDY 位再次置位后才能使用主控时钟和处理器时钟。

注意：如果 PLLx 时钟被选为主控时钟，且用户要通过 CKGR_PLLR 寄存器来修改 PLLx，那么在 PLL 被解锁后，MCKRDY 标识将变低。一旦 PLL 再次被锁存，锁存位 (LOCK)将变高，且 MCKRDY 位将被置位。当 PLL 被解锁后，主控时钟的时钟源将自动切换到慢时钟。

代码示例如下：

```
write_register(PMC_MCKR,0x00000001)
wait (MCKRDY = 1)
write_register(PMC_MCKR,0x00000011)
wait (MCKRDY = 1)
```

主控时钟由主时钟的 16 分频得到。处理器时钟与主控时钟一样。

④ 选择可编程时钟

通过 PMC_SCER 和 PMC_SCDR 寄存器可以允许和禁止可编程时钟。有 3 个可编程时钟可以被允许或禁止。PMC_SCSR 寄存器清楚地指出了哪个可编程时钟处于允许状态。默认情况下，所有可编程时钟都被禁止。

PMC_PCKx 寄存器用来配置可编程时钟。其中，CSS 域用来选择可编程时钟分频器的时钟源。有 3 个时钟源可选：主时钟、慢时钟和 PLLCK，默认情况下为慢时钟。PRES 域则用来控制可编程时钟的预分频器。可以选择 1、2、4、8、16、32、64 之一为 PRES 域的值。可编程输出时钟频率为预分频器输入时钟频率除以 PRES 参数。默认情况下，PRES 参数设置为 0，即主控时钟频率与慢时钟频率相等。

一旦设置了 PMC_PCKx 寄存器，必须允许相应的可编程时钟，且用户必须等待 PMC_SR 寄存器的 PCKRDYx 位被置位。通过轮询状态寄存器或等待中断线上的中断（如果在 PMC_IER 寄存器中允许了 PCKRDYx 中断）可以得知 PCKRDYx 位是否被置位。PMC_PCKx 寄存器中的所有参数都可在单个写操作内完成设置。

如果要修改 CSS 或 PRES 参数,首先必须禁止相应的可编程时钟,然后才可修改参数。修改参数后,用户必须重新允许可编程时钟,并等待 PCKRDYx 位置位。

代码示例如下:

```
write_register(PMC_PCK0,0x00000015)
```

可编程时钟 0 为主时钟 32 分频。

⑤ 允许外设时钟

完成上述所有步骤后,就可通过 PMC_PCER 和 PMC_PCDR 寄存器来允许或禁止外设时钟了。有 15 个外设时钟可以被允许或禁止。读 PMC_PCSR 寄存器可以了解哪个外设时钟处于允许状态。注意:每个允许的外设时钟都对应于主控时钟。

代码示例如下:

```
write_register(PMC_PCER,0x00000110)
```

允许外设 4 和 8 的时钟。

```
write_register(PMC_PCDR,0x00000010)
```

外设 4 的时钟被禁止。

3. 应用程序设计

(1) 设计要求

通过电源管理控制器把 PLLA 时钟配置为处理器主控时钟(Master Clock)的时钟源,并要求用户能通过 PC 超级终端动态配置处理器的主控时钟。

(2) 硬件设计

电源管理控制器模块已经集成到芯片内部了,因此无需硬件连接。

(3) 软件设计

根据设计任务要求,程序内容主要包括:

➢ 设置 UART 串口,使之能够正常接收和发送数据。

➢ 配置处理器时钟,把 PLLA 时钟输出作为主时钟的时钟源。

➢ 在串口上显示选择菜单,根据用户的输入动态配置处理器时钟。

整个工程主要包含 2 个源文件:clock.c、main.c。其中 clock.c 包含配置时钟的库函数:

➢ CLOCK_GetCurrMCK()函数,获取当前 MCK 配置值。

➢ CLOCK_GetCurrPCK()函数,获取当前 PCK 配置值。

➢ CLOCK_SetConfig()函数,配置主时钟、PLL 以及主控时钟 MCK。

➢ CLOCK_UserChangeConfig()函数,根据 PC 超级终端的用户输入,修改配置。

➢ CLOCK_DisplayMenu()函数,用于显示当前主控时钟配置,以及交换菜单。

main.c 中内容很简单,初始化相关模块之后,就调用 CLOCK_UserChangeConfig 函数来与用户交换,修改 MCK 配置。

main.c 参考程序如下:

```
/* ********************************************************************
 * 文件名: main.c
 * 作者 : Wuhan R&D Center, Embest
 * 描述 : Main program body
 ********************************************************************/
/* ********************************************************************
 *      Headers
 ********************************************************************/
# include <stdio.h>
# include "board.h"
# include "pio.h"
# include "irq.h"
# include "pmc.h"
# include "dbgu.h"
# include "trace.h"
# include "clock.h"
/* ********************************************************************
 *      Local functions
 ********************************************************************/
/* ********************************************************************
 * @brief 初始化芯片
 * @param none
 * @return none
 ********************************************************************/
void InitChip(void)
{
    /* 禁止所有外设的时钟 */
    PMC_DisableAllPeripherals();
    /* 停止 UTMI 时钟 */
    AT91C_BASE_CKGR->CKGR_UCKR &= ~AT91C_CKGR_UPLLEN;
    /* 配置所有的 I/O 口,把它们作为输入 */
    AT91C_BASE_PIOA->PIO_ODR = 0xFFFFFFFF;
    AT91C_BASE_PIOB->PIO_ODR = 0xFFFFFFFF;
    AT91C_BASE_PIOC->PIO_ODR = 0xFFFFFFFF;
    /* 允许所有的 I/O 中断 */
    AT91C_BASE_PIOA->PIO_PER = 0xFFFFFFFF;
    AT91C_BASE_PIOB->PIO_PER = 0xFFFFFFFF;
```

```
AT91C_BASE_PIOC->PIO_PER = 0xFFFFFFFF;
/* 重新配置时钟和 DBGU 串口 */
SystemInit();
TRACE_CONFIGURE(DBGU_STANDARD, 115200, BOARD_MCK);
CLOCK_SetConfig(0);
}
/********************************************************************
* @brief main 函数用来初始化串口以及配置芯片主时钟
* @param none
* @return none
********************************************************************/
int main(void)
{
    /* 系统时钟初始化 */
    SystemInit();
    /* 允许 DBGU 串口时钟 */
    PMC_EnablePeripheral(BOARD_DBGU_ID);
    /* 配置 DBGU 串口 */
    TRACE_CONFIGURE(DBGU_STANDARD, 115200, SystemFrequency);
    printf("-- Test SAM3 Power Management Controller Project -- \n\r");
    /* 初始化芯片以作测试之用 */
    InitChip();
    printf ("The core (PCK) is running @ %dMhz and peripherals (MCK) @ %dMHz\n\r",
        CLOCK_GetCurrPCK(),
        CLOCK_GetCurrMCK());
    /* 用户自己选择主时钟 */
    while (1)
    {
        CLOCK_UserChangeConfig();
    }
}
```

(4) 运行过程

① 使用 Keil uVision3 通过 ULINK 2 仿真器连接实验板,打开实验例程目录 10.6.2_PMR_test 子目录下的 PMR_Test. Uv2 例程,编译链接工程。

② 用串口线连接 PC 机的串口和开发板的 UART 口,并在 PC 机上运行 Windows 自带的超级终端串口通信程序(波特率 115 200、1 位停止位、无校验位、无硬件流控制);或者使用其它串口通信程序。

③ 运行程序,超级终端上显示如下:

```
-- Test SAM3 Power Management Controller Project --
Setting clock configuration # 0 ... done.
The core (PCK) is running @ 48Mhz and peripherals (MCK) @ 48MHz

Menu Clock configuration：
  0：Set PCK =  48 MHz, MCK =  48 MHz (curr)
  1：Set PCK =  84 MHz, MCK =  84 MHz
  2：Set PCK =  24 MHz, MCK =  24 MHz
```

当前处理器的主时钟为 48 MHz。

④ 选择不同的选项可以把处理器主时钟配置为不同的值。假如输入 1,则把主时钟配置为 84 MHz,串口显示如下：

```
Setting clock configuration # 1 ... done.

Menu Clock configuration：
  0：Set PCK =  48 MHz, MCK =  48 MHz
  1：Set PCK =  84 MHz, MCK =  84 MHz (curr)
  2：Set PCK =  24 MHz, MCK =  24 MHz
```

10.6.3 实时定时器 RTT

1. 概述

实时定时器(RTT,Real-time Timer)基于一个 32 位的计数器,用来记录流逝的时间(秒数),如图 10-68 所示。它可以产生周期性的中断和/或根据一个编程设置的值触发定时报警。RTT 用户接口的寄存器如表 10-15 所列,其基地址为 0x400E1230。

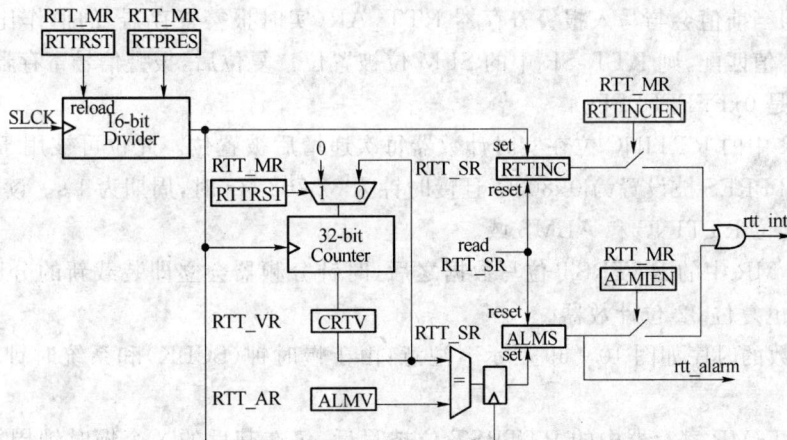

图 10-68 实时定时器 RTT

表 10 - 15　RTT 寄存器映射

偏　移	寄存器	名　称	访问方式	复位值
0x00	模式寄存器	RTT_MR	读/写	0x00008000
0x04	报警寄存器	RTT_AR	读/写	0xFFFFFFFF
0x08	值寄存器	RTT_VR	只读	0x00000000
0x0C	状态寄存器	RTT_SR	只读	0x00000000

2. 功能描述

实时定时器被用于计算经历的时间(s)，它基于一个 32 位计数器构建。此计数器由慢时钟经过一个可设置 16 位值分频后提供时钟，该值可以在 RTT 模式寄存器(RTT_MR)的 RTPRES 域中设置。将 RTPRES 设置为 0x00008000，相当于给实时计数器提供一个 1 Hz 的信号(如果慢时钟是 32 738 Hz)。32 位的计数器可以计数到 2^{32} s，相当于 136 多年，然后回转到 0。

实时定时器还可以被当作一个带低时基的自由运行定时器。将 RTPRES 设置为 3，可以获得最好的精度。将 RTPRES 设置为 1 或 2 也可以，但有可能导致丢失状态事件，因为状态寄存器在读操作后 2 个慢时钟周期之后将被清除了。因此，如果 RTT 被配置为触发一个中断，此中断就会在读 RTT_SR 后的 2 个慢时钟周期之内产生。为了阻止某些中断处理程序的执行，在中断处理程序中必须禁止中断，并在状态寄存器清零时重新允许中断。

实时定时器值(CRTV)在寄存器 RTT_VR(实时值寄存器)中，任何时间都可读取。由于此值可以从主控时钟中被异步更新，因此建议读取时应连续读 2 次，如果 2 次相同则取信该值，这样可以提高返回值的准确度。

计数器的当前值会与写入报警寄存器 RTT_AR(实时报警寄存器)的值作比较。如果计数器值与报警值匹配，则 RTT_SR 中的 SLM 位被置位。复位后，报警信号寄存器被设置为其最大值，也就是 0xFFFFFFFF。

RTT_SR 中的 RTTINC 位在实时计数器每次递增后被置位。此位可被用于开启一个周期中断，当 RTPRES 被设置为 0x8000，且慢时钟为 32 768 Hz 时，周期为 1 s。读 RTT_SR 状态寄存器将复位 RTTINC 和 ALMS 域。

向 RTT_MR 中的 RTTRST 位写数据之后，时钟分频器会立即装载新的分频值，并重新启动它，同时也复位 32 位计数器。

RTT 计数的时序如图 10 - 69 所示。注意：由于慢时钟(SCLK)和系统时钟(MCK)不同步，故：

➤ 在 RTT_MR 寄存器中的 RTTRST 位被写后，仅在其后的 2 个慢时钟周期之内，重新开启计数器和复位 RTT_VR 当前值寄存器有效。

➤ 在读 RTT_SR(状态寄存器)后，仅在其后的 2 个慢时钟周期之内，状态寄存器的标志位有意义。

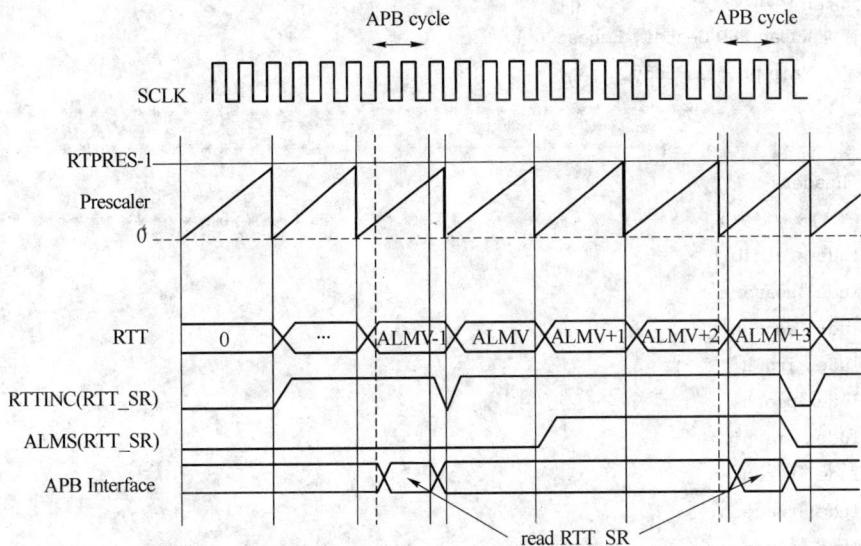

图 10 - 69 RTT 计数时序图

3. 应用程序设计

(1) 设计要求

① 对 RTT 进行控制,要求用户可以通过 PC 超级终端动态配置它的预分频值。

② 允许 RTT 报警,当 RTT 计数器的值等于报警值的时候,就产生报警中断。

(2) 硬件设计

由于 RTT 模块已经集成在了芯片内部,因此无需硬件连接。

(3) 软件设计

根据设计任务要求,软件程序需要完成以下工作:

➢ 设置 UART 串口,使之能够正常的接收和发送数据;

➢ 动态配置 RTT 的预分频值;

➢ 配置 RTT 的报警值;

➢ 配置 RTT 中断,并复位 RTT 计数器使之重新开始计数。

整个工程主要包含 3 个源文件:rtt. c、at91sam3u4_it. c 和 main. c。其中,rtt. c 提供 RTT 的驱动函数,包括允许 RTT、设置分频值、读取时间、设置报警时间等。中断服务子程序在 at91sam3u4_it. c 中,只有一个函数 RTT_IRQHandler()用于处理 RTT 报警中断。main. c 中的 main()函数初始化系统,设置 RTT 分频值、报警值,并通过串口与用户交换。

main. c 参考程序如下:

```
/**************************************************************************
 * 文件名：main.c
 * 作者 ：Wuhan R&D Center, Embest
 * 描述 ：Main program body
 **************************************************************************/
/**************************************************************************
 *      Headers
 **************************************************************************/
# include <stdio.h>
# include "board.h"
# include "dbgu.h"
# include "irq.h"
# include "pio.h"
# include "pmc.h"
# include "rtt.h"
# include "trace.h"
# include "assert.h"
# include "at91sam3u4_it.h"
/**************************************************************************
 *      Local definitions
 **************************************************************************/
/* 检测字符是否是数字 */
# define IsDigitChar(c) ((c) >='0' && (c) <='9')
/* 把数字字符转换成十进制数字 */
# define CharToDigit(c) ((c) - '0')
/**************************************************************************
 *      Local variables
 **************************************************************************/
/* RTT 预分频值 */
static unsigned int PresVal;
/* RTT 报警值 */
static unsigned int AlarmVal;
/* 存储输入的预分频值字符串 */
static char SetPresVal[8] = {'0','0','0','0','0','0','0','\0'};
/* 存储输入的报警值字符串 */
static char SetAlarmVal[10] = {'0','0','0','0','0','0','0','0','0','\0'};
/* 擦除串口上显示的字符 */
static char pEraseSeq[] = "\b \b";
/**************************************************************************
```

```
*      Local functions
***********************************************************/
/ ***********************************************************
 * @brief 在串口上显示字符串
 * @param pStr 要显示的字符串
 * @return none
 ***********************************************************/
static __ inline void DBGU_puts(const char * pStr)
{
 while( * pStr) {
   DBGU_PutChar( * pStr ++ );
   }
}
/ ***********************************************************
  * @brief 获取用户输入的报警值
  * @param none
  * @return 0 输入成功
  *          1 输入失败
 ***********************************************************/
int GetAlarmVal(void)
{
    char key;
    int i = 0;
    int j;
    while(1)
    {
        key = DBGU_GetChar();
        /* end input */
        if(key == 0x0d || key == 0x0a)
        {
            DBGU_puts("\n\r");
            break;
        }
        /* DEL or BACKSPACE */
        if(key == 0x7f || key == 0x08)
        {
            if(i>0)
            {
```

```
                    DBGU_puts(pEraseSeq);
                    --i;
                }
            }

            /* end of time[], no more input except above DEL/BS or enter to end */
            if(!SetAlarmVal[i]) {
                continue;
            }

            if(!IsDigitChar(key)) {
                continue;
            }

            DBGU_PutChar(key);
            SetAlarmVal[i++] = key;
        }

    if(i == 0) {
        return 1;
    }

    AlarmVal = 0;
    for (j = 0; j < i; j++)
    {
        AlarmVal = AlarmVal * 10 + CharToDigit(SetAlarmVal[j]);
    }

    if (AlarmVal < 1)
    {
        return 1;
    }
    /* success input. verification of data is left to RTC internal Error Checking */
    return 0;
    }
/**********************************************************************
* @brief 获取用户输入的预分频值
* @param none
* @return 0 输入成功
*          1 输入失败
**********************************************************************/
int GetPresVal(void)
{
```

```
char key;
int i = 0;
int j;
while(1)
{
    key = DBGU_GetChar();
    /* end input */
    if(key == 0x0d || key == 0x0a)
    {
        DBGU_puts("\n\r");
        break;
    }

    /* DEL or BACKSPACE */
    if(key == 0x7f || key == 0x08)
    {
        if(i>0)
        {
            DBGU_puts(pEraseSeq);
            --i;
        }
    }

    /* end of time[], no more input except above DEL/BS or enter to end */
    if(!SetPresVal[i]) {
        continue;
    }

    if(! IsDigitChar(key)) {
        continue;
    }

    DBGU_PutChar(key);
    SetPresVal[i++] = key;
}

if(i == 0) {
    return 1;
}

PresVal = 0;
for (j = 0; j < i; j++)
{
```

```
        PresVal = PresVal * 10 + CharToDigit(SetPresVal[j]);
    }

    if (PresVal > 2000)
    {
        return 1;
    }
    /* success input. verification of data is left to RTC internal Error Checking */
    return 0;
}
/* *********************************************************************
 * @brief main 函数用来初始化串口以及配置 RTT
 * @param none
 * @return none
 ********************************************************************* */
int main()
{
    unsigned int newvalue = 0;
    unsigned int oldvalue = 0;
    unsigned short us_presvalue;

    SystemInit();

    TRACE_CONFIGURE(AT91C_US_PAR_NONE, 115200, SystemFrequency);

    printf("\n\r---------- RTT Test ----------\n\r");
    /* 获取 RTT 预分频值 */
    do
    {
        printf("Please set Real-time Timer Prescaler Value(1~2000 ms).\n\r");
    }while (GetPresVal());
    us_presvalue = (((PresVal << 15) / 1000) & 0xFFFF);
    RTT_SetPrescaler(AT91C_BASE_RTTC, us_presvalue);
    /* 获取 RTT 报警值 */
    do
    {
        printf("Please set Real-time Timer Alarm Value(>0).\n\r");
    }while (GetAlarmVal());
    RTT_SetAlarm(AT91C_BASE_RTTC, AlarmVal);
    /* 配置 RTT 中断 */
    IRQ_ConfigureIT(AT91C_ID_RTT, 0, RTT_IRQHandler);
    RTT_EnableIT(AT91C_BASE_RTTC, AT91C_RTTC_ALMIEN);
```

```
    IRQ_EnableIT(AT91C_ID_RTT);

    printf("\n\r The alarm is % d\n\r", AlarmVal);
    /* 复位 RTT 计数器 */
    AT91C_BASE_RTTC->RTTC_RTMR | = AT91C_RTTC_RTTRST;

    printf("The RTT is % d\n\r", oldvalue);
    while (1)
    {
        newvalue = RTT_GetTime(AT91C_BASE_RTTC);

        if ((newvalue ! = oldvalue) && (newvalue < AlarmVal))
        {
            printf("The RTT is % d\n\r", newvalue);
            oldvalue = newvalue;
        }
    }
}
```

at91sam3u4_it.c 参考程序如下：

```
/*******************************************************************
 * 文件名：at91sam3u4_it.c
 * 作者 : Wuhan R&D Center, Embest
 * 描述 : Main Interrupt Service Routines.
 *******************************************************************/
** This file contains the default exception handlers
** and exception table.
/*******************************************************************
 *     Headers
 *******************************************************************/
# include <stdio.h>
# include "board.h"
# include "rtt.h"
# include "at91sam3u4_it.h"
/*******************************************************************
 * @brief REAL TIME TIMER
 * @param none
 * @return none
 *******************************************************************/
void RTT_IRQHandler(void)
{
```

```
unsigned int status = AT91C_BASE_RTTC - >RTTC_RTSR;
/* 判断是否是 RTT 报警中断 */
if ((status & AT91C_RTTC_ALMS) == AT91C_RTTC_ALMS)
{
    /* 中断发生时在串口上打印以下信息 */
    printf("\n\r ==============================\n\r");
    printf("\n\r      ALARM interrupt     \n\r");
    printf("\n\r ==============================\n\r");
    /* 复位 RTT 计数器 */
    AT91C_BASE_RTTC - >RTTC_RTMR | = AT91C_RTTC_RTTRST;
}
}
```

(4) 运行过程

① 使用 Keil uVision3 通过 ULINK 2 仿真器连接实验板,打开实验例程目录 10.6.2_RTT_test 子目录下的 RTT_Test.Uv2 例程,编译链接工程。

② 用串口线连接 PC 机的串口和开发板的 UART 口,并在 PC 机上运行 Windows 自带的超级终端串口通信程序(波特率 115 200、1 位停止位、无校验位、无硬件流控制);或者使用其它串口通信程序。

③ 运行程序,通过超级终端观察串口输出。程序运行后串口显示如下:

```
---------- RTT Test ----------
Please set Real - time Timer Prescaler Value(1~2000 ms).
1000
```

这时要求输入 RTT 预分频的值,如果输入 1 000,则 RTT 计时器的值每隔1 000 ms增加 1。

接下来串口显示如下:

```
Please set Real-time Timer Alarm Value(>0).
```

这时要求输入 RTT 的报警值,如果输入 5,则 RTT 计数器的值计数到 5 时就会产生一个报警中断。

④ 串口接下来的输出如下:

```
The alarm is 5
The RTT is 0
The RTT is 1
The RTT is 2
The RTT is 3
```

```
The RTT is 4
===============================
        ALARM interrupt
===============================
The RTT is 0
The RTT is 1
The RTT is 2
The RTT is 3
The RTT is 4
...
```

10.6.4　实时钟 RTC

1. 概述

SAM3U 处理器上的实时钟（RTC，Real Time Clock）是专为低功耗要求而设计的（如图 10–70 所示），其用户接口寄存器列表如表 10–16 所列，基地址为 0x400E1260。它包含一个带报警功能的完整日期时钟和一个 200 年的日历，能产生可编程周期中断。报警与日历寄存器均可通过 32 位数据总线访问。

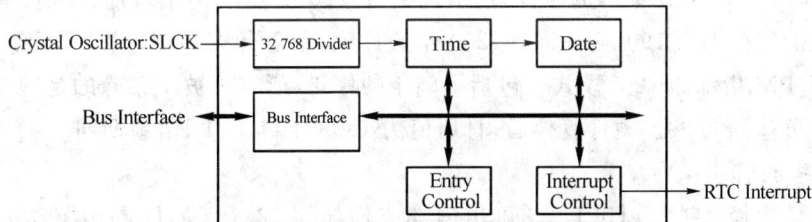

图 10–70　实时时钟框图

表 10–16　RTC 寄存器映射

偏　移	寄存器	名　称	访问方式	复位值
0x00	控制寄存器	RTC_CR	读/写	0x0
0x04	模式寄存器	RTC_MR	读/写	0x0
0x08	时间寄存器	RTC_TIMR	读/写	0x0
0x0C	日历寄存器	RTC_CALR	读/写	0x01819819
0x10	时间报警寄存器	RTC_TIMALR	读/写	0x0
0x14	日历报警寄存器	RTC_CALALR	读/写	0x01010000

续表 10 - 16

偏 移	寄存器	名 称	访问方式	复位值
0x18	状态寄存器	RTC_SR	只读	0x0
0x1C	状态清除命令寄存器	RTC_SCCR	只写	—
0x20	中断允许寄存器	RTC_IER	只写	—
0x24	中断禁止寄存器	RTC_IDR	只写	—
0x28	中断屏蔽寄存器	RTC_IMR	只读	0x0
0x2C	有效入口寄存器	RTC_VER	只读	0x0
0xFC	保留寄存器	—		

时间与日历值按 BCD 格式编码。时间格式可为 24 h 模式或有 AM/PM 指示的 12 h 模式。可通过 32 位数据总线上的一个并行捕获来更新时间和日历域及配置报警域。为避免寄存器加载一个与当前月/年/世纪格式或与 BCD 格式不兼容的数据,需要进行入口控制。

2. 功能描述

RTC 提供一个 BCD 编码的时钟,包括世纪(19/20)、年(有闰年)、月、日期、星期几、时、分与秒。有效的年范围为 1900~2099 共 200 年的日历,完全服从 Y2K。RTC 可工作在 24 h 模式或有 AM/PM 指示的 12 h 模式。包括了闰年的修正(所有可被 4 整除的是闰年,包括 2000 年),修正后可达到 2099。硬件复位后,日历值为 1998 年,1 月 1 日,星期四。

(1) 参考时钟

参考时钟为慢时钟(SLCK)。它可由内部或外部的 32.768 kHz 晶振驱动。在处理器低功耗模式(空闲模式)下,对振荡器运行和功耗均有严格要求。晶振的选择需要考虑当前功耗以及由于温度漂移产生的精度影响。

(2) 时序

普通模式下,RTC 以秒更新内部的秒计数器,以分更新内部分计数器,其它类推。考虑到芯片复位,由于 RTC 的异步操作,为确保从 RTC 寄存器所读取的值有效且稳定,必须对这些寄存器读取 2 次。若 2 次值相同,则该值有效。因此最少需要访问 2 次,最多需要访问 3 次。

(3) 报警

RTC 有 5 个可编程域:月、日期、时、分、秒。为报警需要,各个域均可被允许或禁用:

➢ 若所有域都被允许,在给定的月、日期、时、分、秒将产生报警标志(相应标志位有效,且允许产生中断)将产生一个报警标志。

> 若仅有"秒"域允许,则每分钟均产生一次报警。

根据允许这些域的组合,用户可以用的有效报警时间范围可从"分"到"365/366 天"。

(4) 错误检查

在访问世纪、年、月、日期、星期几、时、分、秒及报警时,用户接口数据需要确认。按 BCD 格式检查非法数据,例如是否将非法数据作为月数据、年数据或世纪数据来配置。

若某个时间域中有错误,数据不会被载入寄存器/计数器,并在寄存器中置位相应标志位。用户不能复位该标志。只有设置一个有效时间值后该标志位才会复位。这可避免对硬件的任何副作用。对于报警的处理步骤,与之类似。

错误检查将执行下列检查:

① 世纪(检查是否在 19～20 间)

② 年(BCD 入口检查)

③ 日期(检查是否在 01～31 间)

④ 月(检查是否在 01～12 间,检查"日期"是否合法)

⑤ 星期几(检查是否在 1～7 间)

⑥ 时(BCD 检查:24 h 模式,检查是否在 00～23 间,及检查 AM/PM 标志是否未置位; 12 h 模式,检查是否在 01～12 间)

⑦ 分(检查 BCD 及是否在 00～59 间)

⑧ 秒(检查 BCD 及是否在 00～59 间)

注意:若通过 RTC_MODE 寄存器选择 12 h 模式,可对 12 h 值编程,RTC_TIME 中返回值为对应的 24 h 值。入口控制将检查 AM/PM 指示器值(RTC_TIME 寄存器的第 22 位)以确定检查范围。

(5) 更新时间/日历

要修改时间/日历域中的任何地方,都必须先设置控制寄存器中的相应位以停止 RTC。更新时间域(时、分、秒)需要设置 UPDTIM 位,更新日历域(世纪、年、月、日期、日)则需要设置 UPDCAL 位。然后,用户须等待轮询或等待状态寄存器中的 ACKUPD 位中断(若其被允许)。一旦该位为 1,就必须写 RTC_SCCR 中的相应位来清除该标志。此时,用户可写相应的时间寄存器和日历寄存器。

更新一结束,用户就必须复位控制寄存器中的 UPDTIM 与/或 UPDCAL 位。当对日历域进行编程时,时间域将保持允许工作。当对时间域编程时,时间域和日历域将都被停止。这是由日历逻辑电路的位置决定的(放在下游是为了降低功耗)。建议在进入编程设置模式之前,一定要准备好所有的域。在连续更新操作中,用户必须保证对 RTC_CR(控制寄存器)中的 UPDTIM/UPDCAL 位的复位 1 s 之后,才能再次设置这些位。这是通过在设置 UPDTIM/UPDCAL 位之前等待状态寄存器的 SEC 标志来实现的。对 UPDTIM/UPDCAL 重新设置后,SEC 标志也将清除。

3. 应用程序设计

(1) 设计要求

➢ 能通过 PC 超级终端对开发板上 SAM3U 处理器的 RTC 模块进行设置操作;

➢ 能配置 RTC 的时间和日期;

➢ 能设置 RTC 的时间报警值,到了预设的时间后就触发中断;

➢ 能配置 RTC 的日期报警值,当到了预设的时间和日期后就触发中断。

(2) 硬件设计

由于 RTC 模块已经集成在了芯片内部,因此无须硬件连接。

(3) 软件设计

根据设计任务要求,软件程序需要完成以下工作:

➢ 设置 UART 串口,使之能够与 PC 超级终端交互;

➢ 允许 RTC 中断,当每次发生秒中断的时候,在串口上显示更新后的时间和日期;

➢ 根据从 PC 超级终端输入的时间或日期值,从而来设置 RTC 的时间或日期;

➢ 根据从 PC 超级终端输入的时间报警值,设置 RTC 时间报警值,当 RTC 的时间等于它时就触发中断;

➢ 根据从 PC 超级终端输入的日期报警值,设置 RTC 日期报警值,当 RTC 的时间和日期等于设置的时间报警值和日期报警值时,就会触发中断。

整个工程主要包含 3 个源文件:rtc. c、at91sam3u4_it. c 和 main. c。其中 rtc. c 是 RTC 驱动库函数,用于 RTC 各个时间域值得读或写。at91sam3u4_it. c 则包含 RTC 的中断服务子程序 RTC_IRQHandler,秒中断显示当前时间,日期和时间报警中断则显示已发生日期和时间报警中断。main. c 中 main()函数的主要功能为初始化系统,并根据 PC 超级终端的输入来设置 RTC 的时间、日期、报警时间和日期。

main. c 参考程序如下:

```
/****************************************************************
 * 文件名: main.c
 * 作者 : Wuhan R&D Center, Embest
 * 描述 : Main program body
 ****************************************************************/
/****************************************************************
 *      Headers
 ****************************************************************/
# include <stdio.h>
```

```
# include <stdarg. h>
# include "board. h"
# include "pio. h"
# include "dbgu. h"
# include "irq. h"
# include "pmc. h"
# include "rtc. h"
# include "trace. h"
# include "at91sam3u4_it. h"
/*********************************************************************
 *      Local definitions
 *********************************************************************/
/* 显示主菜单的标志 */
# define STATE_MENU          0
/* 正在编辑时间的标志 */
# define STATE_SET_TIME         1
/* 正在编辑日期的标志 */
# define STATE_SET_DATE         2
/* 正在编辑时间报警的标志 */
# define STATE_SET_TIME_ALARM        3
/* 正在编辑日期报警的标志 */
# define STATE_SET_DATE_ALARM         4
/* 检测字符是否是数字 */
# define IsDigitChar(c) ((c) > = '0' && (c) <= '9')
/* 把数字字符转换成十进制数字 */
# define CharToDigit(c) ((c) - '0')
/*********************************************************************
 *      Local variables
 *********************************************************************/
/* 当前程序的状态 */
static unsigned int bState = STATE_MENU;
/* 记录 RTC 时间和日期的值 */
static unsigned char newHour;
static unsigned char newMinute;
static unsigned char newSecond;
static unsigned short newYear;
static unsigned char newMonth;
static unsigned char newDay;
static unsigned char newWeek;
```

```
/* 用来指出 RTC 报警中断已经被触发,但是还没有被清除 */
unsigned char alarmTriggered = 0;
/* 存储输入的时间字符串 */
static char time[8 + 1] =
        {'0','0',':','0','0',':','0','0','\0'};
/* 存储输入的日期字符串 */
static char date[10 + 1] =
        {'0','0','/','0','0','/','0','0','0','0','\0'};
/* 星期字符串 */
static char pDayNames[7][4] =
        {"Mon", "Tue", "Wed", "Thu", "Fri", "Sat", "Sun"};
/* 擦除串口上显示的字符 */
static char pEraseSeq[] = "\b \b";
/* 时间和日期的输出格式 */
static char calendar[80];
/* 刷新菜单的标志 */
unsigned int bMenuShown = 0;
/* ************************************************************
 *      Local functions
 ************************************************************/
/* ************************************************************
 * @brief 在串口上显示字符串
 * @param pStr 要显示的字符串
 * @return none
 ************************************************************/
static __ inline void DBGU_puts(const char * pStr)
{
    while( * pStr)
    {
        DBGU_PutChar( * pStr ++ );
    }
}
/* ************************************************************
 * @brief 把一个格式化后的字符串存储在一个缓冲区里
 * @param pBuf 用来存储字符串的缓冲区
 * @return none
 ************************************************************/
static signed int PrnToBuf(char * pBuf, const char * pFormat, ...)
{
```

```
        va_list ap;

        signed int rc;

        va_start(ap, pFormat);

        rc = vsprintf(pBuf, pFormat, ap);

        va_end(ap);

        return rc;

}
/* ********************************************************************
 * @brief 获取用户从串口输入的时间(小时、分钟、日期)
 * @param none
 * @return 0 输入成功,1 输入失败
 ********************************************************************/
static int GetNewTime()
{
        char key;

        int i = 0;
        /* 把变量初始化 */
        newHour = newMinute = newSecond = 0xFF;
        /* 把输入的时间存储在 time[]中 */
        while(1)
        {
            key = DBGU_GetChar();
            /* 结束输入 */
            if(key == 0x0d || key == 0x0a)
            {
                DBGU_puts("\n\r");
                break;
            }
            /* DEL or BACKSPACE */
            if(key == 0x7f || key == 0x08)
            {
                if(i>0)
                {
                    /* 删除 time[]里的一个元素,索引下标回退 */
                    if(!time[i])
                    {
                        -- i;
                    }

                    DBGU_puts(pEraseSeq);
```

```c
            -- i;
            /* 删除 time[]里的':'分隔符 */
            if(!IsDigitChar(time[i]) && i>0)
            {
                DBGU_puts(pEraseSeq);
                -- i;
            }
        }
    }
    /* 输入已经完成,等待 DEL/BS 删除,或回车结束 */
    if(!time[i])
    {
     continue;
    }

    if(!IsDigitChar(key))
    {
        continue;
    }

    DBGU_PutChar(key);
    time[i++] = key;
    /* 忽略非数字字符 */
    if(!IsDigitChar(time[i]) && i < 8)
    {
        DBGU_PutChar(time[i]);
        ++i;
    }
}

if(i == 0)
{
    return 0;
}

if(i != 0 && time[i] != '\0')
{
    /* 非法的输入 */
    return 1;
}

newHour = CharToDigit(time[0]) * 10 + CharToDigit(time[1]);
newMinute = CharToDigit(time[3]) * 10 + CharToDigit(time[4]);
```

```
        newSecond = CharToDigit(time[6]) * 10 + CharToDigit(time[7]);

        /* success input. verification of data is left to RTC internal Error Checking */
        return 0;
}
/***************************************************************************
 * @brief 计算指定的某一天是星期几
 * @param year 年, month 月, day 日
 * @return 返回 year/month/day 是星期几
 ***************************************************************************/
static char CalcWeek(int year, int month, int day)
{
    char week;

    if(month == 1 || month == 2)
    {
        month + = 12;
        -- year;
    }

    week = (day + 2 * month + 3 * (month + 1)/5 + year + year/4 - year/100 + year/400) % 7;

    ++ week;
    return week;
}
/***************************************************************************
 * @brief 获取用户从串口输入的日期(年、月、日)
 * @param none
 * @return 0 输入成功, 1 输入失败
 ***************************************************************************/
static int GetNewDate()
{
    char key;
    int i = 0;
    /* 初始化变量 */
    newYear = 0xFFFF;
    newMonth = newDay = newWeek = 0xFF;
    /* 使用 data[]存储输入的字符串 */
    while(1)
    {
        key = DBGU_GetChar();
        /* 结束输入 */
```

```
if(key == 0x0d || key == 0x0a)
{
    DBGU_puts("\n\r");
    break;
}
/* DEL or BACKSPACE */
if(key == 0x7f || key == 0x08)
{
    if(i>0)
    {
        /* 删除 data[]里的一个元素,索引下标回退 */
        if(!date[i])
        {
            -- i;
        }
        DBGU_puts(pEraseSeq);
        -- i;
        /* 删除 data[]里面的'/'分隔符 */
        if(!IsDigitChar(date[i]) && i>0)
        {
            DBGU_puts(pEraseSeq);
            -- i;
        }
    }
}
/* 输入已经完成,等待 DEL/BS 删除,或回车结束 */
if(!date[i])
{
    continue;
}
if(!IsDigitChar(key))
{
    continue;
}

DBGU_PutChar(key);
date[i++] = key;
/* 忽略非数字字符 */
if(!IsDigitChar(date[i]) && i < 10)
{
```

```
            DBGU_PutChar(date[i]);
            ++i;
        }
    }
    if(i == 0)
    {
        return 0;
    }

    if(i != 0 && date[i] != '\0' && i != 6)
    {
        /* 输入非法 */
        return 1;
    }
    /* MM - DD - YY, static char date[10+1] =
        {'0','0','/','0','0','/','0','0','0','0','\0'};
    */
    newMonth = CharToDigit(date[0]) * 10 + CharToDigit(date[1]);
    newDay = CharToDigit(date[3]) * 10 + CharToDigit(date[4]);
    if(i != 6)
    {
        /* 在日期报警时只需要月和日,不需要年和星期 */
        newYear = CharToDigit(date[6]) * 1000 + CharToDigit(date[7]) * 100 + \
                  CharToDigit(date[8]) * 10 + CharToDigit(date[9]);
        newWeek = CalcWeek(newYear, newMonth, newDay);
    }
    /* success input. verification of data is left to RTC internal Error Checking */
    return 0;
}
/***********************************************************************
 * @brief 在串口上给用户显示提示信息
 * @param none
 * @return none
 ***********************************************************************/
void RefreshDisplay(void)
{
    unsigned char hour, minute, second;
    unsigned short year;
    unsigned char month, day, week;
```

```
    if(bState != STATE_MENU)
    { /* not in menu display mode, in set mode */
    }
    else
    {
        /* 获取当前的时间和日期 */
        RTC_GetTime(&hour, &minute, &second);
        RTC_GetDate(&year, &month, &day, &week);
        /* 显示信息 */
        if(!bMenuShown )
        {
            printf("\n\rMenu:\n\r");
            printf(" t - Set time\n\r");
            printf(" d - Set date\n\r");
            printf(" i - Set time alarm\n\r");
            printf(" m - Set date alarm\n\r");

            if (alarmTriggered)
            {
            printf(" c - Clear alarm notification\n\r");
            }

            printf(" q - Quit!\n\r");

            printf("\n\r");

            bMenuShown = 1;
        }
        /* update current date and time */
        PrnToBuf(time, "%02d:%02d:%02d",hour,minute,second);
        PrnToBuf(date, "%02d/%02d/%04d",month,day,year);
        PrnToBuf(calendar, "[Time/Date: %s, %s %s ][Alarm status: %s]", time, date, pDayNames
        [week-1],\
        alarmTriggered?"Triggered!":"");

        printf("\r%s", calendar);
    }
}
/***************************************************************
* @brief main 函数用来初始化串口以及配置 RTC
* @param none
* @return none
***************************************************************/
```

```
int main(void)
{
    unsigned char key;

    SystemInit();

    TRACE_CONFIGURE(DBGU_STANDARD, 115200, SystemFrequency);

    printf("\n\r ---------- RTC Test ----------\n\r");
    /* 采用 24 h 模式 */
    RTC_SetHourMode(0);
    if(RTC_SetTimeAlarm(0, 0, 0))
    {
        printf("\n\r Disable time alarm fail!");
    }

    if(RTC_SetDateAlarm(0, 0))
    {
        printf("\n\r Disable date alarm fail!");
    }
    /* 配置 RTC 中断 */
    IRQ_ConfigureIT(BOARD_RTC_ID, 0, RTC_IRQHandler);
    RTC_EnableIt(AT91C_RTC_SECEV | AT91C_RTC_ALARM);
    IRQ_EnableIT(BOARD_RTC_ID);

    RefreshDisplay();

    while (1)
    {
        key = DBGU_GetChar();
        /* 设置时间 */
        if(key == 't')
        {
            bState = STATE_SET_TIME;
            do{
                printf("\n\r\n\r Set time(hh:mm:ss): ");
            } while(GetNewTime());
            // if valid input, none of variable for time is 0xff
            if(newHour != 0xFF)
            {
                if(RTC_SetTime(newHour, newMinute, newSecond))
                {
                    printf("\n\r Time not set, invalid input! \n\r");
```

```
        }

    }

    bState = STATE_MENU;

    bMenuShown = 0;

    RefreshDisplay();

}

/* 设置日期 */

if(key == 'd')

{

    bState = STATE_SET_DATE;

    do {

        printf("\n\r\n\r Set date(mm/dd/yyyy)：");

    }while(GetNewDate());

    if(newYear != 0xFFFF)

    {

        if(RTC_SetDate(newYear, newMonth, newDay, newWeek))

        {

        printf("\n\r Date not set, invalid input! \n\r");

        }

    }

    /* only'mm/dd' inputed */

    if(newMonth != 0xFF && newYear == 0xFFFF)

    {

        printf("\n\r Not Set for no year field! \n\r");

    }

    bState = STATE_MENU;

    bMenuShown = 0;

    RefreshDisplay();

    }

/* 设置时间报警值 */

if(key =='i')

{

    bState = STATE_SET_TIME_ALARM;

    do {

        printf("\n\r\n\r Set time alarm(hh:mm:ss)：");

    }while(GetNewTime());

    if(newHour != 0xFF)
```

```
    {
        if(RTC_SetTimeAlarm(&newHour, &newMinute, &newSecond))

        {
        printf("\n\r Time alarm not set, invalid input! \n\r");

        }
        else

        {
        printf("\n\r Time alarm is set at % 02d: % 02d: % 02d!", newHour,newMinute,newSecond);

        }
    }
    bState = STATE_MENU;

    bMenuShown = 0;

    alarmTriggered = 0;

    RefreshDisplay();

}

/* 设置日期报警值 */
if(key =='m')

{
    bState = STATE_SET_DATE_ALARM;

    do {
        printf("\n\r\n\r Set date alarm(mm/dd/): ");
    }while(GetNewDate());

    if(newYear ! = 0xFFFF && newMonth ! = 0xFF)

    {
        if(RTC_SetDateAlarm(&newMonth, &newDay))

        {
        printf("\n\r Date alarm not set, invalid input! \n\r");

        }
        else

        {
        printf("\n\r Date alarm is set on % 02d/ % 02d!",newMonth, newDay);

        }
    }
    bState = STATE_MENU;

    bMenuShown = 0;

    alarmTriggered = 0;

    RefreshDisplay();

}
```

```c
    /* 清除串口上显示的中断触发标志 */
    if(key =='c')
    {
        alarmTriggered = 0;
        bMenuShown = 0;
        RefreshDisplay();
    }
    /* 退出程序 */
    if(key =='q')
    {
     break;
    }
}

return 0;
}
```

at91sam3u4_it.c 参考程序如下：

```c
/*****************************************************************************
* 文件名：at91sam3u4_it.c
* 作者 ：Wuhan R&D Center, Embest
* 描述 ：Main Interrupt Service Routines.
******************************************************************************/
** This file contains the default exception handlers
** and exception table.
/*****************************************************************************
*    Headers
******************************************************************************/
# include "board.h"
# include "rtc.h"
# include "at91sam3u4_it.h"
/*****************************************************************************
*    Types
******************************************************************************/
extern unsigned char alarmTriggered;
extern unsigned int bMenuShown;
extern void RefreshDisplay(void);
/*****************************************************************************
```

```
 * @brief REAL TIME CLOCK
 * @param none
 * @return none
 *************************************************************************/
void RTC_IRQHandler(void)
{
    unsigned int status = AT91C_BASE_RTC->RTC_SR;
    /* 秒增加中断 */
    if ((status & AT91C_RTC_SECEV) == AT91C_RTC_SECEV)
    {
        /* 禁止 RTC 中断 */
        RTC_DisableIt(AT91C_RTC_SECEV);
        /* 刷新串口上显示的信息 */
        RefreshDisplay();
        /* 清除秒中断状态标志位 */
        AT91C_BASE_RTC->RTC_SCCR = AT91C_RTC_SECEV;

        RTC_EnableIt(AT91C_RTC_SECEV);
    }
    /* 时间或日期报警中断 */
    else if ((status & AT91C_RTC_ALARM) == AT91C_RTC_ALARM)
    {
        /* 禁止 RTC 中断 */
        RTC_DisableIt(AT91C_RTC_ALARM);
        /* 在串口上显示报警中断被触发 */
        alarmTriggered = 1;
        RefreshDisplay();
        bMenuShown = 0;
        AT91C_BASE_RTC->RTC_SCCR = AT91C_RTC_ALARM;

        RTC_EnableIt(AT91C_RTC_ALARM);
    }
}
```

(4) 运行过程

① 使用 Keil uVision3 通过 ULINK 2 仿真器连接开发板,打开实验例程目录 10.6.4_ RTC_test 子目录下的 RTC_Test.Uv2 例程,编译链接工程。

② 用串口线连接 PC 机的串口和开发板的 UART 口,并在 PC 机上运行 Windows 自带的超级终端串口通信程序(波特率 115 200、1 位停止位、无校验位、无硬件流控制);或者使用其它串口通信程序。

③ 运行程序,通过超级终端观察串口输出。程序运行后串口显示如下:

```
---------- RTC Test ----------
Menu:
 t - Set time
 d - Set date
 i - Set time alarm
 m - Set date alarm
 q - Quit!
[Time/Date: 00:00:00, 01/01/2007 Mon ][Alarm status:]
[Time/Date: 00:00:01, 01/01/2007 Mon ][Alarm status:]
...
```

上面的时间每 1 s 变化 1 次。

④ 在串口上按下 t 之后设置时间:

```
Set time(hh:mm:ss): 15:11:10
```

设置完成后串口显示为:

```
[Time/Date: 15:11:10, 01/01/2007 Mon ][Alarm status:]
```

⑤ 在串口上按下 d 之后设置日期:

```
Set date(mm/dd/yyyy):
```

设置为 06/02/2009,完成后串口显示为:

```
[Time/Date: 15:12:41, 06/02/2009 Tue ][Alarm status:]
```

⑥ 在串口上按下 i 之后设置时间的报警值:

```
Set time alarm(hh:mm:ss):
```

设置为 15:16:00,完成后串口上显示:

```
Time alarm is set at 15:16:00!
```

那么当 RTC 的时间计数值到达 15:16:00 时就会产生报警中断,这时串口显示:

```
[Time/Date: 15:16:00, 06/02/2009 Tue ][Alarm status:Triggered!]
```

此时再在串口上输入 c 就是清除报警标记,串口重新显示:

```
Menu:
 t - Set time
 d - Set date
```

```
i  -  Set time alarm
m  -  Set date alarm
q  -  Quit!
[Time/Date: 15:19:01, 06/02/2009 Tue ][Alarm status:]
...
```

⑦ 在串口上按下 m 之后设置日期的报警值：

Set date alarm(mm/dd/yyyy): 06/03/2009

那么 RTC 将在 2009 年 6 月 3 日 15:16:00 时产生中断报警,这意味着只有当 RTC 的时间和日期与时间报警值和日期报警值都一样时才产生中断。

⑧ 在串口上按下 q 之后退出 RTC 测试,串口显示：

Quit!

10.7 定时/计数器 TC 及看门狗 WDT

SAM3U 处理器有 3 个 16 位通用定时/计数器和 1 个 12 位看门狗定时器,本节将详细介绍这 2 种不同的定时/计数器。

10.7.1 定时/计数器 TC

1. 概述

定时/计数器(TC,Timer Counter)包含 3 个相同的 16 位定时/计数器通道,如图 10-71 所示。每个通道可独立编程以完成不同功能,包括频率测量、事件计数、间隔测量、脉冲产生、延时及 PWM 调制。每个通道有 3 个外部时钟输入、5 个内部时钟输入及 2 个可由用户配置的多功能输入/输出信号,其信号如表 10-17 所列。每个通道可驱动一个可编程内部中断信号,来产生处理器中断。

TC 内嵌一个连接在 3 个定时器前面的积分解码器,由 TIOA0、TIOB0 和 TIOA1 这 3 个输入驱动。当允许积分解码器后,它可以对输入信号进行线性滤波,对积分信号进行解码,并与 3 个定时/计数器相连,以便从用户接口读出马达的位移和速度。

定时/计数器有两个作用于这 3 个 TC 通道的全局寄存器。其中块控制寄存器允许使用同一指令同时启动 3 个通道;块模式寄存器为每个通道定义外部时钟输入,允许将它们链接。

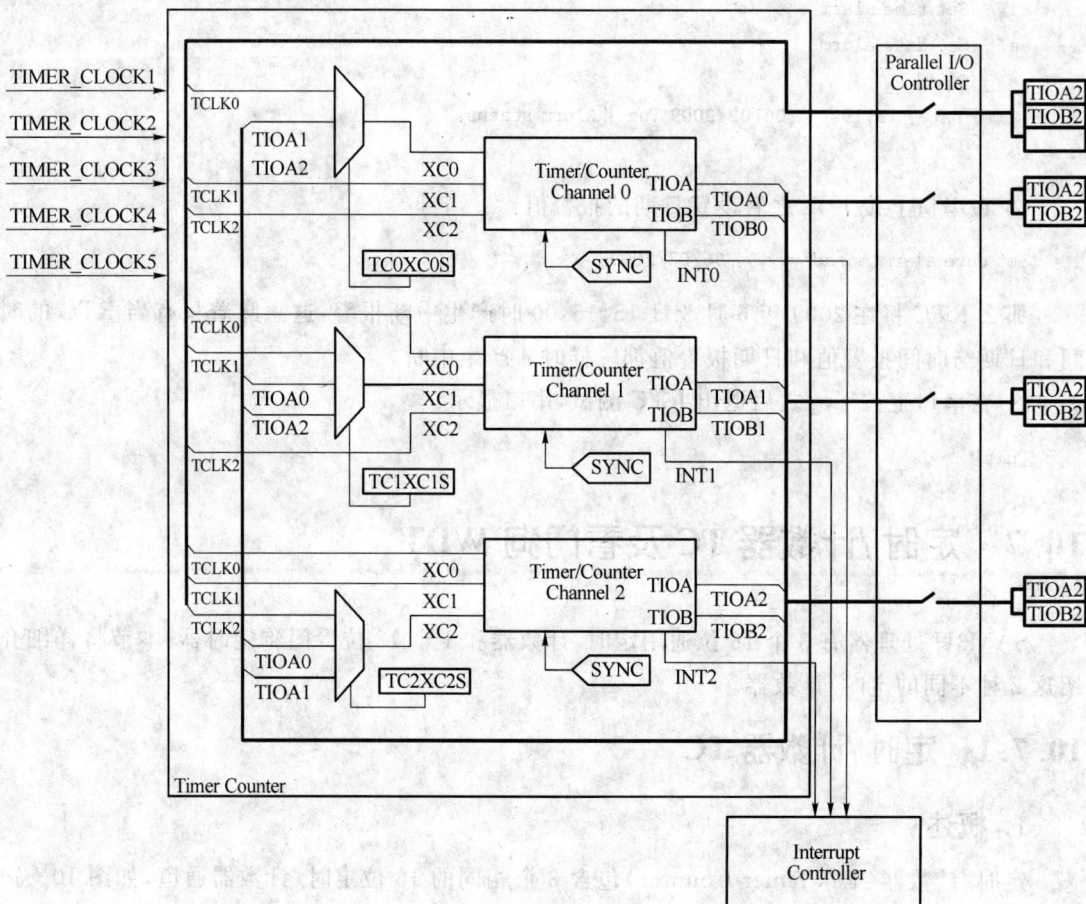

图 10 - 71 定时/计数器框图

表 10 - 17 信号名称描述

块/通道	信号名称	描 述
通道信号	XC0、XC1、XC2	外部时钟输入
	TIOA	捕获模式:定时/计数器输入
		波形模式:定时/计数器输出
	TIOB	捕获模式:定时/计数器输入;波形模式:定时/计数器输入/输出
	INT	中断信号输出
	SYNC	同步输入信号

表 10 - 18 给出了定时/计数器输入时钟的分配,这些对于定时器 0～2 都是一样的。

注意:当慢时钟被选择作为主控时钟时(PMC 主控时钟寄存器的 CSS = 0),TIMER_CLOCK5 的输入就是主控时钟,也就是慢时钟是通过 PRES 和 MDIV 域修改的。

表 10 - 18　定时/计数器时钟分配

名　称	定　义
TIMER_CLOCK1	MCK/2
TIMER_CLOCK2	MCK/8
TIMER_CLOCK3	MCK/32
TIMER_CLOCK4	MCK/128
TIMER_CLOCK5	SLCK

TC 的用户接口寄存器如表 10 - 19 所列,TC0、TC1 和 TC2 这 3 个 TC 通道的基地址分别为 0x40080000、0x40080040 和 0x40080080。

表 10 - 19　TC 寄存器映射

偏　移	寄存器	名　称	访问方式	复位值
0x00 + channel×0x40 + 0x00	通道控制寄存器	TC_CCR	只写	—
0x00 + channel×0x40 + 0x04	通道模式寄存器	TC_CMR	读/写	0
0x00 + channel×0x40 + 0x08	保留			
0x00 + channel×0x40 + 0x0C	保留			
0x00 + channel×0x40 + 0x10	计数器值	TC_CV	只读	0
0x00 + channel×0x40 + 0x14	寄存器 A	TC_RA	读/写	0
0x00 + channel×0x40 + 0x18	寄存器 B	TC_RB	读/写	0
0x00 + channel×0x40 + 0x1C	寄存器 C	TC_RC	读/写	0
0x00 + channel×0x40 + 0x20	状态寄存器	TC_SR	只读	0
0x00 + channel×0x40 + 0x24	中断允许寄存器	TC_IER	只写	—
0x00 + channel×0x40 + 0x28	中断禁止寄存器	TC_IDR	只写	—
0x00 + channel×0x40 + 0x2C	中断屏蔽寄存器	TC_IMR	只读	0
0xC0	块控制寄存器	TC_BCR	只写	—
0xC4	块模式寄存器	TC_BMR	读/写	0
0xC8	QDEC 中断允许寄存器	TC_QIER	只写	—
0xCC	QDEC 中断禁止寄存器	TC_QIDR	只写	—
0xD0	QDEC 中断屏蔽寄存器	TC_QIMR	只读	0
0xD4	QDEC 中断状态寄存器	TC_QISR	只读	0
0xD8	保留			
0xE4	保留			

2. 功能描述

(1) 16 位计数器

每个 TC 通道都是围绕一个 16 位计数器来组织的,在所选时钟的每个上升沿计数器的值自增。当计数器的值达到 0xFFFF 并转为 0x0000 时,将产生一个溢出,TC_SR(状态寄存器)的 COVFS 位置位。

计数器当前值可通过计数器值寄存器 TC_CV 实时读取。计数器可以由触发器复位。这种情况下,计数器值在所选时钟下一个有效边沿时变为 0x0000。

(2) 时钟选择

通过配置 TC_BMR(块模式寄存器),可将每个通道的时钟输入连接到外部输入 TCLK0、TCLK1、TCLK2 或连接到内部 I/O 信号 TIOA0、TIOA1、TIOA2 上(如图 10-72 所示),每个通道可独立选择使用以下内部或外部时钟源来驱动计数器:

> 内部时钟信号:TIMER_CLOCK1、TIMER_CLOCK2、TIMER_CLOCK3、TIMER_CLOCK4、TIMER_CLOCK5。

> 外部时钟信号:XC0、XC1 或 XC2。

这些选择通过设置 TC 通道模式寄存器的 TCCLKS 位来实现。所选时钟可通过 TC_CMR 寄存器的 CLKI 位实现反转,因此可使用时钟下降沿进行计数。

成组功能使得只要一个外部信号为高时,时钟就有效。模式寄存器中的 BURST 位域用于定义了这个信号(none、XC0、XC1、XC2)。

注意:在所有的情况下,当使用外部时钟时,每个电平的持续时间必须要比主控时钟周期长。外部时钟频率不能超过主控时钟的频率的 1/2.5。

(3) 时钟控制

每个计数器时钟有 2 种控制方式:允许/禁止或启动/停止。

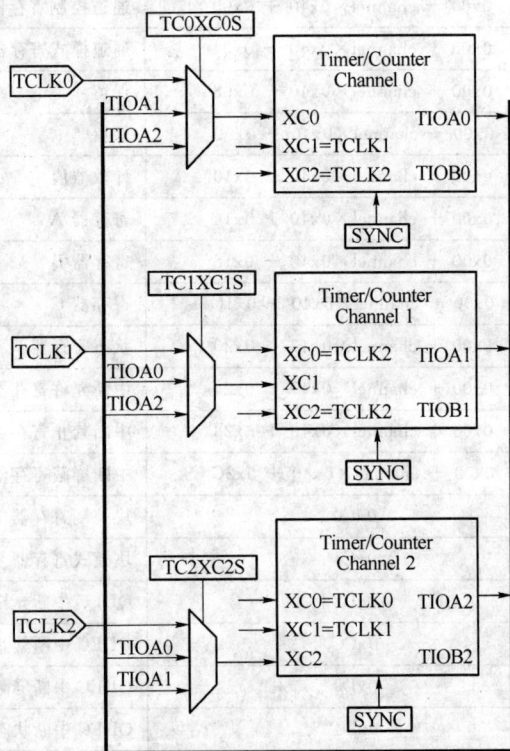

图 10-72 时钟链接选择

> 用户可使用控制寄存器的 CLKEN 与 CLKDIS 命令允许或禁止时钟。在捕获模式下,

若 TC_CMR 中 LDBDIS 位被置为 1,通过 RB 加载事件可以将时钟禁止;在波形模式下,若 TC_CMR 中 CPCDIS 位被置为 1,通过 RC 比较事件可以将时钟禁止。当时钟禁止时,启动与停止命令无效,只有控制寄存器的 CLKEN 命令可重新允许时钟。当时钟被允许后,会置位状态寄存器的 CLKSTA 位。

➤ 时钟也可以被启动或停止:触发器(软件、同步、外部或比较)通常用来启动时钟。在捕获模式下,通过 RB 加载事件(TC_CMR 中 LDBSTOP=1 时)可以停止时钟;在波形模式下,通过 RC 比较事件(TC_CMR 中 CPCSTOP=1 时)也可以停止时钟。只有当时钟允许时,启动与停止命令才有效。

(4) TC 操作模式

每个通道可独立地工作在 2 种不同模式下:

➤ 捕获模式提供对信号的测量。

➤ 波形模式用来产生波形。

TC 操作模式由 TC 通道模式寄存器的 WAVE 位来设定。捕获模式下,TIOA 与 TIOB 配置为输入。波形模式下,TIOA 配置为输出,若 TIOB 未被选择作为外部触发器,TIOB 也为输出。

(5) 触发器

触发器用于复位计数器并启动计数器时钟。共有 4 种类型触发器,其中有 3 种类型的触发器在任何模式下都是一样的,第 4 种类型的触发器在不同的模式下会不一样。

无论使用何种触发器,它都只会在所选时钟的下一个有效沿起作用。这意味着触发之后,计数器的值不会立即为 0,特别是当选择使用低频率时钟的时候。以下 3 种触发器对于 2 种操作模式(捕获模式/波形模式)是一样的:

➤ 软件触发器:每个通道有一个软件触发器,通过设置 TC_CCR 的 SWTRG 位使之有效。

➤ SYNC:每个通道有一个同步信号 SYNC。有效时,该信号与软件触发器效果相同。通过写 TC_BCR(块控制寄存器)的 SYNC 位,可使所有通道的 SYNC 信号同时有效。

➤ RC 比较触发器:RC 在每个通道中都被使用,若 TC_CMR 中 CPCTRG 被置位,则在计数器值与 RC 的值匹配时将产生一个触发。

每个通道也能配置为使用外部触发器。捕获模式下,外部触发信号可选择 TIOA 或 TIOB。波形模式下,外部事件可以在下列信号中选择:TIOB、XC0、XC1 或 XC2。通过设置 TC_CMR 中的 ENETRG 位域来允许外部事件,执行触发。

若使用外部触发器,信号脉冲的持续时间必须比时钟周期长,以便其被检测到。

(6) 捕获工作模式

清除 TC_CMR(通道模式寄存器)的 WAVE 位即可进入该模式。捕获模式允许 TC 通道对脉冲时间、频率、周期、占空比及输入信号 TIOA 和 TIOB 的相位进行测量。图 10-73 给出捕获模式下 TC 通道的配置情况。

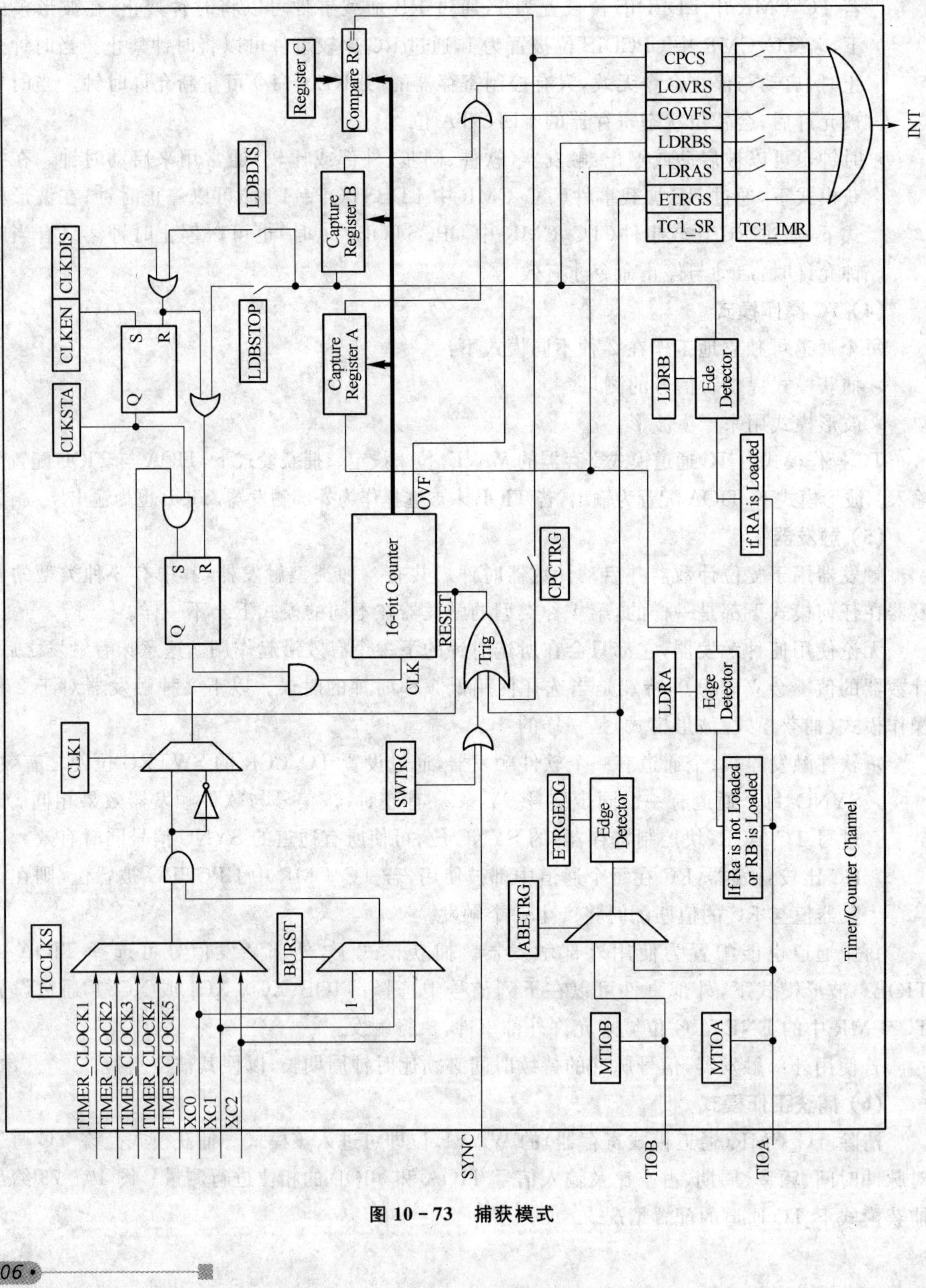
Register C
Compare RC=
LDBDIS
Capture Register B
CLKDIS
CLKEN
LDBSTOP
Capture Register A
S
R
Q
CLKSTA
OVF
16-bit Counter
RESET
CLK
Trig
CPCTRG
CLK1
SWTRG
ETRGEDG
Edge Detector
ABETRG
TCCLKS
BURST
1
TIMER_CLOCK1
TIMER_CLOCK2
TIMER_CLOCK3
TIMER_CLOCK4
TIMER_CLOCK5
XC0
XC1
XC2
SYNC
MTIOB
MTIOA
TIOB
TIOA
CPCS
LOVRS
COVFS
LDRBS
LDRAS
ETRGS
TC1_SR
TC1_IMR
INT
LDRB
Ede Detector
if RA is Loaded
LDRA
Edge Detector
If Ra is not Loaded or RB is Loaded
Timer/Counter Channel

图 10－73　捕获模式

(7) 捕获寄存器 A 与 B

寄存器 A 与 B(RA 与 RB)作为捕获寄存器使用。即当编程指定的事件在 TIOA 上出现时,它们将载入计数器的值。

TC_CMR 中 LDRA 位域定义了加载寄存器 A 时 TIOA 上信号的有效边沿;LDRB 位域定义了加载寄存器 B 时 TIOA 上信号的有效边沿。只有在最后一次触发之后 RA 一直未被加载,或在 RA 最后一次被加载之后 RB 已被加载时,RA 才会被加载。只有在最后一次触发之后或最后一次 RB 已被加载之后,RA 已被加载时,RB 才会被加载。

如果在最后一次加载到 RA 或者 RB 的数值被读出之前又发生了加载事件的话,TC_SR(状态寄存器)的溢出错误标志位(LOVRS)将会被设置。这种情况下,旧值将会被覆盖。

(8) 触发条件

除 SYNC 信号、软件触发及 RC 比较触发之外,还可定义外部触发。通过设置 TC_CMR 寄存器的 ABETRG 位,可选择使用 TIOA 或 TIOB 输入信号作为外部触发。

ETRGEDG 定义产生外部触发的检测边沿(上升沿、下降沿或两者皆可)。若 ETRGEDG =0,则禁用外部触发。

(9) 波形工作模式

通过置位 TC_CMR(通道模式寄存器)寄存器的 WAVE 位可以进入波形工作模式下,TC 通道产生 1 或 2 个频率相同、占空比可独立编程的 PWM 信号,或产生不同类型的单脉冲或重复脉冲。

该模式下,TIOA 配置为输出,在 TIOB 未被定义成外部事件(TC_CMR 中的 EEVT 位)时它也被定义为输出。图 10-74 给出了波形操作模式下的 TC 通道配置。

(10) 波形选择

根据 TC_CMR 中 WAVSEL 参数的不同,TC_CV 行为不同。任何情况下,RA、RB 及 RC 都可作为比较寄存器使用。

RA 比较器用来控制 TIOA 输出,RB 比较器用来控制 TIOB 输出(若配置正确),RC 比较器用来控制 TIOA 与/或 TIOB 输出。

① WAVSEL=00

当 WAVSEL=00 时,TC_CV 的值由 0 递增到 0xFFFF。一旦达到 0xFFFF,TC_CV 值复位。TC_CV 的值重新递增且继续循环,见图 10-75。

外部事件触发或软件触发可复位 TC_CV 值。注意:触发可能任何时候都可出现,见图 10-76。该配置下 RC 比较器不能被编程用来产生触发。同时,RC 比较器可停止计数器时钟(TC_CMR 中 CPCSTOP=1)"与/或"禁用计数器时钟(TC_CMR 中 CPCDIS=1)。

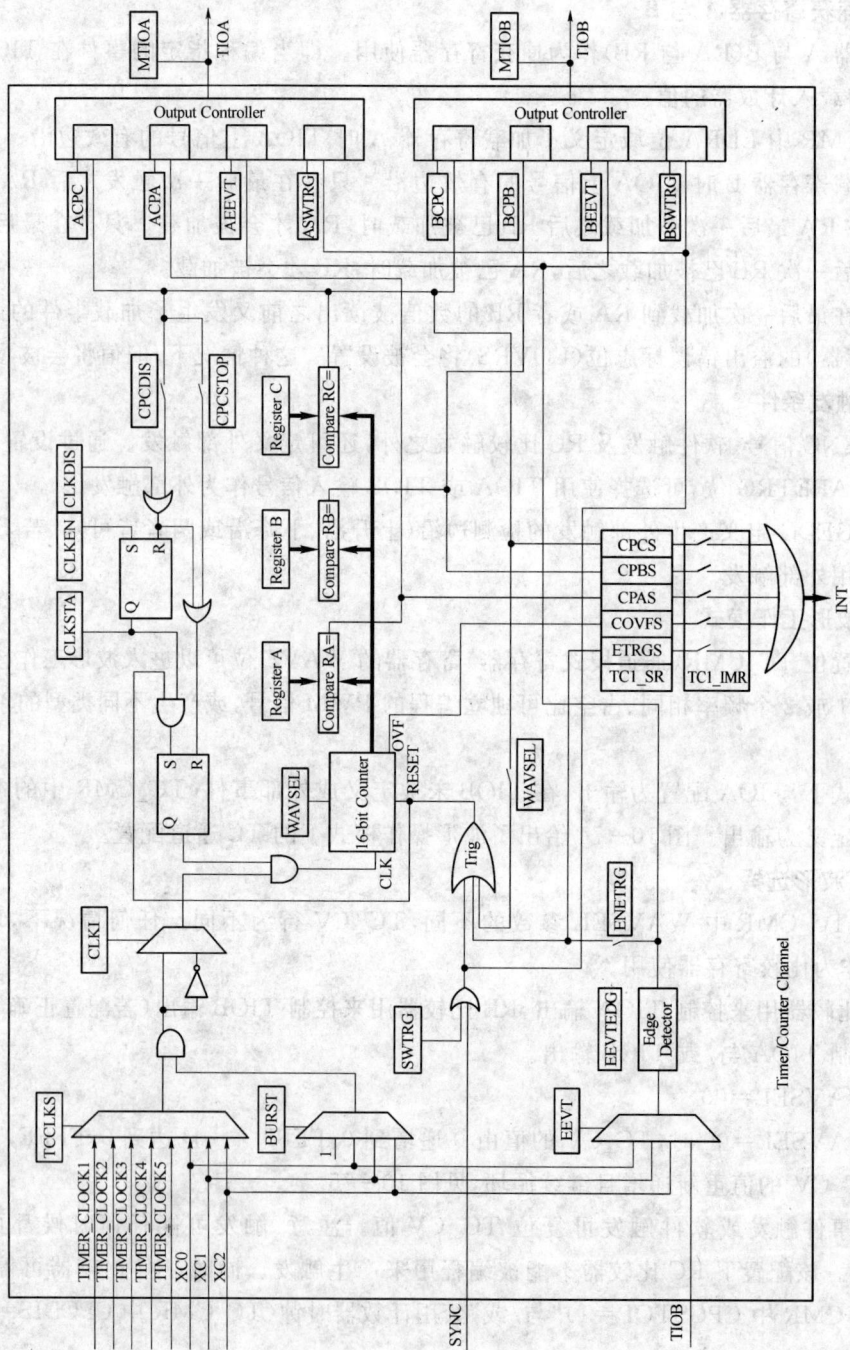

图 10 - 74　波形模式

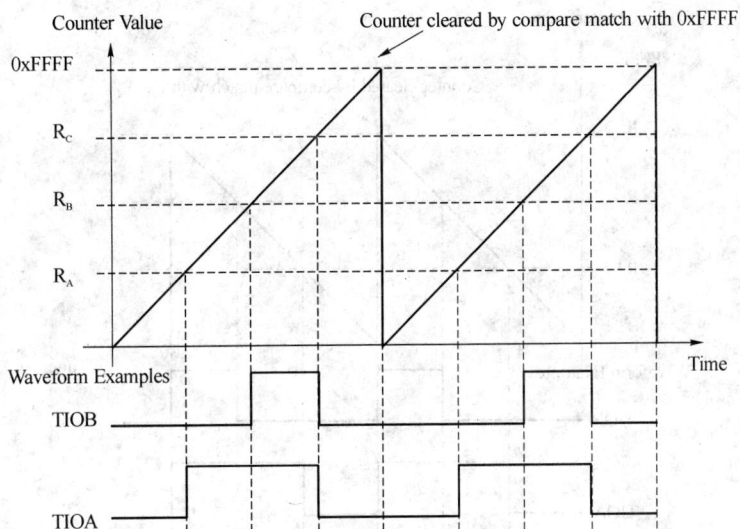

图 10-75 WAVSEL=00,无触发

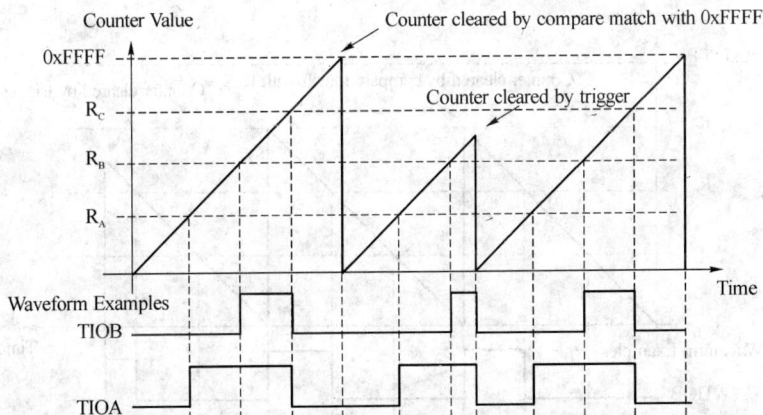

图 10-76 WAVSEL=00,有触发

② WAVSEL=10

当 WAVSEL=10 时,TC_CV 值由 0 递增到 RC 值,然后自动复位;TC_CV 值复位之后又开始重新递增循环,见图 10-77。

注意:若外部事件触发或软件触发器配置正确,TC_CV 可在任何时候被复位,见图 10-78。此外,RC 比较器可停止计数器时钟(TC_CMR 中 CPCSTOP=1)"与/或"禁用计数器时钟(TC_CMR 中 CPCDIS=1)。

③ WAVSEL=01

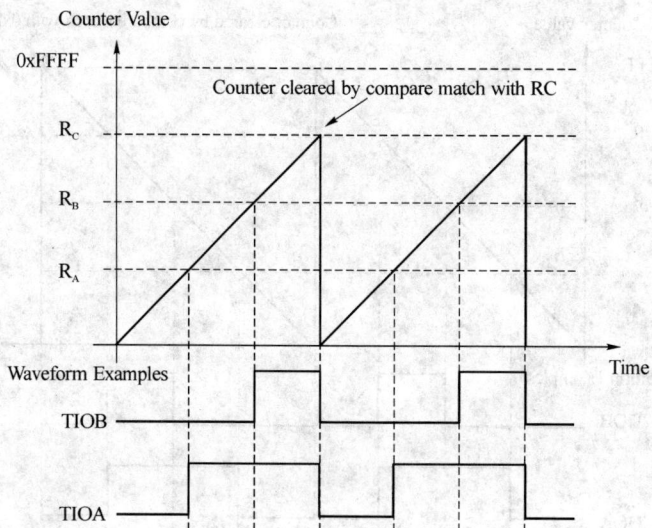

图 10 - 77　WAVSEL ＝ 10,无触发

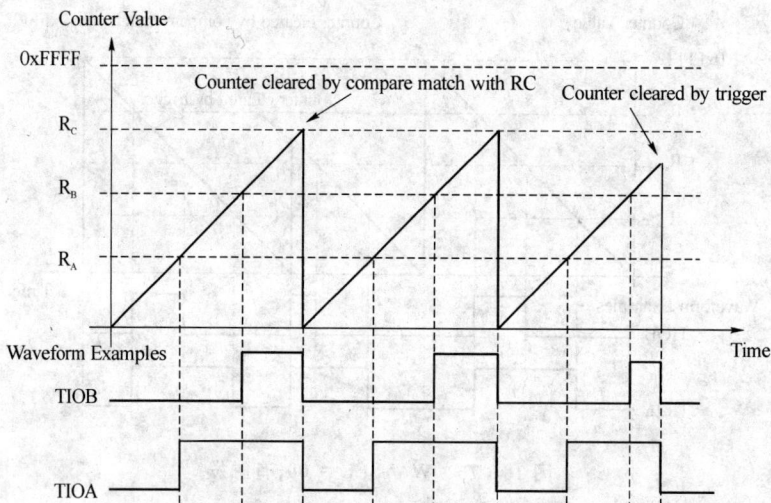

图 10 - 78　WAVSEL ＝ 10,有触发

当 WAVSEL＝01,TC_CV 值由 0 递增到 0xFFFF;一旦达到 0xFFFF,TC_CV 值复位至 0,再重新递增到 0xFFFF,如此循环下去(见图 10 - 79)。

外部事件触发或软件触发可在任何时候修改 TC_CV。若 TC_CV 正在递增时出现触发, TC_CV 将开始递减;若 TC_CV 递减时收到触发,则 TC_CV 开始递增(见图 10 - 80)。

该配置模式下,不能配置 RC 比较器用来产生触发。与此同时,RC 比较器可停止计数器时钟(CPCSTOP＝1)"与/或"禁用计数器时钟(CPCDIS＝1)。

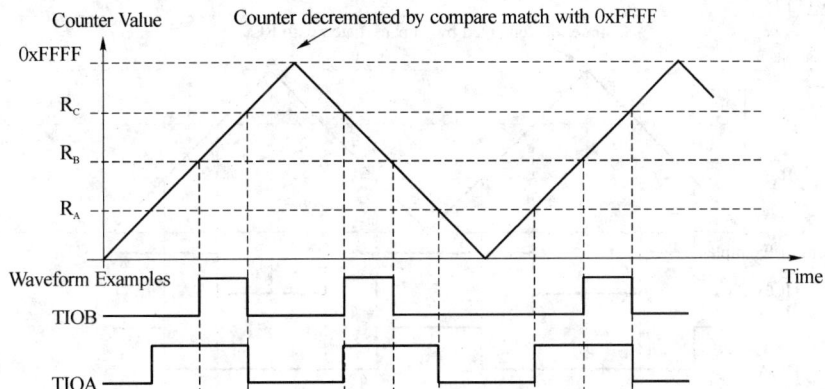

图 10－79　WAVSEL ＝ 01,无触发

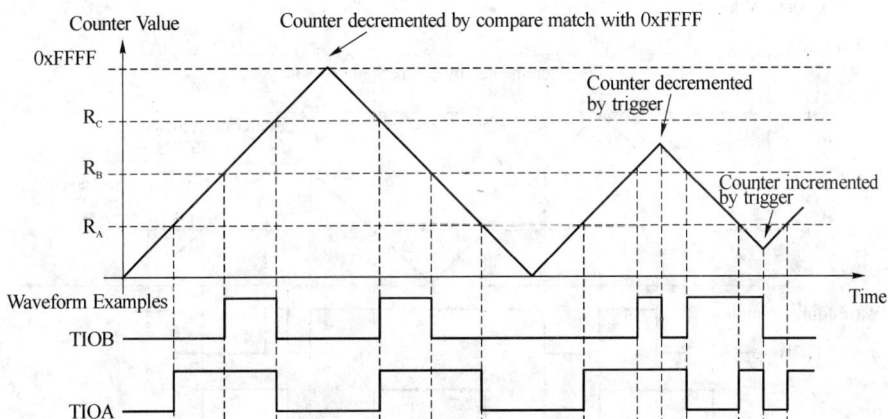

图 10－80　WAVSEL ＝ 01,有触发

④ WAVSEL＝11

当 WAVSEL＝11,TC_CV 值由 0 递增到 RC。一旦达到 RC,TC_CV 值开始递减到 0,然后再重新递增到 RC,如此循环下去(见图 10－81)。

外部事件触发或软件触发可随时修改 TC_CV。若 TC_CV 在递增时出现触发,TC_CV 开始递减;若在 TC_CV 递减时收到触发,则 TC_CV 开始递增(见图 10－82)。

RC 比较器可停止计数器时钟(CPCSTOP＝1)"与/或"禁用计数器时钟(CPCDIS＝1)。

(11) 外部事件／触发条件

一个外部事件可以配置为在某个时钟源(XC0、XC1 或 XC2)或在 TIOB 上被检测到。选中的外部事件可以用来作为触发器。

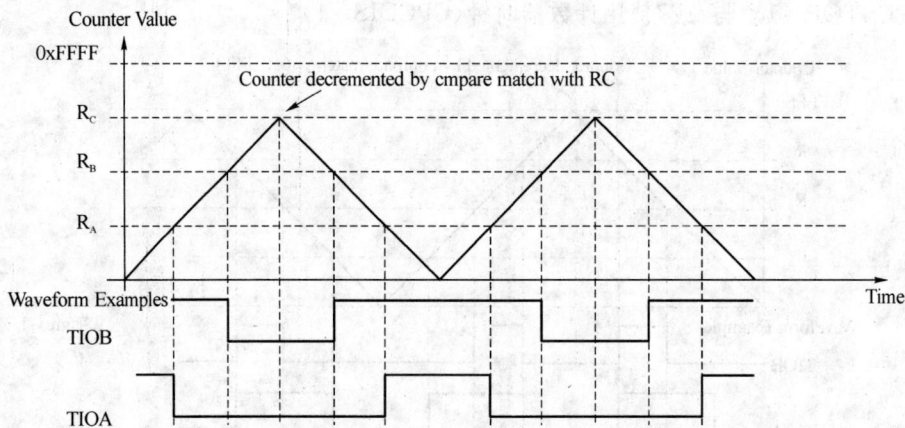

图 10 - 81　WAVSEL = 11,无触发

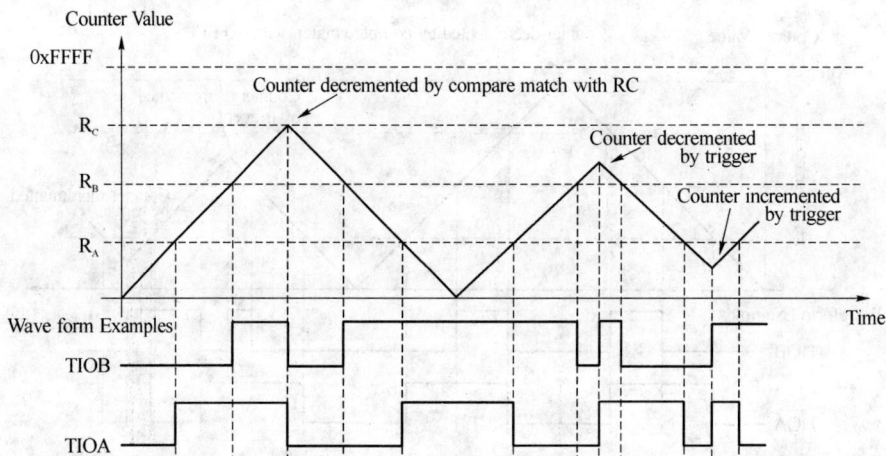

图 10 - 82　WAVSEL = 11,有触发

　　TC_CMR 寄存器的 EEVT 位域用来选择外部触发器。位域 EEVTEDG 定义每个可能的外部触发边沿(上升沿、下降沿或二者皆可)。若 EEVTEDG 清零,则没有定义外部事件。

　　若定义 TIOB 为外部事件信号(EEVT=0),TIOB 不再作为输出,且比较寄存器 B 不被用来产生波形也不产生中断。在这种情况下,TC 通道只可在 TIOA 上产生波形。

　　若定义了外部事件,通过设置 TC_CMR 中的 ENETRG 位,可将外部事件作为触发器。与捕获模式相同,SYNC 信号与软件触发同样可以作为触发器。RC 比较是否也可作为触发器就要看 WAVSEL 的设置了。

(12) 输出控制器

输出控制器定义一个事件之后 TIOA 与 TIOB 上输出电平的变化。只有当 TIOB 定义为输出(不是外部事件)时,才能使用 TIOB 控制器。

下列事件控制 TIOA 与 TIOB 上输出电平的变化:软件触发器、外部事件及 RC 比较事件。RA 比较事件控制 TIOA,RB 比较事件则控制 TIOB。根据相应的 TC_CMR 定义,每个事件可配置为设置、清除或翻转输出。

(13) 积分解码器

积分解码器由 TIOA0、TIOB0、TIOA1 这 3 个输入信号驱动,它的输出信号驱动通道 0 和 1 的定时器/计数器,如图 10−83 所示。在进行速度测量时,通道 2 可用于提供一个时间基准。当向 TC_BMR 寄存器中 QDEN 位写 0 时,积分解码器就完全不起作用了,相当于透明的。

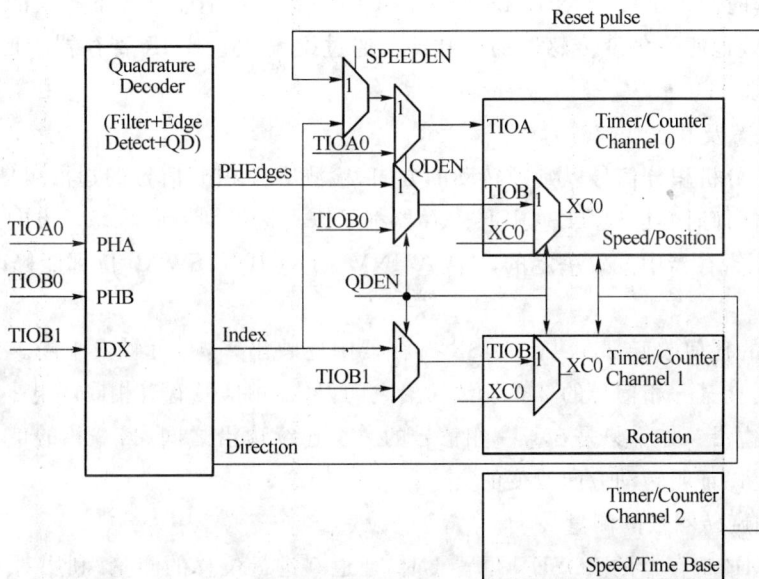

图 10−83　积分解码器和定时器/计数器之间的预定义连接

TIOA0 和 TIOB0 由 2 个专门的积分信号驱动的,这 2 个积分信号由一个片外马达轴上的角度传感器提供。如果角度传感器可以提供指引信号的话,这个索引信号可以作为第 3 个信号从 TIOA1 输入到积分解码器,此信号对于解码积分信号 PHA、PHB 来说不是必须的。

TC_CMR 中的 TCC LKS 域必须配置为选择 XC0 输入(即 0x101)。一旦积分解码器被启用之后,TC0XC0S 域就无效了。

无论是速度还是位移/圈数都是可以被测量的。位移通道 0 通过累记输入信号 PHA、

PHB 的边沿数，来得到马达的精准位置；而通道 1 则累记传感器给出的指引信号脉冲数，即转动的周数。综合 2 个数值就能得到一个高精度的运动系统的位置。

在速度模式下，位移不可以被测量但是圈数是可以被测量的。

从角度传感器出来的信号在进入下一步处理前可以被滤波。对于输入信号的极性、相位和其它一些参数均可以进行配置。

在通道 0（速度/位置）或通道 1（转动）上可以使用比较功能（使用 TC_RC 寄存器），并且可以产生中断，不同的事件都可以产生中断，此时 TC_SR 中的 CPCS 位将置位。

① 输入预处理

输入预处理主要包括：根据数字滤波器的配置，对角度传感器的一些参数进行定义，比如极性和相位。每个输入信号都能被取反，PHA 和 PHB 还能交换。

通过 TC_BMR 的 MAXFIKLT 域，可以配置脉冲保持有效的最短持续时间。当滤波器有效时，那些持续时间不足 $(MAXFILT+1) \times tMCK$ 的脉冲就不能进入下一级的处理中。输入滤波器可以有效地滤除角度传感器的伪脉冲。通过设置 TC_BMR 寄存器中的 FILTER 域，可以禁用滤波器。

② 方向状态及其改变检测

滤波之后，分析积分信号以判断转动的方向，检测 2 个积分信号的边沿可以驱动定时器/计数器逻辑。任何时候读取 TC_QISR 寄存器都可以直接得到方向状态。方向标志位的极性是由 TC_BMR 寄存器中配置决定的，INVA、INVB、INVIDX、SWAP 位都能修改 DIR 标志的极性。

转动方向的任何改变都在 TC_QISR 寄存器中反映出来，并可触发中断。判断转动方向改变的条件是：在某一相信号的 2 个连续边沿之间，另一相信号有着相同的电平值并且该相信号上出现相同边沿。如果只是在某一相信号的 2 个连续边沿之间，另一相的信号有着相同的电平值，是不足以证明转动方向改变的。

③ 位移和旋转圈数的测量

当 TC_BMR 寄存器的 POSEN 位置 1 时，通道 0 进行位移的测量（利用对 PHA、PHB 边沿的检测）；通道 1 累计马达的转动圈数。这些数值可以通过读取 TC_CV0 和/或 TC_CV1（如果从 TIOA1 输入了指引信号）寄存器得到。此时，通道 0 和通道 1 必须配置为捕获模式，被累计在通道 0 中的边沿数目可以通过读 TC_CV0 寄存器获得。因此，通过读取 2 个 TC_CV 寄存器组成一个 32 位的字可以得到精确的位移。

在 IDX 的计数值每次增加时，定时器/计数器通道 0 被清零。

根据积分信号，可以解码出旋转方向并且允许定时器/计数器的通道 0 和通道 1 进行向上或者向下的计数。方向状态将在 TC_QISR 寄存器中反映。

④ 速度测量

当 TC_BMR 寄存器的 SPEEDEN 位置 1 时,通道 0 上就允许了速度测量。此时,必须通过写 TC_RC2 寄存器在通道 2 上定义一个时间基准,通道 2 必须被配置为波形模式。WAVSEL 位域必须写入 0x10。ACPC 域必须写入 0x11 以翻转 TIOA 的输出。

当 QDEN 和 SPEEDEN 被置位时,时间基准的输出自动连接到通道 0 的 TIOA 上。

通道 0 必须被配置为捕获模式,TC_CMR0 的 ABETRG 位域必须配置为 1,以使 TIOA 作为此通道的一个触发器。

EDGTRG 可被设置为 0x01,以在 TIOA 信号的上升沿清零计数器;且相应的 LDRA 域也要设置为 0x01,以在计数器被清 0 的同时把值加载到 TC_RA0 中(LDRB 必须设置成 0x01)。因此,在每个时间基准周期结束时就可以得到计算速度所需要的差值。

配置 TC_CR 寄存器的 CLKEN 和 SWTRG 位来开始这一处理过程。通过读 TC_CMR0 寄存器的 TC_RA0 可以得到速度值。通道 1 仍然可以被用来记录马达转动的圈数。

3. 应用程序设计

(1) 设计要求

使用 SAM3U 开发板上的 TC 定时器 0 来定时产生中断,使得板上的 LED 灯 D3 和 D4 每隔 1 s 交替闪烁一次。

(2) 硬件设计

由于定时器已经在芯片内部,因此不需要硬件连接,而关于 LED 灯 D3 和 D4 的连接则可以看 10.4 节的硬件连接图 10 - 53。

(3) 软件设计

根据设计要求,软件须完成以下工作:

➢ 配置定时器 0 的时钟、波形模式,以及捕获寄存器 RA 的值。

➢ 配置定时器 0 的中断,当定时器的值等于 RA 的值时产生中断,设置定时器中断定时时间 1 s。

➢ 在 TC0 中断服务子程序中,完成一次 D3、D4 灯的状态切换。

整个工程主要包含 2 个源文件:at91sam3u4_it. c 和 main. c。其中 main. c 中 main()函数实现系统初始化和 TC 的相关配置;at91sam3u4_it. c 中 TC0_IRQHandler()函数实现 TC0 中断的服务,即切换 D3、D4 灯的状态。

main. c 参考程序如下:

```
/ *********************************************************
 * 文件名:main.c
 * 作者 :Wuhan R&D Center, Embest
 * 描述 :Main program body
 **********************************************************/
```

```
/ *****************************************************************
*       Headers
*****************************************************************/
# include <stdio. h>
# include "board. h"
# include "dbgu. h"
# include "pio. h"
# include "pmc. h"
# include "irq. h"
# include "trace. h"
/ *****************************************************************
*       Local functions
*****************************************************************/
/ *****************************************************************
* @brief 配置定时器 TC 的时钟输入
* @param pTC 所选择的定时器
*         clock_select 定时器的时钟选择
* @return none
*****************************************************************/
void TC_Init(AT91PS_TC pTC,int clock_select)
{
    switch (clock_select)
    {
        case 0:
            pTC - >TC_CMR & = ~AT91C_TC_CLKS;
            pTC - >TC_CMR | = AT91C_TC_CLKS_TIMER_DIV1_CLOCK;
            break;
        case 1:
            pTC - >TC_CMR & = ~AT91C_TC_CLKS;
            pTC - >TC_CMR | = AT91C_TC_CLKS_TIMER_DIV2_CLOCK;
            break;
        case 2:
            pTC - >TC_CMR & = ~AT91C_TC_CLKS;
            pTC - >TC_CMR | = AT91C_TC_CLKS_TIMER_DIV3_CLOCK;
            break;
        case 3:
            pTC - >TC_CMR & = ~AT91C_TC_CLKS;
            pTC - >TC_CMR | = AT91C_TC_CLKS_TIMER_DIV4_CLOCK;
            break;
```

```
        case 4:
            pTC->TC_CMR &= ~AT91C_TC_CLKS;
            pTC->TC_CMR |= AT91C_TC_CLKS_TIMER_DIV5_CLOCK;
            break;
        case 5:
            pTC->TC_CMR &= ~AT91C_TC_CLKS;
            pTC->TC_CMR |= AT91C_TC_CLKS_XC0;
            break;
        case 6:
            pTC->TC_CMR &= ~AT91C_TC_CLKS;
            pTC->TC_CMR |= AT91C_TC_CLKS_XC1;
            break;
        case 7:
            pTC->TC_CMR &= ~AT91C_TC_CLKS;
            pTC->TC_CMR |= AT91C_TC_CLKS_XC2;
            break;
        default:
            while(1);
    }
}
/***********************************************************************
* @brief 配置 TC0,每隔 1 s,LED 灯 D2 和 D3 交替闪烁一次
* @param none
* @return none
***********************************************************************/
int main()
{
    SystemInit();
    /* TC clock:MCK/128   */
    TC_Init(AT91C_BASE_TC0,AT91C_TC_CLKS_TIMER_DIV4_CLOCK);
    /* 允许 TC0 的时钟 */
    PMC_EnablePeripheral(AT91C_ID_TC0);
    /* TC0 波形模式允许 */
    AT91C_BASE_TC0->TC_CMR  |= AT91C_TC_WAVE;
    /* 配置捕获寄存器 A 的值,TC0 每隔 0xFFFF/(84000000/128)s 产生一次中断 */
    AT91C_BASE_TC0->TC_RA = 0xaaaa;
    /* 允许 RA 比较中断 */
    AT91C_BASE_TC0->TC_IER = AT91C_TC_CPAS;
    /* 允许 TC0 中断 */
```

```
    NVIC->ISER[0] = ((unsigned int)1<<AT91C_ID_TC0);
    /* 启动 TC0 */
    AT91C_BASE_TC0->TC_CCR = AT91C_TC_CLKEN | AT91C_TC_SWTRG;

    while(1);
}
```

at91sam3u4_it.c 参考程序如下：

```
/****************************************************************
* 文件名：at91sam3u4_it.c
* 作者：Wuhan R&D Center, Embest
* 描述：Main Interrupt Service Routines.
****************************************************************/
** This file contains the default exception handlers
** and exception table.
/****************************************************************
*     Headers
****************************************************************/
#include "board.h"
#include "at91sam3u4_it.h"
/****************************************************************
*     Types
****************************************************************/
const unsigned long led_mask[] = { 1<<0, 1<<1 };
static unsigned int timetmp = 0;
/****************************************************************
  * @brief Timer Counter 0
  * @param none
  * @return none
****************************************************************/
void TC0_IRQHandler(void)
{
    static unsigned int mark = 0;
    unsigned int i = 0;
    unsigned int status;
    /* SAM3U 板上的 D2 灯 */
    int led1 = 0;
    /* SAM3U 板上的 D3 灯 */
    int led2 = 1;

    status = AT91C_BASE_TC0->TC_SR;
```

```
if (timetmp % 10 == 0)
{
    /* 禁止 TC0 中断 */
    NVIC->ICER[0] = ((unsigned int)1<<AT91C_ID_TC0);
    /* 设置引脚 PB0 和 PB1 */
    *AT91C_PIOB_PER = 0x03;
    *AT91C_PIOB_OER = 0x03;
    *AT91C_PIOB_PPUDR = 0x03;
    *AT91C_PIOB_OWER = 0x03;
    *AT91C_PIOB_ABSR &= ~0x03;
    /* 熄灭 D2 和 D3 灯 */
    *AT91C_PIOB_SODR = 0x03;

    if (mark & 1)
    {
        /* 点亮 Led1 */
        *AT91C_PIOB_CODR = led_mask[led1];
        *AT91C_PIOB_SODR = led_mask[led2];
    }
    else
    {
        /* 点亮 Led2 */
        *AT91C_PIOB_CODR = led_mask[led2];
        *AT91C_PIOB_SODR = led_mask[led1];
    }
    /* 允许 TC0 中断 */
    NVIC->ISER[0] = ((unsigned int)1<<AT91C_ID_TC0);

    mark++;
}
timetmp++;
}
```

(4) 运行过程

① 使用 Keil uVision3 通过 ULINK 2 仿真器连接实验板,打开实验例程目录 10.7.1_TIM_test 子目录下的 TIM_Test. Uv2 例程,编译链接工程。

② 将程序下载到开发板的 Flash 中,然后按下板上的 NRSTE 按键,可以看到 D3、D4 灯每隔 1 s 交替闪烁一次。

10.7.2 看门狗 WDT

1. 概述

看门狗定时器(WDT,Watchdog Timer)可以用来防止由于软件陷于死锁而导致的系统死锁。它有一个12位的递减计数器,看门狗周期可以达到16 s(慢速时钟,32.768 kHz),如图 10-84所示;其用户接口寄存器如表 10-20 所列,基地址为 0x400E1250。它可以产生通用的复位,或仅仅是处理器复位。此外,当处理器处于调试模式或空闲模式时看门狗可以被禁止。

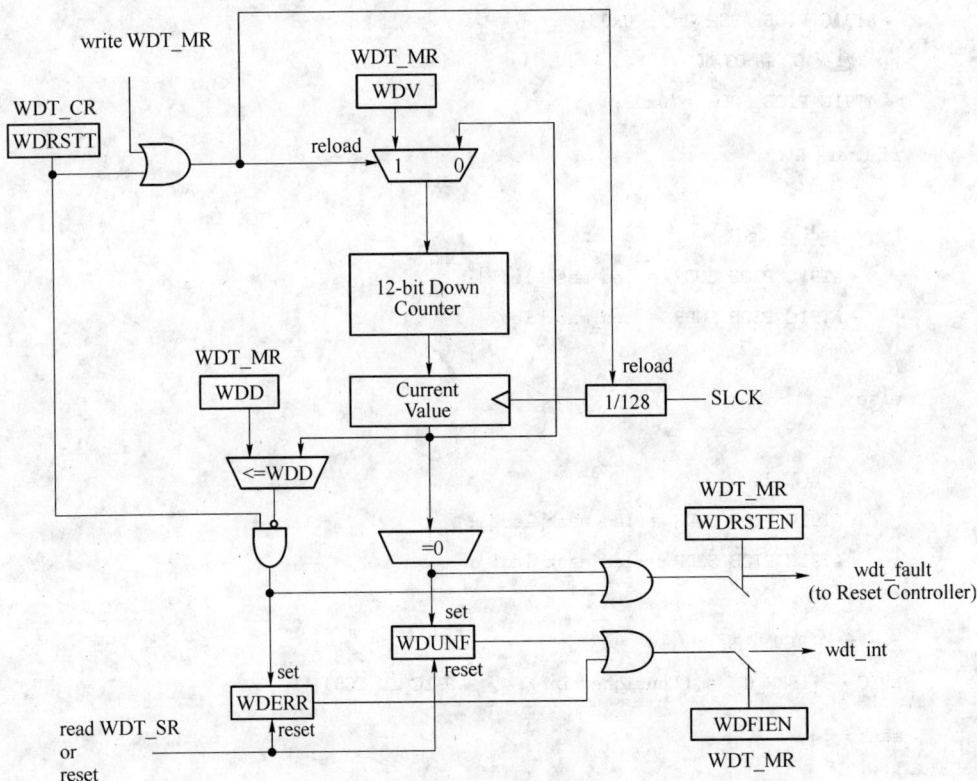

图 10-84 看门狗 WDT

表 10-20 WDT 寄存器映射

地址偏移	寄存器	名 称	访问类型	复位值
0x00	控制寄存器	WDT_CR	只写	—
0x04	模式寄存器	WDT_MR	读写(仅一次)	0x3FFF2FFF
0x08	状态寄存器	WDT_SR	只读	0x00000000

2. 功能描述

看门狗定时器可以用来防止由于软件陷于死锁而导致的系统死锁。其电源是 VDDCORE。处理器复位后,看门狗从初始值重新开始启动,其加载值通过模式寄存器 WDT_MR 中的 WDV 域来定义。使用将慢速时钟 128 分频的信号来驱动看门狗定时器,这样看门狗周期最大值能达到 16 s(慢速时钟的典型值为 32.768 kHz)。

看门狗的行为如图 10-85 所示。处理器复位之后,WDV 的值为 0xFFF,对应于计数器的最大值,并且允许外部复位(备份复位时 WDRSTEN 为 1)。也就是说,默认情况下复位之后看门狗就开始运行,例如上电后。如果用户程序没有使用看门狗,则必须禁止它(对 WDT_MR 寄存器中的 WDDIS 位置位);否则必须定期进行"喂狗",以满足看门狗要求。

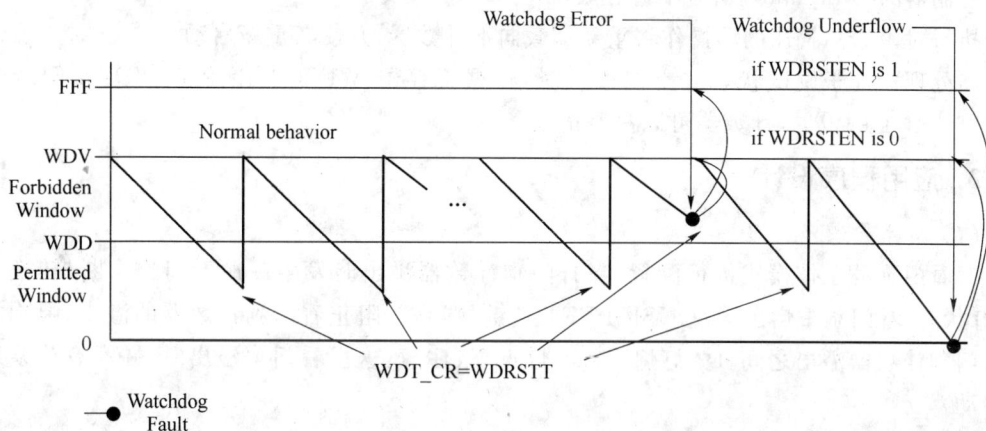

图 10-85 看门狗的行为

看门狗模式寄存器(WDT_MR)只能写一次。只有处理器复位才可以复位它。对 WDT_MR 执行写操作,会将最新的编程模式参数重新加载到定时器中。

在普通的操作中,用户需要通过对控制寄存器(WDT_CR)中 WDRSTT 位置位来定期重载看门狗计数器,以防止定时器向下溢出。对 WDRSTT 位进行置位后,计数器的值将立即从 WDT_MR 寄存器中重新加载,并重新启动;慢速时钟 128 分频器也被复位及重新启动。WDT_CR 寄存器是写保护的。因此,如果预设值不正确,对 WDT_CR 的写操作是没有作用的。如果发生了计数器向下溢出,且模式寄存器(WDT_MR)的 WDRSTEN 为 1,则连接到复位控制器的"wdt_fault"信号生效,看门狗状态寄存器(WDT_SR)的 WDUNF 位也被设置为 1。

为了防止软件死锁时持续不断地触发看门狗,必须在 0 和 WDD 定义的时间窗口内重新加载看门狗。WDD 在看门狗模式寄存器 WDT_MR 中定义。

如果试图在 WDV 到 WDD 之间重新启动看门狗定时器,将会导致看门狗错误,即使此时看门狗是禁止的。这将导致 WDT_SR 中的 WDERR 位被修改,连接到复位控制器的

"wdt_fault"信号生效。

要注意的是,当 WDD 等于或大于 WDV 时,这个功能特性将被禁止。这样的配置允许看门狗定时器在[0:WDV]的整个区间都可以重新启动,而不产生错误。这也是芯片复位时缺省的配置(WDD 与 WDV 相等)。

若模式寄存器的 WDFIEN 位为 1,状态位 WDUNF(看门狗溢出)和 WDERR(看门狗错误)置位将触发中断。如果 WDRSTEN 位同时也为 1,则连接到复位控制器的"wdt_fault"信号将引起看门狗复位。在这种情况下,处理器和看门狗定时器复位,WDERR 及 WDUNF 标志被清零。

如果复位已经产生,或是读访问了 WDT_SR 寄存器,则状态位被复位,中断被清除,送到复位控制器的"wdt_fault"信号不再有效。

执行对 WDT_MR 的写操作将重新加载向下计数器,并使其重新启动。

当处理器处于调试状态或空闲模式时,根据寄存器 WDT_MR 中的 WDIDLEHLT 和 WDDBGHLT 的设置,计数器可以被停止。

3. 应用程序设计

(1) 设计要求

对看门狗的工作模式进行配置,当看门狗计数器溢出时发生一次看门狗中断,转换一次 D3 灯状态,看门狗重启。通过 USR-LEFT 按键"喂狗",阻止看门狗计数器的溢出,喂狗之后到看门狗计数器溢出之间,D3 灯熄灭,D4 灯点亮(注意:这里看门狗溢出时,并没有让系统重新启动)。

(2) 硬件设计

硬件电路采用与 10.4 节应用实例一样的硬件电路,见图 10-53。其中 USR-LEFT 按键用于通过 PA18 产生一个外部中断,D3 和 D4 用于显示看门狗状态。

(3) 软件设计

根据设计要求,软件需要完成以下功能:

➢ 配置并启动看门狗,配置 PA18 作为外部中断,将看门狗之间定为 5 s。

➢ 看门狗溢出之后,在看门狗溢出中断处理中熄灭 D4 灯,转换 D3 灯状态。

➢ 当 USR-LEFT 触发的中断发生后,执行"喂狗"程序,点亮 D4 灯,熄灭 D3 灯。

整个工程主要包含 3 个源文件:wdt.c、at91sam3u4_it.c 和 main.c。其中 wdt.c 中包含看门狗 WDT 的库函数,实现 WDT 读/写设置功能。at91sam3u4_it.c 中有 2 个中断服务子程序:WDT_IRQHandler()函数是看门狗溢出中断处理程序,功能是转换 D3 的状态;PIOA_IRQHandler()函数是 PIOA 中断处理程序,功能是"喂狗",并点亮 D4、熄灭 D3。main.c 中的 main()函数初始化系统,并配置 GPIOA 和 WDT。

main.c 参考程序如下:

```
/ *********************************************************************
 *  文件名：main.c
 *  作者：Wuhan R&D Center, Embest
 *  描述：Main program body
 *********************************************************************/
/ *********************************************************************
 *      Headers
 *********************************************************************/
#include "board.h"
#include "irq.h"
#include "pio.h"
#include "wdt.h"
#include "at91sam3u4_it.h"
/ *********************************************************************
 *      Local definitions
 *********************************************************************/
/ * 定义 USER_LEFT 引脚 * /
#define PIN_USER_LEFT {1 << 18, AT91C_BASE_PIOA, AT91C_ID_PIOA,\PIO_INPUT, PIO_DEFAULT}
/ *********************************************************************
 *      Local variables
 *********************************************************************/
/ * 要配置的 PIO 引脚 * /
static const Pin pinsUSERLEFT[] = {PIN_USER_LEFT};
unsigned char LedFlag = 1;
/ *********************************************************************
 *      Local functions
 *********************************************************************/
/ *********************************************************************
 * @brief 开发板上的 D3 和 D4 LED 灯初始化
 * @param none
 * @return none
 *********************************************************************/
void LedInit(void)
{
    / * 设置 PB0..PB1 引脚 * /
    * AT91C_PIOB_PER = 0x03;
    * AT91C_PIOB_OER = 0x03;
    * AT91C_PIOB_PPUDR = 0x03;
    * AT91C_PIOB_OWER = 0x03;
```

```c
    * AT91C_PIOB_ABSR &= ~0x03;
    /* 熄灭这 2 个 LED 灯,此 LED 灯低电平有效 */
    * AT91C_PIOB_SODR = 0x03;
}
/* **********************************************************************
 * @brief 开发板上的 USR-LEFT 按钮初始化
 * @param none
 * @return none
 ********************************************************************** */
void PIOA_Init(void)
{
    /* 允许 PIOA 控制器中对应的位 */
    * AT91C_PIOA_PER = (1 << 18);
    /* 配置按钮触发模式 */
    * AT91C_PIOA_AIMER = (1 << 18);
    * AT91C_PIOA_ESR = (1 << 18);
    * AT91C_PIOA_FELLSR = (1 << 18);
    /* 允许差错过滤 */
    * AT91C_PIOA_IFER = (1 << 18);
    /* 允许抖动过滤 */
    * AT91C_PIOA_DIFSR = (1 << 18);
    /* 上拉允许 */
    * AT91C_PIOA_PPUER = (1 << 18);
    /* 允许中断 */
    * AT91C_PIOA_IER = (1 << 18);
    /* 读中断状态寄存器来清除所有的位 */
    * AT91C_PIOA_ISR;
}
/* **********************************************************************
 * @brief main 函数用来配置看门狗
 * @param none
 * @return none
 ********************************************************************** */
int main()
{
    unsigned short WDV;
    unsigned int mode = 0;

    SystemInit();
    /* 配置用户按钮 */
```

```
    PIO_Configure(pinsUSERLEFT, PIO_LISTSIZE(pinsUSERLEFT));
    PIOA_Init();
    /* 配置 PIOA 控制器中断 */
    IRQ_ConfigureIT(AT91C_ID_PIOA, 0, PIOA_IRQHandler);
    IRQ_EnableIT(AT91C_ID_PIOA);
    /* 初始化 LED 灯 */
    LedInit();
    /* 配置看门狗中断 */
    IRQ_ConfigureIT(AT91C_ID_WDG, 0, WDT_IRQHandler);
    IRQ_EnableIT(AT91C_ID_WDG);
    /* 看门狗计数器的周期 period = WDV / (32768/128),设置看门狗定时器的周期为 5 s */
    WDV = 256 * 5;
    /* 允许看门狗溢出中断 */
    mode = WDV |
          AT91C_WDTC_WDFIEN |
          WDV << 16;
    /* 设置看门狗定时器的模式,它只能被设置一次(Read-write Once) */
    AT91C_WDTSetMode(AT91C_BASE_WDTC, mode);
    /* 启动看门狗 */
    AT91C_WDTRestart(AT91C_BASE_WDTC);

    while(1);
}
```

at91sam3u4_it.c 参考程序如下:

```
/*****************************************************************
 * 文件名: at91sam3u4_it.c
 * 作者 : Wuhan R&D Center, Embest
 * 描述 : Main Interrupt Service Routines
 ****************************************************************/
** This file contains the default exception handlers
** and exception table.
/*****************************************************************
 *    Headers
 ****************************************************************/
# include "board.h"
# include "wdt.h"
# include "at91sam3u4_it.h"
/*****************************************************************
 *    Types
```

```
*****************************************************************/
extern unsigned char LedFlag;
/* ****************************************************************
 @brief WATCHDOG TIMER
 @param none
 @return none
 *****************************************************************/
void WDT_IRQHandler(void)
{
    unsigned status;
    status = AT91C_BASE_WDTC->WDTC_WDSR;
    /* 看门狗溢出 */
    if ((status & AT91C_WDTC_WDUNF) == 1)
    {
        /* 关闭板上的 D4 灯 */
        * AT91C_PIOB_SODR = 1 << 1;
        if (LedFlag)
        {
            /* 点亮板上的 D3 灯 */
            * AT91C_PIOB_CODR = 1 << 0;
            LedFlag = 0;
        }
        else
        {
            /* 关闭 D3 灯 */
            * AT91C_PIOB_SODR = 1 << 0;
            LedFlag = 1;
        }
    }
}
/* ****************************************************************
 * @brief Parallel IO Controller A
 * @param none
 * @return none
 *****************************************************************/
void PIOA_IRQHandler(void)
{
    unsigned int ISR_status = 0;
    unsigned int ELSR_status = 0;
```

```
unsigned int FRLHSR_status = 0;

ISR_status    =    * AT91C_PIOA_ISR;
ELSR_status   =    * AT91C_PIOA_ELSR;
FRLHSR_status =    * AT91C_PIOA_FRLHSR;
/* 按下 USR_LEFT 按钮,PA18 */
if ((ISR_status & (1 << 18)) &&
    !(ELSR_status & (1 << 18)) &&
    !(FRLHSR_status & (1 << 18))
{
    /* 点亮 D4 灯 */
    * AT91C_PIOB_CODR = 1 << 1;
    /* 关闭 D3 灯 */
    * AT91C_PIOB_SODR = 1 << 0;
}
/* 启动看门狗 */
AT91C_WDTRestart(AT91C_BASE_WDTC);
}
```

(4) 运行过程

① 使用 Keil uVision3 通过 ULINK 2 仿真器连接实验板,打开实验例程目录 10.7.2_WDT_test 子目录下的 WDT_Test.Uv2 例程,编译链接工程。

② 将程序下载到开发板的 Flash 中,然后按下板上的 NRSTE 按键,可以看到 D4 灯不亮,D3 灯每 5 s 切换一次状态,不停地闪烁。

③ 按下 USR-LEFT 按键后,可以看到 D4 灯点亮,D3 灯熄灭,过了 5 s 后,D4 灯熄灭了,D3 灯又在不停地闪烁。

④ 如果不停地按下 USR-LEFT 按键,则 D4 灯一直点亮,D3 灯一直熄灭。

10.8 脉宽调制控制器

10.8.1 概　述

脉宽调制控制器(PWM,Pulse Width Modulation Controller)宏单元能够独立地控制 4 个通道,如图 10-86 所示。每个通道可控制 2 个互补的输出方波,输出波形的特性:周期、占空比、极性以及死区时间(也称为死区或非重叠时间),可以通过用户接口进行配置。每个通道可从时钟发生器提供的时钟中选择其中一个来使用。

PWM 宏单元可通过映射到外设总线的寄存器来访问,PWM 用户接口寄存器映射如表 10-21所列,其基地址为 0x4008C000。所有的通道都集成了一个双缓存系统,以防止由于修改周期、占空比或是死区时间而产生不期望的输出波形。

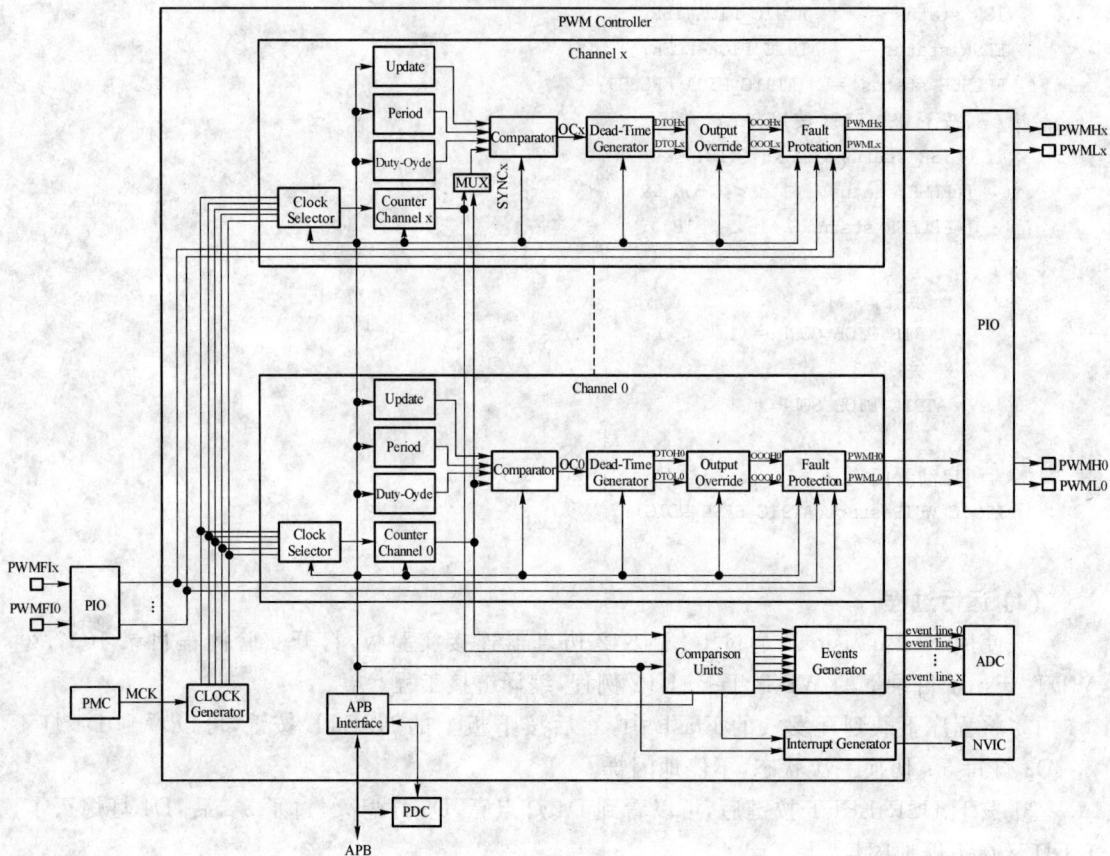

图 10 - 86   PWM 控制器

表 10 - 21   PWM 寄存器映射

偏　移	寄存器	名　称	访问方式	复位值
0x00	PWM 时钟寄存器	PWM_CLK	读/写	0x0
0x04	PWM 允许寄存器	PWM_ENA	只写	—
0x08	PWM 禁止寄存器	PWM_DIS	只写	—
0x0C	PWM 状态寄存器	PWM_SR	只读	0x0
0x10	PWM 中断允许寄存器 1	PWM_IER1	只写	—
0x14	PWM 中断禁止寄存器 1	PWM_IDR1	只写	—
0x18	PWM 中断屏蔽寄存器 1	PWM_IMR1	只读	0x0

偏 移	寄 存 器	名 称	访问方式	复位值
0x1C	PWM 中断状态寄存器 1	PWM_ISR1	只读	0x0
0x20	PWM 同步通道模式寄存器	PWM_SCM	读/写	0x0
0x24	保留	—	—	—
0x28	PWM 同步通道更新控制寄存器	PWM_SCUC	读/写	0x0
0x2C	PWM 同步通道更新周期寄存器	PWM_SCUP	读/写	0x0
0x30	PWM 同步通道更新周期更新寄存器	PWM_SCUPUPD	只写	0x0
0x34	PWM 中断允许寄存器 2	PWM_IER2	只写	—
0x38	PWM 中断禁止寄存器 2	PWM_IDR2	只写	—
0x3C	PWM 中断屏蔽寄存器 2	PWM_IMR2	只读	0x0
0x40	PWM 中断状态寄存器 2	PWM_ISR2	只读	0x0
0x44	PWM 输出覆盖值寄存器	PWM_OOV	读/写	0x0
0x48	PWM 输出选择寄存器	PWM_OS	读/写	0x0
0x4C	PWM 输出选择置位寄存器	PWM_OSS	只写	—
0x50	PWM 输出选择清零寄存器	PWM_OSC	只写	—
0x54	PWM 输出选择置位更新寄存器	PWM_OSSUPD	只写	—
0x58	PWM 输出选择清零更新寄存器	PWM_OSCUPD	只写	—
0x5C	PWM 故障模式寄存器	PWM_FMR	读/写	0x0
0x60	PWM 故障状态寄存器	PWM_FSR	只读	0x0
0x64	PWM 故障清除寄存器	PWM_FCR	只写	—
0x68	PWM 故障保护值寄存器	PWM_FPV	读/写	0x0
0x6C	PWM 故障保护允许寄存器	PWM_FPE	读/写	0x0
0x70~0x78	保留	—	—	—
0x7C	PWM 事件线 0 模式寄存器	PWM_EL0MR	读/写	0x0
0x80	PWM 事件线 1 模式寄存器	PWM_EL1MR	读/写	0x0
0x84-AC	保留	—	—	—
0xB4-E0	保留	—	—	—
0xE4	PWM 写保护控制寄存器	PWM_WPCR	只写	—
0xE8	PWM 写保护状态寄存器	PWM_WPSR	只读	0x0
0x100~0x128	保留给 PDC 寄存器	—	—	—
0x12C	保留	—	—	—
0x130	PWM 比较器 0 值寄存器	PWM_CMP0V	读/写	0x0

偏 移	寄存器	名 称	访问方式	复位值
0x134	PWM 比较器 0 值更新寄存器	PWM_CMP0VUPD	只写	—
0x138	PWM 比较器 0 模式寄存器	PWM_CMP0M	读/写	0x0
0x13C	PWM 比较器 0 模式更新寄存器	PWM_CMP0MUPD	只写	—
0x140	PWM 比较器 1 值寄存器	PWM_CMP1V	读/写	0x0
0x144	PWM 比较器 1 值更新寄存器	PWM_CMP1VUPD	只写	—
0x148	PWM 比较器 1 模式寄存器	PWM_CMP1M	读/写	0x0
0x14C	PWM 比较器 1 模式更新寄存器	PWM_CMP1MUPD	只写	—
0x150	PWM 比较器 2 值寄存器	PWM_CMP2V	读/写	0x0
0x154	PWM 比较器 2 值更新寄存器	PWM_CMP2VUPD	只写	—
0x158	PWM 比较器 2 模式寄存器	PWM_CMP2M	读/写	0x0
0x15C	PWM 比较器 2 模式更新寄存器	PWM_CMP2MUPD	只写	—
0x160	PWM 比较器 3 值寄存器	PWM_CMP3V	读/写	0x0
0x164	PWM 比较器 3 值更新寄存器	PWM_CMP3VUPD	只写	—
0x168	PWM 比较器 3 模式寄存器	PWM_CMP3M	读/写	0x0
0x16C	PWM 比较器 3 模式更新寄存器	PWM_CMP3MUPD	只写	—
0x170	PWM 比较器 4 值寄存器	PWM_CMP4V	读/写	0x0
0x174	PWM 比较器 4 值更新寄存器	PWM_CMP4VUPD	只写	—
0x178	PWM 比较器 4 模式寄存器	PWM_CMP4M	读/写	0x0
0x17C	PWM 比较器 4 模式更新寄存器	PWM_CMP4MUPD	只写	—
0x180	PWM 比较器 5 值寄存器	PWM_CMP5V	读/写	0x0
0x184	PWM 比较器 5 值更新寄存器	PWM_CMP5VUPD	只写	—
0x188	PWM 比较器 5 模式寄存器	PWM_CMP5M	读/写	0x0
0x18C	PWM 比较器 5 模式更新寄存器	PWM_CMP5MUPD	只写	—
0x190	PWM 比较器 6 值寄存器	PWM_CMP6V	读/写	0x0
0x194	PWM 比较器 6 值更新寄存器	PWM_CMP6VUPD	只写	—
0x198	PWM 比较器 6 模式寄存器	PWM_CMP6M	读/写	0x0
0x19C	PWM 比较器 6 模式更新寄存器	PWM_CMP6MUPD	只写	—
0x1A0	PWM 比较器 7 值寄存器	PWM_CMP7V	读/写	0x0
0x1A4	PWM 比较器 7 值更新寄存器	PWM_CMP7VUPD	只写	—
0x1A8	PWM 比较器 7 模式寄存器	PWM_CMP7M	读/写	0x0
0x1AC	PWM 比较器 7 模式更新寄存器	PWM_CMP7MUPD	只写	—

偏 移	寄存器	名 称	访问方式	复位值
0x1B0-0x1FC	保留	—	—	—
0x200 + ch_num× 0x20 + 0x00	PWM 通道模式寄存器*	PWM_CMR	读/写	0x0
0x200 + ch_num× 0x20 + 0x04	PWM 通道占空比寄存器*	PWM_CDTY	读/写	0x0
0x200 + ch_num× 0x20 + 0x08	PWM 通道占空比更新寄存器*	PWM_CDTYUPD	只写	—
0x200 + ch_num× 0x20 + 0x0C	PWM 通道周期寄存器*	PWM_CPRD	读/写	0x0
0x200 + ch_num× 0x20 + 0x10	PWM 通道周期更新寄存器*	PWM_CPRDUPD	只写	—
0x200 + ch_num× 0x20 + 0x14	PWM 通道计数器寄存器*	PWM_CCNT	只读	0x0
0x200 + ch_num× 0x20 + 0x18	PWM 通道死区寄存器*	PWM_DT	读/写	0x0
0x200 + ch_num× 0x20 + 0x1C	PWM 通道死区更新寄存器*	PWM_DTUPD	只写	—

注: * 一些寄存器带有索引 ch_num，索引值为 0~3。

可以把多个通道链接起来作为同步通道，这样能够同时更新它们的占空比或死区时间。对同步通道占空比的更新，可通过 PDC 来完成，PDC 可提供缓冲传输而不需要处理器干预。

PWM 提供 8 个独立的比较单元，能够将程序设定的值与同步通道的计数器（通道 0 的计数器）进行比较。通过比较可以产生软件中断、在 2 个独立的事件线上触发脉冲（目的是将 ADC 的转换与灵活的 PWM 输出进行同步）以及触发 PDC 传输请求。

为了与它们的计数器同步或异步，PWM 的输出可以被覆盖。

PWM 模块提供了故障保护机制，它有 4 个故障输入，能够检测故障条件以及异步地覆盖 PWM 的输出。为了使用安全，一些控制寄存器是写保护的。

10.8.2 功能描述

PWM 单元主要由 1 个时钟产生器和 4 个通道组成。

➤ 由主控时钟（MCK）提供时钟，时钟生成器模块提供 13 个时钟。

➤ 每个通道可以独立地从时钟产生器的输出中选择其中一个作为自己的时钟。

➤ 每个通道可以产生一个输出波形，可以通过用户接口寄存器独立地为每个通道定义它们输出波形的特性。

1. PWM 时钟生成器

PWM 时钟发生器模块（如图 10 - 87 所示）通过对 PWM 主控时钟（MCK）进行分频，为所有的通道提供各种不同的时钟。每个通道都可以独立地从这些分频后的时钟中选择一个。

时钟产生器分为 3 个模块：

> 1 个模 n 计数器，它提供 11 个时钟：FMCK、FMCK/2、FMCK/4、FMCK/8、FMCK/16、FMCK/32、FMCK/64、FMCK/128、 FMCK/256、 FMCK/512、FMCK/1 024。

> 2 个线性分频器(1、1/2、1/3、…、1/255)，提供 2 个单独的时钟：clkA 和 clkB。

每个线性分频器可独立地对模 n 计数器的任意一个时钟进行分频。根据 PWM 时钟寄存器(PWM_CLK)的 PREA(PREB)位域来选择要被分频的时钟。这个时钟再根据 DIVA(DIVB)位域值进行分频得到最终的时钟 clkA(clkB)。

PWM 控制器复位后，DIVA(DIVB)和 PREA(PREB)被清零。也就是说，复位后 clkA(clkB)被关闭。复位后，除了 MCK 时钟，模 n 计数器提供的时钟都被关闭了。当通过电源管理控制器(PMC)关闭 PWM 主时钟后，也会出现这种情况。

注意：在使用 PWM 单元前，程序员必须首先通过功耗管理控制器(PMC)允许 PWM 的时钟。

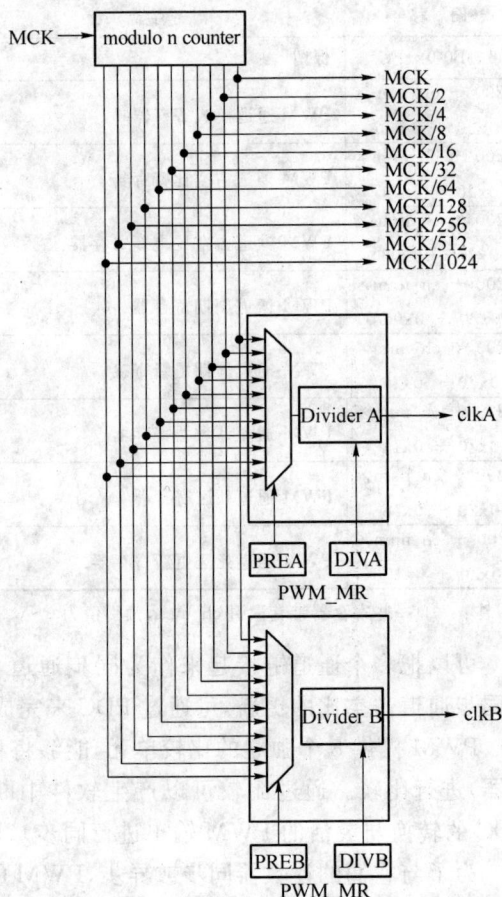

图 10-87　PWM 时钟发生器

2. PWM 通道

PWM 通道结构如图 10-88 所示。

4 个通道，每个通道由以下 6 个模块组成：

> 1 个时钟选择器，从时钟生成器提供的时钟中选择其中一个。

> 1 个计数器，由时钟选择器的输出提供时钟。这个计数器的递增或递减由通道的配置和比较器的匹配结果来决定。计数器的大小是 16 位的。

> 1 个比较器，用于根据计数器的值和配置来计算 OCx 的输出波形。PWM 同步通道模式寄存器 (PWM_SCM) 的 SYNCx 位，决定计数器的值是本通道计数器还是通道 0 计数器的值。

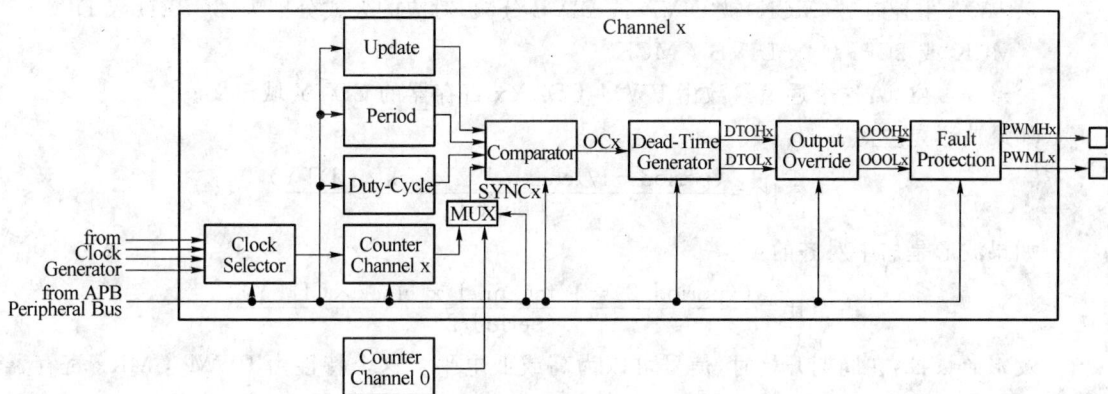

图 10-88　PWM 通道

➢ 1 个死区生成器,提供 2 个互补的输出(DTOHx/DTOLx),可以安全地驱动外部电源控制开关。

➢ 1 个输出覆盖模块,能够强制将 2 个互补的输出改变为编程设置的值(OOOHx /OOOLx)。

➢ 1 个异步的故障保护机制,有最高的优先级,当检测到故障时,能够覆盖 2 个互补的输出(PWMHx/PWMLx)。

(1) 比较器

比较器不断地将计数器的值与通道周期(由 PWM 通道周期寄存器 PWM_CPRDx 的 CPRD 位域定义)和占空比(由 PWM 通道占空比寄存器 PWM_CDTYx 的 CDTY 定义)进行比较,以产生一个输出信号 OCx。

输出 OCx 的波形的不同特性有:

时钟的选择:通道计数器的时钟由时钟发生器提供(在 10.6 节中有介绍)。这个通道参数在 PWM 通道模式寄存器(PWM_CMRx)的 CPRD 位域定义,复位后该域为 0。

波形的周期:这个通道参数在 PWM_CPRDx 寄存器的 CPRD 域定义。

如果波形是左对齐的,则输出波形的周期依赖于计数器源时钟,可以计算出来:

➢ PWM 主控时钟(MCK)被给定的分频值 X 分频(X 可取值 1,2,4,8,16,32,64,128,256,512,1 024),计算周期的公式为:X × CPRD / MCK。

➢ PWM 主控时钟(MCK)被 DIVA 或 DIVB 分频,对应的公式分别为:CPRD × DIVA /MCK 或 CPRD × DIVB / MCK。

如果波形是居中对齐的,则输出波形的周期依赖于计数器源时钟,可以计算出来:

➢ PWM 主控时钟(MCK)被给定的分频值 X 分频(X 可取值 1、2、4、8、16、32、64、128、256、512、1 024),计算周期的公式为:2X × CPRD / MCK。

➢ PWM 主控时钟(MCK)被 DIVA 或 DIVB 分频,对应的公式分别为:2CPRD × DIVA / MCK 或 2CPRD × DIVB / MCK。

波形的占空比:这个通道参数由 PWM_CDTYx 寄存器的 CDTY 域定义。

如果波形是左对齐的:

$$占空比 = \frac{(period - 1/fchannel\_x\_clock \times CDTY)}{period}$$

如果波形是居中对齐的:

$$占空比 = \frac{((period/2) - 1/fchannel\_x\_clock \times CDTY)}{(period/2)}$$

波形的极性:在周期开始时,信号可以为高或低电平。这个特性由 PWM_CMRx 寄存器的 CPOL 域定义,缺省情况下信号开始时为低电平。

波形的对齐:输出波形可以是左对齐或居中对齐的。居中对齐的波形可以被用于产生非重叠的波形(如图 10-89 所示)。这个特性由 PWM_CMRx 寄存器的 CALG 域定义,缺省模式为左对齐。

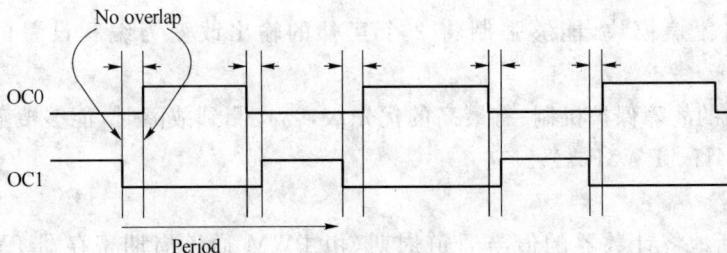

图 10-89 非重叠的居中对齐波形

居中对齐情况下,通道计数器递增到 CPRD,然后递减到 0,这时为一个周期结束。左对齐情况下,通道计数器递增到 CPRD,然后复位,这时为一个周期结束。因此,对于同样的 CPRD 值,居中对齐通道的周期是左对齐通道周期的 2 倍。

在下列情况下,波形固定为 0:

➢ CDTY = CPRD 且 CPOL = 0。

➢ CDTY = 0 且 CPOL = 1。

在下列情况下,波形固定为 1(一旦通道被允许):

➢ CDTY = 0 且 CPOL = 0。

➢ CDTY = CPRD 且 CPOL=1。

在允许通道前,必须先设置波形的极性,这会立刻影响通道输出的电平。因为当通道被允许后,对通道极性的改变将会被忽略。

除了产生输出信号 OCx,比较器还根据计数器的值产生中断。当输出波形是左对齐时,在计数器周期结束时发生中断。当输出波形是居中对齐时,PWM_CMRx 寄存器的 CES 位定义了通道计数器发生中断的时间。如果 CES 为 0,则在计数器周期结束时发生中断。如果 CES 为 1,则在计数器周期的中间位置和结束位置发生中断。

图 10-90 列举了不同配置下计数器的中断。

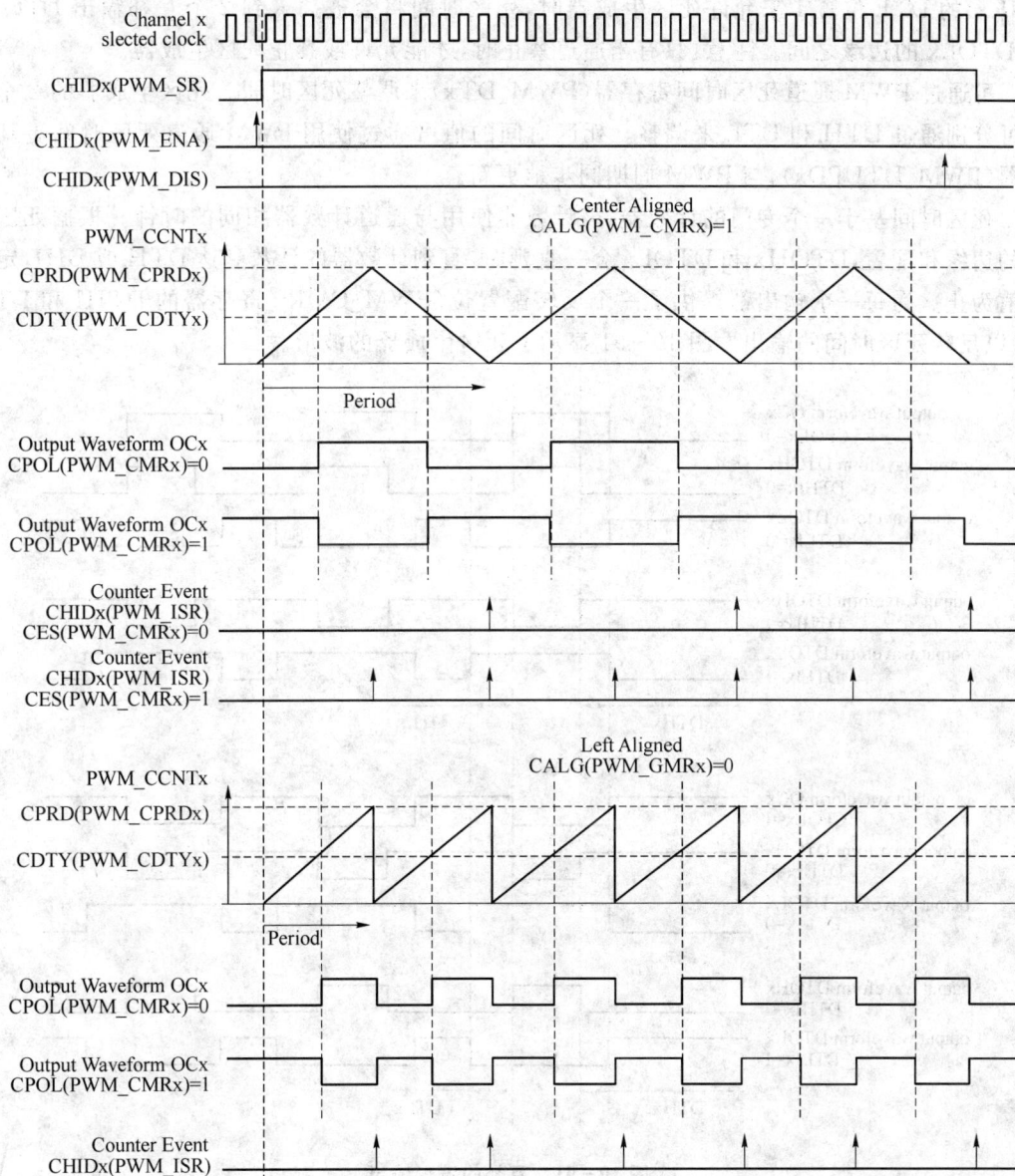

图 10-90 波形特性

(2) 死区生成器

死区生成器使用比较器的输出 OCx 来提供 2 个互补的输出 DTOHx 和 DTOLx,使得 PWM 单元能够安全地驱动外部电源控制开关。当通过将 PWM 通道模式寄存器(PWM_CMRx)的 DTE 位置 1 来允许死区生成器时,死区时间将会被插入到 2 个互补输出 DTOHx 和 DTOLx 的边缘之间。注意:只有当通道禁止时,才能允许或禁止死区生成器。

可通过 PWM 通道死区时间寄存器(PWM_DTx)来调整死区时间。死区生成器的 2 个输出可分别通过 DTH 和 DTL 来调整。死区时间的值可通过使用 PWM 通道死区时间更新寄存器(PWM_DTUPDx),与 PWM 周期同步地更新。

死区时间基于一个专门的计数器,该计数器使用与通道计数器相同的时钟。根据死区时间的边缘和配置,DTOHx 和 DTOLx 会一直延时,直到计数器的计数到达 DTH 或 DHL 定义的值为止。为每一个输出都提供了一个反转配置位(PWM_CMRx 寄存器的 DTHI 和 DTLI 位)以反转死区时间的输出。图 10-91 显示了死区生成器的波形。

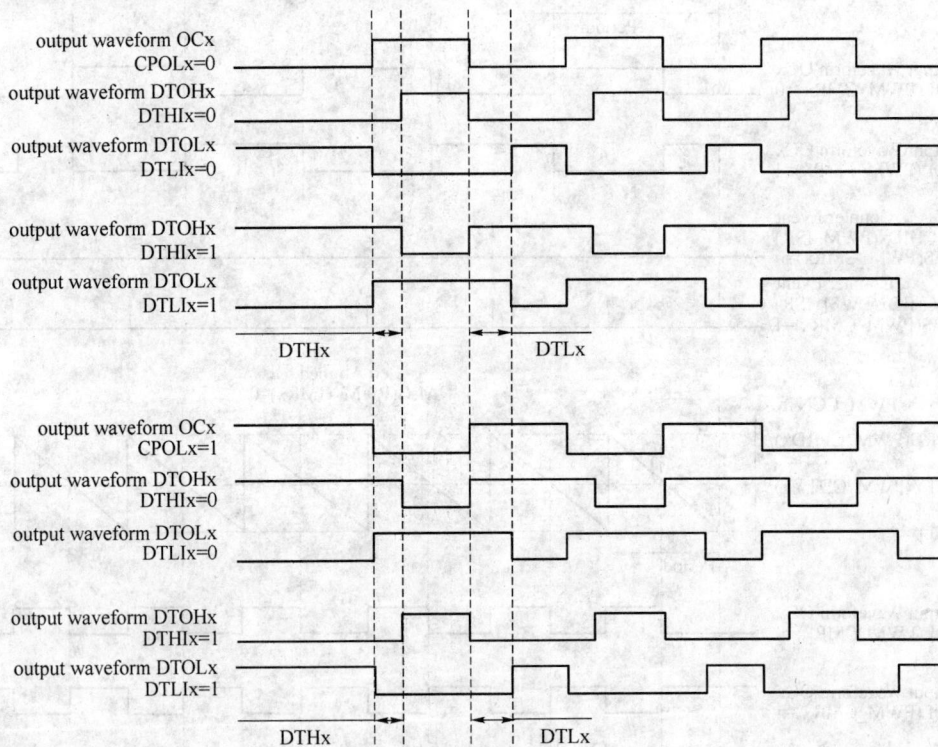

图 10-91　互补的波形输出

(3) 输出覆盖

死区生成器的 2 个互补输出 DTOHx 和 DTOLx 可以被强制改变为软件定义的值。

PWM 输出选择寄存器(PWM_OS)的 OSHx 和 OSLx 域,允许用定义的值覆盖死区生成器的输出 DTOHx 和 DTOLx,该值由 PWM 输出覆盖值寄存器(PWM_OOV)的 OOVHx 和 OOVLx 域定义。

PWM 输出选择置位寄存器(PWM_OSS)和 PWM 输出选择置位更新寄存器(PWM_OS-SUPD)可以允许对一个通道输出的覆盖。同样,PWM 输出选择清零寄存器(PWM_OSC)和 PWM 输出选择清零更新寄存器(PWM_OSCUPD),可以禁止对一个通道输出的覆盖。

通过使用缓冲寄存器 PWM_OSSUPD 和 PWM_OSCUPD,在下一个 PWM 周期开始时,PWM 输出的输出选择将保持与通道计数器同步。

当使用 PWM_OSS 和 PWM_OSC 寄存器时,一旦写这些寄存器,PWM 输出的输出选择将与通道计数器是异步的。读取 PWM_OS 寄存器可以获取当前的输出选择值。当覆盖 PWM 输出时,通道计数器继续运行,只是 PWM 的输出被强制改变为用户定义的值。

(4) 故障保护

4 个故障输入提供了故障保护,可以强制地将任何 PWM 的输出改变为编程设置的值,这里的输出是成对改变的,如图 10-92 所示。该机制比输出覆盖的优先级高。

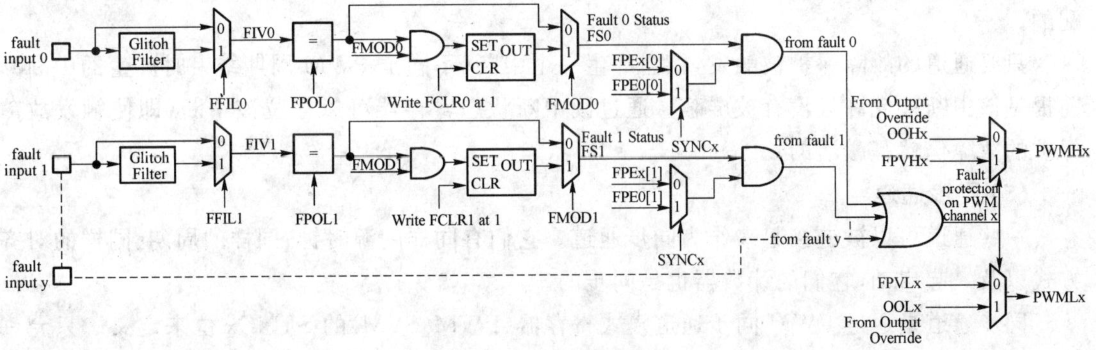

图 10-92 故障保护

故障输入的电平极性通过 PWM 故障模式寄存器(PWM_FMR)的 FPOL 域来配置。故障输入是否被滤波,由 PWM_FMR 寄存器的 FFIL 域决定。当滤波被激活时,如果故障输入上故障的宽度比 PWM 主时钟(MCK)的周期小,该故障将会被过滤掉。

当某一故障输入的电平极性转换到设置的电平极性时,该故障输入的故障将被激活。如果其相应的 FMOD 位(在 PWM_FMR 寄存器中)被设为 0,只要故障输入处于这个电平极性,该故障就一直保持激活。如果相应的 FMOD 位设为 1,该故障保持激活直到故障输入不再处于这个电平极性,同时通过写 PWM 故障清除寄存器(PWM_FSCR)的相应位 FCLR 将它清除。用户可以读 PWM 故障状态寄存器(PWM_FSR)的 FIV 域,获取当前故障输入的电平,也可通过读该寄存器的 FS 域了解当前哪个故障被激活。

每个通道的故障保护机制,都可以决定任一故障在该通道上是否被考虑。如果要通道 x 上的故障被考虑,则必须通过 PWM 故障保护允许寄存器(PWM_FPE)的 FPEx[y]位来允许故障 y。然而,同步通道不使用它们自己的故障允许位,而是使用通道 0 的故障允许位(FPE0[y])。

当某一通道被允许,而且该通道上的任一故障被激活时,都会触发该通道的故障保护。即使 PWM 主控时钟没有运行,也可以触发故障保护,前提是故障输入没有被过滤掉。

当某一通道的故障保护被触发时,故障保护机制将会强制把通道的输出转换为定义的值,该值由 PWM 故障保护值寄存器(PWM_FPV)的 FPVHx 和 FPVLx 域定义,而且会导致该通道计数器的复位。输出的强制转换是与通道计数器异步的。

注意:

➢ 为防止意外的激活 PWM_FSR 寄存器的状态标志 FSy,只有当 FPOLy 位先前被配置为它的终值时,FMODy 位才能被置为 1。

➢ 为了防止意外的激活通道 x 的故障保护,只有当 FPOLy 位先前被配置为它的终值时,FPEx[y]位才能被置为 1。

如果某个比较单元被允许,并且在通道 0 上触发某一故障,这种情况下比较是不能匹配的。

只要通道的故障保护被触发,将会产生一个中断(不同于 PWM 周期结束时产生的中断),前提是该中断被允许且没有被屏蔽。通过读中断状态寄存器可以复位该中断(即使触发故障保护的故障仍然是激活的)。

(5)同步通道

一些通道可以被链接起来作为同步通道。它们有同样的源时钟、同样的周期、同样的对齐方式以及一起启动,它们的计数器也是同步的。

同步通道是通过 PWM 同步通道模式寄存器(PWM_SCM)的 SYNCx 位来定义。只允许有一组同步通道。当某个通道被定义为同步通道时,通道 0 自动的被定义为同步通道,这是因为通道 0 计数器的配置要被所有的同步通道使用。

如果通道 x 被定义为同步通道,它将使用通道 0 的配置域取代自己的,这些配置域如下:

➢ PWM_CMR0 寄存器的 CPRE0 域取代 PWM_CMRx 寄存器的 CPREx 域(相同的源时钟)。

➢ PWM_CMR0 寄存器的 CPRD0 域取代 PWM_CMRx 寄存器的 CPRDx 域(相同的周期)。

➢ PWM_CMR0 寄存器的 CALG0 域取代 PWM_CMRx 寄存器 CALGx 域(相同的对齐方式)。

因此,写同步通道的这些域对这个通道的输出波形没有影响(当然除了通道 0)。所有同步通道的计数器必须同时启动,通过允许通道 0(通过 PWM_ENA 寄存器的 CHID0 位)可以同时允许这些通道。同样,通过禁止通道 0(通过 PWM_DIS 寄存器的 CHID0 位)可以同时禁止这些通道。然而,同步通道 x 与通道 0 不同,它们可以独立地被允许或禁止(通过 PWM_ENA 和 PWM_DIS 寄存器的 CHIDx 位)。

如果通道是一个异步通道,只有将该通道被禁止(PWM_SR 寄存器的 CHIDx=0)后,才允许再将其定义为一个同步通道(当 SYNCx 位为 0 时,把它置为 1)。同样,如果通道是一个同步通道,只有将该通道被禁止后,才允许再将其定义为一个异步通道(当 SYNCx 位为 1 时,把它置为 0)。

可通过设置 PWM_SCM 寄存器的 UPDM(更新模式)域,从以下 3 种方式中选择 1 种来更新同步通道的寄存器:

> 方式 1(UPDM=0):必须通过 CPU 写它们各自的更新寄存器(分别为 PWM_CPR-DUPDx、PWM_CDTYUPDx 和 PWM_DTUPDx)来设置周期值、占空比值和死区时间值。一旦 PWM 同步通道更新控制寄存器(PWM_SCUC)的 UPDULOCK 位被置为 1,更新操作将会在下一个 PWM 周期触发。

> 方式 2(UPDM=1):必须通过 CPU 写它们各自的更新寄存器(分别为 PWM_CPR-DUPDx、PWM_CDTYUPDx 和 PWM_DTUPD)来设置周期值、占空比值、死区时间值和更新周期值。一旦 PWM 同步通道更新控制寄存器(PWM_SCUC)的 UPDULOCK 位被置为 1,周期值和死区时间值的更新将会在下一个 PWM 周期触发。占空比值和更新周期值的更新会在一个更新周期后自动的触发,该更新周期是在 PWM 同步通道更新周期寄存器(PWM_SCUP)的 UPR 域定义的。

> 方式 3(UPDM=2):除了所有同步通道的占空比值是通过 PDC 来写之外,和方式 2 相同。用户可以通过 PWM_SCM 寄存器的 PTRM 和 PTRCS 域,选择将 PDC 的传输请求与比较匹配同步(查看 PWM 比较单元)。

3. PWM 比较单元

PWM 提供了 8 个独立的比较单元,能够将编程设定的值与通道 0 计数器(它是所有同步通道的通道计数器)的当前值进行比较。比较的目的是在事件线上产生脉冲(用于同步 ADC,参阅后面介绍的 PWM 事件线)、产生软件中断以及为同步通道触发 PDC 传输请求。

PWM 比较单元(如图 10-93 所示)x 由 PWM 比较器 x 模式寄存器(PWM_CMPxM 用于比较单元 x)的 CEN 位允许,且当通道 0 的计数器计数到达 PWM 比较器 x 值寄存器(PWM_CMPxV)的 CV 域定义的比较值时,比较单元 x 发生比较匹配。如果通道 0 的计数器是居中对齐的(PWM 通道模式寄存器的 CALG=1),由 PWM_CMPxV 寄存器的 CVM 位来定义计数器是递增还是递减时进行比较(当 CALG=0 也就是左对齐模式时,该位是无效的)。

如果一个故障在通道 0 上激活,则比较被禁止,且不会发生匹配。用户可以通过 PWM_

CMPxM 寄存器的 CTR 和 CPR 域,定义比较单元 x 的周期。当比较周期计数器 CPRCNT 计数到 CTR 定义的值时,就进行比较,每过 CPR+1 个通道 0 计数器周期就执行一次这样的比较。CPR 为比较周期计数器 CPRCNT 的最大值。如果 CPR=CTR=0,则在每一个通道 0 计数器的周期都执行一次比较。

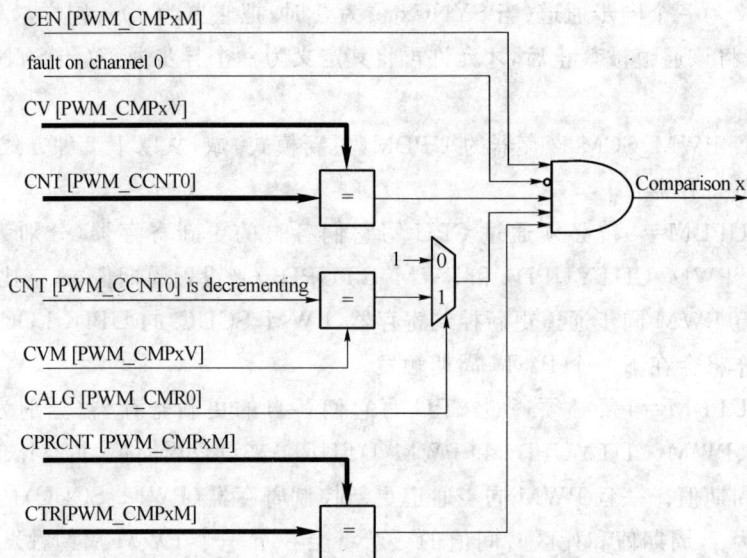

图 10-93　PWM 比较单元

当通道 0 允许时,使用 PWM 比较器 x 模式更新寄存器(PWM_CMPxMUPD 寄存器针对比较单元 x)可以修改比较单元 x 的配置。同样,当通道 0 允许时,使用 PWM 比较器 x 模式更新寄存器(PWM_CMPxMUPD 寄存器针对比较单元 x)可以修改比较单元 x 的值。

比较单元 x 的配置和值的更新,在比较单元 x 更新周期后会被触发,更新周期由 PWM_CMPxM 的 CUPR 域定义。比较单元由一个独立于周期计数器的更新周期计数器来触发该更新。当比较单元更新周期计数器 CUPRCNT 计数到达 CUPR(在 PWM_CMPxM 寄存器)定义的值时,更新操作被触发。当通道 0 允许时,使用 PWM_CMPxMUPD 寄存器,可以更新比较单元 x 自身的更新周期 CUPR。比较波形如图 10-94 所示。

注意:为了使 PWM_CMPxVUPD 寄存器起作用,写该寄存器之后应紧接着写 PWM_CMPxMUPD 寄存器。

比较匹配和比较单元更新都可以作为一个中断源(仅当该中断被允许且没有被屏蔽时)。这些中断可通过 PWM 中断允许寄存器 2 来允许,通过 PWM 中断禁止寄存器 2 来禁止。通过读 PWM 中断状态寄存器 2,可以复位比较匹配中断和比较单元更新中断。

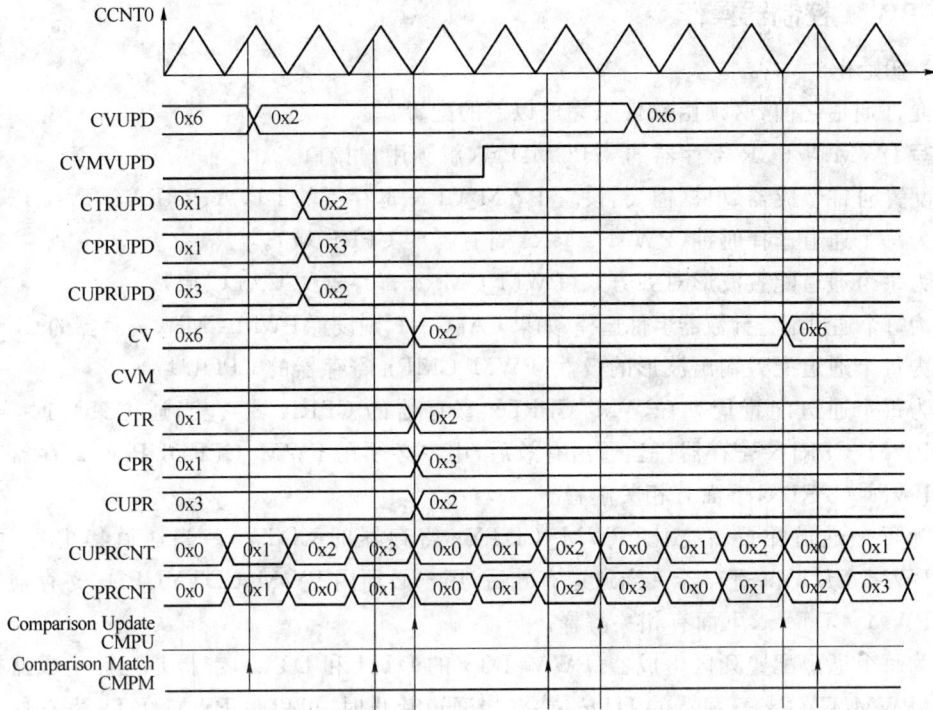

图 10 - 94　比较波形

4. PWM 事件线

　　PWM 提供了 2 个独立的事件线,用于触发其它外设的动作(特别针对 ADC),如图 10 - 95 所示。当至少有一个所选择的比较单元发生匹配时,就会在事件线上产生一个脉冲(一个主控时钟 MCK 周期)。通过 PWM 事件线 x 寄存器(PWM_ELxMR 针对事件线 x)的 CSEL 位,可独立地选择或不选择某个比较单元。

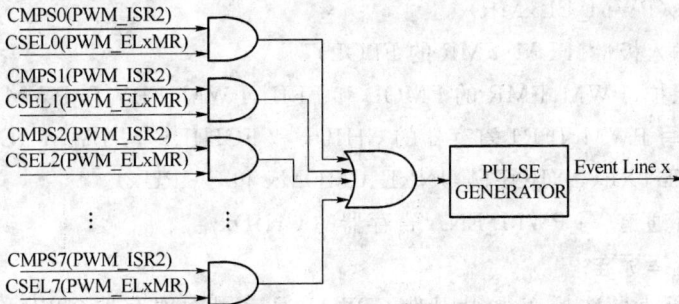

图 10 - 95　事件线框图

5．PWM 控制器操作

(1) 初始化

在允许通道之前，必须由软件来完成以下的配置：

➢ 写 PWM_WPCR 寄存器的 WPCMD 域，解锁用户接口。

➢ 配置时钟生成器(根据需要，设置 PWM_CLK 寄存器的 DIVA、PREA、DIVB、PREB)。

➢ 为每个通道选择时钟(PWM_CMRx 寄存器的 CPRE 域)。

➢ 为每个通道配置波形对齐方式(PWM_CMRx 寄存器的 CALG 域)。

➢ 为每个通道配置计数器事件选择(如果 CALG＝1，则设置 PWM_CMRx 寄存器的 CES 域)。

➢ 为每个通道配置输出波形的极性(PWM_CMRx 寄存器的 CPOL 域)。

➢ 为每个通道配置周期(PWM_CPRDx 寄存器的 CPRD 域)。当通道禁止时，可以写 PWM_CPRDx 寄存器。当通道有效后，用户必须用 PWM_CPRDUPDx 寄存器来更新 PWM_CPRDx，下面有相关解释。

➢ 为每个通道配置占空比(PWM_CDTYx 寄存器的 CDTY)。当通道禁止时，可以写 PWM_CDTYx 寄存器。当通道有效后，用户必须用 PWM_CDTYUPDx 寄存器来更新 PWM_CDTYx，下面有相关解释。

➢ 为每个通道配置死区生成器(PWM_DTx 的 DTH 和 DTL)，前提是死区生成器被允许 (PWM_CMRx 寄存器的 DTE 位)。当通道禁止时，可以写 PWM_DTx 寄存器。当通道有效后，用户必须用 PWM_DTUPDx 寄存器来更新 PWM_DTx。

➢ 选择同步通道(PWM_SCM 寄存器的 SYNCx)。

➢ 选择当 WRDY 标志和相应的 PDC 传输请求被置位时的时机(PWM_SCM 寄存器的 PTRM 和 PTRCS)。

➢ 配置更新模式(PWM_SCM 寄存器的 UPDM)。

➢ 如果需要的话，配置更新周期(PWM_SCUP 寄存器的 UPR)。

➢ 配置比较单元(PWM_CMPxV 和 PWM_CMPxM)。

➢ 配置事件线(PWM_ELxMR)。

➢ 配置故障输入极性(PEM_FMR 的 FPOL)。

➢ 配置故障保护(PWM_FMR 的 FMOD 和 FFIL，PWM_FPV 和 PWM_FPE)。

➢ 允许中断(写 PWM_IER1 寄存器的 CHIDx 和 FCHIDx，写 PWM_IER2 寄存器的 WRDYE、ENDTXE、TXBUFE、UNRE、CMOMx 和 CMPUx)。

➢ 允许 PWM 通道(写 PWM_ENA 寄存器的 CHIDx)。

(2) 源时钟选择标准

大量的时钟源使得选择变得很困难。PWM 通道周期寄存器(PWM_CPRDx)的值与 PWM 通道占空比寄存器(PWM_CDTYx)的值之间的关系，可以帮助用户作出选择。写入到周期寄存器的值给出了 PWM 的精确性。占空比不能低于 1/CPRDx 的值。PWM_CPRDx 的值越大,PWM 的精确性越高。

例如:如果用户在 PWM_CPRDx 中设置 CPRD 的值为 15(十进制),则在 PWM_CDTYx 寄存器中设置的值可以为 1~14。最终的占空比不能低于 PWM 周期的 1/15。

(3) 改变占空比、周期和死区时间

可以调整输出波形的占空比、周期和死区时间,方式如图 10-96 所示。

为防止产生意外的输出波形,当通道允许的时候,用户必须使用 PWM 通道占空比更新寄存器、PWM 通道周期更新寄存器和 PWM 死区时间更新寄存器(PWM_CDTYUPDx、PWM_CPRDUPDx 和 PWM_DTUPDx)来改变波形的参数。

➢ 如果通道为异步通道(PWM 同步通道模式寄存器 PWM_SCM 中 SYNCx=0),这些寄存器会保持新的周期、占空比和死区时间值,直到当前 PWM 周期结束时更新这些值,下一个周期将使用这些新的值。

➢ 如果通道为同步通道且选择的是更新方式 0(PWM_SCM 寄存器中的 SYNCx=1,UPDM=0),这些寄存器会保持新的周期、占空比和死区时间值,直到 UPDULOCK 位被置 1(在 PWM 同步通道更新控制寄存器 PWM_SCUC 中),并在当前 PWM 周期结束时更新这些值,下一个周期将使用这些新的值。

➢ 如果通道为同步通道并且选择的是更新方式 1 或 2(PWM_SCM 寄存器中的 SYNCx=1,UPDM=1 或 2):

— 寄存器 PWM_CPRDUPDx 和 PWM_DTUPDx 保持新的周期和死区时间值,直到 UPDULOCK 位被置 1,并在当前 PWM 周期结束时更新这些值,下一个周期将使用这些新的值。

— 寄存器 PWM_CDTYUPDx 保持新的占空比值,直到同步通道的更新周期结束(当 UPRCNT 等于 PWM_SCUP 寄存器的 UPR 时),并在当前 PWM 周期结束时更新该值,下一个周期将使用这个新的值。

注意:如果在两次更新之间,更新寄存器 PWM_CDTYUPDx、PWM_CPRDUPDx 和 PWM_DTUPDx 被写了多次,只有最后一次写入的值被考虑。

(4) 改变同步通道的更新周期

当同步通道允许时,可以改变它们的更新周期。为防止意外地更新同步通道的寄存器,当同步通道被允许时,用户必须使用 PWM 同步通道更新周期更新寄存器(PWM_SCUPUPD)来改变同步通道的更新周期。该寄存器保持新的值,直到同步通道的更新周期结束(当 UPRCNT 等于 PWM_SCUP 寄存器的 UPR 时),并在当前 PWM 周期结束时更新该值,下一个周期将使用这个新的值。

注意:① 如果在两次更新之间,更新寄存器 PWM_SCUPUPD 被写了多次,只有最后一次写入的值被考虑;② 只有在有多个同步通道以及选择了更新方式 1 或 2 的情况下(PWM 同步

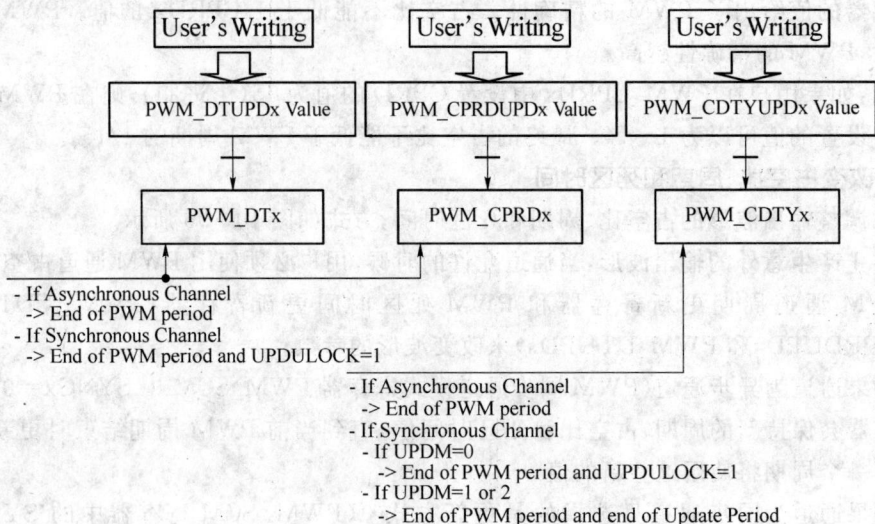

图 10-96 周期、占空比和死区时间的同步更新

通道模式寄存器中 UPDM=1 或 2),改变更新周期才是有意义的。

(5) 改变比较值和比较单元的配置

当通道 0 允许时,可以改变比较值以及比较单元的配置(参看 PWM 比较器单元)。为了防止发生意外的比较匹配,当通道 0 允许时,用户必须使用 PWM 比较器 x 值更新寄存器和 PWM 比较器 x 模式更新寄存器(PWM_CMPxVUPD 和 PWM_CMPxMUPD)分别改变比较值和比较单元的配置。这些寄存器保持新的值,直到比较单元更新周期结束(当 CUPRCNT 等于 PWM_CMPxM 寄存器的 CUPR 位域时);在当前的 PWM 周期结束时将更新这些值,下一个周期将使用这些新的值。

注意:① 为了使 PWM_CMPxVUPD 寄存器起作用,在写该寄存器后应紧接着写 PWM_CMPxMUPD 寄存器;② 如果在两次更新之间,更新寄存器 PWM_CMPxVUPD 和 PWM_CMPxMUPD 被写了多次,只有最后一次写入的值被考虑。

(6) 中断

根据 PWM_IMR1 和 PWM_IMR2 寄存器中的中断屏蔽设置,在一个故障事件之后(PWM_ISR1 寄存器的 FCHIDx)、一个比较匹配之后(PWM_ISR2 寄存器的 CMPMx)、一个比较更新之后(PWM_ISR2 寄存器的 CMPUx)或根据同步通道的传输模式(PWM_ISR2 寄存器的 WRDY、ENDTX、TXBUFE 以及 UNRE),在相应的通道周期结束时可以产生一个中断(PWM_ISR1 寄存器的 CHIDx)。

如果是由 CHIDx 或 FCHIDx 标志引起的中断,该中断会保持激活状态,直到一个 PWM_ISR1 寄存器的读操作发生。

如果是由 WRDY、UNRE、CMPMx 或 CMPUx 标志引起的中断,该中断会保持激活状态,直到一个 PWM_ISR2 寄存器的读操作发生。

通过设置 PWM_ISR1 和 PWM_ISR2 寄存器中相应的位,可允许一个通道的中断。通过设置 PWM_IDR1 和 PWM_IDR2 寄存器中相应的位,可禁止一个通道的中断。

(7) 写保护寄存器

为了防止任何的软件错误破坏 PWM 的行为,通过写 PWM 写保护控制寄存器(PWM_WPCR)的 WPCMD 域,可将下列寄存器设置为写保护。它们被分为 6 组:

➢ 寄存器组 0:
　— PWM 时钟寄存器
➢ 寄存器组 1:
　— PWM 禁止寄存器
➢ 寄存器组 2:
　— PWM 同步通道模式寄存器
　— PWM 通道模式寄存器
➢ 寄存器组 3:
　— PWM 通道周期寄存器
　— PWM 通道周期更新寄存器
➢ 寄存器组 4:
　— PWM 通道死区时间寄存器
　— PWM 通道死区时间更新寄存器
➢ 寄存器组 5:
　— PWM 故障模式寄存器
　— PWM 故障保护值寄存器

有两种类型的写保护:

➢ 写保护 SW,可以被允许和禁止。
➢ 写保护 HW,只能被允许,只有当 PWM 控制器硬件复位时才能禁止它。

两种类型的写保护都可以通过 PWM_WPCR 寄存器的 WPCMD 和 WPRG 域的设置,分别应用于特定的寄存器组。如果寄存器组里至少有一个寄存器的写保护是激活的,则该寄存器组就是写保护的。根据 WPCMD 域的值,它允许执行如下的操作:

➢ 0:当寄存器组对应的 WPRG 位为 1 时,禁止该寄存器组的 SW 写保护。
➢ 1:当寄存器组对应的 WPRG 位为 1 时,允许该寄存器组的 SW 写保护。
➢ 2:当寄存器组对应的 WPRG 位为 1 时,允许该寄存器组的 HW 写保护。

任何时候,用户都可以通过 PWM 写保护状态寄存器(PWM_WPSR)的 WPSWS 和 WPHWS 域,检测这些寄存器组中哪些是被写保护的。

如果检测到一个对被写保护的寄存器进行的写访问,PWM_WPSR 寄存器的 WPVS 标志将被置位,同时 WPVSRC 域指示哪一个寄存器被尝试写访问,WPVSRC 域中保存的是该寄存器去掉 2 个最低有效位的偏移地址。

在读 PWM_WPSR 寄存器之后,WPVS 和 WPVRSC 域自动地复位。

10.8.3 应用程序设计

(1) 设计要求

使用 PWM 模块的通道 0、通道 1 和通道 2,并分别把它们的高电平输出与开发板上的 LED 灯 D3、D4 和 D5 相连;将通道 0、1 和 2 设置为同步通道;能通过串口配置它们的更新周期、死区时间和重载输出;占空比自动变化,从 0% 到 100% 不断循环。

(2) 硬件设计

PWM 通道 0 的高电平输出到 PB0,低电平输出到 PA7;通道 1 的高电平输出到 PB1,低电平输出到 PA8;通道 2 的高电平输出到 PB2,低电平输出到 PA9。而 PB0、PB1、PB2 分别连接的是开发板上的 LED 灯 D3、D4 和 D5,如图 10-97 所示。

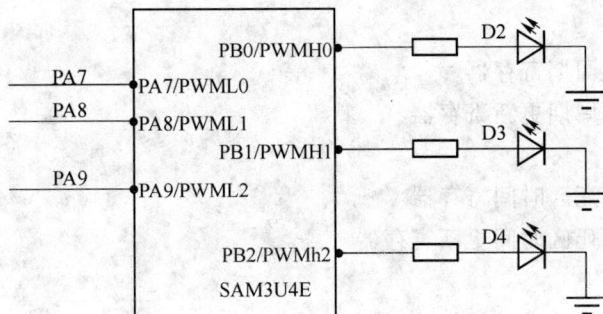

图 10-97 PMC 应用实例电路图

(3) 软件设计

根据设计任务要求,软件程序主要包括:

➢ 配置 UART 串口,使之能够发送和接收数据;

➢ 配置 PWM 通道 0、通道 1 及通道 2,将这 3 个通道的高电平输出分别配置到引脚 PB0、PB1 和 PB2 上,并把这 3 个通道配置成同步通道;

➢ 配置 PWM 的中断,通过 PDC 来不停地更新 PWM 这 3 个通道的占空比;

➢ 根据串口输入的信息重新配置同步通道的更新周期、通道 0 的死区时间以及通道 0 是否输出覆盖。

整个工程主要包含 3 个源文件:pwm2.c、at91sam3u4_it.c 和 main.c。其中 pwm2.c 包含 PWM 控制器驱动的库函数;at91sam3u4_it.c 中有只有一个函数 PWM_IRQHandler(),其作用是在每个 PWM 周期结束中断处理中修改占空比;main.c 中 main() 函数在对系统初始化和

PWM 通道 0、1、2 的初始化及配置之后，就根据 PC 超级终端的输入调整同步通道的更新周期、死区时间以及是否输出覆盖。

main. h 参考程序如下：

```
/**************************************************************
 *      Local definitions
 **************************************************************/
/* PWM frequency in Hz. */
# define PWM_FREQUENCY          50
/* 占空比最大值 */
# define MAX_DUTY_CYCLE         50
/* 占空比最小值 */
# define MIN_DUTY_CYCLE         0
/* 3 个通道占空比缓冲区的长度 */
# define DUTY_BUFFER_LENGTH (MAX_DUTY_CYCLE - MIN_DUTY_CYCLE + 1) * 3
```

main. c 参考程序如下：

```
/**************************************************************
 * 文件名：main.c
 * 作者：Wuhan R&D Center, Embest
 * 描述：Main program body
 **************************************************************/
/**************************************************************
 *      Headers
 **************************************************************/
# include <stdio. h>
# include "board. h"
# include "pio. h"
# include "irq. h"
# include "dbgu. h"
# include "pmc. h"
# include "pwmc2. h"
# include "trace. h"
# include "main. h"
# include "at91sam3u4_it. h"
/**************************************************************
 *      Local variables
 **************************************************************/
/* 要配置的 PIO 引脚 */
static const Pin pins[] = {
```

```
        PINS_DBGU,
        PIN_PWM_LED0,
        PIN_PWM_LED1,
        PIN_PWM_LED2,
        PIN_PWMC_PWML0,
        PIN_PWMC_PWML1,
        PIN_PWMC_PWML2
};
/* 用来进行 PDC 传输的占空比周期缓冲区 */
unsigned short dutyBuffer[DUTY_BUFFER_LENGTH];
/* ********************************************************************
 *      Local functions
 ********************************************************************/
/* ********************************************************************
 * @brief 在串口上显示提示菜单
 * @param none
 * @return none
 ********************************************************************/
void DisplayMenu(void)
{
    printf("\n\r");
    printf(" ===============================================\n\r");
    printf("Menu: press a key to change the configuration.\n\r");
    printf(" ===============================================\n\r");
    printf(" u : Set update period for syncronous channel \n\r");
    printf(" d : Set dead time\n\r");
    printf(" o : Set output override\n\r");
    printf("\n\r");
}
/* ********************************************************************
 * @brief 获取用户从串口输入的 2 个数字字符
 * @param none
 * @return 返回输入的 2 个数字字符的十进制值
 ********************************************************************/
unsigned int GetNumkey2Digit(void)
{
    unsigned int numkey;
    unsigned char key1, key2;
    printf("\n\rEnter 2 digits : ");
```

```
    key1 = DBGU_GetChar();
    printf("%c", key1);
    key2 = DBGU_GetChar();
    printf("%c", key2);
    printf("\n\r");

    numkey = (key1 - '0') * 10 + (key2 - '0');

    return numkey;
}
/* ******************************************************************
 * @brief 用来配置串口和 PWM
 * @param none
 * @return none
 * 输出一路 PWM 脉冲到板上的 3 个 LED 灯 D3、D4 和 D5,使得它们的发光逐渐变暗
 * PWM 的通道 #0、#1、#2 被连接到一起成为一个同步通道,因此它们有着相同的源时钟、相同的周期、
 * 相同的对齐方式,以及可以同时被启动
 * 每个通道占空比的更新是通过 PDC 自动进行的
 * *****************************************************************/
int main(void)
{
    unsigned int i;
    unsigned char key;
    unsigned int numkey;

    SystemInit();
    PIO_Configure(pins, PIO_LISTSIZE(pins));
    TRACE_CONFIGURE(DBGU_STANDARD, 115200, SystemFrequency);
    printf(" -- Basic PWMC2 Project -- \n\r");
    /* 允许 PWMC 外设时钟 */
    AT91C_BASE_PMC->PMC_PCER = 1 << AT91C_ID_PWMC;
    /* 选择 Clock A 作为 PWM 的时钟 */
    PWMC_ConfigureClocks(PWM_FREQUENCY * MAX_DUTY_CYCLE,0,SystemFrequency);
    /* PWMC 通道 0 高电平输出连接 PB0(D3 灯),左对齐并允许死区产生器 */
    PWMC_ConfigureChannelExt(CHANNEL_PWM_LED0, AT91C_PWMC_CPRE_MCKA,0, 0, 0, AT91C_PWMC_DTE, 0, 0);
    /* 设置 PWMC 通道 0 的周期 */
    PWMC_SetPeriod(CHANNEL_PWM_LED0, MAX_DUTY_CYCLE);
    /* 设置 PWMC 通道 0 的占空比 */
    PWMC_SetDutyCycle(CHANNEL_PWM_LED0, MIN_DUTY_CYCLE);
    /* 设置 PWMC 通道 0 的死区时间 */
    PWMC_SetDeadTime(CHANNEL_PWM_LED0, 5, 5);
```

```
/* PWMC 通道 1 高电平输出连接 PB1(D4 灯) */
PWMC_ConfigureChannelExt(CHANNEL_PWM_LED1, AT91C_PWMC_CPRE_MCKA,0, 0, 0, 0, 0, 0);
PWMC_SetPeriod(CHANNEL_PWM_LED1, MAX_DUTY_CYCLE);
PWMC_SetDutyCycle(CHANNEL_PWM_LED1, MIN_DUTY_CYCLE);
/* PWMC 通道 1 高电平输出连接 PB2(D5 灯) */
PWMC_ConfigureChannelExt(CHANNEL_PWM_LED2, AT91C_PWMC_CPRE_MCKA,0, 0, 0, 0, 0, 0);
PWMC_SetPeriod(CHANNEL_PWM_LED2, MAX_DUTY_CYCLE);
PWMC_SetDutyCycle(CHANNEL_PWM_LED2, MIN_DUTY_CYCLE);
/* 把通道 #0,#1,#2 设置为同步通道,update mode = 2 */
PWMC_ConfigureSyncChannel(AT91C_PWMC_SYNC0 | AT91C_PWMC_SYNC1 | AT91C_PWMC_SYNC2, AT91C_
PWMC_UPDM_MODE2, 0, 0);
/* 设置同步通道更新周期值 */
PWMC_SetSyncChannelUpdatePeriod(AT91C_PWMC_UPVUPDAL);
/* 配置 PWM 的 PDC 传输中断 */
IRQ_ConfigureIT(AT91C_ID_PWMC, 0, PWM_IRQHandler);
IRQ_EnableIT(AT91C_ID_PWMC);
PWMC_EnableIt(0, AT91C_PWMC_ENDTX);
/* 通过允许通道 #0 来允许同步通道 */
PWMC_EnableChannel(CHANNEL_PWM_LED0);
/* 设置 PWMH0 的重载值为 1,其它的为 0 */
PWMC_SetOverrideValue(AT91C_PWMC_OOVH0);
/* 填充通道 #0,#1 和 #2 的占空比缓冲区 */
/* 对于通道 0 和通道 1,占空比从 MIN_DUTY_CYCLE 到 MAX_DUTY_CYCLE */
/* 对于通道 2,占空比从 MAX_DUTY_CYCLE 到 MIN_DUTY_CYCLE */
for (i = 0; i < DUTY_BUFFER_LENGTH/3; i++)
{
    dutyBuffer[i*3] = (i + MIN_DUTY_CYCLE);
    dutyBuffer[i*3+1] = (i + MIN_DUTY_CYCLE);
    dutyBuffer[i*3+2] = (MAX_DUTY_CYCLE - i);
}
/* 启动 PDC 传输 */
PWMC_WriteBuffer(AT91C_BASE_PWMC, dutyBuffer, DUTY_BUFFER_LENGTH);

while (1)
{
    DisplayMenu();
    key = DBGU_GetChar();

    switch (key)
    {
        case 'u':
```

```
    printf("Input update period between %d to %d.\n\r",
            0, AT91C_PWMC_UPVUPDAL);
    numkey = GetNumkey2Digit();
    if(numkey <= AT91C_PWMC_UPVUPDAL)
    {
        /* 设置同步通道的更新周期值 */
        PWMC_SetSyncChannelUpdatePeriod(numkey);
        printf("Done\n\r");
    }
    else
    {
        printf("Invalid input\n\r");
    }
    break;

case 'd':
    printf("Input dead time between %d to %d.\n\r",
            MIN_DUTY_CYCLE, MAX_DUTY_CYCLE);
    numkey = GetNumkey2Digit();
    if(numkey >= MIN_DUTY_CYCLE && numkey <= MAX_DUTY_CYCLE)
    {
        /* 设置通道 0 的死区时间 */
        PWMC_SetDeadTime(CHANNEL_PWM_LED0, numkey, numkey);
        /* 更新同步通道 */
        PWMC_SetSyncChannelUpdateUnlock();
        printf("Done\n\r");
    }
    else
    {
        printf("Invalid input\n\r");
    }
    break;

case 'o':
    printf("0: Disable override output on channel #0\n\r");
    printf("1: Enable override output on channel #0\n\r");
    key = DBGU_GetChar();

    if (key == '1')
    {
        /* 允许通道 0 的重载 */
```

```
                PWMC_EnableOverrideOutput(AT91C_PWMC_OSSUPDH0| AT91C_PWMC_OSSUPDL0, 1);
                printf("Done\n\r");
            }
            else if (key == '0')
            {
                /* 禁止通道 0 的重载 */
                PWMC_DisableOverrideOutput(AT91C_PWMC_OSSUPDH0| AT91C_PWMC_OSSUPDL0, 1);
                printf("Done\n\r");
            }
            break;

        default:
            printf("Invalid input\n\r");
            break;
        }
    }
}
```

at91sam3u4_it.c 参考程序如下：

```
/***********************************************************************
 * 文件名 : at91sam3u4_it.c
 * 作者  : Wuhan R&D Center, Embest
 * 描述  : Main Interrupt Service Routines.
 ***********************************************************************/
/***********************************************************************
 ** This file contains the default exception handlers
 ** and exception table.
 ***********************************************************************/
/***********************************************************************
 *     Headers
 ***********************************************************************/
#include "board.h"
#include "at91sam3u4_it.h"
#include "pwmc2.h"
#include "main.h"
/***********************************************************************
 *     Types
 ***********************************************************************/
extern unsigned short dutyBuffer[];
/***********************************************************************
```

```
 *  @brief PWM Controller

 *  @param none

 *  @return none

 ********************************************************************/

void PWM_IRQHandler(void)

{

     unsigned int isr2 = AT91C_BASE_PWMC->PWMC_ISR2;

     if ((isr2 & AT91C_PWMC_ENDTX) == AT91C_PWMC_ENDTX) {

             PWMC_WriteBuffer(AT91C_BASE_PWMC, dutyBuffer, DUTY_BUFFER_LENGTH);

     }

}
```

(4) 运行过程

① 使用 Keil uVision3 通过 ULINK 2 仿真器连接实验板,打开实验例程目录 10.8_PWM_test 子目录下的 PWM_Test.Uv2 例程,编译链接工程。

② 用串口线连接 PC 机的串口和开发板的 UART 口,并在 PC 机上运行 Windows 自带的超级终端串口通信程序(波特率 115 200、1 位停止位、无校验位、无硬件流控制);或者使用其它串口通信程序。

③ 运行程序,通过超级终端观察串口输出,串口显示:

```
-- Basic PWMC2 Project --

========================================================

Menu: press a key to change the configuration.

========================================================

u : Set update period for syncronous channel

d : Set dead time

o : Set output override
```

此时,开发板上的 LED 灯 D3、D4 和 D5 由暗变亮,然后再由暗变亮。

④ 在串口输入 u 显示:

```
Input update period between 0 to 15.

Enter 2 digits:
```

这是要求输入通道的更新周期,如果这里输入 10,则 LED 灯由暗变亮的时间大约为 10 s,然后再由暗变亮。

⑤ 在串口输入 d 显示:

```
Input dead time between 0 to 50.

Enter 2 digits:
```

这里要求输入通道的死区时间,输入 20。可以看到 D3 灯和 D4 灯的亮度变化不一致,这是死区造成的。

⑥ 在串口输入 o 显示:

0：Disable override output on channel ♯0

1：Enable override output on channel ♯0

这里输入 1 就会允许通道 0 覆盖输出,开发板上的 D3 灯不再变亮了。

输入 0 就会禁止通道 0 的覆盖输出,开发板上的 D3 灯就会重新由暗变亮了。

⑦ 可以采用软件仿真调试,看到详细的波形变化过程。在逻辑分析仪中加入 POARTB.0、POARTB.1、POARTB.2,通过 view-Serial Window-UART ♯1 模拟串口交互,可以看到如图 10-98 所示的波形。

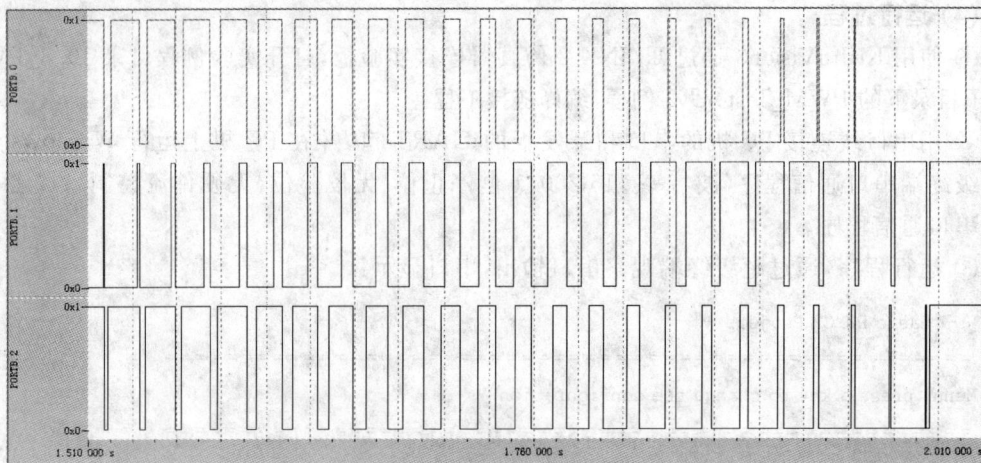

图 10-98 PWM 实例软件仿真逻辑分析仪窗口

10.9 数/模转换器

SAM3U4 配置了 2 个数/模转换器,其中一个是 10 位 8 通道转换器 ADC,另一个是 12 位的 8 通道转换器 ADC12B。本节将分别介绍这两个数/模转换器。

10.9.1 模/数转换器 ADC

1. 概述

ADC 是一个逐次逼近寄存器型的 10 位分辨率的模数转换器,支持 8 位或 10 位分辨率的转换模式,集成了一个 8 到 1 的模拟多路复用器,可进行 8 通道模/数转换,如图 10-99 所示。

ADC 用户接口寄存器映射如表 10-22 所列,其基地址为 0x400AC000。模拟通道的输入电压范围为 0 V～ADVREF。ADC 可以通过 2 种方式得到转换结果:读取所有通道公用寄存器,或是读取每个通道的专用寄存器。ADC 可配置多种触发方式:软件触发、外部 ADTRG 引脚上升沿触发、内部定时器计数器(TC)输出触发或 PWM 事件触发。同时 ADC 还集成了睡眠模式和一个转换序列发生器,并连接到一个 PDC 通道。这些特性可降低功耗和处理器的负载。最后,用户还可配置 ADC 时序,如启动时间、采样与保持时间。

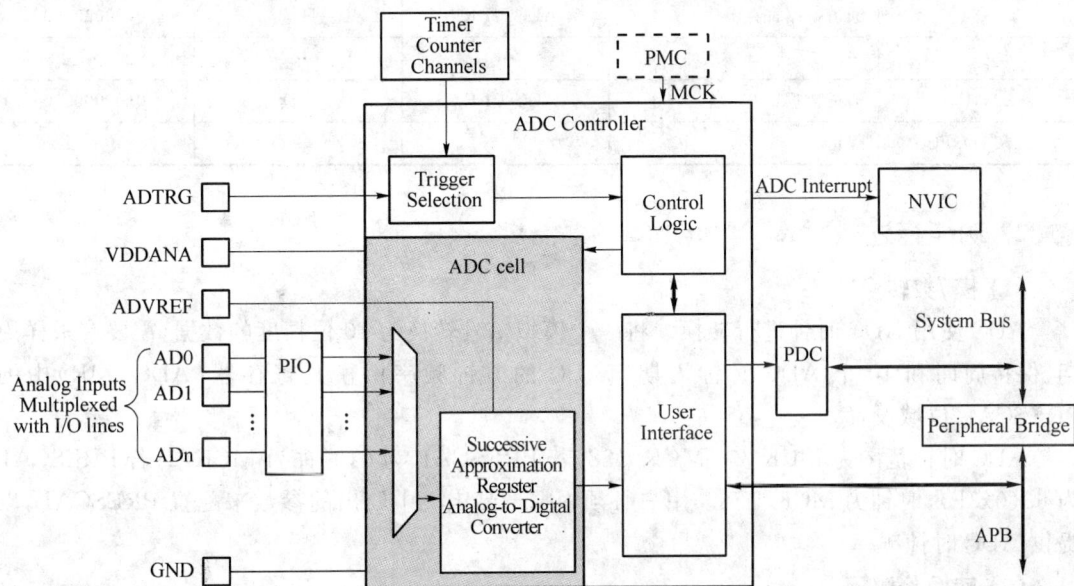

图 10-99   模/数转换器 ADC

表 10-22   ADC 寄存器映射

偏 移	寄存器	名 称	访问方式	复位值
0x00	控制寄存器	ADC_CR	只写	—
0x04	模式寄存器	ADC_MR	读/写	0x00000000
0x08	保留	—	—	—
0x0C	保留	—	—	—
0x10	通道允许寄存器	ADC_CHER	只写	—
0x14	通道禁止寄存器	ADC_CHDR	只写	—
0x18	通道状态寄存器	ADC_CHSR	只读	0x00000000
0x1C	状态寄存器	ADC_SR	只读	0x000C0000
0x20	最后转换数据寄存器	ADC_LCDR	只读	0x00000000

偏　移	寄存器	名　称	访问方式	复位值
0x24	中断允许寄存器	ADC_IER	只写	—
0x28	中断禁止寄存器	ADC_IDR	只写	—
0x2C	中断屏蔽寄存器	ADC_IMR	只读	0x00000000
0x30	通道数据寄存器 0	ADC_CDR0	只读	0x00000000
0x34	通道数据寄存器 1	ADC_CDR1	只读	0x00000000
…	…	…	…	…
0x4C	通道数据寄存器 7	ADC_CDR7	只读	0x00000000
0x50～0xFC	保留	—	—	—

2. 功能描述

(1) 模/数转换

ADC 使用 ADC 时钟进行转换。将一个模拟信号转换为 10 位精度的数据,需要有采样周期、保持周期和 10 个 ADC 时钟周期。ADC 的时钟频率由模式寄存器(ADC_MR)中的 PRESCAL 位域设置。

ADC 时钟范围为 MCK/2～MCK/128,若 PRESCAL 为 0,时钟为 MCK/2;若 PRESCAL 为 63(0x3F),时钟为 MCK/128。用户必须根据产品定义中给出的参数来配置 PRESCAL,以提供 ADC 时钟频率。

(2) 转换分辨率

ADC 支持 8 位或 10 位分辨率,通过设置 ADC 模式寄存器(ADCV_MR)的 LOWRES 位可选择 8 位分辨率。默认情况下,复位后分辨率为 10 位,数据寄存器中的 DATA 域中的数据全部有效。当对 LOWRES 位置 1 后,分辨率最低,数据寄存器的低 8 位有效;对应 ADC_CDR 寄存器 DATA 位域的最高 2 位和 ADC_LCDR 寄存器的 LDATA 位域均为 0。

此外,当 PDC 通道连接到 ADC 后,10 位分辨率请求的数据传输宽度为 16 位。将 LOWERS 位置 1,将自动转换为 8 位宽度的数据传输。通过这种方式,可优化目的缓冲器。

(3) 转换结果

当一次转换完成后,10 位数据宽度的转换结果存放在当前通道的通道数据寄存器(ADC_CRD)和 ADC 最后转换数据寄存器(ADC_LCDR)中,状态寄存器(ADC_SR)中的相应通道的 EOC 位被置 1,DRDY 位被置 1。如果 ADC 和 PDC 通道连接,DRDY 由 0 变为 1 将触发一次数据传输请求。无论什么情况,EOC 和 DRDY 标志都可以触发中断。

读通道的 ADC_CDR 寄存器将清除相应的 EOC 状态位。读 ADC_LCDR 寄存器将清除 DRDY 位和最近完成转换通道的相应 EOC 状态位,如图 10 - 100 所示。

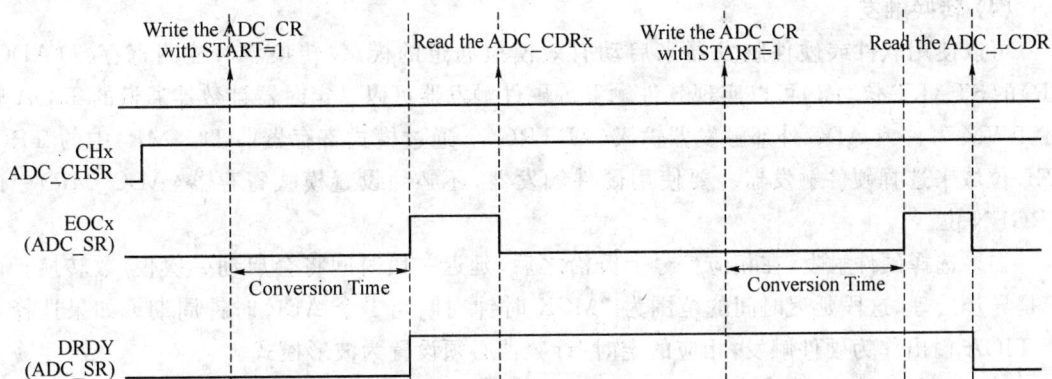

图 10 - 100　EOCx 和 DRDY 标志的行为

如果在转换完成之前,上次转换的结果没有被通过 ADC_CDR 读取,状态寄存器(ADC_SR)中相应通道的溢出错误标志位(OVRE)将被置位。同样,当 DRDY 为高时,新的转换结束,ADC_SR 中的 GOVRE(通用溢出错误)位将被置 1。读状态寄存器 ADC_SR 将自动清除OVRE 和 GOVRE 标志,如图 10 - 101 所示。如果在转换过程中禁止相应的通道或先禁止再允许,相应通道转换数据和相应的 EOC 和 OVRE 标志的状态是不可预知的。

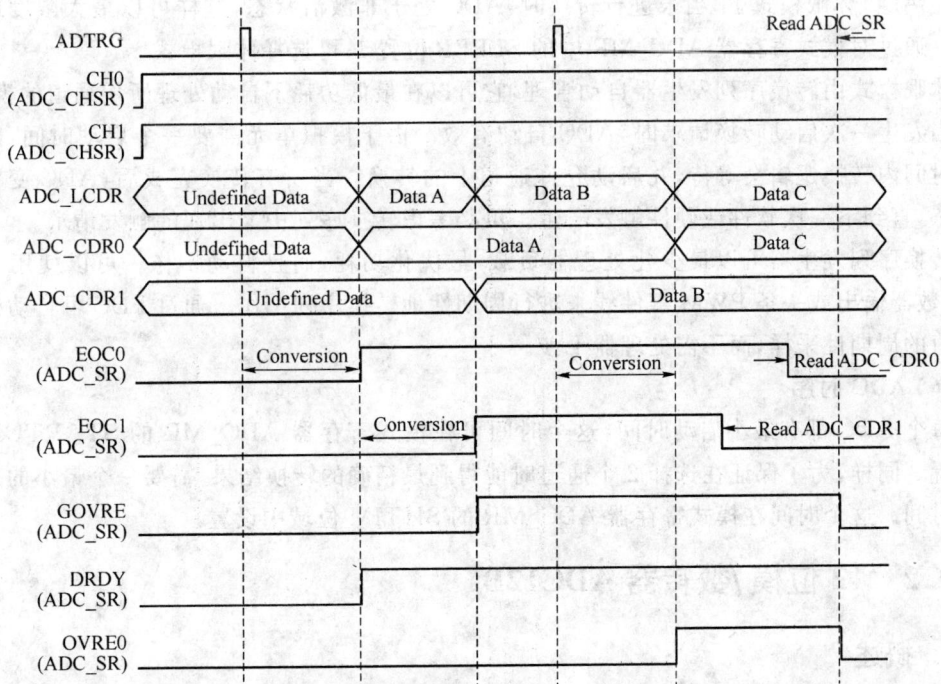

图 10 - 101　GOVRE 和 OVREx 标志的行为

(4) 转换触发

可以使用软件或硬件触发器来启动有效模拟通道的模/数转换。对控制寄存器(ADC_CR)的 START 位写 1,可以实现软件触发。硬件触发器可以是定时器计数器通道的 TIOA 输出、PWM 事件或 ADC 外部触发器输入(ADTRG)。通过模式寄存器(ADC_MR)中的 TRG-SEL 位域来选择硬件触发器。要使用硬件触发器,还必须设置模式寄存器(ADC_MR)中的 TRGEN 位。

如果选择硬件触发,在相应信号上升沿之后,延迟一段时间将会启动一次模/数转换。由于是异步处理,这段延迟时间的范围为 2MCK 时钟周期到 1 个 ADC 时钟周期。如果选择某个 TIOA 输出作为硬件触发,相应的定时/计数器必须设置为波形模式。

对于所有通道,只需要一个启动配置来初始化转换序列。ADC 的硬件逻辑对激活的通道自动进行转换,然后等待新的请求。通道允许寄存器(ADC_CHER)和通道禁止寄存器(ADC_CHDR)可以立即允许或禁止相应通道。

如果 ADC 使用了 PDC 通道,只有被允许通道的转换结果能进行传输,PDC 目的缓冲器中存放的转换数据是当前所有有效通道的转换数据。注意:允许硬件触发并不会禁止软件触发。因此,如果选择某个硬件触发器,硬件触发和软件触发都可以启动模/数转换。

(5) 休眠模式和转换序列

在 ADC 休眠模式下,当未进行转换时,ADC 处于非激活状态,这样可以最大限度地降低功耗。通过对模式寄存器 ADC_MR 中的 SLEEP 位置 1,可选择休眠模式。

休眠模式由转换序列发生器自动管理,它可以在最低功耗下自动处理所用通道的模/数转换。当发生一次启动转换请求时,ADC 自动有效。由于模拟单元需要一个启动时间,因此在这段时间内转换逻辑会等待,并启动允许通道上的转换。当所有转换完成后,ADC 变为非激活状态,直到下一次软件或硬件触发产生。不必考虑转换序列中又出现的触发请求。

转换序列发生器可以最少化处理器负载,最优化功耗,而且自动工作。可以使用一个定时/计数器输出或一条 PWM 事件线来进行周期性地转换序列工作。通过 PDC 可自动处理对几个值的周期性采样,而不需处理器干涉。

(6) ADC 时序

每个 ADC 都有最小启动时间,这个时间可在模式寄存器 ADC_MR 的 STARTUP 位域中设置。同样,为了保证在选择 2 个通道时能得到最精确的转换结果,需要一个最小的采样和保持时间。这个时间在模式寄存器 ADC_MR 的 SHTIM 位域中设置。

10.9.2 12 位模/数转器 ADC12B

1. 概述

ADC12B 是基于循环管道的 12 位 A/D 转换器(ADC12B),支持 10 位和 12 位分辨率模式,它内嵌一个 8 选 1 模拟多路复用器,可实现 8 条模拟线的模/数转换,如图 10 - 102 所示。

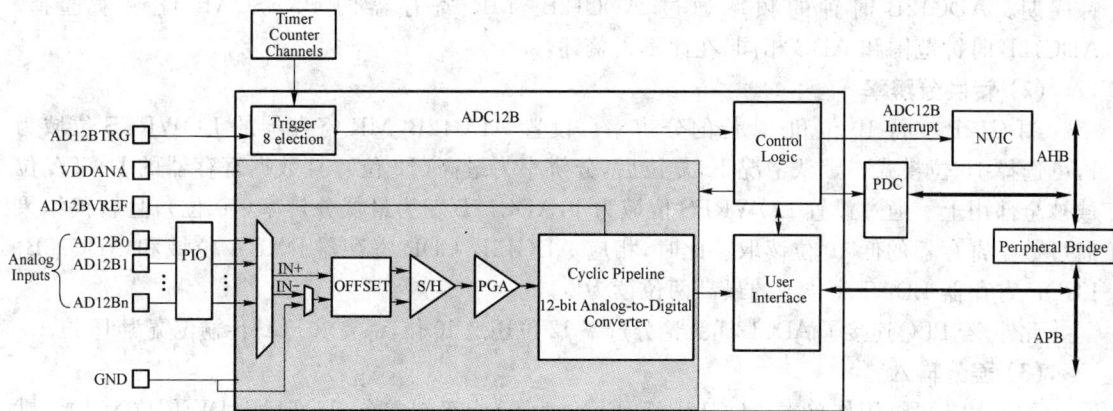

图 10 - 102   位模/数转换器 ADC12B

ADC12B 转换电压范围为 0 V～AD12BVREF。每个通道的 A/D 转换结果会存储于一个通用寄存器内,也可存储于一个通道专用寄存器内。ADC12B 可配置为软件触发、A12BDTRG 引脚上升沿引起的外部触发、定时/计数器输出或者 PWM 事件线引起的内部触发。

ADC12B 还集成了休眠模式和转换序列发生器,并与 PDC 通道连接。这些特性可减少功耗和处理器核负载。ADC12B 可选择为单端输入或者双端差分输入。拥有输入增益逻辑,增益倍数通过 ADC12B_ACR 寄存器的 2 个位来配置。ADC12B 的参考电压源于一个外部引脚的参考电压 ADVREF,ADVREF 可能和模拟引脚电源电压相等,它还需要一个外部去耦合电容来滤除干扰。

ADC12B 内嵌了一个基于多位冗余符号数算法(RSD)的错误校正电路,可降低 INL 和 DNL 错误。

最后,用户可配置 ADC12B 时序,例如启动时间和采样保持时间。

ADC12B 拥有 ADC 全部的用户接口寄存器,其基地址为 0x400A8000,只是寄存器前缀不再是 ADC 而是 ADC12B,除此之外 ADC12B 还有 2 个用于特殊功能配置的寄存器,如表 10 - 23 所列。

表 10 - 23   ADC12B 特殊功能寄存器映射

偏　移	寄存器	名　称	访问方式	复位值
0x64	模拟控制寄存器	ADC12B_ACR	读/写	0x00000000
0x68	扩展模式寄存器	ADC12B_EMR	读/写	0x00000000

2. 功能描述

(1) 模/数转换

ADC12B 按照 ADC12B 的时钟来执行转换。将一个模拟量转换为一个 12 位的数字值,需要采样保持时间(ADC12B 模式寄存器的 ADC_MR SHTIM 位域定义)和 10 个 ADC12B 时钟周期。ADC12B 时钟的频率通过 ADC12B_MR 寄存器的 PRESCAL 位域来选择。ADC12B 时钟范围和 ADC 相同,在此不再赘述。

(2) 转换分辨率

ADC12B 支持 10 位和 12 位的分辨率。设置 ADC12B_MR 寄存器的 LOWRES 位域为 1,可选择 10 位模式。默认情况下,复位后,分辨率为最高(12 位),且数据寄存器的 DATA 位域被全部用上。通过设置 LOWRES 位域为 1,ADC12B 变为最低分辨率(10 位),且转换结果通过数据寄存器的低 10 位读取。此时,相应 ADC12B_CDR 寄存器 DATA 位域和 ADC12B_LCDR 寄存器 LDATA 位域的最高两位读为 0。

此外,若 PDC 连接了 ADC12B,无论分辨率 12 位还是 10 位,都要求 PDC 传输位宽为 16 位。

(3) 差分输入

ADC12B 可被用作单端 ADC12B(DIFF 位为 0)或双端差分 ADC12B(DIFF 位为 1)。默认情况下,复位后 ADC12B 为单端模式。单端和差分模式拥有同样的输入。单端模式,输入由一个 8:1 模拟通道复用器管理;差分模式,输入被一个 4:1 模拟通道复用器管理。分别如表 10-24 和表 10-25 所列。

表 10-24　单端模式下输入引脚和通道号

输入引脚	通道号	输入引脚	通道号
AD12B0	CH0	AD12B4	CH4
AD12B1	CH1	AD12B5	CH5
AD12B2	CH2	AD12B6	CH6
AD12B3	CH3	AD12B7	CH7

表 10-25　差分模式下的输入引脚和通道号

输入引脚	通道号
AD12B0-AD12B1	CH0
AD12B2-AD12B3	CH2
AD12B4-AD12B5	CH4
AD12B6-AD12B7	CH6

(4) 输入增益和偏移

ADC12B 有一个内嵌可编程增益放大器(PGA)和可编程偏移逻辑,能用在单端和差分模式下。可编程增益放大器可产生的增益是 1/2、1、2 和 4。PGA 能改善 A/D 转换器的有效分辨率,PGA 增益能通过 GAIN 位域配置,见表 10-26。

表 10-26　采样保持单元的增益:GAIN 位域和 DIFF 位

GAIN<0:1>	增益(DIFF = 0)	增益(DIFF = 1)
00	1	0.5
01	1	1
10	2	2
11	4	2

为了允许全范围,ADC12B 的模拟偏移能够通过 OFFSET 位域配置。偏移只能在单端模式下改变。差分模式下,偏移恒为 Vrefin/2,如表 10－27 所列。

表 10－27 采用保持单元的偏移:OFFSET、DIFF 和 Gain (G)

OFFSET 位	偏移(DIFF＝0)	偏移(DIFF＝1)
0	Vrefin/2G	Vrefin/2
1	Vrefin/2	

(5) 转换结果

当转换结束后,产生的 12 位数字值会存储于当前通道的 ADC12B_CDR 寄存器和公共的最后转换数据寄存器 ADC12B_LCDR 中。状态寄存器 ADC12B_SR 相应通道的 EOC 位域被置 1,且 DRDY 位被置 1。在连接 PDC 的情况下,DRDY 上升沿可触发数据传送请求。任何情况下,EOC 和 DRDY 可触发一个中断。读 ADC12B_CDR 寄存器将清除对应 EOC 位。读 ADC12B_LCDR 寄存器将清除 DRDY 位及最后转换通道所对应的 EOC 位。

若在新输入数据被转换前没有读 ADC12B_CDR 寄存器,ADC12B_SR 寄存器的相应溢出错误标志 OVRE 位被置 1。同样,当 DRDY 为高且新数据转换结束时,会置 ADC12B_SR 寄存器的通用溢出错误标志 GOVRE 位为 1。读 ADC12B_SR 将自动清除 OVRE 和 GOVRE 标志。

(6) 转换触发

ADC12B 的转换触发方式和 ADC 的大体相同,只不过所操作的是和 ADC12B 对应的一套寄存器,在此不再赘述。

(7) 休眠模式和转换序列

在 ADC12B 未用于转换时,休眠模式可使 ADC12B 最大限度地节约功耗。通过置位 ADC12B_MR 寄存器的 SLEEP 位可选择休眠模式。有 2 种休眠模式(OFFMODES)可选:备份模式(STANDBY)和关闭模式(OFF)。在备份模式下,除了参考电压允许快速启动外,ADC12B 其余部分断电;在关闭模式下,ADC12B 全部断电。

休眠模式由转换序列发生器自动管理。转换序列发生器可在最低功耗下自动处理所有通道的 A/D 转换。当转换请求发生,ADC12B 自动激活。因为模拟单元需要启动时间,所以转换逻辑等待这段时间后才启动被允许通道上的转换。当所有转换完成后,在新触发到来之前 ADC12B 将无效。不考虑序列中出现的触发。

转换序列发生器可自动最少化处理器负载、最优化功耗。转换序列发生器可通过定时/计数器输出或 PWM 事件线周期性地执行。通过 PDC 可自动处理周期性获得的采样值,而不需要处理器干预。

转换序列发生器只能在所有 ADC12B 输入具有相同的输入配置的情况下才能使用,例如相同的 PGA 增益、相同的输入类型(差分或者单端)且偏移也相同。如果输入有不同的配置,序列发生器则不能使用,因为 PGA 增益、输入类型和输入偏移不能被改变。

(8) ADC12B 时序

ADC12B 相关时序设置和 ADC 一模一样,只不过所操作的是和 ADC12B 对应的一套寄存器,在此不再赘述。

10.9.3 应用程序设计

1. 设计要求

① 对 ADC 的通道 0 进行采样,在 PC 超级终端上显示其 A/D 转换值。

② 对 ADC12B 的通道 3 进行采样,在 PC 超级终端上显示其 A/D 转换值。

③ 使用 ADC12B 时,可以对其采样增益、偏置电流值、工作模式、采样偏移量进行动态配置。

2. 硬件设计

EM-SAM3U 开发板上 ADC 通道 0 和 ADC12B 通道 3 与 VR1 相连在一起,通过旋转 VR1,可以改变这 2 个通道引脚上的电压值,从而改变转换结果。其电路如图 8-4 所示。

3. 软件设计

根据任务要求,程序内容主要包括:

➢ 初始化并配置 ADC 或 ADC12B。

➢ 采样 ADC 通道 0 或 ADC12B 通道 3 引脚上的电压值,将转换值通过 UART 端口发送到 PC 超级终端上显示。

➢ 当使用 ADC12 时,通过 PC 超级终端对其采样增益、偏置电流值、工作模式、采样偏移量进行配置。

➢ 允许相应的通道转换结束中断 EOCx,在转换中断处理中向 UART 输出一串字符。

整个工程主要包含 4 个源文件:adc.c、adc12.c、main.c、at91sam3u4_it.c。其中,adc.c 中包含 ADC 的驱动库函数,adc12.c 中为 ADC12B 的驱动库函数。at91sam3u4_it.c 中包含 2 个函数:ADC_IRQHandler() 和 ADC12B_IRQHandler(),分别用于处理 ADC 和 ADC12B 转换结束中断。main.c 中 main() 函数用于初始化系统、配置 ADC 或 ADC12B,通过 UART 端口与 PC 终端交互,进行数/模转换并将转换值输出到 PC 终端上。

由于本实例将 ADC 和 ADC12B 例程放在了一起,因此这个工程下有 2 个不同的工程目标 ADC_Test 和 ADC12_Test。如何在一个工程中设置多个不同的工程目标,可参考 10.3 节的应用实例。两个工程目标的区别是 ADC12_Test 工程目标中加入一个预处理符号"ADC12"。

参考程序如下:

(1) main. c

```c
/*****************************************************************
 * 文件名：main.c
 * 作者：Wuhan R&D Center, Embest
 * 描述：Main program body
 *****************************************************************/
/*****************************************************************
 *     Headers
 *****************************************************************/
#include <stdio.h>

#include "board.h"
#include "pio.h"
#include "dbgu.h"
#include "irq.h"
#include "trace.h"
#include "pmc.h"
#include "adc.h"
#include "adc12.h"
#include "at91sam3u4_it.h"
#include "main.h"
/*****************************************************************
 *     Local definitions
 *****************************************************************/
#define BOARD_ADC_FREQ        5250000
#define ADC_VREF        3300
#define AT91C_ADC_LOWRES_BIT        AT91C_ADC_LOWRES_10_BIT

#if defined(at91sam3u4)
#define ADC_NUM_1 ADC_CHANNEL_0
#define ADC_NUM_2 ADC_CHANNEL_1
#define ADC_NUM_3 ADC_CHANNEL_2
#define ADC_NUM_4 ADC_CHANNEL_3
#endif

#ifndef ADC1
#define AT91C_BASE_ADC AT91C_BASE_ADC12B
#else
#define AT91C_BASE_ADC AT91C_BASE_ADC0
#endif
/*****************************************************************
```

```
*      Types
*********************************************************************/
/* ADC 引脚 */
#ifdef  PINS_ADC
static const Pin  pinsADC[] = {PINS_ADC};
#endif
/* 转换完成标志 */
volatile unsigned char conversionDone;
/*********************************************************************
*      Local functions
*********************************************************************/
/*********************************************************************
* @brief 将数字值转换为 mV 电压值
* @param valueToConvert 待转换数字值
* @return mV 电压值
*********************************************************************/
static unsigned int ConvHex2mV( unsigned int valueToConvert )
{
    return( (ADC_VREF * valueToConvert)/0x3FF);
}
/*********************************************************************
* @brief 显示 ADC12 配置目录
* @param   无
* @return  无
*********************************************************************/
#ifdef ADC12
static void ShowADC12ConfigMenu()
{
    unsigned int adc_acr;

    adc_acr = ADC12_GetAnalogCtrlReg(AT91C_BASE_ADC0);

    printf("\n\r *********** ADC 12 bit configuration Menu: **********");
    printf("\n\r g--- config 12 bit ADC Gain");
    printf("\n\r c--- Config 12 bit ADC bias Current");
    printf("\n\r d--- Config 12 bit ADC Differential Mode");
    printf("\n\r o--- Config 12 bit ADC Offset");
    printf("\n\r m--- Show this menu! \n\r");
    printf("\n\r Current setting:[GAIN: %x], [IBCTL: %x], [DIFF: %x], [OFFSET: %x]\n\r", \adc_
```

```
        acr & 0x3, (adc_acr & 0x0C0)>>6, (adc_acr & 0x10000)>>16, \   (adc_acr & 0x20000)>>17);
        printf("\n\r Select to config 12 bit ADC analog control!");
        printf("\n\r Or any other key to perform a measurement on the ADC12B.3! \n\r");
}
# endif
/ * ***********************************************************************
* @brief main 函数
* @param    无
* @return   无
* **********************************************************************/
int main(void)
{
    char key;
    unsigned int id_channel;

# ifdef ADC12
    unsigned int gain = 0xff;
    unsigned int cur = 0xff;
    unsigned int diff = 0xff;
    unsigned int offset = 0xff;
# endif

    SystemInit();
    / * 允许 DBGU 外设时钟 * /
    PMC_EnablePeripheral(BOARD_DBGU_ID);
    TRACE_CONFIGURE(DBGU_STANDARD, 115 200, BOARD_MCK);

    printf(" -- Basic ADC Project % s -- \n\r", SOFTPACK_VERSION);
    printf(" --  % s\n\r", BOARD_NAME);
    printf(" -- Compiled: % s % s -- \n\r", __DATE __, __TIME __);

# ifdef ADC12
    printf(" -- ADC12 Test! -- \n\r");
# else
    printf(" -- ADC0 Test! -- \n\r");
# endif

# ifdef PINS_ADC
    PIO_Configure(pinsADC, PIO_LISTSIZE(pinsADC));
# endif

# ifdef ADC12
```

```
    ADC12_Initialize ( AT91C_BASE_ADC0,        /* 使用 12 位的 ADC */
                   AT91C_ID_ADCC0,
                   AT91C_ADC_TRGEN_DIS,        /* 硬件触发禁止 */
                   0,
                   AT91C_ADC_SLEEP_NORMAL_MODE,
                   AT91C_ADC_LOWRES_BIT,       /* 0：ADC0 12 位/ADC1 10 位,1：ADC0 10 位/ADC1 8 位
                   */
                   BOARD_MCK,
                   BOARD_ADC_FREQ,
                   10,                         /* 启动时间 = (STARTUP + 1) * 8/ADCClock */
                   1200);                      /* 采样保持时间 = SHTIM/ADCClock */
#else
    ADC_Initialize ( AT91C_BASE_ADC1,          /* 使用 10 位 ADC */
                   AT91C_ID_ADCC1,
                   AT91C_ADC_TRGEN_DIS,        /* 硬件触发禁止 */
                   0,
                   AT91C_ADC_SLEEP_NORMAL_MODE,
                   AT91C_ADC_LOWRES_BIT,       /* 0：ADC0 12 位/ADC1 10 位,1：ADC0 10 位/ADC1 8 位 */
                   BOARD_MCK,
                   BOARD_ADC_FREQ,
                   10,
                   1200);
#endif

#ifdef ADC12
    IRQ_ConfigureIT(AT91C_ID_ADCC0, 0, ADC12B_IRQHandler);
    IRQ_EnableIT(AT91C_ID_ADCC0);
#else
    IRQ_ConfigureIT(AT91C_ID_ADCC1, 0, ADC_IRQHandler);
    IRQ_EnableIT(AT91C_ID_ADCC1);
#endif

#ifdef ADC12
    ShowADC12ConfigMenu();
#else
    printf(" - I - Press any key to perform a measurement on the ADC.0 ...\n\r");
#endif

while (1) {
    /* 等待用户输入 */
```

```c
        key = DBGU_GetChar();
        printf("The char is: %c ...\n\r", key);
#ifdef ADC12
    /* 设置模拟控制寄存器
        模拟控制寄存器格式:
<31...18><OFFSET:17><DIFF:16><15...8><IBCTL:7...6><5...2><GAIN:1...0> */
    /* 设置输入增益 GAIN */
    if(key == 'g' || key == 'G') {
        printf("\n\r select Gain option to set GAIN<0:1>:");
        printf("\n\r 1 --- 00 [DIFF0:1, DIFF1:0.5]");
        printf("\n\r 2 --- 01 [DIFF0:1, DIFF1:1]");
        printf("\n\r 3 --- 10 [DIFF0:2, DIFF1:2]");
        printf("\n\r 4 --- 11 [DIFF0:4, DIFF1:2]");

        key = DBGU_GetChar();

        switch(key) {
        case'1':
            gain = 0;
            break;

        case'2':
            gain = 0x1;
            break;

        case'3':
            gain = 0x2;
            break;

        case'4':
            gain = 0x3;
            break;

        default:
            printf("\n\r Wrong selection!\n\r");
            break;
        }

        if(gain != 0xff) {
            /* 更新 ADC12B 模拟控制寄存器 GAIN 域值 */
            gain |= (((unsigned int)ADC12_GetAnalogCtrlReg(AT91C_BASE_ADC0)) & 0x300c0);
            ADC12_CfgAnalogCtrlReg(AT91C_BASE_ADC0, gain);
```

```
    }
    ShowADC12ConfigMenu();

    continue;

}
/* 设定偏置电流控制 IBCTL */
if(key == 'c' || key == 'C') {
    printf("\n\r select Current option to set IBCTL<0:1>:");
    printf("\n\r 1 --- 00 [typ - 20 % %]");
    printf("\n\r 2 --- 01 [typ]");
    printf("\n\r 3 --- 10 [typ + 20 % %]");
    printf("\n\r 4 --- 11 [typ + 40 % %]");

    key = DBGU_GetChar();

    switch(key) {
    case'1':
        cur = 0;
        break;

    case'2':
        cur = 0x40;
        break;

    case'3':
        cur = 0x80;
        break;

    case'4':
        cur = 0x0C0;
        break;

    default:
        printf("\n\r Wrong selection!\n\r");
        break;
    }

    if(cur != 0xff) {
        /* 更新 ADC12B 模拟控制寄存器 IBCTL 域值 */
        cur |= (((unsigned int)ADC12_GetAnalogCtrlReg(AT91C_BASE_ADC0)) & 0x30003);
        ADC12_CfgAnalogCtrlReg(AT91C_BASE_ADC0, cur);
    }
    ShowADC12ConfigMenu();
    continue;
```

```
        }
/* 设置差分模式 */
/* 注意:在 SAM3UE-EK 第一个版本中,只有单端连接,没有为全差分模式提供可用的输入 */
    if(key == 'd' || key == 'D') {
        printf("\n\r select Differential mode to set DIFF bit field:");
                printf("\n\r 1--- DIFF:0 Single Ended Mode");
                printf("\n\r 2--- DIFF:1 Fully Differential Mode");

        key = DBGU_GetChar();

        switch(key) {
            case'1':
                diff = 0;
                break;

            case'2':
                diff = 0x10000;
                break;

            default:
                printf("\n\r Wrong selection!\n\r");
                break;
        }

        if(diff != 0xff) {
            /* 更新 ADC12B 模拟控制寄存器 DIFF 值 */
            diff |= (((unsigned int)ADC12_GetAnalogCtrlReg(AT91C_BASE_ADC0)) & 0x200c3);
            ADC12_CfgAnalogCtrlReg(AT91C_BASE_ADC0, diff);
        }

        ShowADC12ConfigMenu();
        continue;
    }

    /* 设置 OFFSET */
    if(key == 'o' || key == 'O') {
        printf("\n\r Select input OFFSET to set OFFSET bit field:");
        printf("\n\r 1--- 0 [DIFF:0, Vrefin/4][DIFF:1, Vrefin/2]");
        printf("\n\r 2--- 1 [Vrefin/2]");
        printf("\n\r");

        key = DBGU_GetChar();

    switch(key) {
```

```
        case'1':
            offset = 0;
            break;
        case'2':
            offset = 0x20000;
            break;
        default:
            printf("\n\r Wrong selection!\n\r");
            break;
        }
        if(offset != 0xff) {
            /* 更新 ADC12B 模拟控制寄存器 OFFSET 值 */
            offset |= (((unsigned int)ADC12_GetAnalogCtrlReg(AT91C_BASE_ADC0)) & 0x100c3);
            ADC12_CfgAnalogCtrlReg(AT91C_BASE_ADC0, offset);
        }
    ShowADC12ConfigMenu();
    continue;
    }
    /* 显示 ADC12B 配置目录 */
    if(key == 'm' || key =='M') {
        ShowADC12ConfigMenu();
        continue;
    }
#endif
    /* 转换完成标志初始化 */
    conversionDone = 0;
#ifdef ADC12
    ADC12_EnableIt(AT91C_BASE_ADC0, 1<<ADC_NUM_1);
    ADC12_EnableIt(AT91C_BASE_ADC0, 1<<ADC_NUM_2);
    ADC12_EnableIt(AT91C_BASE_ADC0, 1<<ADC_NUM_3);
    ADC12_EnableIt(AT91C_BASE_ADC0, 1<<ADC_NUM_4);

    ADC12_EnableChannel(AT91C_BASE_ADC0, ADC_NUM_1);
    ADC12_EnableChannel(AT91C_BASE_ADC0, ADC_NUM_2);
    ADC12_EnableChannel(AT91C_BASE_ADC0, ADC_NUM_3);
    ADC12_EnableChannel(AT91C_BASE_ADC0, ADC_NUM_4);
    /* 启动 ADC12B */
```

```
        ADC12_StartConversion(AT91C_BASE_ADC0);
#else
        ADC_EnableIt(AT91C_BASE_ADC1, 1<<ADC_NUM_1);
        ADC_EnableIt(AT91C_BASE_ADC1, 1<<ADC_NUM_2);
        ADC_EnableIt(AT91C_BASE_ADC1, 1<<ADC_NUM_3);
        ADC_EnableIt(AT91C_BASE_ADC1, 1<<ADC_NUM_4);

        ADC_EnableChannel(AT91C_BASE_ADC1, ADC_NUM_1);
        ADC_EnableChannel(AT91C_BASE_ADC1, ADC_NUM_2);
        ADC_EnableChannel(AT91C_BASE_ADC1, ADC_NUM_3);
        ADC_EnableChannel(AT91C_BASE_ADC1, ADC_NUM_4);
        /* 启动 ADC0 */
        ADC_StartConversion(AT91C_BASE_ADC1);
#endif
        while( conversionDone != ((1<<ADC_NUM_1)|(1<<ADC_NUM_2)|(1<<ADC_NUM_3)|(1<<
        ADC_NUM_4)) );

        for(id_channel = ADC_NUM_1;id_channel<=ADC_NUM_4;id_channel++)
        {
            printf("Channel %d : %d mV\n\r",
                id_channel,
                    #ifdef ADC12
                    /* 获得通道转换数据并将之转换为毫伏(mV) */
                    ConvHex2mV(ADC12_GetConvertedData(AT91C_BASE_ADC0, id_channel))
                    #else
                ConvHex2mV(ADC_GetConvertedData(AT91C_BASE_ADC1, id_channel))
                    #endif
            );
        }
        printf("-- Test OK! --\n\r");
    }
}
```

(2)at91sam3u4_it.c

```
/***********************************************************
* 文件名:at91sam3u4_it.c
* 作者:Wuhan R&D Center, Embest
* 描述:Exception Handlers
***********************************************************/
/***********************************************************
```

```
*       Headers
****************************************************************/
# include "board.h"
# include "adc.h"
# include "adc12.h"
# include "at91sam3u4_it.h"
# include "main.h"
/ ****************************************************************
*       Types
****************************************************************/
extern volatile unsigned char conversionDone;
/ ****************************************************************
*       Exception Handlers
****************************************************************/
/ ****************************************************************
* @brief ADC12 中断处理函数
* @param    无
* @return   无
****************************************************************/
void ADC12B_IRQHandler(void)
{
    unsigned int status, i;
    static unsigned int chns[] = {ADC_NUM_1, ADC_NUM_2, ADC_NUM_3, ADC_NUM_4};

    status = ADC12_GetStatus(AT91C_BASE_ADC0);
    TRACE_DEBUG("status = 0x%X\n\r", status);
    TRACE_DEBUG("adc_imr = 0x%X\n\r", ADC12_GetInterruptMaskStatus());

    for (i = 0;i<4;i++) {
        if (ADC12_IsChannelInterruptStatusSet(status, chns[i])) {

            TRACE_DEBUG("channel %d\n\r", chns[i]);
            /* 禁止转换结束中断 EOCx */
            ADC12_DisableIt(AT91C_BASE_ADC0, 1<<chns[i]);
            conversionDone |= 1<<chns[i];
        }
    }
}
/ ****************************************************************
* @brief ADC0 中断处理函数
```

```
 *  @param 无
 *  @return 无
 ****************************************************************************/
void ADC_IRQHandler(void)
{
    unsigned int status, i;
    static unsigned int chns[] = {ADC_NUM_1, ADC_NUM_2, ADC_NUM_3, ADC_NUM_4};

    status = ADC_GetStatus(AT91C_BASE_ADC1);
    TRACE_DEBUG("status = 0x%X\n\r", status);
    TRACE_DEBUG("adc_imr = 0x%X\n\r", ADC_GetInterruptMaskStatus());

    for(i = 0;i<4;i++) {
        if(ADC_IsChannelInterruptStatusSet(status, chns[i])) {
            TRACE_DEBUG("channel %d\n\r", chns[i]);
            /* 禁止转换结束中断 EOCx */
            ADC_DisableIt(AT91C_BASE_ADC1, 1<<chns[i]);
            conversionDone |= 1<<chns[i];
        }
    }
}
```

4. 运行过程

① 使用 Keil uVision 3 通过 ULINK 2 仿真器连接实验板,打开实验例程目录 10.9_ADC_test 目录 project 子目录下的 ADC_test.Uv2 例程,编译链接工程。

② 使用 EM－SAM3U 开发板附带的串口线,连接开发板上的串口接口(UART)和 PC 机的串口。在 PC 机上运行 Windows 自带的超级终端串口通信程序(波特率 115 200、1 位停止位、无校验位、无硬件流控制);或者使用其它串口通信程序。

③ 选择硬件调试模式,打开 MDK 的 Debug 菜单,选择 Start/Stop Debug Session 项或按 Ctrl＋F5 键,远程连接目标板并下载调试代码到目标系统中。

④ 例程正常运行之后会在超级终端显示以下信息。

对于工程目标 ADC12_Test,复位之后:

```
-- Basic ADC Project 1.6RC1 --
-- EM－SAM3U
-- Compiled: Jun 4 2009 13:26:02 --
-- ADC12 Test! --
*********** ADC 12 bit configuration Menu: ***********
g--- config 12 bit ADC Gain
```

```
c --- Config 12 bit ADC bias Current
d --- Config 12 bit ADC Differential Mode
o --- Config 12 bit ADC Offset
m --- Show this menu!
Current setting:[GAIN: 1], [IBCTL: 0], [DIFF: 0], [OFFSET: 0]
Select to config 12 bit ADC analog control!
Or any other key to perform a measurement on the ADC12B.3!
```

可输入'g'、'c'、'd'、'o',分别对采样增益、偏置电流值、工作模式、采样偏移量进行配置,输入其它字符则进行 A/D 转换。例如,输入'z':

```
The char is:z...
EOCx interrupt test!
Channel 3 : 2000 mV
-- Test OK! --
```

对于工程目标 ADC_Test,复位之后:

```
-- Basic ADC Project 1.6RC1 --
-- EM - SAM3U
-- Compiled: Jun 4 2009 13:26:44 --
-- ADC0 Test! --
-I- Press any key to perform a measurement on the ADC.0 ...
```

输入任意字符进行 A/D 转换:

```
The char is:f ...
EOCx interrupt test!
Channel 0 : 1919 mV
-- Test OK! --
```

⑤ 在测量通道引脚电压值时,旋转电位器 VR1 可以得到不同的转换结果。

注意:切换 ADC_Test 和 ADC12_Test 这 2 个工程目标时,必须重新对工程进行完全编译。

第 **11** 章

SAM3U 处理器存储设备接口

SAM3U 处理器提供了灵活的存储设备接口,包括快速 Flash 编程接口 FFPI、内嵌 Flash 控制器 EEFC、静态存储控制器 SMC 和高速多媒体卡接口 HSMCI。本章将分别进行介绍。

11.1 快速 Flash 编程接口和增强内嵌 Flash 控制器

11.1.1 快速 Flash 编程接口 FFPI

1. 概述

快速 Flash 编程接口(FFPI,Fast Flash Programming Interface)提供使用标准量产编程器进行大容量编程的解决方案。该并行接口采用全握手方式,且将处理器视为标准 EEPROM。此外,并行协议还对所有内嵌 Flash 提供优化访问方式。

快速 Flash 编程模式是专门针对大容量编程的,该模式不是为在线编程(ISP)而设计的。

2. 并行快速 Flash 编程

(1) 设备配置

在快速 Flash 编程模式下,处理器处于专门的测试模式下。只有特定的引脚有意义,其它引脚处于非连接状态。图 11-1 显示了并行编程接口,其接口信号如表 11-1 所列。

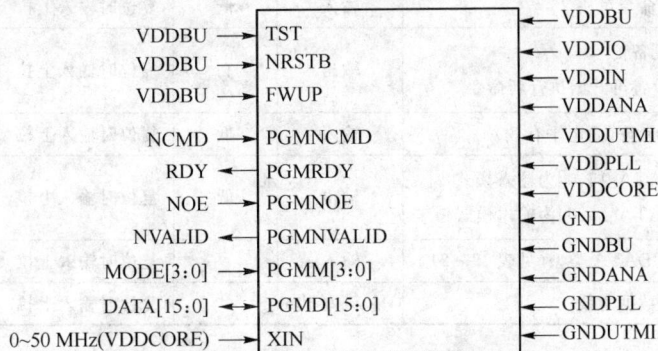

图 11-1 并行编程接口

表 11-1 信号描述列表

信号名称	功 能	类 型	有效电平	注 释
电源				
VDDIO	I/O 引脚电源	电源		使用外部 3.0~3.6 V 电源
VDDBU	备份 I/O 引脚电源	电源		使用外部 3.0~3.6 V 电源
VDDUTMI	UTMI+接口电源	电源		使用外部 3.0~3.6 V 电源
VDDANA	ADC 模拟电源	电源		使用外部 3.0~3.6 V 电源
VDDIN	稳压器输入	电源		使用外部 3.0~3.6 V 电源
VDDCORE	内核电源	电源		使用外部 1.65~1.95 V 电源
VDDPLL	PLLs 和晶体振荡器电源	电源		使用外部 1.65~1.95 V 电源
GND	地	地		
GNDPLL	地	地		
GNDBU	地	地		
GNDANA	地	地		
GNDUTMI	地	地		
时 钟				
XIN	时钟输入	输入		0~50 MHz（0~VDDCORE 方波）
测 试				
TST	测试模式选择	输入	高	必须与 VDDIO 连接
NRSTB	异步微控制器（MCU）复位	输入	高	必须与 VDDIO 连接
FWUP	唤醒引脚	输入	高	必须与 VDDIO 连接
PIO				
PGMNCMD	有效命令可用	输入	低	复位时输入上拉
PGMRDY	0：设备忙 1：设备可开始执行新命令	输出	高	复位时输入上拉
PGMNOE	输出允许（高电平有效）	输入	低	复位时输入上拉
PGMNVALID	0：DATA[15:0]为输入模式 1：DATA[15:0]为输出模式	输出	低	复位时输入上拉
PGMM[3:0]	指定 DATA 类型（见表 11-2）	输入		复位时输入上拉
PGMD[15:0]	双向数据总线	输入/输出		复位时输入上拉

（2）信号名称

模式编码如表 11-2 所列,命令位编码如表 11-3 所列。根据 MODE 设置的不同,DATA 被锁存在不同的内部寄存器中。

表 11-3　命令位编码

DATA[15:0]	符　号	命令操作
0x0011	READ	读 Flash
0x0012	WP	写 Flash 页
0x0022	WPL	写页并锁定 Flash
0x0032	EWP	擦除并写页
0x0042	EWPL	擦除后写页并锁定
0x0013	EA	擦除所有
0x0014	SLB	设置锁定位
0x0024	CLB	清除锁定位
0x0015	GLB	获取锁定位状态
0x0034	SGPB	设置通用功能 NVM 位(GPNVM)
0x0044	CGPB	清除通用功能 NVM 位(GPNVM)
0x0025	GGPB	获取通用功能 NVM 位(GPNVM)
0x0054	SSE	设置安全位
0x0035	GSE	获取安全位
0x001F	WRAM	写存储器
0x0016	SEFC	选择 EEFC 控制器
0x001E	GVE	获取版本信息

表 11-2　模式编码

MODE[3:0]	符　号	数　据
0000	CMDE	命令寄存器
0001	ADDR0	地址寄存器低位
0010	ADDR1	地址寄存器高位
0101	DATA	数据寄存器
Default	IDLE	无寄存器

（3）进入编程模式

执行下面的操作,使处理器进入并行编程模式:

➢ 提供 GND、TST、NRTSB、FWUP 信号和电源,相关描述见表 11-1。

➢ 提供 XIN 时钟。

➢ 等待 20 ms。

➢ 启动一个读或写握手过程。

（4）编程器的握手过程

这里握手是针对读、写操作而定义的。当设备准备启动一个新的操作(RDY 信号置位)时,编程器通过清除 NCMD 信号来启动握手。一旦 NCMD 及 RDY 信号为高,实现握手。

写握手:详细的写握手过程,请参考图 11-2 和表 11-4。

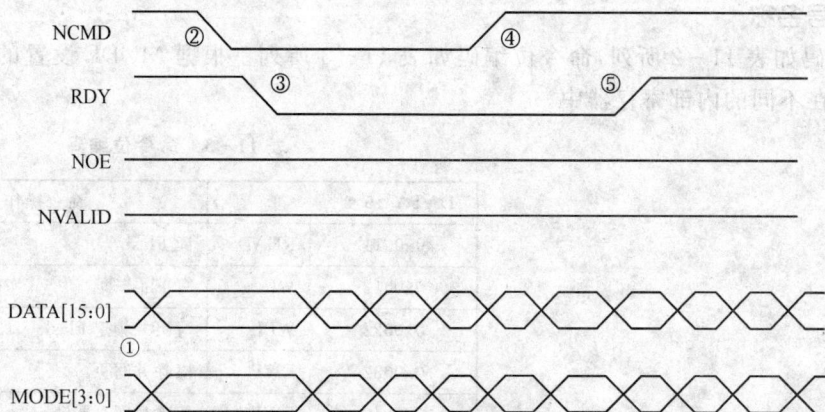

图 11 - 2　并行编程写时序

表 11 - 4　写握手过程

步　骤	编程器操作	设备动作	数据 I/O
1	设置 MODE 及 DATA 信号	等待 NCMD 为低	输入
2	清除 NCMD 信号	锁存 MODE 与 DATA	输入
3	等待 RDY 为低	清除 RDY 信号	输入
4	释放 MODE 及 DATA 信号	执行命令并轮询 NCMD 是否为高	输入
5	设置 NCMD 信号	执行命令并轮询 NCMD 是否为高	输入
6	等待 RDY 为高	设置 RDY	输入

读握手：详细的读握手过程，请参考图 11 - 3 和表 11 - 5。

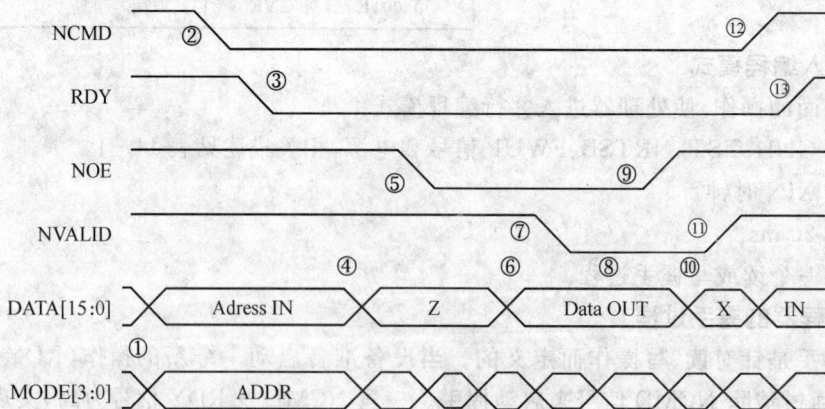

图 11 - 3　并行编程读时序

表 11 - 5　读握手过程

步　骤	编程器操作	设备动作	数据 I/O
1	设置 MODE 及 DATA 信号	等待 NCMD 为低	输入
2	清除 NCMD 信号	锁存 MODE 与 DATA	输入
3	等待 RDY 为低	清除 RDY 信号	输入
4	设置 DATA 信号为三态	等待 NOE 为低	输入
5	清除 NOE 信号		三态
6	等待 NVALID 为低	将 DATA 总线设置为输出模式,并输出 Flash 中内容	输出
7		清除 NVALID 信号	输出
8	从 DATA 总线读数据	等待 NOE 为高	输出
9	设置 NOE 信号		输出
10	等待 NVALID 为高	将 DATA 总线设置为输入模式	X
11	将 DATA 设置为输出模式	设置 NVALID 信号	输入
12	设置 NCMD 信号	等待 NCMD 为高	输入
13	等待 RDY 为高	设置 RDY 信号	输入

(5) 设备操作

以下介绍的几条命令可用于 Flash 存储器,可参考表 11-3(相关命令列表)。编程器通过并行接口执行几个读/写握手时序,以实现每条命令。当执行新命令时,前一条命令将自动完成。因此,如果在写命令后执行读命令,将会自动刷新 Flash 的加载缓冲器。

Flash 读命令——该命令用来读取 Flash 存储器的内容。读命令可在存储平面中的任意有效地址开始读,并对连续地址读做了优化。连续地址读取时,内部地址缓冲器将自动增加,读的握手过程也将是连续的,如表 11-6 所列。

表 11 - 6　读命令步骤

步　骤	握手时序类型	MODE[3:0]	DATA[15:0]
1	写握手	CMDE	READ
2	写握手	ADDR0	存储器地址低位
3	写握手	ADDR1	存储器地址
4	读握手	DATA	存储器地址++
5	读握手	DATA	存储器地址++
…	…	…	…
n	写握手	ADDR0	存储器地址低位
n+1	写握手	ADDR1	存储器地址
n+2	读握手	DATA	存储器地址++
n+3	读握手	DATA	存储器地址++
…	…	…	…

Flash 写命令——该命令用来写 Flash 的内容,如表 11-7 所列。Flash 存储平面由若干个页组成。要写的数据将被先存入相应 Flash 存储页所对应的加载缓冲器中,加载缓冲器会在以下情况自动刷新 Flash:

> 在访问其它页之前。
> 当新命令有效(MODE = CMDE)时。

表 11-7　写命令步骤

步　骤	握手时序类型	MODE[3:0]	DATA[15:0]
1	写握手	CMDE	WP 或 WPL 或 EWP 或 EWPL
2	写握手	ADDR0	存储器地址 LSB
3	写握手	ADDR1	存储器地址
4	写握手	DATA	存储器地址++
5	写握手	DATA	存储器地址++
…	…	…	…
n	写握手	ADDR0	存储器地址 LSB
n+1	写握手	ADDR1	存储器地址
n+2	写握手	DATA	存储器地址 ++
n+3	写握手	DATA	存储器地址 ++

Flash 全擦除命令——该命令用于擦除 Flash 存储平面,如表 11-8 所列。使用 CLB 命令进行全擦除之前,必须先将所有锁定域解锁。否则,擦除命令将不执行页擦除。

表 11-8　全擦除命令步骤

步　骤	握手时序类型	MODE[3:0]	DATA[15:0]
1	写握手	CMDE	EA
2	写握手	DATA	0

Flash 锁定命令——使用 WPL 或 EWPL 命令可设置锁定位。锁定位还可使用设置锁定命令(Set Lock,SLB)来设置。使用 SLB 命令可一次激活多个锁定位,该命令使用位屏蔽作为参数。例如,当位 0 被设置屏蔽,则第一个锁定位被激活。

清除锁定命令(Clear Lock,CLB)用来清除锁定位,使用方法与 SLB 命令类似,如表 11-9 所列。可通过 EA 命令清除所有锁定位。

表 11 - 9 设置/清除锁定位命令步骤

步 骤	握手时序类型	MODE[3:0]	DATA[15:0]
1	写握手	CMDE	SLB 或 CLB
2	写握手	DATA	位屏蔽

Flash 通用功能 NVM 命令——使用设置 GPNVM 命令(SGPB)可设置通用功能 NVM 位(GPNVM 位),该命令同时激活 GPNVM 位。该命令的参数是位屏蔽,例如当位 0 被设置屏蔽,则第一个 GP NVM 位被激活。

使用清除 GPNVM 命令(CGPB)可清除通用功能 NVM 位,使用方法与 SGPB 命令类似,如表 11 - 10 所列。所有的通用功能 NVM 位都可通过 EA 命令清除。当相应位的模式值置 1 时,对应的通用功能 NVM 位失效。

表 11 - 10 设置/清除 GPNVM 命令步骤

步 骤	握手时序类型	MODE[3:0]	DATA[15:0]
1	写握手	CMDE	SGPB 或 CGPB
2	写握手	DATA	GP NVM 位模式值

Flash 安全位命令——设置安全位命令(SSE)用于实现对安全位的设置,如表 11 - 11 所列。一旦安全位被激活,将禁止快速 Flash 编程,且不能运行其它 Flash 命令。当 Flash 中内容被全部擦除后,可通过 Erase 引脚来擦除安全位。SAM3U256 的安全位由 EEFC0 控制。要使用设置安全位命令 SSE ,必须使用选择 EFC(Select EEFC,SEFC)命令来选择 EEFC0。

表 11 - 11 设置安全位命令步骤

步 骤	握手时序类型	MODE[3:0]	DATA[15:0]
1	写握手	CMDE	SSE
2	写握手	DATA	0

一旦安全位被设置,就不能访问 FFPI 了。擦除安全位的唯一办法就是先擦除 Flash。为了擦除 Flash,用户必须执行以下步骤:

➤ 芯片断电;
➤ 置 TST 引脚为 0,并给芯片上电;
➤ 置 Erase 引脚信号有效,持续时间必须超过 220 ms;
➤ 芯片断电。

只有这样才可能返回 FFPI 模式,并检测 Flash 是否已擦除。

SAM3U256K 字节 Flash 选择 EEFC 命令——WPx、EA、xLB、xFB 命令都是使用当前 EFC 控制器执行的。默认的 EEFC 控制器是 EEFC0。选择 EEFC 命令(SEFC,Select EEFC) 用于选择当前的 EEFC 控制器,如表 11-12 所列。

表 11-12　选择 EFC 命令步骤

步　骤	握手时序类型	MODE[3:0]	DATA[15:0]
1	写握手	CMDE	SEFC
2	写握手	DATA	0=选择 EEFC0 1=选择 EEFC1

写存储器命令——该命令用来执行存储器任何位置的写访问。写存储器命令(WRAM) 对连续地址写操作做了优化。连续写操作时,内部地址缓冲将自动增加,握手时序也将是连续的,如表 11-13 所列。

表 11-13　写命令步骤

步　骤	握手时序类型	MODE[3:0]	DATA[15:0]
1	写握手	CMDE	WRAM
2	写握手	ADDR0	存储器地址低位
3	写握手	ADDR1	存储器地址
4	写握手	DATA	存储器地址++
5	写握手	DATA	存储器地址++
...	...	...	...
n	写握手	ADDR0	存储器地址帝位
n+1	写握手	ADDR1	存储器地址
n+2	写握手	DATA	存储器地址++
n+3	写握手	DATA	存储器地址++

11.1.2　增强内嵌 Flash 控制器 EEFC

1. 概述

增强内嵌 Flash 控制器(EEFC)的作用是提供 Flash 块与 32 位内部总线的接口。它的 128 位或 64 位内存接口可提高存取性能。它通过一套完整的命令集来管理 Flash 的编程、擦除、锁定和解锁。其中有一个命令可返回内嵌 Flash 的描述和定义,用于获取系统 Flash 的组织结构,可使得软件更通用。

增强型内嵌 Flash 控制器的用户接口集成在系统控制器中(如表 11-14 所列),其基地址为 0x400E0800。

表 11 - 14　EEFC 用户接口寄存器映射

偏　移	寄存器	名　称	访问类型	复位值
0x00	EEFC Flash 模式寄存器	EEFC_FMR	读/写	0x0
0x04	EEFC Flash 命令寄存器	EEFC_FCR	只写	—
0x08	EEFC Flash 状态寄存器	EEFC_FSR	只读	0x00000001
0x0C	EEFC Flash 结果寄存器	EEFC_FRR	只读	0x0
0x10	保留	—	—	—

2. 功能描述

(1) 内嵌 Flash 的组织结构

SAM3U 处理器的内嵌 Flash 与 32 位结构内部总线直接接口,如图 11 - 4 所示。内嵌 Flash 的组成结构如下:

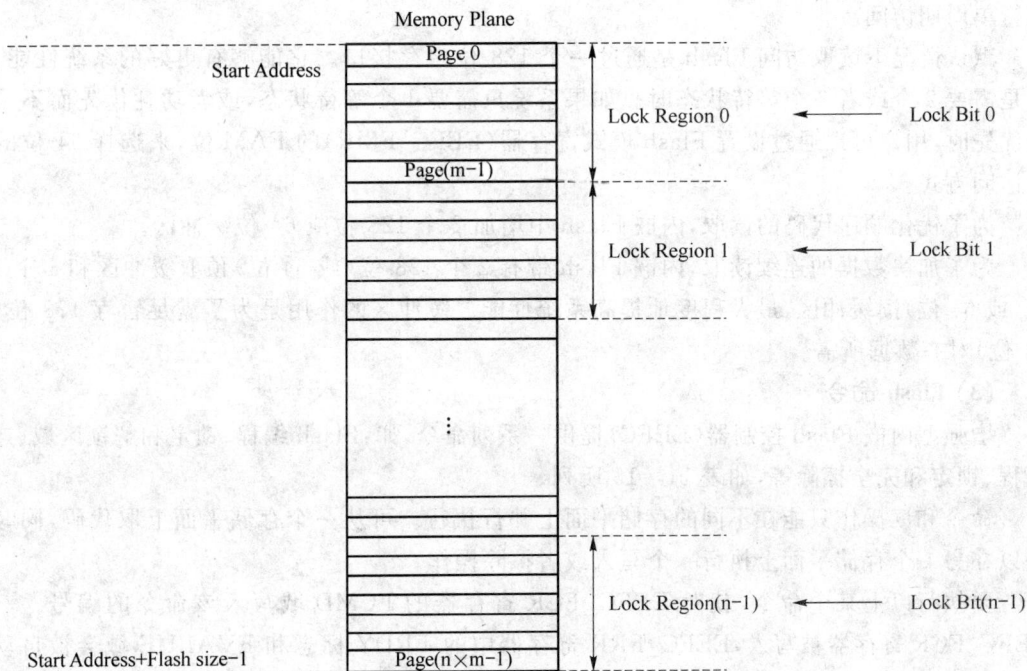

图 11 - 4　内嵌 Flash 的组织形式

➤ 1 个存储平面(Memory Plane)由一些相同大小的页面(Page)构成。

➤ 2 个 128 位或 64 位的读缓冲区,用于代码读取优化。

➤ 1 个 128 位或 64 位的读缓冲区,用于数据读取优化。

➢ 1 个写缓冲区用来管理对页的编程,其与页的大小相同。该缓冲区是只写的,而且可在字节地址空间里进行访问,因此每个字都可以写到其最后地址。

➢ 几个锁定位用来保护锁定区域的写和擦除操作。锁定区域由存储平面内几个连续的页组成,每个锁定区域具有自己的锁定位。

➢ 几个通用 NVM(GPNVM)位,通过增强型内嵌 Flash 控制器(EEFC)的接口可对其进行置位和清零。

(2) 读操作

内嵌 Flash 的读由一个优化控制器进行管理,以提高处理器在 Thumb2 模式下 128 位或 64 位宽内存接口的性能。Flash 存储器的访问可以通过 8、16、32 位的读操作。由于 Flash 块比系统预留的片上存储区地址空间要小,因此访问这个系统预留的片上存储空间时 Flash 将会重复出现。

读操作过程中可以有等待状态,也可以无等待状态。等待状态通过对 Flash 模式寄存器(EEFC_FMR)的 FWS(Flash 读等待状态)位编程来设置。FWS 为 0 表示对片上内嵌 Flash 进行单周期访问。

默认情况下读取访问 Flash 是通过一个 128 位内存接口。它能够有更好的系统性能,特别是需要 2 个或者 3 个等待状态时。如果系统只需要 1 个等待状态,或者功耗优先而不是性能优先时,用户可以通过设置 Flash 模式寄存器(EEFC_FMR)的 FAM 位,来选择 64 位的内存访问方式。

为了优化顺序代码的读取,内嵌 Flash 中增加 2 个 128 位或 64 位缓冲区。

为了加快数据的连续读取,内嵌 Flash 带有 2 个 128 位(或 64 位)预取缓冲区和 1 个 128 位(或 64 位)读缓冲区,最大程度地提高系统性能。缓冲区的作用是为了满足暂存 128 位(或 64 位)对齐数据所需。

(3) Flash 命令

增强型内嵌 Flash 控制器(EEFC)提供一系列命令,如:Flash 编程、锁定和解锁区域、连续编程、锁定和完全擦除等,如表 11-15 所列。

命令和读操作只能在不同的存储平面上并行执行。可从一个存储平面上取代码,同时又可以在另一个存储平面上执行一个写入或者擦除操作。

要执行以上某个命令,就对 EEFC_FCR 寄存器的 FCMD 域写入该命令的编号。一旦 EEFC_FCR 寄存器被写入,EEFC_FRR 寄存器中的 FRDY 标志和 FVALUE 域会被自动清除。一旦当前命令完成,FRDY 标志就会被自动置位,如图 11-5 所示。如果置位 EEFC_FMR 中的 FRDY 以允许中断,则相应的 NVIC 中断线被激活(注意:除了 STUI 之外的所有命令都如此,实现 STUI 命令时 FRDY 标志不置位)。

所有的命令都通过相同的口令进行保护,此口令必须写入 EEFC_FCR 寄存器的高 8 位。如果口令不正确或命令无效,将命令数据写入 EEFC_FCR 寄存器将对整个存储平面没有任何影响,除了 EEFC_FSR 寄存器的 FCMDE 标志位被置位之外。读取 EEFC_FSR 即可将此标志位清零。

如果当前命令试图写入或擦除保护区域的某一页,此命令不会对整个存储平面产生任何影响,除了 EEFC_FSR 寄存器的 FLOCK 标志被置位之外。读取 EEFC_FSR 即可将此标志位清零。

表 11 – 15   Flash 命令集

命　令	值	助记符
获取 Flash 描述符	0x0	GETD
页写	0x1	WP
页写和锁定	0x2	WPL
擦除页和页写	0x3	EWP
擦除页和页写然后锁定	0x4	EWPL
全部擦除	0x5	EA
设置锁定位	0x8	SLB
清除锁定位	0x9	CLB
获取锁定位	0xA	GLB
设置 GPNVM 位	0xB	SGPB
清除 GPNVM 位	0xC	CGPB
获取 GPNVM 位	0xD	GGPB
开始读取唯一标识符	0xE	STUI
停止读取唯一标识符	0xF	SPUI

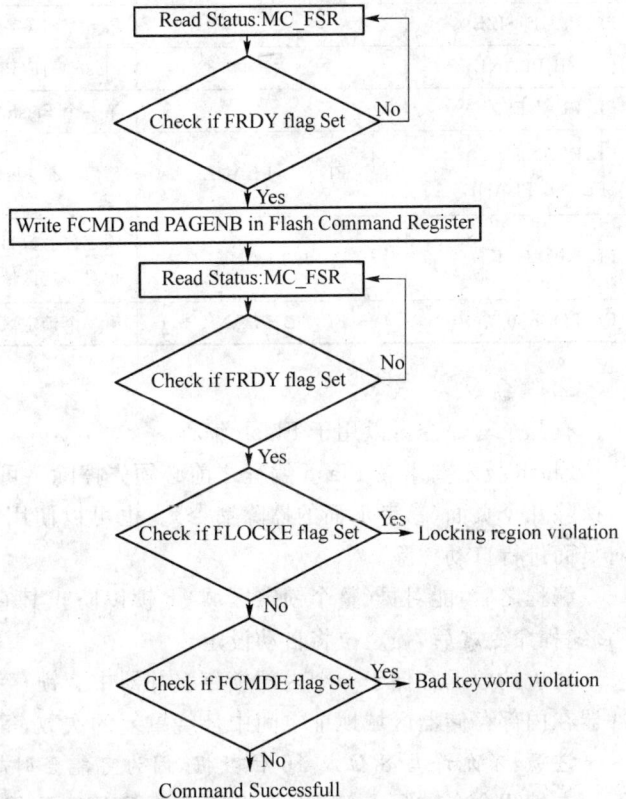

图 11 – 5   Flash 命令流程图

① 获取内嵌 Flash 的描述符

GETD 命令允许系统了解 Flash 的组织结构。系统可充分利用这个信息来提高软件的适应性,例如,当前处理器被具有更大容量 Flash 的处理器替代时,软件能够很容易适应新的配置。

为了获得内嵌 Flash 的描述符,应用程序应在 EEFC_FCR 寄存器中写入 GETD 命令。应用程序在 EEFC_SR 寄存器的 FRDY 标志位变为高时读 EEFC_FRR 寄存器,可以获取描述符的第一个字。紧接着应用程序可以从 EEFC_FRR 寄存器读取描述符后续的字。在读取完描述符的最后一个字之后如果再 EEFC_FRR 寄存器进行读操作,返回值将会一直是 0,直到下一个有效命令的到来。Flash 描述符定义如表 11 - 16 所列。

表 11 - 16 Flash 描述符

符 号	字索引	描 述
FL_ID	0	Flash 接口描述
FL_SIZE	1	Flash 大小(字节为单位)
FL_PAGE_SIZE	2	Page 大小(字节为单位)
FL_NB_PLANE	3	Flash 平面(Plane)数
FL_PLANE[0]	4	第一个 Flash 平面的大小(字节为单位)
FL_PLANE [FL_NB_PLANE−1]	4 + FL_NB_PLANE−1	最后一个 Flash 平面大小(字节为单位)
FL_NB_LOCK	4+FL_NB_PLANE	锁定位的数目,一个位与一个锁定区域相对 应。锁定位用于防止对锁定区域的写或擦除操作
FL_LOCK[0]	4 + FL_NB_PLANE + 1	第一个锁定区域的大小(字节为单位)

② 写命令

有几个写命令可以用于 Flash 编程。

Flash 技术要求在 Flash 编程之前必须先擦除。可以同时进行擦除整个存储平面,或者同时擦除几个页面(参考下面的擦除命令)。也可以使用 EWP 或 EWPL 写命令,在写入之前会对页面进行自动擦除。

编程之后,能对页(整个锁定区域)上锁以防止其它写或擦除序列。在使用 WPL 或 EW-PL 编程命令之后,锁定位将自动设定。

写入的数据存储于一个内部锁存缓冲器中。锁存缓冲器的大小由页的大小决定。锁存缓冲器在内部存储器区域地址空间中环绕重复的次数,等于地址空间中页的数目。

注意:不允许写 8 位或 16 位数据,因为可能会引起数据错误。

在编程命令被写入 Flash 命令寄存器 EEFC_FCR 之前,应先将数据写入锁存缓冲器。编程命令执行操作如下:

➤ 在内部存储器地址空间的任何页地址处,写完整的页。

➤ 一旦页码和编程命令被写入 Flash 命令寄存器时,编程启动。Flash 编程状态寄存器 (EEFC_FSR)的 FRDY 位被自动清除。

➤ 当编程结束,Flash 编程状态寄存器(EEFC_FSR)中的 FRDY 位变为高;若之前通过设置 EEFC_FMR 寄存器中的 FRDY 位允许了相应的中断,则相应 NVIC 中断线激活。

编程操作完成之后,EEFC_FSR 寄存器能检测到以下两类错误:

➤ 命令错误:往 EEFC_FCR 寄存器中写入错误的关键字。

➤ 锁定错误:被编程页属于锁定区域。在运行命令之前须将相应区域解锁。如果某页已经被擦除,使用 WP 命令将会按如图 11-6 所示的步骤进行编程。

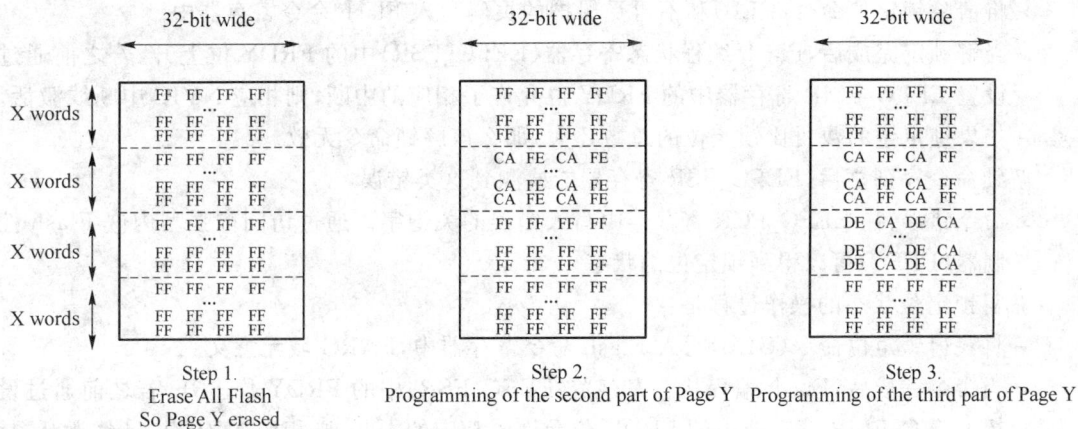

Step 1.
Erase All Flash
So Page Y erased

Step 2.
Programming of the second part of Page Y

Step 3.
Programming of the third part of Page Y

图 11-6　页面部分编程

③ 擦除命令

只在未锁定区域才允许使用擦除命令。擦除命令的操作过程是:

➢ 一旦将擦除命令写入 Flash 命令寄存器,且该寄存器的 FARG 域被写,擦除操作立即启动。

➢ 当擦除完成时,Flash 编程状态寄存器(EEFC_FSR)的 FRDY 位上升。若之前通过设置 EEFC_FMR 寄存器中的 FRDY 位允许了相应的中断,则相应 NVIC 中断线激活。

擦除命令操作序列执行之后,EEFC_FSR 寄存器能检测到以下两类错误:

➢ 命令错误:往 EEFC_FCR 寄存器中写入错误的关键字。

➢ 锁定错误:至少有一个被擦除页属于锁定区域。擦除命令被拒绝执行,没有页被擦除。运行擦除命令擦除相应区域之前,必须先对其进行解锁。

④ 锁定位保护

每个锁定位与内嵌 Flash 存储平面中的几个页相关。锁定位用来设置内嵌 Flash 存储器的锁定区域。它们可以防止写/擦除保护页。锁定操作过程为:

➢ 将锁定位命令(SLB)和要保护的页号码写入 Flash 命令寄存器中。

➢ 当锁定完成,Flash 编程状态寄存器(EEFC_FSR)中的 FRDY 位上升,若之前通过设置 EEFC_FMR 寄存器中的 FRDY 位允许了相应的中断,则相应 NVIC 中断线激活。

➢ 如果锁定位的数目比锁定位的总数还大,那么该命令无效。运行 GLB(Get Lock Bit, 获取锁定位)命令,可以检查 SLB 命令的结果。

执行锁定操作后,EEFC_FSR 寄存器能检测到以下这类错误:

➢ 命令错误——往 EEFC_FCR 寄存器中写入错误的关键字。可清除先前设定的锁定位。只有这样才能对锁定的区域进行擦除或编程。

解锁操作过程为：

➢ 将清除锁定位命令(CLB)和不再受保护的页码写入 Flash 命令寄存器中。

➢ 当解锁定完成后，Flash 编程状态寄存器(EEFC_FSR)中的 FRDY 位上升，若之前通过设置 EEFC_FMR 寄存器中的 FRDY 位允许了相应的中断，则相应 NVIC 中断线激活。

➢ 如果锁定位的数目比锁定位的总数还大，那么该解锁命令无效。

解锁命令序列之后，EEFC_FSR 寄存器能检测到这类错误：

➢ 命令错误：往 EEFC_FCR 寄存器中写入错误的关键字。通过访问增强型内嵌 Flash 控制器(EEFC)可以得到锁定位的状态。

获得锁定位状态的操作过程是：

➢ 将获得锁定位命令(GLB)写入 Flash 命令寄存器中，FARG 域无意义。

➢ 当命令完成后，Flash 编程状态寄存器(EEFC_FSR)中的 FRDY 位上升，若之前通过设置 EEFC_FMR 寄存器中的 FRDY 位允许了相应的中断，则相应 NVIC 中断线激活。

➢ 应用软件通过读取 EEFC_FRR 寄存器，来获得锁定位的状态。应用软件所读取的第一个字对应于最先的 32 个锁定位，若后续字有意义，则可继续按 32 位读取后续锁定位。对于 EEFC_FRR 寄存器的额外读取，将返回 0。例如，若读取的 EEFC_FRR 的第一个字的第三位是 1，那么第三个锁定区被锁定了。

获取锁定位操作序列之后，EEFC_FSR 寄存器能检测到这类错误：

命令错误：往 EEFC_FCR 寄存器中写入错误的关键字。

⑤ GPNVM 位

GPNVM 位不影响内嵌 Flash 存储器的存储平面，参见 3.4 节关于 GPNVM 位的说明。

设置 GPNVM 位的操作过程是：

➢ 通过向 Flash 命令寄存器写 SGPB 命令，并设定 GPNVM 位数目，以启动设置 GPNVM 位操作。

➢ 当 GPVNM 位被置位，Flash 编程状态寄存器(EEFC_FSR)中的 FRDY 位上升，若之前通过设置 EEFC_FMR 寄存器中的 FRDY 位允许了相应的中断，则相应 NVIC 中断线激活。

➢ 若 GPNVM 位的数目大于 GPNVM 位总数，则命令无效。SGPB 命令的结果可以通过运行 GGPB(获得 GPNVM 位)命令来检查。

设置 GPNVM 位操作之后，EEFC_FSR 寄存器能检测到以下错误：

命令错误：往 EEFC_FCR 寄存器中写入错误的关键字。

可以清除之前设定的 GPNVM 位，清除 GPNVM 位的操作过程是：

➢ 对 Flash 命令寄存器写入 CGPB 命令，并设定清除 GPNVM 位数目，以启动清除 GPNVM 位命令(CGPB)。

➢ 当清除完成后，Flash 编程状态寄存器(EEFC_FSR)中的 FRDY 位上升，若之前通过设置 EEFC_FMR 寄存器中的 FRDY 位允许了相应的中断,则相应 NVIC 中断线激活。

➢ 若 GPNVM 的数目大于 GPNVM 的总数,则命令无效。

清除 GPNVM 位操作之后,EEFC_FSR 寄存器能检测到以下错误:

命令错误:往 EEFC_FCR 寄存器中写入错误的关键字。

通过访问增强型内嵌 Flash 控制器(EEFC)可以获取 GPNVM 位的状态。获取 GPNVM 位状态的操作为:

➢ 对 Flash 命令寄存器写入 GGPB 命令,以启动获取 GPNVM 位状态的命令,FARG 域无意义。

➢ 当命令完成时,Flash 编程状态寄存器(EEFC_FSR)中的 FRDY 位上升,若之前通过设置 EEFC_FMR 寄存器中的 FRDY 位允许了相应的中断,则相应 NVIC 中断线激活。

➢ 应用软件通过读取 EEFC_FRR 寄存器,来获得 GPNVM 位的状态。应用软件所读取的第一个字对应于最先的 32 个 GPNVM 位,如果后续字有意义,则可按 32 位继续读取后续的 GPNVM 位。对于 EEFC_FRR 寄存器的额外读取,将返回 0。例如:如果读取的 EEFC_FRR 的第一个字的第三位是 1,那么第三个 GPNVM 位是有效地。

执行获取 GPNVM 位状态操作之后,EEFC_FSR 寄存器能检测到以下这类错误:

命令错误:往 EEFC_FCR 寄存器中写入错误的关键字。

⑥ 安全位保护

当安全位被允许时,通过 JTAG/SWD 接口或者通过快速 Flash 编程接口访问 Flash 的都是被禁止的。这可以确保 Flash 中代码的保密性。这个安全位是 GPNVM0。

只有在 Flash 被全部擦除之后,通过令 ERASE 引脚为 1 来实现禁止安全位。一旦安全位被禁用,则所有对 Flash 的访问是允许的。

⑦ 唯一标识符

每个处理器都有一个唯一的 128 位标识符,处理器每一部分的编程都可与之有关。例如,它能够被用于生成密码。读取唯一标识符的操作过程是:

➢ 通过将 STUI 命令写入 Flash 命令寄存器,发送开始读唯一标识符命令 STUI。

➢ 当这个唯一标识符开始被读入,Flash 编程状态寄存器(EEFC_FSR)的 FRDY 位下降。

➢ 唯一标识符位于 Flash 存储区的首 128 位,地址为 0x80000~0x80003。

➢ 为了停止唯一标识符模式,用户通过将命令 SPUI 写入 Flash 命令寄存器,以发送停止读入唯一标识符命令 SPUI。

➢ 当停止读入唯一标识符命令 SPUI 已经执行,Flash 编程状态寄存器中 FRDY 位上升。若之前通过设置 EEFC_FMR 寄存器中的 FRDY 位允许了相应的中断,则相应 NVIC 中断线激活。

注意:在读取唯一标识符的操作序列中,软件运行不能超出 Flash 空间(若为双存储平面,则对第二个存储平面进行操作)。

11.1.3 应用程序设计

1. 设计要求

实现对 SAM3U 处理器内部 Flash 的读写、锁存、GPNVM 设置以及擦除,并通过串口上显示操作的结果。

2. 硬件设计

对于 EEFC 操作不需要额外的电路。由于程序中需要利用串口打印和接受相关信息,因此需用一根 RS232 串行通信线将开发板的 UART(J2)与微机的串口相连。

3. 软件设计

根据任务要求,程序内容主要包括:

➢ 初始化增强内嵌 Flash 控制器 EEFC;

➢ 解锁 Flash 并在串口上显示解锁情况;

➢ 向 Flash 最后一页写入数据,然后检查写入的结果,并在串口上显示结果;

➢ 锁住/解锁 Flash 的最后一页,并在串口上显示信息;

➢ 设置/清除 GPNVM 位,并在串口上显示信息。

整个工程主要包含 3 个源文件:eefc.c、flashd_eefc.c 和 main.c。其中,eefc.c 中是 EEFC 配置及驱动函数;flashd_eefc.c 中是 Flash 命令函数。main.c 中的 main()函数初始化系统之后,依次进行解锁 Flash、向 Flash 最后一页写数据、检查数据等操作,并将操作结果通过 UART 输出到 PC 超级终端。

main.c 参考程序如下:

```
/***********************************************************************
 * 文件名:main.c
 * 作者 :Wuhan R&D Center, Embest
 * 描述 :Main program body
 ***********************************************************************/
/***********************************************************************
 *      Headers
 ***********************************************************************/
# include <stdio.h>
# include <string.h>

# include "board.h"
# include "pio.h"
# include "dbgu.h"
# include "pmc.h"
```

```
# include "flashd.h"
# include "assert.h"
# include "trace.h"
/ ******************************************************************
 * @brief main 函数
 * @param 无
 * @return 无
 *****************************************************************/
int main(void)
{
  unsigned int i;
  unsigned char error;
  unsigned int pBuffer[AT91C_IFLASH_PAGE_SIZE / 4];
  unsigned int lastPageAddress;
  volatile unsigned int * pLastPageData;
  unsigned char pageLocked;
  /* 初始化时钟 */
  SystemInit();
  /* 初始化串口 */
  TRACE_CONFIGURE(DBGU_STANDARD, 115200, BOARD_MCK );
  /* 在 PMC 中使允许设 UART 时钟 */
  PMC_EnablePeripheral(AT91C_ID_DBGU);
  printf(" -- Basic Internal Flash Project % s -- \n\r", SOFTPACK_VERSION);
  printf(" -- % s\n\r", BOARD_NAME);
  printf(" -- Compiled: % s % s -- \n\r", __DATE__, __TIME__);
  /* 初始化 Flash 控制器 */
  FLASHD_Initialize(BOARD_MCK);
  /* 解锁整个 Flash */
  printf(" - I - Unlocking the whole flash\n\r");
# if defined(at91sam7a3)
  error = FLASHD_Unlock(AT91C_IFLASH, AT91C_IFLASH + 64 * 1024, 0, 0);
# else
  error = FLASHD_Unlock(AT91C_IFLASH, AT91C_IFLASH + AT91C_IFLASH_SIZE, 0, 0);
# endif
  ASSERT(!error, " - F - Error while trying to unlock the whole flash (0x% 02X)\n\r", error);
  /* 在 Flash 的最后一页进行测试(为了避免把前面已经存在的代码破坏坏了) */
lastPageAddress = AT91C_IFLASH + AT91C_IFLASH_SIZE - AT91C_IFLASH_PAGE_SIZE;
  pLastPageData = (volatile unsigned int * ) lastPageAddress;
  /* 初始化将要写入的数据为(0x00000001, 0x00000002, ...) */
```

```
printf(" - I - Writing last page with walking bit pattern\n\r");
for (i = 0; i < (AT91C_IFLASH_PAGE_SIZE / 4); i++) {

    pBuffer[i] = 1 << (i % 32);
}
/* 向最后一页中写入数据 */
error = FLASHD_Write(lastPageAddress, pBuffer, AT91C_IFLASH_PAGE_SIZE);
ASSERT(! error, " - F - Error when trying to write page (0x%02X)\n\r", error);
/* 检查最后一页的内容 */
printf(" - I - Checking page contents ");
for (i = 0; i < (AT91C_IFLASH_PAGE_SIZE / 4); i++) {
printf(".");
ASSERT(pLastPageData[i] == (1 << (i % 32)),
        "\n\r - F - Expected 0x%08X at address 0x%08X, found 0x%08X\n\r",
        (1 << (i % 32)), (unsigned int) &(pLastPageData[i]), pLastPageData[i]);

}
printf(" ok \n\r");

#if defined(at91sam7a3)
/* 在 SAM7A3 中只有前 64 KB 的内容可以被锁住 */
lastPageAddress = AT91C_IFLASH + (64 * 1024) - AT91C_IFLASH_PAGE_SIZE;
#endif
/* 锁住 Flash 的最后一页 */
printf(" - I - Locking last page\n\r");
error = FLASHD_Lock(lastPageAddress, lastPageAddress + AT91C_IFLASH_PAGE_SIZE, 0, 0);
ASSERT(!error, " - F - Error when trying to lock page (0x%02X)\n\r", error);
/* 检查相应的 Flash 区域是否被锁住了 */
printf(" - I - Checking lock status ... ");
pageLocked = FLASHD_IsLocked(lastPageAddress, lastPageAddress + AT91C_IFLASH_PAGE_SIZE);
ASSERT(pageLocked, "\n\r - F - Page is not locked\n\r");
printf("ok\n\r");
/* 解锁 Flash 的最后一页 */
printf(" - I - Unlocking last page\n\r");
error = FLASHD_Unlock(lastPageAddress, lastPageAddress + AT91C_IFLASH_PAGE_SIZE, 0, 0);
ASSERT(!error, " - F - Error when trying to unlock page (0x%02X)\n\r", error);
/* 检查相应的 Flash 区域是否解锁了 */
printf(" - I - Checking lock status ... ");
pageLocked = FLASHD_IsLocked(lastPageAddress, lastPageAddress +
                             AT91C_IFLASH_PAGE_SIZE);
```

```
        ASSERT(!pageLocked, "\n\r - F - Page is locked\n\r");
        printf("ok\n\r");
# if (CHIP_EFC_NUM_GPNVMS > 0)
    /* 检查 GPNV 的 bit #1 是否置位 */
    if (FLASHD_IsGPNVMSet(1)) {

        printf(" - I - GPNVM #1 is set\n\r");
        /* 如果 GPNV 位置位了则清除此位 */
        printf(" - I - Clearing GPNVM # % d\n\r", 1);
        error = FLASHD_ClearGPNVM(1);
        ASSERT(!error, " - F - Error while trying to clear GPNVM (0x % 02X)\n\r", error);
        ASSERT(!FLASHD_IsGPNVMSet(1), " - F - GPNVM is set\n\r");
        /* 将 GPNV 位置为 1 */
        printf(" - I - Setting GPNVM # % d\n\r", 1);
        error = FLASHD_SetGPNVM(1);
        ASSERT(!error, " - F - Error while trying to set GPNVM (0x % 02X)\n\r", error);
        ASSERT(FLASHD_IsGPNVMSet(1), " - F - GPNVM is not set\n\r");
    }
    else {
        printf(" - I - GPNVM #1 is cleared\n\r");
        /* 如果 GPNV 位没有置位则将此位置 1 */
        printf(" - I - Setting GPNVM # % d\n\r", 1);
        error = FLASHD_SetGPNVM(1);
        ASSERT(!error, " - F - Error while trying to set GPNVM (0x % 02X)\n\r", error);
        ASSERT(FLASHD_IsGPNVMSet(1), " - F - GPNVM is not set\n\r");
        /* 将 GPNV 位清 0 */
        printf(" - I - Clearing GPNVM # % d\n\r", 1);
        error = FLASHD_ClearGPNVM(1);
        ASSERT(!error, " - F - Error while trying to clear GPNVM (0x % 02X)\n\r", error);
        ASSERT(!FLASHD_IsGPNVMSet(1), " - F - GPNVM is set\n\r");
    }
# endif
    printf(" - I - All tests ok\n\r");
    return 0;
}
```

4. 运行过程

① 使用 Keil *μ*Vision 3 通过 ULINK 2 仿真器连接实验板,打开实验例程目录 11.1_

EEFC_test 目录 project 子目录下的 EEFC_test. Uv2 例程，编译链接工程。

② 使用 EM－SAM3U 开发板附带的串口线，连接开发板上的串口接口（UART）和 PC 机的串口。

③ 在 PC 机上运行 Windows 自带的超级终端串口通信程序（波特率 115 200、1 位停止位、无校验位、无硬件流控制）；或者使用其它串口通信程序。

④ 选择硬件调试模式，连接目标板并下载调试代码到目标系统中。

⑤ 运行程序，或复位开发板，例程正常运行之后会在超级终端显示以下信息：

```
c Internal Flash Project 1.6RC1 --

-- AT91EM - AT91SAM3U

-- Compiled: May 22 2009 16:12:00 --

- I- Unlocking the whole flash

- I- Writing last page with walking bit pattern

- I- Checking page contents ......................................................... ok

- I- Locking last page

- I- Checking lock status ... ok

- I- Unlocking last page

- I- Checking lock status ... ok

- I- GPNVM #1 is set

- I- Clearing GPNVM #1

- I- Setting GPNVM #1

- I- All tests ok
```

如果其中某一个操作出错，则会显示错误类型。

11.2　静态存储器控制器

11.2.1　概　述

外部总线接口 EBI 的作用是确保外部设备与处理器之间能顺利进行数据传输，SAM3U 系列处理器的 EBI 由静态存储控制器（SMC，Static Memory Controller）构成。

SMC 可以处理多种类型的外部存储器和并行设备，例如 SRAM、PSRAM、PROM、EPROM、EEPROM、LCD 模块、NOR Flash 和 NAND Flash。

SMC 用于产生访问外部存储设备或并行外围设备的信号，如图 11－7 所示；其引脚如表 11－17 所列，它有 4 个片选和一个 24 位的地址总线；16 位的数据总线可配置为与 8 位或 16 位的外部设备相连。分离的读/写控制信号允许直接访问存储器和外围设备。读/写信号的波

形是可完全通过参数设置的。SMC 能够管理来自外设的等待请求,以扩展当前的访问。SMC
用户接口寄存器映射如表 11－18 所列,其基地址为 0x400E0000。

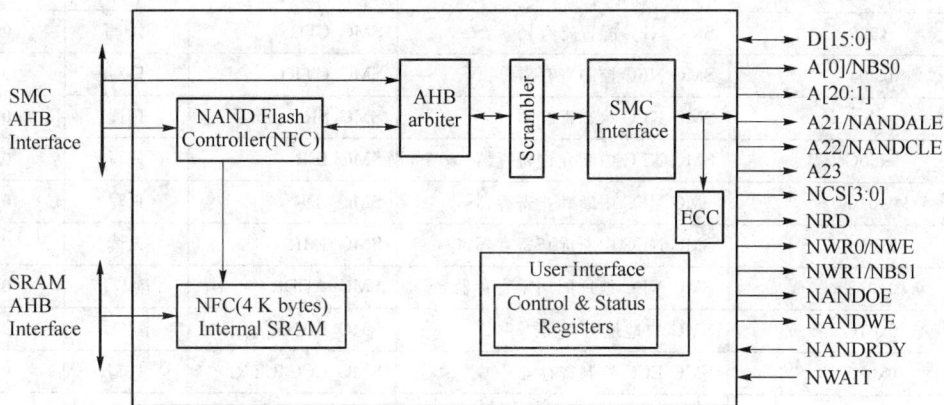

图 11－7　静态存储控制器 SMC

表 11－17　SMC I/O 引脚描述表

名　称	描　述	类　型	有效电平
NCS[3:0]	静态存储控制器片选线	输出	低
NRD	读信号	输出	低
NWR0/NWE	写 0/写允许信号	输出	低
A0/NBS0	地址位 0/字节 0 选择信号	输出	低
NWR1/NBS1	写 1/字节 1 选择信号	输出	低
A1	地址位 1	输出	低
A[23:2]	地址总线	输出	
D[15:0]	数据总线	输入/输出	
NWAIT	外部等待信号	输入	低
NANDRDY	NAND Flash 准备好/忙	输入	
NANDWE	NAND Flash 写允许	输出	低
NANDOE	NAND Flash 输出允许	输出	低
NANDALE	NAND Flash 地址锁存允许	输出	
NANDCLE	NAND Flash 命令锁存允许	输出	

表 11-18　SMC 寄存器映射

偏移量	寄存器	名　称	访问方式	复位值
0x000	SMC NFC 配置寄存器	SMC_CFG	读/写	0x0
0x004	SMC NFC 控制寄存器	SMC_CTRL	只写	0x0
0x008	SMC NFC 状态寄存器	SMC_SR	只读	0x0
0x00C	SMC NFC 中断允许寄存器	SMC_IER	只写	0x0
0x010	SMC NFC 中断禁止寄存器	SMC_IDR	只写	0x0
0x014	SMC NFC 中断屏蔽寄存器	SMC_IMR	只读	0x0
0x018	SMC NFC 地址周期零寄存器	SMC_ADDR	读/写	0x0
0x01C	SMC 块地址寄存器	SMC_BANK	读/写	0x0
0x020	SMC ECC 控制寄存器	SMC_ECC_CTRL	只写	0x0
0x024	SMC ECC 模式寄存器	SMC_ECC_MD	读/写	0x0
0x028	SMC ECC 状态 1 寄存器	SMC_ECC_SR1	只读	0x0
0x02C	SMC ECC 校验 0 寄存器	SMC_ECC_PR0	只读	0x0
0x030	SMC ECC 校验 1 寄存器	SMC_ECC_PR1	只读	0x0
0x034	SMC ECC 状态 2 寄存器	SMC_ECC_SR2	只读	0x0
0x038	SMC ECC 校验 2 寄存器	SMC_ECC_PR2	只读	0x0
0x03C	SMC ECC 校验 3 寄存器	SMC_ECC_PR3	只读	0x0
0x040	SMC ECC 校验 4 寄存器	SMC_ECC_PR4	只读	0x0
0x044	SMC ECC 校验 5 寄存器	SMC_ECC_PR5	只读	0x0
0x048	SMC ECC 校验 6 寄存器	SMC_ECC_PR6	只读	0x0
0x04C	SMC ECC 校验 7 寄存器	SMC_ECC_PR7	只读	0x0
0x050	SMC ECC 校验 8 寄存器	SMC_ECC_PR8	只读	0x0
0x054	SMC ECC 校验 9 寄存器	SMC_ECC_PR9	只读	0x0
0x058	SMC ECC 校验 10 寄存器	SMC_ECC_PR10	只读	0x0
0x05C	SMC ECC 校验 11 寄存器	SMC_ECC_PR11	只读	0x0
0x060	SMC ECC 校验 12 寄存器	SMC_ECC_PR12	只读	0x0
0x064	SMC ECC 校验 13 寄存器	SMC_ECC_PR13	只读	0x0
0x068	SMC ECC 校验 14 寄存器	SMC_ECC_PR14	只读	0x0
0x06C	SMC ECC 校验 15 寄存器	SMC_ECC_PR15	只读	0x0
0x14×CS_number+0x070	SMC 设置寄存器	SMC_SETUP	读/写	0x01010101
0x14×CS_number+0x074	SMC 脉冲寄存器	SMC_PULSE	读/写	0x01010101

偏移量	寄存器	名 称	访问方式	复位值
0x14 * CS_number＋0x078	SMC 周期寄存器	SMC_CYCLE	读/写	0x00030003
0x14 * CS_number＋0x7C	SMC 时序寄存器	SMC_TIMINGS	读/写	0x00000000
0x14 * CS_number＋0x80	SMC MODE 寄存器	SMC_MODE	读/写	0x10000003
0x110	SMC OCMS MODE 寄存器	SMC_OCMS	读/写	0x0
0x114	SMC KEY1 寄存器	SMC_KEY1	只写	0x0
0x118	SMC KEY2 寄存器	SMC_KEY2	只写	0x0
0x1E4	写保护控制寄存器	SMC_WPCR	只写	0x0
0x1E8	写保护状态寄存器	SMC_WPSR	只读	0x0
0x1FC	保留	—	—	—

　　SMC 提供了一个自动的慢时钟模式,在这种慢时钟模式下,可在读/写信号到达时从用户编程的波形切换到慢速率的特殊波形。SMC 支持页面大小高达 32 字节的页面模式访问下的异步突发读取。

　　SMC 内嵌了一个 NAND Flash 控制器 NFC,可处理:自动传输、给 NAND Flash 发送命令和地址周期、实现 NAND Flash 页面与 NFC SRAM 之间的传输(读或写),这样 SMC 就大大减轻了 CPU 的性能负载。

　　SMC 还包含可编程的硬件纠错码,它有 1 位纠错功能和支持 2 位的检错功能。为了提高系统的总线性能,在数据传输阶段可使用 DMA 模式。

　　外部数据总线还可以使用用户提供的密钥方法进行加密编码/解码。

11.2.2　功能描述

1. 外部存储映射

　　SMC 提供了 24 根地址线 A[23:0]。允许每一根片选线连接到地址高达 16 MB 的存储器,其地址范围见表 11 - 19。如果连接到某片选线的物理存储设备小于 16 MB,则它会在这个空间中循环出现。SMC 可正确处理页内存储设备的有效访问(如图 11 - 8 所示),A[23:0]仅仅用于访问 8 位的存储器,A[23:1]用于访问 16 位的存储器。

表 11 - 19　外部存储映射表

地　址	用　途	访问方式
0x60000000～0x60FFFFFF	片选 0 (16MB)	读/写
0x61000000～0x61FFFFFF	片选 1 (16 MB)	读/写
0x62000000～0x62FFFFFF	片选 2 (16MB)	读/写
0x63000000～0x63FFFFFF	片选 3 (16MB)	读/写
0x64000000～0x67FFFFFF	未定义区域	
0x68000000～0x6FFFFFFF	NFC 命令寄存器	读/写

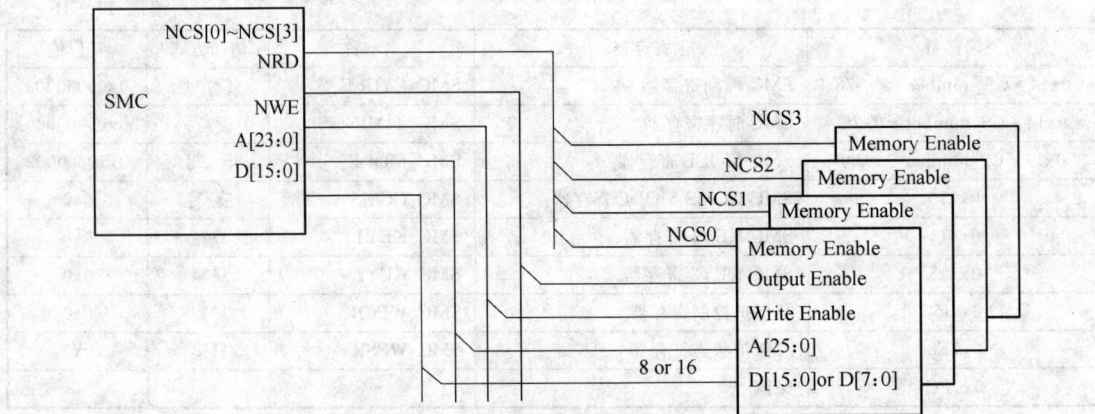

图 11 – 8　存储器与外部设备相连

2. 与外部设备连接

(1) 数据总线宽度

可以为每个芯片选择 8 位或 16 位的数据总线宽度，SMC_MODE(模式寄存器)中的 DBW 域控制相应的选择。图 11 – 9 显示的是 NCS2 如何与一个 512K×8 位的存储器相连。图 11 – 10 显示的是 NCS2 如何与一个 512K×16 位的存储器相连。

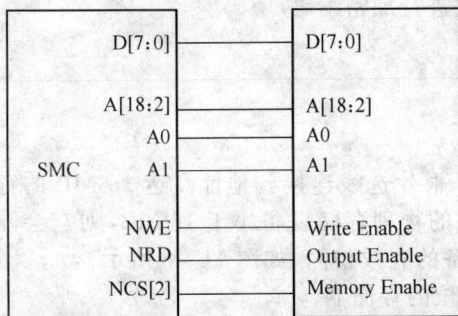

图 11 – 9　NCS2 与一个 8 位存储器相连

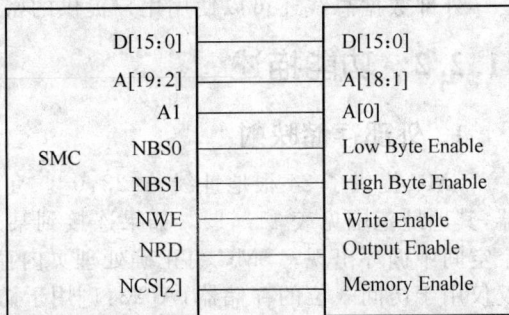

图 11 – 10　NCS2 与一个 16 位的存储器相连

(2) 字节写或字节选择访问

每个 16 位数据总线的芯片选择，都可以字节写方式或字节选择访问方式二者之一进行写访问。SMC_MODE 寄存器中的 BAT 位域控制相应的选择。

字节写访问方式下，数据总线上每字节写都对应一个字节写信号和一个读信号。注意：SMC 禁止在字节写访问模式下重启。对于 16 位的设备：SMC 提供了 NWR0 和 NWR1 写信号，分别对应为一个 16 位总线的字节 0(低字节)和字节 1(高字节)；也提供了一个读信号

（NRD）。字节写访问方式适用于将 2 个 8 位
设备当作为一个 16 位存储器来用,如
图 11 - 11所示。

字节选择访问方式下,能在字节层面上允
许或禁止读/写操作。数据总线上每字节的访
问都提供了一个字节选择线、一个 NRD 和一
个 NWE 信号用于控制读和写。对于 16 位的
设备:SMC 为一个 16 位总线的字节 0(低字
节)和字节 1(高字节)分别提供 NBS0 和
NBS1 选择信号。字节选择访问方式适用于
与一个 16 位设备相连。

(3) 信号复用

根据字节访问类型,读信号或字节选择信
号只有一个被使用。复用 SMC 接口上的控制
信号是为了节省外部总线接口上的 I/O 引脚。表 11 - 20 列出了不同数据总线宽度和字节访
问类型下的信号复用。

对 16 位设备而言,地址的 A0 位未被使用。当使用字节选择方式时,不使用 NWR1 信
号;当使用字节写方式时,则不使用 NBS0 信号。

图 11 - 11 一个 16 位总线连接 2 个 8 位
设备:字节写选择

表 11 - 20 SMC 复用信号的描述

信号名称	16 位总线		8 位总线
设备类型	1×16 位	2×8 位	1×8 位
字节访问类型(BAT)	字节选择	字节写	
NBS0_A0	NBS0		A0
NWE_NWR0	NWE	NWR0	NWE
NBS1_NWR1	NBS1	NWR1	
A1	A1	A1	A1

3. 标准读/写协议

在后续介绍中,不考虑字节访问的方式。字节选择线(从 NBS0 到 NBS1)总是和 A 地址
总线有着相同的时序。NWE 表示字节选择访问方式中的 NWE 信号,或字节写访问方式中的
一个字节写线(从 NWR0 到 NWR1)。NWR0~NWR3 和 NWE 有着相同的时序和协议。在
同样的方式下,NCS 表示 NCS[0...3]片选线中的一条。

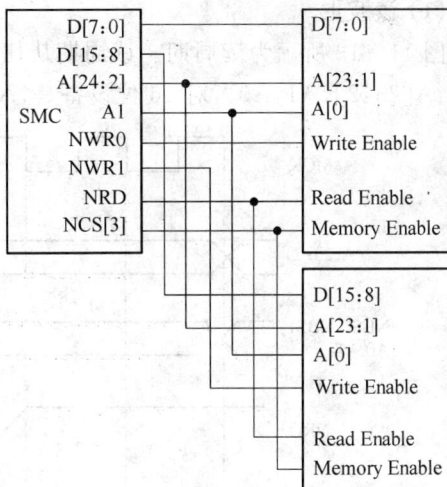

(1) 读波形

图 11-12 所示为读周期。读周期从往存储器地址总线上发送地址开始,例如:对 8 位设备是{A[23:2],A1,A0},对 16 位设备是{A[23:2],A1}。

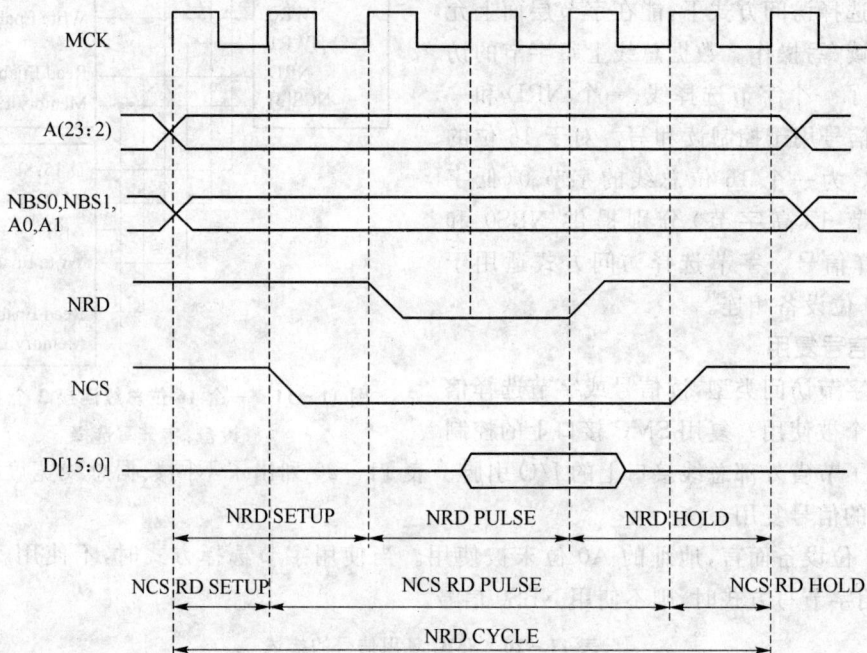

图 11-12 标准读周期

① NRD 波形

NRD 信号时序由一个设置时序、一个脉冲宽度和一个保持时序组成。

➤ NRD_SETUP:NRD 设置时间是指在 NRD 下降沿之前设置地址的时间。

➤ NRD_PULSE:NRD 脉冲宽度是指 NRD 下降沿和上升沿之间的时间。

➤ NRD_HOLD:NRD 保持时间定义为在 NRD 上升沿之后地址的保持时间。

② NCS 波形

同样,NCS 信号时序也可以被分为设置时间、脉冲长度和保持时间。

➤ NCS_RD_SETUP:NCS 设置时间是指在 NCS 下降沿之前设置地址的时间。

➤ NCS_RD_PULSE:NCS 脉冲宽度是指 NCS 下降沿和上升沿之间的时间。

➤ NCS_RD_HOLD:NCS 保持时间定义为在 NCS 上升沿之后的地址的保持时间。

③ 读周期

NRD_CYCLE 时间被定义为读周期总的持续时间,也就是从地址总线上发出地址信号到地址被改变的时间。总的读周期时间等于:

NRD_CYCLE = NRD_SETUP + NRD_PULSE + NRD_HOLD

= NCS_RD_SETUP + NCS_RD_PULSE + NCS_RD_HOLD

所有 NRD 和 NCS 时间都是主时钟周期的整数倍,根据每个片选分开定义。为了确保 NRD 和 NCS 时序的一致性,用户必须定义总的读周期,而不是保持时间。NRD_CYCLE 隐含定义的 NRD 保持时间和 NCS 保持时间,分别如下:

NRD_HOLD = NRD_CYCLE - NRD SETUP − NRD PULSE

NCS_RD_HOLD = NRD_CYCLE − NCS_RD_SETUP − NCS_RD_PULSE

(2) 读模式

由于 NCS 和 NRD 波形是独立定义的,因此 SMC 需要知道什么时候读数据总线上的数据是有效的。SMC 并不通过比较 NCS 和 NRD 的时序来判断哪一个信号先出现。在不同芯片选择情况下,SMC_MODE 寄存器的 READ_MODE 参数用于表示是由 NRD 还是由 NCS 信号控制读操作。

① NRD 控制读操作(READ_MODE = 1)

图 11 - 13 给出了一个典型的异步 RAM 中读操作的波形。在 NRD 下降沿过 t_{PACC} 时间之后,从数据总线上读数据是有效的,在 NRD 上升沿之后数据可能变化。这种情况下,READ_MODE 必须设为 1(读操作由 NRD 控制),表示 NRD 上升沿时数据是有效的。不管 NCS 的波形如何,SMC 将在主时钟处于上升沿时采样读数据,以产生 NRD 的上升沿。

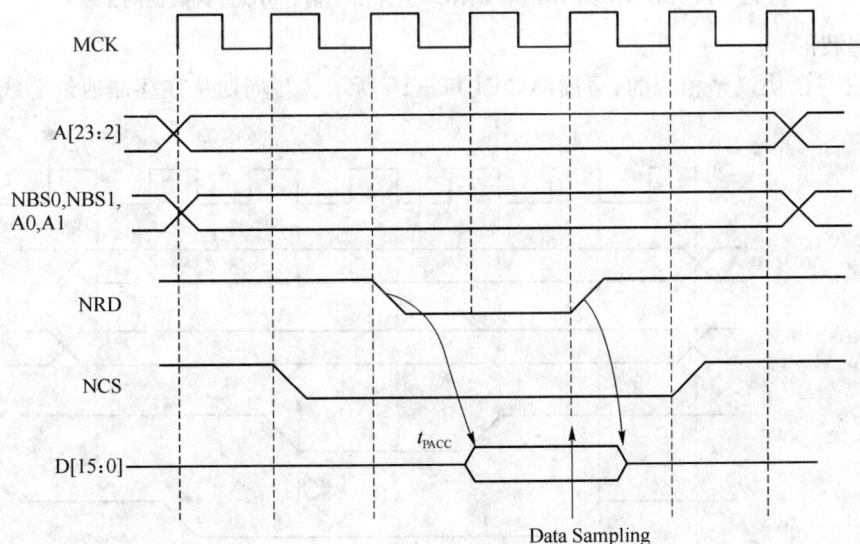

图 11 - 13　READ_MODE = 1:NRD 上升沿之前,SMC 对数据进行采样

② NCS 控制读操作(READ_MODE = 0)

图 11 - 14 是一个典型的读周期。在 NCS 下降沿过 t_{PACC} 时间后从数据总线读数据是有效的,并保持有效直到 NCS 的上升沿。因此,当 NCS 为低电平时必须采样数据。这种情况下,

READ_MODE 必须设置为 0(读操作由 NCS 控制):不管 NRD 的波形如何,SMC 在主时钟处于上升沿时取样读数据,以产生 NRD 上升沿。

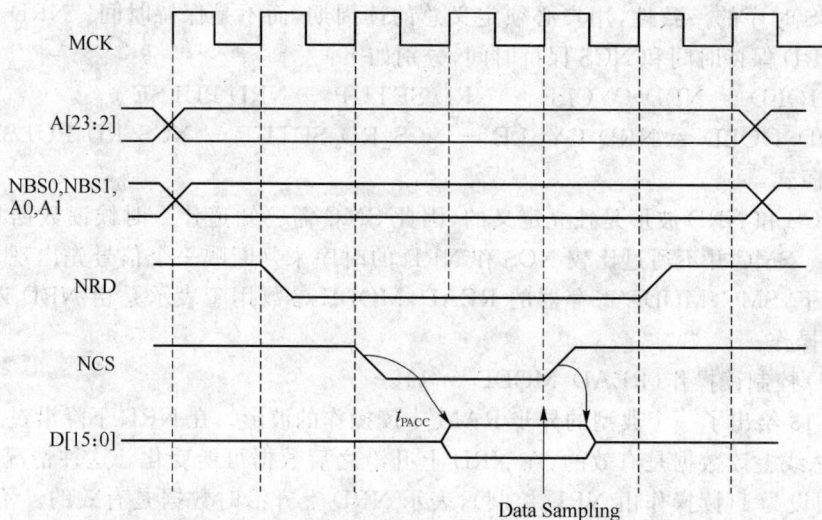

图 11-14 READ_MODE = 0:NCS 上升沿之前,SMC 进行数据的采样

(3) 写波形

写协议与读协议是相似的,写周期如图 11-15 所示。写周期从在存储地址总线上设置地址开始。

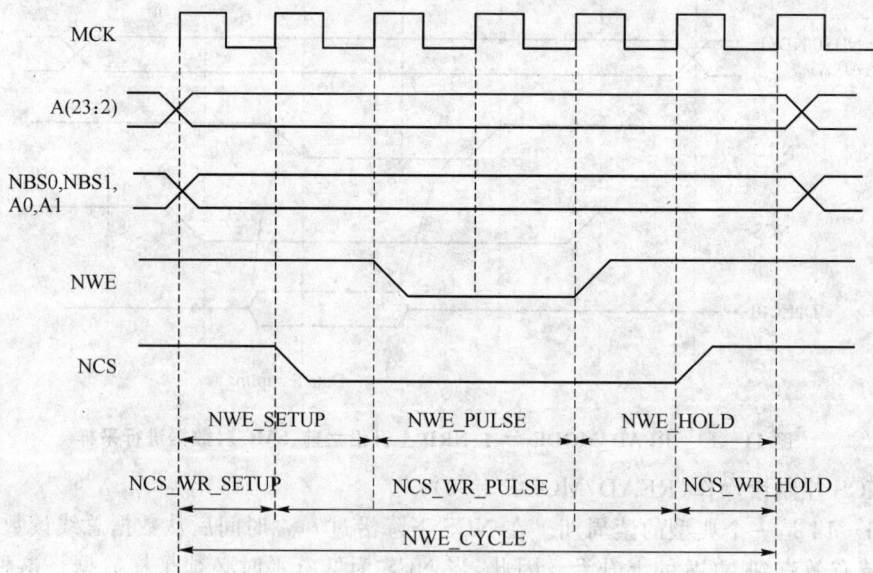

图 11-15 写周期

① NWE 波形

NWE 信号时序由设置时序、脉冲宽度和保持时序组成。

➤ NWE_SETUP：NEW 设置时间是指在 NWE 下降沿之前的设置地址的时间；

➤ NWE_PULSE：NWE 脉冲宽度是指 NWE 下降沿和上升沿之间的时间；

➤ NWE_HOLD：NWE 保持时间定义为 NWE 上升沿之后的地址和数据的保持时间。

NWE 波形应用在字节写访问方式下的所有字节写线：从 NWR0 到 NWR3。

② NCS 波形

写操作中的 NCS 信号波形读操作中的 NCS 波形不一样，因此被分开定义：

➤ NCS_WR_SETUP：NCS 设置时间是指在 NCS 下降沿之前设置地址的时间；

➤ NCS_WR_PULSE：NCS 脉冲宽度是指 NCS 下降沿和上升沿之间的时间；

➤ NCS_WR_HOLD：NCS 保持时间定义为在 NCS 上升沿之后地址的保持时间。

③ 写周期

写周期时间定义为写周期总的持续时间，即从在地址总线设置地址到地址被改变的时间。总的写周期时间等于：

$$NWE\_CYCLE = NWE\_SETUP + NWE\_PULSE + NWE\_HOLD$$
$$= NCS\_WR\_SETUP + NCS\_WR\_PULSE + NCS\_WR\_HOLD$$

所有 NWE 和 NCS（写）时间都是主时钟周期的整数倍，根据每个片选分开来定义。为了确保 NWE 和 NCS 时序的一致性，用户必须定义总的写周期，而不是保持时间。隐含定义的 NWE 保持时间和 NCS 保持时间如下：

$$NWE\_HOLD = NWE\_CYCLE - NWE\_SETUP - NWE\_PULSE$$
$$NCS\_WR\_HOLD = NWE\_CYCLE - NCS\_WR\_SETUP - NCS\_WR\_PULSE$$

(4) 写模式

相应的片选情况下，SMC_MODE 寄存器中 WRITE_MODE 参数指示由哪个信号来控制写操作。

① 写操作由 NWE 控制（WRITE_MODE = 1）：

图 11-16 为 WRITE_MODE 设置为 1 时的写操作波形。在 NWE 信号保持有效的脉冲内，将数据放到总线上。不管如何设置 NCS 的波形，内部的数据缓冲区在 NWE_SETUP 时间之后被关闭，直到写周期结束。

② 写操作由 NCS 控制（WRITE_MODE = 0）

图 11-17 为 WRITE_MODE 设置为 0 时的写操作波形。在 NCS 信号保持有效的脉冲内，将数据放置在数据总线上。不管如何设置 NWE 的波形，内部的数据缓冲区在 NCS_WR_SETUP 时间之后关闭，直到写周期结束。

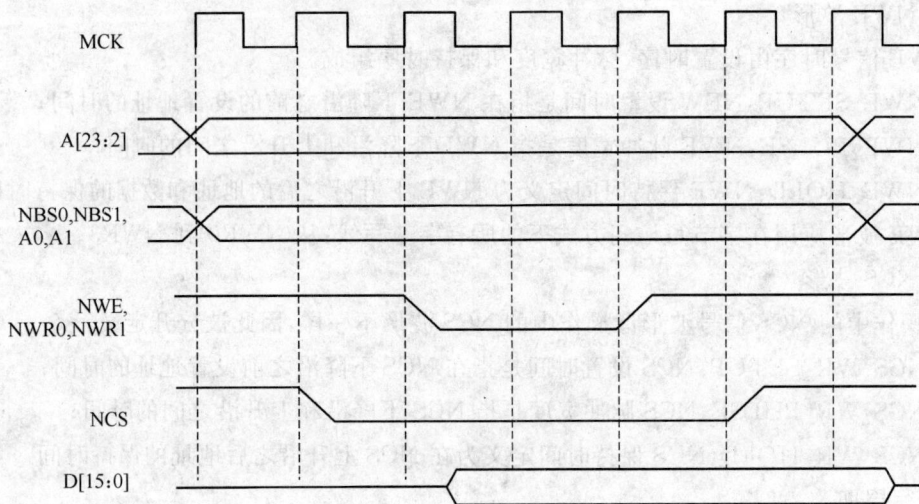

图 11-16　WRITE_MODE = 1. 写操作由 NWE 控制

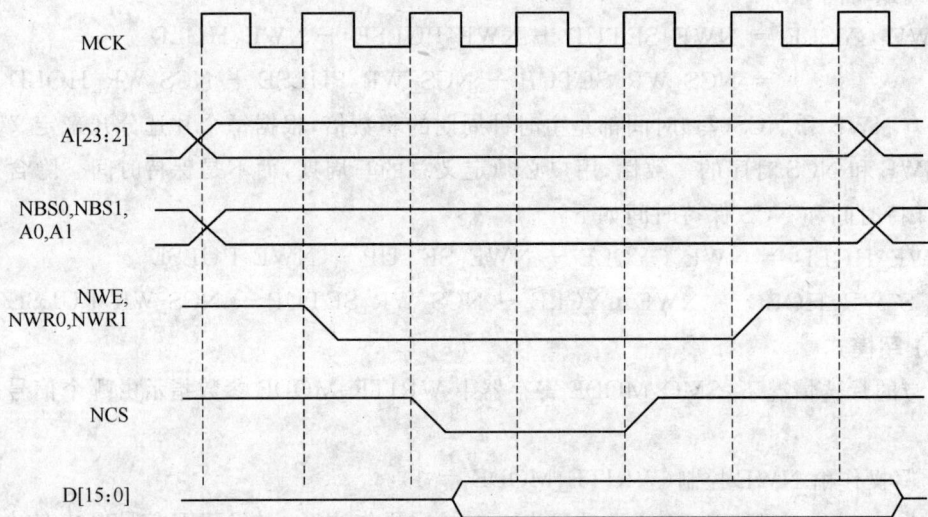

图 11-17　WRITE_MODE = 0. 写操作由 NCS 控制

(5) 编码时序参数

要为每个片选定义其所有的时序参数,并在 SMC_REGISTER 中按照它们的类型进行分组。

SMC_SETUP 寄存器对所有设置参数进行分组:nrd_setup、ncs_rd_setup、nwe_setup、ncs_wr_setup。

SMC_PULSE 寄存器对所有脉冲参数进行分组：nrd_PULSE、ncs_rd_pULSE、nwe_pULSE、ncs_wr_pULSE。

SMC_CYCLE 寄存器对所有周期参数进行分组：NRD_CYCLE、NWE_CYCLE。

表 11-21 列出了如何编码时序参数以及允许范围。

表 11-21 时序参数的编码和范围

编码值	比特位数	有效值	允许范围	
			编码值	有效值
setup [5:0]	6	$128 \times$ setup[5] + setup[4:0]	$0 \sim 31$	$128 \sim 128+31$
pulse [6:0]	7	$256 \times$ pulse[6] + pulse[5:0]	$0 \sim 63$	$256 \sim 256+63$
cycle [8:0]	9	$256 \times$ cycle[8:7] + cycle[6:0]	$0 \sim 127$	$256 \sim 256+127$ $512 \sim 512+127$ $768 \sim 768+127$

表 11-22 给出了复位后的时序参数默认值。

表 11-22 时序参数的复位值

寄存器	复位值	说 明
SMC_SETUP	0x01010101	所有设置时序都设为 1
SMC_PULSE	0x01010101	所有脉冲时序都设为 1
SMC_CYCLE	0x00030003	读和写操作持续 3 个主时钟周期,并提供一个保持周期
WRITE_MODE	1	由 NEW 控制写操作
READ_MODE	1	由 NRD 控制读操作

(6) 使用限制

SMC 并不检测用户编程的参数的有效性。如果 SETUP 和 PULSE 参数的总和大于相应的 CYCLE 参数,将导致 SMC 的行为不可预知。

对于读操作,如果不设地址设置和保持时间,存储器接口中不能够保证地址设置和保持时间,也不能保证 NRD 和/或 NCS 信号,这是因为这些信号在通过外部逻辑时会产生传播延迟。如果必须要验证设置以及保持值的有效性,那么强烈建议不要设置空值,这样就可以覆盖地址信号、NCS 信号及 NRD 信号之间可能出现的偏差。

对于写操作,如果没有给 NWE 设置保持值,那么在 NWE 上升沿之后,SMC 能够保证一个确切的保持地址、字节选择线和 NCS 信号。上述情况仅仅在 WRITE_MODE=0 时是正确的。

对读和写操作,必须设置脉冲参数值,因为空值可能导致不可预知的行为。在读/写周期中,设置地址和保持时间参数是参照地址总线来定义的。对外部设备而言,在 NCS 和 NRD (读)信号之间或 NCS 和 NWE(写)信号之间需要设置地址和保持时间。这些地址的设置和保持时间必须参考地址总线,将其转换成地址设置时间和保持时间。

4. 加密编码/解码功能

外部数据总线 D[31:0] 上的数据可以进行加密编码,这样可防止他人通过分析微控制器或片外存储器的引脚来获取知识产权数据。

编码和解码是在传输过程中执行的,不需要额外的等待状态。

编码方式依赖于两个用户可配置的密钥寄存器,即 SMC_KEY1 和 SMC_KEY2。这些密钥寄存器仅在写模式下可访问。

为了从片外存储器中恢复数据,密钥必须被安全地存储在可靠的非易失存储器中。如果密钥丢失了,那么用密钥编码的数据将不可恢复。

通过对 SMC_OCMS 寄存器进行设置,可以允许或禁止编码/解码功能。SMC_OCMS 寄存器中有 1 位专门用来允许/禁止 NAND Flash 数据的加密编码,另外 1 位专门用来允许/禁止片外 SRAM 数据的加密编码。当至少一个外部 SRAM 被编码时,SMC_OCMS 寄存器里面的 SMSE 域必须被配置。

当复用片选(外部 SRAM)时,需要使用 SMC_TIMINGS 寄存器中的 OCMS 域为每个片选配置加密编码功能。为了对 NAND Flash 内容编码,必须对 SMC_OCMS 寄存器里的 SRSE 域进行配置。当 NAND Flash 存储器内容被编码加密时,与之相连的用于传输的 SRAM 页缓冲区也被编码加密。

5. 自动等待状态

在某些条件下,SMC 在 2 次访问之间自动的插入空闲周期,以避免总线争用或操作冲突。

(1) 片选等待状态

在 2 个独立片选的传输之间,SMC 总是插入一个空闲周期。这个空闲周期是为了确保在一个设备离开激活状态和下一个设备激活之间没有总线冲突。在片选等待状态期间,所有的控制线都处于非激活状态:从 NBS0 到 NBS1、NWR0 到 NWR1、NCS[0..3]、NRD 线均被置为 1。

(2) 提早读等待状态

在某些情况下(例如写周期之后紧接一个读周期),为了保证在后续到来的读周期开始之前,写周期能有充分的时间完成,于是 SMC 在写访问和读访问之间插入一个等待状态周期。如果有片选等待状态,则不会产生提早读等待状态。因此,提早的读周期仅仅发生在对同一个存储设置(同样的片选)的写和读访问之间。

如果以下条件至少一个成立,那么将自动插入一个提早读等待状态:

➢ 如果写控制信号没有保持时间,且后续的读控制信号没有设置地址时间。

> 在 NCS 写控制模式下(WRITE_MODE = 0),如果 NCS 信号没有保持时间,而且 NCS_RD_SETUP 参数设置为 0,这时不管是什么读模式,写操作都必须以 NCS 上升沿作为结束。如果没有一个提早读等待状态,则读操作不可能正确完成。

> 在 NWE 控制模式下(WRITE_MODE = 1),如果没有保持时间(NWE_HOLD = 0),那么写控制信号的反馈被用来控制地址、数据、片选和字节选择线。如果外部的写控制信号由于负载电容的缘故而没有按照预期停止下来,那么将插入一个提早读等待状态,地址和控制信号将被多保持一个周期。

(3) 重载用户配置等待状态

用户可以通过写 SMC 用户接口来修改任意配置参数。当检测到一个新的用户配置写入到用户接口时,SMC 会在开始下一次访问之前插入一个等待状态。这个所谓的"重载用户等待状态"被 SMC 用来在下一次访问之前加载新的设置参数。

如果有片选等待状态,则不会出现重载用户配置等待状态。如果在对用户接口进行重设置之前或之后访问不同的设备(片选),那么将会插入一个片选等待状态。

另一方面,如果在写用户接口之前或之后所访问的是同一个设备,那么将插入一个重载配置等待状态,即使这个改变与当前片选无关。

为了插入一个重载配置等待状态,SMC 将检测任何对用户接口 SMC_MODE 寄存器的写访问。如果仅是用户接口中的时序寄存器(SMC_SETUP、SMC_PULSE、SMC_CYCLE 寄存器)被修改,用户必须通过写 SMC_MODE 寄存器来对修改进行验证,即使模式参数没有被修改。

在当前的传输结束之后,如果进入或退出慢时钟模式,将会插入一个重载配置等待状态。

(4) 读到写等待状态

由于内部机制的缘故,在连续的读和写 SMC 访问之间,总是会插入一个等待周期。这个等待周期在本文档中被称为读到写等待状态。这种情况下,除了片选等待状态、重载用户配置等待状态之外,还要插入这个等待周期。

6. 数据浮动等待状态

一些存储设备释放外部总线速度很慢。对于这种设备,在以下情况需要在一次读访问之后添加等待状态(数据浮动等待状态):

> 在开始对一个不同的外部存储器进行读访问之前;

> 在开始对一个相同的设备或一个不同的外部设备进行写访问之前。

对每一个外部存储设备,可通过对相应片选所对应的 SMC_MODE 寄存器中 TDF_CYCLES 域编程以设置数据浮动输出时间(t_{DF})。在外部设备释放总线之前,TDF_CYCLES 的值用于指示数据浮动等待周期的数量(在 0~15 之间),以及表示存储设备被禁止后允许数据输出到其为高阻抗状态的时间。

数据浮动等待状态并没有延误内部存储器访问。因此,对一个数据浮动输出时间 t_{DF} 很长的外部存储器的单一访问,并没有降低执行内部存储器程序的速度。

数据浮动等待状态的管理依赖于相应片选所对应的 SMC_MODE 寄存器里的 READ_MODE 和 TDF_MODE 域。

7. 外部等待

外部设备通过使用 SMC 的 NWAIT 输入信号,可以扩展任何访问。相应片选对应的 SMC_MODE 寄存器里的 EXNW_MODE 域必须被设置为 10(冻结模式),或是为 11(准备模式)。当 EXNW_MODE 设置为 00(禁止)时,相应片选上的 NWAIT 信号被忽略。对于读或写控制信号而言,NWAIT 信号将延迟读或写操作,这取决于相应片选为读模式或写模式。

当 EXNW_MODE 被允许时,将强制为读/写控制信号设置至少 1 个保持周期。由于这个原因,NWAIT 信号不能在慢时钟模式中被使用。NWAIT 信号被当作外部设备对 SMC 读/写请求的响应。那么 NWAIT 仅仅在读或写控制信号的脉冲状态时被 SMC 检查。在预期阶段之外的 NWAIT 信号将对 SMC 的行为没有任何影响。

8. 慢时钟模式

当一个由功耗管理控制器(Power Management Controller)驱动的内部信号有效时,SMC 能自动使用一组“慢时钟模式”的读/写波形,这是因为 MCK 已经变成了一个慢时钟的频率(典型的是 32 kHz 时钟频率)。在这种模式里,用户设置的波形被忽略,而使用慢时钟模式。这种模式是为了避免在非常慢的时钟频率下,对用户接口进行重编程设置。一旦被激活,在所有的片选上都会使用这种慢模式。

图 11-18 显示了慢时钟模式下的读/写操作,它们在所有片选下可用。表 11-23 给出了慢时钟模式下读/写参数的值。

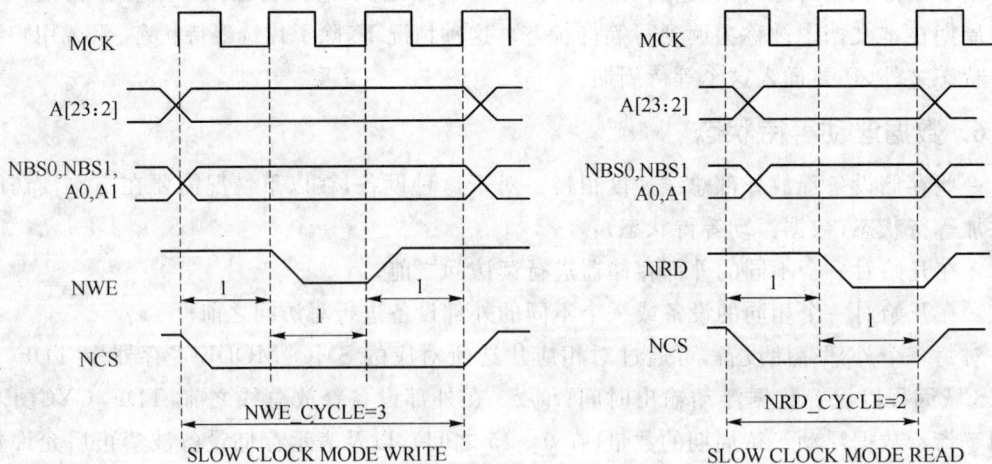

图 11-18　慢时钟模式的读/写操作

表 11 – 23　慢时钟模式下读/写时序参数

读参数	持续时间(时钟周期)	写参数	持续时间(时钟周期)
NRD_SETUP	1	NWE_SETUP	1
NRD_PULSE	1	NWE_PULSE	1
NCS_RD_SETUP	0	NCS_WR_SETUP	0
NCS_RD_PULSE	2	NCS_WR_PULSE	3
NRD_CYCLE	2	NWE_CYCLE	3

在从慢时钟模式切换到正常模式时,当前慢时钟模式传输是在一个高时钟频率下按照慢时钟模式的参数来完成。但是外部设备可能没有足够快的时钟来支持这个时序。推荐使用慢时钟模式到正常模式或正常模式到慢时钟模式的转换方式,如图 11 – 19 所示。

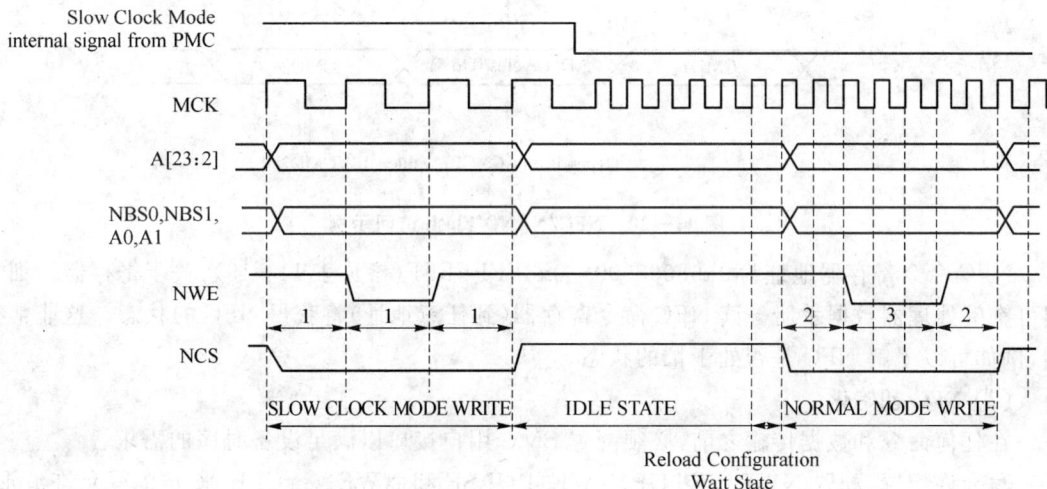

图 11 – 19　慢时钟模式到正常模式或正常模式到慢时钟模式的转换方式

9. NAND Flash 控制器的操作

NFC 可处理:自动传输、给 NAND Flash 发送命令和地址周期、实现 NAND Flash 页面与 NFC SRAM 之间的传输(读或写)。SMC 可最大程度地减轻 CPU 的性能负载。

(1) NFC 控制寄存器

通过 NFC 命令寄存器可以实现 NAND Flash 读取、NAND Flash 编程操作。为了最大程度地减少 CPU 的干预和延迟,命令通过命令缓存来发布。这个缓存可以实现零等待状态延迟。

NFC 通过 NFC SRAM 来实现外部 NAND Flash 和片内的自动传输,这些通过 NFC 命令寄存器来实现。

NFC 命令寄存器使用起来非常高效，当写这些寄存器时：寄存器的地址（NFCADDR_CMD）包含了所使用的命令；寄存器的数据（NFCDATA_ADDT）包含了送到 NAND Flash 的地址。

于是，在一个单一访问中命令被送到 NFC 后会立即被执行。根据 VCMD2 值的设置，甚至可以在一个单一访问（CMD1，CMD2）中写 2 个命令。

NFC 最多可以送出 5 个地址周期。图 11-20 展示了一个典型的 NAND Flash 存储器页读命令以及相应的 NFC 地址命令寄存器。

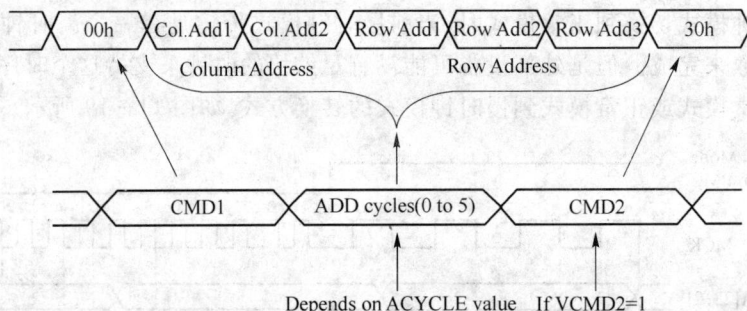

图 11-20　NFC/NAND Flash 访问示例

NFC 命令寄存器地址为 0x68000000～0x6FFFFFFF（参见表 11-19），关于寄存器详细介绍可查阅处理器数据手册。读 NFC 命令寄存器（到任意地址）将获得 NFC 的状态。这非常有用，例如可以了解 NFC 是否处于忙的状态。

（2）NFC 初始化

在任何命令和数据传输之前，必须配置 SMC 用户接口以满足设备时序的需求。

写允许配置：配置 NWE_SETUP、NWE_PULSE 和 NWE_CYCLE 来定义写允许波形。使用 SMC_TIMINGS 寄存器里面的 TADL 域，来配置最后的地址锁存器周期和数据输入的 WEN 信号的第一个上升沿之间的时序，如图 11-21 所示。

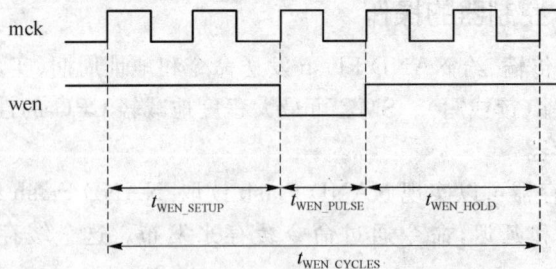

图 11-21　写允许时序配置

读允许配置：根据设备的数据手册：配置 NRD_SETUP、NRD_PULSE 和 NRD_CYCLE
来定义读允许波形。用 SMC_TIMINGS 寄存器里面的 TAR 域来配置地址锁存允许下降沿
到读允许下降沿之间的时序。用 SMC_TIMINGS 寄存器里的 TCLR 域来配置命令锁存允许
下降沿到读允许下降沿之间的时序，如图 11 - 22 所示。

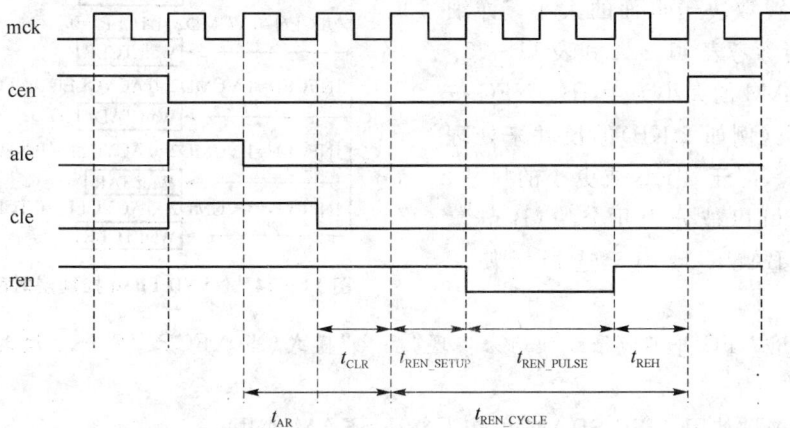

图 11 - 22   NAND Flash 设备的读允许时序配置

NAND Flash 设备的准备好/忙信号时序配置：用 SMC_TIMINGS 寄存器里的 TWB 域
来配置 WEN 信号上升沿和 RBN 信号下降沿之间所需要最大时间。用 SMC_TIMINGS 寄存
器里的 TRR 域来设置 RBN 信号上升沿和 REN 信号下降沿之间的时钟周期数，如图 11 - 23
所示。

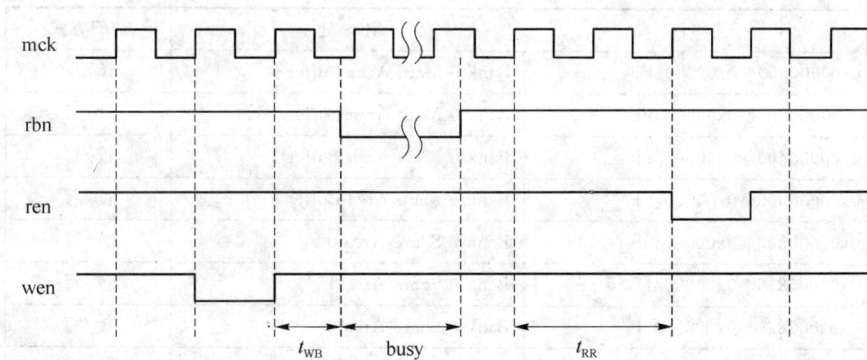

图 11 - 23   准备/忙时序配置

当 NFC 命令寄存器被写时，NFC 会发送一个 NAND Flash 命令，并可选择地执行一个内
部 SRAM 和 NAND Flash 设备之间数据传输。NAND Flash 控制器时序引擎可根据从地址
总线上解码的一系列参数，保证有效的 NAND Flash 时序。这些时序由 SMC_TIMINGS 寄

存器定义。不同命令所对应时序的相关信息，可以参考图 11-24。

(3) NFC SRAM

如果将 NFC 用于从 NAND Flash 读/写数据，其配置取决于页面的大小。详细的映射关系请参考表 11-24 和表 11-25。

NFC SRAM 的大小为 4 KB。NFC 按 4KB 或者更小（例如 2 KB）的尺寸来处理 NAND Flash。对于 2 KB 或更小的尺寸，NFC SRAM 可以被分为几个块（Bank）。其中，SMC_BANK 域用于选择所使用的块。

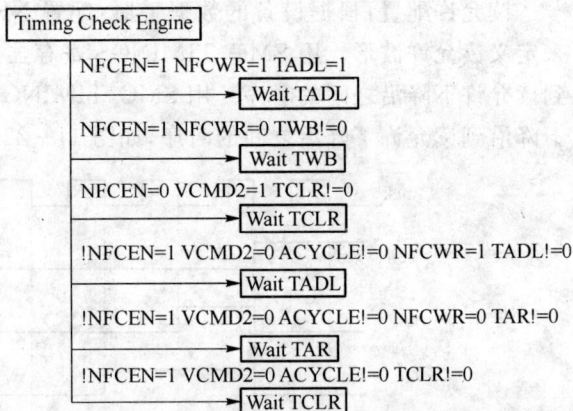

图 11-24　NAND Flash 控制器时序引擎

注意：使用 NFC 并不能很方便地来实现"乒乓"模式（当 NFC 读/写一个块时，又读/写另一个块）。

如 NFC 未被使用，NFC SRAM 可作为普通 SRAM 使用。

当 NFC 对 NFC SRAM 读或写数据时，内部存储器将不再可访问。如果 NFC 正在执行读或写操作时，如果发生了一个 NFC SRAM 访问，那么该访问将被丢弃。写操作将不被执行，而读操作将返回未定义数据。这种情形下，NFC 状态寄存器中的状态标志 AWB 将为 1，表示发生了共享资源访问冲突。

表 11-24　NANDFlash 页尺寸为 2 KB+64 bytes 时 NFC SRAM 的映像

偏移量	用　处	访问方式
0x00000000～0x000001FF	Bank 0 Main Area Buffer 0	读/写
0x00000200～0x000003FF	Bank 0 Main Area Buffer 1	读/写
0x00000400～0x000005FF	Bank 0 Main Area Buffer 2	读/写
0x00000600～0x000007FF	Bank 0 Main Area Buffer 3	读/写
0x00000800～0x0000080F	Bank 0 Spare Area 0	读/写
0x00000810～0x0000081F	Bank 0 Spare Area 1	读/写
0x00000820～0x0000082F	Bank 0 Spare Area 2	读/写
0x00000830～0x0000083F	Bank 0 Spare Area 3	读/写
0x00000840～0x00000A3F	Bank 1 Main Area Buffer 0	读/写
0x00000A40～0x00000C3F	Bank 1 Main Area Buffer 1	读/写
0x00000C40～0x00000E3F	Bank 1 Main Area Buffer 2	读/写
0x00000E40～0x0000103F	Bank 1 Main Area Buffer 3	读/写

续表 11 – 24

偏移量	用　处	访问方式
0x00001040～0x0000104F	Bank 1 Spare Area 0	读/写
0x00001050～0x0000105F	Bank 1 Spare Area 1	读/写
0x00001060～0x0000106F	Bank 1 Spare Area 2	读/写
0x00001070～0x0000107F	Bank 1 Spare Area 3	读/写
0x00001080～0x00001FFF	Reserved	—

表 11 – 25　NANDFlash 页尺寸为 4 KB ＋128 bytes 时，NFC SRAM 的映像

偏移量	用　处	访问方式
0x00000000～0x000001FF	Bank 0 Main Area Buffer 0	读/写
0x00000200～0x000003FF	Bank 0 Main Area Buffer 1	读/写
0x00000400～0x000005FF	Bank 0 Main Area Buffer 2	读/写
0x00000600～0x000007FF	Bank 0 Main Area Buffer 3	读/写
0x00000800～0x000009FF	Bank 0 Main Area Buffer 4	读/写
0x00000A00～0x00000BFF	Bank 0 Main Area Buffer 5	读/写
0x00000C00～0x00000DFF	Bank 0 Main Area Buffer 6	读/写
0x00000E00～0x00000FFF	Bank 0 Main Area Buffer 7	读/写
0x00001000～0x0000100F	Bank 0 Spare Area 0	读/写
0x00001010～0x0000101F	Bank 0 Spare Area 1	读/写
0x00001020～0x0000102F	Bank 0 Spare Area 2	读/写
0x00001030～0x0000103F	Bank 0 Spare Area 3	读/写
0x00001040～0x0000104F	Bank 0 Spare Area 4	读/写
0x00001050～0x0000105F	Bank 0 Spare Area 5	读/写
0x00001060～0x0000106F	Bank 0 Spare Area 6	读/写
0x00001070～0x0000107F	Bank 0 Spare Area 7	读/写
0x00001080～0x00001FFF	Reserved	—

(4) NAND Flash 操作

NAND Flash 操作用来发送命令给 NAND Flash 设备、使用 NFC 进行数据传输。

➢ 页面读，流程如图 11 – 25 所示。注意：这里可以使用查询 NFCBUSY 标志的方式来替代中断。

➢ 页面写，流程如图 11 – 26 所示。使用 NFC 进行页面写时，未进行 ECC（纠错码）；如需要则须以手动方式执行。

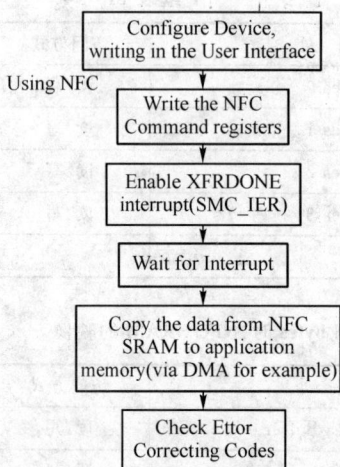

图 11-25　页面读流程图　　　　　图 11-26　页面写流程图

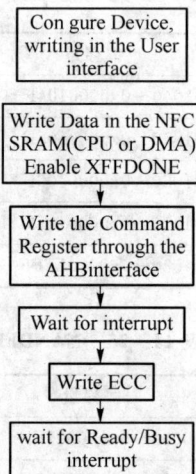

10. SMC 纠错功能概述

在 NAND Flash 和 SmartMedia 存储器的一页中除了包含用来存储主数据的主区域外，还有一个用于冗余(ECC)的额外区域。页以 8 位字或 16 位字的形式组织，页的大小等于主区域大小和额外区域大小之和。

随着使用时间增长，存储区的一些位置可能不再适合编程或擦写。可以使用以下 3 种方案之一来确保数据能正确地存储在 NAND Flash 设备中：每 256 字节的数据 1 个 ECC、每 512 字节的数据 1 个 ECC 或每页一个 ECC。

ECC 唯一需要配置的是 NAND Flash 或 SmartMedia 的页面大小(528/2 112/4 224)和想要的纠错类型(每页 1 个 ECC/每 256 字节的数据 1 个 ECC/每 512 字节的数据 1 个 ECC)。页面大小通过 ECC 模式寄存器(ECC_MR)里的 PAGESIZE 域来配置；纠错的类型通过 ECC 模式寄存器(ECC_MR)寄存器里的 TYPCORRECT 域来配置。

注意： 在使用 16 位 NAND Flash 时有限制：只允许每个页对应 1 个 1 ECC。对于 8 位 NAND Flash 则无限制。

只要检测到 NAND Flash 或 SmartMedia 的一个读(00H)/写(80H)命令，那么 ECC 将会被自动计算出来。读和写访问必须在一个页的边界处开始。

只要计数器到达了存储数据的主区域结尾，ECC 的结果就是有效的；然后 ECC 校验寄存器(ECC_PR0～ECC_PR15)里的值就有效并被锁住，直到一个新的开始条件发生(地址周期之后的读/写命令)。

(1) 写访问

一旦写了 Flash 存储页,那么 ECC 校验(ECC_PR0 到 ECC_PR15)寄存器中计算出来的 ECC 码就是有效的。ECC 码的值必须由应用程序软件来写入到用于冗余的额外区域中。对额外区写访问的数量与纠错域的类型值相关。例如对于一个 512 字节的页,如果采用每 256 个字节的数据使用 1 个 ECC,那么仅 ECC_PR0 和 ECC_PR1 的值必须由应用程序软件写入,其它的寄存器无意义。

(2) 读访问

在读完主区域的全部数据之后,应用程序必须对额外区域执行读访问,以获取之前存入的 ECC 码。错误检测由 ECC 控制器自动执行。请注意必须对全部的主区域和冗余区域进行连续读,以便让 ECC 控制器执行错误检测。

应用程序可通过 ECC 状态寄存器(ECC_SR1/ECC_SR2)来检测任何发现的错误,这样能够让应用程序纠正任何发现的错误。ECC 计算检测可能得到以下 4 种不同的情况:

无错误——将存储在 NAND Flash 或 SmartMedia 页面最后的 ECC 码和计算得到的 ECC 码进行异或,该值等于 0。在 ECC 状态寄存器(ECC_SR1/ECC_SR2)里没有错误标志。

可恢复的错误——只有在 ECC 状态寄存器(ECC_SR1/ECC_SR2)里的 RECERR 标志被置位时,错误才可恢复。读页面中被破坏的字偏移,由 ECC 校验寄存器(ECC_PR0 到 ECC_PR15)的 WORDADDR 域定义;相关的字中被破坏的位由 ECC 校验寄存器(ECC_PR0 到 ECC_PR15)的 BITADDR 域定义。

ECC 错误——ECC 状态寄存器(ECC_SR1/ECC_SR2)的 ECCERR 标志被置位。ECC 码中检测到的错误存储在 Flash 存储器中。应用程序对包含在 Flash 存储器中的 ECC 码里的 Parity 和 Nparity 进行异或操作,然后发现被破坏的位的位置。

不可纠正的错误——ECC 状态寄存器(ECC_SR1/ECC_SR2)里的 MULERR 标志被置位。在 Flash 存储页里检测到好几个不可恢复的错误。

当检测到一个读/写命令或执行一个软件复位时,ECC 状态寄存器、ECC 校验寄存器被清零。

对于 1 位的纠错和 2 位的检错(SEC_DED),可以使用 Hsiao 码。对于一个页面大小为 512/2 048/4 096 的 8 位字的页面,每 256 或 512 字节对应 1 位纠错码,将生成 24 位的 ECC。对于每 512/1 024/2 048/4 096 个 8 位或 16 位的字对应 1 位纠错码,则产生 32 位的 ECC。

11.2.3　应用程序设计 1

1. 设计要求

通过 SMC 对 EM－SAM3U 开发板上的外部 PSRAM(MT45V512KW16PEGA,1MB)进行读写。先往 PSRAM 里写入数据,然后再从该地址处读取数据,把读取的数据与写入的数据相比较,如果一致,则点亮开发板上的 LED 灯 D3,否则点亮 D4 灯,并将结果通过 UART 送到 PC 超级终端上去。

2. 硬件设计

如图 11 - 27 所示,在评估板上处理器的 PC0~PC11、PC20~PC25 与外部 PSRAM 的地址线 A[1:19]连接;PB6、PB9~PB16、PB25~PB31 与外部 PSRAM 的数据线 D[0:15]连接;PB7 和 PC15 作为块选信号 NBS0 和 NBS1;PB20 作为片选信号 NCS0;PB19 和 PB23 则作为读/写信号 NRD 和 NEW。另外,LED 灯 D3、D4 分别与 PB0、PB1 相连。

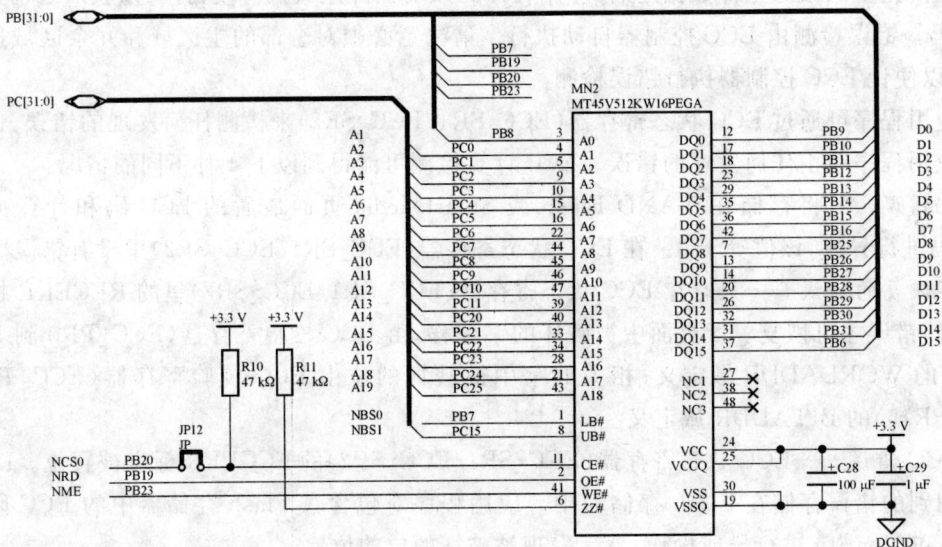

图 11 - 27 SAM3U 处理器与 PSARM 的连接

3. 软件设计

根据设计任务要求,软件程序需要完成以下工作:

➢ 设置 UART 串口,使之能够正常接收和发送数据;

➢ 配置与片外 PSRAM 连接的引脚,并配置 SMC;

➢ 先往 PSRAM 里写入数据,然后再从里面读取数据,并将读取结果送到 UART 端口;

➢ 把读取的数据与写入的数据相比较,如果一样则点亮 D3 灯,否则点亮 D4 灯。

整个工程主要包含 1 个源文件:main.c,其 main()函数实现上述内容。其参考程序如下:

```
/********************************************************************
* 文件名:main.c
* 作者 :Wuhan R&D Center, Embest
* 描述 :Main program body
```

```
**********************************************************/
/********************************************************
*      Headers
*********************************************************/
#include <stdio.h>
#include "board.h"
#include "dbgu.h"
#include "pio.h"
#include "pmc.h"
#include "irq.h"
#include "trace.h"
/********************************************************
*      Local define
*********************************************************/
/* 片外 SRAM 的基地址 */
#define BANK1_SRAM_BASE    0x60000000
/* 读/写 SRAM 缓冲区的大小 */
#define BUFFER_SIZE        0x40
/* 从这个偏移地址处开始读/写 SRAM */
#define WRITE_READ_ADDR    0x40
/********************************************************
*      Local variables
*********************************************************/
/* 片外 SRAM 的引脚 */
const Pin pinsSRAM[] = {BOARD_PSRAM_PINS};
unsigned char TxBuffer[BUFFER_SIZE];
unsigned char RxBuffer[BUFFER_SIZE];
/********************************************************
*      Local functions
*********************************************************/
/********************************************************
* @brief 用特殊的字符填充缓冲区
* @param   pBuffer        要填充的缓冲区
*          BufferLength 要填充的缓冲区长度
*          Offset         填充到缓冲区的数的偏移
* @return none
*********************************************************/
void Fill_Buffer(unsigned char * pBuffer, unsigned char BufferLength,
          unsigned char Offset)
```

```c
{
  unsigned char tmp = 0;
  /* 填充缓冲区 */
  for (tmp = 0; tmp < BufferLength; tmp ++)
  {
    pBuffer[tmp] = tmp + Offset;
  }
}
/* *******************************************************************
 * @brief 把缓冲区的数据写入到片外 SRAM 的指定地址处
 * @param  pBuffer  数据缓冲区
 *          WriteAddr写入到 SRAM 处的地址
 *          WriteSize写入 SRAM 的数据的大小
 * @return none
 ****************************************************************** */
void SMC_SRAM_WriteBuffer(unsigned char * pBuffer, unsigned int WriteAddr,
                     unsigned char WriteSize)
{
  for (; WriteSize != 0; WriteSize --)
  {
    /* 传输数据到 SRAM 中 */
    *(unsigned char *)(BANK1_SRAM_BASE + WriteAddr) = * pBuffer ++;
    /* 地址递增 */
    WriteAddr += 1;
  }
}
/* *******************************************************************
 * @brief 从片外 SRAM 的指定地址处读取数据到缓冲区中
 * @param  pBuffer  数据缓冲区
 *          ReadAddr 从 SRAM 的该地址处读取数据
 *          ReadSize 从 SRAM 中读取数据的大小
 * @return none
 ****************************************************************** */
void SMC_SRAM_ReadBuffer(unsigned char * pBuffer, unsigned int ReadAddr,
                     unsigned char ReadSize)
{
  for (; ReadSize != 0; ReadSize --)
  {
    /* 从 SRAM 中读取数据 */
```

```
        * pBuffer++ = * (volatile unsigned char * )(BANK1_SRAM_BASE + ReadAddr);
    /* 地址递增 */
    ReadAddr + = 1;
    }
}
/* **********************************************************************
 * @brief main 函数用来配置 SMC 以及读写 SRAM
 * @param none
 * @return none
 ********************************************************************** /
int main()
{
    unsigned int rMode;
    unsigned char index;
    unsigned char status;
    /* 选择 SMC 的片选 0 */
    AT91PS_HSMC4_CS pSMC = AT91C_BASE_HSMC4_CS0;

    SystemInit();

    TRACE_CONFIGURE(DBGU_STANDARD, 115200, SystemFrequency);
    printf("\n\r ============================ \n\r");
    printf("         SMC Test         ");
    printf("\n\r ============================ \n\r");

    printf(" SRAM Init......\n\r");
    /* 片外 SRAM 引脚初始化 */
    PIO_Configure(pinsSRAM, PIO_LISTSIZE(pinsSRAM));
    PMC_EnablePeripheral(AT91C_ID_HSMC4);
    /* 配置 SMC */
    pSMC->HSMC4_SETUP = 0
            |((4 << 0) & AT91C_HSMC4_NWE_SETUP)
            |((2 << 8) & AT91C_HSMC4_NCS_WR_SETUP)
            |((4 << 16) & AT91C_HSMC4_NRD_SETUP)
            |((2 << 24) & AT91C_HSMC4_NCS_RD_SETUP)
            ;

    pSMC->HSMC4_PULSE = 0
            |(( 5 << 0) & AT91C_HSMC4_NWE_PULSE)
            |(( 18 << 8) & AT91C_HSMC4_NCS_WR_PULSE)
            |(( 5 << 16) & AT91C_HSMC4_NRD_PULSE)
            |(( 18 << 24) & AT91C_HSMC4_NCS_RD_PULSE)
```

```
pSMC - >HSMC4 _CYCLE = 0
            | ((22 << 0) & AT91C_HSMC4_NWE_CYCLE)
            | ((22 << 16) & AT91C_HSMC4_NRD_CYCLE)
            ;

rMode = pSMC - >HSMC4_MODE;
pSMC - >HSMC4 _MODE = (rMode & ~(AT91C_HSMC4_DBW | AT91C_HSMC4_READ_MODE
            | AT91C_HSMC4_WRITE_MODE | AT91C_HSMC4_PMEN))
            | (AT91C_HSMC4_READ_MODE)
            | (AT91C_HSMC4_WRITE_MODE)
            | (AT91C_HSMC4_DBW_WIDTH_SIXTEEN_BITS);

/* 填充发送缓冲区 */
Fill_Buffer(TxBuffer, BUFFER_SIZE, 0x01);

printf("SRAM Writing...\n\r");
/* 写数据到 SRAM 中 */
SMC_SRAM_WriteBuffer(TxBuffer, WRITE_READ_ADDR, BUFFER_SIZE);

printf("SRAM reading...\n\r");
/* 从 SRAM 中读取数据 */
SMC_SRAM_ReadBuffer(RxBuffer, WRITE_READ_ADDR, BUFFER_SIZE);

printf("The read data are :\n\r");
for (index = 0; index < BUFFER_SIZE; index++)
{
  printf(" %2x ", RxBuffer[index]);
}
/* 比较读出的数据与写入的数据是否一致 */
status = 1;
for (index = 0; (index < BUFFER_SIZE) && (status == 1); index++)
{
  if (RxBuffer[index] != TxBuffer[index])
  {
    status = 0;
  }
}

if (status == 1)
{  /* 数据一致,点亮 LED2 灯 */
   /* PIO 允许 */
   * AT91C_PIOB_PER    = 0x01;
```

```
    /* 输出允许 */
    * AT91C_PIOB_OER   = 0x01;
    * AT91C_PIOB_OWER  = 0x01;
    printf("\n\rSRAM operation success! \n\r");
}
else
{   /* 数据不一致,点亮 LED3 灯 */
    /* PIO 允许 */
    * AT91C_PIOB_PER   = 0x02;
    /* 输出允许 */
    * AT91C_PIOB_OER   = 0x02;
    * AT91C_PIOB_OWER  = 0x02;
    printf("\n\rSRAM operation error! \n\r");
}
    while (1);
}
```

4. 运行过程

① 使用 Keil uVision3 通过 ULINK 2 仿真器连接实验板,打开实验例程目录 11.2_ SRAM_test 子目录下的 SRAM_Test.Uv2 例程,编译链接工程;

② 用串口线连接 PC 机的串口和开发板的 UART 口,并在 PC 机上运行 Windows 自带的超级终端串口通信程序(波特率 115 200、1 位停止位、无校验位、无硬件流控制);或者使用其它串口通信程序。

③ 运行程序,通过超级终端观察串口输出。程序运行后串口显示:

```
==============================
  SMC Test
==============================
  SRAM Init......
SRAM Writing...
SRAM reading...
The read data are :
1 2 3 4 5 6 7 8 9 a b c d e f 10 11 12 13 14 15 16 17 18 19 1a 1b
1c 1d 1e 1f 20 21 22 23 24 25 26 27 28 29 2a 2b 2c 2d 2e 2f 30 31 32 33 34 35 3
6 37 38 39 3a 3b 3c 3d 3e 3f 40
SRAM operation success!
```

运行正确,则开发板上的 D3 灯被点亮。

11.2.4 应用程序设计 2

1. 设计要求

通过 SMC 对 EM - SAM3U 开发板上的外部 NAND Flash(MT29F2G16AADWP,2 GB)进行读/写。先擦除 NAND Flash 中的一块,然后往这个块里面写入内容,接下来再读取该块的内容,把读取的数据与写入的数据相比较,测试是否写入成功。

2. 硬件设计

如图 11 - 28 所示,在评估板上处理器的 PB 端口部分引脚与外部 NAND Flash 的数据线 I/O0～I/O15 相连接;PB24 与 NAND Flash Ready/Busy 线 NANDRDY 相连接;PB17 与 NAND Flash 输出允许线 NANDOE 相连接;PC12 与 NAND Flash 片选线 NCS1 相连接;PB22 与 NAND Flash 命令锁存允许线 NANDCLE 相连接;PB21 与 NAND Flash 地址锁存允许线 NANDALE 相连接;PB18 与 NAND Flash 写允许线 NANDWE 相连接。

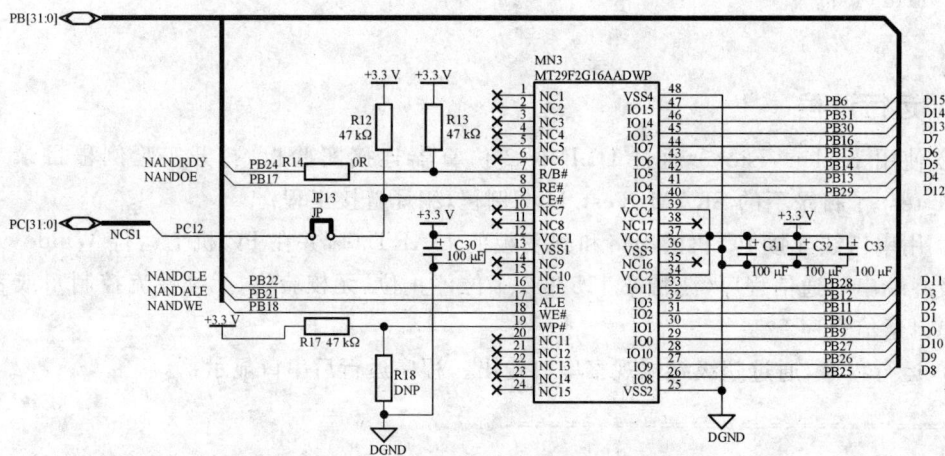

图 11 - 28　SAM3U 与 NAND Flash 的连接

3. 软件设计

根据设计任务要求,软件程序需要完成以下工作:

➢ 设置 UART 串口,使之能够正常的接收和发送数据;

➢ 初始化与片外 NAND Flash 相连接的引脚,并配置 SMC;

➢ 初始化 NAND Flash,并显示 NAND Flash 的相关信息;

➢ 擦除 NAND Flash 的前 100 块,并往里面写入数据,接下来再读取里面的数据,看写入是否成功。将每一块测试的结果通过 UART 输出到 PC 超级终端上去。

整个工程主要包含 10 个源文件,其中 main. c 中的 main()函数实现上述内容。其它源文件 EccNandFlash. c、MandFlashMode. c、NandFlashModeList. c、NandSpareScheme. c、RawN-andFlash. c、SkipBlockNandFlash. c、hamming. c、borad_memories. c 和 HSMC4. c 提供 SMC 操作 NANDFlash 的相关驱动函数。

main. c 参考程序如下:

```
/***********************************************************
 * 文件名:main.c
 * 作者 :Wuhan R&D Center, Embest
 * 描述 :Main program body
 ***********************************************************/
/***********************************************************
 *      Headers
 ***********************************************************/
# include <stdio.h>
# include <string.h>
# include "board.h"
# include "board_memories.h"
# include "pio.h"
# include "irq.h"
# include "pmc.h"
# include "math.h"
# include "trace.h"
# include "RawNandFlash.h"
# include "SkipBlockNandFlash.h"
/***********************************************************
 *      Local define
 ***********************************************************/
/* NandFlash SRAM 的起始地址,大小为 4 KB */
# define BUFFER_ADDRESS   (AT91C_EBI_SDRAM + 0x00100000)
# define ECC(skipBlock)   ((struct EccNandFlash * ) skipBlock)
/***********************************************************
 *      Local variables
 ***********************************************************/
/* NandFlash 存储器的大小 */
static unsigned int memSize;
/* NandFlash 里块的数量 */
static unsigned int numBlocks;
/* NandFlash 里每一块的大小(以字节为单位) */
```

```
static unsigned int blockSize;
/* NandFlash 里每一页的大小(以字节为单位) */
static unsigned int pageSize;
/* 每一块里页的数量 */
static unsigned int numPagesPerBlock;
/* NandFlash 总线宽度 */
static unsigned char nfBusWidth = 16;
/* 用来访问 NandFlash 的引脚 */
static const Pin pPinsNf[] = {PINS_NANDFLASH};
/* NandFlash 设备结构体 */
static struct SkipBlockNandFlash skipBlockNf;
/* 该地址用来传送命令字节到 NandFlash */
static unsigned int cmdBytesAddr = BOARD_NF_COMMAND_ADDR;
/* 该地址用来传送地址字节到 NandFlash */
static unsigned int addrBytesAddr = BOARD_NF_ADDRESS_ADDR;
/* 该地址用来传送数据字节到 NandFlash */
static unsigned int dataBytesAddr = BOARD_NF_DATA_ADDR;
/* NandFlash 芯片允许引脚 */
static const Pin nfCePin = BOARD_NF_CE_PIN;
/* NandFlash ready/busy 引脚 */
static const Pin nfRbPin = BOARD_NF_RB_PIN;
/******************************************************************
 *      Local functions
 ******************************************************************/
/******************************************************************
 * @brief main 函数用来配置 SMC 以及读/写 NandFlash
 * @param none
 * @return none
 ******************************************************************/
int main()
{
  unsigned char testFailed;
  /* 用来读/写 NandFlash 的缓冲区 */
  unsigned char * pBuffer;
  unsigned short block;
  unsigned int i;
  unsigned int j;
  unsigned char error = 0;
```

```
/* 初始化系统 */
SystemInit();
/* 配置 DBGU */
TRACE_CONFIGURE(DBGU_STANDARD, 115 200, SystemFrequency);
printf(" -- Basic NandFlash Project -- \n\r");
/* 配置 SMC,用来访问 NandFlash */
BOARD_ConfigureNandFlash(nfBusWidth);
/* 配置 NandFlash 引脚 */
PIO_Configure(pPinsNf, PIO_LISTSIZE(pPinsNf));

memset(&skipBlockNf, 0, sizeof(skipBlockNf));
/* 初始化 NandFlash */
if (SkipBlockNandFlash_Initialize(&skipBlockNf,
                                  0,
                                  cmdBytesAddr,
                                  addrBytesAddr,
                                  dataBytesAddr,
                                  nfCePin,
                                  nfRbPin))

{
    printf("\tDevice Unknown\n\r");
    return 0;
}
/* 检测 NandFlash 的数据总线宽度 */
nfBusWidth = NandFlashModel_GetDataBusWidth((struct NandFlashModel * )&skipBlockNf);
/* 重新配置总线宽度 */
BOARD_ConfigureNandFlash(nfBusWidth);

printf("\tNandflash driver initialized\n\r");
/* 获取 NandFlash 设备的参数 */
memSize = NandFlashModel_GetDeviceSizeInBytes(&skipBlockNf.ecc.raw.model);
blockSize = NandFlashModel_GetBlockSizeInBytes(&skipBlockNf.ecc.raw.model);
numBlocks = NandFlashModel_GetDeviceSizeInBlocks(&skipBlockNf.ecc.raw.model);
pageSize = NandFlashModel_GetPageDataSize(&skipBlockNf.ecc.raw.model);
numPagesPerBlock = NandFlashModel_GetBlockSizeInPages(&skipBlockNf.ecc.raw.model);

printf("Size of the whole device in bytes : 0x% x \n\r",memSize);
printf("Size in bytes of one single block of a device : 0x% x \n\r",blockSize);
printf("Number of blocks in the entire device : 0x% x \n\r",numBlocks);
printf("Size of the data area of a page in bytes : 0x% x \n\r",pageSize);
```

```
printf("Number of pages in the entire device : 0x%x \n\r",numPagesPerBlock);
printf("Bus width : 0x%x \n\r",nfBusWidth);
/* 测试 NandFlash 最开始的 100 块 */
testFailed = 0;
block = 0;
pBuffer = (unsigned char *) BUFFER_ADDRESS;
while (!testFailed && (block < 100))
{
  printf("Test in progress on block: %6d\r", block);
  /* 擦除块 */
  error = SkipBlockNandFlash_EraseBlock(&skipBlockNf, block, NORMAL_ERASE);
  if (error == NandCommon_ERROR_BADBLOCK)
  {
    printf("Skip bad block %6d: \n\r", block);
    block ++ ;
    continue;
  }
  /* 读取块内容,验证该块是否被正确擦除了 */
  for (i = 0; i < numPagesPerBlock; i++)
  {
    memset(pBuffer, 0, pageSize);
    /* 读第 i 页 */
    EccNandFlash_ReadPage(ECC(&skipBlockNf), block, i, pBuffer, 0);
    for (j = 0; j < pageSize; j++)
    {
      if (pBuffer[j] != 0xff)
      {
        printf("Could not erase block %d\n\r", block);
        testFailed = 1;
        break;
      }
    }
  }
  /* 往块里面写入内容 */
  for (i = 0; i < numPagesPerBlock; i++)
  {
    for (j = 0; j < pageSize; j++)
    {
```

```
        pBuffer[j] = j & 0xFF;
    }
    /* 写第 i 页 */
    EccNandFlash_WritePage(ECC(&skipBlockNf), block, i, pBuffer, 0);
    /* 检查数据是否写入正确 */
    memset(pBuffer, 0, pageSize);
    /* 读取刚写入的那一页 */
    EccNandFlash_ReadPage(ECC(&skipBlockNf), block, i, pBuffer, 0);
    for (j = 0; j < pageSize; j++)
    {
        if (pBuffer[j] != (j & 0xFF))
        {
            printf("Could not write block % d\n\r", block);
            testFailed = 1;
            break;
        }
    }
}
block++;
}

/* 显示测试结果 */
if (testFailed)
{
    printf("\n\rTest failed.\n\r");
}
else
{
    printf("\n\rTest passed.\n\r");
}

return 0;
}
```

4. 运行过程

① 使用 Keil μVision3 通过 ULINK 2 仿真器连接实验板,打开实验例程目录 11.2_
NandFlash_test 子目录下的 NandFlash_Test.Uv2 例程,编译链接工程。

② 用串口线连接 PC 机的串口和开发板的 UART 口,并在 PC 机上运行 Windows 自带
的超级终端串口通信程序(波特率 115 200、1 位停止位、无校验位、无硬件流控制);或者使用

其它串口通信程序。

③ 运行程序,通过超级终端观察串口输出。程序运行后,如果没有一个块有错则显示:

```
-- Basic NandFlash Project --
-I- Nandflash ID is 0xD580CA2C
        Nandflash driver initialized
Size of the whole device in bytes : 0x10000000
Size in bytes of one single block of a device : 0x20000
Number of blocks in the entire device : 0x800
Size of the data area of a page in bytes : 0x800
Number of pages in the entire device : 0x40
Bus width : 0x10
Test in progress on block:   0
Test in progress on block:   1
Test in progress on block:   2
Test in progress on block:   3
Test in progress on block:   4
Test in progress on block:   5
Test in progress on block:   6
Test in progress on block:   7
Test in progress on block:   8
...
Test in progress on block:   99
Test passed.
```

④ 如果遇到坏块,则显示:

```
-I- Skip bad block 10              (此处的 10 为坏块号)
```

⑤ 如果某些块不能擦除,则显示:

```
-I- Could not erase block 10       (此处的 10 为不能擦除的块号)
```

⑥ 如果某些块写入的数据和读出的数据不一致,则显示:

```
-I- Could not write block 10       (此处的 10 为不正常的块号)
```

⑦ 如果所有的块都测试通过,即擦除正常,读/写正常,则显示:

```
Test passed.
```

否则显示:

```
Test failed.
```

11.3 高速多媒体卡接口 HSMCI

11.3.1 概 述

高速多媒体卡接口（HSMCI，High Speed MultiMedia Card Interface）支持多媒体卡（MMC）规范 V4.3、SD 存储卡规范 V2.0、SDIO 规范 V2.0 及 CE−ATA V1.1。

HSMCI 包括命令寄存器、响应寄存器、数据寄存器、超时计数器及错误检测逻辑，它能在需要时自动处理命令发送，如图 11−29 所示。只需要有限的处理器负载就能接收相关响应及数据。HSMCI 支持流、块与多块的数据读/写，并与 DMA 控制器通道兼容，可以减少大容量传输过程中处理器的负载。HSMCI 用户接口寄存器映射如表 11−26 所列，其基地址为 0x40000000。

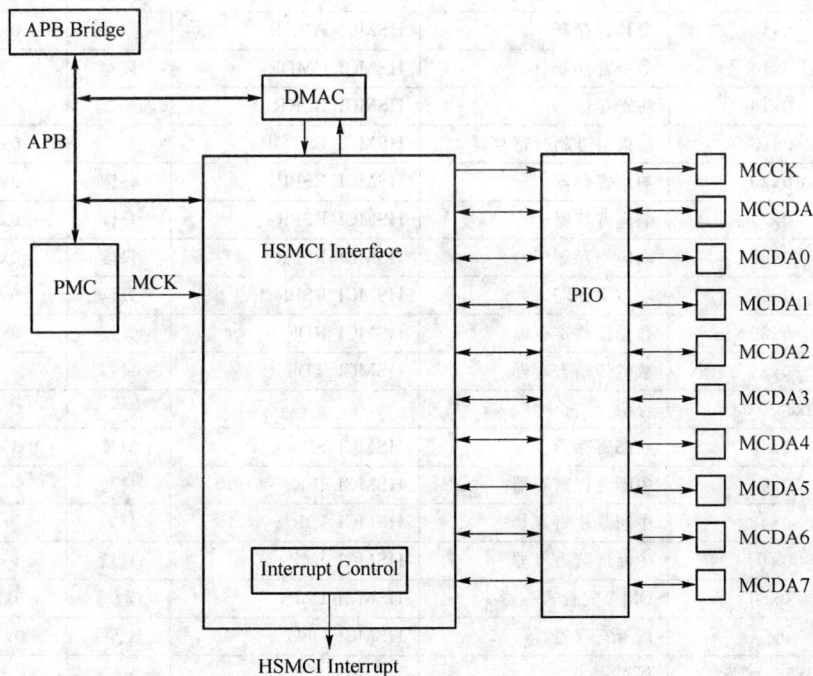

图 11−29 高速多媒体卡接口 HSMCI

HSMCI 的最高工作频率可达主控时钟的 2 分频，并提供 1 个插槽接口。每个插槽可用来与多媒体卡总线（最大可连接 30 个卡）或 SD 存储卡连接，但每次只能选择一个插槽（插槽可复用），通过 SD 卡寄存器中的某一位来进行这个选择操作。

SD 存储卡的通信基于一个 9 针接口（时钟线、命令线、4 根数据与 3 根电源线）；高速多媒体卡是基于一个 7 针接口(时钟、命令、1 根数据线、3 根电源线及 1 根预留的将来使用的线)。SD 存储卡接口也支持多媒体卡操作。二者的主要不同在于初始化过程及总线拓扑结构。HSMCI 建立在 MMC 系统规范 V4.0 之上,完全支持 CE - ATAV 1.1。这个模块包含一个专门的硬件,用来产生结束信号命令和捕获主机命令结束信号禁止。

  注意:当一个产品里内嵌了多个 HSMCI(x HSMCI)时,图 11 - 30 中 MCCK 是指 HSMCIx_CK, MCCDA 是指 HSMCIx_CDA, MCDAy 是指 HSMCIx_DAy。本节后续列表以及图示中,均是如此。

表 11 - 26 HSMCI 寄存器映射

偏 移	寄存器	名 称	访问方式	复位值
0x00	控制寄存器	HSMCI_CR	只写	—
0x04	模式寄存器	HSMCI_MR	读/写	0x0
0x08	数据超时寄存器	HSMCI_DTOR	读/写	0x0
0x0C	SD/SDIO 卡寄存器	HSMCI_SDCR	读/写	0x0
0x10	参数寄存器	HSMCI_ARGR	读/写	0x0
0x14	命令寄存器	HSMCI_CMDR	只写	—
0x18	块寄存器	HSMCI_BLKR	读/写	0x0
0x1C	结束信号超时寄存器	HSMCI_CSTOR	读/写	0x0
0x20	响应寄存器[1]	HSMCI_RSPR	只读	0x0
0x24	响应寄存器[1]	HSMCI_RSPR	只读	0x0
0x28	响应寄存器[1]	HSMCI_RSPR	只读	0x0
0x2C	响应寄存器[1]	HSMCI_RSPR	只读	0x0
0x30	数据接收寄存器	HSMCI_RDR	只读	0x0
0x34	数据传输寄存器	HSMCI_TDR	只写	—
0x38-0x3C	保留	—	—	—
0x40	状态寄存器	HSMCI_SR	只读	0xC0E5
0x44	中断允许寄存器	HSMCI_IER	只写	—
0x48	中断禁止寄存器	HSMCI_IDR	只写	—
0x4C	中断屏蔽寄存器	HSMCI_IMR	只读	0x0
0x50	DMA 配置寄存器	HSMCI_DMA	读/写	0x00
0x54	配置寄存器	HSMCI_CFG	读/写	0x00
0x58-0xE0	保留			
0xE4	写保护模式寄存器	HSMCI_WPMR	读/写	
0xE8	写保护状态寄存器	HSMCI_WPSR	只读	
0xEC-0xFC	保留			
0x100-0x124	保留			
0x200-0x3FFC	FIFO 存储区	HSMCI_FIFO	读/写	0x0

注意:响应寄存器可通过对读 N 次 MCI_RSPR 或读连续地址(0x20 到 0x2C)来访问。N
由响应大小决定

11.3.2 功能描述

1. 总线拓扑

高速多媒体卡 MMC 的通信是基于一个 13 脚串行总线接口(如图 11 - 30 所示),其引脚
如表 11 - 27 所列。MMC 总线连接如图 11 - 31 所示。

表 11 - 27 MMC 总线引脚列表

引脚序号	名　称	类　型*	说　明	HSMCI 引脚名称(插槽 z)
1	DAT[3]	I/O/PP	数据 3	MCDz3
2	CMD	I/O/PP/OD	命令/响应	MCCDz
3	VSS1	S	电源地	VSS
4	VDD	S	电源电压	VDD
5	CLK	I/O	时钟	MCCK
6	VSS2	S	电源地	VSS
7	DAT[0]	I/O/PP	数据 0	MCDz0
8	DAT[1]	I/O/PP	数据 1	MCDz1
9	DAT[2]	I/O/PP	数据 2	MCDz2
10	DAT[4]	I/O/PP	数据 4	MCDz4
11	DAT[5]	I/O/PP	数据 5	MCDz5
12	DAT[6]	I/O/PP	数据 6	MCDz6
13	DAT[7]	I/O/PP	数据 7	MCDz7

注:*　I 输入;O:输出;PP:推/拉;OD:开漏。表 11 - 27 也使用同样表示方法。

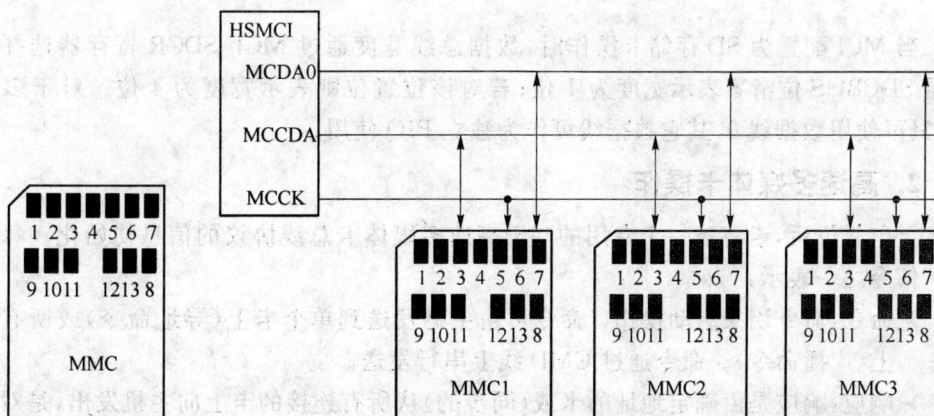

图 11 - 30 MMC 总线拓扑　　　　　图 11 - 31 MMC 总线连接(单插槽)

SD 存储卡总线拓扑如图 11-32 所示，其引脚信号如表 11-28 所列。SD 卡总线连接如图 11-33 所示。

表 11-28　SD 存储卡总线引脚列表

引脚序号	名　称	类　型	说　明	HSMCI 引脚名称（插槽 z）
1	CD/DAT[3]	I/O/PP	卡检测/数据线位 3	MCDz3
2	CMD	PP	命令/响应	MCCDz
3	VSS1	S	电源地	VSS
4	VDD	S	电源电压	VDD
5	CLK	I/O	时钟	MCCK
6	VSS2	S	电源地	VSS
7	DAT[0]	I/O/PP	数据线位 0	MCDz0
8	DAT[1]	I/O/PP	数据线位 1 或中断线	MCDz1
9	DAT[2]	I/O/PP	数据线位 2	MCDz2

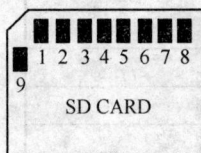

图 11-32　SD 存储卡总线拓扑　　　　**图 11-33　SD 卡总线连接（单插槽）**

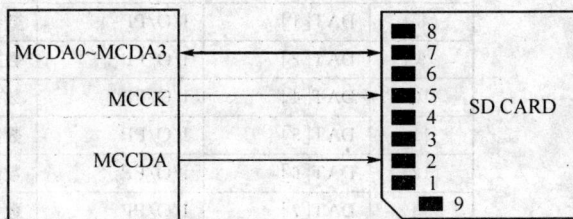

当 MCI 配置为 SD 存储卡操作时，数据总线宽度通过 MCI_SDCR 寄存器选择。对该寄存器 SDCBUS 位清零表示宽度为 1 位；若对该位置位则表示宽度为 4 位。对于多媒体卡操作，只可使用数据线 0，其它数据线可作为独立 PIO 使用。

2. 高速多媒体卡操作

上电复位后，卡将被一个专用的基于高速多媒体卡总线协议的信息初始化。每条信息由以下信令之一表示：

➤ 命令：命令用来启动操作。命令可由主机发送到单个卡上（寻址命令）或所有连接的卡上（广播命令）。命令通过 CMD 线上串行发送。

➤ 响应：响应是由确定地址的卡或（同步的）从所有连接的卡上向主机发出，是对前面收到的命令的回答。响应通过 CMD 线上串行发送。

➢ 数据:数据在卡与主机间传输,通过数据线传输。

在初始化阶段由总线控制器对当前连接的卡进行地址分配,实现卡定址。每个卡都有一个唯一的 CID 序号。命令、响应及数据块的数据结构可参见高速多媒体卡系统规范。

高速多媒体卡数据传输由这些信令组成。高速多媒体卡有不同类型的操作。定址操作通常包括一条命令及一个响应。另外,有些操作中包含数据信令;还有一些操作的信息则直接放在命令或响应中,这种情况下操作中不出现数据信令。DAT 和 CMD 线上的数据位以 HSMCI 的时钟来同步传输。

定义以下两类数据传输:

➢ 序列命令:这些命令初始化一个连续数据流。只有当 CMD 线上出现停止命令时才终止。该模式将命令开销降到一个最小的范围。

➢ 块定向命令:这些命令连续发送带 CRC 校验的数据块。

读、写操作均允许单或多块数据传输。与序列读类似,当 CMD 线上出现停止命令时,或达到多块传输预先定义好的块计数值时终止多块传输。HSMCI 提供一组寄存器来执行所有的多媒体卡操作。

常用高速多媒体卡操作有:命令-响应操作、数据传输操作、读操作、写操作、使用 DMAC 写单块操作、使用 DMAC 读单块操作、写多块操作、读多块操作。

限于篇幅,这里不对这些操作作详细介绍,读者可参考处理器数据手册。

3. SD/SDIO 卡操作

高速多媒体卡接口能执行 SD 存储卡(安全数字存储卡)和 SDIO(SD 输入/输出)卡命令。SD/SDIO 卡是基于多媒体卡(MMC)格式的,但是尺寸稍大一些并且数据传输性能高一些,旁边的一个锁开关可以防止卡被意外地覆写,还增加了其它安全功能。在物理参数方面,引脚分配及数据传输协议与多媒体卡基本相同,只是增加了一些内容。SD 卡插槽实际上不只用于 Flash 存储卡。支持 SDIO 的设备都可以使用基于 SD 结构的小型设备设计。例如:GPS 接收器、Wi-Fi 或蓝牙适配器、调制解调器、条形码阅读器、IrDA 适配器、调频收音机芯片、RFID 阅读器、数码相机等。

SD/SDIO 存储卡与多媒体卡最大的不同在于初始化过程。通过设置 SD/SDIO 卡控制寄存器(HSMCI_SDCR)选择卡插槽及数据宽度。SD/SDIO 卡总线允许动态配置数据线的条数。上电后,默认状况下 SD 存储卡只使用 DAT0 作为数据传输。初始化后,主机可改变总线宽度(活动的数据线数)。

(1) SDIO 卡传输类型

SDIO 卡可以使用多字节(1~512 字节)或一个可选的块格式(1~511 块)传输数据,但 SD 存储卡只能使用块传输模式。通过设置 HSMCI 控制寄存器(HSMCI_CMDR)的 TRTYP 域,可选择允许在 SDIO 字节方式或 SDIO 块传输方式。

通过 HSMCI 块寄存器(HSMCI_BLKR)的 BCNT 域设置要传输的字节/块的数目。在 SDIO 块传输模式下,BLKLEN 域必须设置成数据块的大小;在 SDIO 字节传输模式中没有用到此位。

一个 SDIO 卡可以和存储器复用 I/O 或合用 I/O(称为组合卡)。在一个多功能 SDIO 卡或一个组合卡上,有很多设备(I/O 和存储器)分享对 SD 总线的访问权。为了允许众多设备分享对主控器的访问权,SDIO 卡和组合卡可以使用可选的挂起/恢复操作(可参考 SDIO 说明书)。为了发出一个挂起或恢复命令,主控器必须在 HSMCI 命令寄存器中设置 SDIO 特殊命令域(IOSPCMD)。

(2) SDIO 中断

SDIO 卡或组合卡的每个功能都可产生中断(可参考 SDIO 说明书)。为了允许 SDIO 卡可以中断主机,DAT[1]线上增加了一个中断功能,将 SDIO 的中断信号送给主机。每个插槽上的 SDIO 中断都可以通过 HSMCI 中断允许寄存器来允许。不管当前选择的是哪个插槽,SDIO 中断都会被采样。

4. CE-ATA 操作

CE-ATA 将精简的 ATA 命令映射为对 MMC 接口的设置上。ATA 任务文件被映射到 MMC 寄存器空间上。CE-ATA 有以下 5 个 MMC 命令:

➤ GO_IDLE_STATE (CMD0):用于硬复位。

➤ STOP_TRANSMISSION (CMD12):导致正在执行的 ATA 命令被中止。

➤ FAST_IO (CMD39):用作单个寄存器访问 ATA 任务文件寄存器,只有 8 位的访问宽度。

➤ RW_MULTIPLE_REGISTERS (CMD60):用来发出一个 ATA 命令或访问控制/状态寄存器。

➤ RW _MULTIPLE_BLOCK (CMD61):为 ATA 命令传输数据。

CE-ATA 利用与传统的 MMC 设备相同的 MMC 命令序列来进行初始化。

(1) 执行一个 ATA 查询命令

① 利用 RW_MULTIPLE_REGISTER (CMD60)发出一个读_DMA_EXT 命令读取 8 KB 数据。

② 读 ATA 状态寄存器直到 DRQ 被置位。

③ 发送一个 RW _MULTIPLE_BLOCK (CMD61)命令来传输数据。

④ 读 ATA 状态寄存器直到 DRQ && BSY 被置为 0。

(2) 执行一个 ATA 中断命令

① 利用 RW_MULTIPLE_REGISTER (CMD60)发出一个读_DMA_EXT 命令读取 8 KB

数据。将 nIEN 域设置为 0 以允许结束信号命令。

② 发出一个 RW_MULT IPLE_BLOCK (CMD61) 命令来传输数据。

③ 等待接收到结束信号中断。

(3) 中止一个 ATA 命令

如果主机想在结束信号前中止一个 ATA 命令,它必须发送一个专用命令以避免命令线上的潜在冲突。通过将 HSMCI_CMDR 的 SPCMD 域设置为 3 来发出一个 CE－ATA 禁止结束信号命令。

(4) CE-ATA 错误校正

有几种情况 ATA 命令可能失败,包括:

➤ 一个 MMC 命令没有响应,例如 RW_MULTIPLE_REGISTER (CMD60)。

➤ CRC 对于一个 MMC 命令或响应是无效的。

➤ CRC16 对一个 MMC 数据包是无效的。

➤ ATA 状态寄存器通过将 ERR 位设置为 1 来反映一个错误。

➤ 结束信号命令在主机定义的超时周期内没有出现。

为了不让错误条件频繁发生,可对每种错误事件使用一种强大的错误校正机制。推荐在超时之后使用如下的错误校正序列:

① 如果 nIEN 被清零并且已经收到 RW_MULTIPLE_BLO CK (CMD61)响应,则发出一个禁止结束信号命令。

② 发出 STOP_TRANSMISSION (CMD12)命令并且成功接收 R1 响应。

③ 发出 FAST_IO (CMD39)命令产生一个软件复位,复位 CE－ATA 设备。

如果 STOP_TRANMISSION (CMD12) 命令执行成功,设备就会重新准备好执行 ATA 的命令。但是,如果错误校正序列不像期望的那样工作或出现了另外一个超时,下一步就需要发出一个 GO_IDLE_STATE (CMD0)命令给设备。GO_IDLE_STATE (CMD0)将会产生设备的硬件复位,完全复位所有的外设状态。

注意:在发出 GO_IDLE_STATE (CMD0)命令之后,所有的外设都必须重新初始化。如果 CEATA 设备能正确执行所有的 MMC 命令但不能执行 ATA 命令,且 ATA 状态寄存器中的 ERR 位被 1,此时将不会有错误校正动作产生。ATA 自身的命令执行失败暗示着设备不能完成被请求的动作,但不存在通信或协议上的错误。在设备将 ATA 状态寄存器中的 ERR 位置 1 来标识一个错误后,主机可以尝试重试这个命令。

5. HSMCI 引导操作模式

在引导操作模式中,处理器可在上电之后发出 CMD1 命令之前,通过拉低命令线从从设备(MMC 设备)中读取引导配置数据。根据寄存器的设置,可从引导区或用户区读出数据。

(1) 启动过程,处理器模式

① 通过设置 HSMCI_SDCR 寄存器的 SDCBUS 位域来配置 HSMCI 数据总线的宽度。位于设备外扩 CSD 寄存器中的 BOOT_BUS_WIDTH 域也必须设置为相应的值。

② 将字节计数值设置为 512 字节,并将块计数值设置为期望的块数目,写 HSMCI_BLKR 寄存器中的 BLKLEN 和 BCNT 位域。

③ 通过将 HSMCI_CMDR 寄存器的 SPCMD 域设置为 BOOTREQ,TRDIR 域设置为读并且 TRCMD 域设置为"start data transfer"来发出一个引导操作请求命令。

④ 如果位于外扩 CSD 寄存器中的 MMC 设备的 BOOT_ACK 域被设为 1,则 HSMCI_CMDR 寄存器中的 BOOT_ACK 域必须设置为 1。

⑤ 一旦 RXRDY 标志有效之后,主机处理器就能开始复制引导配置数据了。

⑥ 当数据传输完成以后,主机处理器应在 HSMCI_CMDR 寄存器的 SPCMD 域写 BOOTEND 来结束启动过程。

(2) 启动过程,DMA 模式

① 设置 HSMCI_SDCR 寄存器的 SDCBUS 位域配置 HSMCI 数据总线的宽度。位于设备外扩 CSD 寄存器中的 BOOT_BUS_WIDTH 域也必须设置为相应的值。

② 通过写 HSMCI_BLKR 寄存器中的 BLKLEN 和 BCNT 位域,将字节计数值设置为 512 字节,将块计数值设置为期望的块数目。

③ 在 HSMCI_DMA 寄存器中允许 DMA 传输。

④ 配置 DMA 控制器,设置所有需要传输数据的大小,允许相应的通道。

⑤ 通过将 HSMCI_CMDR 寄存器的 SPCMD 域设置为 BOOTREQ、TRDIR 域设置为读,并将 TRCMD 域设置为"start data transfer"来发出一个引导操作请求命令。

⑥ DMA 控制器将引导配置数据复制到内存中。

⑦ 当 DMA 传输完成以后,主机处理器应该在 HSMCI_CMDR 寄存器的 SPCMD 域写 BOOTEND 来结束启动过程。

11.3.3 应用程序设计

1. 设计要求

利用开发板上的 HSMCI 接口,实现对 SD 卡的测试。对 SD 卡进行格式化,写入和读取文件,并且可在 PC 超级终端中以文件树的方式和根目录列表方式显示 SD 卡存储的文件。

2. 硬件设计

SD 卡连接器与 SAM3U 处理器的电路连接,如图 11-34 所示。

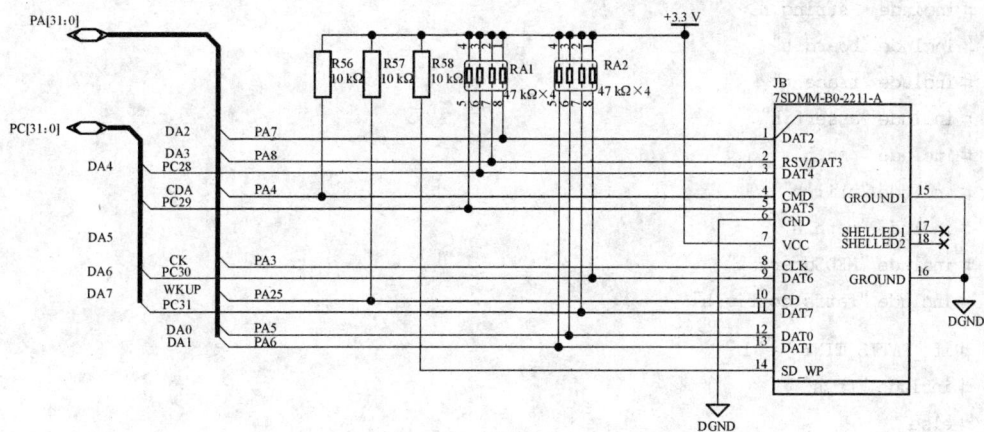

图 11-34   SD 卡连接器与 SAM3U 处理器的连接

3. 软件设计

根据任务要求,程序内容主要包括:

➢ 初始化 SD 卡。

➢ 擦除 SD 卡并重新格式化。

➢ 在 PC 超级终端中显示文件树,显示 SD 卡根目录列表。

➢ 创建文件,读取文件等。

整个工程主要包含以下源文件:

➢ dam.c、dmad.c:包含 DMAC 的驱动函数。

➢ MEDSdcard.c、sdmmc_mci.c、mci_hs.c:主要包含 SD 卡初始化及驱动函数。

➢ diskio.c、ff.c、ff_util.c、tff.c:主要包含文件系统。

➢ at91sam3u4_it.c:HSMCI_IRQHandler()函数处理 MCI 中断。

➢ main.c 中的 main()函数则完成系统初始化,SD 初始化、擦除、格式化,创建、读取文件。

main.c 参考程序如下:

```
/*********************************************************
 *  文件名:main.c
 *  作者 : Wuhan R&D Center, Embest
 *  描述 : Main program body
 *********************************************************/
/*********************************************************
 *    Headers
 *********************************************************/
# include <stdio.h>
```

```
# include <string. h>
# include "board. h"
# include "trace. h"
# include "assert. h"
# include "pmc. h"
# include "util. h"
# include "math. h"
# include "MEDSdcard. h"
# include "fatfs_config. h"

# if _FATFS_TINY ! = 1
# include "ff. h"
# else
# include "tff. h"
# endif
# include "ff_util. h"
/ * *************************************************************************
*     Local definitions
  *************************************************************************/
# define MAX_LUNS          1
# define ID_DRV            DRV_MMC
# define STR_ROOT_DIRECTORY  ""

# define MCI_ID            0

/ * 要读写的 Basic. bin 文件大小 * /
# define DATA_SIZE         2064
/ * *************************************************************************
*     Types
  *************************************************************************/
/ * 可用的媒体实例 * /
Media         medias[MAX_LUNS];
const char *  FileName = STR_ROOT_DIRECTORY "Basic. bin";

unsigned int numMedias = 0;

FRESULT       res;
DIR           dirs;
FILINFO       finfo[30];
/ * 记录当前音频文件个数 * /
unsigned char filecount;
unsigned char data[DATA_SIZE];
```

```
/ *******************************************************************
 *     Local functions
 ******************************************************************/
/ *******************************************************************
 * @brief SD 卡文件显示方式菜单
 * @param 无
 * @return 无
 ******************************************************************/
void DisplayMenu(void)
{
    printf(" -- Menu:\n\r");
    printf("  1: Press 'S/s' to display the file tree! \n\r");
    printf("  2: Press 'D/d' to display root file dircetory list! \n\r");
}

/ *******************************************************************
 * @brief 以文件树形式显示 SD 卡上所有文件
 * @param 无
 * @return 无
 ******************************************************************/
void FF_ScanDir(char * path)
{
    FILINFO finfo;
    DIR dirs;
    int i;
    if (f_opendir(&dirs, path) == FR_OK) {
        i = strlen(path);
        while ((f_readdir(&dirs, &finfo) == FR_OK) && finfo.fname[0]) {
            if (finfo.fattrib & AM_DIR) {
                sprintf(&path[i], "/ % s", &finfo.fname[0]);
                printf(" % s\n\r", path);
                FF_ScanDir(path);
                path[i] = 0;
            }
            else {
                printf(" % s/ % s\n\r", path, &finfo.fname[0]);
            }
        }
    }
}
```

```
}
/* **************************************************************
 * @brief 列出 SD 卡根目录文件列表
 * @param 无
 * @return 无
 ************************************************************** */
void List_RootDir(void)
{
    unsigned int i;
    unsigned int tmp;
    /* 测试 DISK 是否已格式化 */
    res = f_opendir (&dirs,STR_ROOT_DIRECTORY);

    while ((f_readdir(&dirs, &finfo[filecount]) == FR_OK) && finfo[filecount].fname[0])
    {
        filecount ++ ;
    }
    /* 显示找到的所有文件,以及文件长度信息 */
    i   = 0;
    tmp = 0;

    while(i < filecount)
    {
        printf(" % - 5.1fMB    ", ((double)(finfo[i].fsize)) / 1024 / 1024);
        tmp = 0;
        while (finfo[i].fname[tmp] != '\0')
        {
            printf(" % c", finfo[i].fname[tmp]);
            tmp ++ ;
        }
        printf("\r\n");
        i ++ ;
    }
}
/* **************************************************************
 * @brief main 函数
 * @param 无
 * @return 无
 ************************************************************** */
int main( void )
{
```

```
unsigned int i;
unsigned int ByteToRead;
unsigned int ByteRead;
unsigned int ByteWritten;
char key;
char CurPath[20];

FRESULT res;
DIR dirs;
/* 文件系统对象 */
FATFS fs;
FIL FileObject;

SystemInit();
/* 允许 DBGU 时钟 */
PMC_EnablePeripheral(BOARD_DBGU_ID);
TRACE_CONFIGURE(DBGU_STANDARD, 115200, BOARD_MCK);

printf("-- Basic FatFS Full Version with SDCard Project %s --\n\r",
    SOFTPACK_VERSION);
printf("-- %s\n\r", BOARD_NAME);
printf("-- Compiled: %s %s --\n\r", _DATE_,_TIME_);
/* 初始化 DISK(SD/MMC) */
printf("-I- Please connect a SD card ...\n\r");
while(! MEDSdcard_Detect(&medias[ID_DRV], MCI_ID));
printf("-I- SD card connection detected\n\r");

printf("-I- Init media Sdcard\n\r");
if (! MEDSdcard_Initialize(&medias[ID_DRV], MCI_ID)) {
  printf("-E- SD Init fail\n\r");
  return 0;
}
numMedias = 1;
/* Mount Disk */
printf("-I- Mount disk %d\n\r", ID_DRV);
/* 清除文件系统对象 */
memset(&fs, 0, sizeof(FATFS));
res = f_mount(ID_DRV, &fs);
if( res != FR_OK ) {
  printf("-E- f_mount pb: 0x%X (%s)\n\r", res, FF_GetStrResult(res));
  return 0;
}
```

```
/* 测试是否被格式化 */
res = f_opendir (&dirs,STR_ROOT_DIRECTORY);
if(res == FR_OK ){
  /* 擦除 SD 卡并重新格式化? */
  printf("-I- The disk is already formated.\n\r");
  printf("-I- Display files contained on the SDcard :\n\r");
  /* 显示菜单 */
  DisplayMenu();
  do
  {
    key = DBGU_GetChar();
  }while ((key != 'S') && (key != 's') && (key != 'D') && (key != 'd'));

  if( (key == 'S') || (key == 's'))
  {
    /* 显示文件树 */
    FF_ScanDir(CurPath);
  }
  else
  { /* 显示根目录文件列表 */
    List_RootDir();
  }

  printf("-I- Do you want to erase the sdcard to re-format disk ? (y/n)! \n\r");

  key = DBGU_GetChar();
  if( (key == 'y') || (key == 'Y'))
  {
    for(i = 0;i<100;i++) {
      MEDSdcard_EraseBlock(&medias[ID_DRV], i);
    }
    printf("-I- Erase the first 100 blocks complete ! \n\r");
    res = FR_NO_FILESYSTEM;
  }
}

if( res == FR_NO_FILESYSTEM ) {
  /* 格式化 */
  printf("-I- Format disk %d\n\r", ID_DRV);
  printf("-I- Please wait a moment during formating...\n\r");
  res = f_mkfs(ID_DRV, /* Drv */
               0, /* FDISK 分区 */
```

```
                        512); /* AllocSize */
    printf(" - I - Format disk finished ! \n\r");
    if( res != FR_OK ) {
        printf(" - E - f_mkfs pb: 0x%X ( %s)\n\r", res, FF_GetStrResult(res));
        return 0;
    }
}
/* 新创建一个文件 */
printf(" - I - Create a file:\" %s\"\n\r", FileName);
res = f_open(&FileObject, FileName, FA_CREATE_ALWAYS|FA_WRITE);
if( res != FR_OK ) {
    printf(" - E - f_open create pb: 0x%X ( %s)\n\r", res, FF_GetStrResult(res));
    return 0;
}
/* 填充缓冲区 */
for (i = 0; i < sizeof(data); i++ ) {
    if ((i & 1) == 0) {
        data[i] = (i & 0x55);
    }
    else {
        data[i] = (i & 0xAA);
    }
}
printf(" - I - Write file\n\r");
res = f_write(&FileObject, data, DATA_SIZE, &ByteWritten);
printf(" - I - ByteWritten = %d\n\r", (int)ByteWritten);
if( res != FR_OK ) {
    printf(" - E - f_write pb: 0x%X ( %s)\n\r", res, FF_GetStrResult(res));
    return 0;
}
else {
    printf(" - I - f_write ok: ByteWritten = %d\n\r", (int)ByteWritten);
}
/* 关闭文件 */
printf(" - I - Close file\n\r");
res = f_close(&FileObject);
if( res != FR_OK ) {
    printf(" - E - f_close pb: 0x%X ( %s)\n\r", res, FF_GetStrResult(res));
    return 0;
```

```
    }
    /* 打开文件 */
    printf("-I- Open the same file : \"%s\"\n\r", FileName);
    res = f_open(&FileObject, FileName, FA_OPEN_EXISTING|FA_READ);
    if( res != FR_OK ) {
        printf("-E- f_open read pb: 0x%X (%s)\n\r", res, FF_GetStrResult(res));
        return 0;
    }
    ASSERT( FileObject.fsize == DATA_SIZE, "File size value not expected! \n\r");
    /* 读文件 */
    printf("-I- Read file\n\r");
    memset(data, 0, DATA_SIZE);
    ByteToRead = FileObject.fsize;
    res = f_read(&FileObject, data, ByteToRead, &ByteRead);
    if(res != FR_OK) {
        printf("-E- f_read pb: 0x%X (%s)\n\r", res, FF_GetStrResult(res));
        return 0;
    }
    /* 关闭文件 */
    printf("-I- Close file\n\r");
    res = f_close(&FileObject);
    if( res != FR_OK ) {
        printf("-E- f_close pb: 0x%X (%s)\n\r", res, FF_GetStrResult(res));
        return 0;
    }
    /* 将所读文件数据与期望数据进行比较 */
    for (i = 0; i < sizeof(data); i++) {
        ASSERT (((((i & 1) == 0) && (data[i] == (i & 0x55)))
                || (data[i] == (i & 0xAA)),
                "Invalid data at data[%u] (expected 0x%02X, read 0x%02X)\n\r",
                i, ((i & 1) == 0) ? (i & 0x55) : (i & 0xAA), data[i]);
    }
    printf("-I- File data Ok ! \n\r");
    printf("-I- Test passed ! \n\r");

    return 0;
}
```

at91sam3u4_it.c 参考程序如下：

```
/*****************************************************************************
```

```
* 文件名：at91sam3u4_it.c
* 作者：Wuhan R&D Center, Embest
* 描述：Exception Handlers
*********************************************************************/
/*******************************************************************
*      Headers
*******************************************************************/
# include "board.h"
# include "mci_hs.h"
# include "at91sam3u4_it.h"
/*******************************************************************
*      Local definitions
*********************************************************************/
/*******************************************************************
*      Types
*********************************************************************/
extern Mci mciDrv[NUM_SD_SLOTS];
/*******************************************************************
*      Exception Handlers
*********************************************************************/
/*******************************************************************
* @brief HSMCI 中断处理函数
* @param 无
* @return 无
*********************************************************************/
void HSMCI_IRQHandler(void)
{
    MCI_Handler(mciDrv);
}
```

4. 运行过程

① 使用 Keil uVision 3 通过 ULINK 2 仿真器连接实验板，打开实验例程目录 11.3_HSMCI_test 目录 project 子目录下的 HSMCI_test.Uv2 例程，编译链接工程。

② 使用 EM－SAM3U 开发板附带的串口线，连接开发板上的串口接口（UART）和 PC 机的串口。在 PC 机上运行 Windows 自带的超级终端串口通信程序（波特率 115 200、1 位停止位、无校验位、无硬件流控制）；或者使用其它串口通信程序。

③ 将 SD 卡插入开发板 SD/MMC 插口。

④ 选择硬件调试模式，打开 MDK 的 Debug 菜单，选择 Start/Stop Debug Session 项或按

Ctrl＋F5 键，远程连接目标板并下载调试代码到目标系统中。

⑤ 例程正常运行之后会在 PC 超级终端显示以下信息。

复位之后：

```
-- Basic FatFS Full Version with SDCard Project 1.6RC1 - -
-- EM - SAM3U
-- Compiled: Aug 4 2009 15:11:57 - -
- I - Please connect a SD card ...
- I - SD card connection detected
- I - Init media Sdcard
- I - MEDSdcard init
- I - DMAD_Initialize channel 0
- I - Card Type 1, CSD_STRUCTURE 0
- I - SD 4 - BITS BUS
- I - SD/MMC TRANS SPEED 25000 KBit/s
- I - SD/MMC card initialization successful
- I - Card size: 972 MB
- I - Mount disk 0
- I - The disk is already formated.
- I - Display files contained on the SDcard :
- - Menu:
    1: Press 'S/s' to display the file tree!
    2: Press 'D/d' to display root file dircetory list!
```

如果 SD 已经格式化，则会显示上面"The disk is already formated"。然后显示菜单供用户选择显示文件方式，若选择"S/s"，则树形显示所有文件：

```
/sample.wav
/爱你的～1.MP3
...
/沧海一～1.WAV
/wav
/wav/其实不～1.WAV
...
```

若选"D/d"，则显示根目录文件列表：

```
48.7 MB    sample.wav
0.9 MB     爱你的～1.MP3
0.0 MB     BASIC.bin
0.0 MB     mp3
```

44.2 MB   沧海一～1.WAV

...

之后询问是否擦除并重新格式化：

- I - Do you want to erase the sdcard to re - format disk ? (y/n)！

若选 y,则直接格式化后,创建一个 0:Basic. bin 文件,写入内容,之后再读出进行比较,若比较成功,则显示测试通过：

- I - Erase the first 100 blocks complete ！
- I - Format disk 0
- I - Please wait a moment during formating...
- I - Format disk finished ！
- I - Create a file ："0:Basic. bin"
- I - Write file
- I - ByteWritten = 2064
- I - f_write ok：ByteWritten = 2064
- I - Close file
- I - Open the same file ："0:Basic. bin"
- I - Read file
- I - Close file
- I - File data Ok ！
- I - Test passed ！

否则直接进行文件创建、写入、读出、比较过程,若成功则显示：

- I - Create a file ："Basic. bin"
- I - Write file
- I - ByteWritten = 2064
- I - f_write ok：ByteWritten = 2064
- I - Close file
- I - Open the same file ："Basic. bin"
- I - Read file
- I - Close file
- I - File data Ok ！
- I - Test passed ！

第12章

SAM3U 处理器通信接口

SAM3U 处理器配置了丰富的通信接口,包括 1 个 UART、4 个 USART、1 个串行外设接口 SPI、2 个双线接口 TWI、1 个同步串行控制器 SSC 和 1 个全功能高速 USB2.0 设备接口。其中,UART 和 USAR 已在 10.3 节作了详细介绍。本章将详细介绍其它几个通信接口。

12.1 串行外设接口 SPI

12.1.1 概 述

串行外设接口(SPI,Serial Peripheral Interface)电路是一种同步串行数据链接,可以主或从模式与外部器件进行通信。若外部处理器与系统通过 SPI 连接,还可以进行处理器间通信。

SPI 接口本质上是一个移位寄存器,将串行的数据位传输到其它设备的 SPI 接口,如图 12-1所示。数据传输时,一个 SPI 系统作为主机控制数据流,其它 SPI 设备则作为从机,其数据的输入与输出由主机控制。不同的 CPU 可轮流作为主机(多主机协议与单主机协议不同,单主机协议中只有一个 CPU 始终作为主机,其它 CPU 始终作为从机),且一个主机可同时将数据送入多个从机。但任何时候只允许一个从机将其数据写入主机。

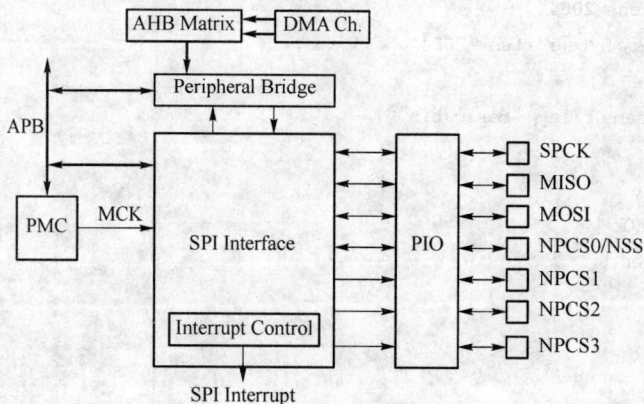

图 12-1 串行外设接口 SPI

SPI 用户接口寄存器映射如表 12-1 所列,其基地址为 0x40008000。

表 12-1　SPI 寄存器映射

偏　移	寄存器	名　称	访问方式	复位值
0x00	控制寄存器	SPI_CR	只写	—
0x04	模式寄存器	SPI_MR	读/写	0x0
0x08	接收数据寄存器	SPI_RDR	只读	0x0
0x0C	发送数据寄存器	SPI_TDR	只写	—
0x10	状态寄存器	SPI_SR	只读	0x000000F0
0x14	中断允许寄存器	SPI_IER	只写	—
0x18	中断禁止寄存器	SPI_IDR	只写	—
0x1C	中断屏蔽寄存器	SPI_IMR	只读	0x0
0x20～0x2C	保留			
0x30	片选寄存器 0	SPI_CSR0	读/写	0x0
0x34	片选寄存器 1	SPI_CSR1	读/写	0x0
0x38	片选寄存器 2	SPI_CSR2	读/写	0x0
0x3C	片选寄存器 3	SPI_CSR3	读/写	0x0
0x004C～0x00F8	保留	—	—	—

当主机发出 NSS 信号时,会选定一个从机。若有多从机存在,则主机对每个从机都有一个独立的从机选择信号(NPCS)。

SPI 系统由 2 根数据线和 2 根控制线组成:

➤ 主机输出/从机输入(MOSI):该数据线将主机输出作为从机的输入。

➤ 主机输入/从机输出(MISO):该数据线将从机输出作为主机的输入。传输时,只能从单个从机输入数据。

➤ 串行时钟(SPCK):该控制线由主机驱动,用来控制数据流。主机传输数据波特率是可变的,每传输一位都会产生一个 SPCK 周期。

➤ 从机选择(NSS):该控制线允许通过硬件来进行对从机的开关。

12.1.2　功能描述

1. 工作模式

SPI 可工作在主(控)模式或从(控)模式下。通过将模式寄存器的 MSTR 位写 1,令 SPI 工作在主模式下。引脚 NPCS0～NPCS3 配置为输出,SPCK 引脚被驱动,MISO 引脚与接收器输入连接,发送器驱动 MOSI 引脚作为输出。

若将 MSTR 位写入 0,则 SPI 工作在从模式下。MISO 引脚由发送器输出驱动,MOSI 引脚与接收器输入连接,发送器驱动 SPCK 引脚以实现与接收器同步。NPCS0 引脚变为输入,并作为从机选择信号(NSS)使用。引脚 NPCS1~NPCS3 未被驱动,可用于其它功能。

2 种工作模式下,数据传输都可编程。只有在主机模式下才需要激活波特率发生器。

2. 数据传输

数据传输有 4 种极性与相位的组合。通过编程片选寄存器的 CPOL 位来设置时钟的极性;时钟相位则由通过 NCPHA 位来设置。这 2 个参数确定数据在哪个时钟边沿被驱动和采样。每个参数各有 2 种状态,组合后有 4 种可能。因此,一对主机/从机必须使用相同的参数才能进行通信。若使用多从机,且固定为不同的配置,主机与不同从机通信时必须重新配置。表 12-2 列出了 4 种模式及其对应的参数设置。

图 12-2 和图 12-3 为 2 种不同时钟相位的 SPI 传输示例。

表 12-2　SPI 总线协议模式

SPI Mode	CPOL	NCPHA	移位时 SPCK 边沿	捕获时 SPCK 边沿	SPCK 非激活态电平
0	0	1	下降沿	上升沿	低
1	0	0	上升沿	下降沿	低
2	1	1	上升沿	下降沿	高
3	1	0	下降沿	上升沿	高

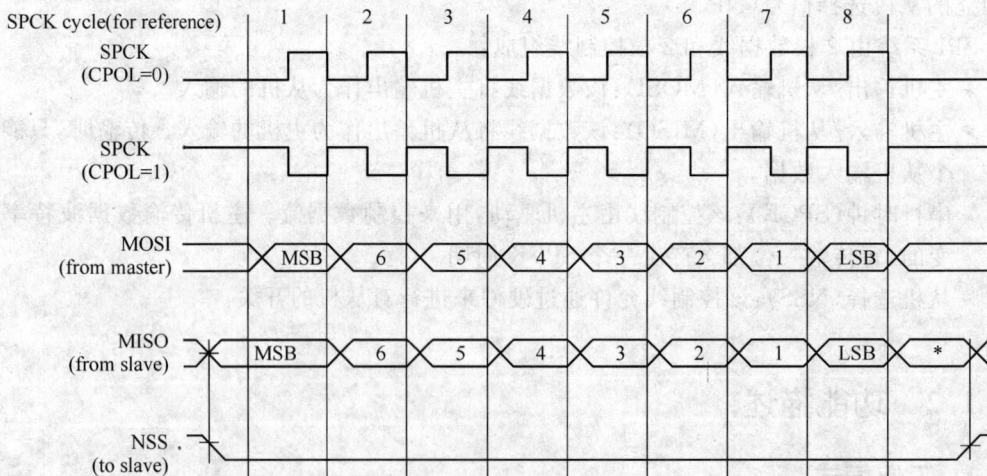

*Not defined,but normally MSB of previous character received.

图 12-2　SPI 传输格式(NCPHA=1,每次传输 8 位)

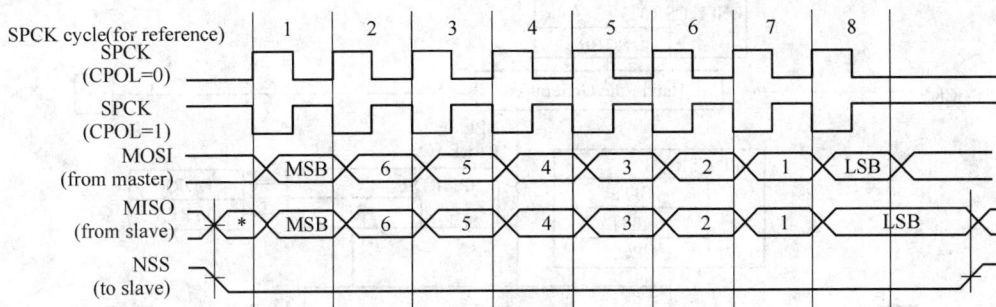

图 12 - 3 SPI 传输格式(NCPHA＝0,每次传输 8 位)

3. 主模式操作

当配置为主模式时,SPI 工作时钟由内部可编程波特率发生器产生。它完全控制与 SPI 总线连接的从机数据传输。SPI 驱动片选信号线,并为从机提供串行时钟信号(SPCK)。

SPI 有 2 个保持寄存器、发送数据寄存器与接收数据寄存器,以及 1 个单移位寄存器。保持寄存器用于将数据流保持在一个恒定的速率上。

SPI 被允许后,当处理器将数据写入 SPI_TDR(发送数据寄存器)时,数据开始传输。被写数据立即被发往移位寄存器,并开始在 SPI 总线上传输。当移位寄存器中的数据移到 MOSI 线上时,开始对 MISO 线采样并移入移位寄存器。没有发送数据时,不能接收数据。如果不需要接收模式时(例如只有一个从接收器(如 LCD)时),接收状态寄存器中的接收状态标志可以被丢弃。

在写发送数据寄存器 TDR 之前,必须先设置 SPI_MR 寄存器中的 PCS 域,以选择一个从设备。传输时若有新数据写入 SPI_TDR,它将保持当前值直到传输完成。然后接收到的数据由移位寄存器送到 SPI_RDR 中,SPI_TDR 中数据载入移位寄存器并启动新的传输。

状态寄存器(SPI_SR)的 TDRE 位(发送数据寄存器空)用于指示写在 SPI_TDR 中的数据已被送往移位寄存器。当新数据写入 SPI_TDR 时,该位清零。TDRE 位用来触发发送 PDC 通道。

传输结束由 SPI_SR 寄存器中的 TXEMPTY 标志表示。若最后传输的传输延迟(DLY-BCT)大于 0,TXEMPTY 在上述延迟完成后置位。此时主时钟(MCK)可关闭。

SPI_SR 寄存器的 RDRF 位(接收数据寄存器满)用于指示 SPI_RDR 接收了来自移位寄存器的数据。当读取接收数据时,RDRF 位清零。

在接收新数据前,若 SPI_RDR(接收数据寄存器)仍未被读取,SPI_SR 中溢出错误位(OVRES)被置位。当标志置位后,数据不会载入 SPI_RDR 中。用户必须通过读状态寄存器对 OVRES 位清零。

图 12 - 4 给出了主模式下 SPI 框图。当配置为主模式时,SPI 工作时钟由内部可编程波特率发生器产生。它完全控制与 SPI 总线连接的从机数据传输。SPI 驱动片选信号线,并为从机提供串行时钟信号(SPCK)。

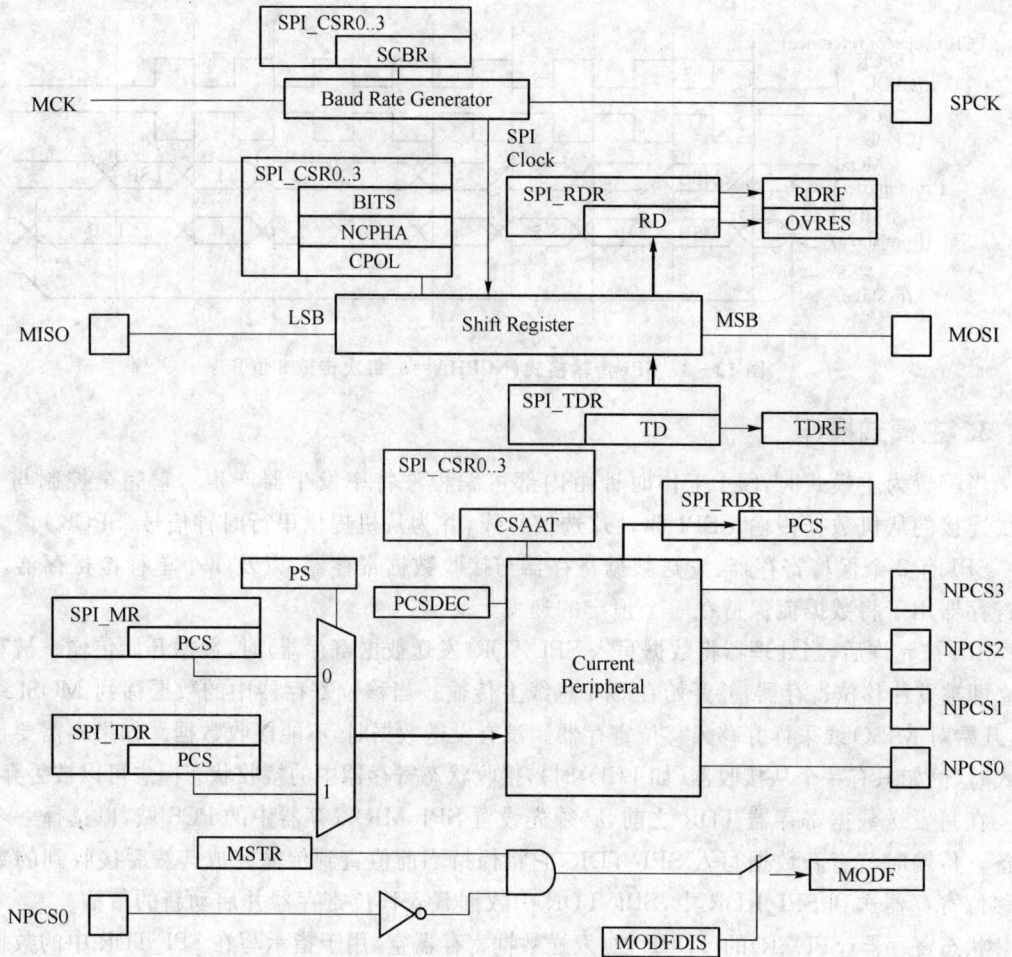

图 12 - 4　SPI 主模式框图

图 12 - 5 为主模式操作传输处理流程图。

图 12 - 6 所示为在 8 位数据的固定传输模式下、无外设备数据控制器参与时，SPI_SR（状态寄存器）中发送数据寄存器空（TDRE）、接收数据寄存器满（RDRF）和发送寄存器空（TX-EMPTY）状态标志的行为。

(1) 时钟的产生

SPI 波特率时钟由 MCK 分频得到，分频值为 1～255。禁止对 SCBR 域编程为 0，当 SCBR 为 0 时触发传输可能导致未知结果。复位后，SCBR 为 0，因此在首次传输前用户必须将其设定为一个有效值。对每个片选可独立地定义分频器，这就必须对片选寄存器的 SCBR 域编程。这允许 SPI 对每个外设接口自动调整波特率而不需重新编程。

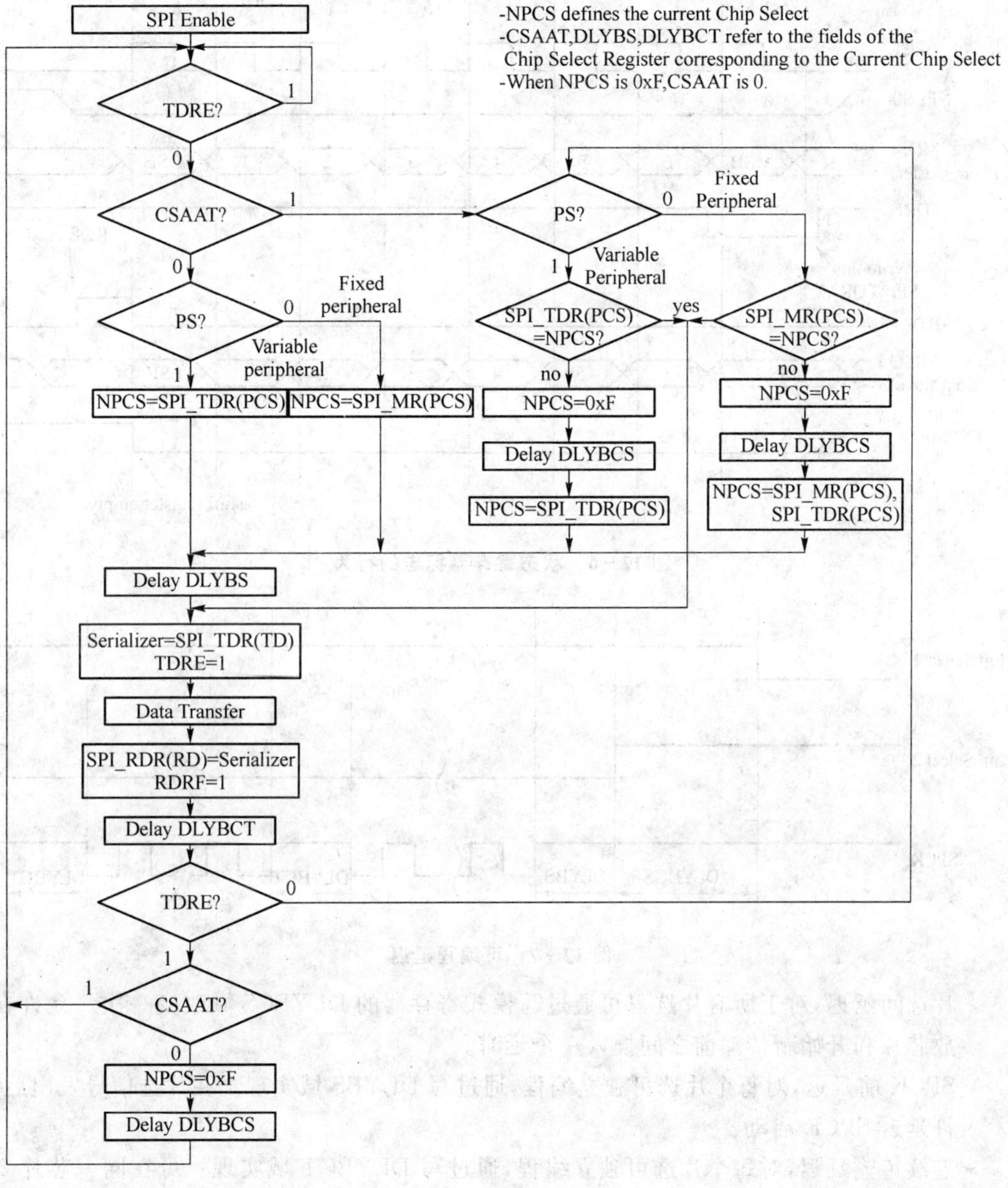

图 12-5 主模式流程图

(2) 传输延迟

图 12-7 给出片选发生改变和相同芯片上连续传输的情况。有 3 种延迟是可编程设置的,以修改传输波形:

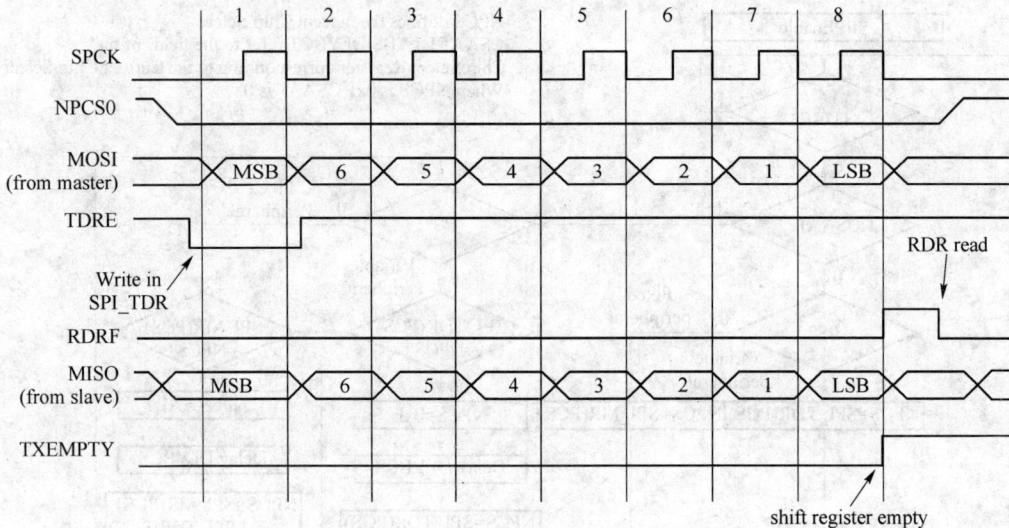

图 12-6 状态寄存器标志的行为

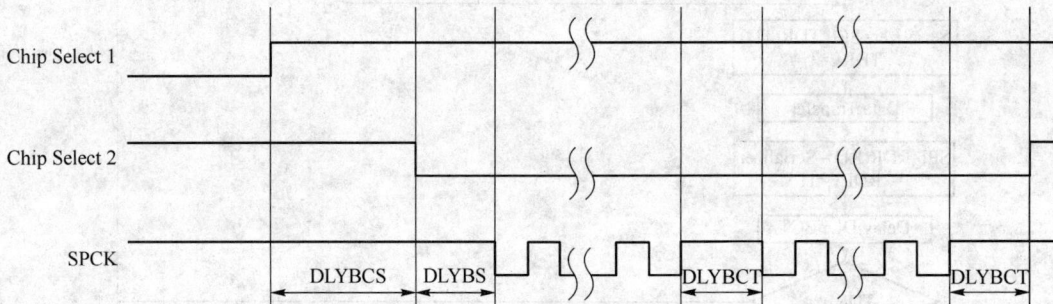

图 12-7 可编程延迟

> 片选间延迟,对于所有片选只可通过写模式寄存器的 DLYBCS 域改变一次。允许在释放芯片和开始新传输前之间插入一个延时。
> SPCK 前延迟,对每个片选可独立编程,通过写 DLYBS 域实现。在片选信号发出后,允许延迟 SPCK 启动。
> 连续传输延迟,对每个片选可独立编程,通过写 DLYBCT 域实现。可在同一芯片 2 次传输间插入一个延迟。

这些延迟使得 SPI 可以适应与不同外设连接,以及它们不同的速度及总线释放时间。

(3) 外设选择

SPI 通过 NPCS0~NPCS3 信号来选择串行外设。默认情况下,传输期间 NPCS 信号保持为高。

固定外设选择：SPI 只与一个外设交换数据。通过对 SPI_MR（模式寄存器）的 PS 位写 0 来激活固定外设选择。这种情况下，当前外设由 SPI_MR 的 PCS 域来定义，而 SPI_TDR 的 PCS 域无效。

可变外设选择：可以与多个外设交换数据，而不需要对 SPI_MR 寄存器的 NPCS 域重新编程。通过对 PS 位写 1 来激活可变外设选择，SPI_TDR 的 PCS 用于选择当前外设。这意味着可以为每个新数据选择外设。按以下格式写 SPI_TDR 寄存器：[xxxxxxx（7 bit）＋ LASTXFER（1 bit）＋ xxxx（4 bit）＋ PCS（4 bit）＋ DATA（8-16 bit）]，其中 PCS 等于根据 SPI 发送数据寄存器定义的片选，LASTXFER 根据 CSAAT 位设置为 0 或 1。注意 LASTXFER 是可选的。

(4) SPI DMA 控制器（DMAC）

固定外设和可变外设模式都可以使用 DMAC 来减轻处理器的负载。固定外设选择方式允许对单一设备进行缓冲传输。使用 DMAC 是一个优化的方法，无论 SPI 和存储器之间数据传输的尺寸是 8 位还是 16 位。但是更换外设选择是需要对模式寄存器进行重新编程的。

可变外设选择模式可在不对模式寄存器重新编程的情况下，对多个外设进行缓冲传输。写入 SPI_TDR 的数据是 32 位的，实际传输数据和外设的数据宽度是预定义的。这种模式下使用 DMAC，需要 32 位宽的缓冲，数据在低端，而 PCS 和 LASTXFER 位在高端，但是 SPI 仍控制通过 MISO 和 MOSI 线上数据的传输位数（8～16）。对于缓冲的存储大小而言，这不是一个优化方法，但它提供了一种在处理器不进行干涉情况下，与几个外设交换数据的有效方法。

(5) 外设片选解码

用户通过对片选线 NPCS0～NPCS3 的编解码，可实现 SPI 对 15 个外设的操作。通过对模式寄存器的 PCSDEC 位写 1 来允许之。

如果不采用译码操作，则 SPI 要保证任何时候只激活一个片选，即每次拉低一个 NPCS 线。若 PCS 域中有两位为低，则只将最低序号的片选拉低。如果采用译码操作，SPI 直接输出由模式寄存器或发送数据寄存器定义的 PCS 域值（由 PS 决定）。

由于 SPI 默认值为 0xF（即所有片选线为 1），当没有处理传输时，仅 15 个外设可以被译码。

SPI 只有 4 个片选寄存器，而非 15 个。因此，当译码被激活时，每个片选定义 4 个外设特性。例如，SPI_CRS0 定义外部译码外设 0～3 特性，对应于 PCS 值 0x0～0x3。因此，用户必须确保译码片选线 0～3、4～7、8～11 以及 12～14 上所连接外设的兼容性。图 12－8 所示就是一个这样的应用。

如果使用了 CSAAT 位，无论是否使用 DMAC，NPSC0 的模式错误检测必须被禁止。只有 NPSC0 上有模式故错误检测，其它片选就不需要如此处理了。

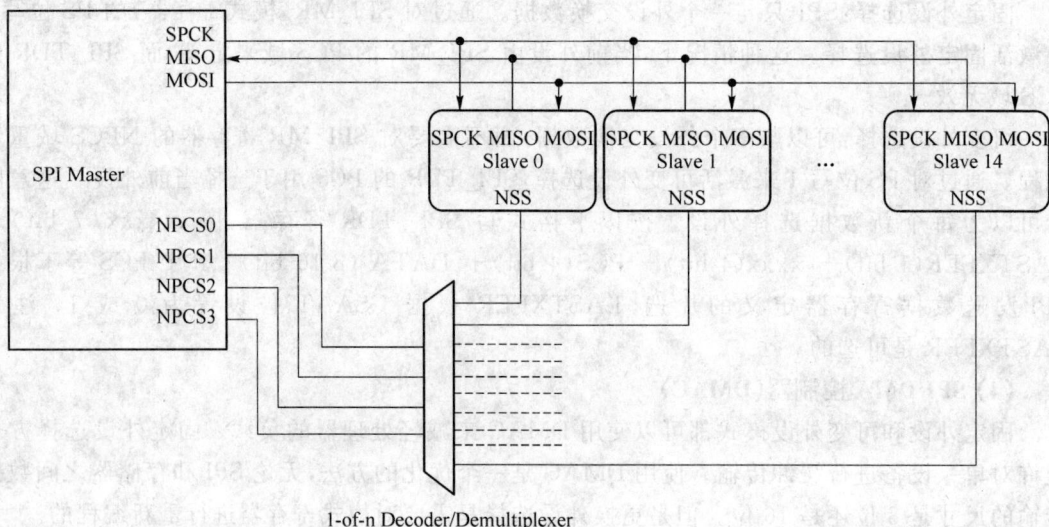

图 12-8　片选解码应用方框图：单主/多从应用

（6）模式错误检测

当 SPI 编程为主模式且外部主机将 NPCS0/NSS 信号驱动为低电平时，将检测到一个模式错误。这种情况下，多主控配置，NPCS0、MOSI、MISO 和 SPCK 引脚都必须被配置为开漏（通过 PIO 控制器）。当检测到模式错误，MODF 位在 SPI_SR 被读之前置位，而且 SPI 将自动禁用直到通过写 SPI_CR（控制寄存器）的 SPIEN 位为 1，将其重新允许为止。

默认情况下，模式错误检测电路被允许。用户可通过设置 SPI_MR 中的 MODFDIS 位来禁用模式错误检测。

4. SPI 从模式

从模式下，SPI 按 SPI 时钟引脚（SPCK）提供的时钟来处理器数据位。在从外部主机接收串行时钟之前，SPI 等待 NSS 激活。当 NSS 下降，时钟在串行线上生效，处理的位数由片选寄存器 0（SPI_CSR0）的 BITS 域定义。这些被处理位的相位与极性由 SPI_CSR0 寄存器的 NCPHA 与 CPOL 位定义。注意：当 SPI 编程为从模式时，其它片选寄存器的 BITS、CPOL 及 NCPHA 位无效。

这些位将移出到 MISO 线，并在 MOSI 线上采样。

若所有的位被处理，则接收到的数据传入接收数据寄存器 RDRF 位跳变为高。若在收到新的数据前，SPI_RDR（接收数据寄存器）没有被读走，则溢出错误标志 OVRES（SPI_SR 寄存器）将置位。一旦该标志位置位，数据将被载入 SPI_RDR。用户必须通过读状态寄存器来清 OVRES 位。

当传输开始启动，数据由移位寄存器移出。若没有数据写入发送数据寄存器（SPI_TDR）

中,则发送最后收到的数据。若自从上次复位后未收到数据,发送的所有位均为低,因为移位寄存器复位为 0。

当首个数据被写入 SPI_TDR 后,立即向移位寄存器传输并将 TDRE 位拉高。若新数据被写入,它将被保存在 SPI_TDR 中直到传输发生,即 NSS 下降且 SPCK 引脚上出现有效时钟。当传输发生后,最后写入 SPI_TDR 的数据被传入到移位寄存器并将 TDRE 位拉高。这将允许单个传输的关键量频繁更新。

然后,新数据由发送数据寄存器载入移位寄存器中。若没有发送字符,即自从上次将 SPI_TDR 的内容载入移位寄存器后,没有字符写入 SPI_TDR,移位寄存器将不变并重新发送最后收到的字符。此种情况下,SPI_SR 寄存器中的 UNDES 标志被置位。

图 12-9 所示为从模式下 SPI 的框图。

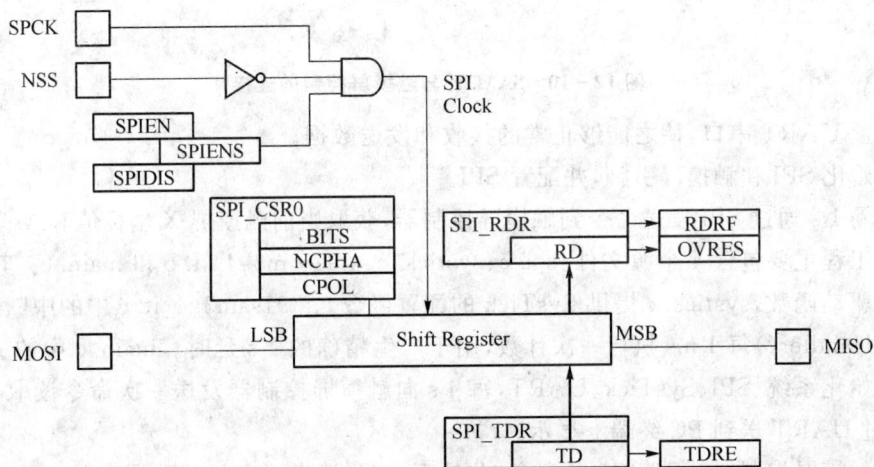

图 12-9 SPI 从模式下功能框图

12.1.3 应用程序设计

1. 设计要求

开发板上的触摸屏控制器采用 SPI 接口进行通信。要求通过 SPI 发送命令到触摸屏控制器,并接收触摸屏控制器发回来的信息,将收到信息通过 UART 传输到 PC 超级终端上去。

2. 硬件设计

评估板中,SAM3U 处理器与触摸屏控制器 ADS7843 的连接如图 12-10 所示。

3. 软件设计

根据设计任务要求,软件程序需要完成以下工作:

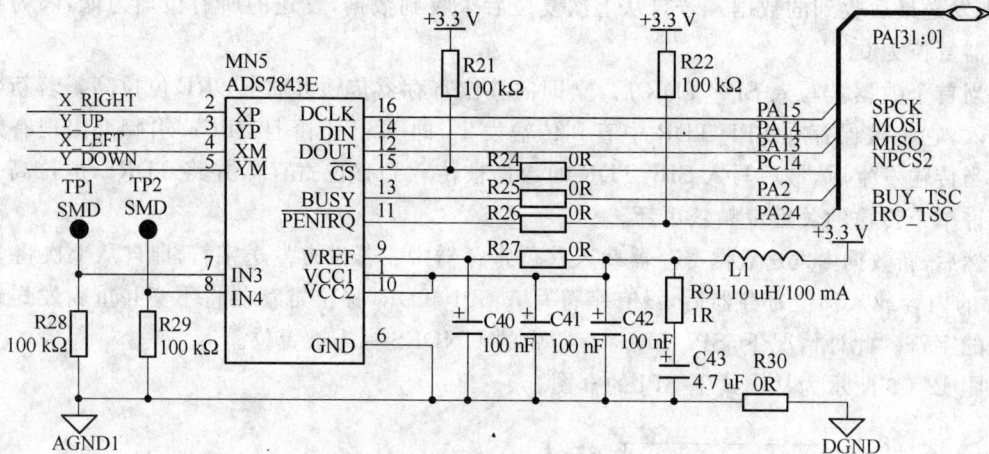

图 12 - 10   SAM3U 与触摸屏控制的连接

> 设置 UART 串口,使之能够正常的接收和发送数据。
> 初始化 SPI 和触摸屏引脚,并配置 SPI。
> 每隔 1 s 通过 SPI 发送命令到触摸屏控制器,获取当前触摸屏 X 坐标值和 Y 坐标值。

整个工程主要包含 4 个源文件:spi. c、systick. c、at91sam3u4_it. c 和 main. c。其中 spi. c 提供 SPI 驱动函数,systick. c 提供 SysTick 的配置函数。at91sam3u4_it. c 中的中断处理程序 SysTick_Handler()每 1 ms 执行一次计数,用于产生精确的 1 s 延时。main. c 中的 main()函数用于初始化系统、SPI、SysTick、UART,每 4 s 向触摸屏控制器发送一次命令读取当前坐标值,并通过 UART 送到 PC 终端上显示。

关于触摸屏控制器 ADS7843 的命令,此处不介绍,读者可查阅其数据手册。

参考程序如下。

(1) main. c

```
/****************************************************************
 * 文件名:main.c
 * 作者 : Wuhan R&D Center, Embest
 * 描述 : Main program body
 ****************************************************************/
/****************************************************************
 *    Headers
 ****************************************************************/
# include <stdio. h>
# include "board. h"
# include "pio. h"
```

```
# include "pmc. h"
# include "irq. h"
# include "trace. h"
# include "assert. h"
# include "spi. h"
# include "systick. h"
# include "at91sam3u4_it. h"
/ * * * * * * * * * * * * * * * * * * * * * * * * * * * * * * * * * * * * * * * * * * * * * * * * * * * * * * * *
 *    Local definitions
 * * * * * * * * * * * * * * * * * * * * * * * * * * * * * * * * * * * * * * * * * * * * * * * * * * * * * * * */
# define ADS_CTRL_PD0          (1 << 0)
# define ADS_CTRL_PD1          (1 << 1)
# define ADS_CTRL_DFR          (1 << 2)
# define ADS_CTRL_EIGHT_BITS_MOD   (1 << 3)
# define ADS_CTRL_START        (1 << 7)
# define ADS_CTRL_SWITCH_SHIFT    4
/ * 一些触摸屏的命令 * /
/ * 获取 X 坐标的命令 * /
# define CMD_Y_POSITION ((1 << ADS_CTRL_SWITCH_SHIFT) | ADS_CTRL_START | ADS_CTRL_PD0 | ADS_
CTRL_PD1)
/ * 获取 Y 坐标的命令 * /
# define CMD_X_POSITION ((5 << ADS_CTRL_SWITCH_SHIFT) | ADS_CTRL_START|\ADS_CTRL_PD0 | ADS_
CTRL_PD1)
/ * 允许触摸屏中断 * /
# define CMD_ENABLE_PENIRQ ((1 << ADS_CTRL_SWITCH_SHIFT) |ADS_CTRL_START)
/ * 2us min (tCSS) < = > 200/100 000 000 = 2us * /
# define DELAY_BEFORE_SPCK (200 << 16)
/ * 5us min (tCSH) < = > (32 * 15) / (100 000 000) = 5us * /
# define DELAY_BETWEEN_CONS_COM (0xf << 24)
/ * * * * * * * * * * * * * * * * * * * * * * * * * * * * * * * * * * * * * * * * * * * * * * * * * * * * * * * *
 *    Local variables
 * * * * * * * * * * * * * * * * * * * * * * * * * * * * * * * * * * * * * * * * * * * * * * * * * * * * * * * */
/ * 通过 SPI 实现触摸屏与 CPU 进行数据的传输 * /
/ * SPI 和触摸屏的引脚 * /
static const Pin pinsSPI[] = {BOARD_TSC_SPI_PINS, BOARD_TSC_NPCS_PIN};
/ * 触摸屏 BUSY 引脚 * /
static const Pin pinBusy[] = {PIN_TCS_BUSY};
/ * 触摸屏 CS 引脚 * /
static const Pin pinNss[] = {BOARD_TSC_NPCS_PIN};
```

```
volatile unsigned int timestamp = 0;
/ ***********************************************************************
   *  @brief 通过使用 SysTick 中断来延迟 ms
   *  @param ms 延迟的时间
   *  @return none
   **********************************************************************/
void DelayMS(unsigned int ms)
{
    unsigned int st = timestamp;

    while (timestamp - st < ms);
}
/ ***********************************************************************
 *  @brief 通过 SPI 发送命令到触摸屏控制器
 *  @param bCmd 要发送的命令
 *  @return 返回命令的结果
 **********************************************************************/
static unsigned int SendCommand(unsigned char bCmd)
{
    int i;
    AT91S_SPI * spi = BOARD_TSC_SPI_BASE;
    unsigned int uResult = 0;
    volatile unsigned char bufferRX[3];
    volatile unsigned char bufferTX[3];

    bufferRX[0] = 0;
    bufferRX[1] = 0;
    bufferRX[2] = 0;

    bufferTX[0] = bCmd;
    bufferTX[1] = 0;
    bufferTX[2] = 0;

    PIO_Clear(pinNss);
    / * 发送命令 * /
    i = 0;
    while ((spi->SPI_SR & AT91C_SPI_TXEMPTY) == 0);
    spi->SPI_TDR = bufferTX[i] | SPI_PCS(BOARD_TSC_NPCS);
    while ((spi->SPI_SR & AT91C_SPI_TDRE) == 0);

    while (PIO_Get(pinBusy) == 1);
    while ((spi->SPI_SR & AT91C_SPI_RDRF) == 0);
    bufferRX[i] = spi->SPI_RDR & 0xFFFF;
```

```
    /* 读数据 */
    for (i = 1; i < 3; i++)
    {
        while ((spi->SPI_SR & AT91C_SPI_TXEMPTY) == 0);
        spi->SPI_TDR = bufferTX[i] | SPI_PCS(BOARD_TSC_NPCS);
        while ((spi->SPI_SR & AT91C_SPI_TDRE) == 0);

        while ((spi->SPI_SR & AT91C_SPI_RDRF) == 0);
        bufferRX[i] = spi->SPI_RDR & 0xFFFF;
    }
    PIO_Set(pinNss);

    uResult = ((unsigned int)bufferRX[1] << 8) | (unsigned int)bufferRX[2];
    uResult = uResult >> 4;

    return uResult;
}
/*********************************************************************
 * @brief main 函数用来配置 SPI 和触摸屏控制器
 * @param none
 * @return none
 *********************************************************************/
int main()
{
    unsigned int XPosition;
    unsigned int YPosition;
    unsigned int result;

    SystemInit();
    TRACE_CONFIGURE(DBGU_STANDARD, 115200, SystemFrequency);

    printf("\n\r===========================\n\r");
    printf("       SPI Test        ");
    printf("\n\r===========================\n\r");
    /* 配置 systick,1ms 产生一次中断 */
    SysTick_Configure(1, SystemFrequency/1000, SysTick_Handler);
    /* 配置 SPI 和触摸屏引脚 */
    PIO_Configure(pinsSPI, PIO_LISTSIZE(pinsSPI));
    PIO_Configure(pinBusy, PIO_LISTSIZE(pinBusy));
    /* 配置 SPI */
    SPI_Configure (AT91C_BASE_SPI0,
                   AT91C_ID_SPI0,
                   AT91C_SPI_MSTR | AT91C_SPI_MODFDIS |
                   SPI_PCS(BOARD_TSC_NPCS)
    );
```

```
/* 配置一个 SPI 外设的片选 */
SPI_ConfigureNPCS(AT91C_BASE_SPI0, BOARD_TSC_NPCS,
                  AT91C_SPI_NCPHA | (AT91C_SPI_DLYBS &
                  DELAY_BEFORE_SPCK) |
    (AT91C_SPI_DLYBCT & DELAY_BETWEEN_CONS_COM) | (0xC8 << 8));
/* 允许 SPI */
SPI_Enable(AT91C_BASE_SPI0);
/* 通过 SPI 发送命令到触摸屏控制器 */
result = SendCommand(CMD_ENABLE_PENIRQ);

while (1)
{
    XPosition = SendCommand(CMD_X_POSITION);
    printf("\n\r XPosition = %d. ", XPosition);

    YPosition = SendCommand(CMD_Y_POSITION);
    printf("\n\r YPosition = %d. \n\r", YPosition);
    DelayMS(1000);
}
}
```

(2) at91sam3u4_it.c

```
/***********************************************************************
* 文件名：at91sam3u4_it.c
* 作者 : Wuhan R&D Center, Embest
* 描述 : Main Interrupt Service Routines.
***********************************************************************/
/***********************************************************************
** This file contains the default exception handlers
** and exception table.
***********************************************************************/
/***********************************************************************
*     Headers
***********************************************************************/
#include "board.h"
#include "at91sam3u4_it.h"
/***********************************************************************
*     Types
***********************************************************************/
extern volatile unsigned int timestamp;
/***********************************************************************
 * @brief system timer for Cortex M3
```

```
 *  @param none
 *  @return none
 ***************************************************************/
void SysTick_Handler(void)
{
    timestamp++;
}
```

4. 运行过程

① 使用 Keil μVision3 通过 ULINK 2 仿真器连接实验板,打开实验例程目录 12.1 SPI_test 子目录下的 SPI_Test. Uv2 例程,编译链接工程。

② 用串口线连接 PC 机的串口和开发板的 UART 口,并在 PC 机上运行 Windows 自带的超级终端串口通信程序(波特率 115 200、1 位停止位、无校验位、无硬件流控制);或者使用其它串口通信程序。

③ 运行程序,通过超级终端观察串口输出。程序运行后串口显示:

```
============================
       SPI Test
============================
XPosition = 641.
YPosition = 292.

XPosition = 465.
YPosition = 341.
...
```

其中,XPosition 为触摸屏上按下处的 X 轴坐标(距屏左边的距离),YPosition 为触摸屏上按下处的 Y 轴坐标(距屏上边的距离),这里显示的 X 坐标和 Y 坐标都是没有经过处理后的值,因此不是很精确,只能显示屏上的相对位置。串口每隔 1 s 显示一次坐标,如果在此期间没有按触摸屏,则串口显示上一次的坐标。

12.2　双线接口 TWI

12.2.1　概　述

Atmel 双线接口(TWI,Two-Wire Interface)是实现部件之间连接的独特双线总线(如图 12-11所示),它由一个时钟线和一个数据线组成。TWI 基于字节格式传输数据,数据传输速率可以达到 400 Kbit/s。它可用于任何 Atmel 的 TWI 串行 EEPROM 和 I^2C 兼容的设备,比如实时钟(RTC)、点阵/图形 LCD 控制器和温度传感器等,如图 12 - 12 所示。TWI 可编程作为主机或从机,可进行连续或单字节访问,还支持多主机功能。TWI 用户接口寄存器映射如表 12 - 3 所列。

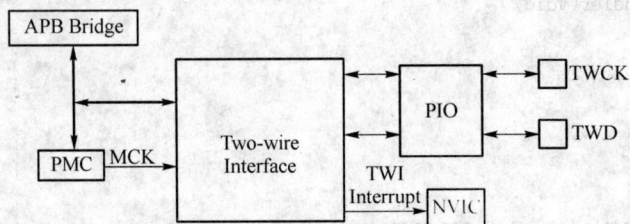

图 12 - 11 双线接口 TWI

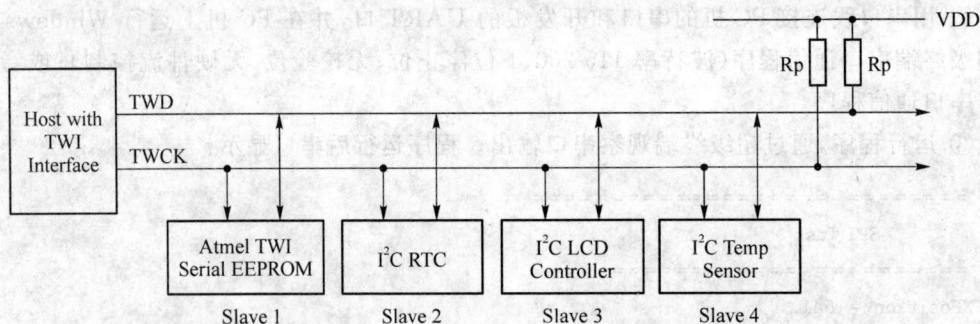

图 12 - 12 双线接口 TWI 应用示例

表 12 - 3 TWI 寄存器映射

偏移量	寄存器	名　称	访问方式	复位值
0x00	控制寄存器	TWI_CR	只写	N / A
0x04	主机模式寄存器	TWI_MMR	读/写	0x00000000
0x08	从机寄存器	TWI_SMR	读/写	0x00000000
0x0C	内部地址寄存器	TWI_IADR	读/写	0x00000000
0x10	时钟波形发生寄存器	TWI_CWGR	读/写	0x00000000
0x20	状态寄存器	TWI_SR	只读	0x0000F009
0x24	中断允许寄存器	TWI_IER	只写	N/A
0x28	中断禁止寄存器	TWI_IDR	只写	N/A
0x2C	中断屏蔽寄存器	TWI_IMR	只读	0x00000000
0x30	接收保持寄存器	TWI_RHR	只读	0x00000000
0x34	发送保持寄存器	TWI_THR	只写	0x00000000
0x38~0xFC	保留	—	—	—
0x100~0x124	保留给 PDC	—	—	—

TWI 有 6 种工作模式:主机发送模式、主机接收模式、多主机发送模式、多主机接收模式、从机发送模式和从机接收模式。这些模式将在后续小节分别介绍。

12.2.2 功能描述

1. 传输格式

TWD 线上数据必须为 8 位。数据传输是高位在先;每字节后必须有应答信号,每次传输的字节数目没有限制,如图 12-13 所示。每次传输以 START 条件开始,以 STOP 条件停止,如图 12-14 所示。

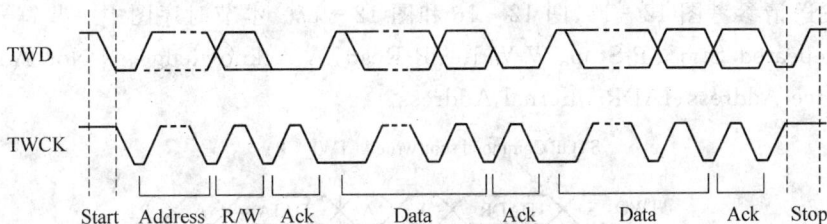

图 12-13 传输格式

➢ 当 TWCK 为高时,TWD 由高变低被定义为 START 状态。
➢ 当 TWCK 为高时,TWD 由低变高被定义为 STOP 状态。

2. 主机模式

主机是启动传输、产生时钟信号和停止发送的器件。主机模式典型的应用框图如图 12-12 所示。

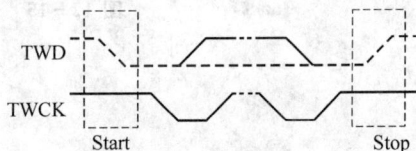

图 12-14 **START 和 STOP 条件**

(1) 主机模式编程

进入主机模式之前必须对以下寄存器进行编程:

➢ DADR (+ IADRSZ + IADR,如果设备编址为 10 位):在读或写模式下,设备地址是用来访问从设备的。
➢ CKDIV + CHDIV + CLDIV:时钟波形。
➢ 禁止从机模式。
➢ MSEN:允许主机模式。

(2) 主机发送模式

初始化 Start 状态后,在向发送保持寄存器(TWI_THR)写数据时,主机将发送一个 7 位从机地址(地址在主机模式寄存器 TWI_MMR 的 DADR 域中配置),以通知从机设备。从机地址后的位用于表示传输方向,在这里该位为 0(TWI_MMR 中的 MREAD = 0)。

TWI 传输要求从机每收到一个字节后均要给出应答。在应答脉冲(第 9 脉冲)期间,主机会释放数据线(HIGH),允许从机将其拉低以产生应答。主机在该时钟脉冲查询数据线,若从机没有应答这个字节,则将状态寄存器的 NACK 位置位。与其它状态位相同,若中断允许寄存器(TWI_IER)允许,则将产生中断。若从机应答该字节,数据写进 TWI_THR,移位到内部移位器中后传输。当检测到应答时,TXRDY 位置位,直到 TWI_THR 中有新的数据写入。

当没有新的数据写入 TWI_THR 时,串行时钟线保持低电平。当有新的数据写入 TWI_THR 时,释放 SCL 并发送数据。为了产生 STOP 事件,必须写 TWI_CR 的 STOP 位域以执行 STOP 命令。在主机写发送之后,当没有新的数据写入 TWI_THR 或执行一个 STOP 命令时,SCL 保持拉低。

主机发送请参考图 12-15、图 12-16 和图 12-17。本节时序图中一些符号的含义:S-Start、Sr-Repeated Start、P-Stop、W-Write、R-Read、A-Acknowledge、N-Not Acknowledge、DADR-Device Address、IADR-Internal Address。

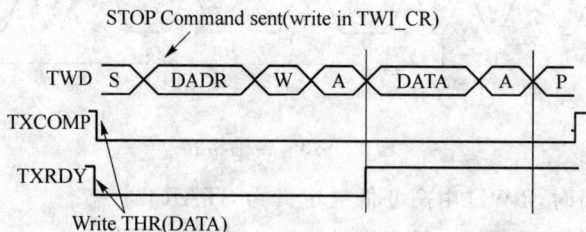

图 12-15 一个字节数据的主机写操作

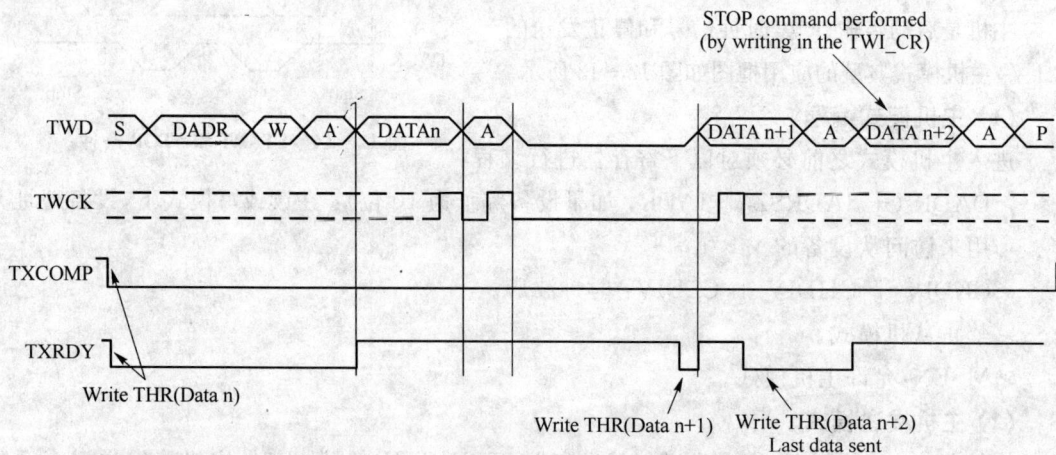

图 12-16 多字节数据的主机写操作

STOP command performed
(by writing in the TWI_CR)

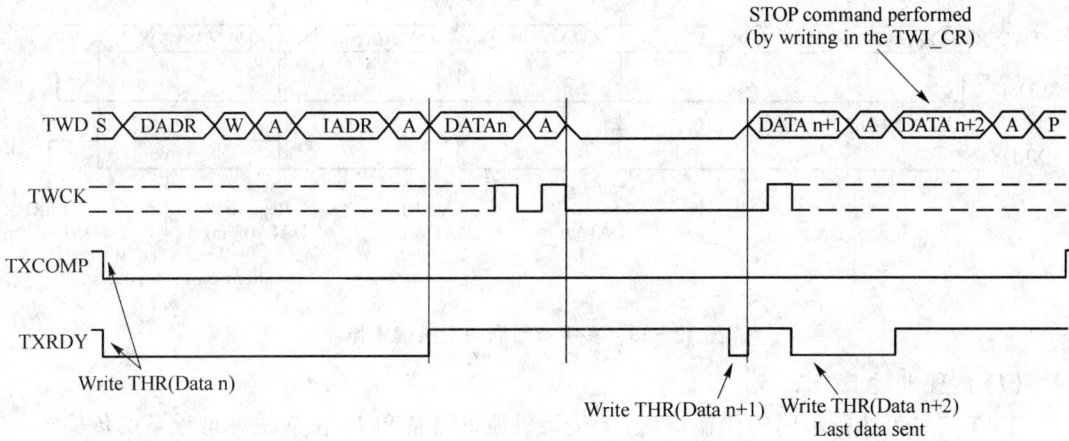

图 12－17　一个字节内部地址及多字节数据的主机写操作

(3) 主机接收模式

通过设置 START 位来开始读序列。发送起始条件后，主机发送一个 7 位的从机地址以通知从机设备；从机地址后的位表示传输方向，在这里该位为 1（TWI_MMR 中的 MREAD ＝ 1）。在应答时钟脉冲（第 9 脉冲）期间，主机释放数据线（HIGH），允许从机将其拉低以产生应答。主机在该时钟脉冲查询数据线，若从机没有应答该字节，则将状态寄存器中 NACK 位置位。

若接收到应答，主机准备从从机接收数据。接收到数据后，在停止条件之后，主机发送一个应答条件以通知从机除了最后一个数据之外其它都已经接收到了，参见图 12－18。当状态寄存器中的 RXRDY 位置 1 时，接收保持寄存器（TWI_RHR）就接受到了一个字节。读 TWI_RHR 会复位 RXRDY 位。当执行一个字节数据的读操作时，无论有没有内部地址（IADR），START 位和 STOP 位都必须被同时置位，参见图 12－18。当执行多字节数据的读操作的时候，无论有没有内部地址（IADR），在接收到靠近最后一位数据的数据后，STOP 必须被置位，参见图 12－19。

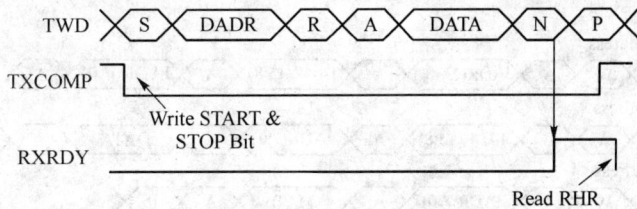

图 12－18　一个字节数据的主机读操作

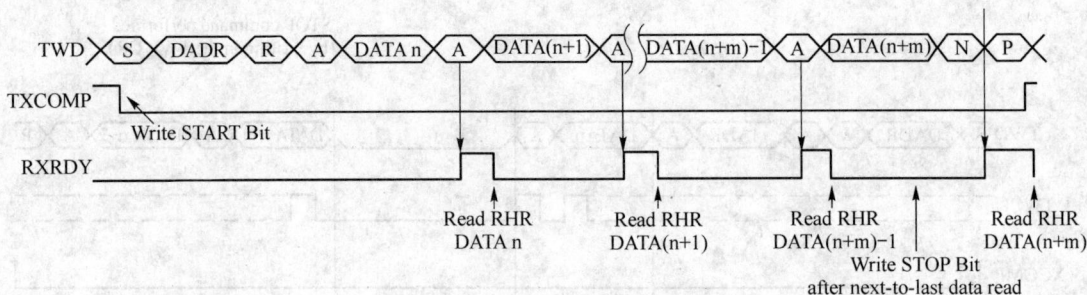

图 12 - 19　多字节数据的主机读操作

(4) 内部地址 IADR

TWI 接口可执行不同的传输格式：7 位从机地址设备和 10 位从机地址设备的传输。

① 7 位从机编址

当采用 7 位从机设备编址时，内部地址字节用来执行对一个或多个数据字节的随机访问（读或写），例如访问一个串行存储器的存储页面。当带内部地址执行读操作时，TWI 将执行一个写操作把内部地址设置到从设备中，然后转换到主机接收模式。要注意，在完全兼容 I^2C 的设备中，第二个起始条件（发送 IADR 之后的）有时被称为"重复起始"，见图 12 - 20。带内部地址的主机写操作见图 12 - 21 和图 12 - 22。可通过主机模式寄存器（TWI_MMR）对 3 个内部地址字节进行配置。若从设备只支持 7 位地址，也就是说没有内部地址，IADRSZ 必须被设置成 0。

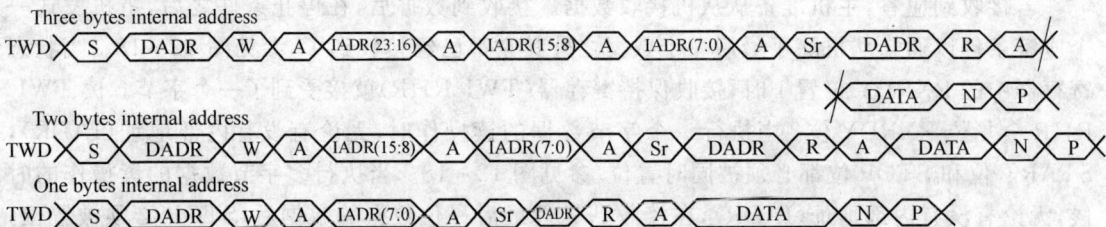

图 12 - 20　1、2 或 3 字节内部地址和一个字节数据的主机读操作

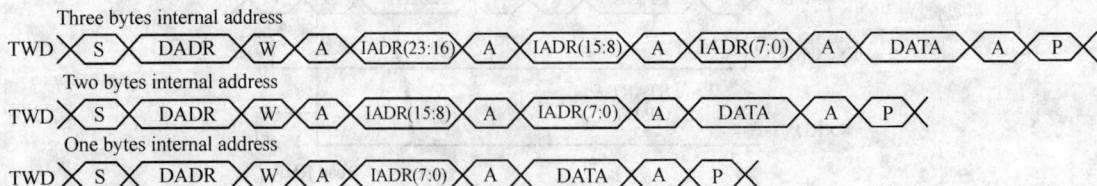

图 12 - 21　1、2 或 3 字节内部地址和一个字节数据的主机写操作

② 10 位从机编址

由于从机地址高于 7 位,用户必须配置地址长度(IADRSZ),并在内部地址寄存器(TWI_IADR)中设置从机地址的其它位。剩下的两段内部地址位,IADR[15:8]和 IADR[23:16]可与 7 位从机编址中的用法一样。

实例:编址一个 10 位地址的设备,其 10 位设备地址是 b1 b2 b3 b4 b5 b6 b7 b8 b9 b10。

➢ 设置 IADRSZ = 1,

➢ 设置 DADR 为 1 1 1 1 0 b1 b2 (b1 是 10 位地址的最高有效位,b2 次之,依次)。

➢ 设置 TWI_IADR 为 b3 b4 b5 b6 b7 b8 b9 b10 (b10 是 10 位地址的最低有效位)。

图 12 - 22 是向 Atmel AT24LC512 EEPROM 写一个字节操作的示意,它描述了使用内部地址访问从设备的方法。

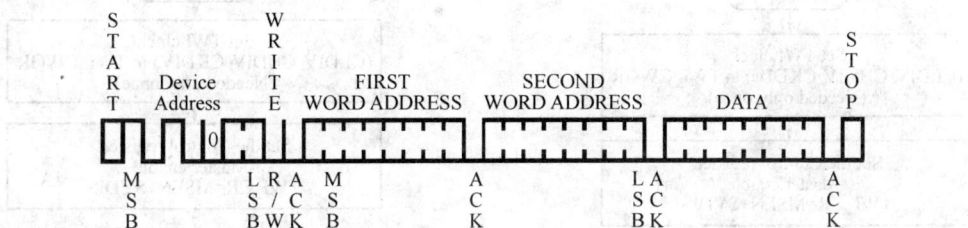

图 12 - 22 内部地址的用法

(5) 使用 PDC 传输

使用 PDC 可以显著减轻 CPU 的负载。为了确保正确使用 PDC,应按照下面的编程顺序进行设置:

如果使用 PDC 进行数据发送:

① 初始化发送 PDC(存储器指针、长度等)。

② 配置主机模式(DADR、CKDIV,等等)。

③ 设置 PDC 的 TXTEN 位以开始传输。

④ 等待 PDC 结束 TX 标志。

⑤ 设置 PDC 的 TXDIS 位以禁止 PDC。

如果使用 PDC 进行数据接收:

① 初始化接收 PDC(存储器指针、长度-1,等等)。

② 配置主机模式(DADR、CKDIV,等等)。

③ 设置 PDC 的 RXTEN 位以开始传输。

④ 等待 PDC 结束 RX 标志。

⑤ 设置 PDC 的 RXDIS 位以禁止 PDC。

(6) SMBUS 快命令

TWI 接口可以执行一个快命令(仅主机模式具备):

① 配置主机模式(DADR、CKDIV 等)。

② 一位命令被发送时,写 TWI_MMR 寄存器的 MREAD 位。

③ 设置 TWI_CR 中的 QUICK 位以启动传输。

(7) 读/写流程图

图 12-23、图 12-24、图 12-25、图 12-26、图 12-27 和图 12-28 的流程图给出了读/写操作示例。可采用轮询或中断的方法来检查状态位,若使用中断方法必须先配置中断允许寄存器(TWI_IER)。

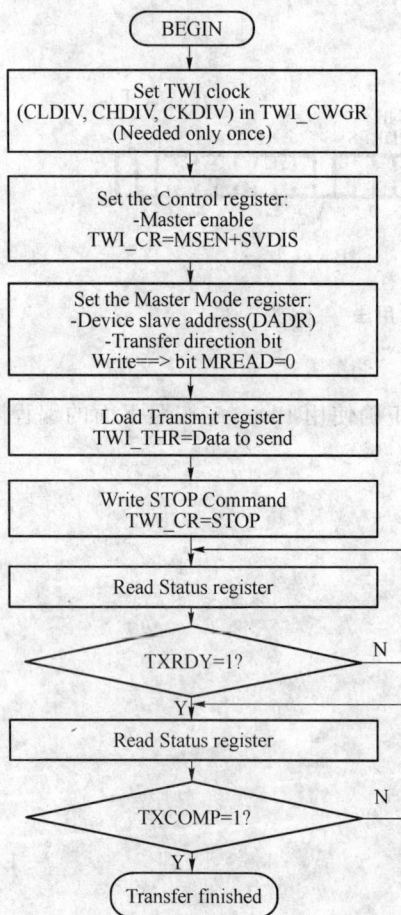

图 12-23　无内部地址的单字节数据 TWI 写操作　　图 12-24　有内部地址的单字节数据 TWI 写操作

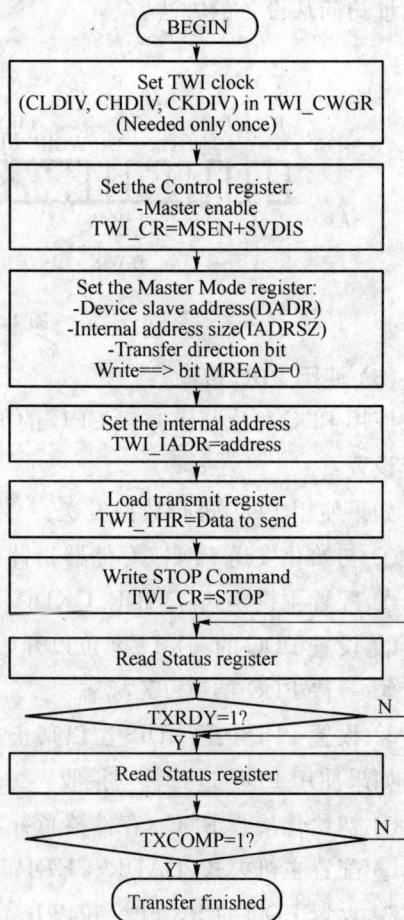

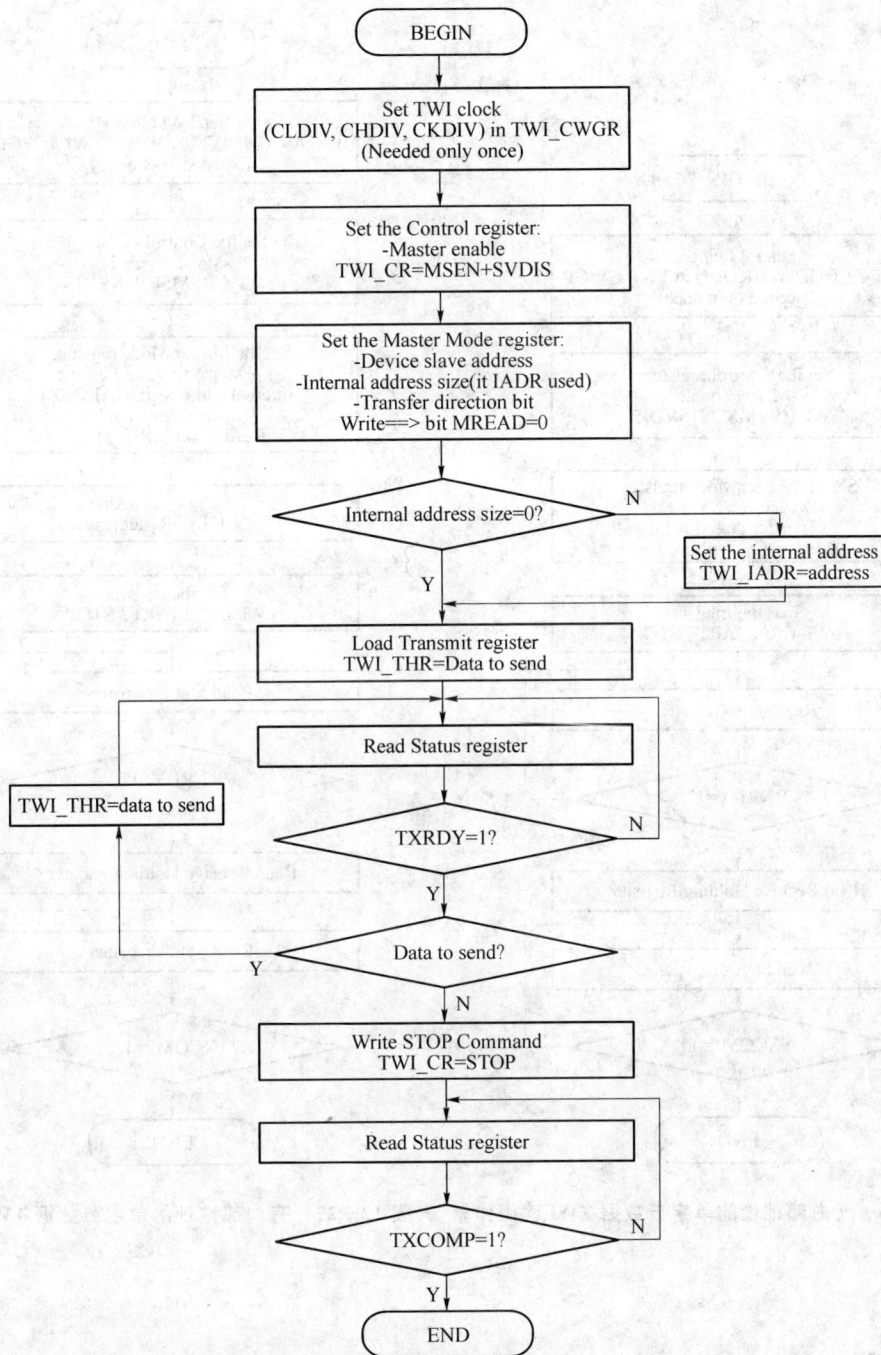

图 12 - 25 有或没有内部地址的多字节数据 TWI 写操作

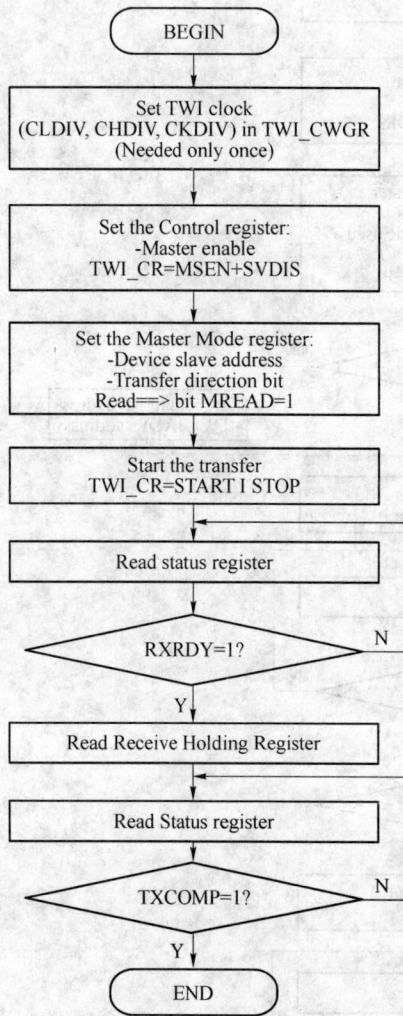

图 12 - 26　无内部地址的单字节数据 TWI 读操作　　图 12 - 27　有内部地址的单字节数据 TWI 读操作

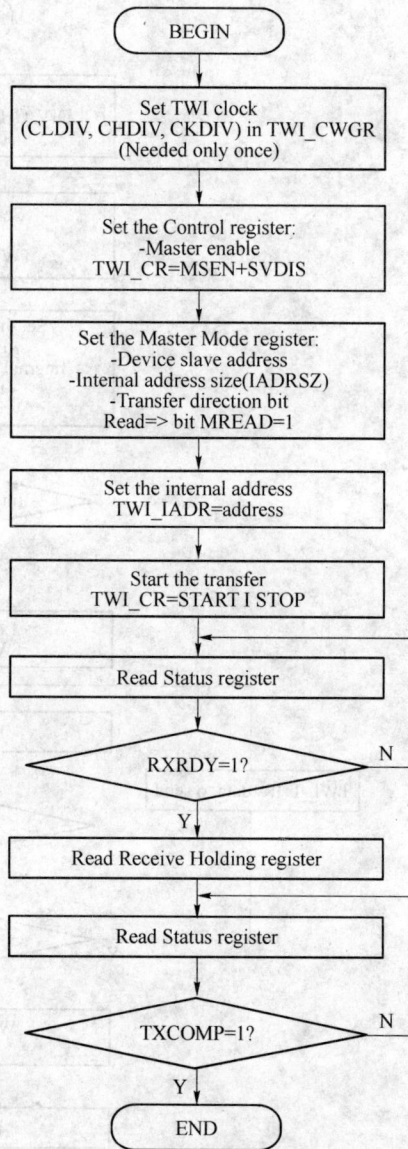

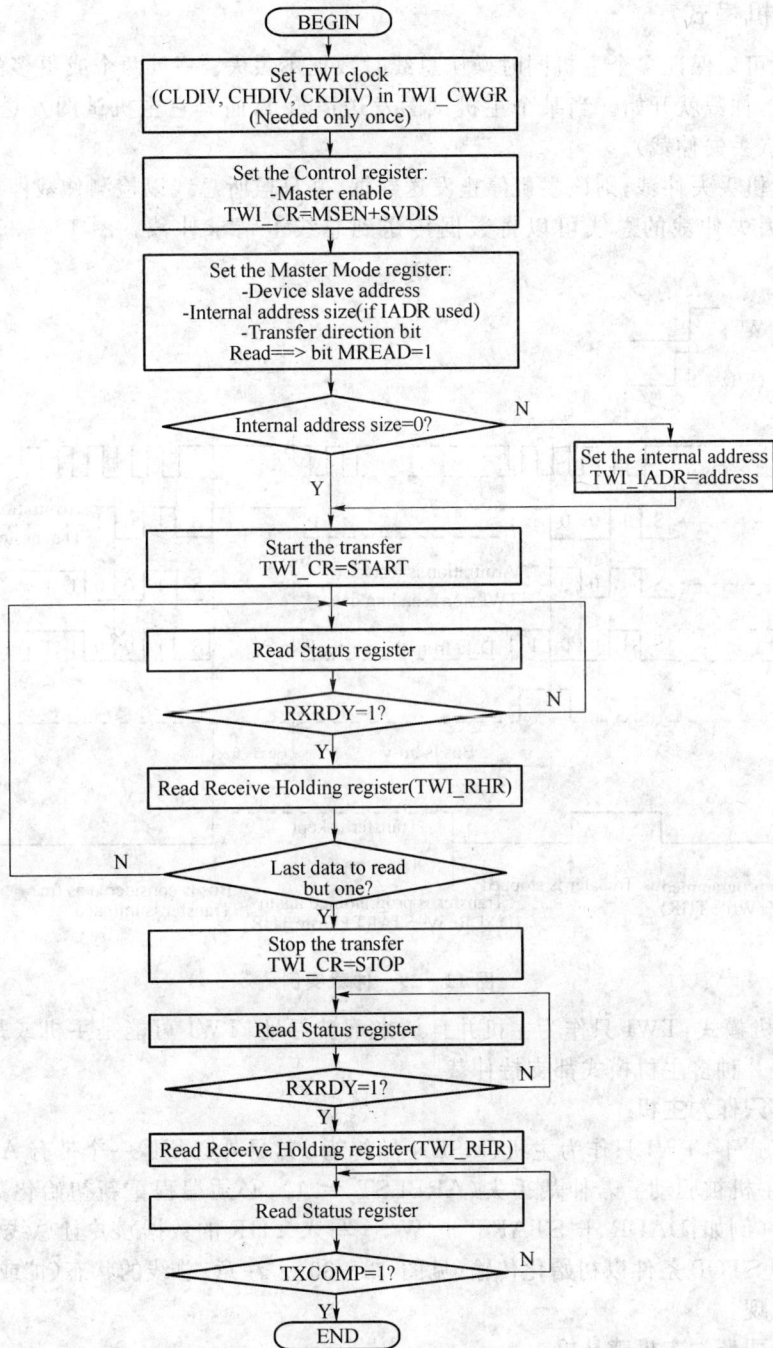

图 12-28　有或没有内部地址的多字节数据 TWI 读操作

3. 多主机模式

使用仲裁可以保证多个主机同时操作总线时数据不丢失。一旦两个或更多的主机同时传送数据到总线，仲裁就开始。当某个主机试图发送逻辑 1，而其它主机试图发送逻辑 0 时，该主机仲裁停止（丢失仲裁）。

一旦某主机丢失仲裁，则该主机停止发送数据，并且监听总线以检测仲裁停止。当检测到仲裁停止时，丢失仲裁的总线可以将数据传送到总线上请求仲裁。图 12 - 29 描述了仲裁过程。

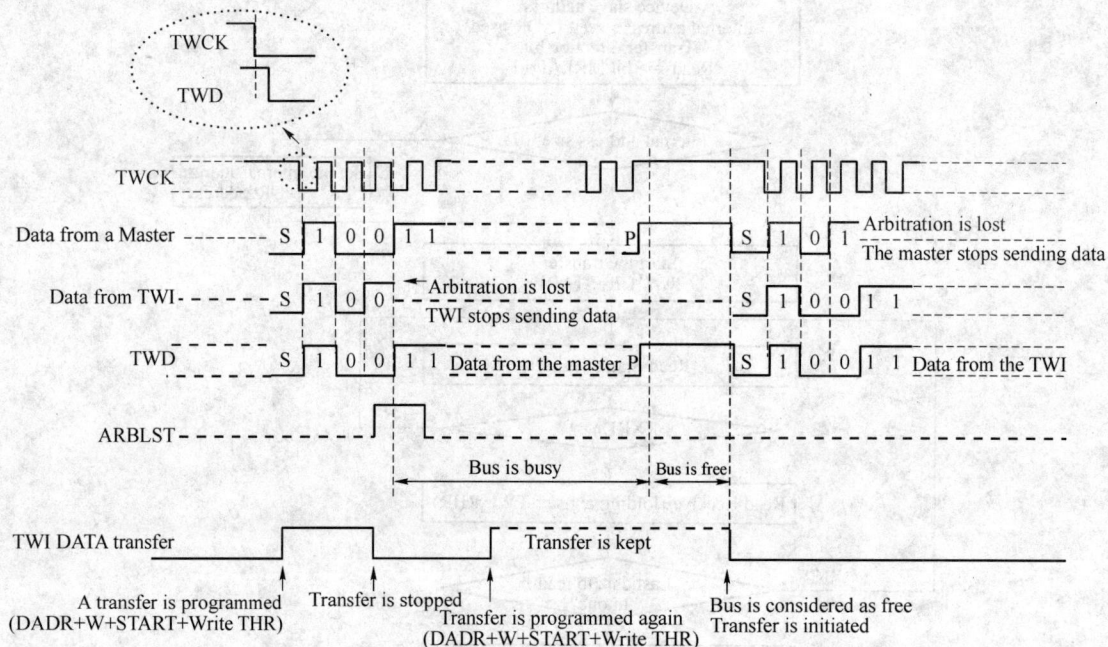

图 12 - 29 仲裁实例

2 种多主机模式：TWI 只作为主机并且从来不被寻址、TWI 可能是主机或是从机并且可能被寻址。这 2 种多主机模式都支持仲裁。

(1) TWI 只作为主机

在这种模式下，TWI 只作为主机（MSEN 始终为 1），另外必须像一个带有 ARBLST（仲裁丢失）标志的主机被驱动。若仲裁丢失（ARBLST = 1），必须编程重新初始化数据传输。若用户开始传输（例如：DADR + START + W + 写入 THR 的数据），并且总线忙，TWI 自动等待总线上的 STOP 条件以初始化传输（见图 12 - 30）。注意：总线的状态（忙或空闲）不会在用户接口上出现。

(2) TWI 可作为主机或从机

在丢失仲裁的情况下，是不支持自动从主机转换到从机的。于是，在 TWI 可作为主机或

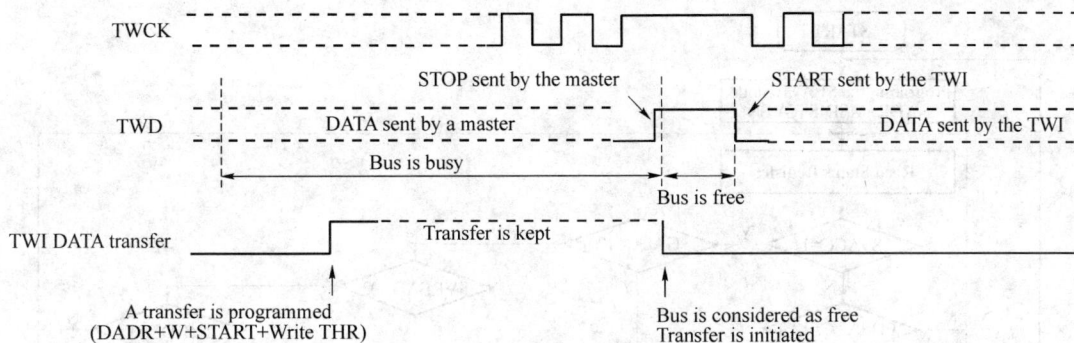

图 12-30　总线忙时发送数据

从机的情况下,必须按照以下步骤来管理伪多主机模式。

① 设置 TWI 为从机模式(SADR ＋ MSDIS ＋ SVEN)并执行从机访问(若 TWI 被寻址)。

② 若 TWI 必须被设置成主机模式,则一直等到 TXCOMP 标志为 1。

③ 设置为主机模式(DADR ＋ SVDIS ＋ MSEN)并启动传输(例如 START ＋写入 THR 中的数据)。

④ 一旦主机模式被允许,TWI 将扫描总线以检测总线忙还是空闲。当总线空闲时,TWI 初始化发送。

⑤ 一旦初始化发送,在发送 STOP 条件之前,发送都与仲裁相关,用户必须监视 AR-BLST 标志。

⑥ 若仲裁丢失(ARBLST 置 1),当主机获取仲裁想要访问 TWI 时,必须编程使 TWI 进入从机模式。

⑦ 若 TWI 必须被设置在从机模式,则一直等待到 TXCOMP 标志为 1 ,然后编程设置为从机模式。

图 12-31 所示流程图给出多主机模式下读和写操作的示例。

4. 从机模式

从机模式是指一个设备从另一个称之为主机的设备接收时钟和地址的模式。在这种模式下,设备从不启动和结束传输(START 、REPEATED_START 和 STOP 条件总是由主机提供)。从机模式典型应用如图 12-32 所示。

(1) 编程设置从机模式

在进入从机模式之前必须对下面的位域编程:

① SADR (TWI_SMR):从设备地址,用于主设备在读或写模式中对从设备的访问。

② MSDIS (TWI_CR):禁止主机模式。

③ SVEN (TWI_CR):允许从机模式。

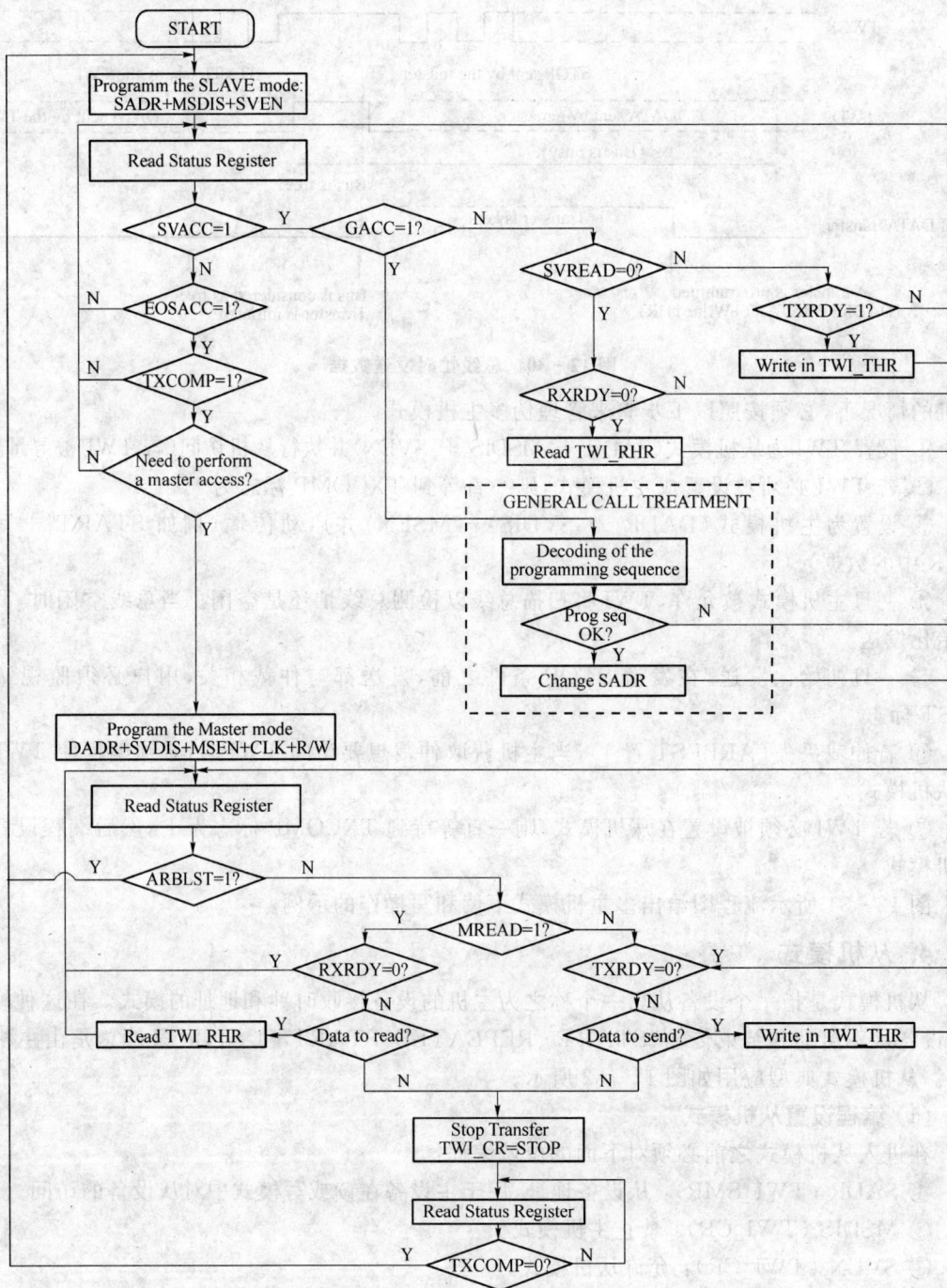

图 12-31 多主机流程图

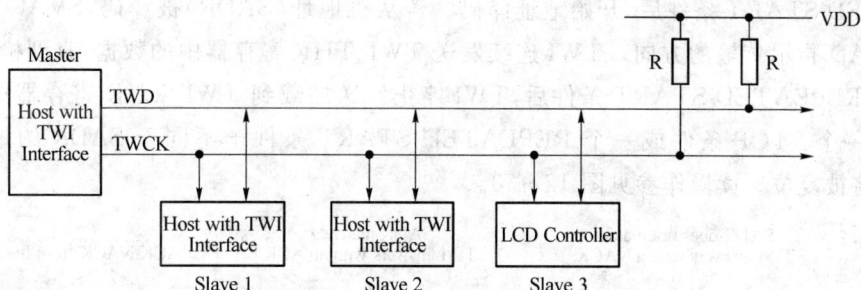

图 12－32　从机模式应用框图

（2）接收数据

当检测到启动或重复启动条件之后,若主机发送的地址与 SADR(从机地址)位域中的从机地址匹配,那么 SVACC(从机访问)标志置位,SVREAD(从机读)指示传输方向。SVACC 保持为高电平,直到检测到一个 STOP 条件或重复启动条件后。检测到这样的条件后,EOSACC(从机访问结束)标志置位。

读序列——在读序列(SVREAD 为高电平)中,TWI 发送数据写入 TWI_THR(TWI 发送保持寄存器)中,直到检测到一个 STOP 条件或重复启动条件 REPEATED_START＋不同于 SADR 地址的状态为止。注意,在读序列结束时,TXCOMP(发送完成)标志被置位,复位 SVACC。一旦数据写入 TWI_THR,TXRDY(发送保持寄存器就绪)标志复位,当移位寄存器为空且发送数据应答或无应答时,TXRDY 标志置位。若数据没有应答,NACK 标志置位。注意:STOP 或者重复启动位之后总是跟随着一个 NACK。读序列参见图 12－33。

写序列——在写序列(SVREAD 为低电平)中,当一个字符被接收到 TWI_RHR(TWI 接收保持寄存器)时 RXRDY(接收保持寄存器就绪)标志置位。读 TWI_RHR 时 RXRDY 复位。TWI 将连续接收数据,直到检测到一个 STOP 条件或 REPEATED_START 条件＋不同于 SADR 地址之后 TWI 停止接收数据。注意在写序列结束时,TXCOMP 标志被置位,SVACC 复位。写序列参见图 12－34。

广播(GENERAL CALL)——当执行广播操作时,GACC(广播访问)标志被置位。GACC 置位后,要由编程者解释 GENERAL CALL 的意思,并译码编程序列的新地址,参见图 12－35。

同步时钟序列——如果读/写 TWI_THR 或 TWI_RHR 不及时,则 TWI 执行一个时钟同步。时钟拉伸信息由 SCLWS(时钟等待状态)位给出,参见图 12－36 和图 12－37。

PDC——由于不可能知道接收/发送的数据的确切数量,所以不推荐在从机模式中使用 PDC。

（3）数据传输

读操作——读模式被定义为主机的数据请求,主机获取数据。当检测到一个 START 或

REPEATED START 条件后,开始地址译码。若从机地址(SADR)被译码,SVACC 被置位,且 SVREAD 指示传输的方向。TWI 连续发送 TWI_THR 寄存器中的数据,直到检测到一个 STOP 或 REPEATED START 条件后,TWI 停止发送加载到 TWI_THR 寄存器中的数据。若检测到一个 STOP 条件或一个 REPEATED START 条件+不同于 SADR 的地址状态,SVACC 将被复位。读操作参见图 12-33。

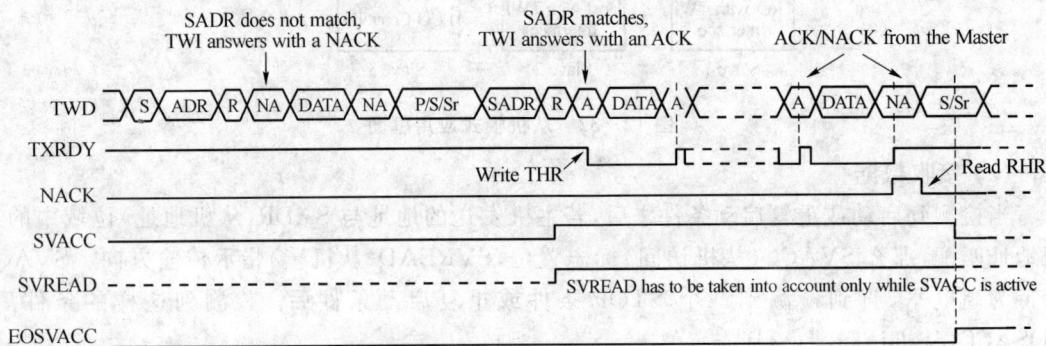

图 12-33 主机请求的读访问

写操作——写模式被定义为主机的数据发送,主机发送数据。当检测到一个 START 或 REPEATED START 条件后,开始地址译码。若从机地址(SADR)被译码,SVACC 被置位,SVREAD 指示传输的方向(SVREAD 在这种情况下为低电平)。TWI 将数据存储到 TWI_THR 寄存器中,直到检测到一个 STOP 或 REPEATED START 条件后,TWI 停止存储数据到 TWI_THR 中。若检测到一个 STOP 条件或一个 REPEATED START 条件+不同于 SADR的地址状态,SVACC 将复位。写操作参见图 12-34。

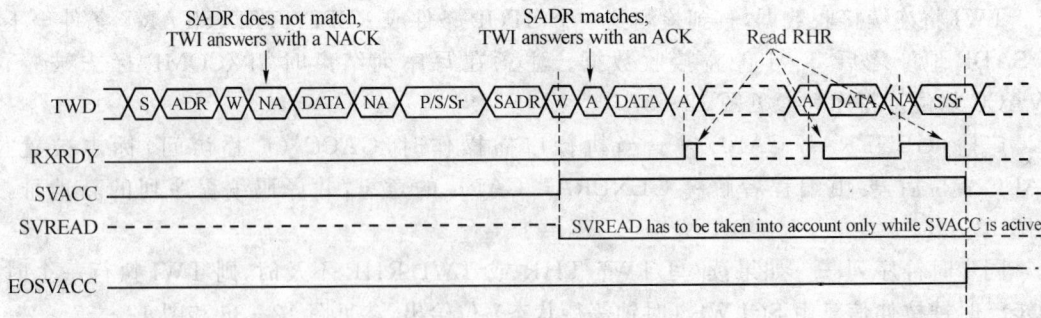

图 12-34 主机请求的写访问

广播(GENERAL CALL)——执行广播操作是为了改变从机地址。若检测到一个 GENERAL CALL,GACC 置位。检测到广播后,要由编程者对随后到来的命令进行解码。在写命令 WRITE 中,编程者必须解码编程序列,若编程序列匹配则需要编程设置一个新的 SADR。广播操作参见图 12 − 35。

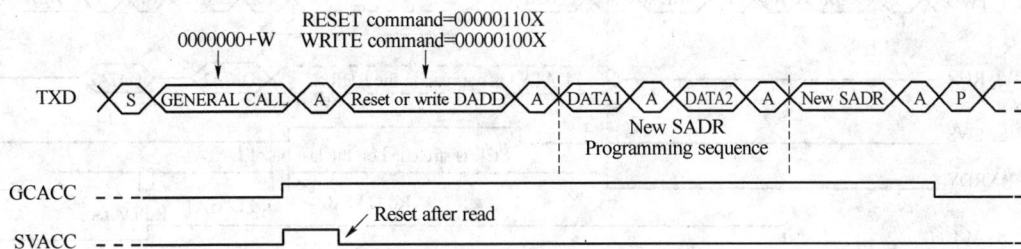

图 12 − 35 主机执行广播操作

时钟同步——在读和写模式下,都可能出现这样的情况,在发送/接收一个新的字符之前 TWI_THR/TWI_RHR 缓冲器没有数据/不为空。这时为了避免发送/接收意想不到的数据,就执行一个时钟拉伸机制。

读模式下时钟同步——若因为寄存器为空并且未检测到一个 STOP 或 REPEATED START 条件,则时钟信号被拉低;直到移位寄存器中加载数据时,时钟信号被拉高,参见图 12 − 36。

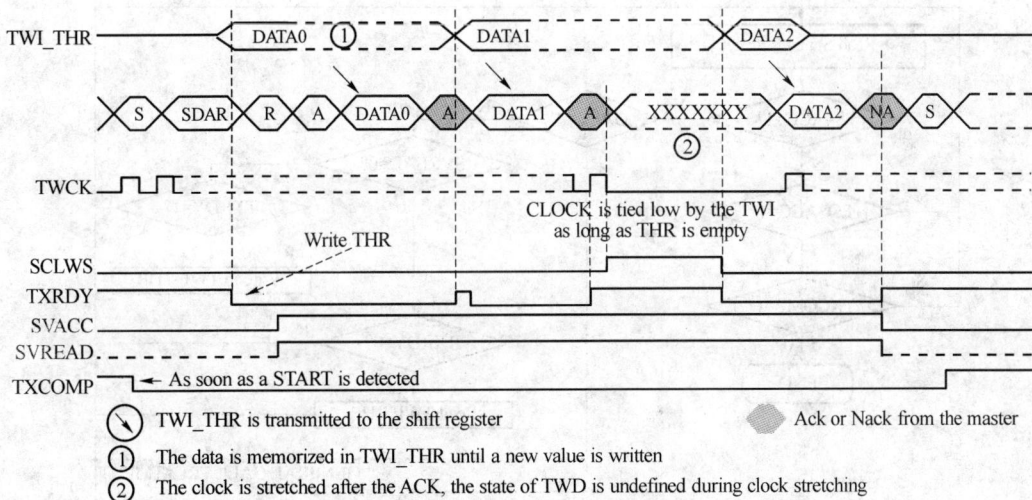

图 12 − 36 读模式下时钟同步

写模式下时钟同步——若移位寄存器和 TWI_RHR 满,则时钟被拉低。如果没有检测到一个 STOP 或 REPEATED_START 条件,读 TWI_RHR 时,时钟将被拉高,参见图 12 − 37。

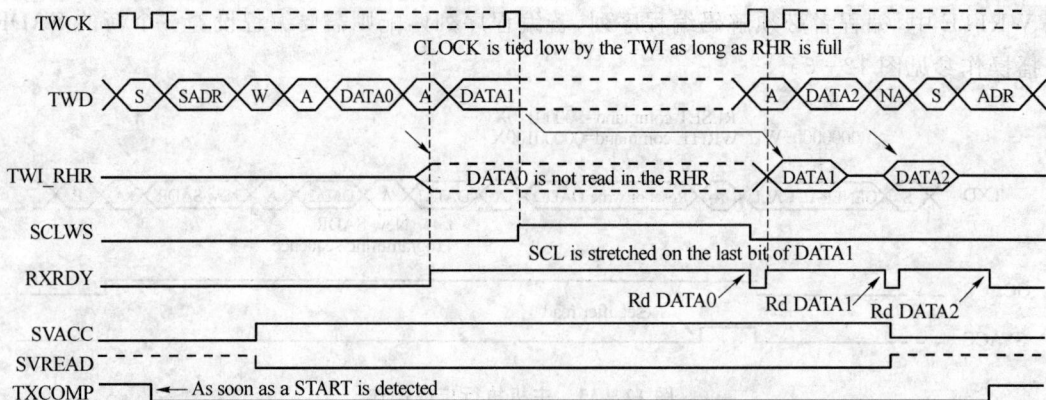

图 12 - 37　写模式下时钟同步

(4) 读/写操作流程图

图 12-38 所示为从机模式下读和写操作的示例。可使用轮询或中断的方式来检测状态位。如果使用中断方式,则需要先配置中断允许寄存器(TWI_IER)。

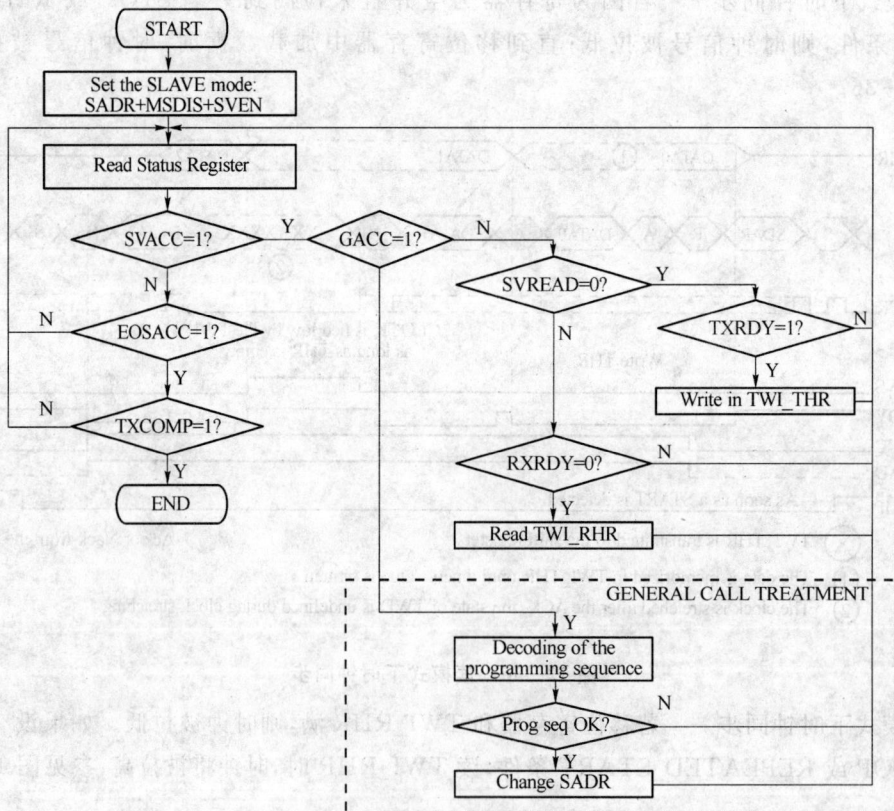

图 12 - 38　从机模式下读/写操作流程图

12.2.3　应用程序设计

1. 设计要求

利用 TWI 读取 EM-SAM3U 开发板上的温度传感器的数值,同时通过串口与用户进行交互。要求通过 UART 串口,用户可以选择:

A —— Read all the internal registers of Sensor;

C —— Get current configuration;

T —— Get Ambient Temperature。

2. 硬件设计

温度传感器 MCP9800 是集成在开发板上的,与 SAM3U 处理器的连接如图 12-39 所示。程序中需要利用串口打印和接收相关信息,因此需用一根 RS232 串行通信线将开发板的 UART(J2)与 PC 机的串口相连。

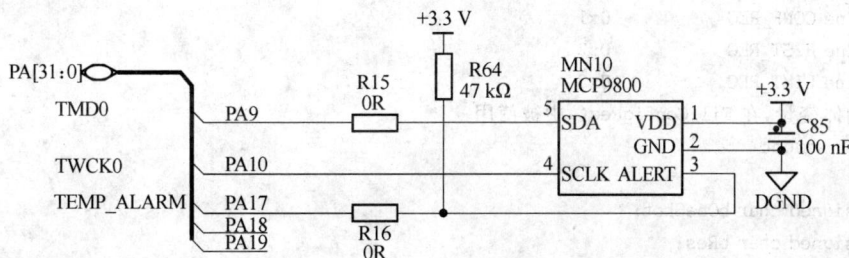

图 12-39　SAM3U 处理器与 MCP9800 的连接

3. 软件设计

根据任务要求,程序内容主要包括:

➢ 初始化时钟、串口,配置 TWI0 为主接收的模式。

➢ TWI0 接口以查询方式读取温度传感器 MCP9800 中各个寄存器的值。

➢ 根据 TWI0 读取的寄存器的值换算出对应的温度值,并通过 UART 显示在 PC 超级终端上。

整个工程主要包含 3 个源文件:twi. c、twiD. c 和 main. c。其中 twi. c、twiD. c 包含 TWI 接口的驱动函数。main. c 函数中的 main() 函数用于初始化系统、UART、TWI 以及 PIO,之后则配置 TWI,根据 PC 超级终端上输入的命令利用 TWI 接口从温度传感器 MCP9800 中获取各种寄存器的值。

关于 MCP8900 的使用,读者可参考其数据手册。

main. c 参考程序如下:

```
/*********************************************************************
 * 文件名：main.c
 * 作者 ：Wuhan R&D Center, Embest
 * 描述 ：Main program body
 *********************************************************************/
/*********************************************************************
 *     Local definitions
 *********************************************************************/
// TWI 时钟频率,单位为 Hz
#define TWCK          100000
//TWI0 设备 ID
#define TWI_TEMP_ID         AT91C_ID_TWI0
#define INVALID_TEMP      (-110)
// 温度传感器的从设备地址
#define MCP9800_ADDRESS      0x48
//MCP9800(温度传感器)的内部寄存器地址
#define TEMP_REG          0x0
#define CONF_REG          0x1
#define HYST_REG          0x2
#define LIMT_REG          0x3
//结构体变量,在 FillConfigReg() 中被使用
typedef struct
{
    unsigned char bOneShot;
    unsigned char bRes;
    unsigned char bFaultQueue;
    unsigned char bAlrtPol;
    unsigned char bMode;
    unsigned char bShutdown;
}Confg_Reg;
/*********************************************************************
 *     Local variables
 *********************************************************************/
// TWI0 的 GPIO 配置
static const Pin pins_twi_temp[] = {PINS_TWI0};
// TWI 驱动实例
static Twid twid;
// 常量浮点值,定义温度的小数部分,供以后查表使用
const char * sixteenths[] =
{"0","0625","125","1875","25","3125","375","4375","5","5625","625","6875","75"," 8125","
875","9375" };
/*********************************************************************
 *     Local functions
 *********************************************************************/
```

```
/ **************************************************************
 * @brief 读取温度值
 * @param 无
 * @return 无
 * 无论 adc 精度如何,读取真实的温度值
 **************************************************************/
short GetRealTemp(unsigned short reg_value,unsigned char res)
{
    if( 8 < res && 13 > res)
    {
        return (reg_value>>(16 - res));
    }
    return INVALID_TEMP;
}
/ **************************************************************
 * @brief 将寄存器的值填充到特定的结构体中
 * @param reg_value:寄存器值
             conf    :结构体指针
 * @return 无
 * MCP9800 配置寄存器:8 位
 * bit 7 ONE - SHOT bits
 * bit 5 - 6 ADC RESOLUTION bit
 * bit 3 - 4 FAULT QUEUE bit
 * bit 2 ALERT POLARITY bit
 * bit 1 COMP/INT bit
 * bit 0 SHUTDOWN bit
 **************************************************************/
void FillConfigReg(unsigned char reg_value,Confg_Reg * conf)
{
    unsigned char res_array[] = {9,10,11,12};
    unsigned char fault_queue_array[] = {1,2,4,6};
    unsigned char temp;
    temp = ((reg_value>>7)&0x1);
    conf->bOneShot = temp;
    temp = ((reg_value>>5)&0x3);
    conf->bRes = res_array[temp];
    temp = ((reg_value>>3)&0x3);
    conf->bFaultQueue = fault_queue_array[temp];
    temp = ((reg_value>>2)&0x1);
    conf->bAlrtPol = temp;
    temp = ((reg_value>>1)&0x1);
    conf->bMode = temp;
    conf->bShutdown = (reg_value&0x1);
}
```

```
/************************************************************************
 * @brief 显示操作菜单
 * @param 无
 * @return 无
 * 在超级终端上显示菜单供用户选择
 ************************************************************************/
void ShowOperationMenu()
{
    printf(" --- Temperature Sensor Operation Menu: ---\n\r");
    printf(" A --- Read all the internal registers of Sensor\n\r");
    printf(" C --- Get current configuration\n\r");
    printf(" T --- Get Ambient Temperature\n\r");

}
/************************************************************************
 * @brief main 函数
 * @param 无
 * @return 无
 ************************************************************************/
int main()
{
    char key;
    unsigned char Tdata[2];
    short temp;
    Confg_Reg confg;
    /* 初始化时钟 */
    SystemInit();
    /* 在 PMC 中允许外设时钟 */
    PMC_EnablePeripheral(BOARD_DBGU_ID);
    /* 配置 TWI 的 GPIO 口 */
    PIO_Configure(pins_twi_temp, PIO_LISTSIZE(pins_twi_temp));
    /* 初始化串口 */
    TRACE_CONFIGURE(DBGU_STANDARD, 115200, BOARD_MCK);
    printf("-- Basic TWI Temperature Sensor Project %s --\n\r", SOFTPACK_VERSION);
    printf("-- %s\n\r", BOARD_NAME);
    printf("-- Compiled: %s %s --\n\r", __DATE__, __TIME__);
    /* 以下为初始化 TWI */
    /* 允许 TWI 外设时钟 */
    AT91C_BASE_PMC->PMC_PCER = 1 << TWI_TEMP_ID;
    /* 配置 TWI0 工作在主模式 */
    TWI_ConfigureMaster(AT91C_BASE_TWI0, TWCK, BOARD_MCK);
    /* 初始化 TWI0 的一个实例 */
    TWID_Initialize(&twid, AT91C_BASE_TWI0);
```

```
/* 显示界面 */
ShowOperationMenu();
/** 功能:
* 1)Read all the registers,'A' or 'a'
* 2)Read configuration,'C' or 'c'
* 3)Read temperatures,'T' or 't'
*/
while(1)
{
    /* 从超级终端中获取按键值 */
    key = DBGU_GetChar();
    if(key == 'A' || key == 'a')
    {
        /* 从温度传感器 MCP9800 中读取寄存器 TEMP_REG 的值 */
        TWID_Read(&twid, MCP9800_ADDRESS, TEMP_REG, 0x01, Tdata, 0x02, 0);
        temp = ((Tdata[0]<<8)|(Tdata[1]));
        printf("--I-- ambient temperature value:0x%X\n\r",temp);
        /* 从温度传感器 MCP9800 中读取寄存器 CONF_REG 的值 */
        TWID_Read(&twid, MCP9800_ADDRESS, CONF_REG, 0x01, Tdata, 0x01, 0);
        printf("--I-- configuraiton register value:0x%X\n\r",Tdata[0]);
        /* 从温度传感器 MCP9800 中读取寄存器 HYST_REG 的值 */
        TWID_Read(&twid, MCP9800_ADDRESS, HYST_REG, 0x01, Tdata, 0x02, 0);
        printf("--I--hysteresis register value: 0x%X\n\r",
        ((Tdata[0]<<8)|(Tdata[1])));
        /* 从温度传感器 MCP9800 中读取寄存器 LIMT_REG 的值 */
        TWID_Read(&twid, MCP9800_ADDRESS, LIMT_REG, 0x01, Tdata, 0x02, 0);
        printf("--I-- limit-set register value:0x%X\n\r",((Tdata[0]<<8)|(Tdata[1])));
    }
    if(key == 'C'|| key == 'c')
    {
        /* 从温度传感器 MCP9800 中读取寄存器 CONF_REG 的值 */
        TWID_Read(&twid, MCP9800_ADDRESS, CONF_REG, 0x01, Tdata, 0x01, 0);
        /* 将寄存器的值填充到特定的结构体中--在 main.c 中定义 */
        FillConfigReg(Tdata[0],&confg);
        printf("--I-- Temperature Configuration!! \n\r");
        printf("--I-- One-Shot Mode Enabled/Disabled:%d\n\r",confg.bOneShot);
        printf("--I-- ADC Resolution:%d bits \n\r",confg.bRes);
        printf("--I-- Fault Queue:%d\n\r",confg.bFaultQueue);
        printf("--I-- Alert Polarity:%d\n\r",confg.bAlrtPol);
        printf("--I-- COMP/INT mode:%d\n\r",confg.bMode);
        printf("--I-- ShutDown Mode Enabled/Disabled:%d\n\r",confg.bShutdown);

    }
```

```
if(key == 'T'|| key == 't')
{
 char index;
 short integer;
 /* 从温度传感器 MCP9800 中读取寄存器 CONF_REG 的值 */
 TWID_Read(&twid, MCP9800_ADDRESS, CONF_REG, 0x01, Tdata, 0x01, 0);
 /* 将寄存器的值填充到特定的结构体中 */
 FillConfigReg(Tdata[0],&confg);
 /* 从温度传感器 MCP9800 中读取寄存器 TEMP_REG 的值 */
 TWID_Read(&twid, MCP9800_ADDRESS, TEMP_REG, 0x01, Tdata, 0x02, 0);
 /* 将 TEMP_REG 的值转换成温度值 */
 temp = ((Tdata[0]<<8)|(Tdata[1]));
 temp = GetRealTemp(temp,confg.bRes);
 index = temp%(2<<(confg.bRes-8-1));
 index = index <<(4-(confg.bRes-8));
 integer = temp/(2<<(confg.bRes-8-1));
 printf("The ambient temperature is:%d.%s C\n\r",integer,sixteenths[index]);
}
 /* 显示菜单 */
 ShowOperationMenu();
 }
}
```

4. 运行过程

① 使用 Keil μVision 3 通过 ULINK 2 仿真器连接实验板,打开实验例程目录 12.2_TWI_test 目录 project 子目录下的 TWI_test. Uv2 例程,编译链接工程。

② 使用 EM-SAM3U 开发板附带的串口线,连接开发板上的串行接口(J2)和 PC 机的串口。在 PC 机上运行 Windows 自带的超级终端串口通信程序(波特率 115 200、1 位停止位、无校验位、无硬件流控制);或者使用其它串口通信程序。

③ 选择硬件调试模式,连接目标板并下载调试代码到目标系统中。

④ 运行程序或复位开发板,例程正常运行之后会在超级终端显示以下信息:

```
-- Basic TWI Temperature Sensor Project 1.6RC1 --
-- EM-SAM3U
-- Compiled: Jul 1 2009 09:56:40 --
--- Temperature Sensor Operation Menu: ---
A --- Read all the internal registers of Sensor
C --- Get current configuration
T --- Get Ambient Temperature
```

按 A/a 按钮后,读取所有 Sensor 内部寄存器的值:

```
-- I-- ambient temperature value:0x1B80
-- I-- configuraiton register value:0x0
-- I-- hysteresis register value:0x4B00
-- I-- limit - set register value:0x5000
--- Temperature Sensor Operation Menu: ---
A --- Read all the internal registers of Sensor
C --- Get current configuration
T --- Get Ambient Temperature
```

按 C/c 按钮后,获取当前配置:

```
-- I-- Temperature Configuration!!
-- I-- One - Shot Mode Enabled/Disabled:0
-- I-- ADC Resolution:9 bits
-- I-- Fault Queue:1
-- I-- Alert Polarity:0
-- I-- COMP/INT mode:0
-- I-- ShutDown Mode Enabled/Disabled:0
--- Temperature Sensor Operation Menu: ---
A --- Read all the internal registers of Sensor
C --- Get current configuration
T --- Get Ambient Temperature
```

按 T/t 按钮后,获取当前实时温度值:

```
The ambient temperature is:27.5 C
--- Temperature Sensor Operation Menu: ---
A--- Read all the internal registers of Sensor
C--- Get current configuration
T--- Get Ambient Temperature
```

12.3 同步串行控制器(SSC)

12.3.1 概　述

同步串行控制器(SSC,Synchcronous Serial Controller) 提供与外部器件的同步通信。它支持多种用于音频及电信应用中常用的串行同步通信协议,如 I^2S、短帧同步、长帧同步等。

SSC 包含独立的接收器、发送器和一个公共的时钟分频器,如图 12 - 40 所示。发送器和接收器各有 3 个信号:用于数据的 TD/RD 信号、用于时钟的 TK/RK 信号以及用于帧同步的

TF/RF 信号。传输可以是自动启动或在帧同步信号检测到不同事件时启动。

SSC 用户接口寄存器映射如表 12 - 4 所列,其基地址为 0x40004000。

SSC 可使用 DMA,使得其可以在没有处理器干预的情况下进行连续的高速数据传输。由于 SSC 与 DMA 相连,使其可在低处理器开销下实现与下列器件相连:

> 主控或者从控模式下的 CODEC。
> 专用串行接口的 DAC,特别是 I^2S。
> 磁卡阅读器。

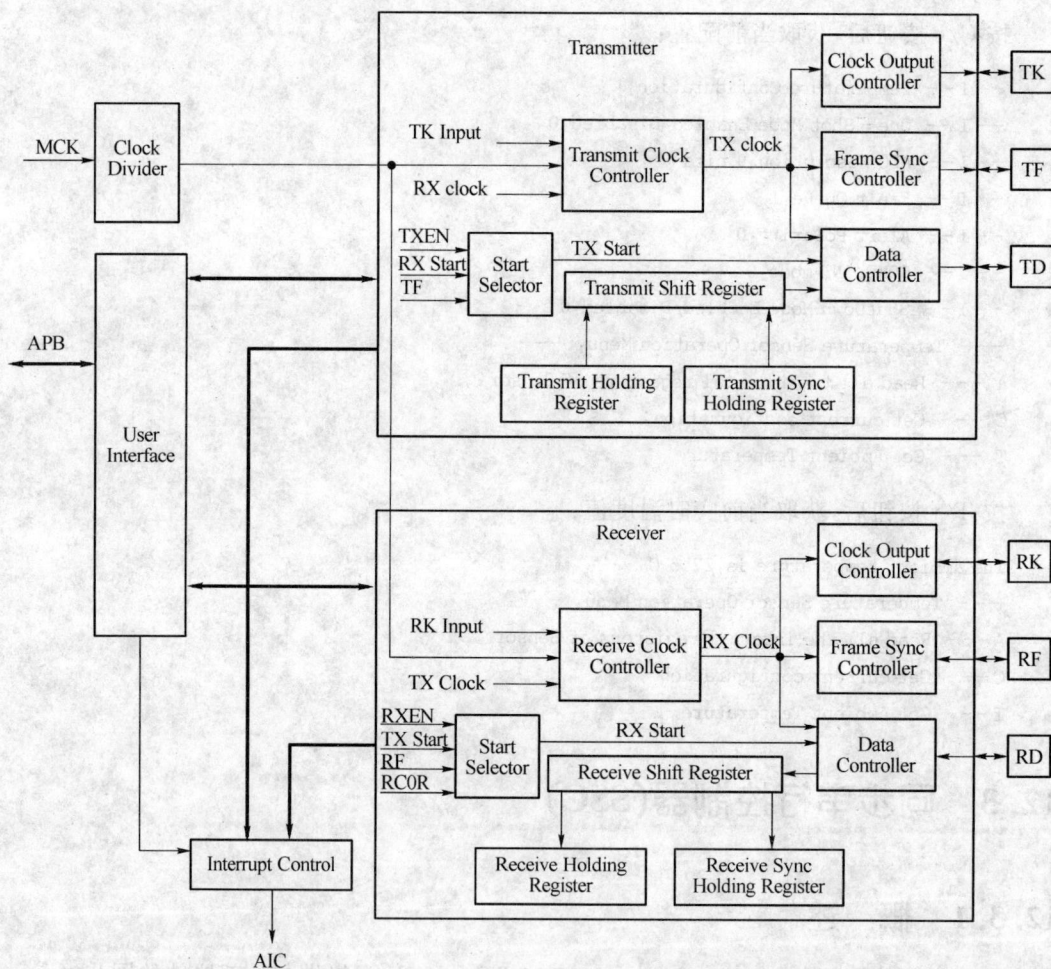

图 12 - 40 同步串行控制器 SSC

表 12 - 4   SSC 寄存器映射

偏 移	寄存器	名 称	访问方式	复位值
0x0	控制寄存器	SSC_CR	只写	—
0x4	时钟模式寄存器	SSC_CMR	读/写	0x0
0x8	保留	—		—
0xC	保留	—		—
0x10	接收时钟模式寄存器	SSC_RCMR	读/写	0x0
0x14	接收帧模式寄存器	SSC_RFMR	读/写	0x0
0x18	发送时钟模式寄存器	SSC_TCMR	读/写	0x0
0x1C	发送帧模式寄存器	SSC_TFMR	读/写	0x0
0x20	接收保持寄存器	SSC_RHR	只读	0x0
0x24	发送保持寄存器	SSC_THR	只写	—
0x28	保留	—		—
0x2C	保留	—		—
0x30	接收同步保持寄存器	SSC_RSHR	只读	0x0
0x34	发送同步保持寄存器	SSC_TSHR	读/写	0x0
0x38	接收 Compare0 寄存器	SSC_RC0R	读/写	0x0
0x3C	接收 Compare1 寄存器	SSC_RC1R	读/写	0x0
0x40	状态寄存器	SSC_SR	只读	0x000000CC
0x44	中断允许寄存器	SSC_IER	只写	—
0x48	中断禁止寄存器	SSC_IDR	只写	—
0x4C	中断屏蔽寄存器	SSC_IMR	只读	0x0
0x50～0xFC	保留	—		—
0x100～0x124	保留	—		—

12.3.2   功能描述

SSC 接收器与发送器各自独立工作,但可通过编程让接收器使用发送时钟,且/或(and/or)发送启动时开始数据接收,来实现接收与发送同步;同理,可通过编程让发送器使用接收时钟,且/或(and/or)在接收启动时开始数据传输,也可实现接收与发送同步。接收器和发送器时钟可编程设置为由 TK 或 RK 引脚提供时钟。这使得 SSC 能支持多从控模式数据传输。TK 与 RK 引脚的最大时钟速率为主控时钟的 2 分频。

1. 时钟管理

发送器时钟可由以下时钟产生：TK I/O 口上接收的外部时钟、接收器时钟和内部时钟分频器。接收器时钟可由以下时钟产生：RK I/O 口上接收的外部时钟、发送器时钟和内部时钟分频器。

此外，发送器可在 TK I/O 引脚上产生外部时钟，接收器可在 RK I/O 引脚上产生外部时钟。因此，SSC 可支持多主机和从机模式数据传输。

(1) 时钟分频器

主控时钟分频器由时钟模式寄存器 SSC_CMR 中的 12 位 DIV 计数器及比较器（其最大值为 4095）确定，最高可对主控时钟 8190 分频。分频后的时钟提供给接收器和发生器。当该位域编程为 0 时，时钟分频器不使用且保持无效。

当 DIV 的值大于或等于 1 时，分频后时钟频率为主控时钟 2 倍 DIV 分频后的值。分频时钟的高低电平的保持时间均为主机时钟与 DIV 的乘积；这保证无论 DIV 为奇数还是偶数，分频后的时钟的占空比皆为 50%。

(2) 发送器时钟管理

发送器时钟可来自接收器时钟或分频器时钟或 TK I/O 引脚上的外部时钟。发送器时钟由 SSC_TCMR（发送器时钟寄存器）的 CKS 域选择。发送时钟可通过设置 SSC_TCMR 的 CKI 位实现翻转。

发送器可连续驱动 TK I/O 引脚或受限于实际数据传输。时钟输出由 SSC_TCMR 寄存器配置。发送时钟翻转位（CKI）对时钟输出无影响。对 TCMR 寄存器编程选择 TK 引脚（CKS 域）的同时发送时钟连续（CKO 域）可能导致不可预料的结果。

(3) 接收器时钟管理

接收器时钟可来自接收器时钟或分频器时钟或 TK I/O 引脚上的外部时钟。接收器时钟通过 SSC_RCMR（接收器时钟寄存器）的 CKS 域选择。接收时钟可通过设置 SSC_TCMR 的 CKI 位实现翻转。

接收器可连续驱动 TK I/O 引脚或受限于实际数据传输。时钟输出由 SSC_RCMR 寄存器配置，接收时钟翻转位（CKI）对时钟输出无影响。在对 RCMR 寄存器编程选择 RK 引脚（CKS 域）时，如果接收时钟（CKO 域）连续可能导致不可预料的结果。

2. 发送器操作

发送帧由启动事件触发，并可在数据发送前加入同步数据。启动事件通过时钟发送模式寄存器（SSC_TCMR）来配置。帧同步通过发送帧模式寄存器（SSC_TFMR）来配置。

发送数据时，发送器将发送器时钟信号作为移位寄存器时钟并在 SSC_TCMR 中选择启动模式。数据由应用程序写入 SSC_THR 寄存器，然后根据选择的数据格式将数据传输到移位寄存器中。当 SSC_THR 寄存器与发送移位寄存器均为空时，SSC_SR 中的状态标志 TX-

EMPTY 置位。当发送保持寄存器 THR 内容被传输到移位寄存器时，SSC_SR 中的 TXRDY 标志置位，新数据可载入发送保持寄存器 THR 中。发送器如图 12－41 所示。

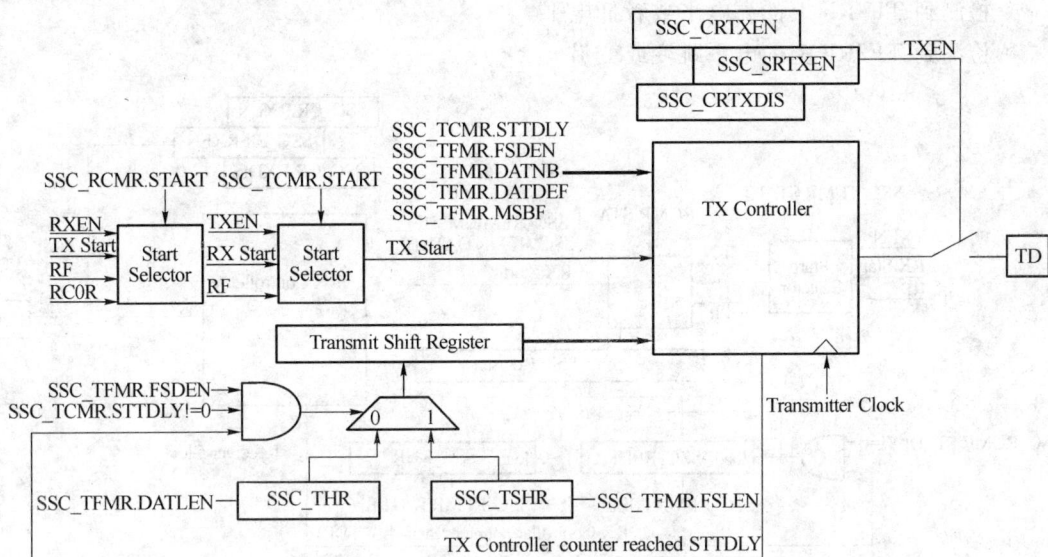

图 12－41　发送器

3．接收器操作

接收器帧由启动事件触发，并可在数据接收前先接收同步数据。启动事件通过时钟接收模式寄存器(SSC_RCMR)配置。帧同步通过接收帧模式寄存器(SSC_RFMR)配置。

接收数据时，接收器将接收器时钟信号作为移位寄存器时钟并在 SSC_RCMR 中选择启动模式，然后根据所选择的数据格式从移位寄存器中接收数据。

当接收移位寄存器满时，SSC 将数据送入接收保持寄存器 RHR 中，SSC_SR 中的状态标志位 RXRDY 被置位，应用程序可从接收保持寄存器 RHR 中读取数据。若在 RHR 数据被读之前又有新的数据传输，SSC_SR 中的状态位 OVERRUN 被置位且接收器移位寄存器将数据传输到 RHR 寄存器中。接收器如图 12－42 所示。

4．启动

通过对 SSC_TCMR 寄存器中发送启动选择(START)域及 SSC_TCMR 寄存器中接收启动选择(START)域编程，接收器和发生器均可设定为当某一事件发生时开始工作。以下情况启动事件可独立编程：

> 连续。此种情况下，一旦 SSC_THR 中写入数据即开始发送，且当接收器允许时接收器也启动。

➢ 与发送器/接收器同步。

➢ 检测到 TF/RF 上的上升沿或者下降沿。

➢ 检测到 TF/RF 上的高电平或者低电平。

➢ 检测到 TF/RF 上的电平跳变或变沿。

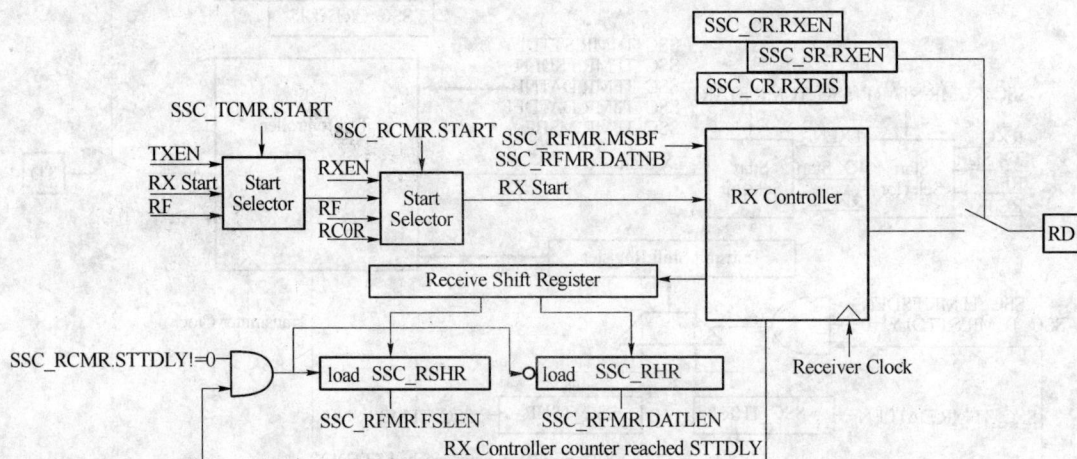

图 12-42 接收器

可在发送/接收时钟寄存器（RCMR/TCMR）任意之一中，以同样的方式编程启动。因此，启动可在 TF（发送）上或 RF（接收）上启动。此外，接收器还可以通过在比特流中比较检测到数据来启动接收。发送/接收帧模式寄存器（TFMR/RFMR）中的 FSOS 域可实现对 TF/RF 上输入/输出的检测。

5. 帧同步

发送器与接收器帧同步引脚 TF 和 RF，可通过配置产生不同的帧同步信号。接收帧模式寄存器（SSC_RFMR）和发送帧模式寄存器（SSC_TFMR）中的帧同步输出选择（FSOS）域用来选择所需波形：

➢ 支持数据传输期间可编程的低电平/高电平；

➢ 支持数据传输前可编程的高电平或低电平。

若选择一个脉冲波形，需要在 SSC_RFMR 和 SSC_TFMR 中的帧同步长度（FSLEN）域设置脉冲的长度，可以从 1 比特时间到 256 比特时间。可通过 SSC_RCMR 和 SSC_TCMR 中的周期分频选择（PERIOD）域来配置接收与发送帧同步脉冲输出的周期。

(1) 帧同步数据

帧同步数据是指在帧同步信号内发送或接收一个特定的标记。帧同步信号期间，接收器可采样 RD 线并将数据存入接收同步保持寄存器，并且发送器可将发送同步保持寄存器中的数据传输到移位寄存器。通过 SSC_RFMR/SSC_TFMR 的 FSLEN 域可配置帧同步信号内采样/移出数据的长度,其最大值为 16。

关于接收帧同步数据操作,若帧同步长度等于或小于启动时间与实际数据接收间的延迟,则通过接收移位寄存器,在接收同步保持寄存器中执行数据采样操作。只要 SSC_TFMR 寄存器中的帧同步数据允许位(FSDEN)置位,发送器就发送帧同步操作。若帧同步长度等于或小于启动事件与实际数据发送间的延迟,则正常发送优先且将发送同步保持寄存器中的数据传输到发送寄存器中,然后移位出去。

(2) 帧同步边沿检测

由 SSC_RFMR/SSC_TFMR 中的 FSEDGE 域执行帧同步边沿检测。将 SSC 状态寄存器(SSC_SR)中相应的标志位 RXSYN/TXSYN 置位进行来检测帧同步(信号 RF/TF)。

6. 接收比较模式

比较样式(comparison patterns)Compare 0、Compare 1 的长度和相比较的位数由 FSLEN 定义,其最大值为 16 位。通常比较上次接收到的位和比较样式 Compare 0 可以是接收器的一个启动事件。这种情况下,接收器将上次接收到的位的每一个新采样值与 Compare 0 寄存器(SSC_RC0R)中的 Compare0 样式做比较。当此启动事件被选择了,用户可通过编程设置接收器:通过写一个新的 Compare 0 或连续接收直到 Compare 1 出现,来启动一个新的数据传输。通过配置 SSC_RCMR 中的(STOP)位来完成此选择,如图 12-43 所示。

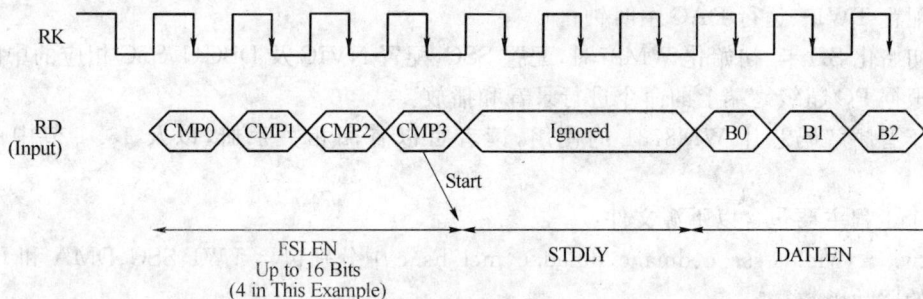

图 12-43 接收比较模式

7. 数据格式

发送器和接收器的数据成帧格式可以通过发送器帧模式寄存器(SSC_TFMR)和接收器帧模式寄存器(SSC_RFMR)来设置。无论何种情况,用户可独立编程设置以下内容:

➢ 启动数据传输的事件(START);
➢ 启动事件与首个数据位之间的延迟比特数(STTDLY);
➢ 数据长度(DATLEN);
➢ 每次启动事件传输的数据数量(DATNB);
➢ 每次启动事件的同步传输的长度(FSLEN);

➢ 位的意义：高位或低位在先（MSBF）。

此外，当没有数据传输时可以使用发送器来进行传输同步且选择 TD 引脚上的电平。这分别通过 SSC_TFMR 中帧同步数据允许位（FSDEN）和数据缺省值（DATDEF）位来实现。

12.3.3 应用程序设计

1. 设计要求

利用开发板上的 SSC 接口，通过音频解码芯片 WM8731 接收 Microphone 的输入，进行录音并存入 SD 卡，然后通过 SSC 发送录音文件流至 WM8731，通过耳机实现录音文件播放。

2. 硬件设计

开发板上 SSC、TWI0 已分别与音频解码芯片 WM8731 连接好，相关的 PIO 引脚连接如图 12－44 所示。

3. 软件设计

根据任务要求，程序内容主要包括：

➢ 配置 TWI0、SSC、UART 对应的 PIO 引脚；

➢ 配置 UART；

➢ 初始化 PSRAM，作为录音和播放的缓冲区；

➢ 配置 TWI0、运行 DAC 主时钟；

➢ 初始化 SD 卡、初始化 WM8731，配置 SSC，配置 NVIC 及 DBGU、SSC 相应的中断；

➢ 根据 PC 超级终端上的命令进行录音和播放。

关于音频解码芯片 WM8731 的使用，读者可以查阅相关手册，以及 13.1 节中的相关介绍。

整个工程主要包含以下源文件：

➢ twi.c、twid.c、ssc.c、dma.c、dmad.c、mci_hs.c 中分别包含 TWI、SSC、DMA 和 HSMCI 的驱动函数；

➢ sdmmc_mci.c、MEDSdcard.c 中包含 SD 卡的驱动函数；

➢ diskio.c、ff.c、ff_util.c 则用于实现 FAT32 文件系统；

➢ wm8731.c 中包含音频解码芯片的驱动函数；

➢ at91sam3u4_it.c 中的 SSC_IRQHandler() 函数用于处理 SSC 中断，UART_IRQHandler() 函数处理 UART 中断；

➢ main.c 中包含实现录音、播放的函数 SoundRecord() 和 PlayRecordFile()；main() 函数用于初始化系统、配置 PSRAM、SSC、TWI0、PIO、UART，然后根据 UART 从 PC 终端获取的命令进行录音和播放。

参考程序如下：

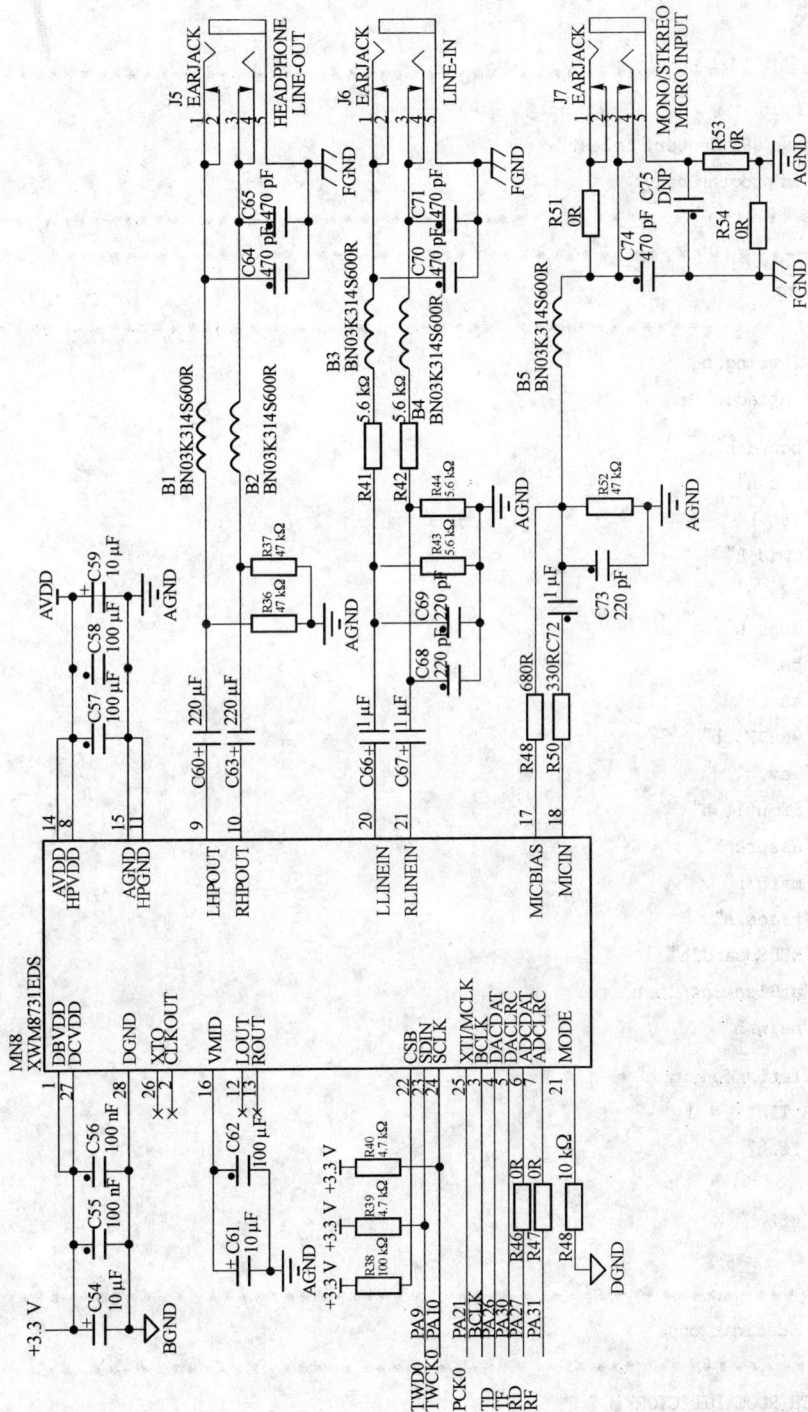

图 12 - 44 SAM3U 处理器与音频解码芯片的连接

(1) main. c

```
/ ******************************************************************
* 文件名: main.c
* 作者: Wuhan R&D Center, Embest
* 描述: Main program body
******************************************************************/
/ ******************************************************************
*      Headers
******************************************************************/
# include <string.h>
# include <absacc.h>

# include "board.h"
# include "pio.h"
# include "irq.h"
# include "twid.h"
# include "twi.h"
# include "dbgu.h"
# include "pmc.h"
# include "ssc.h"
# include "wm8731.h"
# include "wav.h"
# include "ff_util.h"
# include "assert.h"
# include "math.h"
# include "trace.h"
# include "MEDSdcard.h"
# include "at91sam3u4_it.h"
# include "main.h"

# include "fatfs_config.h"
# if _FATFS_TINY ! = 1
# include "ff.h"
# else
# include "tff.h"
# endif
/ ******************************************************************
*      Local definitions
******************************************************************/
# define STR_ROOT_DIRECTORY        ""
```

```
#define MCI_ID                      0
/* 主时钟频率,单位 Hz */
#define SSC_MCK                     (95428570)
#define BOARD_SSC_DMA_CHANNEL       2
/* WAV 文件装载地址 */
#define WAV_FILE_ADDRESS            (0x60000000 + 0x100)
/* WAV 文件最大字节数限制 */
#define MAX_WAV_SIZE                ((0x100000 - 0x100) / 8)
/* TWI 时钟 */
#define TWI_CLOCK                   100000
/* PMC 定义 */
#define AT91C_CKGR_PLLR             AT91C_CKGR_PLLAR
#define AT91C_PMC_LOCK              AT91C_PMC_LOCKA
#define AT91C_CKGR_MUL_SHIFT        16
#define AT91C_CKGR_OUT_SHIFT        14
#define AT91C_CKGR_PLLCOUNT_SHIFT   8
#define AT91C_CKGR_DIV_SHIFT        0
/* 可定义的最大 LUNs 号
       逻辑驱动器 = 物理驱动器 = 媒体号 */
#define MAX_LUNS                    1
/* SD 插口数 */
#define NUM_SD_SLOTS                1

#define ID_DRV DRV_MMC

#define     SAMPLE_RATE             (48000)
#define     SLOT_BY_FRAME           (2)
#define     BITS_BY_SLOT            (16)
#define AT91C_I2S_MASTER_TX_SETTING(nb_bit_by_slot, nb_slot_by_frame)( +\
              AT91C_SSC_CKS_DIV + \
              AT91C_SSC_CKO_CONTINOUS + \
              AT91C_SSC_START_FALL_RF + \
              ((1<<16) & AT91C_SSC_STTDLY) + \
              ((((nb_bit_by_slot * nb_slot_by_frame)/2) - 1) <<24))

#define AT91C_I2S_TX_FRAME_SETTING(nb_bit_by_slot, nb_slot_by_frame)( +\
              (nb_bit_by_slot - 1) + \
              AT91C_SSC_MSBF + \
              (((nb_slot_by_frame - 1)<<8) & AT91C_SSC_DATNB) + \
              (((nb_bit_by_slot - 1)<<16) & AT91C_SSC_FSLEN) + \
              AT91C_SSC_FSOS_NEGATIVE)
```

```
#define PIN_SSC_RD      {0x1 << 27, AT91C_BASE_PIOA, AT91C_ID_PIOA, PIO_PERIPH_A, PIO_DEFAULT}
    #define PIN_SSC_RF      {0x1 << 31, AT91C_BASE_PIOA, AT91C_ID_PIOA, PIO_PERIPH_A, PIO_DEFAULT}

    #defineRECORD          0
    #definePLAY            1
    /***********************************************************************
     *      Types
     ***********************************************************************/
    /* 可用的媒体实例 */
    Media medias[MAX_LUNS];
    /* SSC、TWIO 相关引脚 */
    static const Pin pins[] = {PINS_TWIO, PINS_SSC_CODEC, PIN_SSC_RD, PIN_SSC_RF, PIN_PCK0};
    /* WAV 文件头 */
    static const WavHeader * userWav = (WavHeader * )(0x60000000);
    /* 当前 WAV 文件播放状态标志 */
    static unsigned char isWavPlaying;
    /* 指明是否从 UART 接收到一个字符 */
    volatile unsigned int flag_DEBUG = 0;

    const char * FileName = STR_ROOT_DIRECTORY "sample.pcm";

    static Twid twid;
    /* 总录音数据大小,单位 byte */
    unsigned int    totalSize;
    /* SD 卡大小,单位 MB */
    unsigned int cardSize;
    /* SD 卡空闲空间大小,单位字节 */
    unsigned int    freeSize;

    unsigned short    Stream_Buff[2][MAX_WAV_SIZE] __ at (WAV_FILE_ADDRESS);
    volatile unsigned int    SBNo;
    volatile unsigned int    numWrite;
    volatile unsigned int    CurState;

    volatile unsigned int    Stream_Buff_Offset;
    /* 0 表示不需要读文件,1 表示需要读文件 */
    volatile unsigned int    ReadNextBytes;
    /* 记录播放缓冲下标偏移 */
    volatile unsigned int playOffset;
    /* 文件结束标志 */
    volatile unsigned int    OverFlag;
    /* 禁止 SSC 发送 Ready 中断标志 */
    volatile unsigned int    Disenable_Ssc_TXRDY_Flag;
```

```
/* 0 表示不需要写文件,1 表示需要写文件 */
volatile unsigned int    WriteNextBytes;
FRESULT    res;
/* 文件系统对象 */
FATFS    fs;
FATFS *    pfs;
FIL    FileObject;
/* SD 卡空闲簇数 */
DWORD         NFreeCluster;

extern SdCard    sdDrv[NUM_SD_SLOTS];
/* ****************************************************************
 *        Local functions
 **************************************************************** */
/* ****************************************************************
 * @brief 初始化外扩 SRAM
 * @param    无
 * @return    无
 **************************************************************** */
void BOARD_ConfigurePsram(void)
{
    const Pin pinPsram[] = {BOARD_PSRAM_PINS};
    unsigned int tmp;
    /* 允许 EBI 时钟 */
    AT91C_BASE_PMC - >PMC_PCER = (1<< AT91C_ID_HSMC4);
    /* 配置 PSRAM 引脚 */
    PIO_Configure(pinPsram, PIO_LISTSIZE(pinPsram));
    /* 设置 PSRAM (HSMC4_EBI.CS0, 0x60000000 ～ 0x60FFFFFF) */
    AT91C_BASE_HSMC 4_CS0 - >HSMC4_SETUP = 0
                  | ((1 << 0) & AT91C_HSMC4_NWE_SETUP)
                  | ((1 << 8) & AT91C_HSMC4_NCS_WR_SETUP)
                  | ((1 << 16) & AT91C_HSMC4_NRD_SETUP)
                  | ((1 << 24) & AT91C_HSMC4_NCS_RD_SETUP)
                  ;
    AT91C_BASE_HSMC 4_CS0 - >HSMC4_PULSE = 0
                  | ((5 << 0) & AT91C_HSMC4_NWE_PULSE)
                  | ((5 << 8) & AT91C_HSMC4_NCS_WR_PULSE)
                  | ((5 << 16) & AT91C_HSMC4_NRD_PULSE)
                  | ((5 << 24) & AT91C_HSMC4_NCS_RD_PULSE)
                  ;
```

```
            AT91C_BASE_HSMC 4_CS0 - >HSMC4_CYCLE = 0
                        | ((6 << 0) & AT91C_HSMC4_NWE_CYCLE)
                        | ((6 << 16) & AT91C_HSMC4_NRD_CYCLE)
                        ;
        tmp = AT91C_BASE_HSMC4_CS0 - >HSMC4_TIMINGS
            & (AT91C_HSMC4_OCMSEN | AT91C_HSMC4_RBNSEL | AT91C_HSMC4_NFSEL);
        AT91C_BASE_HSMC 4_CS0 - >HSMC4_TIMINGS = tmp
                        | ((0 << 0) & AT91C_HSMC4_TCLR) /* CLE to REN */
                        | ((0 << 4) & AT91C_HSMC4_TADL) /* ALE to Data */
                        | ((0 << 8) & AT91C_HSMC4_TAR) /* ALE to REN */
                        | ((0 << 16) & AT91C_HSMC4_TRR) /* Ready to REN */
                        | ((0 << 24) & AT91C_HSMC4_TWB) /* WEN to REN */
                        ;
        tmp = AT91C_BASE_HSMC4_CS0 - >HSMC4_MODE & ~(AT91C_HSMC4_DBW);
        AT91C_BASE_HSMC 4_CS0 - >HSMC4_MODE = tmp
                        | (AT91C_HSMC4_READ_MODE)
                        | (AT91C_HSMC4_WRITE_MODE)
                        | (AT91C_HSMC4_DBW_WIDTH_SIXTEEN_BITS)
                        ;
}
/* ********************************************************************
 * @brief 播放录音文件
 * @param pFileName 录音文件名指针
 * @return 无
 ********************************************************************/
static void PlayRecordFile(const char * pFileName)
{
    unsigned int size;
    /* 剩余文件大小 */
    unsigned int remainingSize;
    unsigned int numRead;

    SBNo    = 0;
    OverFlag    = 0;
    ReadNextBytes    = 1;
    Stream_Buff_Offset    = 0;
    Disenable_Ssc_TXRDY_Flag = 0;

    res = f_open(&FileObject, pFileName, FA_OPEN_EXISTING|FA_READ);
    if (res == FR_OK) {
        printf(" - I - File open! \n\r");
```

```
}
else {
    printf("- E - File open failure! \n\r");
    return;
}

printf(" Begin! \n\r");

remainingSize = totalSize;
/* 预读取头一个文件流 */
if (remainingSize > MAX_WAV_SIZE * 2)
{
    size = MAX_WAV_SIZE * 2;
    remainingSize = remainingSize - MAX_WAV_SIZE * 2;
}
else
{
    size = remainingSize;
    OverFlag = 1;
    Disenable_Ssc_TXRDY_Flag = 1;
}
f_read(&FileObject, (void *)Stream_Buff[SBNo], size, &numRead);
playOffset = size >> 1;
/* 允许 SSC 发送 TXRDY 中断 */
AT91C_BASE_SSC0 - >SSC_IER | = AT91C_SSC_TXRDY;

while (!OverFlag)
{
    while (!ReadNextBytes);
    if (remainingSize > MAX_WAV_SIZE * 2)
    {
        size = MAX_WAV_SIZE * 2;
        remainingSize = remainingSize - MAX_WAV_SIZE * 2;
    }
    else
    {
        size = remainingSize;
        OverFlag = 1;
    }
    f_read(&FileObject, (void *)Stream_Buff[1 - SBNo], size, &numRead);
    playOffset = size >> 1;
```

```
            ReadNextBytes = 0;
      }
      printf(" End! \n\r");

      f_close(&FileObject);
}
/************************************************************************
 * @brief 显示菜单
 * @param    无
 * @return   无
 *************************************************************************/
void DisplayMenu(void)
{
      printf(" -- Menu:\n\r");
      printf(" 1: Press 'R/r' to process Sound Recording! \r\n");
      printf(" 2: Press 'P/p' to play the Sound! \n\r");
}

/************************************************************************
 * @brief 显示菜单
 * @param    无
 * @return   无
 *************************************************************************/
void Sdcard_Init(void)
{
      unsigned int SecPerCluster;
      /* 初始化 SD 卡 */
      printf(" - I - Init media Sdcard\n\r");
      MEDSdcard_Initialize(&medias[ID_DRV], MCI_ID);
      /* Mount disk */
      printf(" - I - Mount disk %d\n\r", ID_DRV);
      /* 清除文件系统对象 */
      memset(&fs, 0, sizeof(FATFS));
      res = f_mount(ID_DRV, &fs);
      if(res != FR_OK ) {
            printf(" - E- f_mount pb: 0x%X (%s)\n\r", res, FF_GetStrResult(res));
            return;
      }
      pfs = &fs;
      /* 获取 SD 卡空闲空间大小 */
      res = f_getfree(STR_ROOT_DIRECTORY,
```

```
                &NFreeCluster,
                &pfs);
    if (res != FR_OK) {
        printf("-E- f_getfree Cluster failure\n\r");
        return;
    }
    /* 计算 SD 卡每簇扇区数 */
    SecPerCluster = sdDrv->totalSize / 512 / pfs->max_clust;
    freeSize = NFreeCluster * SecPerCluster * 512;

    printf("-I- Free size: %d MB\n\r", freeSize / 1024 / 1024);
    return;
}
/**************************************************************************
 * @brief 通过 Microphone 录音函数
 * @param    无
 * @return   无
 *************************************************************************/
void SoundRecord(void)
{
    flag_DEBUG          = 0;
    Stream_Buff_Offset  = 0;
    WriteNextBytes      = 0;
    SBNo                = 0;
    numWrite            = 0;
    totalSize           = 0;
    CurState            = RECORD;

    printf("-- Sound Recording...\n\r");
    printf("-- Yon can press any key to end recording! \n\r");
    /* 打开/创建 sample.pcm 文件,用于存放录音 */
    res = f_open(&FileObject, FileName, FA_CREATE_ALWAYS|FA_WRITE);
    if (res == FR_OK)
    {
        printf("\n\r-I- Open %s", FileName);
    }
    else
    {
        printf("\n\r-I- Can't Open %s", FileName);
    }
    /* 允许 DBGU 接收 RXRDY 中断 */
```

```
AT91C_BASE_DBGU ->DBGU_IER |= AT91C_US_RXRDY;
/* 允许 SSC 接收 RXRDY 中断 */
AT91C_BASE_SSC0 ->SSC_IER |= AT91C_SSC_RXRDY;
while (! flag_DEBUG)
{
    if (WriteNextBytes)
    {
        res = f_write(&FileObject, Stream_Buff[1 - SBNo], MAX_WAV_SIZE * 2, &numWrite);
        if (res == FR_RW_ERROR)
        {
            printf("\n\r Write Error!");
        }
        totalSize = totalSize + MAX_WAV_SIZE * 2;
        WriteNextBytes = 0;
    }
    /* 所录音的文件大小超过了 SD 卡空闲空间减掉一个缓冲区的空间大小,则自动终止录音 */
    if (totalSize >= freeSize - MAX_WAV_SIZE * 2)
    {
        flag_DEBUG = 1;
        /* 禁止 SSC 接收 RXRDY 中断 */
        AT91C_BASE_SSC0 ->SSC_IDR |= AT91C_SSC_RXRDY;
        /* 禁止 DBGU 接收 RXRDY 中断 */
        AT91C_BASE_DBGU ->DBGU_IDR |= AT91C_US_RXRDY;

        printf("SoundRecord end by limitation of SD free space! \n\r");
    }
}
/* 将按下键盘按键后不足于一个缓冲区的内容写入文件 */
res = f_write(&FileObject, Stream_Buff[SBNo], Stream_Buff_Offset * 2, &numWrite);
if (res == FR_RW_ERROR)
{
    printf("\n\r Write Error!");
}
totalSize = totalSize + Stream_Buff_Offset * 2;

f_close(&FileObject);
printf("\n\r -- End! \n\r");
}
/**************************************************************************/
```

```
* @brief 配置时钟函数
* @param    无
* @return   无
**********************************************************************/
void SetupClock(void)
{
    /* 切换到 Main 时钟 */
    AT91C_BASE_PMC->PMC_MCKR = (AT91C_BASE_PMC->PMC_MCKR & ~AT91C_PMC_CSS) | AT91C_PMC_
    CSS_MAIN_CLK;
    while ((AT91C_BASE_PMC->PMC_SR & AT91C_PMC_MCKRDY) == 0);
    /* 配置 PLL 时钟为 95.428MHz */
    * AT91C_CKGR_PLLR = ((1 << 29) | (166 << AT91C_CKGR_MUL_SHIFT) \
    | (0x0 << AT91C_CKGR_OUT_SHIFT) | (0x3f << AT91C_CKGR_PLLCOUNT_SHIFT) \
    | (21 << AT91C_CKGR_DIV_SHIFT));
    while ((AT91C_BASE_PMC->PMC_SR & AT91C_PMC_LOCK) == 0);
    /* 通过两次操作配置主时钟 */
    AT91C_BASE_PMC->PMC_MCKR = (( AT91C_PMC_PRES_CLK | AT91C_PMC_CSS_PLLA_CLK) & ~AT91C_PMC
    _CSS) | AT91C_PMC_CSS_MAIN_CLK;
    while ((AT91C_BASE_PMC->PMC_SR & AT91C_PMC_MCKRDY) == 0);
    AT91C_BASE_PMC->PMC_MCKR = ( AT91C_PMC_PRES_CLK | AT91C_PMC_CSS_PLLA_CLK);
    while ((AT91C_BASE_PMC->PMC_SR & AT91C_PMC_MCKRDY) == 0);
    /* 重新配置 DBGU */
    DBGU_Configure(DBGU_STANDARD, 115200, SSC_MCK);
}
/**********************************************************************
* @brief 配置 SSC
* @param    无
* @return   无
**********************************************************************/
void BOARD_ConfigureSsc(void)
{
    SSC_Configure (AT91C_BASE_SSC0,
                   AT91C_ID_SSC0,
                   SAMPLE_RATE * BITS_BY_SLOT * 2,
                   SSC_MCK);
    SSC_ConfigureReceiver(AT91C_BASE_SSC0,
        AT91C_I2S_MASTER_TX_SETTING(BITS_BY_SLOT, SLOT_BY_FRAME),
```

```
        AT91C_I2S_TX_FRAME_SETTING( BITS_BY_SLOT, SLOT_BY_FRAME));
    SSC_ConfigureTransmitter(AT91C_BASE_SSC0,
        AT91C_I2S_MASTER_TX_SETTING(BITS_BY_SLOT, SLOT_BY_FRAME),
        AT91C_I2S_TX_FRAME_SETTING( BITS_BY_SLOT, SLOT_BY_FRAME));

    SSC_EnableReceiver(AT91C_BASE_SSC0);
    SSC_EnableTransmitter(AT91C_BASE_SSC0);
}
/* ************************************************************************
 * @brief main 函数
 * @param     无
 * @return    无
 ************************************************************************/
int main(void)
{
    unsigned char    key;
    unsigned int     initFlag = 0;

    SystemInit();
    /* 配置 TWI0、SSC、PCK0 对应的 PIO 引脚 */
    PIO_Configure(pins, PIO_LISTSIZE(pins));
    /* 允许 DBGU 外设时钟 */
    PMC_EnablePeripheral(BOARD_DBGU_ID);
    /* 初始化 DBGU */
    TRACE_CONFIGURE(DBGU_STANDARD, 115200, BOARD_MCK);
    /* 初始化 PSRAM */
    BOARD_ConfigurePsram();
    /* 切换时钟频率到 95.428MHz */
    SetupClock();
    /* 配置并允许 TWI(访问 DAC 需要) */
    * AT91C_PMC_PCER = (1<< AT91C_ID_TWI0);
    TWI_ConfigureMaster(AT91C_BASE_TWI0, TWI_CLOCK, SSC_MCK);
    TWID_Initialize(&twid, AT91C_BASE_TWI0);
    /* 允许 DAC 主时钟 */
    AT91C_BASE_PMC->PMC_PCKR[0] = AT91C_PMC_CSS_PLLA_CLK | AT91C_PMC_PRES_CLK_4;
    AT91C_BASE_PMC->PMC_SCER = AT91C_PMC_PCK0;
    while ((AT91C_BASE_PMC->PMC_SR & AT91C_PMC_PCKRDY0) == 0);

    printf("-- Basic SSC I2S WM8731 Project %s --\n\r", SOFTPACK_VERSION);
```

```
printf(" -- %s\n\r", BOARD_NAME);
printf(" -- Compiled: %s %s -- \n\r", __DATE__, __TIME__);
/* 初始化 SD 卡 */
Sdcard_Init();
/* 初始化 audio DAC */
WM8731_DAC_Init(&twid, WM8731_SLAVE_ADDRESS);
/* 配置 SSC */
BOARD_ConfigureSsc();
/* 配置 DBGU 中断 */
IRQ_ConfigureIT(AT91C_ID_DBGU, 0, UART_IRQHandler);
IRQ_EnableIT(AT91C_ID_DBGU);
/* 配置 SSC 中断 */
IRQ_ConfigureIT(AT91C_ID_SSC0, 0, SSC_IRQHandler);
IRQ_EnableIT(AT91C_ID_SSC0);
/* 禁止 DBGU 接收 RXRDY 中断 */
AT91C_BASE_DBGU->DBGU_IDR |= AT91C_US_RXRDY;

/* 禁止 SSC 发送/接收 READY 中断 */
AT91C_BASE_SSC0->SSC_IDR |= AT91C_SSC_RXRDY | AT91C_SSC_TXRDY;

while(1)
{
    DisplayMenu();
    do
    {
        key = DBGU_GetChar();
    } while (key != 'R' && key != 'r' && key != 'P' && key != 'p');
    if (key == 'R' || key == 'r')
    {
        initFlag = 1;
        SoundRecord();
    }
    if (key == 'P' || key == 'p')
    {
        CurState = PLAY;
        if (initFlag)
        {
            printf(" -- Playing...\n\r");
```

```
                PlayRecordFile(FileName);
                printf(" -- End! \n\r");
            }
        else
                printf(" -- NOTE: There is no sound recording! \n\r");
        }
    }
}
```

(2) at91sam3u4_it.c

```
/***********************************************************************
 * 文件名：at91sam3u4_it.c
 * 作者 ：Wuhan R&D Center, Embest
 * 描述 ：Exception Handlers
 ***********************************************************************/
/***********************************************************************
 *      Headers
 ***********************************************************************/
# include <stdio.h>
# include "board.h"
# include "at91sam3u4_it.h"
# include "mci_hs.h"
# include "main.h"
/***********************************************************************
 *      Local definitions
 ***********************************************************************/
/* SD 卡插口数 */
# define NUM_SD_SLOTS          1
/***********************************************************************
 *      Types
 ***********************************************************************/
extern Mci mciDrv[NUM_SD_SLOTS];
extern void HDMA_IrqHandler(void);

extern volatile unsigned int    flag_DEBUG;
extern volatile unsigned int    ReadNextBytes;
extern volatile unsigned int    WriteNextBytes;
extern volatile unsigned int    Stream_Buff_Offset;
extern volatile unsigned int    playOffset;
extern volatile unsigned int    CurState;
```

```
extern volatile unsigned int    OverFlag;
extern volatile unsigned int    SBNo;

extern volatile unsigned int    Disenable_Ssc_TXRDY_Flag;

extern unsigned short    Stream_Buff[2][MAX_WAV_SIZE];
/*********************************************************************
*     Exception Handlers
*********************************************************************/
/*********************************************************************
* @brief UART 中断函数
* @param    无
* @return   无
*********************************************************************/
    void UART_IRQHandler(void)
    {
        flag_DEBUG = 1;
        AT91C_BASE_DBGU->DBGU_RHR;
        /* 禁止 SSC 接收 RXRDY 中断 */
        AT91C_BASE_SSC0->SSC_IDR | = AT91C_SSC_RXRDY;
        /* 禁止 DBGU 接收 RXRDY 中断 */
        AT91C_BASE_DBGU->DBGU_IDR | = AT91C_US_RXRDY;
    }
/*********************************************************************
* @brief 高速多媒体卡接口(HSMCI)中断处理函数
* @param    无
* @return   无
*********************************************************************/
void HSMCI_IRQHandler(void)
{
    MCI_Handler(mciDrv);
}
/*********************************************************************
* @brief 同步串行控制器(SSC)中断处理函数
* @param    无
* @return   无
*********************************************************************/
    void SSC_IRQHandler(void)
{
    if (CurState == RECORD)
```

```
        Stream_Buff[SBNo][Stream_Buff_Offset ++ ] = AT91C_BASE_SSC0 - >SSC_RHR;
        if (Stream_Buff_Offset > = MAX_WAV_SIZE && ! flag_DEBUG)
        {
            SBNo = 1 - SBNo;
            Stream_Buff_Offset = 0;
            WriteNextBytes = 1;
        }
    }
    else
    {
        AT91C_BASE_SSC0 - >SSC_THR = Stream_Buff[SBNo][Stream_Buff_Offset ++ ];
        if (Stream_Buff_Offset > = MAX_WAV_SIZE && ! Disenable_Ssc_TXRDY_Flag)
        {
            SBNo = 1 - SBNo;
            Stream_Buff_Offset = 0;
            ReadNextBytes = 1;
            if (OverFlag)
            Disenable_Ssc_TXRDY_Flag = 1;
        }
        else if (Disenable_Ssc_TXRDY_Flag)
        {
            if (Stream_Buff_Offset > = playOffset)
            {
                /* 禁止 SSC 发送 TXRDY 中断 */
                AT91C_BASE_SSC0 - >SSC_IDR | = AT91C_SSC_TXRDY;
            }
        }
    }
}
```

4. 运行过程

① 使用 Keil uVision 3 通过 ULINK 2 仿真器连接实验板,打开实验例程目录 12.3_SSC_test 目录 project 子目录下的 SSC_test. Uv2 例程,编译链接工程。

② 使用 EM-SAM3U 开发板附带的串口线,连接开发板上的串口接口(UART)和 PC 机的串口。在 PC 机上运行 Windows 自带的超级终端串口通信程序(波特率 115 200、1 位停止位、无校验位、无硬件流控制);或者使用其它串口通信程序。

③ 将 SD 卡插入开发板 SD/MMC 插口。

④ 将麦克风插头插入开发板 J6 连接器(麦克风输入)、耳机插入 J4 连接器(LINE-OUT)。

⑤ 选择硬件调试模式,打开 MDK 的 Debug 菜单,选择 Start/Stop Debug Session 项或按 Ctrl＋F5 键,远程连接目标板并下载调试代码到目标系统中。

⑥ 例程正常运行或复位之后会在 PC 超级终端显示以下信息:

```
-- Basic SSC I2S WM8731 Project 1.6RC1 --
-- EM - SAM3U
-- Compiled：Aug 7 2009 17：21：31 --
- I- Init media Sdcard
- I- MEDSdcard init
- I- DMAD_Initialize channel 0
- I- Card Type 1, CSD_STRUCTURE 0
- I- SD 4 - BITS BUS
- I- CMD6(1) arg 0x80FFFF01
- I- SD HS Enable
- I- SD/MMC TRANS SPEED 50000 KBit/s
- I- SD/MMC card initialization successful
- I- Card size：972 MB
- I- Mount disk 0
-- Menu：
      1：Press 'R/r' to process Sound Recording!
      2：Press 'P/p' to play the Sound!
```

按下 R/r 键进行录音,录音过程可按任意键结束:

```
-- Sound Recording...
-- Yon can press any key to end recording!
- I- Open sample.pcm
```

按 P/p 播放录音,直至播放结束:

```
-- Playing...
- I- File open!
  Begain!
  End!
-- End!
```

⑦ 播放结束,菜单可循环显示,循环录音,并且播放时,能通过连接在 Line out(J4)接口上的耳机接听到录音。

12.4 USB 高速设备接口 UDPHS

12.4.1 概 述

SAM3U 处理器上的高速 USB 设备端口(UDPHS, USB High Speed Device Port)符合 USB 2.0 规范,其功能结构如图 12-45 所示。每个端点均可配置为各种 USB 传输类型之一。可与 1、2 或 3 个双端口 RAM(DPR)的 BANK 相关联,该 RAM 用来存储有效数据。如使用 2 或 3 个 BANK,其中一个 DPR BANK 通过处理器控制读/写,其它的通过 USB 外围设备来控制读/写。对于等时传输端点,必须满足该特性。

内部 DPRAM 的大小为 4 KB。挂起和恢复由 UDPHS 设备自动监测,并以中断的方式通知处理器。

UDPHS 的用户接口寄存器映射如表 12-5 所列,其基地址为 0x400A4000。

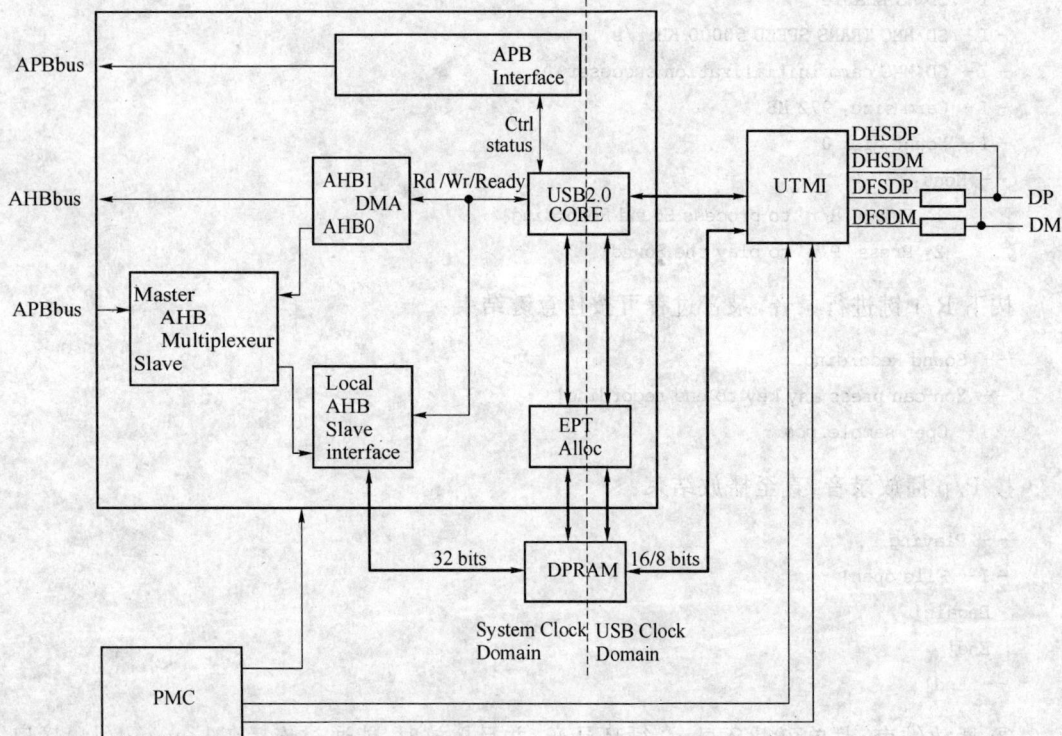

图 12-45 UDPHS 功能结构图

表 12 - 5　UDPHS 寄存器映射

偏　移	寄存器	名　称	访问方式	复位值
0x00	UDPHS 控制寄存器	UDPHS_CTRL	读/写	0x00000200
0x04	UDPHS 帧号寄存器	UDPHS_FNUM	只读	0x00000000
0x08~0x0C	保留	—	—	—
0x10	UDPHS 中断允许寄存器	UDPHS_IEN	读/写	0x00000010
0x14	UDPHS 中断状态寄存器	UDPHS_INTSTA	只读	0x00000000
0x18	UDPHS 清除中断寄存器	UDPHS_CLRINT	只写	—
0x1C	UDPHS 端点复位寄存器	UDPHS_EPTRST	只写	—
0x20~0xCC	保留	—	—	—
0xE0	UDPHS 测试寄存器	UDPHS_TST	读/写	0x00000000
0xE4~0xE8	保留	—	—	—
0xF0	UDPHS 名称 1 寄存器	UDPHS_IPNAME1	只读	0x48555342
0xF4	UDPHS 名称 2 寄存器	UDPHS_IPNAME2	只读	0x32444556
0xF8	UDPHS 特征寄存器	UDPHS_IPFEATURES	只读	
0x100 + endpoint × 0x20 + 0x00	UDPHS 端点配置寄存器	UDPHS_EPTCFG	读/写	0x00000000
0x100 + endpoint × 0x20+0x04	UDPHS 端点控制允许寄存器	UDPHS_EPTCTLENB	只写	—
0x100 + endpoint × 0x20+0x08	UDPHS 端点控制禁止寄存器	UDPHS_EPTCTLDIS	只写	—
0x100 + endpoint × 0x20+0x0C	UDPHS 端点控制寄存器	UDPHS_EPTCTL	只读	0x00000000[1]
0x100 + endpoint × 0x20+0x10	保留(用于端点)	—	—	—
0x100 + endpoint × 0x20+0x14	UDPHS 端点置位状态寄存器	UDPHS_EPTSETSTA	只写	—
0x100 + endpoint × 0x20+0x18	UDPHS 端点清除状态寄存器	UDPHS_EPTCLRSTA	只写	—
0x100 + endpoint × 0x20+0x1C	UDPHS 端点状态寄存器	UDPHS_EPTSTA	只读	0x00000040
0x120~0x1DC	UDPHS 端点 1—6 寄存器[2]			
0x1E0~0x300	保留			
0x300~0x30C	保留	—	—	—
0x310 + channel × 0x10 + 0x00	UDPHS DMA 下一描述符地址寄存器	UDPHS_DMANXTDSC	读/写	0x00000000

偏　移	寄存器	名　称	访问方式	复位值
0x310 ＋ channel × 0x10 ＋ 0x04	UDPHS DMA 通道地址寄存器	UDPHS_DMACONTROL	读/写	0x00000000
0x310 ＋ channel × 0x10 ＋ 0x08	UDPHS DMA 通道控制寄存器	UDPHS_DMACONTROL	读/写	0x00000000
0x310 ＋ channel × 0x10 ＋ 0x0C	UDPHS DMA 通道状态寄存器	UDPHS_DMASTATUS	读/写	0x00000000
0x320～0x370	DMA 通道 2～5 寄存器[3]			

注：(1)UDPHS_EPTCTL0 寄存器的复位值为 0x00000001。

(2) 上面显示的 UDPHS 端点寄存器组的地址为 UDPHS 端点 0 所在的地址。后续其它端点的寄存器组结构与该结构一致，端点寄存器组地址位于 0x120～0x1DC。

(3) 上面显示的 UDPHS DMA 寄存器组的地址为 UDPHS DMA 的通道 1 所在的地址（这里无通道 0）。后续的其它 DMA 通道的寄存器组结构与该结构一致，DMA 寄存器组的地址位于 0x320～0x370。

12.4.2　功能描述

USB 2.0 高速设备端口为主机和连接在其上的 USB 设备之间提供通信服务。在每个设备端点与主机之间建立管道以进行通信。主机通过运行在其上的软件发送一系列的指令流来与 USB 设备进行通信。

1. USB 2.0 高速传输类型

USB 协议为 USB 设备定义了 4 种类型的通信流。每个 USB 设备通过提供一些逻辑管道来与主机进行通信，每个逻辑管道都与一个端点相关联。其传输类型有以下 4 种：

➢ 控制传输：用于在设备连接时对设备进行配置，还用于设备的一些其它专门用途，包括对设备的其它管道的控制。

➢ 批量数据传输：用于大批量数据传输以及传输数据的大小变化较大的情况。

➢ 中断数据传输：用于及时可靠的数据传输。例如，字符传输或人为精确控制传输或用于交互响应的情况。

➢ 等时数据传输：占用预先分配好的 USB 带宽并且传输满足预先算好的延迟（也被称作流实时传输）。

正如以下将要描述的，传输就是在 USB 总线上执行的一系列事件。端点必须配置成相应的传输类型。USB 通信流如表 12－6 所列。

表 12-6 USB 通信流

传输类型	方　向	占有带宽	端点缓存大小	是否错误侦测	是否重试
控制	双向	不确定	8,16,32,64	是	自动
等时	单向	确定	8-1024	是	否
中断	单向	不确定	8-1024	是	是
批量	单向	不确定	8-512	是	是

2. USB 传输事件定义

一次传输包括一个或多个事务处理，端点一旦配置，可以处理与其传输类型相关的所有传输事件。USB 传输事件如表 12-7 所列。

表 12-7 USB 传输事件

CONTROL（双向）	控制传输[1]	Setup 事务处理→Data IN 事务处理→Status OUT 事务处理
		Setup 事务处理→Data OUT 事务处理→Status IN 事务处理
		Setup 事务处理→Status IN 事务处理
IN（设备到主机）	批量 IN 传输	Data IN 事务处理→Data IN 事务处理
	中断 IN 传输	Data IN 事务处理→Data IN 事务处理
	等时 IN 传输[2]	Data IN 事务处理→Data IN 事务处理
OUT（主机到设备）	批量 OUT 传输	Data OUT 事务处理→Data OUT 事务处理
	中断 OUT 传输	Data OUT 事务处理→Data OUT 事务处理
	等时 OUT 传输[2]	Data OUT 事务处理→Data OUT 事务处理

注：(1)控制传输必须使用拥有 1 个 BANK 的端点并且可被 STALL 握手包中止。

(2)等时传输必须使用拥有 2 个或 3 个 BANK 的端点。

设备复位后，UART 接收器被禁用，因此使用之前必须允许接收器。可以通过将控制寄存器 UART_CR 的 RXEN 位置 1 来允许接收器。这个命令之后，接收器开始寻找起始位。

3. USB 2.0 高速总线事务处理

每一次传输是由一个或多个 USB 总线上的事务处理组成。在总线上有以下 5 种事务处理包：Setup 事务处理、Data IN 事务处理、Data OUT 事务处理、Status IN 事务处理、Status OUT 事务处理。

状态 IN 或 OUT 事务处理是对数据 IN 或 OUT 事务处理的回答。控制读和写的事务处理序列如图 12-46 所示。

4. 端点配置

端点 0 永远作为控制端点，因此必须在复位结束中断之后激活并允许它。端点配置过程：

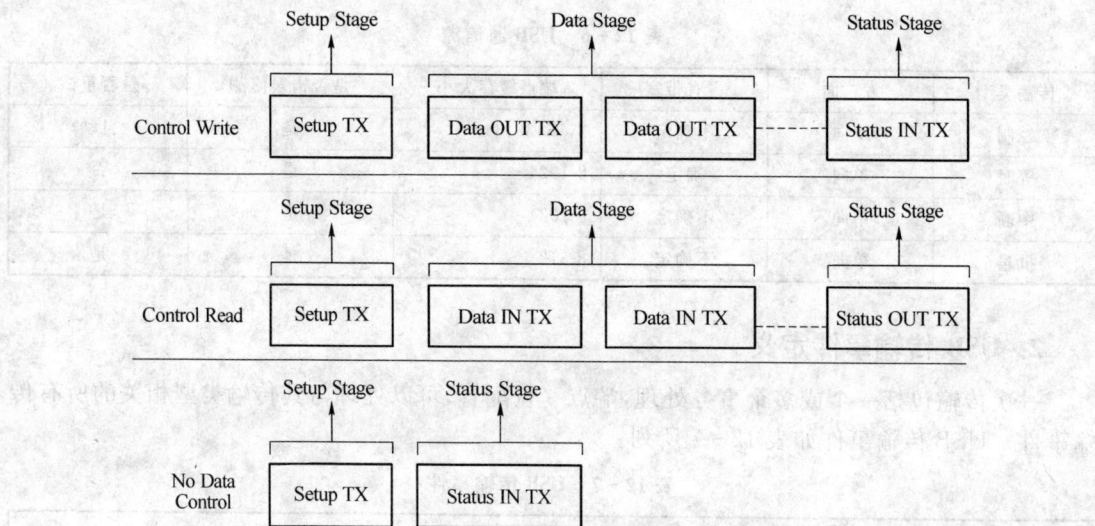

图 12-46 控制读和写的事务处理序列

> 向配置寄存器(UDPHS_EPTCFG)写入端点缓存大小、方向(输入还是输出)、类型(控制、批量、中断、等时)以及需用的 BANK 数。

> 等时传输端点还需填入 NB_TRANS 值(传输数量),注意:对控制端点设置方向将无效。

> 检查 EPT_MAPD 标记被设置与否。如果端点缓存大小的设置符合 FIFO 的最大容量限制并且 BANK 的数量符合最大允许的 BANK 数限制的话,则该标记被设置。

> 设置相应端点的控制标记,并且用 UDPHS 端点控制寄存器中 UDPHS_EPTCTLEN-Bx 位域允许端点。

控制端点能够产生中断且仅使用 1 个 BANK。所有端点(除了端点 0)均可被配置成批量、中断或等时类型。UDPHS 端点描述如表 12-8 所列。

表 12-8　UDPHS 端点描述

端点号＃	助记符	Nb Bank 数	DMA	高带宽	端点最大缓存容量	端点传输类型
0	EPT_0	1	N	N	64	控制
1	EPT_1	2	Y	Y	512	控制/批量/等时＊/中断
2	EPT_2	2	Y	Y	512	控制/批量/等时＊/中断
3	EPT_3	3	Y	N	64	控制/批量/等时＊/中断
4	EPT_4	3	Y	N	64	控制/批量/等时＊/中断
5	EPT_5	3	Y	Y	1 024	控制/批量/等时＊/中断
6	EPT_6	3	Y	Y	1 024	控制/批量/等时＊/中断

注:＊　在等时传输模式下,推荐使用高带宽传输特性。

端点所能收发的最大包尺寸与所配置的端点缓存容量的最大值相关。

注意:1 024 字节的端点缓存大小是为等时传输端点所预留的。DPRAM 的大小为 4 KB。所有已经激活的端点共用 DPR。因此所有激活端点所需内存的总容量不能超过 DPRAM 的大小。如果用户配置的所有端点缓存大小总和超过了 DPRAM 的容量限制,则 EPT_MAPD 将不会被置位。应用程序通过一个 64 KB 的逻辑地址空间来访问物理空间上为端点保留的 DPR。为端点分配的相应的 DPR 物理空间被重映射到这 64 KB 的逻辑空间上,因此应用程序可以线性的访问这 64 KB 的缓存空间。

5. 使用 DMA 进行传输

UDPHS 设备可以请求获得任何长度的 USB 包,这样的传输总是按序寻址的。由于页存储机制给 AHB 总线带来了性能上的提升,使得 AHB 总线上突发的数据包传输可以锁存到 DMA 的缓存中。而且在利用 DMA 传输 USB 大容量包时,假设其它 AHB 主控设备在内存空间寻址,也不会发生内存切换(ROW OR BANK)消耗时钟周期的情况,即使发生也仅一次而不会是几十次。这对 128 字单周期非间隔的批量传输端点以及 256 字非间隔的等时传输端点尤为重要。通过对 USB 缓存端点大小(UDPHS_EPTCFGx 寄存器的 EPT_SIZE 位)以及 DMA 大小(UDPHS_DAMCONTROLx 寄存器的 BUFF_LENGTH 位)的编程可控制突发长度的最大值。

USB 2.0 设备的平均吞吐率几乎可以提高到接近 60 MB。由于不改变端点不会造成等待的副作用,因此随着突发长度的增加,内部从设备的平均访问延迟也在减少。如果外部 DMA AHB 总线的从设备也支持零等待字突发能力,则 30 MHz 下,对于每个全速 USB2.0 设备来说,分配的 DMA AHB 总线带宽将少于 50%,在 60 MHz 下,将少于 25%。

需要注意的是,如果进行调试,在将 DMA 地址设置为 SRAM 地址时要特别小心,即使已经做过重映射。

如果不采用 DMA 则应该将它禁止,因为如果先前的软件版本允许了 DMA,也不会给予警告。如果发生了这种情况,则 DMA 将会在中断没有得到用户响应之前处理数据。

6. USB 2.0 设备事务处理

(1) Setup 事务处理

当 RX_SETUP 位置 1 时表示在 DPR 中的 setup 包有效。一旦应用程序清除了 RX_SETUP 位,UDPHS 就可接收发送给设备端点的下一个包。当 UDPHS 接收到一个有效的 setup 包时:

➢ UDPHS 会自动回应,已表示收到该 setup 包(发送 ACK 包作为回应);

➢ 将有效数据写入到相应端点中;

➢ 设置 RX_SETUP 中断;

➢ UDPHS_EPTSTAx 寄存器中的 BYTE_COUNT 域被更新。

当 UDPHS_EPTSTAx 寄存器中的 RX_SETUP 位没有被清除,就会产生端点中断。如果该端点的中断被允许,则中断将被处理。

因此,硬件必须采用轮询 UDPHS_EPTSTAx 的 RX_SETUP 位或捕获相应中断的方法,来读取 FIFO 中的 setup 包,接着清除 UDPHS_EPTCLRSTA 寄存器中的 RX_SETUP 位做为 setup 阶段的回应。

如果 STALL_SNT 位置 1,则当设备检测到 setup 令牌包时将自动清零该位。接着,设备就可以继续接受 setup 阶段的数据。

(2) NYET

NYET 是仅供高速传输使用的握手包,作为 PING 协议的一部分,它由高速端点返回。高速设备必须为批量输出(Bulk OUT)和控制端点(setup 阶段除外)提供一个加强型的 NAK 机制。该机制可以允许设备告知主机当前是否有足够的空间接收下次 OUT 传输。

高速批量输出传送的 NYET/ACK 回应和 PING 回应是由硬件在 UDPHS_EPTCTLx 寄存器上自动处理的(除了用户通过使用 NYET_DIS 位强制做出一个 NAK 回应的情况之外)。

如果在 OUT/DATA 事务处理中,端点回应的是 NYET 握手包,那么就意味着该端点接收了当前数据,但却没有空间接收下个有效数据。此时主机控制器必须使用 PING 令牌包来查询,直到端点表示已有可用空间。

(3) 数据输入(Data IN)

① 批量输入(Bulk IN)或中断输入(Interrupt IN)

数据输入(Data IN)包是在控制传输或(中断/批量/等时)输入传输的数据或状态阶段,由设备发送的。由应用程序或 DMA 通道来控制,将数据包依次发送。以下是应用程序在 USB 上传送数据包的 3 种方式:包依次传送、64 KB 和 DMA。

② 批量输入或中断输入:在应用程序的控制下发送一个包(设备到主机)

应用程序可以写一个或多个 BANK。应用程序采用以下的简单算法来传输包,可不必考虑与端点相关联的 BANK 数。每次传输一个包算法的描述:

> 在对 DPR 进行写访问之前,应用程序需等待 UDPHS_EPTSTAx 寄存器的 TX_PK_RDY 标记清除。

> 应用程序通过 64 KB 的逻辑存储区来向 DPR 写入一个 USB 数据包。

> 应用程序设置 UDPHS_EPTSETSTAx 寄存器的 TX_PK_RDY 位为 1。

通过 TX_PK_RDY 中断通知应用程序一个新的包可能已写入到了 DPR 中。该中断可以通过设定 UDPHS_EPTCTLENB/UDPHS_EPTCTLDIS 寄存器中的 TX_PK_RDY 位来允许或屏蔽。

连续传输多个包算法的描述:采用上面的算法,每个包发送后都要调用中断处理程序。那么在连续依次写入多个 BANK 后可能会降低应用程序的开销。必须通过写 UDPHS_EPTCTLENBx 寄存器的 AUTO_VALID 位,将 UDPHS_EPTCTLx 寄存器的 AUTO_VAL-

ID 位置 1。自动确认 BANK 机制可以在无 CPU 的介入情况下进行数据传输（IN 或 OUT）。这就意味着 BANK 确认由硬件来完成。（设置 TX_PK_RDY 或清除 RX_BK_RDY 位）。

> 应用程序检测 UDPHS_EPTSTAx 寄存器的 BUSY_BANK_STA 域。应用程序必须一直等待，直到至少有一个 BANK 空闲。

> 应用程序向端点的 DPR BANK 中写入的数据大小低于空余 DPR Bank 的容量。每次写入 BANK 的最后一个字节时，UDPHS 将会自动设置 TX_PK_RDY 信号。

> 如果最后一个包的传送尚未完成（例如，该 BANK 的最后一个字节还没被写入），应用程序必须置位 UDPHS_EPTSETSTAx 寄存器的 TX_PK_RDY 位。

当应用程序得到所有的 BANK 均空闲的通知时，就可以通过 BUSY_BANK 中断来进行其它的包突发传输。该中断可通过设定 UDPHS_EPTCTLENB 和 UDPHS_EPTCTLDIS 寄存器中的 BUSY_BANK 标记来允许和屏蔽。该算法不能用于等时传输。在这种情况下，这种 PING-PONG 机制不起作用。通过设置 UDPHS_EPTSETSTAx 寄存器中的 TX_PK-TRDY 标记可发送 0 长度的包。

③ 批量输入或等时输入：利用 DMA 发送一个缓存（设备到主机）

UDPHS 集成了一个 DMA 主机控制器。在 UDPHS 的控制下，该 DMA 控制器可以传送内存数据到 DPR 或传送 DPR 中的数据到处理器内存。除控制传输外，其它的传输类型均可采用 DMA 方式进行传输。DMA 配置示例如下：

> 向 UDPHS_DMAADDRESS x 中填入需要被传送缓存的地址。

> 允许 UDPHS_IEN 中的 DMA 中断。

> 设置 UDPHS_ DMACONTROLx：需向主机发送的缓存的字节数；END_B_EN：端点可对包进行验证（通过 UDPHS_EPTCTLx 中 AUTO_VALID 和 SHRT_PCKT 值的设置）；END_BUFFIT：当 UDPHS_DMASTATUSx 中的 BUFF_COUNT 到 0 时产生一个中断；CHANN_ENB：在缓存发送的结束时运行与停止。

自动确认 BANK 机制可以在无 CPU 的介入情况下进行数据传输（输入或输出）。这就意味着 BANK 校验由硬件来完成。（设置 TX_PK_RDY 或清除 RX_BK_RDY 位）。

可使用传输描述符。在设定了 UDPHS_DMACONTROLx 寄存器的 LDNXT_DSC 域（此时加载下一个描述符）后，将描述符的地址交给 UDPHS_DMANXTDSC 处理，描述符是可编程的，可以用来代替直接对寄存器的编程。定义传输描述符的结构体必须对齐。

每个要传送的缓存都必须通过 DMA 传输描述符给以描述，传输描述符是相互链接的。在传送 BUFFER 中的数据之前，UDPHS 会从 UDPHS_DMANXTDSCx 寄存器所指定的内存地址中获取一个新的传输描述符。一旦传输完成，UDPHS_DMASTATUSx 寄存器中相应的传输状态将被更新。

当链接一个新的描述符到当前的 DMA 传输时，DMA 通道必须停止。这样做之后，UDPHS_EPTCTLENBx 寄存器中的 INTDIS_DMA 与 TX_BK_RDY 可能被置位。对应用程序而言,也可能是等待所有的传输完成。在这种情况下,最后一个传输描述符的 UDPHS_DMA-CONTROLx 寄存器的 LDNXT_DSC 域必须设置为 0,且 CHANN_ENB 设置为 1。接下来,应用程序可链接一个新的传输描述符。如果中断被允许且被触发,则 INTDIS_DMA 用来停止当前 DMA 的传输,也用来阻止在错误发生时的 DMA 传输。在缓存数据传输结束后,将通知应用程序(UDPHS_DMACONTROL 寄存器的 ENB_BUFFIT 位)。

④ 等时输入(Isochronous IN)

等时输入是用来传送数据流的,这种数据传送一般有着较高的速率。等时传输可为主机与设备之间建立一个周期的、连续的信道。它可以保证高带宽与低延迟,因此适用于电话,音频,视频等设备。

如果端点不可用(TX_PK_RDY=0),设备将不对主机作出回应,而产生一个 ERR_FL_ISO 中断(UDPHS_EPTSTAx 寄存器),一旦该中断被允许,即立刻通知 CPU 等时输入端点不能使用 STALL_SNT 命令位。

(4) 数据输出(Data OUT)

① 批量输出(Bulk OUT)或中断输出(Interrupt OUT)

与数据输入类似,数据输出包在控制传输或中断/批量/等时输出的数据或状态阶段由主机发出。数据包在应用程序或 DMA 通道的控制下依次传输。

② 批量输出或中断输出:在应用程序控制下接收包(主机到设备)

每次传输一个包的算法描述:

➢ 应用程序允许 RX_BK_RDY 中断。

➢ 当接收到一个 RX_BK_RDY 中断时,应用程序通过 UDPHS_EPTSTAx 寄存器的 BYTE_COUNT 来得知接收到多少字节。

➢ 应用程序从端点读取 BYTE_COUNT 个字节。

➢ 应用程序清除 RX_BK_RDY。

注意:如应用程序不知传送的数据大小,选择使用 AUTO_VALID 并不是个好的选择。因为当 ZLP(零长度包)被接收到时,RX_BK_RDY 由 AUTO_VALID 硬件自动清除;而且如果端点中断被触发,读 UDPHS_EPTSTAx 寄存器时软件将不寻找其源标志。

连续传输多个包的算法描述如下:

➢ 应用程序允许 BUSY_BANK 中断并且允许 AUTO_VALID。

➢ 当接收到 BUSY_BANK 中断时,应用程序已知道端点中填充的所有 BANK 均有效。因此,应用程序可以读取所有的可用 BANK。

如果应用程序不知道接收缓存的大小,则只能用 RX_BK_RDY 中断,而不能用 BUSY_BANK 中断。

③ 批量输出或中断输出:利用 DMA 发送一个缓存(主机到设备)

为使用 DMA 设置,则 AUTO_VALID 被默认实现且不能更改。DMA 配置实例如下:

> 首先用需传送缓存的地址来设定 UDPHS_DMAADDRESSx。

> 允许 DMA 中断(UDPHS_IEN 中)。

> 设定 DMA 通道控制寄存器(DMA Channelx Control Register):发送的缓存大小;END_B_EN:可用来在 DMA 缓存传输结束时切断输出包(丢弃非缓冲区的包数据);END_BUFFIT:当 UDPHS_DMASTATUSx 寄存器中的 BUFF_COUNT 变为 0 时产生一个中断;END_TR_EN:允许终止传输,如果有短包传输,UDPHS 可以终止当前 DMA 的传输;END_TR_IT:允许传输结束中断,如果 USB 的传输是通过短包的传输结束的,则当 DMA 传完最后一个 USB 包后该中断产生(对接收大小未知的情况非常有利);CHANN_ENB:在缓存结束处运行与停止。

对输出(OUT)传输,当应用程序读取了 BANK 中的全部字节(BANK 为空),所有 BANK 将被硬件自动清除。当收到 ZLP 时,AUTO_VALID 会使 UDPHS_EPTSTAx 寄存器的 RX_BK_RDY 位自动被清除,根据 END_TR_IT 的状态,应用程序可知 BUFFER 的结束情况。如果主机发送了 ZLP 且端点空闲,则设备回应一个 ACK。当没有数据写入该端点时,将产生一个 RX_BY_RDY 中断,且 UDPHS_EPTSTAx 寄存器的 BYTE_COUNT 为空。

④ 高带宽等时输出端点

USB 2.0 提供单独的高速等时传输端点,该端点要求数据传输速率达到 192 Mb/s(24 MB/s):每个微帧包含 3×1 024 个字节数据。

为了支持该速率,需用两到三个 BANK 来存储连续的 3 个数据包。微控制器(或 DMA 控制器)能够以很快的速率清空 BANK。(至少平均要达到 24 MB/s)。UDPHS_EPTCFGx 寄存器的 NB_TRANS 域= 每个微帧的事务处理数。如果 NB_TRANS >1,则为高带宽。

7. 停止(STALL)

STALL 用来做为对输入令牌包或输出包的数据阶段以及 PING 事务处理的应答。STALL 表示当前不能传送或接收数据,或不能满足控制管道的请求。

> 输出(OUT):要停止(STALL)一个端点,将 UDPHS_ EPTSETSTAx 寄存器的 FRCESTALL 位置 1 且在 STALL_SNT 被设置以后,将 UDPHS_EPTCLRSTAx 寄存器的 TOGGLE_SEG 位置 1。

> 输入(IN):对 UDPHS_EPTSETSTAx 寄存器的 FRCESTALL 位置位。

8. 速度识别

高速设备的重启由硬件管理。设备连接时,主机会进行典型重启(全速)或高速重启。在重启处理的结束部分(全速或高速),将产生 ENDRESET 中断。于是 CPU 可通过读取 UDPHS_INTSTAx 的 SPEED 位来判断设备的速度模式。

9. 功耗模式

USB 设备有多种可能的状态，UDPHS 设备状态转移图如图 12 - 47 所示。

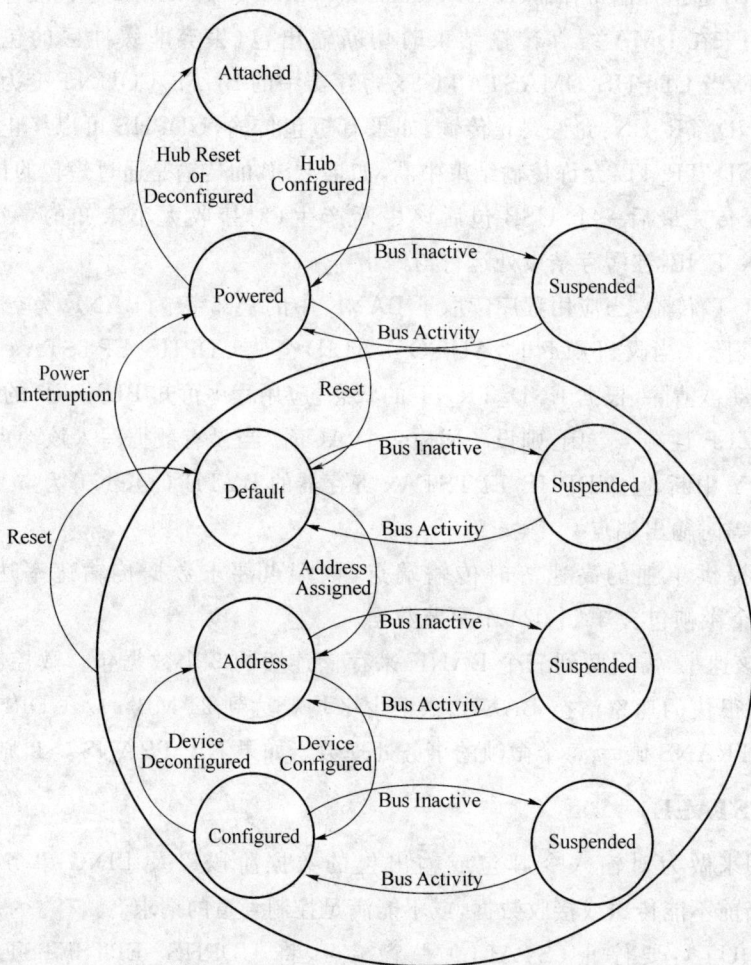

图 12 - 47   UDPHS 设备状态转移图

何时从一个状态转移到另一个状态有赖于 USB 总线的状态，或通过端点 0 的控制事务处理中发送标准请求。

总线上如持续一段时间无任何动作发生，则 USB 设备进入到挂起模式。来至 USB 主机的挂起/恢复请求是必须强制执行的。在挂起模式下，总线功耗受到严格的限制，设备从 USB 总线上汲取的电流不能超过 $500\mu A$。在挂起模式下，主机可通过发送复位信号来唤醒设备，或由 USB 设备向主机发送请求来唤醒，就如同通过移动 USB 鼠标来唤醒 PC 一样。

不是所有的设备都必须有唤醒特性,并且唤醒需要有主机的参与。

① 未上电状态

自供电的设备可通过 PIO 检测 5 V 的 VBUS。当设备未连接到主机时,设备的电源消耗可通过 UDPHS_CTRL 的 DETACH 位来减少。禁止收发器也将自动实现。集成在集线器下行端口的 HSDM、HSDP、FSDM、FSDP 将被下拉到 GND。

② 进入连接状态

当无设备连接时,USB 的 FSDP 与 FSDM 信号通过集成在集线器下行端口的 15 kΩ 下拉电阻连接到 GND。当设备连接到集线器下行端口时,由于设备通过 1.5 kΩ 的上拉电阻连接到 FSDP 上。USB 总线进入到空闲(IDLE)模式,FSDP 会被设备的 1.5 kΩ 上拉电阻连到 3.3 V,且 FSDM 被 15 kΩ 下拉电阻拉低到主机地。

在上拉连接后,设备进入到上电模式。收发器将继续保持禁止直到总线上有事件被检测到。针对一些低功耗的需求,设备可被停止。当设备检测到 VBUS 时,软件必须通过允许 UDPHS_CTRL 寄存器的 EN_UDPHS 位来允许收发器。软件可通过设置 UDPHS_CTRL 寄存器的 DETACH 位来断开上拉。

③ 从上电状态到缺省状态(重启)

在 USB 设备连接到主机后,USB 设备需等待总线复位的结束。接着 UDPHS_IEN 寄存器的未屏蔽标志 ENDRESET 被置位并触发一个中断。一旦 ENDRESET 中断产生,设备就进入到缺省状态。在该状态下,UDPHS 软件必须完成以下事件:

➢ 允许缺省端点,设置 UDPHS_EPTCTLENB[0]寄存器的 EPT_ENABL 标志,此时可选择通过向 UDPHS_IEN 寄存器的 EPT_0 写 1 来允许端点 0。由控制传输开始设备枚举。

➢ 在 USB 重启后,配置被复位的中断屏蔽寄存器。

➢ 允许收发器。

在该状态下 UDPHS_CTRL 寄存器的 EN_UDPHS 位必须被允许。

④ 从缺省状态到地址状态(分配地址)

在发送 Set Address 标准设备请求后,USB 设备进入到地址状态。注意:在设备进入地址状态以前,必须先完成一个控制传输的状态输入事务处理,也就是一旦 UDPHS_EPTCTL[0]寄存器的 TX_COMPLT 标记已收到且被清除,则 UDPHS 将设置一个新的地址给设备。要转到地址状态,驱动软件需设置 UDPHS_CTRL 寄存器的 DEV_ADDR 域和 FADDR_EN 标志。

⑤ 从地址状态到配置状态(配置设备)

一旦一个有效的 Set Configuration 标准请求被接收并响应,则将按照配置要求对设备进行端点配置。这可通过设置 UDPHS_EPTCFGx 寄存器的 BK_NUMBER、EPT_TYPE、EPT_DIR、EPT_SIZE 域以及设置 UDPHS_EPTCTLENBx 寄存器的 EPT_ENABL 标记和 UDPHS_IEN 寄存器的相应中断(可选)来完成。

⑥ 进入挂起状态(总线活动)

当检测到挂起(USB 总线上无活动)时,UDPHS_STA 寄存器的 DET_SUSPD 标志被置位。如此时 UDPHS_IEN 寄存器的相应位已设置,则将触发一个中断。该标志可通过写 UDPHS_CLRINT 寄存器来清除。接着设备进入到挂起模式。

在该状态下,总线供电的设备从 5 V 总线上汲取的电流必须小于 500 μA。例如,此时微控制器切换到低速时钟、禁止 PLL 和主晶振,并进入空闲模式。也可关闭电路板上的一些其它外设以减少消耗。可关掉 UDPHS 设备的外设时钟。恢复事件是异步检测的。

⑦ 接收主机恢复

在挂起模式下,USB 总线上的恢复事件被异步监测,收发器以及时钟被禁止(尽管上拉没有移除)。一旦在总线上监测到了恢复事件,则 UDPHS_INTSTA 寄存器的 WAKE_UP 标志置位。如果此时 UDPHS 寄存器的相应位被设置,则会产生一个中断。该中断可用来唤醒内核,允许 PLL 和主晶振以及配置时钟。

⑧ 发送外部恢复信号

在挂起状态,可通过发送外部恢复信号来唤醒主机。进入挂起状态后,在发送外部恢复信号之前设备必须至少等待 5 ms。设备必须强制保持 1～15 ms 的 K 状态以恢复主机。

10. 中 断

USB 高速全局中断通过 UDPHS 中断允许寄存器(UDPHS_IEN)和 UDPHS 中断状态寄存器(UDPHS_INTSTA)定义。

每个端点的中断也在 UDPHS_IEN 中允许,可以分别在 UDPHS_EPTCTLENBx 寄存器中屏蔽。每个端点的中断源如表 12-9 所列。

表 12-9 端点中断源

端点中断源	描 述
SHRT_PCKT	短包中断
BUSY_BANK	忙 Bank 中断
NAK_OUT	NAKOUT 中断
NAK_IN/ERR_FLUSH	NAKIN/Error 清除中断
STALL_SNT/ERR_CRISO/ERR_NB_TRA	Stall 发送/CRC 错误/事务处理号错误中断
RX_SETUP/ERR_FL_ISO	接收 SETUP/错误流中断
TX_PK_RD /ERR_TRANS	TX 包读/事务处理错误中断
TX_COMPLT	传输 IN 数据包完成中断
RX_BK_RDY	接收 OUT 数据包中断
ERR_OVFLW	溢出错误中断
MDATA_RX	MDATA 中断
DATAX_RX	DATAx 中断

12.4.3 应用程序设计

1. 设计要求

利用 EM-SAM3U 实现 2 个 USB MASS_STORAGE 设备,将 EM-SAM3U 开发板上扩展 SRAM 从地址 0x60000000 起始处的 1 MB 空间作为第一个 DISK,将插在 SD/MMC Socket 上的 SD 卡作为第二个 DISK。

2. 硬件设计

EM-SAM3U 上的 USB 接口与 SAM3U 处理器的连接如图 12 - 48 所示,SAM3U 处理器与 PSRAM 的连接如图 11 - 28 所示,SD/MMC Socket 的连接如图 12 - 35 所示。

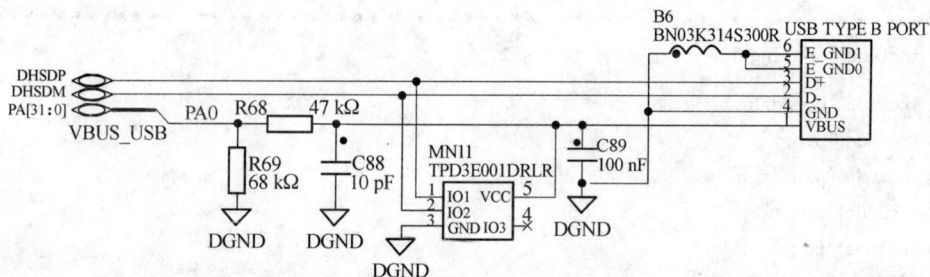

图 12 - 48 EM-SAM3U 上的 USB 接口

3. 软件设计

根据任务要求,程序内容主要包括:

➤ 配置与 PSARM、SD 卡、PIO、UDPHS 相关的 PIO 引脚。

➤ 配置 TC0,用于计时更新 DISK 实例显示视图。

➤ 初始化 PSRAM,配置相应的读/写驱动函数,并且枚举相应的逻辑媒体实例。

➤ 初始化 USB 驱动。

➤ 检测 SD 卡连接状态,当处于连接时,初始化 SD 卡,配置 SD 卡读/写驱动,且使 SD 卡和对应的逻辑 DISK 实例相关联。

➤ USB Mass storage 状态机状态切换处理。

整个工程包含的源文件比较多,大致分为:

➤ DMA、PIO、MCI、TC、UART、SD 卡等外部设备的驱动源文件。

➤ USB 设备驱动源文件。

➤ Nand Flash 配置源文件。

➤ at91sam3u4_it. c 中 TC0_IRQHandler()、HSMCI_IRQHandler()、PIOA_IRQHandler()和 UDPHS_IRQHandler()分别处理 TC、HSMCI、PIO 和 UDPHS 的中断。

➤ main.c 中的 main()函数先系统初始化,在配置 TC、HSMCI、PIO、UART、UDPHS 之后进入 Mass storage 状态机,每次 TC0 中断更新一次 DISK 视图。

参考程序如下:

(1) main.c

```
/******************************************************************
*  文件名:main.c
*  作者 :Wuhan R&D Center, Embest
*  描述 :Main program body
******************************************************************/
/******************************************************************
*      Headers
******************************************************************/
# include <string.h>

# include "board.h"
# include "pio.h"
# include "pio_it.h"
# include "irq.h"
# include "tc.h"
# include "dbgu.h"
# include "trace.h"
# include "assert.h"
# include "led.h"
# include "USBD.h"
# include "MSDDriver.h"
# include "MSDLun.h"
# include "USBDCallbacks.h"
# include "Media.h"
# include "MEDSdram.h"
# include "MEDSdcard.h"
# include "MEDRamDisk.h"
# include "pmc.h"
# include "at91sam3u4_it.h"
# include "main.h"
# include "board_memories.h"
# include "RawNandFlash.h"
# include "SkipBlockNandFlash.h"
# include "TranslatedNandFlash.h"
# include "USBConfigurationDescriptor.h"
```

```
/ *******************************************************************
*      Local definitions
********************************************************************/
/ * PMC 定义 * /
# define AT91C_CKGR_PLLR              AT91C_CKGR_PLLAR
# define AT91C_PMC_LOCK               AT91C_PMC_LOCKA

# define AT91C_CKGR_MUL_SHIFT         16
# define AT91C_CKGR_OUT_SHIFT         14
# define AT91C_CKGR_PLLCOUNT_SHIFT    8
# define AT91C_CKGR_DIV_SHIFT         0

# define NEW_MCK                      (95428570)

# define MAX_LUNS                     3
/ * 显示视图更新延迟( * 250ms) * /
# define UPDATE_DELAY                 1

# define AT91C_EBI_PSRAM              (0x60000000)
/ * 用于 PSRAM 对应 DISK 实例的 PSRAM 空间大小 1 MB * /
# define BOARD_PSRAM_SIZE             (0x100000)
/ * 按钮用于唤醒 USB 设备 * /
static const Pin pinWakeUp = PIN_PUSHBUTTON_1;
/ * VBus 引脚 * /
static const Pin pinVbus = PIN_USB_VBUS;
/ * 不同 DISK 实例对应的 Media 序号 * /
# define DRV_RAMDISK                  0 / * RAM disk * /
# define DRV_IFLASH                   0 / * 如果没有 RAM,则为内部 flash * /
# define DRV_SDMMC                    1 / * SD 卡 * /
# define DRV_NAND                     2 / * Nand flash * /
/ * 按键去抖动延迟(ms) * /
# define DEBOUNCE_TIME                10
/ * PIT 周期(seconds) * /
# define PIT_PERIOD                   1000
/ * 等待 DBGU 输入延迟( * 250 ms) * /
# define INPUT_DELAY                  20
/ * 在 PSRAM 中没有为代码预留空间 * /
    # define CODE_SIZE                (0)
/ * RAM disk 大小(512K) * /
# define RAMDISK_SIZE                 (512 * 1024)
/ * 保留的 Nand Flash 空间(4M) * /
# define NF_RESERVE_SIZE              (4 * 1024 * 1024)
```

```
/* 管理的 Nand Flash 空间大小(128M) */
#define NF_MANAGED_SIZE (128 * 1024 * 1024)
/* block 大小(bytes) */
#define BLOCK_SIZE                  512
/* MSD IO 缓冲区大小(2K,大一点儿更好) */
#define MSD_BUFFER_SIZE (12 * BLOCK_SIZE)
/* 用于电源管理 */
#define STATE_IDLE                  0
/* USB 设备暂停状态 */
#define STATE_SUSPEND               4
/* USB 设备恢复状态 */
#define STATE_RESUME                5
/* 当 SD 卡插入时,重试 3 次 */
#define SD_INIT_RETRY               3
/* 远端唤醒支持(可选) */
#define WAKEUP_CONFIGURE() ConfigureWakeUp()

#define VBUS_CONFIGURE()    VBus_Configure()

#define NandFlash_Configure(nfBusWidth) BOARD_ConfigureNandFlash(nfBusWidth)
/* *******************************************************************
 *     Types
 ******************************************************************* */
/* 可用的媒体实例 */
Media medias[MAX_LUNS];

unsigned char sdConnected = 0;
/* 设备 LUNs */
MSDLun luns[MAX_LUNS];
/* LUN 读/写缓冲 */
unsigned char msdBuffer[MSD_BUFFER_SIZE];
/* MSD 读/写数据数 */
unsigned int msdReadTotal = 0;
unsigned int msdWriteTotal = 0;
unsigned short msdFullCnt = 0;
unsigned short msdNullCnt = 0;
/* 更新延迟计数,tick 是 250ms */
unsigned int updateDelay = UPDATE_DELAY;
/* 更新显示视图标志 */
unsigned char updateView = 0;
/* USB 状态,暂停或恢复 */
```

```
unsigned char USBState = STATE_IDLE;
/* Nand Flash 存储空间大小 */
static unsigned int memSize;
/* Nand Flash 块数 */
static unsigned int numBlocks;
/* Nand Flash 块大小,单位 bytes */
static unsigned int blockSize;
/* Nand Flash 页大小,单位 bytes */
unsigned int pageSize;
/* 每块页数 */
static unsigned int numPagesPerBlock;
/* 块内页偏移 */
unsigned int BlockSizeInPage;
/* Nand Flash 页数 */
unsigned int numPages;
/* Nand Flash 总线宽度 */
static unsigned char nfBusWidth = 16;
/* 与 Nand Flash 相关 PIO 引脚 */
static const Pin pPinsNf[] = {PINS_NANDFLASH};
/* Nand Flash 设备结构体 */
struct SkipBlockNandFlash skipBlockNf;
/* 用于传输命令字节到 Nand Flash 的地址 */
static unsigned int cmdBytesAddr = BOARD_NF_COMMAND_ADDR;
/* 用于传输地址字节到 Nand Flash 的地址 */
static unsigned int addrBytesAddr = BOARD_NF_ADDRESS_ADDR;
/* 用于传输数据字节到 Nand Flash 的地址 */
static unsigned int dataBytesAddr = BOARD_NF_DATA_ADDR;
/* Nand Flash 芯片允许引脚 */
static const Pin nfCePin = BOARD_NF_CE_PIN;
/* Nand Flash ready/busy 引脚 */
static const Pin nfRbPin = BOARD_NF_RB_PIN;
extern unsigned char MEDNandFlash_Initialize(Media * media,
                    unsigned int blockSize,
                    unsigned int size);
/***********************************************************
*     Local functions
***********************************************************/
/***********************************************************
  * @brief 远端唤醒引脚中断服务程序
```

```
 *  @param pin 远端唤醒引脚
 *  @return 无
 **************************************************************/
void WakeUpHandler(const Pin * pin)
{
    TRACE_DEBUG("Wake - up handler\n\r");
    /* 检测远端唤醒引脚电平 */
    if (! PIO_Get(&pinWakeUp)) {
# ifdef AT91C_BASE_PITC
ConfigurePit();
# endif
    }
}
/* ***************************************************************
 *  @brief 配置唤醒引脚以产生中断唤醒
 *  @param 无
 *  @return 无
 **************************************************************/
static void ConfigureWakeUp(void)
{
    TRACE_INFO("Wake - up configuration\n\r");
    /* 配置 PIO 唤醒引脚 */
    PIO_Configure(&pinWakeUp, 1);
    PIO_ConfigureIt(&pinWakeUp, WakeUpHandler);
    PIO_EnableIt(&pinWakeUp);
}
/* ***************************************************************
 *  @brief PIO 控制器中断处理函数
 *  @param pPin VBus 引脚
 *  @return 无
 **************************************************************/
    void ISR_Vbus(const Pin * pPin)
{
    /* 检测 VBus 引脚电平 */
    if (PIO_Get(&pinVbus)) {
      TRACE_INFO("VBUS conn\n\r");
      USBD_Connect();
    }
    else {
```

```
        TRACE_INFO("VBUS discon\n\r");
        USBD_Disconnect();
    }
}
/* ***********************************************************************
 * @brief 配置 VBus 引脚,使之当该引脚上电平改变时产生中断
 * @param    无
 * @return   无
 ***********************************************************************/
    static void VBus_Configure( void )
    {
        TRACE_INFO("VBus configuration\n\r");
        /* 配置 VBus PIO 引脚 */
        PIO_Configure(&pinVbus, 1);
        PIO_ConfigureIt(&pinVbus, ISR_Vbus);
        PIO_EnableIt(&pinVbus);
        /* 检测 VBus 引脚当前电平 */
        if (PIO_Get(&pinVbus)) {
          /* VBus 引脚电平有效,强制连接 */
          TRACE_INFO("conn\n\r");
          USBD_Connect();
        }
        else {
            USBD_Disconnect();
        }
    }
/* ***********************************************************************
 * @brief 回调函数。当 USB 设备离开暂停状态时调用,默认配置 LEDs
 * @param    无
 * @return   无
 ***********************************************************************/
void USBDCallbacks_Resumed(void)
{
    /* 初始化 LEDs */
    LED_Configure(USBD_LEDPOWER);
    LED_Set(USBD_LEDPOWER);
    LED_Configure(USBD_LEDUSB);
    LED_Clear(USBD_LEDUSB);
    USBState = STATE_RESUME;
```

```
}
/* *******************************************************************
 * @brief 回调函数。当 USB 设备被暂停时调用,默认关闭 LEDs
 * @param   无
 * @return  无
 ********************************************************************/
void USBDCallbacks_Suspended(void)
{
    /* 置灭 LEDs */
    LED_Clear(USBD_LEDPOWER);
    LED_Clear(USBD_LEDUSB);
    USBState = STATE_SUSPEND;
}

/* *******************************************************************
 * @brief 回调函数。当 MSD 完成一次读/写操作时调用
 * @param flowDirection          1 - 设备到主机(READ10)
 *                               0 - 主要到设备(WRITE10)
 * @param dataLength             传输数据长度(bytes)
 * @param fifoNullCount          等待 FIFO 空的时间计数
 * @param fifoFullCount          等待 FIFO 填满时间计数
 * @return 无
 ********************************************************************/
void MSDCallbacks_Data(unsigned char flowDirection,
                       unsigned int dataLength,
                       unsigned int fifoNullCount,
                       unsigned int fifoFullCount)
{
    if (flowDirection) {
      msdReadTotal + = dataLength;
    }
    else {
      msdWriteTotal + = dataLength;
    }
    msdFullCnt + = fifoFullCount;
    msdNullCnt + = fifoNullCount;
}
/* *******************************************************************
 * @brief TC0 中断处理函数
```

```
 * @param    无
 * @return   无
 ******************************************************************/
void TC0_IrqHandler(void)
{
    volatile unsigned int dummy;
    /* 清除状态位响应中断 */
    dummy = AT91C_BASE_TC0 - >TC_SR;
    if ( -- updateDelay == 0) {
        updateDelay = UPDATE_DELAY;
        updateView = 1;
    }
}
/******************************************************************
 * @brief 配置 TC0,使每隔 250 ms 产生一次中断
 * @param    无
 * @return   无
 ******************************************************************/
void ConfigureTc0(void)
{
    unsigned int div;
    unsigned int tcclks;
    /* 允许 TC0 外围时钟 */
    AT91C_BASE_PMC - >PMC_PCER = 1 << AT91C_ID_TC0;
    /* 配置 TC0,4Hz,RC 比较触发 */
    TC_FindMckDivisor(4, BOARD_MCK, &div, &tcclks);
    TC_Configure(AT91C_BASE_TC0, tcclks | AT91C_TC_CPCTRG);
    AT91C_BASE_TC0 - >TC_RC = (BOARD_MCK / div) / 4;
    /* 配置并允许 RC 比较中断 */
    IRQ_ConfigureIT(AT91C_ID_TC0, 3, TC0_IRQHandler);
    AT91C_BASE_TC0 - >TC_IER = AT91C_TC_CPCS;
    IRQ_EnableIT(AT91C_ID_TC0);

    TC_Start(AT91C_BASE_TC0);
}
/******************************************************************
 * @brief 所有媒体类型的中断处理函数
 * @param    无
 * @return   无
 ******************************************************************/
```

```
void ISR_Media(void)
{
    MED_HandleAll(medias, numMedias);
}
/* ********************************************************************
 * @brief SD 卡连接/失去连接控制，初始化并连接 SD 媒体到相应的 LUN 实例或取消连接
 * @param inserted SD 卡插入/弹出
 * @return 无
 ******************************************************************** */
static unsigned char SDConnectionUpdate(unsigned char inserted)
{
    unsigned char rc;
    if (inserted) {
        /* 快速,非块访问 SD 卡 */
        rc = MEDSdusb_Initialize(&(medias[DRV_SDMMC]), 0);
        if(rc) {
            LUN_Init(&(luns[DRV_SDMMC]), &(medias[DRV_SDMMC]),
                    msdBuffer, MSD_BUFFER_SIZE,
                    0, 0, 0, 0,
                    MSDCallbacks_Data);
            return 1;
        }
    }
    else {
        LUN_Eject(&luns[DRV_SDMMC]);
    }
    return 0;
}
/* ********************************************************************
 * @brief 初始化 Nand Flash 及相应的 LUN 媒体实例
 * @param    无
 * @return   无
 ******************************************************************** */
static void NandFlashInitialize(void)
{
    /* 配置 SMC */
    NandFlash_Configure(nfBusWidth);
    /* 配置 Nand Flash 相关 PIO 引脚 */
    PIO_Configure(pPinsNf, PIO_LISTSIZE(pPinsNf));
```

```
memset(&skipBlockNf, 0, sizeof(skipBlockNf));

if (SkipBlockNandFlash_Initialize(&skipBlockNf,
                                  0,
                                  cmdBytesAddr,
                                  addrBytesAddr,
                                  dataBytesAddr,
                                  nfCePin,
                                  nfRbPin)) {

TRACE_ERROR("\tNandFlash not found! \n\r");
return 0;
}
/* 检测 Nand Flash 数据总线宽度 */
nfBusWidth = NandFlashModel_GetDataBusWidth((struct NandFlashModel *)&skipBlockNf);
/* 重新配置总线宽度 */
BOARD_ConfigureNandFlash(nfBusWidth);

TRACE_INFO("\tNandflash driver initialized\n\r");
/* 获取设备参数 */
memSize = NandFlashModel_GetDeviceSizeInBytes(&skipBlockNf.ecc.raw.model);
blockSize = NandFlashModel_GetBlockSizeInBytes(&skipBlockNf.ecc.raw.model);
numBlocks = NandFlashModel_GetDeviceSizeInBlocks(&skipBlockNf.ecc.raw.model);
pageSize = NandFlashModel_GetPageDataSize(&skipBlockNf.ecc.raw.model);
numPagesPerBlock = NandFlashModel_GetBlockSizeInPages(&skipBlockNf.ecc.raw.model);
BlockSizeInPage = NandFlashModel_GetBlockSizeInPages(&skipBlockNf.ecc.raw.model);
numPages = NandFlashModel_GetDeviceSizeInPages(&skipBlockNf.ecc.raw.model);

TRACE_INFO("Size of the whole device in bytes : 0x%x \n\r",memSize);
TRACE_INFO("Size in bytes of one single block of a device : 0x%x \n\r",blockSize);
TRACE_INFO("Number of blocks in the entire device : 0x%x \n\r",numBlocks);
TRACE_INFO("Size of the data area of a page in bytes : 0x%x \n\r",pageSize);
TRACE_INFO("Number of pages in the entire device : 0x%x \n\r",numPagesPerBlock);
TRACE_INFO("Bus width : 0x%x \n\r",nfBusWidth);
TRACE_INFO("Number of pages in one block : 0x%x \n\r", BlockSizeInPage);
TRACE_INFO("Number of pages in nandflash : 0x%x \n\r", numPages);
printf("!! Erase the NF Disk? (y/n):");
updateDelay = INPUT_DELAY;
updateView = 0;
while(1) {
    if(DBGU_IsRxReady()) {
        char key = DBGU_GetChar();
```

```
                    DBGU_PutChar(key);
                    if (key == 'y') {
                    unsigned int block;
                    for (block = 0;
                    block < numBlocks;
                    block++) {
            SkipBlockNandFlash_EraseBlock(&skipBlockNf, block, NORMAL_ERASE);
                        printf(" Erase % d block... \n\r", block);
                    }
                    printf("OK");
                    }
                    printf("\n\r");
                    break;
            }
            if (updateView) {
            printf("No\n\r");
            break;
            }
        }
    /* Media 初始化 */
    MEDNandFlash_Initialize (&medias[DRV_NAND],
                            pageSize,
                            numPages);
    /* 初始化 LUN */
    LUN_Init (&(luns[DRV_NAND]), &(medias[DRV_NAND]),
            msdBuffer, MSD_BUFFER_SIZE,
            0, 0, 0, 0,
            MSDCallbacks_Data);

    numMedias++;
}
/* ***********************************************************************
* @brief 初始化并配置 PSRAM
* @param    无
* @return   无
***********************************************************************/
void BOARD_ConfigurePsram(void)
{
    const Pin pinPsram[] = {BOARD_PSRAM_PINS};
    unsigned int tmp;
```

```
/* 打开 EBI 时钟 */
AT91C_BASE_PMC->PMC_PCER = (1<< AT91C_ID_HSMC4);
/* 配置 PSARM 相关 PIO 引脚 */
PIO_Configure(pinPsram, PIO_LISTSIZE(pinPsram));
/* 配置安装 PSRAM(HSMC4_EBI.CS0, 0x60000000 ~ 0x60FFFFFF) */
AT91C_BASE_HSMC 4_CS0->HSMC4_SETUP = 0
                | ((1 << 0) & AT91C_HSMC4_NWE_SETUP)
                | ((1 << 8) & AT91C_HSMC4_NCS_WR_SETUP)
                | ((1 << 16) & AT91C_HSMC4_NRD_SETUP)
                | ((1 << 24) & AT91C_HSMC4_NCS_RD_SETUP)
                ;
AT91C_BASE_HSMC 4_CS0->HSMC4_PULSE = 0
                | ((5 << 0) & AT91C_HSMC4_NWE_PULSE)
                | ((5 << 8) & AT91C_HSMC4_NCS_WR_PULSE)
                | ((5 << 16) & AT91C_HSMC4_NRD_PULSE)
                | ((5 << 24) & AT91C_HSMC4_NCS_RD_PULSE)
                ;
AT91C_BASE_HSMC 4_CS0->HSMC4_CYCLE = 0
                | ((6 << 0) & AT91C_HSMC4_NWE_CYCLE)
                | ((6 << 16) & AT91C_HSMC4_NRD_CYCLE)
                ;
tmp = AT91C_BASE_HSMC4_CS0->HSMC4_TIMINGS
    & (AT91C_HSMC4_OCMSEN | AT91C_HSMC4_RBNSEL | AT91C_HSMC4_NFSEL);
AT91C_BASE_HSMC 4_CS0->HSMC4_TIMINGS = tmp
                | ((0 << 0) & AT91C_HSMC4_TCLR) /* CLE to REN */
                | ((0 << 4) & AT91C_HSMC4_TADL) /* ALE to Data */
                | ((0 << 8) & AT91C_HSMC4_TAR) /* ALE to REN */
                | ((0 << 16) & AT91C_HSMC4_TRR) /* Ready to REN */
                | ((0 << 24) & AT91C_HSMC4_TWB) /* WEN to REN */
                ;
tmp = AT91C_BASE_HSMC4_CS0->HSMC4_MODE & ~(AT91C_HSMC4_DBW);
AT91C_BASE_HSMC 4_CS0->HSMC4_MODE = tmp
                | (AT91C_HSMC4_READ_MODE)
                | (AT91C_HSMC4_WRITE_MODE)
                | (AT91C_HSMC4_DBW_WIDTH_SIXTEEN_BITS)
                ;
}
/*******************************************************************
 * @brief 媒体存储空间初始化
```

```
 * @param    无
 * @return   无
 ***********************************************************************/
static void MemoryInitialization(void)
{
    unsigned int i;
    for (i = 0; i < MAX_LUNS; i ++)
    LUN_Init(&luns[i], 0, 0, 0, 0, 0, 0, 0, 0);
    /* 配置 PSRAM */
    BOARD_ConfigurePsram();
    /* 初始化媒体实例和相应的物理媒体 */
    if (1 != MEDRamDisk_Initialize (&(medias[DRV_RAMDISK]),
                             BLOCK_SIZE,
                             (AT91C_EBI_PSRAM + CODE_SIZE) / BLOCK_SIZE,
                             2 * RAMDISK_SIZE / BLOCK_SIZE)) {
        TRACE_ERROR("FAIL! \n\r");
        return;
    }
    /* 1024K DISK */
    LUN_Init(&(luns[DRV_RAMDISK]), &(medias[DRV_RAMDISK]), msdBuffer,
        MSD_BUFFER_SIZE, 0, 0, 0, 0 , MSDCallbacks_Data);

    numMedias = 2;
}
/* ********************************************************************
 * @brief CPU 进入低电源模式
 * @param    无
 * @return   无
 ***********************************************************************/
static void LowPowerMode(void)
{

}
/* ********************************************************************
 * @brief CPU 返回正常模式
 * @param    无
 * @return   无
 ***********************************************************************/
static void NormalPowerMode(void)
{

}
```

```
/**********************************************************
 * @brief 切换主时钟到最高主频
 * @param    无
 * @return   无
 **********************************************************/
void SetupClock(void)
{
    /* 切换到 Main 时钟 */
    AT91C_BASE_PMC->PMC_MCKR = (AT91C_BASE_PMC->PMC_MCKR & ~AT91C_PMC_CSS) | AT91C_PMC_
    CSS_MAIN_CLK;
    while ((AT91C_BASE_PMC->PMC_SR & AT91C_PMC_MCKRDY) == 0);
    /* 配置 PLL 时钟为 95.428MHz */
    *AT91C_CKGR_PLLR = ((1 << 29) | (166 << AT91C_CKGR_MUL_SHIFT) \
    | (0x0 << AT91C_CKGR_OUT_SHIFT) |(0x3f << AT91C_CKGR_PLLCOUNT_SHIFT) \
    | (21 << AT91C_CKGR_DIV_SHIFT));
    while ((AT91C_BASE_PMC->PMC_SR & AT91C_PMC_LOCK) == 0);
    /* 通过两次操作配置主时钟 */
    AT91C_BASE_PMC->PMC_MCKR = (( AT91C_PMC_PRES_CLK | AT91C_PMC_CSS_PLLA_CLK) & ~AT91C_PMC
    _CSS) | AT91C_PMC_CSS_MAIN_CLK;
    while ((AT91C_BASE_PMC->PMC_SR & AT91C_PMC_MCKRDY) == 0);
    AT91C_BASE_PMC->PMC_MCKR = ( AT91C_PMC_PRES_CLK | AT91C_PMC_CSS_PLLA_CLK);
    while ((AT91C_BASE_PMC->PMC_SR & AT91C_PMC_MCKRDY) == 0);
    /* 重新配置 DBGU */
    DBGU_Configure(DBGU_STANDARD, 115200, NEW_MCK);
}
/**********************************************************
 * @brief main 函数
 * @param    无
 * @return   无
 **********************************************************/
int main(void)
{
    unsigned char sdConnected = 0;
    unsigned char sdInitErrorCnt = 0, sdInitExecDelay = 0;

    SystemInit();
    /* 允许 DBGU 外围时钟 */
    PMC_EnablePeripheral(BOARD_DBGU_ID);
    TRACE_CONFIGURE(DBGU_STANDARD, 115200, SystemFrequency);
    /* 切换时钟频率到 95.428 MHz */
```

```
SetupClock();
printf("-- USB Device Mass Storage Project %s --\n\r", SOFTPACK_VERSION);
printf("-- %s\n\r", BOARD_NAME);
printf("-- Compiled: %s %s --\n\r", __DATE__, __TIME__);
/* 配置 VBus 和 Wake-up 相关 PIO 引脚 */
PIO_InitializeInterrupts(0);

WAKEUP_CONFIGURE();
/* 配置并启动 TC0,用于计时状态更新 */
ConfigureTc0();

MemoryInitialization();

ASSERT(numMedias > 0, "Error: No media defined.\n\r");
TRACE_INFO("%u medias defined\n\r", numMedias);
/* BOT 驱动初始化 */
MSDDriver_Initialize(luns, numMedias);
/* 当 VBus 引脚电平有效,则进行连接 */
VBUS_CONFIGURE();

while (USBD_GetState() < USBD_STATE_CONFIGURED);

updateDelay = UPDATE_DELAY;
updateView = 0;
while (1) {
    /* SD 卡弹出 */
    /* 检测到 SD 卡处于连接状态 */
    if (MEDSdcard_Detect(&medias[DRV_SDMMC], 0)) {
        /* 且先前状态为非连接 */
        if (sdConnected == 0) {
            /* 重试几次 */
            if (sdInitExecDelay == 0) {
                sdInitExecDelay = sdInitErrorCnt + 1;
            }
        }
    }
    /* 检测到 SD 卡处于非连接状态,且先前状态为连接 */
    else if (sdConnected) {
        sdConnected = 0;
        sdInitErrorCnt = 0;
        SDConnectionUpdate(0);
        printf("\n\r** SD removed! \n\r");
    }
    /* Mass storage 状态机 */
    if (USBD_GetState() < USBD_STATE_CONFIGURED)
    {
```

```
      }
   else
   {
   MSDDriver_StateMachine();
   }
   if(USBState == STATE_SUSPEND ) {
      TRACE_DEBUG("suspend ! \n\r");
      LowPowerMode();
      USBState = STATE_IDLE;
   }
   if(USBState == STATE_RESUME ) {
      /* 返回正常模式 */
      TRACE_DEBUG("resume ! \n\r");
      NormalPowerMode();
      USBState = STATE_IDLE;
   }
   /* 更新状态视图 */
   if(updateView) {

      updateView = 0;
      msdReadTotal = 0;
      msdWriteTotal = 0;
      msdNullCnt = 0;
      msdFullCnt = 0;
      /* 先前 SD 卡处于非连接状态,现在已连接 */
      if (sdInitExecDelay) {
   /* 且SD卡初始化错误次数为 0,sdInitErrorCnt = 0,即 sdInitExecDelay = 1 */
         if (0 == --sdInitExecDelay) {
   /* 初始化 SD 卡,并配置读/写驱动,将具体的 SD 卡物理媒体与 DISK 实例相关联 */
            sdConnected = SDConnectionUpdate(1);
            /* SD 卡初始化失败 */
            if (!sdConnected) {
            /* 重试 3 次以上,SD 卡仍然初始化失败 */
            if (SD_INIT_RETRY <= sdInitErrorCnt++ ) {
               printf("\n\r* * SD inserted but init fail! \n\r");
               sdConnected = 1;
            }
         }
      }
   }
}
}
}
}
```

（2）at91sam3u4_it. c

```
/***************************************************************
 * 文件名：at91sam3u4_it.c
 * 作者：Wuhan R&D Center, Embest
 * 描述：Exception Handlers
 ***************************************************************/
/***************************************************************
 *      Headers
 ***************************************************************/
#include "board.h"
#include "at91sam3u4_it.h"
#include "pio_it.h"
#include "mci_hs.h"
#include "main.h"
/***************************************************************
 *      Local definitions
 ***************************************************************/
/***************************************************************
 *      Types
 ***************************************************************/
extern unsigned int updateDelay;
extern unsigned char updateView;

/* MCI 驱动实例 */
extern Mci mciDrv[NUM_SD_SLOTS];

extern void WakeUpHandler(const Pin * pin);
extern void ISR_Vbus(const Pin * pPin);
extern void UDPD_IrqHandler(void);
extern void MCI_Handler(Mci * pMci);
/***************************************************************
 *      Exception Handlers
 ***************************************************************/
/***************************************************************
 * @brief PIOA 中断处理函数
 * @param    无
 * @return   无
 ***************************************************************/
void PIOA_IRQHandler(void)
{
```

```
    /* Treat PIOA 中断 */
    PioInterruptHandler(AT91C_ID_PIOA, AT91C_BASE_PIOA);

    unsigned int ISR_status = 0;
    unsigned int ELSR_status = 0;
    unsigned int FRLHSR_status = 0;

    ISR_status   = *AT91C_PIOA_ISR;
    ELSR_status  = *AT91C_PIOA_ELSR;
    FRLHSR_status = *AT91C_PIOA_FRLHSR;

    if ((ISR_status & (1 << 18)) && !(ELSR_status & (1 << 18)) && !(FRLHSR_status & (1 <<
    18)))
    {
        /* 远端唤醒中断 */
        WakeUpHandler(&pinWakeUp);
    }
    else if((ISR_status & (1 << 0)) && !(ELSR_status & (1 << 0)) && !(FRLHSR_status & (1 <
    < 0)))
    {
        /* VBus 引脚电平有效中断 */
        ISR_Vbus(&pinVbus);
    }
}
/* ****************************************************************
* @brief HSMCI 中断处理函数
* @param    无
* @return   无
**************************************************************** */
void HSMCI_IRQHandler(void)
{
    /* 处理 mciDrv 对应的驱动器实例悬起事件 */
    MCI_Handler(mciDrv);
}
/* ****************************************************************
* @brief TC0 中断处理函数
* @param    无
* @return   无
**************************************************************** */
void TC0_IRQHandler(void)
{
```

```
    volatile unsigned int dummy;
    /* 清除状态位 */
    dummy = AT91C_BASE_TC0 - >TC_SR;
    /* 每隔 UPDATE_DELAY 更新一次视图 */
    if ( -- updateDelay == 0) {

    updateDelay = UPDATE_DELAY;

    updateView = 1;

    }

}
/* *****************************************************************
 * @brief USB High Speed Device Port (UDPHS)中断处理函数
 * @param     无
 * @return    无
 ***************************************************************** */
void UDPHS_IRQHandler(void)
{
    /* USB 中断处理函数,管理 USB 设备暂停、恢复及总线复位结束等 */
    UDPD_IrqHandler();

}
```

4. 运行过程

① 使用 Keil uVision 3 通过 ULINK 2 仿真器连接实验板,打开实验例程目录 12.4_UD-PHS_test 目录 project 子目录下的 UDPHS_test. Uv2 例程,编译链接工程。

② 使用 EM-SAM3U 开发板附带的串口线,连接开发板上的 UART 接口(J2)和 PC 机的串口。在 PC 机上运行 Windows 自带的超级终端串口通信程序(波特率 115 200、1 位停止位、无校验位、无硬件流控制);或者使用其它串口通信程序。

③ 将 SD 卡插入开发板 SD/MMC 插口,并且用 USB A-B 接线将开发板 J8 与 PC 机 USB 接口相连。

④ 选择硬件调试模式,打开 MDK 的 Debug 菜单,选择 Start/Stop Debug Session 项或按 Ctrl+F5 键,远程连接目标板并下载调试代码到目标系统中。

⑤ 例程正常运行或复位之后会在超级终端显示相关初始化信息,LED 灯闪烁,即初始化和处理 USB 默认控制端点上的安装请求,直至连接稳定。正常情况下,超级终端上将显示:

```
- USB Device Mass Storage Project 1.6 --
-- AT91EM - AT91SAM3U
-- Compiled: Aug 13 2009 11:00:35 --
-I- Wake - up configuration
-I- LUN init
```

- I - LUN init

- I - LUN init

- I - RAM Disk init

- I - LUN init

- I - LUN: blkSize 1, size 2048

- I - 2 medias defined

- I - MSD init

- I - VBus configuration

- I - conn

Dev Dev Cfg Str0 Str3 Cfg Str0 Str2 Str0 Str2 Dev Cfg Cfg Str0 Str0 Str3 Str3 - W - MSDD_Process-Command: Unknown cmd 0x23

- I - usbd_Halt2

- I - Halt2 - W - MSDD_ProcessCommand: Unknown cmd 0x23

- I - usbd_Halt2

- I - Halt2 - W - MSDD_ProcessCommand: Unknown cmd 0x23

- I - usbd_Halt2

- I - Halt2 - W - MSDD_ProcessCommand: Unknown cmd 0x23

- I - usbd_Halt2

- I - Halt2 - W - MSDD_ProcessCommand: Unknown cmd 0x23

- I - usbd_Halt2

- I - Halt2 - W - MSDD_ProcessCommand: Unknown cmd 0x23

- I - usbd_Halt2

- I - Halt2 - I - SBCLunIsReady: Changing!

- I - SBC_ReadCapacity10: Not Ready!

- I - usbd_Halt2

- I - Halt2 - I - MEDSdusb init

- I - DMAD_Initialize channel 0

- I - Card Type 1, CSD_STRUCTURE 0

- I - SD 4 - BITS BUS

- I - CMD6(1) arg 0x80FFFF01

- I - SD HS Enable

- I - SD/MMC TRANS SPEED 50000 KBit/s

- I - SD/MMC card initialization successful

- I - Card size: 972 MB

- I - LUN init

- I - LUN: blkSize 1, size 1990656

- W - MSDD_PreProcessCommand: Case 5

- W - MSDD_ProcessCommand: Unknown cmd 0x1A

- I - usbd_Halt2

－Ｉ－ Halt2 －Ｗ－ MSDD_PreProcessCommand：Case 5

－Ｉ－ usbd_Halt2

－Ｉ－ Halt2 －Ｉ－ SBCLunIsReady：Changing!

－Ｉ－ SBC_ReadCapacity10：Not Ready!

－Ｉ－ usbd_Halt2

⑥ 连接稳定后，会很快显示 2 个驱动器实例以及磁盘盘符，即可在 PC 机 Windows 操作系统的"我的电脑"中看到 2 个新增加的可移动存储设备（或在"计算机管理"→"设备管理器"中发现新增加的"存储卷"，包括 2 个"通用卷"），第一个是对应的扩展 SRAM 实例，容量为 1 MB，第二个是对应的 SD 卡实例。第一个 SRAM 实例因为易失性，所以每经历一次开发板上电或 USB 拔插过程都必须对其格式化，方可进行读写访问；SD 卡实例，如果初始未被格式化，可对其格式化。但是如果 SD 卡之前已经格式化为 FAT/FAT32，则可直接进行读/写访问，且支持大文件读/写访问。

测试如果现象如上所述，则证明 USB MASS_STORAGE 测试正常。

## 第 13 章

MP3 Player 设计与实现

本章将介绍一个 SAM3U 处理器应用的综合实例,分别描述在无操作系统和有 RTOS 的情况下是如何设计实现 MP3 Player 的。

无操作系统情况下实现 MP3 Playerd 的实例综合运用了前面几个章节的知识,并把很多相关例程结合在一起,包括 UART、SSC、HSMCI、SPI、GPIO、USB、NVIC、DMA、LCD、TSP 等。

基于实时操作系统 CoOS 实现 MP3 Player 的实例将介绍如何将 CoOS 和 UCGUI 移植到 SAM3U 处理器上,以及如何实现多任务操作。

13.1 无 OS 的 MP3 Player 设计与实现

本节将介绍一个利用 SAM3U 处理器实现无操作系统 MP3 Player 的设计实例。此综合应用实例有助于读者了解 TWI、SSC、HSMCI、SD 卡、LCD、TSP、WM8731、MP3 软件解码、FAT32 文件系统等的应用。

该实例实现 MP3 和 WAV 两种音频格式文件的播放。基本设计方案为:MP3 和 WAV文件预先存放在 SD 卡中,EM-SAM3U 开发板上 SSC 接口与 WM8731 相连,读取 SD 卡音频文件送 SSC,通过 SSC 接口发送音频流至 WM8731,实现播放。若是 WAV 文件,则直接从 SD 卡中读出,然后送 SSC 接口播放;若是 MP3 文件,则先解码,然后送 SSC 接口播放。

本章将先介绍 SD 卡、FAT32 文件系统、WM8731 音频编码解码器、MP3 软件解码等关键部分,然后再给出其具体软件设计与实现。

13.1.1 SD 卡结构及读写方法

EM-SAM3U 开发板有一个高速多媒体卡接口 HSMCI(相关内容读者可以参考11.3 节),SAM3U 处理与 SD 卡插槽的连接如图 11 - 34 所示。

SD 卡(Secure Digital Memory Card)是一种为满足安全性、容量、性能和使用环境等各方面的需求而设计的一种新型存储器件。SD 卡允许在两种模式下工作,即 SD 模式和 SPI 模式,本系统采用 SD 模式。SD 卡内部详细结构及引脚说明如图 13 - 1 所示。

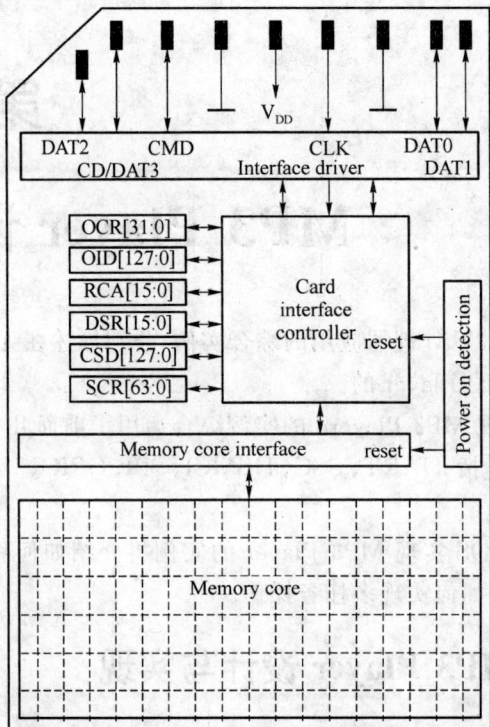

图 13 - 1 SD 卡内部结构及引脚

SD 卡主要引脚和功能如下：

➢ CLK:时钟信号,每个时钟周期传输一个命令或数据位,频率可在 0～25 MHz 之间变化,SD 卡的总线管理器可以不受任何限制地自由产生 0～25 MHz 的频率。

➢ CMD:双向命令和回复线,命令是一次主机到卡操作的开始,命令可以是从主机到单卡寻址,也可以是到所有卡;回复是对之前命令的回答,回复可以来自单卡或所有卡。

➢ DAT0～DATA3:数据线,数据可以从卡传向主机也可以从主机传向卡。

SD 卡以命令形式来控制 SD 卡的读/写操作,可根据命令对多块或单块进行读/写操作。SD 命令及相关参数请查阅 SD 卡规范。

以下是读/写 SD 卡的相关函数。

1. 读取 SD 卡函数

MEDSdcard_Read()函数如下：

```
/******************************************************************************
 * @brief 从 SD 卡存储介质读取数据
 * @param media        指向媒体实例的指针
```

```
* @param address      数据读入源地址
* @param data         读入数据存放首地址
* @param length       数据量大小,单位 byte
* @param callback     回调函数,当读操作结束时调用
* @param argument     回调函数的可选参数
* @return             操作结果码
********************************************************************/
static unsigned char MEDSdcard_Read(Media        * media,
                                    unsigned int address,
                                    void         * data,
                                    unsigned int length,
                                    MediaCallback callback,
                                    void         * argument)
{
    unsigned char error;
    /* 检测 SD 卡是否空闲 */
    if (media->state != MED_STATE_READY) {
        TRACE_INFO("Media busy\n\r");
        return MED_STATUS_BUSY;
    }
    /* 检测要读取的数据量大小是否超过 SD 卡容量 */
    if ((length + address) > media->size) {

        TRACE_WARNING("MEDSdcard_Read: Data too big: %d, %d\n\r",length, address);
        return MED_STATUS_ERROR;

    }
    /* 将 SD 卡置为忙状态 */
    media->state = MED_STATE_BUSY;

    error = SD_ReadBlock((SdCard*)media->interface, address, length, data);
    /* 清除忙状态 */
    media->state = MED_STATE_READY;
    /* 如果存在回调函数,则调用回调函数 */
    if (callback != 0) {

    callback(argument, MED_STATUS_SUCCESS, 0, 0);

    }

    return MED_STATUS_SUCCESS;

}
```

MEDSdcard_Read()函数中调用的 SD_ReadBlock()函数如下:

```
/ *********************************************************************
 * @brief 从 SD 卡读取块数据. 缓冲区大小至少 512 字节,此函数检测 SD 卡状态寄存器并且进行卡寻
          址,然后向 SD 卡发送读命令
 * @param pSd 指向 SD 卡驱动器实例的指针
 * @param address 数据读取源块地址
 * @param nbBlocks 读取块数
 * @param pData 目的缓冲地址指针
 * @return 如果写入成功则返回 0,否则返回 SD 卡错误码
 *********************************************************************/
unsigned char SD_ReadBlock(SdCard * pSd,
                unsigned int address,
                unsigned short nbBlocks,
                unsigned char * pData)
{
    unsigned char error = 0;

    SANITY_CHECK(pSd);
    SANITY_CHECK(pData);
    SANITY_CHECK(nbBlocks);

    TRACE_DEBUG("ReadBlk( % d, % d)\n\r", address, nbBlocks);
    if (pSd ->state ! = SD_STATE_READ
       || pSd ->preBlock + 1 ! = address ) {
      /* 将 SD 卡置为传输状态 */
      error = MoveToTransferState(pSd, address, 0, 0, 1);
    }
    if (!error) {
        pSd ->state = SD_STATE_READ;
        /* 连续从 SD 卡读取 nbBlocks 块数据 */
        error = ContinuousRead(pSd,
                        nbBlocks,
                        pData,
                        0, 0);
        if (!error) pSd ->preBlock = address + (nbBlocks - 1);
    }

    return error;
}
```

2. 写 SD 卡函数

➤ MEDSdcard_Write()函数

```
/* ***************************************************************
 * @brief              向 SD 卡存储介质写入数据
 * @param media        指向媒体实例的指针
 * @param address      数据写入目的地址
 * @param data         待写入数据块的首地址
 * @param length       数据量大小,以块为单位
 * @param callback     回调函数,当写操作终止时调用
 * @param argument     回调函数的可选参数
 * @return             操作结果码
 * ***************************************************************/
static unsigned char MEDSdcard_Write(Media      * media,
                            unsigned int address,
                            void        * data,
                            unsigned int length,
                            MediaCallback callback,
                            void        * argument)
{
    unsigned char error;
    /* 检测 SD 卡是否空闲 */
    if (media->state != MED_STATE_READY) {

        TRACE_WARNING("MEDSdcard_Write: Media is busy\n\r");
        return MED_STATUS_BUSY;
    }
    /* 检测要写入的数据量大小是否超过 SD 卡容量 */
    if ((length + address) > media->size) {

        TRACE_WARNING("MEDSdcard_Write: Data too big\n\r");
        return MED_STATUS_ERROR;
    }
    /* 将 SD 卡置为忙状态 */
    media->state = MED_STATE_BUSY;

    error = SD_WriteBlock((SdCard *)media->interface, address, length, data);
    /* 清除忙状态 */
    media->state = MED_STATE_READY;
    /* 如果存在回调函数,则调用回调函数 */
    if (callback != 0) {

        callback(argument, MED_STATUS_SUCCESS, 0, 0);
    }
```

```
    return MED_STATUS_SUCCESS;
}
```

MEDSdcard_Write()函数中调用的 SD_WriteBlock()函数如下：

```
/ ****************************************************************
 * @brief 向 SD 卡写入块数据. 缓冲区大小至少 512 字节,此函数检测 SD 卡状态寄存器并且进行卡寻
         址,然后向 SD 卡发送写命令
 * @param pSd            指向 SD 卡驱动器实例的指针
 * @param address        数据写入目的块地址
 * @param nbBlocks       写入块数
 * @param pData          待写入数据的源地址指针
 * @return               如果写入成功,则返回 0,否则返回 SD 卡错误码
 ****************************************************************/
unsigned char SD_WriteBlock(SdCard * pSd,
                    unsigned int address,
                    unsigned short nbBlocks,
                    const unsigned char * pData)
{
    unsigned char error = 0;

    SANITY_CHECK(pSd);
    SANITY_CHECK(pData);
    SANITY_CHECK(nbBlocks);

    TRACE_DEBUG("WriteBlk( % d, % d)\n\r", address, nbBlocks);

    if (pSd - >state ! = SD_STATE_WRITE
       || pSd - >preBlock + 1 ! = address ) {
       / * 将 SD 卡设为传输状态 * /
       error = MoveToTransferState(pSd, address, 0, 0, 0);
    }
    if (!error) {
       pSd - >state = SD_STATE_WRITE;
       / * 连续向 SD 卡写入 nbBlocks 块数据 * /
       error = ContinuousWrite(pSd,
                        nbBlocks,
                        pData,
                        0, 0);
       if (!error) pSd - >preBlock = address + (nbBlocks - 1);
    }
    return error;
}
```

13.1.2 FAT32 文件系统

在无操作系统 MP3 Player 设计实例中,SD 卡采用 FAT 32 文件格式,按照其不同的特点和作用大致可分为 5 个部分:MBR 区、DBR 区、FAT 区、FDT 区和 DATA 区。因为 SD 卡一般不做引导盘,也不分区,所以通常无 MBR 区,直接从 DBR 区开始。其余 4 个分区分别介绍如下。

1. DBR 区

DBR 区(DOS BOOT RECORD)即操作系统引导记录区。它包括 1 个引导程序和 1 个被称为 BPB(Bios Parameter Block)的本分区参数记录表。引导程序的主要任务是当 MBR 将系统控制权交给它时,判断本分区根目录是否有操作系统引导文件,如果有则将其读入内存,并把控制权交给该文件。FAT32 分区上 DBR 中各部分的位置划分如表 13-1 所列。

表 13-1　FAT32 分区上 DBR 中各部分的位置划分

字节位移	字段长度	字段名
0x00	3 个字节	跳转指令
0x03	8 个字节	厂商标志和 OS 版本号
0x0B	53 个字节	BPB
0x40	26 个字节	扩展 BPB
0x5A	420 个字节	引导程序代码
0x01FE	2 个字节	有效结束标志

MBR 将 CPU 执行转移给引导扇区,因此引导扇区的前 3 个字节必须是合法的可执行的基于 x86 的 CPU 指令。这通常是一条跳转指令,该指令负责跳过接下来的几个不可执行的字节(BPB 和扩展 BPB),跳到操作系统引导程序代码部分。

跳转指令之后是 8 字节长的 OEM ID,它是一个字符串,OEM ID 标识了格式化该分区的操作系统的名称和版本号。

BPB 参数块记录着本分区的起始扇区、结束扇区、文件存储格式、根目录大小、FAT 个数、分配单元大小等重要参数。BPB 含义和扩展 BPB 含义的释义见表 13-2 和表 13-3。

表 13-2　FAT32 分区的 BPB 字段

字节位移	字段长度(字节)	名称及定义
0x08	2	每扇区字节数
0x0D	1	每簇扇区数
0x0E	2	保留扇区数
0x10	1	FAT 的个数,通常为 2

字节位移	字段长度(字节)	名称及定义
0x11	2	根目录项数,只有 FAT12/FAT16 使用此字段,对 FAT32 此字段为 0
0x13	2	小扇区数,只有 FAT12/FAT16 使用此字段,对 FAT32 此字段为 0
0x15	1	分区介质标识,即媒体描述符
0x16	2	每 FAT 扇区数,只被 FAT12/FAT16 使用,对 FAT32 此字段必须为 0
0x18	2	每道扇区数,对 SD 卡无意义
0x1A	2	磁头数,对 SD 卡无意义
0x1C	4	隐藏扇区数(从 MBR 到 DBR 的扇区数)
0x20	4	总扇区数,本字段包含 FAT32 分区中总的扇区数
0x24	4	每 FAT 扇区数,只被 FAT32 使用
0x28	2	扩展标志,只被 FAT32 使用
0x2A	2	文件系统版本,只被 FAT32 使用
0x2C	4	根目录簇号,只供 FAT32 使用
0x30	2	文件系统信息扇区号
0x32	2	备份引导扇区,只供 FAT32 使用
0x34	12	保留,只供 FAT32 使用

表 13－3　FAT32 分区的扩展 BPB 字段

字节位移	字段长度(字节)	字段名和定义
0x40	1	物理驱动器号,与 BIOS 物理驱动器号有关
0x41	1	保留,FAT32 总是将本字段的值设为 0
0x42	1	扩展引导标签
0x43	4	分区序号,格式化磁盘时产生的随机序号,用于区分磁盘
0x47	11	卷标
0x52	8	系统 ID,FAT32 文件系统一般取为"FAT32"

　　DBR 的偏移 0x5A 开始的数据为操作系统引导代码。这是由偏移 0x00 开始的跳转指令所指向的。

　　DBR 扇区的最后 2 个字节一般存储值为 0x55AA,作为有效结束标志。对于其它的取值,系统不会执行 DBR 相关指令。

　　本系统所采用的 DBR 结构的具体实现,详见本小节例程中相应的工程文件。

2. FAT 区

该区为文件分配表,在 FAT 文件系统中,文件的存储依照 FAT 表制定的簇链式数据结构来进行,空间分配的最基本单位是簇。同时,FAT 文件系统将组织数据时使用的目录也抽象为文件,以简化对数据的管理。

文件分配表可以反映 SD 卡所有簇的使用情况,通过查文件分配表可以得知任意一簇的使用情况。对于 FAT32 来说,FAT 表项占用四个字节,即 32 位(若是 FAT16,则只有 16 位)。FAT 表的第一项通常为 0xFFFFFFF8。对于其它项,若其值为 0x00000000,则表示该簇未分配,可用;0xFFFFFFF7 表示为坏簇;0xFFFFFFF8～0xFFFFFFFF 之间表示该簇为某文件或目录的最后一个簇,0xFFFFFFF0～0xFFFFFFF6 之间为保留值;其余值 0x00000002～0xFFFFFFEF 则指示下一个簇的簇号。注意:FAT32 对簇的编号依然同 FAT16。顺序上第 1 个簇仍然编号为第 2 簇。

3. FDT 区

该区的内容为文件目录表,FAT 文件系统的一个重要思想是把目录(文件夹)当作一个特殊的文件来处理。FAT32 甚至将根目录当作文件处理。FAT 分区中的所有目录文件实际上可以看作是一个存放其它文件(文件夹)入口参数的数据表。因此,目录占用空间的大小并不等同于其下所有数据的大小,但也不等于 0,通常是占用很小的空间。其具体的存储原理:不管目录文件所占空间为多少簇,一簇为多少扇区、多少字节,系统都会以 32 个字节为单位,进行目录文件所占簇的分配。

FAT32 短文件目录项 32 个字节的定义详见表 13 - 4。

表 13 - 4 FAT32 短文件目录项 32 个字节的定义

字节偏移	字节数	定 义	
0x0～0x7	8	文件名	
0x8～0xA	3	扩展名	
0xB *	1	属性字节	00000000(读写)
			00000001(只读)
			00000010(隐藏)
			00000100(系统)
			00001000(卷标)
			00010000(子目录)
			00100000(归档)
0xC	1	系统保留	
0xD	1	创建时间的 10 ms 位	

字节偏移	字节数	定　义
0xE～0xF	2	文件创建时间
0x10～0x11	2	文件创建日期
0x12～0x13	2	文件最后访问日期
0x14～0x15	2	文件起始簇号的高 16 位
0x16～0x17	2	文件的最近修改时间
0x18～0x19	2	文件的最近修改日期
0x1A～0x1B	2	文件起始簇号的低 16 位
0x1C～0x1E	4	表示文件的长度

注：* 此字段在短文件目录项中不可取值为 0FH，如果设值为 0FH，目录段为长文件名目录段。

表 13 - 4 中各个字段的意义，通过查看表中的定义就可以一目了然，在此不再一一解释。

FAT32 的一个重要的特点是完全支持长文件名。长文件名依然是记录在目录项中。当文件名超过 8 个字节，扩展名超过 3 个字节时，就以长文件名的形式存储，长文件名中的字符采用 UNICODE 形式编码，每字符占据 2 字节的空间，其目录项中偏移为 0xB 的属性字节为 0FH，见表 13 - 5。在存储时将长文件名以 13 个字符为单位进行切割，每一组占据一个目录项，所以可能一个文件需要多个目录项，这时长文件名的各个目录项按倒序排列在目录表中，以防与其它文件名混淆。

表 13 - 5　FAT32 长文件目录项 32 个字节的表示定义

字节偏移	字节数	定　义		
0x0	1	属性字节位意义	7	保留未用
			6	1 表示长文件最后一个目录项
			5	保留未用
			4	顺序号数值
			3	
			2	
			1	
			0	
0x1～0xA	10	文件名 UNICODE 码		
0xB	1	长文件名目录项标志，取值 0FH		
0xC	1	系统保留		
0xD	1	校验值（根据短文件名计算得出）		
0xE～0x19	12	长文件名 UNICODE 码		
0x1A～0x1B	2	文件起始簇号（目前常量 0）		
0x1C～0x1F	4	长文件名 UNICODE 码		

本系统对目录项的具体实现所采用的存储结构,请详见本小节例程中相应的工程文件。

4. DATA 区

该数据区存放文件的内容,SD 卡所占用的空间绝大部分为此部分。如果文件长度大于一个簇的大小,则需要多个簇存放该文件,这些簇通过 FAT 链表串连起来。

13.1.3 WM8731 音频编解码器

WM8731 是一款带有集成耳机驱动器的极低功耗的立体声 Codec 芯片,专为便携数字音频应用而设计。该器件可以提供 CD 音质的音频录音和回放,集成了耳机放大功能,内建了 24 bit 多位(multi-bit)sigma 三角模/数转换和数/模转换,ADC 和 DAC 都使用了超采样数字插值技术,所支持的数字音频的位数可以是 16～32 位,采样率从 8 kHz 到 96 kHz。立体声音频输出带有数据缓存和数字音量调节。该芯片的内部结构如图 13-2 所示。

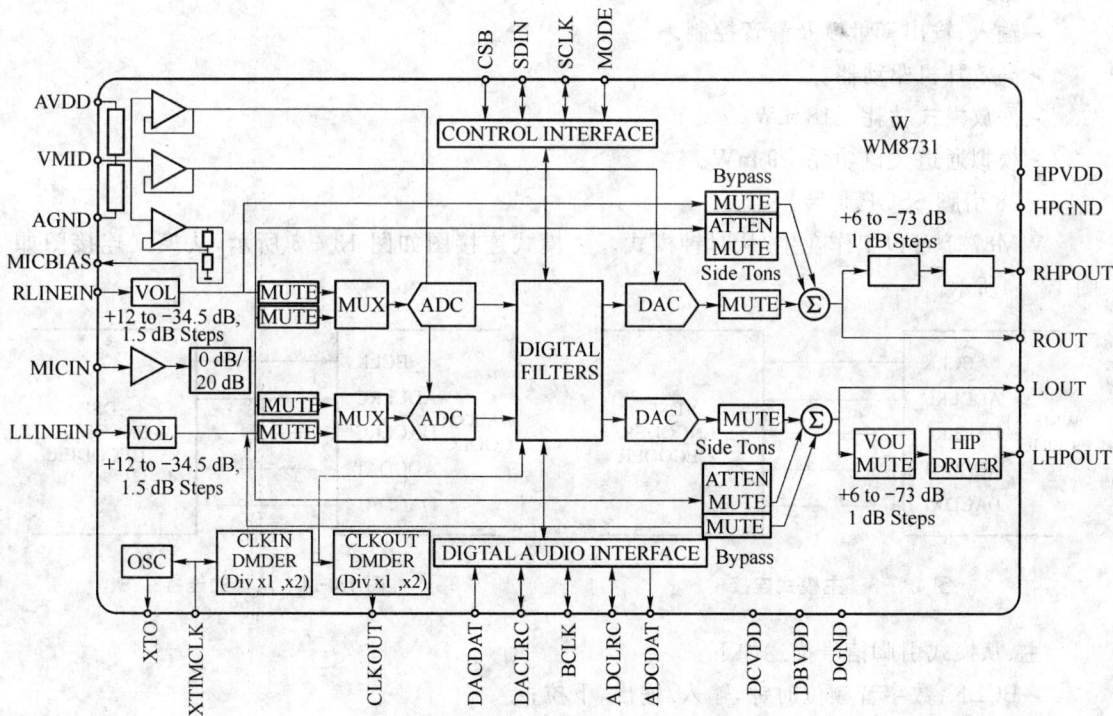

图 13 - 2 音频解码器 WM8731

其主要特性如下:

➤ 音频性能:

— ADC 信噪比 97 dB('A' weighted @48 kHz);

— DAC 信噪比 100 dB($'$A$'$ weighted @48 kHz)；

— 数字电源供电 1.42～3.6V；

— 模拟电源供电 2.7～3.6V。

➢ ADC 和 DAC 的采样频率：8～96 kHz。

➢ 可选择的 ADC 高通滤波器。

➢ 2 或 3 线 MPU 串行控制接口。

➢ 可编程音频数据接口模式：

— I^{2}S,左、右对齐或 DSP；

— 16/20/24/32 位字长；

— 主或从时钟模式。

➢ 立体声音频输入和输出。

➢ 麦克风输入。

➢ 输入、输出音量以及静音控制。

➢ 高效耳机驱动器。

➢ 回放模式功耗＜18 mW。

➢ 模拟通道关口功耗＜9 mW。

➢ 28 引脚 SSOP 封装。

WM8731 可以工作在主/从时钟模式。主模式连接图如图 13-3 所示,从模式连接图如图 13-4所示。

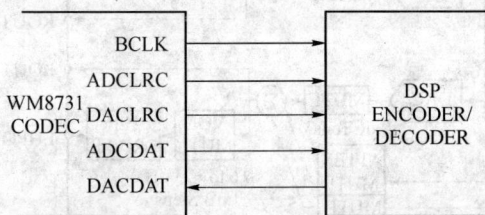

图 13-3 主模式连接   图 13-4 从模式连接

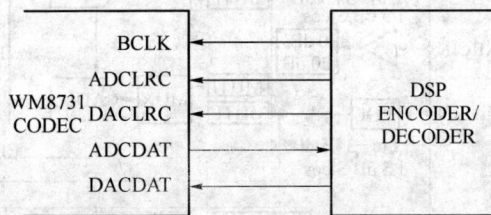

主、从模式引脚信号描述如下：

➢ BCLK:数字音频位时钟,输入/输出,下拉；

➢ ADCLRC:ADC 左右声道采样时钟,输入/输出,下拉；

➢ DACLRC:DAC 左右声道采样时钟,输入/输出,下拉；

➢ ADCDAT:ADC 数字音频数据输出；

➢ DACDAT:DAC 数字音频数据输入。

本系统中,SAM3U 处理器采用 SSC 和 TWI 与 WM8731 相连接,如图 12-43 所示。

TWI0 的 TWD0、TWCK0,SSC 的 TD、TK、TF 分别与 WM8731 芯片的 SDIN、SCLK、DAC-DAT、BCLK、DACLRC 相连接。WM8731 工作在从模式,位时钟由 SSC 的 TK 输出提供。

具体的 TWI、SSC 引脚信号描述,详见 12.2 节和 12.3 节。关于 WM8731 芯片的其它功能描述,读者有兴趣可查阅相关资料及芯片数据手册。

WM8731 芯片只能播放 PCM(Pulse Code Modulation,脉冲编码调制)码流,也就是 wav 格式文件。因此,对于 MP3 格式的文件还需要软件解码变成 PCM 码流后送给 WM8731。

本系统主要利用 SSC 发送中断,将从 SD 卡中读入的文件流,或直接送 WM8731(wav 格式文件),或软件解码后送 WM8731(mp3 格式文件)。波形流通过 WM8731 的 DAC 处理和驱动之后,送至与 WM8731 另一端相连接的耳机,实现播放。

13.1.4 MP3 软件解码

为了使音乐播放流畅,程序中解码速度必须快于播放速度,本系统为了达到这个目的,将所有与 MP3 解码相关的源文件放在一个独立的工程中,通过一系列的优化过程,最后编译链接为一个高效的库文件 MP3_Decoder.lib,用户可在本实例工程子目录中找到该文件以及所有源代码。

本系统中所使用的 MP3 软件解码相关源文件采用的是 madlib 解码库,经过一系列处理和裁剪后实现的。MP3 解码流程如图 13-5 所示。

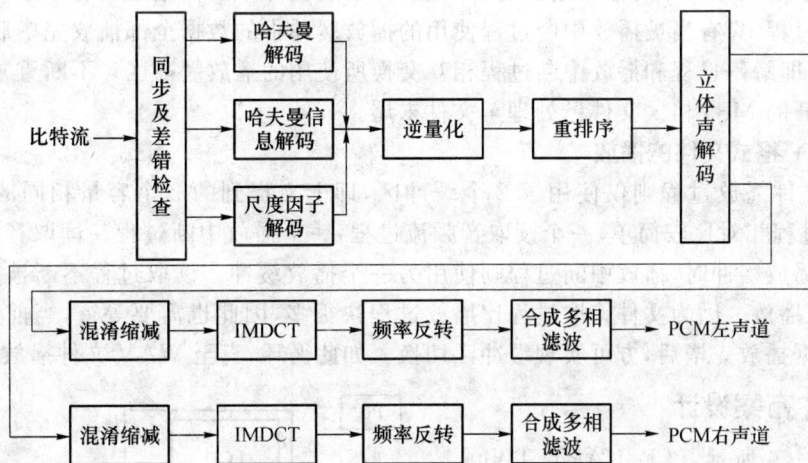

图 13-5 MP3 解码流程图

从 SD 卡中读入 MP3 文件比特流之后,即开始解码。整个解码过程,首先需进行头信息解码和帧边信息解码,即进行同步及差错检查过程。之后根据记录的相关信息进行尺度因子解码、哈夫曼解码。然后再进行逆量化、重排序、立体声解码、混淆缩减、IMDCT、频率反转、合成多相滤波等一系列过程的处理,最后得出左右声道的 PCM 码流。该 PCM 码流,随即送入前面提到的播放缓冲。最后通过播放中断过程,将之送至 WM8731 芯片,实现播放。

具体的解码算法原理,有兴趣的读者可以上网搜索"MPEG1 Layer3 (MP3)解码算法原理详解"(或相关书籍)以及 madlib 解码库的详细说明。

13.1.5 无 OS 的 MP3 设计与实现

1. 具体设计思想

系统从 SD 卡中读取出音频文件之后,若判断该文件为 MP3 格式文件,则必须先进行软件解码,然后送至 WM8731。

(1) MP3 格式文件的播放

MP3 解码过程使用到了 3 个缓冲区,一个输入缓冲 InputBuffer,和两个容量相同的播放缓冲。解码过程在使用其中一个播放缓冲时,中断播放过程使用的是另外一个播放缓冲。解码过程不断的从 SD 卡读音频数据,送输入缓冲进行解码,解码完后送播放缓冲;该过程不断的被播放中断打断,播放中断处理程序从与解码过程所用缓冲区相异的播放缓冲中取 32 位解码后的 PCM 格式(解码后的数据为可以直接播放的 PCM 格式数据)数据送 WM8731 芯片,进行播放。

由于解码速度快于播放速度,因而总会出现这种情况:其中一个播放缓冲已经被解码过程填满,当前需要切换到另外一个播放缓冲,以便继续解码后续数据。而此时被播放中断过程使用的另外一个播放缓冲中的数据还没有被取完,即播放缓冲中的数据还没有播放完。此时,需要停止解码过程,只有当被播放中断过程使用的播放缓冲中的数据全部播放完毕后,方可进行缓冲区切换,即解码过程和播放中断过程相互交换所使用的播放缓冲区。不断重复上述过程,直至当前打开的 MP3 格式文件已处理至文件末尾。

(2) WAV 格式文件的播放

WAV 文件播放过程则仅使用了 2 个缓冲区,即上文提到的 2 个容量相同的播放缓冲。WAV 播放过程相对比较简单,一个读取音频流过程,一个播放中断过程。读取音频流过程使用其中一个播放缓冲时,播放中断过程则使用另一个播放缓冲。读取过程不断被播放中断过程打断,实现播放。因为文件读取过程比播放过程快很多,因此也需要等待,当前使用的播放缓冲中的数据播放完毕后,方可实现缓冲区切换。如此循环,直至 WAV 文件播放结束。

2. 硬件方案设计

如图 13-6 所示,LCD、UART、TWI0、SSC、HSMCI、WM8731 均集成在 EM-SAM3U 开发板上,硬件连接方案如图 13-6 所示。EM-SAM3U 评估板所带的 2.8 英寸 TFT LCD 屏幕,由 HX8347 芯片驱动,该芯片由 SAM3U 处理器的 PIOB[0-31] 控制。HSMCI 与 SAM3U 处理器引脚连

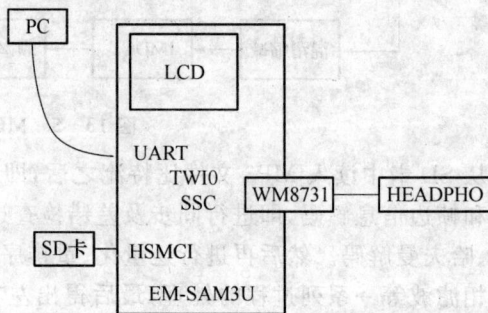

图 13-6　硬件连接方案

接图参见图 11－34，TWI0、SSC 与 WM8731 的芯片引脚连接参见图 12－43。其它外设接口与处理器 SAM3U 的连接，请参考本小节例程包中 EM-SAM3U 开发板相应的电路原理图。

3. 软件程序设计

本系统的软件工作过程为：通过 HSMCI 从 SD 卡中读取 MP3/WAV 文件。若读取的文件为 WAV 格式，则直接通过 SSC 发送至 WM8731，经过 WM8731 进行 DAC 处理和驱动之后输出到与之相连的耳机接口，实现播放；若读取的文件为 MP3 格式，则先进行软件解码，然后通过 SSC 送至 WM8731，其它过程与 WAV 处理过程一样。

SD 卡上的音频文件，通过 UART 接口以列表的方式显示于 PC 超级终端。另外，当前正在播放的音频文件，其文件名、格式，以及其采样频率、总的播放时间也在 PC 超级终端上显示。

在音乐播放的过程中可以通过开发板上的按键 BP2（USR-LEFT）和 BP5（USR-RIGHT）来切换音乐，USR-LEFT→上一首，USR-RIGHT→下一首，切换后会自动播放切换后的音乐。若不按键，则按列表顺序，按序循环播放音乐。本系统还可以通过 LCD 显示简单的使用说明。

程序中，为了提高软件解码速度，将所有解码过程中使用频繁的变量、结构体等放置于内部 SRAM，而将输入缓冲、2 个播放缓冲均放置于外部扩展的 SRAM。因此，本例程需要设置较大的栈空间。

由上所述及图 13－6 可知，程序内容主要包括：

➢ 初始化 UART、TWI、SSC、PIO，配置用户按键，配置 WM8731。
➢ 初始化 SD 卡，配置 LCD 控制器。
➢ 初始化外部 PSRAM。
➢ 获取音频文件并区分文件格式函数。
➢ MP3 软件解码。
➢ PCM 码流播放。

整个工程主要包含源文件：twi. c、ssc. c、wm8731. c、main. c、at91sam3u4_it. c。其中：twi. c 中主要是 TWI 接口配置及驱动函数；ssc. c 中为同步串行控制器配置函数；at91sam3u4_it. c 中主要是中断处理函数；其它函数均在 main. c 中。

限于篇幅，这里没有给出主要源代码，读者可以在本书的例程包中获取本例程的所有源代码。下面分别介绍其中主要的一些函数。

(1) main. c

该源文件包含以下几个主要函数：

➢ SystemInit()：初始化目标板系统时钟。
➢ BOARD_ConfigureLCD()：初始化 LCD。
➢ BOARD_ConfigurePsram()：初始化外部 PSRAM。
➢ UserButton_Configure()：配置用户按键。

> SetupClock()：切换主时钟频率。
> Sdcard_Init()：初始化 SD 卡。
> DisplayInfo()：显示信息于 LCD 屏。
> WM8731_DAC_Init()：配置 WM8731。
> BOARD_ConfigureSsc()：配置 SSC 同步串行控制器。
> List_RootDir()：显示 SD 卡根目录列表。
> Get_AudioFile()：获取 MP3/WAV 文件名。
> MpegAudioDecoder()：软件解码文件 MP3 并播放。
> PlayWavFile()：文件 WAV 读取并播放。

main()函数流程图如图 13-7 所示。

(2) twi. c

该源文件主要提供 TWI 配置函数,主要包含以下几个函数:

> TWI_ConfigureMaster()：配置 TWI 以给定时钟频率工作在主模式。
> TWID_Initialize()：初始化一个 TWI 驱动程序实例。

前者主要包括:复位 TWI;通过 TWI 相应的控制寄存器,设置 TWI 工作在主模式;初始化时钟波形发生寄存器,为 TWI 配置时钟。

(3) ssc. c

该源文件主要用于初始化并配置 SSC,主要包含以下几个函数:

> SSC_Configure()：配置 SSC 同步串行控制器。
> SSC_ConfigureReceiver()：配置

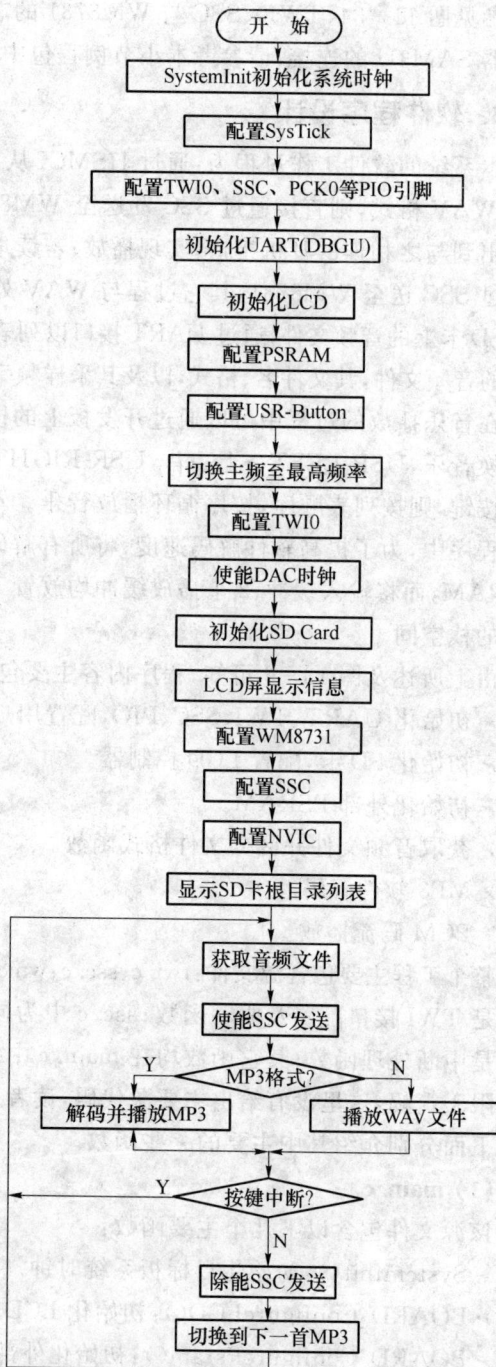

图 13-7   main()函数流程图

SSC 接收器。

➤ SSC_ConfigureTransmitter():配置 SSC 发送器。

➤ SSC_DisableTransmitter():除能 SSC 发送器。

SSC 配置函数,主要包括:允许 SSC 外设时钟;复位、禁止 SSC 接收器、发送器;为 SSC 配置时钟频率。

(4) wm8731.c

该文件主要用于配置 WM8731 芯片,主要函数如下:

➤ WM8731_DAC_Init():配置 WM8731 音频编码解码芯片。

➤ WM8731_Write():向 WM8731 寄存器写入数据。

➤ WM8731_Read():读取 WM8731 寄存器数据。

WM8731 配置过程,主要通过向 WM8731 一系列配置寄存器写入初始值,将其配置为 DAC 模式,为音乐播放数模转换做好准备工作。

(5) at91sam3u4_it.c

该源文件主要包括一些中断处理函数。

➤ SysTick_Handler():系统滴答定时器中断处理函数。

➤ PIOA_IRQHandler():PIOA 中断处理函数,主要是用户按键中断。

➤ HSMCI_IRQHandler():高速多媒体卡接口(HSMCI)中断处理函数。

➤ SSC_IRQHandler():同步串行控制器(SSC)中断处理函数。

HSMCI 中断处理函数,主要用于处理 mciDrv 对应的驱动器实例挂起事件,包括错误检测、命令执行完成查询、传输停止状态查询等。SSC 中断处理函数是整个工程中最关键的部分,它直接影响到音乐的播放,它通过发送 Ready 中断,不断从播放缓冲区取数据发送到 WM8731 芯片,实现播放,并且担任播放缓冲切换、缓冲下标偏移初始化等工作。

4. 运行过程

① 使用 MDK 通过 ULINK 2 仿真器连接实验板,打开实验例程目录 13.1_MP3_NO_OS\Program\MP3_Player\project 下的 NOOS_MP3 Player.UV2 例程,编译链接工程。

② 使用 EM-SAM3U 开发板附带的串口线,连接开发板上的 UART 接口(J2)和 PC 机的串口。在 PC 机上运行 Windows 自带的超级终端串口通信程序(波特率 115 200、1 位停止位、无校验位、无硬件流控制);或者使用其它串口通信程序。

③ 将 MP3、WAV 格式文件拷贝到 SD 卡中,并将 SD 卡插入 EM-SAM3U 开发板 SD/MMC 插口。

④ 选择硬件调试模式,打开 MDK 的 Debug 菜单,选择 Start/Stop Debug Session 项或按 Ctrl+F5 键,远程连接目标板并下载调试代码到目标系统中。

⑤ 按复位后,系统自动播放 SD 卡中的第一首音乐,超级终端显示如下信息:

```
-- Basic MP3 Player Project 1.6RC1 --
-- EM - SAM3U
-- Compiled: Sep 26 2009 11:18:26 --
- I - Init media Sdcard
- I - MEDSdcard init
- I - DMAD_Initialize channel 0
- I - Card Type 1, CSD_STRUCTURE 0
- I - SD 4 - BITS BUS
- I - CMD6(1) arg 0x80FFFF01
- I - SD HS Enable
- I - SD/MMC TRANS SPEED 50000 KBit/s
- I - SD/MMC card initialization successful
- I - Card size: 958 MB
- I - Mount disk 0
48.7 MB        sample.wav
0.9 MB         爱你的～1.MP3
0.5 MB         等你回～1.MP3
0.0 MB         mp3
44.2 MB        沧海一～1.WAV
7.2 MB         罗大佑～1.MP3
6.5 MB         beijing.mp3
Current FileName is: sample.wav
- I - File open!
Begin!
SampleRate: 48.0KHz
```

⑥ 播放完成会显示当前音乐的播放时间。

```
End!
playTime: 4:58
```

⑦ 在音乐播放的过程中可以通过按键来切换音乐,USR-LEFT→上一首,USR-RIGHT→下一首,切换后会自动播放切换后的音乐。如按 USR-RIGHT 按键,则会显示如下信息:

```
下一首!!
Current FileName is: 爱你的～1.MP3
- I - File Open!
Begin.
SampleRate:22.0 KHz
```

⑧ 音乐播放时,能通过连接在 audio out 接口上的耳机接听到音乐声,且可在 LCD 屏上显示使用说明信息。

读者若有兴趣,还可参考 12.4 节将 UDPHS 模块加入该实例,这样可以通过 PC 机来更新 MP3 Player 的歌曲;也可进一步丰富 LCD 屏的 UI 界面,并参考 12.1 节采用触摸屏 TSP 来控制 MP3 Player。

13.2 基于 CoOS 的 MP3 Player 设计与实现

本节主要介绍在 EM-SAM3U 开发板上,基于 CooCox 实时操作系统 CoOS 和 UCGUI 图形界面的 MP3 Player 的设计实现过程,侧重点在于操作系统任务调度和 MP3 Player 界面的显示及应用上。关于 SD 卡的访问、FAT32 文件系统的使用、MP3 解码播放的原理以及硬件连接图请参考 13.1 节。

13.2.1 总体结构

本 MP3 Player 是基于 CooCox 实时操作系统开发的,它能够播放 WAV 文件和 MP3 文件,其中 MP3 文件是通过软件解码之后进行播放的。另外,使用 µCGUI 来设计 MP3 的界面,通过触摸屏来进行相应的控制,这让用户使用更加方便。它主要由以下几个模块组成:SD 卡模块、播放 WAV 文件模块、播放 MP3 文件模块、按键控制模块、触摸屏 TSP 控制模块和 LCD 显示模块。设计中使用多任务来管理各个模块,并利用 CooCox 操作系统的调度机制,协调各个模块的执行。图 13-8 为该 MP3 Player 系统的软件总体结构图。

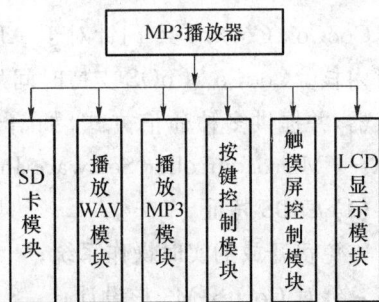

图 13-8 MP3 总体结构图

各个模块的主要功能如下:

SD 卡模块——主要是管理 SD 卡中的音频文件,它读/写 SD 卡里的文件,根据文件的类型(.wav 或 .mp3)分别选择 WAV 模块或 MP3 模块播放对应的音频文件。

播放 WAV 模块——主要是用来播放 SD 卡里的 WAV 文件。

播放 MP3 模块——先对 SD 卡里的 MP3 文件进行解码,然后播放解码后的 PCM 数据。

按键控制模块——使用开发板上的 USR-LEFT 和 USR-RIGHT 按钮在 MP3 的歌曲选择列表中选择歌曲。

触摸屏控制模块——程序中通过触摸屏来对 MP3 播放器进行控制,可以通过触摸屏控制 MP3 播放、暂停、停止、切换到上一首、切换到下一首、打开歌曲选择列表、选择歌曲等。

LCD 显示模块——LCD 显示模块是基于 µCGUI 开发的,主要是用来显示 MP3 播放界面(包括停止、上一首、播放、暂停、下一首、打开等按钮)、歌曲选择界面、播放进度及时间。该图形用户界面的移植比较简单,只需要将开发板 LCD 的驱动程序添加进 μCGUI,再经过一些配置修改就可完成,具体可见下面的 μCGUI 移植过程。LCD 显示模块包括 4 个功能部分,即播放界面的显示、歌曲选择列表的显示、歌曲名的同步显示、播放进度以及播放时间的显示。图 13-9 为 LCD 显示模块结构图。

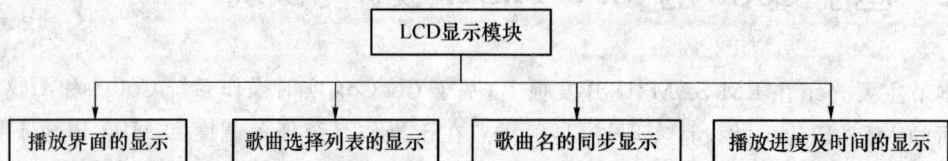

图 13-9　LCD 模块图

13.2.2　相关知识的介绍

1. CooCox CoOS 简介

CooCox CoOS 是专门针对于 ARM Cortex-M3 专门设计和优化的一款可裁剪的多任务实时内核。CooCox CoOS 支持时间片轮询和优先级抢占 2 种不同的任务调度机制,支持软件定时器,并提供多种通信方式,如信号量、邮箱、队列、事件标志、互斥体等。它符合 CMSIS (Cortex Microcontroller Software Interface Standard)。

(1) CoOS 特征

➢ 免费开放的实时操作系统;

➢ 针对 Cortex-M3 核设计;

➢ 符合 CMSIS;

➢ 支持优先级和时间片轮转 2 种调度算法;

➢ 可裁剪;

➢ 中断延迟时间为 0;

➢ 能够防止优先级反转;

➢ 能进行堆栈溢出检查;

➢ 支持信号量,互斥体,事件标志,邮箱和队列 5 种同步与通信方式;

➢ 支持 ICCARM、ARMCC、GCC 平台。

(2) CoOS 的技术参数

CooCox CoOS 的时间技术参数如表 13-6 所列,空间技术参数如 13-7 所列。

表 13 - 6   时间特性

功 能	时间（无时间片轮转/有时间片轮转）
创建已定义的任务（无任务切换）	5.3 μs/5.8 μs
创建已定义的任务（有任务切换）	7.5 μs/8.6 μs
删除任务（退出任务）	4.8 μs/5.2 μs
任务切换（切换内容）	1.5 μs/1.5 μs
任务切换（在设置事件标志的情况下）	7.5 μs/8.1 μs
任务切换（在发送信号量的情况下）	6.3 μs/7.0 μs
任务切换（在发送邮件的情况下）	6.1 μs/7.1 μs
任务切换（在发送队列的情况下）	7.0 μs/7.6 μs
设置事件标志（无任务切换）	1.3 μs/1.3 μs
发送信号量（无任务切换）	1.6 μs/1.6 μs
发送邮件（无任务切换）	1.5 μs/1.5 μs
发送队列（无任务切换）	1.8 μs/1.8 μs
IRQ 中断服务程序的最大中断延迟时间	0/0

表 13 - 7   空间特性

描 述	空 间
内核占 RAM 空间	168 Bytes
内核占代码空间	<2.2 KB
一个任务占 RAM 空间	TaskStackSize＋24 Bytes(MIN)
	TaskStackSize＋48 Bytes(MAX)
一个邮箱占 RAM 空间	16 Bytes
一个信号量占 RAM 空间	16 Bytes
一个队列占 RAM 空间	32 Bytes
一个互斥体占 RAM 空间	8 Bytes
一个用户定时器占 RAM 空间	24 Bytes

(3) 支持的器件

➢ Atmel SAM3U 系列；

➢ ST STM32 系列；

➢ NXP LPC17xx 系列；

➢ Toshiba TMPM330 系列；

➤ Luminary LM3S 系列。

(4) 源码下载

可以从网站 www.coocox.org 下载 CooCox CoOS 的源代码。该源代码包是完全开放和免费的。

(5) CoOS 的配置

在把 CoOS 下载之后，需要进行相关的配置，需要修改的内容非常简单，主要是修改 Os-Config.h 文件。

```
/* 最多能够运行的任务 */
#define CFG_MAX_USER_TASKS        (10)
/* 空闲任务堆栈大小(字) */
#define CFG_IDLE_STACK_SIZE       (256)
/* 系统时钟频率 */
#define CFG_CPU_FREQ              (95428570)
/* systick 频率(Hz) */
#define CFG_SYSTICK_FREQ          (1000)
```

需要说明一下的就是系统时钟频率，这里使用的不是 SAM3U 开发板默认配置的时钟频率 84 MHz，而是经过修改后的 95 428 570 Hz。

2. μCGUI 简介

μCGUI 是一种用于嵌入式应用的图形支持软件。它被设计用于为任何使用一个图形 LCD 的应用提供一个有效的不依赖于处理器和 LCD 控制器的图形用户接口。它能工作于单任务或多任务的系统环境下。μCGUI 适用于使用任何 LCD 控制和 CPU 的任何尺寸的物理和虚拟显示。

它的设计是模块化的，由在不同的模块中的不同的层组成。LCD 驱动程序层，包含了对 LCD 的全部访问。μCGUI 适用于所有的 CPU，因为它 100% 是由 ANSI 的 C 语言编写的。

μCGUI 很适合大多数的使用黑白和彩色 LCD 的应用程序。它有一个很好的颜色管理器，允许它处理灰阶。μCGUI 也提供一个可扩展的 2D 图形库和一个视窗管理器，在使用一个最小的 RAM 时能支持显示窗口。

下面介绍 μCGUI 的移植。LCD 显示模块是基于 μCGUI 开发的，把 μCGUI 移植到 EM-SAM3U 开发板上比较简单，只需要修改对应的 LCD 的底层驱动，再经过一些配置修改就可完成。在该 GUI 下开发界面程序很方便，可查看 μCGUI 的使用手册。本程序选择移植的 μCGUI 版本为 3.24，具体移植过程如下。

修改 Config 文件夹里的 GUIConf.h 文件如下：

```
#define GUI_OS                  (0)   /* 不支持多任务操作系统 */
#define GUI_SUPPORT_TOUCH       (0)   /* 不支持触摸屏 */
```

```
#define GUI_SUPPORT_UNICODE (0)        /* 不支持 ASCII/UNICODE 混合字符串 */

#define GUI_DEFAULT_FONT               &GUI_Font8x16 /* 默认的字体 */
#define GUI_ALLOC_SIZE                 5000 /* 为 WM 和存储器设备分配的动态存储空间 */

#define GUI_WINSUPPORT                 1  /* 窗口管理包可用 */
#define GUI_SUPPORT_MEMDEV             1  /* 存储器设备可用 */
#define GUI_SUPPORT_AA                 0  /* 去锯齿功能不可用 */
```

说明:虽然程序中使用到了 CooCox 操作系统,触摸屏以及汉字的显示,但这里并没有让 GUI 支持操作系统、触摸屏和 UNICODE 编码,这样做虽然在某种程度上增加了程序的复杂性,但是让程序的设计更加的直接和清晰了。

修改 Config 文件夹里的 LCDConf. h 文件如下:

```
#define LCD_XSIZE       (240)     /* LCD 屏的宽度为 240 个像素 */
#define LCD_YSIZE       (320)     /* LCD 屏的高度为 320 个像素 */
#define LCD_BITSPERPIXEL (16)     /* LCD 屏每个像素用 16 位来表示 */
#define LCD_CONTROLLER 3194       /* LCD 控制器的型号 */
#define LCD_INIT_CONTROLLER()
```

说明:这里 LCD_INIT_CONTROLLER()设置为空,是因为并不需要在 GUI 中初始化 LCD,而是在程序最开始的时候就把 LCD 屏初始化了。

在 gui/core 文件夹中添加一个名为 GUI_X. c 的文件,主要内容为:

```
#include "GUI_X.h"
#include "coocox.h"
#include <stdio.h>

void GUI_X_Delay(int ms) {
    CoTickDelay(ms);
}
int GUI_X_GetTime(void)
{
    return ((int)CoGetOSTime());
}
void GUI_X_ExecIdle(void)
{
    CoTickDelay(1);
}
unsigned int GUI_X_GetTaskId(void)
{
    return 0;
}
```

说明:这里主要是添加 GUI 的延迟函数,以及获取操作系统当前时间的函数。

在 gui/LCDDriver 文件夹中添加一个名为 ATT3194.c 的文件,这是移植的关键。

这个文件主要是参照 gui/LCDDriver 里面的 LCDSLin.c 来写的,这是 μCGUI 与具体的 LCD 屏显示相关联的地方,这里面实现了画点、画线、显示图片等基本功能。里面有两个地方需要移植:_SetPixel() 函数用来在 LCD 屏上画一个像素点,_GetPixel() 用来获取指定地方像素点的颜色,其它的函数都是直接或间接调用这两个函数来实现相应的功能。

修改 gui/core 文件夹中的 GUIChar.C 文件。

修改函数 GL_DispLine 内容:

```
void GL_DispLine(const char GUI_FAR * s, int Len, const GUI_RECT * pRect)
{
    while ( -- Len > = 0) {
        if ( * (U8 * )s < = 0xA0) // 为 ASCII
        {
            GL_DispChar( * (U8 * )s ++ );
        }
        else {// it is not ASCII Code
            LCD_DisplayHZChar((void * )BOARD_LCD_BASE, GUI_Context.DispPosX,GUI_Context.Disp-
                    PosY, s, LCD_COLORINDEX);
            s + = 2;
            -- Len;
            GUI_Context.DispPosX + = 16;
        }
    }
}
```

说明:这里做的修改主要是为了显示汉字,这里汉字的显示和 ASCII 码的显示是分开的。如果一个字符的值大于 0xA0,则说明它不是 ASCII 字符,而是汉字,那么就把这个字符及它后面的那个字符一起作为汉字显示。

修改 gui/core 文件夹中的 GUI.h 文件。

在 GUI.h 中添加 5 个按钮的 ID 定义:

```
# define GUI_ID_OPEN   GUI_ID_USER + 1
# define GUI_ID_STOP   GUI_ID_USER + 2
# define GUI_ID_PREV   GUI_ID_USER + 3
# define GUI_ID_PLAY   GUI_ID_USER + 4
# define GUI_ID_NEXT   GUI_ID_USER + 5
```

以上显示的是 UCGUI 移植过程中的主要内容,具体移植可以参考源程序。

13.2.3 MP3 Player 的设计

1. 任务创建

(1) 所需要的任务

在程序中总共创建了 7 个任务,功能分别如下:

```
void SDCardTask(void)            // 从 SD 卡中读取文件,并判断文件的类型
void PlayWaveTask(void)          // 用于播放 Wav 文件
void DecodeTask(void)            // 用于解码及播放 MP3 文件
void ProgbarTask(void)           // 用于显示进度条及歌曲播放时间
void ReadButtonTask(void)        // 读用户按钮,用于歌曲选择列表中
void TouchScreenTask(void)       // 读取触摸屏状态,对 MP3 播放器进行控制
void GUITask(void)               // 用于在 LCD 屏上显示 MP3 播放界面
```

(2) 各任务的优先级

各任务的优先级如下,其中数字越小代表优先级越高:

```
#define GUITask_Prio                 7
#define TouchScreenTask_Prio         8
#define ReadButtonTask_Prio          8
#define ProgbarTask_Prio             9
#define DecodeTask_Prio             10
#define PlayWaveTask_Prio           10
#define SDCardTask_Prio             11
```

2. 各任务的详细介绍

(1) SD 卡任务

SD 卡任务的详细流程如图 13-10 所示。

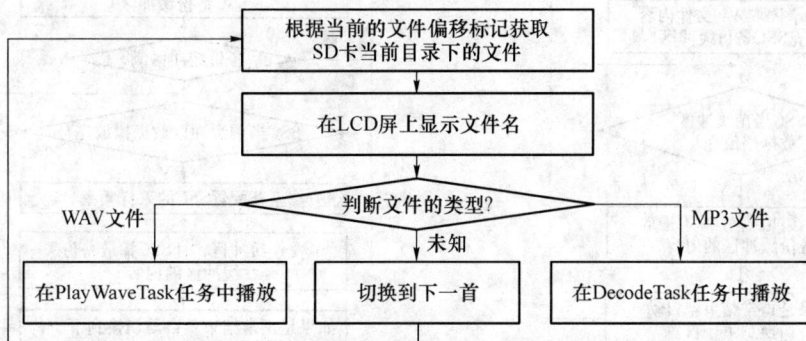

图 13-10 SD 卡任务的流程图

本程序中 SD 卡任务很简单,它根据文件的下标 MusicFileOffset 从 SD 卡中读取对应文件的文件名,然后判断这个文件是不是 WAV 文件,如果是就发送一个事件标志 PlayWaveTask_EvtFlag 给 PlayWaveTask 任务,让它播放 WAV 文件;同样,如果是 MP3 文件,则发送事件标志 DecodeTask_EvtFlag 给 DecodeTask 任务,让它播放 MP3 文件。

(2) 播放 WAV 任务

播放 WAV 文件的任务主要流程如图 13-11 所示。

PlayWaveTask 任务中使用 CoWaitForSingleFlag(PlayWaveTask_EvtFlag,0);语句来等待事件标志 PlayWaveTask_EvtFlag,在 PlayWaveTask_EvtFlag 标志没有发送过来的情况下,该任务一直处于等待状态。当 SD 卡任务发送 PlayWaveTask_EvtFlag 标志过来时,该任务就处于就绪状态了,然后它就按照上述流程开始播放 WAV 文件。

(3) 播放 MP3 任务

播放 MP3 任务的详细流程如图 13-12 所示。

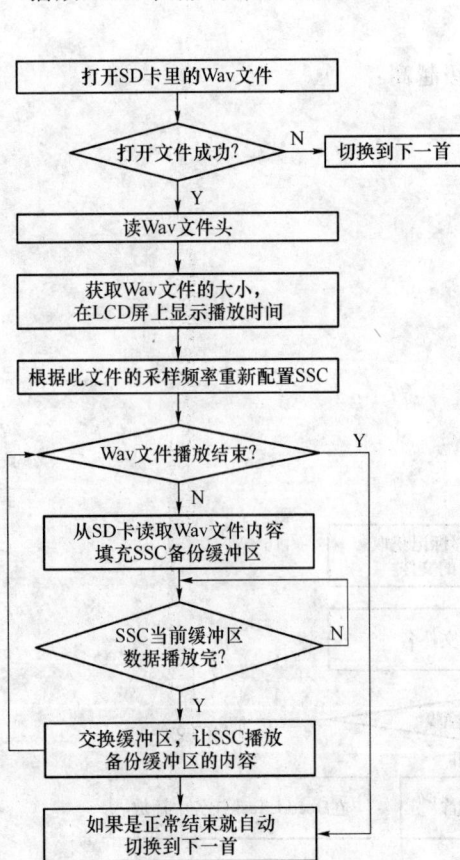

图 13-11　播放 Wav 文件的流程图　　　　图 13-12　播放 MP3 文件的流程图

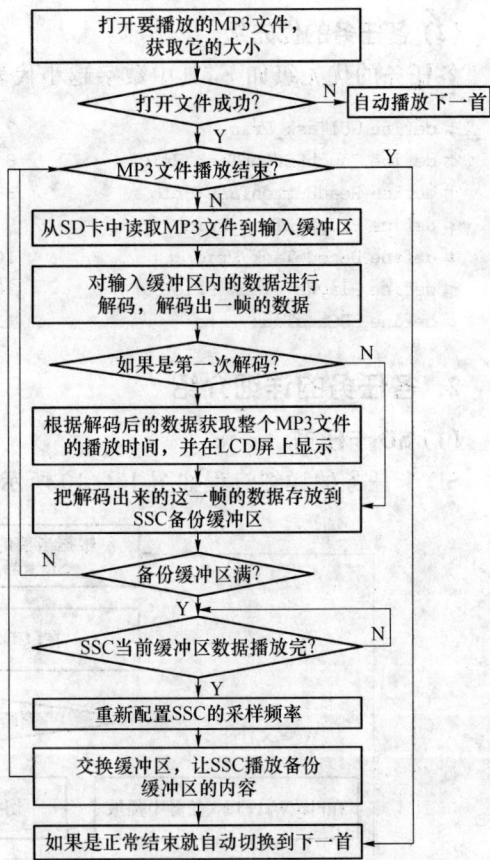

开始时 DecodeTask 任务处于等待状态,当 SD 卡任务发送 DecodeTask_EvtFlag 事件标志过来时,它就处于就绪状态了,接下来就可以解码和播放 MP3 文件了。

DecodeTask 与 PlayWaveTask 的执行流程差不多,唯一的区别是 PlayWaveTask 任务可以直接播放 SD 卡里的 WAV 文件,而 DecodeTask 任务则需要先把 SD 卡里的 MP3 数据经过解码之后转换成 PCM 数据,然后直接播放 PCM 数据。

(4) 按键任务

按键控制任务的详细流程如图 13-13 所示。

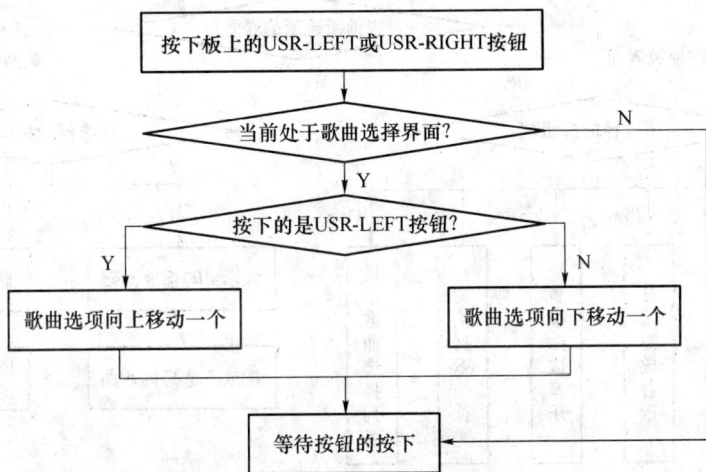

图 13-13 读取按键任务的流程图

从流程图中可以看出,开发板上的 USR-LEFT 或 USR-RIGHT 按钮只有在 MP3 Player 处于歌曲选择界面的时候才可用,其它时候按下没有效果。

(5) 触摸屏任务

触摸屏任务的详细流程如图 13-14 所示。

触摸屏任务是整个 MP3 Player 设计的关键之一,因为所有 MP3 Player 的控制都是通过触摸屏来进行的。在 MP3 Player 显示不同界面时,按下触摸屏上同一个地方所执行的功能是不一样的。

当 MP3 Player 处于播放界面的时候,在界面的最下方会出现 5 个按钮图标,功能从左到右分别为停止、上一首、播放、下一首、打开,当按下播放按钮后,那么 MP3 开始播放音乐,这时播放按钮图标变成了暂停按钮图标,这时就可以按下暂停按钮了。

当按下 MP3 Player 播放界面的 Open 按钮后,LCD 屏上就会显示当前的歌曲选择列表,这时就可以使用开发板上的 USR-LEFT 或 USR-RIGHT 按键来进行歌曲的选择了。此时 LCD 屏的左下角和右下角分别有 OK 和 Back 两个图标,按下 OK 就会回到 MP3 Player 播放界面,并播放所选择的歌曲,按下 Back 也会返回到 MP3 Player 播放界面,但这时播放的是进入歌曲选择界面之前的音乐。

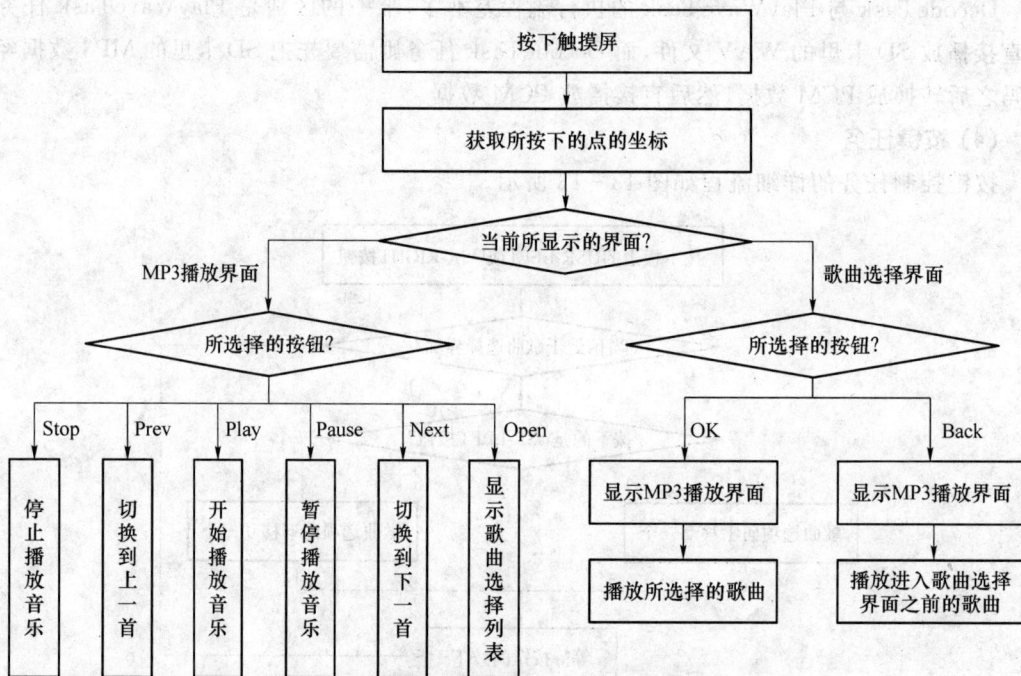

图 13 - 14 触摸屏任务的流程图

按下触摸屏上不同的按钮之后,具体所执行的动作如下:

➢ 按下停止按钮:

— 挂起进度条任务,让进度条回到最开始;

— 停止 WAV 文件或 MP3 文件的播放,挂起 SD 卡任务;

— 如果之前界面上显示的是暂停按钮,就让它显示为播放按钮。

➢ 按下切换到上一首按钮:

— 文件偏移标志 MusicFileOffset 减 1,停止当前音乐的播放,激活 SD 卡任务。

➢ 按下播放按钮:

— 播放按钮图标变为暂停按钮图标;

— 唤醒进度条任务,让它显示当前播放进度和时间;

— 如果之前音乐没有播放完就继续播放,否则激活 SD 卡任务,重新开始播放。

➢ 按下暂停按钮:

— 暂停按钮图标变为播放按钮图标;

— 挂起进度条任务；

— 暂停 WAV 文件或 MP3 文件的播放。

➤ 按下切换到下一首按钮：

— 文件偏移标志 MusicFileOffset 加 1，停止当前音乐的播放，激活 SD 卡任务。

➤ 按下打开按钮：

— 停止 WAV 文件或 MP3 文件的播放，记录当前文件偏移标志，挂起 SD 卡任务；

— 删除 MP3 播放界面上的控件；

— 显示歌曲选择列表界面。

➤ 按下 OK 按钮：

— 删除歌曲选择列表界面上的控件；

— 显示 MP3 播放界面；

— 改变文件偏移标志 MusicFileOffset，唤醒 SD 卡任务。

➤ 按下 Back 按钮：

— 删除歌曲选择列表界面上的控件；

— 显示 MP3 播放界面；

— 唤醒 SD 卡任务，播放进入歌曲选择界面之前的音乐。

(6) 进度条任务

歌曲的播放进度与歌曲的播放也是同步的，需要一个单独的任务来实现。该任务的实现比较简单，每延时 1 s，设置一次播放进度条的值，这个值是每次增加 1 的，这样就可以实现播放进度的显示。

在该任务中还实现了播放时间的显示，歌曲播放的总时间在 PlayWavTask 任务或 DecodeTask 任务中获取，播放时间也是同步显示的，跟播放进度的处理一样，每延时 1 s，时间值加 1。

(7) GUI 任务

GUI 任务中主要初始化 μCGUI，以及显示 MP3 的播放界面，内容如下：

```
void GUITask(void)
{
    GUITask_EvtFlag = CoCreateFlag(1, 0);
    GUI_Init();
    CoSetFlag(GUITask_EvtFlag);

    while (1)
    {
        CoWaitForSingleFlag(GUITask_EvtFlag, 0);
```

```
    /* MP3 进入主界面 */
    MP3_GUISel = MP3_GUI_MAIN;
    Draw_MP3_Interface();
  }
}
```

13.2.4 MP3 Player 的实现

1. 硬件设计

关于 MP3 Player 的硬件电路可以参考 13.1 节。

2. 软件设计

该 MP3 Player 可以播放 WAV 文件和 MP3 文件,其中针对不同类型的文件采用不同的方式进行处理。对于 WAV 文件,它在 PlayWaveTask 任务中进行播放,在该任务中直接从 SD 卡中读取 Wav 文件,然后把它放到 SSC 的输出缓冲区中,让 SSC 把这些数据传送给 WM8731 解码器进行播放。而对于 MP3 文件,它在 DecodeTask 任务中进行播放,在该任务中从 SD 卡读取 MP3 文件后不能直接进行播放,需要 MP3 解码算法对它进行解码(这里采用的是 madlib MP3 解码库),解码出来的数据为 PCM 数据,可以直接播放。

MP3 Player 的控制是通过触摸屏来进行的,可以实现播放、暂停、停止、选择等。对于一些实时性要求很高的功能,如果播放进度条和播放时间等,都是单独用一个任务来处理的,这些任务之间的调度都是通过 CooCox 实时操作系统来实现的。

该系统软件程序主要包含以下源文件,下面分别介绍其中的一些主要函数。限于篇幅这里不能给出工程的源代码,读者可以在本书例程包中获取本例程的所有源代码。

main. c 源文件包含以下几个主要函数:

➢ SDCardTask:从 SD 卡中读取文件,并判断文件的类型。

➢ PlayWaveTask:用于播放 WAV 文件。

➢ DecodeTask:用于解码及播放 MP3 文件。

➢ ProgbarTask:用于显示进度条及歌曲播放时间。

➢ ReadButtonTask:读用户按钮,用于歌曲选择列表中。

➢ TouchScreenTask:读取触摸屏状态,对 MP3 播放器进行控制。

➢ GUITask:用于在 LCD 屏上显示 MP3 播放界面。

➢ BOARD_ConfigurePsram:初始化外部 PSRAM。

➢ BOARD_ConfigureSsc:配置 SSC。

➢ TSD_Init:初始化触摸屏。

➢ SDCard_Init:初始化 SD 卡。

➢ SAM3U_LCD_Init：LCD 初始化。

➢ SetupClock：重新配置处理器主时钟为 95 428 570 Hz。

➢ LCD_DisplayHZChar：显示汉字。

➢ LCD_DrawHZChar：调用 SD 卡里的汉字库，在 LCD 屏上显示汉字。

➢ Draw_MP3_Interface：画 MP3 播放界面。

➢ ReadHeader：读 Wav 文件头。

➢ ReadFilesDir：读 SD 卡根目录下的所有文件和文件夹。

➢ Display_SongList：画 MP3 歌曲显示列表。

➢ DisplaySongName：在 LCD 上显示当前播放歌曲的名字。

➢ DeleteGUIWidget：删除 MP3 播放界面上的控件。

➢ TimeIntToChar：把整形表示的时间用字符表示，用于 LCD 显示。

at91sam3u4_it.c 源函数中包含所有的中断处理函数：

➢ PIOA_IRQHandler：用来获取触摸屏中断，USR-LEFT 和 USR-RIGHT 按键中断。

➢ HSMCI_IRQHandler：读取 SD 卡状态，以及读写 SD 卡。

➢ SSC_IRQHandler：通过 SSC 中断，把数据传送给 WM8731 解码器进行播放。

3. 运行过程

① 使用 Keil μVision3 通过 ULINK 2 仿真器连接实验板，打开实验例程目录 13.2_CooCox_MP3/project 目录下的 CooCox_MP3.Uv2 例程，编译链接工程。

② 把程序下载到 SAM3U 开发板中，然后把中文字库目录下的 HZK16.c 汉字库复制到一个 SD 卡的根目录，并复制一些 WAV 文件和 MP3 文件到这个 SD 卡的根目录，接下来把这个 SD 卡插到开发板的 SD 卡插槽中。重启开发板，可以看到 LCD 屏上显示如图 13-15 所示的 MP3 播放界面，该界面上各个区域的功能如下：

a. 显示的是播放器的名字。

b. 显示的是当前所要播放的音乐的名字。

c. 用于显示歌词。

d. 显示歌曲的播放时间。

e. 显示歌曲播放的进度。

f. 停止按钮，用来停止播放音乐。

g. 切换到上一首按钮，用来切换到上一首音乐进行播放。

h. 播放按钮，用来播放音乐。

i. 切换到下一首按钮，用来切换到下一首音乐进行播放。

j. 打开按钮，用来显示歌曲选择列表。

③ 此时按下播放按钮开始播放音乐 beijing.wav，MP3 播放界面出现了一些变化，如

图 13－16 所示：

> 歌曲时间显示框 a 左边显示的是歌曲播放的时间,右边显示的是歌曲的总时间。

> b 显示的是歌曲当前播放的进度条。

> 此时播放按钮变为了暂停按钮,如果按下暂停按钮就会暂停音乐的播放。

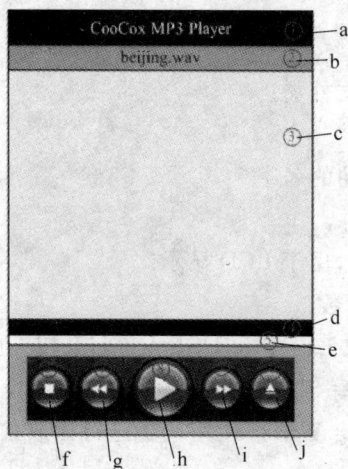

图 13－15　MP3 播放器的界面

图 13－16　MP3 播放当前界面

④ 按下 MP3 播放界面上的打开按钮之后,会停止播放音乐,并显示歌曲选择列表,如图 13－17 所示:

a. 此框右边的 3/6 表示,SD 卡中总共用 6 个歌曲文件,当前选择的是第 3 个。

b. 用蓝色标记,表示当前歌曲被选中。

c. 在触摸屏上按下 OK 按钮后,会回到 MP3 播放界面,并播放选中的歌曲。

d. 在触摸屏上按下 Back 按钮后,会回到 MP3 播放界面,并播放进入歌曲选择列表之前的音乐。

⑤ 在歌曲选择列表中,只能通过开发板上的 USR-LEFT 按钮来向上选择音乐,通过 USR-RIGHT 按钮向下选择音乐,选择合适的音乐之后,按下 OK 按钮就可以回到 MP3 Player 播放界面进行播放了。

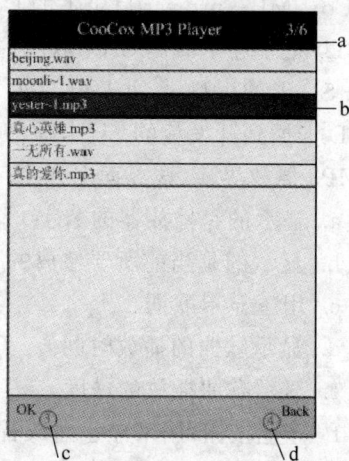

图 13－17　MP3 歌曲选择界面

另:本书的例程包中还提供了基于 $\mu COS \text{II}$ 和 $\mu CGUI$ 的 MP3 Player 代码包,供熟悉 $\mu COS \text{II}$ 的读者参考。

参考文献

［1］ARM Limited. Cortex-M3 Technical Reference Manual. 2005.

［2］ARM Limited. CoreSight Components Technical Reference Manual. 2004.

［3］ARM Limited. CoreSight Technology System Design Guide. 2004.

［4］Atmel Corporation. SAM3U Series Preliminary. 2009.

［5］ARM Limited. RealView Compilation Tools，Version 4.0 for μVision Assembler Guide. 2008.

［6］ARM Limited. RealView Compilation Tools，Version 4.0 for μVision Compiler and Libraries Guide. 2008.

［7］ARM Limited. RealView Compilation Tools，Version 4.0 for μVision Linker and Utilities Guide. 2008.

［8］Wolfson Microelectronics plc，Datasheet of WM8731/WM8731L. 2003.

［9］李宁. ARM 开发工具 RealView MDK 使用入门［M］.北京:北京航空航天大学出版社,2008.

［10］深圳市英蓓特信息技术有限公司.EM-SAM3U 开发板用户说明，2009.

［11］龙帅.MPEG1 Layer3（MP3)解码算法原理详解.http://mp4tech.net/document/audiocomp/0000298.asp.

［12］CooCox CoOS User's Guide. http://www.coocox.org,2009.

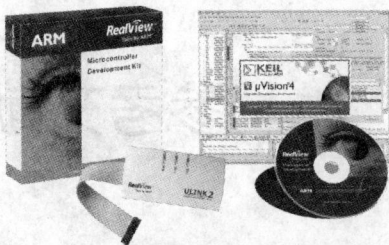

MDK-ARM开发工具

MDK-ARM 开发工具源自德国 Keil 公司，是 ARM 公司目前最新推出的针对各种嵌入式处理器的软件开发工具。MDK-ARM 集成了业内最领先的技术，包括 μVision4 集成开发环境与 RealView 编译器。支持 ARM7、ARM9 和最新的 Cortex-M3/M1/M0 内核处理器，自动配置启动代码，集成 Flash 烧写模块，强大的 Simulation 设备模拟、性能分析、逻辑分析、Trace 等功能。

MDK 免费评估版下载地址：http://www.embedinfo.com/mdk

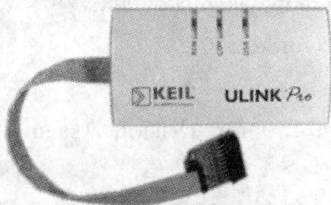

ULINKPro仿真器

Keil ULINKPro 是 ARM 公司推出的新一代的高速仿真器，配合 MDK-ARM，针对 Cortex-Mx 内核提供持续在线运行调试功能。让您能够控制处理器、设置断点和读/写内存内容，全速运行所有外部处理器。

- 高速 USB2.0(480 Mbits/s)即插即用
- JTAG 时钟速度达到 50 MHz
- 支持运行 Cortex-Mx 设备工作频率达到 200 MHz
- 高速 Flash 下载器，速度达到 600 KB/s

EM-SAM3U开发板

EM-SAM3U 开发板是英蓓特公司新推出的一款基于 ATMEL 公司 ATSAM3U 系列处理器（Cortex-M3 内核 V2 版）的全功能评估板。主频高达 96 MHz，该评估版含有的高速 USB2.0(480 MHZ)，音频输入，音频输出，SD 卡接口，2.8TFT 带触摸液晶屏使其在 PC 周边设备，手持设备，汽车电子，医疗器械，工业控制等方便独具特色。丰富的例程和资源可以帮助您快速的进行项目开发和个人学习。

EM-SAM3U 开发板例程下载：http://www.embedinfo.com/down-class.asp

深圳市英蓓特信息技术有限公司深圳总部
网址：http://www.embedinfo.com
电话：0755-25504951 25638952
传真：0755-25616057
E-mail：sales.cn@embedinfo.com
地址：深圳市罗湖区太宁路 85 号罗湖科技大厦 509 室

北京办事处
电话：010-59713204-805
E-mail：sales_beijing@embedinfo.com
上海办事处
电话：021-66581106 66581072
E-mail：sales_shanghai@embedinfo.com